工业和信息化部“十二五”规划教材
“十二五”国家重点图书出版规划项目

结构动力学

Dynamics of Structures

（第3版）

● 于开平 邹经湘 编著

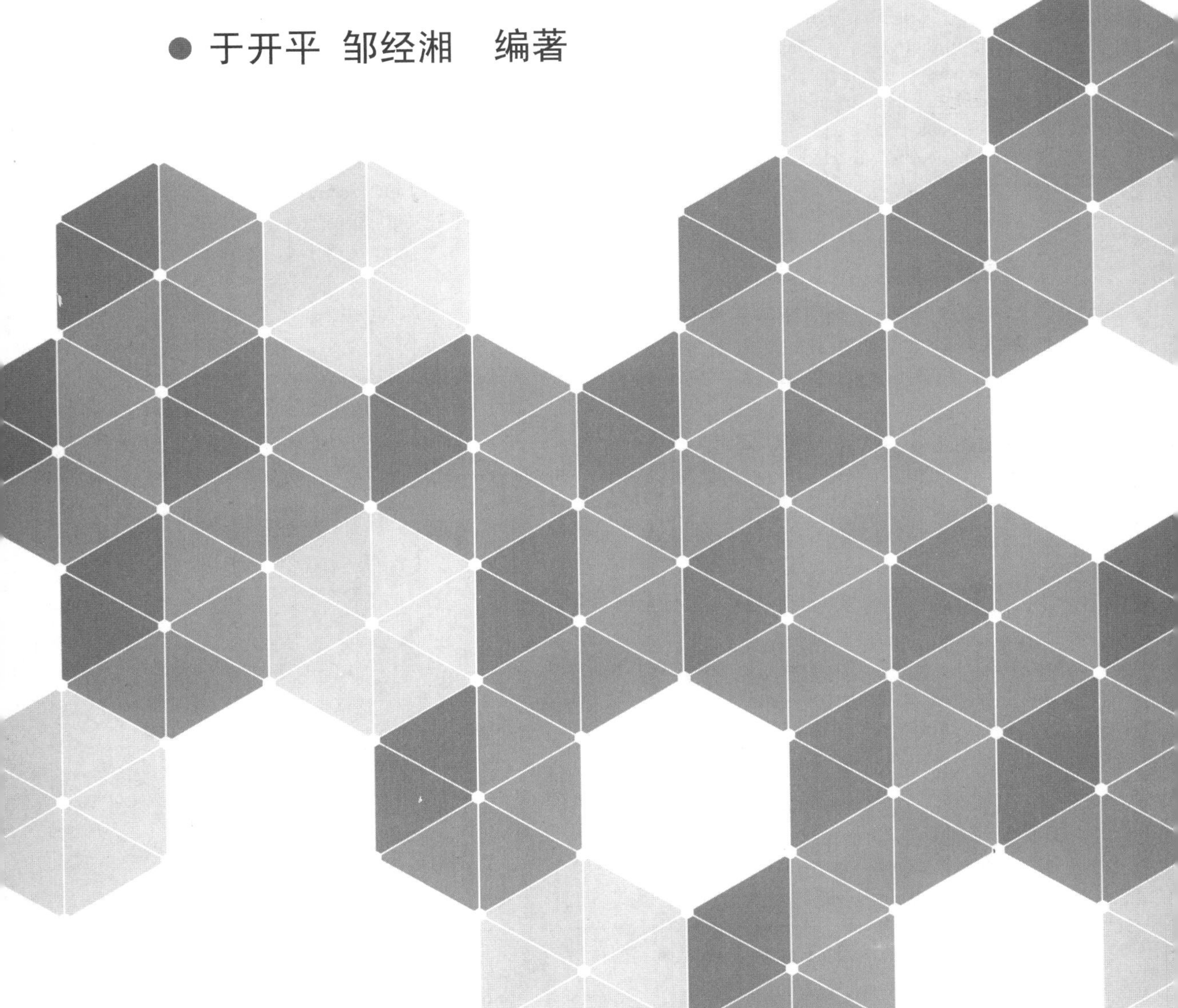

哈爾濱工業大學出版社
HARBIN INSTITUTE OF TECHNOLOGY PRESS

内 容 简 介

本书主要讲述结构动力学领域的主要内容及最新科学技术成果，涵盖了线性假设下的结构动力学正反两方面的主要问题，包括单自由度、多自由度及连续体系统的确定性振动及随机振动分析的解析方法，结构动特性及动响应计算的数值方法，复杂结构动力学子结构方法，模态参数识别、动态荷载识别及有限元模型修正方法，振动测试技术、振动控制等，还简介了非线性振动。部分主要内容配有对应的辅助教学程序，以利于学生自学和实际应用。

本书可作为高等学校力学类、航空航天、机械和动力、土木建筑、船舶海洋工程专业本科生和研究生的教材，也可供有关工程技术人员参考。

Abstract

This book introduces the basic methods of mechanical vibrations and dynamics of structures as well as their latest scientific and technological achievements. The book covers both direct and inverse problems in structural dynamics based on a linear assumption, including analytic methods for deterministic and random vibration analysis of single—degree of freedom system, multi—degrees of freedom system, and continuous elastic body; numerical methods for dynamic characteristics and dynamic responses; substructure method for complex structural dynamics; identification of modal parameters and dynamic loads; model updating; vibration measurement techniques and vibration control, and it also brief introduces nonlinear vibration. Computer assisted instructional programs related to some parts of the core content are provided in order to help facilitate self—directed learning and practical application.

This book can be used as a textbook for undergraduates and postgraduates majoring in mechanics, aerospace engineering, mechanical engineering, power engineering, civil engineering, naval architecture and ocean engineering. It also can be used as a reference book for engineers and technicians.

图书在版编目(CIP)数据

结构动力学/于开平，邹经湘编著. —3 版. —哈尔滨：哈尔滨工业大学出版社，2015.2(2022.8 重印)

ISBN 978-7-5603-5059-2

Ⅰ.①结… Ⅱ.①于…②邹… Ⅲ.①结构动力学—高等学校—教材 Ⅳ.①O342

中国版本图书馆 CIP 数据核字(2014)第 285778 号

策划编辑 杜 燕
责任编辑 张 瑞
出版发行 哈尔滨工业大学出版社
社 址 哈尔滨市南岗区复华四道街 10 号 邮编 150006
传 真 0451-86414749
网 址 http://hitpress.hit.edu.cn
印 刷 哈尔滨市工大节能印刷厂
开 本 787mm×1092mm 1/16 印张 23.25 字数 530 千字
版 次 1996 年 3 月第 1 版 2015 年 2 月第 3 版
2022 年 8 月第 4 次印刷
书 号 ISBN 978-7-5603-5059-2
定 价 58.00 元

第 3 版前言

本书第 2 版被列为“十一五”国家重点图书规划“航天工程丛书”系列之一，出版后一直被高等院校相关专业采用作为本科和研究生教材。通过多年的教学实践，以及读者提出的宝贵意见，我们发现第 2 版教材中与传统结构振动和振动理论教材内容相仿的前 4 章，有一些必要的内容需要补充。此外，在突出振动理论工程应用、数值计算等方面原教材也有充实的必要和空间，因此，编者对前 5 章和第 8 章做了较大修订，修订后被工业与信息化部列为“十二五”规划教材。通过本次修订，教材在振动理论的系统性、数值计算方法、随机振动理论与应用等方面都更加完善，内容更全面，更容易理解，学习手段更加丰富。

第 3 版主要由于开平教授修订，修订的内容主要有：

第 1 章单自由度，增加了等效刚度、等效质量、常力作用以及通过无阻尼简谐激振解释共振现象等内容，重点加强了阻尼部分的介绍，频响函数及其与脉冲响应函数关系相关内容也有所加强。补充重点内容的计算机辅助教学程序代码作为本章附录。

第 2 章整合了原书第 2、3 两章，统一按多自由度描述，理论统一、简洁。重点突出了模态分解和叠加内容，增加了多自由度系统频响函数及脉冲响应函数矩阵的介绍，给出了模态加速度法的证明，尤其重要的是增加了多自由度系统阻尼及其构造部分内容的介绍，刚体模态内容也有一定程度的加强。

第 3 章主要是原书第 4 章内容，补充了杆、梁的各种边界条件，轴向力对固有频率影响的求解过程，增加了剪切变形和和转动惯量影响内容。

第 4 章以原书第 4 章近似方法内容为基础，增加了假设模态法、集中质量、有限元等离散化方法内容。

第 5 章补充了部分必要的矩阵特征值、特征向量基础知识，增加了广义逆幂迭代方法，以及各种特征值问题的常用求解方法特点介绍，增加了动响应数值求解的广义$-\alpha$ 方法，补充了雅克比迭代、纽马克方等算法程序作为本章附录。

第 8 章重点加强了随机过程知识，加强了随机过程的空间描述，以便同以前学过的关于随机变量的概率统计知识有机结合，补充了随机过程运算内容。增加了多自由度系统随机响应计算的模态叠加法、虚拟激励法。将原书快速傅里叶变换算法部分整合到第 10 章。增加了必要的复杂积分计算公式作为本章附录。

改正了原书的一些印刷错误，删减了少部分重复的例题和章节，修正了部分表述。

本次修订，编者参考了很多前辈、同行的著作内容，虽都在本书“参考文献”中有所体现，但远不足以表达编者的敬仰和尊重，在此表示深深的谢意！对使用本书作为教材的同行、提出宝贵意见的读者以及在本书编辑过程中给予大力协助的编辑朋友也都一并表示感谢！

尽管编者力求进步和提高，但一定还有不完善之处，欢迎读者批评指正！

编　者

2015 年 1 月

2009年第2版前言

本书自1996年出版以来，被评为黑龙江省重点图书，总共发行了5000余册，不仅作为哈尔滨工业大学本科生和研究生的教材，还被哈尔滨工程大学、西北工业大学等多个院校采用作为教学参考书和教科书，还被改为繁体字版在境外流行，得到各方面的广泛应用，并提出不少宝贵的意见，在此表示诚挚的感谢！

由于十多年来，结构动力学在理论和方法方面又有了一定的发展，为适应新形势的需要，作者决定对原书作出必要的修订。本版主要由邹经湘教授、于开平教授主编修订。修订的内容主要有：1)改正了原书一些排版和文字上的错误；2)对绪论和第七章(非线性振动)进行了重写；3)增加了第十一章(振动控制)；4)第三章、第四章、第五章及第十章各加了一节。本书经修订后列入"十一五"国家重点图书出版规划。

随着科学技术的飞速发展，结构动力学内容也在不断更新，在航空航天、土木建筑、机械制造和交通运输等工程领域得到越来越广泛的应用。因此本书不仅可以作为高等院校本科生和研究生的教科书，也可以作为工程技术人员的参考书。

多年来，很多读者对本书提出了不少宝贵的意见和建议，作者在此表示真诚的感谢，很多意见都在第二版中有所反映，希望新版能得到广大读者的欢迎。

编　者
2009年2月

1996 年第 1 版前言

结构动力学是研究结构在动荷载作用下动力学行为的科学，是 20 世纪中叶才发展起来的学科。结构动力学与机械振动学是紧密相关的学科，它是结构动力优化设计的基础。

现代工程结构，无论是航空、航天或动力工程都向大型、高速、大功率、轻结构、高精度的方向发展。这样，结构的动力学问题越来越多、越来越严重。例如现代的飞机事故中，由于力学原因引起的事故中有 90%以上是振动疲劳引起的；机床的加工精度问题主要是机床振动引起的；导弹的命中精度也与发射装置的振动及弹体的振动有关。因此，工程师在设计产品时，必须考虑产品在工作中会发生的各种动力学问题或振动问题，称为动态设计或振动设计。例如设计汽轮发电机组时，首先要计算轴系的临界转速，叶片的固有频率等；在火箭设计时，必须计算弹体的固有频率和振型，同时还做很多动力学试验。结构动力学的最新发展，使结构设计从静态设计走向动态设计，从频率设计走向响应设计，从解耦分析走向耦合分析（如固体、液体耦合，结构系统与控制系统耦合，刚体运动与弹性体运动耦合等）。因此，现代设计是一个结构设计与分析迭代过程，即设计—分析—再设计—再分析，直至得到一个满意的设计过程。这样复杂的过程必须依赖计算机才能完成，称之为计算机辅助设计(CAD)。现代的大型 CAD 软件(如 I—DEAS)都集成了绘图、有限元分析、结构运动分析等模块。

传统的结构动力学只叙述结构动力学中的正问题，即已知结构参数和外荷载求结构的响应。随着学科的发展，结构动力学的反问题（参数辨识与荷载识别）变得越来越重要了。因此本书增加了参数辨识与荷载识别及振动测试等内容，结构动力学随着科学的发展发生了新的变化。

本书由邹经湘主编，其中绪论、第 1 章、第 8 章、第 9 章由邹经湘执笔，第 2 章、第 3 章、第5 章由王本利执笔，第 4 章由孔宪仁执笔，第 6 章、第 7 章由王世忠执笔，第 10 章、第 11 章由屠良尧执笔。书中部分插图由邓樱绘制。

本书在编写过程中得到黄文虎院士的热心指导。

编　者

1995 年 12 月

目　　录

绪　论

1. 结构动力学的研究内容

飞机、火箭、汽车、船舶、房屋建筑和各种机器在工作时，都要承受一定的荷载，如飞机在飞行时要承受重力、升力、推力和阻力。房屋建筑除承受本身的重力外，还要承受来自外界的风力和地震荷载等。上述物体用来承受荷载的部件或整体称为结构(structure)，荷载可以分为静荷载和动荷载(dynamic load)。静荷载是不随时间变化的，如重力和定常温度场的温度荷载；动荷载是随时间变化的，如风力荷载和地震荷载等，飞行器承受的荷载如推进系统的推力和在大气中飞行的气动荷载等，一般都是动荷载。其他动荷载还有点火启动时和级间分离时以及对接时的冲击荷载等。动荷载会引起结构变形和振动，甚至结构破坏，一般称之为响应(response)。结构动力学就是研究结构在动荷载作用下产生响应的规律的科学，或者可以说是研究结构、动荷载和响应三者关系的科学。

现代结构动力学研究的内容可以分为以下几个问题：

(1) 已知结构和荷载求结构响应，称响应预估(response prediction)；

(2) 已知荷载和响应求结构参数或数学模型，称参数辨识(parameter identification) 或系统辨识(system identification)；

(3) 已知结构和响应求荷载，称荷载辨识(load identification)；

(4) 根据结构响应随时改变结构参数，或增加主动输入(控制力)，改变结构响应，称结构控制(structure control) 或振动控制(vibration control)；

(5) 根据一定的目标和约束条件，选择结构参数，使结构设计达到最优，称结构优化设计(optimal design of structure)。

以上 5 个问题中，第一个问题称为结构动力学的正问题，是最基本的。第二、三个问题称为反问题，是现代结构动力学中的新问题。第四、五个问题也可称为结构动力学的反问题，是根据现代工程的需要而发展起来的，特别对航空航天工程，是非常重要的。

本书重点讲述正问题，适当介绍反问题。

2. 振动的分类

结构的响应一般表现为结构的振动，即结构在平衡位置附近的往复运动或往复变形。对于弹性结构来说，在动荷载作用下，振动几乎是不可避免的运动形式。振动的分类方法很多，可以分为单自由度系统的振动、多自由度系统的振动和连续弹性体的振动；也可分为自由振动和受迫振动，还可分为线性振动和非线性振动等。但从运动学的观点来看，大致可以分为以下 4 类振动：

(1) 周期振动(periodic vibration)。振动量是时间的周期函数，可写为 $x(t)=x(t+T)$，其中 T 为常数，称为周期。周期振动中的一种典型的振动为简谐振动(harmonic vibration)，简称谐振动，可写为 $x(t)=A\sin(\omega t+\varphi)=A\cos(\omega t+\alpha)$。周期振动可以用谐波

分析的方法展开为一系列谐振动的叠加，其频谱为离散谱，而且都是基频的倍频关系。

(2) 非周期振动(nonperiodic vibration)。振动量是时间的非周期函数，其频谱一般为连续谱，也可以是离散谱，但不同频率间不是倍频关系，而是无理数关系。例如，衰减振动和非线性振动中的混沌运动都是非周期振动。

(3) 瞬态振动(instantaneous vibration)。系统受到冲击引起的振动，当存在阻尼时，瞬态振动一般发生在很短的时间内。例如，火箭点火、空间飞行器对接时都会发生瞬态振动。和瞬态振动相对应的是稳态振动(steady vibration)。

(4) 随机振动(random vibration)。受偶然因素影响的一种不确定的振动，因为它服从统计规律，所以要用概率统计的方法来研究它。飞行器在大气中飞行时，由于气动噪声引起的振动和在地面运输时由于地面不平引起的振动都是随机振动。

3. 工程中的结构动力学问题

随着科学技术的飞速发展，各种工程结构和供应产品向大型、高速、大功率、高性能、高精度和轻结构方向发展，使得动力学问题越来越突出，越来越严重。例如，飞机由于强度问题引起的事故中，90% 以上是振动疲劳造成的。高速公路的出现，必须对汽车的振动和噪声作深入的研究，以提高汽车的可靠性，促进了碰撞动力学的发展。高层建筑和大跨度桥梁的出现，必须事先对它作出精确的结构动力学分析和地震评估，也促进了结构动力学的发展。高速喷气飞机和火箭的出现，促进了随机振动的研究；大型空间飞行器的出现，使得多柔性体动力学研究更加深入；大型火箭的导航陀螺位置的安排，必须考虑火箭的振动模态形状。现代大型空间站及其太阳电池帆板的结构尺寸可以达到百米级，它在微重力下的动力学行为无法在地面试验和观察，必须作精确的动力学仿真，从而促进了结构动力学的发展。

在现代机械和结构设计中，一般来说，静强度已不成什么问题，但传统的经验设计、类比设计和静态设计方法已不能满足工程要求，必须进行结构动力学分析和动态设计，同时，结构动力学也是结构振动控制、结构动态优化设计、结构可靠性设计、结构健康监测和结构计算机辅助设计等学科的基础。

4. 结构动力学的研究方法

结构动力学的研究方法和一般工程技术科学的研究方法有很多相似之处，当然也有它自己的特点，大致可以分为以下 3 类方法，即分析方法、数值方法和试验方法。

(1) 分析方法。结构动力学的分析方法发展比较早，它和机械振动学、振动理论的发展是相关的。分析方法的首要任务是建模(modeling)，即建立系统的力学模型(物理模型)和数学模型。建模的过程是对问题去粗取精、去伪存真的过程，模型反映问题的本质，是一种抽象。结构动力学的力学模型可分为离散模型(集中参数模型)和连续模型两大类，本书的单自由度系统和多自由度系统都是离散模型，而连续弹性体系统为连续模型。工程中的结构都是连续系统，但为了研究问题的方便和便于计算机处理，我们都把它处理为离散系统来研究，其中使用最多的方法就是有限元方法。结构动力学中的离散系统的数学模型多为常微分方程或常微分方程组，而连续弹性系统的数学模型常用偏微分方程。为了计算机处理的方便，我们又可将时间变量离散化，以上的数学模型都可以用代数方程来表示。

分析方法要求解数学方程，对一些简单问题可以得到问题的精确解，精确解可以方便地看到结果随参数变化的关系，可更直观地了解事物的本质。

（2）数值方法。数值方法是随着计算机的发展而发展的，很多工程问题的数学模型，由于荷载变化的复杂性、结构的复杂性和边界条件的复杂性等，根本就得不到数学模型的精确解，因此必须寻求其数值解。

数值方法的计算模型可以从理论分析方法得到，也可以由各种近似方法得到，在工程中应用得最多的方法是有限元方法，已形成了很多商业软件。目前在结构动力学分析中使用最多的有 NASTRAN 和 ANSYS 等。

（3）试验方法。试验方法是科学研究中最重要的方法，也是最直接的方法。在航空航天部门，结构动力学的试验是非常重要的，一般可以分为两大类试验：一类称为模态试验（modal test），模态试验又称为动力学特性试验，主要测试结构的固有频率（模态频率）和相应的振型（模态形状）以及阻尼等动力学特性。模态试验按激振的方式可分为正弦激振、脉冲激振和随机激振等，按激振器的多少，又可分为单点激振和多点激振两类；另一类称为环境试验，使用的设备主要是振动台，它可以利用振动台产生各种振动环境，使被试验的结构承受和在工作中相当的振动环境，以考核结构对动力学环境的承受能力。现在的振动台可分为单轴、三轴和多轴等类型，可以模拟各种振动环境。

结构动力学的建模方法很多，一般可分为正问题方法建模和反问题方法建模两类。正问题方法建模又称理论建模，建立的模型称分析模型（机理模型），因为正问题方法建模时，我们对系统（结构）有足够的了解，这样的系统称为白箱系统或透明箱系统（transparent box system）问题。建模的方法是首先将结构分为若干个简单的元件或元素（element），然后对每个元件和元素直接应用力学原理（如平衡方程、本构方程和哈密顿原理等）建立方程，再考虑几何约束条件综合建立系统的数学模型，这是传统的建模方法。如果所取的元素是一个无限小的单元，则所建立的是连续模型，如果所取的是一个元件或有限单元，则所建立的是离散模型。反问题建模方法适用于对系统不了解（称黑箱系统 —black box system），或不完全了解（称灰箱系统 —gray box system）的问题，它必须对系统进行动力学试验，然后利用系统的输入（动荷载）和输出（响应）的数据，根据一定的准则建立系统的数学模型。这种建模方法称系统辨识（system identification）或参数辨识（parameter identification），它也称为试验建模方法，所建立的模型称为统计模型。

现代结构动力学中，常将上述两种建模方法相结合建立系统的数学模型，如对一些大型复杂结构，可以先利用有限元方法建立系统的数学模型，然后再利用试验数据修改该数学模型，使得修改后的数学模型的输出数据与试验数据一致，这个过程称模型的修改或修正。一般来说，数学模型的规模越大，自由度越多，则模型的精度越高，但同时计算耗费越大，因此模型规模的选择要根据实际问题的需要来确定。例如图 0.1 阿波罗土星 5 号的各种计算模型，图 0.2 大型客车的车身和底盘的有限元模型。

振动控制是现代结构动力学的一个热门分支，有着广泛的应用前景。一般来说，振动控制可分为被动控制和主动控制两类，被动控制发展较早，主要是对结构增加阻尼或吸振器；主动控制是随着现代控制理论发展而发展起来的，主要是在结构的适当位置增加控制力（输入），以减低输入的能量，使结构的整体或局部的振动水平下降到要求范围以内。也可以通过随时改变结构的质量、刚度和阻尼等参数的方法，使系统振动得到控制，这种方法称为半主动控制。

本书前 4 章为结构动力学基础，其内容与一般机械动力学和振动理论相仿。第 5 章讲结构动力学的数值方法，后六章讲结构动力学专题，如非线性振动、随机振动、振动控制等。

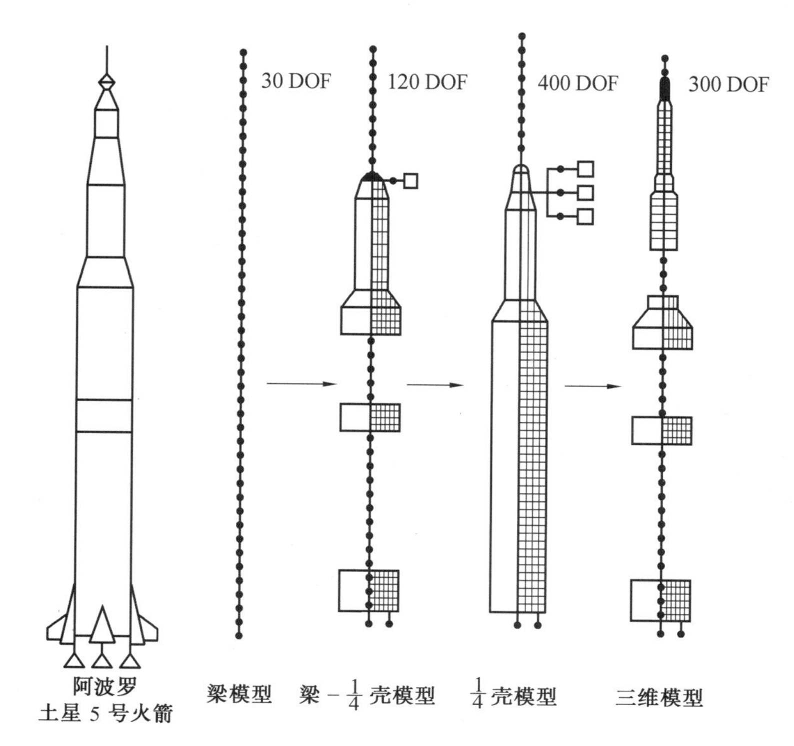

图 0.1　阿波罗土星 5 号的各种计算模型

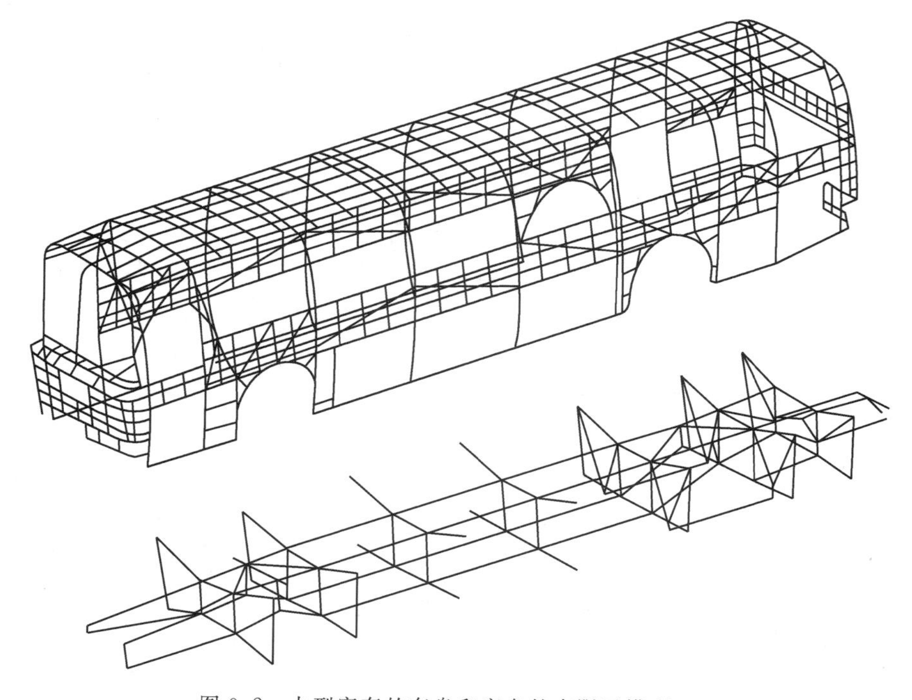

图 0.2　大型客车的车身和底盘的有限元模型

第1章　单自由度系统

1.1　引　　言

确定某个机械系统几何位置的独立参数的数目称为自由度数。如果独立参数只有一个，称它为单自由度系统，图1.1是单自由度系统的4个例子。单自由度振动系统是最简单的振动系统，但它是研究更复杂的振动系统的基础。

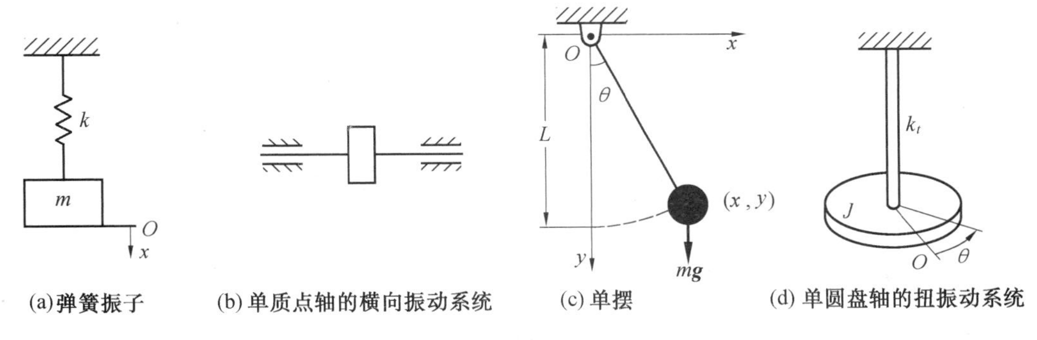

图1.1　单自由度系统

需要用两个或两个以上独立参数确定系统的几何位置时，则称该系统为两个自由度系统或多自由度系统，或统称为多自由度系统。例如，多质点轴的横向振动系统，多圆盘轴的扭振系统等。对于连续弹性体，需要用无穷多个参数或一连续函数来确定系统位置，因此可看作是无穷多自由度系统。

1.2　单自由度系统的振动微分方程(运动方程)

图1.2所示弹簧振子是一典型的单自由度系统。设质点的质量为m，弹簧的刚度为k，阻尼器的阻尼系数为c，作用在质点上的激振力为$f(t)$，它是时间的函数。设在任一时刻t，质点离开平衡位置的位移为x，如果位移较小，弹簧的弹性力与位移的关系可近似为$-kx$，称它为线性恢复力，阻尼力为$-c\dot{x}$，称它为黏性阻尼力(viscous damping force)。根据牛顿(Newton)第二定律，可建立振动微分方程

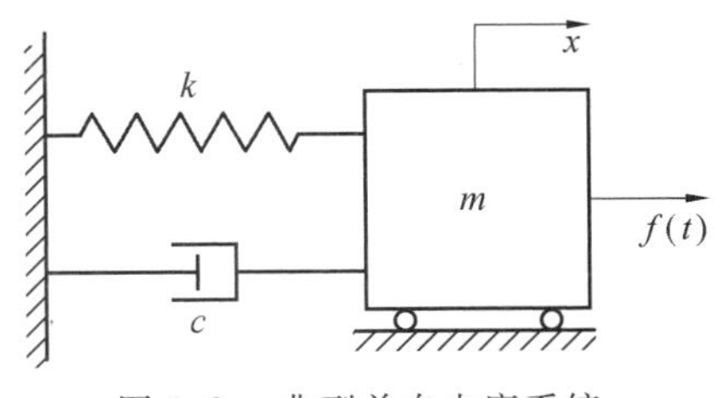

图1.2　典型单自由度系统

$$m\ddot{x} = -kx - c\dot{x} + f(t)$$

或

$$m\ddot{x}+c\dot{x}+kx=f(t) \tag{1.1}$$

当系统同时受到一个常值力作用时,运动方程列写需要特别注意。如将图 1.2 系统竖起来,质点的运动就一直受到一个常值的重力作用。以将图 1.2 逆时针旋转 90°后的系统为例,设静止时,弹簧受到质点重力作用引起的压缩量为 δ,由于静止时没有相对运动,阻尼器不提供阻力,质点重力与弹簧弹性力处于静平衡状态,所以有 $k\delta=mg$。若将系统静平衡位置取为坐标原点,设在任一时刻 t,质点离开平衡位置向上的位移为 x,此时作用在质点上的弹性力应为 $-k(x-\delta)$,外力也增加了一重力项,此时重力方向与运动方向相反,这样根据牛顿第二定律,可得

$$m\ddot{x}=-k(x-\delta)-c\dot{x}+f(t)-mg \tag{1.2}$$

注意到静力平衡关系,则上式可简化成与方程(1.1)完全相同的形式。图 1.2 系统顺时针旋转 90°,或者在水平状态下一直存在一个常力作用,这两种情况,如果同样将静平衡位置取为坐标原点,读者可自行验证,最后的运动方程也与方程(1.1)一样。

注意到方程(1.1)左端各力关于位移、速度和加速度等状态变量都是线性的,这是一个线性常微分方程,由线性微分方程所描述的振动称为线性振动。

1.3　无阻尼自由振动

1.3.1　无阻尼自由振动响应

如果没有激振力(动荷载)作用,振动系统在初始扰动后,仅靠恢复力维持的振动称为自由振动。如果阻尼力也可忽略不计,则称为无阻尼自由振动(undamped free vibration)。从方程(1.1)知,无阻尼自由振动的振动微分方程为

$$m\ddot{x}+kx=0 \tag{1.3}$$

若引入 $\omega_n^2=k/m$,则上述方程可写为

$$\ddot{x}+\omega_n^2x=0 \tag{1.4}$$

上式是单自由度系统无阻尼自由振动的标准微分方程,它是二阶齐次线性微分方程。其通解为

$$x=C_1\sin(\omega_n t)+C_2\cos(\omega_n t) \tag{1.5}$$

从上式可看到运动具有周期

$$T_n=2\pi/\omega_n=2\pi\sqrt{m/k} \tag{1.6}$$

频率

$$f_n=\omega_n/2\pi=\frac{1}{2\pi}\sqrt{k/m}=1/T_n \tag{1.7}$$

角频率

$$\omega_n=\sqrt{k/m} \tag{1.8}$$

由于 ω_n 只与系统本身的参数 m,k 有关,而与初始条件无关,故称为固有角频率,简称为固有频率或自然频率(natural frequency)。

通解(1.5)中的常数 C_1 和 C_2 可根据运动的初始条件求出,设 $t=0$ 时,$x=x_0$,$\dot{x}=\dot{x}_0$,代

入式(1.5)，求出常数 C_1，C_2 后，得

$$x=\frac{\dot{x}_0}{\omega_n}\sin(\omega_n t)+x_0\cos(\omega_n t) \tag{1.9}$$

若令 $x_0=A\sin\varphi$，$\dot{x}_0/\omega_n=A\cos\varphi$，则上述方程变为

$$x=A\sin(\omega_n t+\varphi) \tag{1.10}$$

且有

$$A=\sqrt{x_0^2+\left(\frac{\dot{x}_0}{\omega_n}\right)^2},\quad \tan\varphi=\frac{\omega_n x_0}{\dot{x}_0} \tag{1.11}$$

从式(1.10)知，无阻尼自由振动为简谐振动，其振幅 A 和相位角 φ 都与初始条件有关，而频率与初始条件无关。无阻尼自由振动的运动图线(时间历程曲线)如图 1.3 所示。

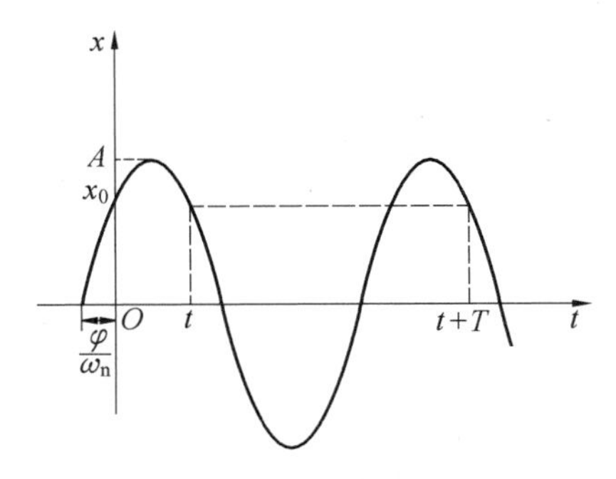

图 1.3　无阻尼自由振动曲线

当系统作无阻尼自由振动时，由于没有能量输入与输出，系统的机械能守恒，即动能与势能之和保持不变，它们进行周期性的转换。

系统的动能为

$$T=\frac{1}{2}m\dot{x}^2=\frac{1}{2}m\omega_n^2A^2\cos^2(\omega_n t+\varphi) \tag{1.12}$$

势能为

$$U=\frac{1}{2}kx^2=\frac{1}{2}kA^2\sin^2(\omega_n t+\varphi) \tag{1.13}$$

而最大动能为

$$T_{\max}=\frac{1}{2}m\omega_n^2A^2 \tag{1.14}$$

最大势能为

$$U_{\max}=\frac{1}{2}kA^2 \tag{1.15}$$

根据机械能守恒定律，有 $T_{\max}=U_{\max}$，由此可得到与式(1.8)相同的频率公式 $\omega_n=\sqrt{k/m}$。

例 1.1　如图 1.4 所示，一重 mg 的圆柱体，其半径为 r，在一半径为 R 的弧表面上作无滑动的滚动，求在平衡位置(最低点)附近作微振动的固有频率。

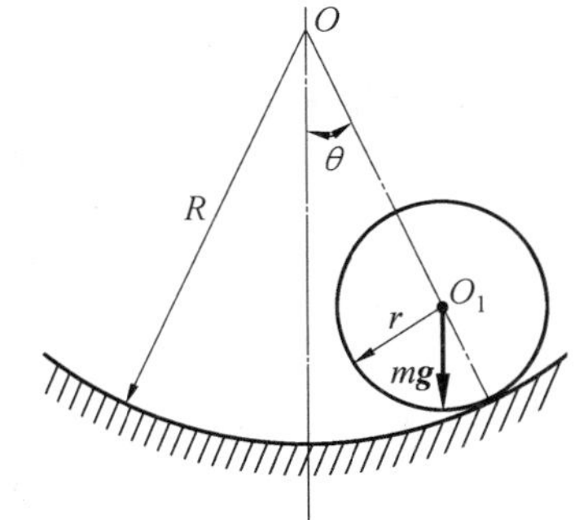

图 1.4　圆柱体在弧面上作无滑动滚动

解　如图 1.4 取广义坐标 θ，计算圆柱体作平面运动的动能为

$$T=\frac{1}{2}m[(R-r)\dot{\theta}]^2+\frac{1}{2}\frac{mr^2}{2}\left(\frac{R}{r}-1\right)^2\dot{\theta}^2$$

势能为

$$U=mg(R-r)(1-\cos\theta)$$

代入拉格朗日(Lagrange)方程

$$\frac{\mathrm{d}}{\mathrm{d}t}\frac{\partial(T-U)}{\partial\dot{\theta}}-\frac{\partial(T-U)}{\partial\theta}=0$$

得运动方程

$$\frac{3}{2}m(R-r)^2\ddot{\theta}+mg(R-r)\sin\theta=0$$

当 θ 很小时，有 $\sin\theta\approx\theta$，整理上式得

$$\ddot{\theta}+\frac{2g}{3(R-r)}\theta=0$$

因而有固有频率

$$\omega_n=\sqrt{\frac{2g}{3(R-r)}}$$

本题也可以不求运动方程，直接用能量法求解。前面动能和势能公式可整理为

$$T=\frac{3}{4}m(R-r)^2\dot{\theta}^2$$

$$U=\frac{1}{2}mg(R-r)\theta^2$$

由无阻尼自由振动有 $\theta=A\sin(\omega_n t+\varphi)$，则有

$$T_{\max}=\frac{3}{4}m(R-r)^2\omega_n^2A^2$$

$$U_{\max}=\frac{1}{2}mg(R-r)A^2$$

由机械能守恒定律，有 $T_{\max}=U_{\max}$，解得系统固有频率为

$$\omega_n=\sqrt{\frac{2g}{3(R-r)}}$$

1.3.2　等效刚度及等效质量

1. 等效刚度问题

有时作用在结构上的弹性元件不止一个，而且这些弹性元件的刚度还可能不同，此时若建立单自由度系统模型，在分析其振动规律时，需计算等效刚度。假设有 n 个弹性元件，它们之间的连接有并联（头连头、尾连尾，见图 1.5(a)）和串联（头尾相连，见图 1.5(b)）两种典型情况。

并联情况下，每个元件与对象连接端的变形相同，即

$$x_1=x_2=\cdots=x_i=\cdots=x_n=x \tag{1.16}$$

则有

$$F=\sum F_i=\sum(k_ix_i)=x\sum k_i \tag{1.17}$$

$$F/x=\sum k_i=k_{eq} \tag{1.18}$$

其中，k_{eq} 就是并联情况下的等效刚度，等于各个弹性元件刚度之和。

串联情况下每个元件受力相同，即

$$F_1=F_2=\cdots=F_i=\cdots=F_n=F \tag{1.19}$$

则有

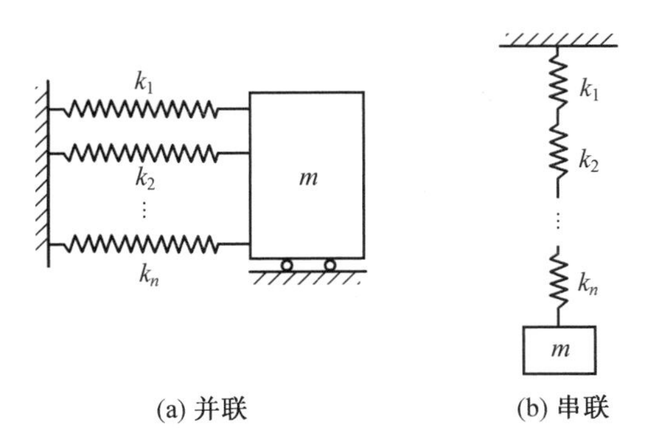

(a) 并联　　　　(b) 串联

图 1.5　连接 n 个弹性元件的单自由度系统

$$x=\sum x_i=F\sum\frac{1}{k_i} \tag{1.20}$$

$$F/x=1/(\sum\frac{1}{k_i})=k_{\mathrm{eq}} \tag{1.21}$$

其中，k_{eq} 就是串联情况下的等效刚度，等于每个刚度倒数和的倒数。

2. 等效质量问题

力学建模时抽象出的弹性元件为无质量的，这样抽象的前提是弹性元件的质量远小于惯性元件的质量，若弹性元件的质量相对而言并不是很小，直接忽略这部分质量会带来较大误差，此时，为精确分析系统的振动特性，建模时需要将这部分质量考虑进来。若还建成单自由度模型，就涉及这部分质量如何等效进惯性元件中去的问题了。以图 1.2 所示的系统为例，假设作为弹性元件的弹簧的总质量并不远小于质块质量，并设弹簧原长为 l，单位长度的质量为 ρ，弹簧与质块相连的端点离开平衡位置的位移为 x。在距弹簧左端的固定点为 ξ 处取微元段 $\mathrm{d}\xi$，则该微元段质量为 $\rho\mathrm{d}\xi$，位移为 $\xi x/l$（假设弹簧的变形与离固定点的距离成比例）。整个弹簧的动能为

$$T_1=\int_0^l\frac{1}{2}\rho\mathrm{d}\xi\left(\frac{\xi}{l}\dot{x}\right)^2=\frac{1}{2}\left(\frac{1}{3}\rho l\right)\dot{x}^2=\frac{1}{2}\frac{m_1}{3}\dot{x}^2 \tag{1.22}$$

弹簧的势能与弹簧质量无关，系统总动能为弹簧动能和质块动能之和，即

$$T=T_1+T_{\mathrm{m}}=\frac{1}{2}\frac{m_1}{3}\dot{x}^2+\frac{1}{2}m\dot{x}^2=\frac{1}{2}m_{\mathrm{eq}}\dot{x}^2 \tag{1.23}$$

计算固有频率时即可直接采用等效质量 m_{eq} 当做系统质量，有

$$\omega_{\mathrm{n}}^2=k/m_{\mathrm{eq}}=k/\left(m+\frac{m_1}{3}\right) \tag{1.24}$$

可以依据上式来分析弹簧质量对系统固有频率的影响程度。

例 1.2　如图 1.6 所示，一长为 l，弯曲刚度为 EJ 的悬臂梁自由端有一质量为 m 的小球，小球又被支承在刚度为 k_2 的弹簧上，忽略梁的质量，求系统的固有频率。

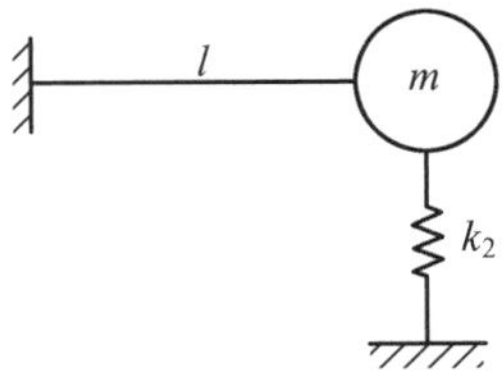

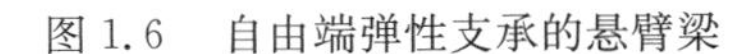

图 1.6　自由端弹性支承的悬臂梁

解　根据材料力学公式，可求得悬臂梁的刚度为

$$k_1=3EJ/l^3$$

k_1 与 k_2 为并联弹簧，其等效刚度为

$$k=k_1+k_2=3EJ/l^3+k_2$$

固有频率为

$$\omega_n = \sqrt{k/m} = \sqrt{(3EJ/l^3 + k_2)/m}$$

1.4 有阻尼自由振动

前节讨论的无阻尼自由振动，实际上并不存在，所有的自由振动都会因为存在阻尼而消耗振动能量，振动都会在或长或短的时间内衰减下来。图 1.7 表示一个具有黏性阻尼器的弹簧振子，其中 c 为阻尼系数。由牛顿第二定律可建立振动微分方程

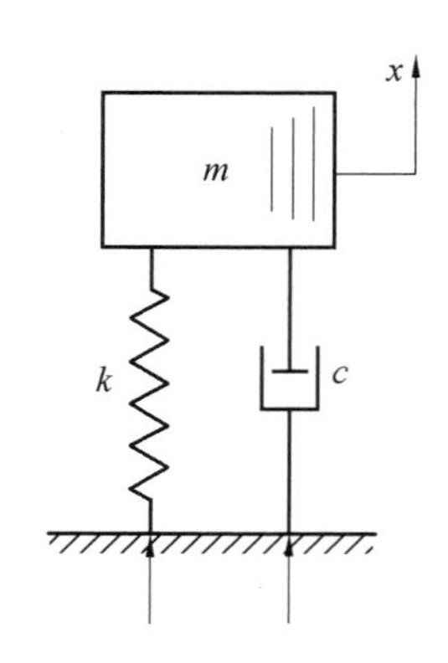

图 1.7 黏性阻尼弹簧振子

$$m\ddot{x} + c\dot{x} + kx = 0 \tag{1.25}$$

令

$$c/m = 2n, \quad k/m = \omega_n^2 \tag{1.26}$$

则上述方程可写为有阻尼自由振动方程的标准形式

$$\ddot{x} + 2n\dot{x} + \omega_n^2 x = 0 \tag{1.27}$$

上式为二阶齐次线性微分方程，设其解为 $x = Ae^{st}$，将它代入式(1.27) 后得特征方程

$$s^2 + 2ns + \omega_n^2 = 0 \tag{1.28}$$

解得特征根

$$s = -n \pm \sqrt{n^2 - \omega_n^2} \tag{1.29}$$

下面讨论由于 n 的不同，s 为实数、复数等各种情形所对应方程的解。

1.4.1 $n > \omega_n$

这种情况称为过阻尼(over damping)，这时 s 为两个负实根，即

$$s_{1,2} = -(n \mp \sqrt{n^2 - \omega_n^2})$$

方程(1.27) 的解为

$$x = Ae^{-(n-\sqrt{n^2-\omega_n^2})t} + Be^{-(n+\sqrt{n^2-\omega_n^2})t} \tag{1.30}$$

式中，A，B 为初始条件决定的待定常数。

由式(1.30) 知，这时运动曲线为一个负指数的衰减曲线，说明系统运动是稳定的，且不会发生多次往复振动，运动曲线见图 1.8。根据初始条件 x_0，$\dot{x}_0$ 的不同，可出现图 1.8 中(a)、(b)、(c) 三种情况。

1.4.2 $n = \omega_n$

这种情况称为临界阻尼(critical damping)，这时 s 为两个相等的实根，有 $s = -n$，方程(1.27) 的解为

$$x = (A + Bt)e^{-nt} \tag{1.31}$$

式中，系数 A，B 是由初始条件待定的常数。

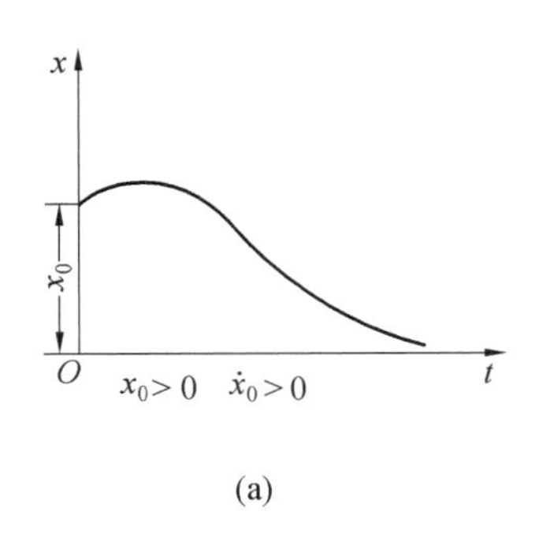

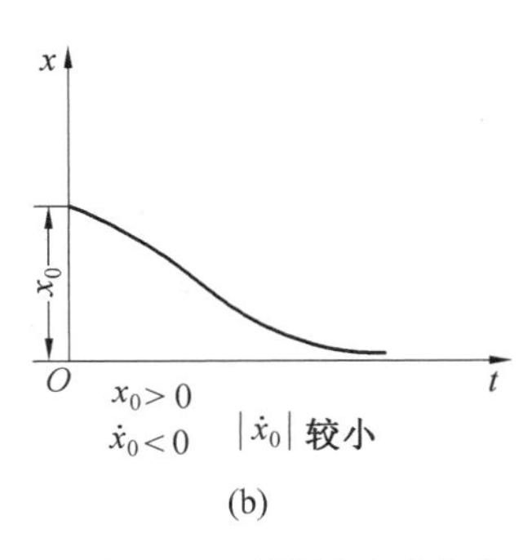

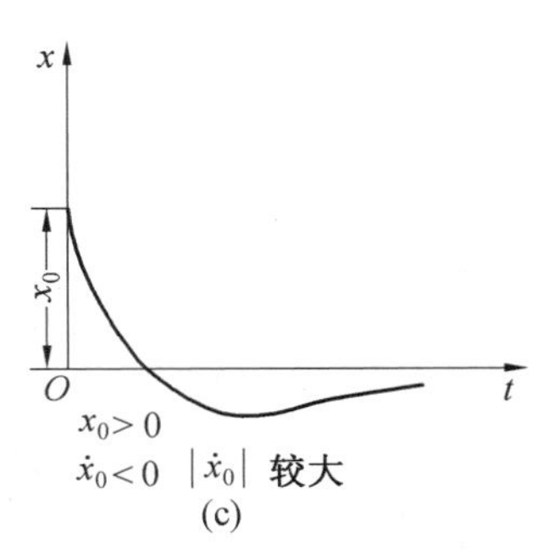

图 1.8　过阻尼运动曲线

这时运动的时间历程曲线如图 1.8(c) 所示的一条衰减曲线。设临界阻尼情形的阻尼系数为 c_c，从 $n=\omega_n$ 可解得临界阻尼系数

$$c_c = 2\sqrt{mk} = 2m\omega_n \tag{1.32}$$

今后将系统的阻尼系数 c 与其临界阻尼系数 c_c 之比称为阻尼比(damping ratio)ζ，有

$$\zeta = c/c_c = n/\omega_n \tag{1.33}$$

显然，在临界阻尼情况下，$\zeta=1$；在过阻尼情况下，$\zeta>1$。

1.4.3　$n<\omega_n$($c<c_c$ 或 $\zeta<1$)

这种情况称为欠阻尼(under damping)。此时 s 的两个根为复数，即

$$s_{1,2} = -n \pm \mathrm{j}\sqrt{\omega_n^2 - n^2} = -n \pm \mathrm{j}\omega_d \tag{1.34}$$

其中

$$\mathrm{j} = \sqrt{-1}, \quad \omega_d = \sqrt{\omega_n^2 - n^2} = \omega_n\sqrt{1-\zeta^2} \tag{1.35}$$

ω_d 称为有阻尼固有频率，方程(1.27) 的解为

$$x = \mathrm{e}^{-nt}(C_1\mathrm{e}^{\mathrm{j}\omega_d t} + C_2\mathrm{e}^{-\mathrm{j}\omega_d t}) \tag{1.36}$$

根据欧拉(Euler) 公式

$$\sin(\omega_d t) = \frac{1}{2\mathrm{j}}(\mathrm{e}^{\mathrm{j}\omega_d t} - \mathrm{e}^{-\mathrm{j}\omega_d t})$$

$$\cos(\omega_d t) = \frac{1}{2}(\mathrm{e}^{\mathrm{j}\omega_d t} + \mathrm{e}^{-\mathrm{j}\omega_d t})$$

可将式(1.36) 写为

$$x = \mathrm{e}^{-nt}[C_3\cos(\omega_d t) + C_4\sin(\omega_d t)] \tag{1.37}$$

或

$$x = A\mathrm{e}^{-nt}\sin(\omega_d t + \varphi) \tag{1.38}$$

设初始条件为：$t=0, x=x_0, \dot{x}=\dot{x}_0$，将其代入方程(1.38) 解得

$$A = \sqrt{x_0^2 + \left(\frac{\dot{x}_0 + \zeta\omega_n x_0}{\omega_d}\right)^2} \tag{1.39}$$

$$\varphi = \arctan\frac{\omega_d x_0}{\dot{x}_0 + \zeta\omega_n x_0}$$

公式(1.38) 表示在欠阻尼下的自由振动，它不是严格的周期振动，是一个减幅的往复运动，可称为准周期振动，其往复一次的时间(周期) 为

$$T_{\mathrm{d}}=\frac{2\pi}{\omega_{\mathrm{d}}}=\frac{2\pi}{\sqrt{\omega_{\mathrm{n}}^{2}-n^{2}}}=\frac{2\pi}{\omega_{\mathrm{n}}\sqrt{1-\zeta^{2}}} \tag{1.40}$$

衰减振动的振幅按指数规律减小，其时间历程曲线见图1.9。

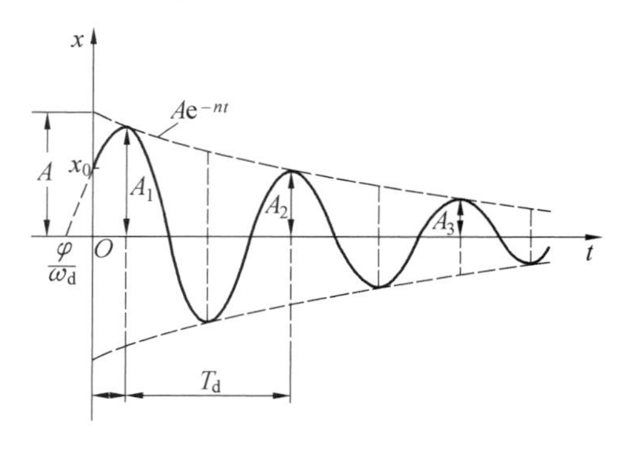

图1.9　欠阻尼振动曲线

在有阻尼自由振动中，由于阻尼不断消耗能量又没有外界能量补充，所以系统总能量不断减少，振幅不断衰减。一般来说，阻尼对振幅的影响较大，使其按指数曲线规律衰减。从式(1.35)看出，阻尼对频率有影响，它降低了固有频率。但一般材料的阻尼比ζ都很小，例如钢(0.01～0.03)，木材(0.04)，混凝土(0.08)等。所以说阻尼对固有频率的影响很小，一般可认为$\omega_{\mathrm{d}}\approx\omega_{\mathrm{n}}$。

工程中常用对数衰减率(logarithmic decrement)δ来表征系统阻尼情况，δ定义为两个相邻的同号位移峰值之比的自然对数，即

$$\delta=\ln\frac{x_i}{x_{i+1}}=\ln\frac{Ae^{-nt}}{Ae^{-n(t+T_{\mathrm{d}})}}=nT_{\mathrm{d}} \tag{1.41}$$

考虑$n=\zeta\omega_{\mathrm{n}}$及式(1.40)有

$$\delta=\frac{2\pi\zeta}{\sqrt{1-\zeta^{2}}}\approx 2\pi\zeta \tag{1.42}$$

从上式可看出，对数衰减率δ与阻尼比ζ只差一个常数倍。工程中表征阻尼的还有一些其他的物理量，如品质因素(quality factor)

$$Q=\frac{1}{2\zeta} \tag{1.43}$$

它是从电振荡引入的物理量。还有损耗因子

$$\eta=1/Q=2\zeta \tag{1.44}$$

它是从滞后阻尼假设和能量损耗引入的。

例1.3　某系统作自由衰减振动，得到的实验曲线如图1.9所示，如果经过m个周期，振幅正好减至原来的一半，求系统的阻尼比。

解　根据对数衰减率的定义可推出公式

$$\delta=\frac{1}{m}\ln\frac{x_i}{x_{i+m}}\approx 2\pi\zeta \tag{1.45}$$

$$\zeta=\frac{1}{2\pi m}\ln\frac{x_i}{x_{i+m}}=\frac{1}{2\pi m}\ln 2$$

将2π及$\ln 2$值代入可得

$$\zeta=0.110/m \tag{1.46}$$

上式可作为衰减振动实验求阻尼的公式，其中m可以是整数，也可以是分数或小数。

1.5　简谐激振

工程中存在较多的是受迫振动(forced vibration)，即振动系统在外界干扰力或干扰位

移作用下产生的振动。外界不断对振动系统输入能量，才能使振动得以维持而不至于因阻尼存在而随时间衰减。由于干扰力的形式不同，可将受迫振动分为简谐激振、周期激振、脉冲激振、阶跃激振和任意激振。本节研究一种最基本的受迫振动 —— 在简谐激振力作用下产生的受迫振动。

1.5.1　无阻尼简谐激振响应及共振现象分析

图1.2的系统，阻尼很小设为零，外力 $f(t)$ 为简谐激振力，不妨设为 $f(t)=F_0\cos(\omega t)$，则运动方程为

$$m\ddot{x}+kx=F_0\cos(\omega t) \tag{1.47}$$

$$x(0)=x_0,\quad \dot{x}(0)=\dot{x}_0$$

$$\ddot{x}+\omega_n^2x=\frac{F_0}{m}\frac{k}{k}\cos(\omega t)=x_{st}\omega_n^2\cos(\omega t) \tag{1.48}$$

其中 $x_{st}=F_0/k$，表示在静载作用下的静变形量。方程(1.48)的特解假设为 $A\cos(\omega t)$ 代入得

$$A=\frac{x_{st}}{1-\overline{\omega}^2},\quad \overline{\omega}=\omega/\omega_n \tag{1.49}$$

对通解应用初始条件，得到全解为

$$x(t)=x_0\cos(\omega_n t)+\frac{\dot{x}_o}{\omega_n}\sin(\omega_n t)+\frac{x_{st}}{1-\overline{\omega}^2}\cos(\omega t)-\frac{x_{st}}{1-\overline{\omega}^2}\cos(\omega_n t) \tag{1.50}$$

解表达式的前两项仅仅与初始条件有关，后两项均是与激励力有关的。强迫振动重点关注外激励引起的响应，故为分析简便一般可假设初始条件为零，这样上式变为

$$x(t)=\frac{x_{st}}{1-\overline{\omega}^2}[\cos(\omega t)-\cos(\omega_n t)]=-2\frac{x_{st}}{1-\overline{\omega}^2}\sin\left(\frac{\omega-\omega_n}{2}t\right)\sin\left(\frac{\omega+\omega_n}{2}t\right) \tag{1.51}$$

上式表示的振动规律如图1.10所示(模型参数 $k=100\pi^2$，$m=1$，$F_0=10$)，被称之为拍振。

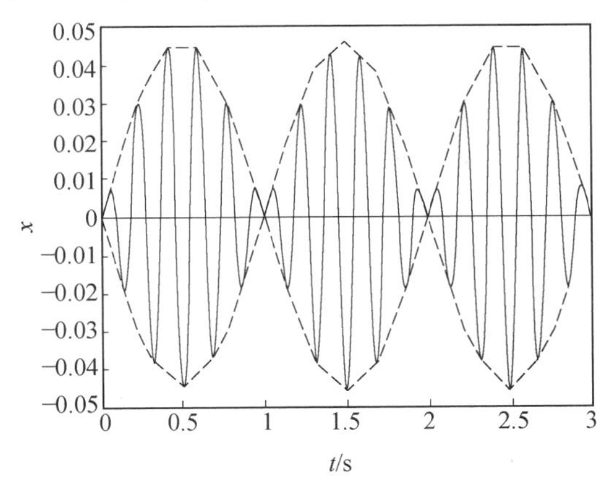

图1.10　无阻尼简谐激振响应($\overline{\omega}=1.2$)

下面重点考察当外激励力频率接近系统固有频率时的振动规律，即对式(1.51)求极限有

$$\lim_{\omega\to\omega_n} x(t)=\lim_{\omega\to\omega_n}\frac{x_{st}\omega_n^2}{\omega+\omega_n}t\frac{\sin\left(\frac{\omega-\omega_n}{2}t\right)}{\frac{\omega-\omega_n}{2}t}\sin\left(\frac{\omega+\omega_n}{2}t\right)=\frac{1}{2}x_{st}\omega_n t\sin(\omega_n t) \quad (1.52)$$

从该式可以看出，当外激励力频率趋近于系统固有频率时，系统发生了共振，振幅随时间线性增长。图 1.11 是前述模型当外激励力频率和系统固有频率相对误差为 1% 时的响应。

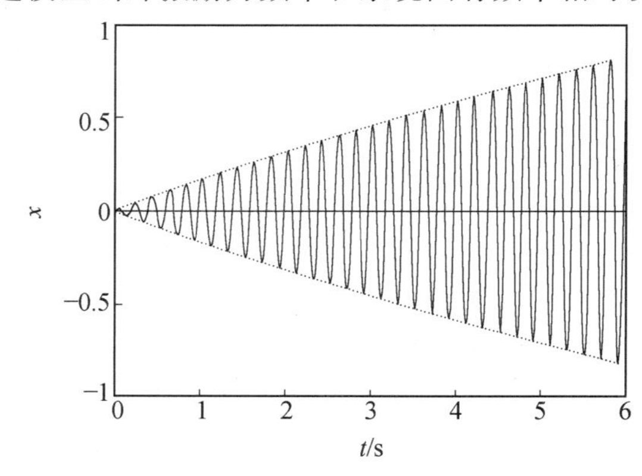

图 1.11　无阻尼简谐激振响应($\overline{\omega}=1.01$)

1.5.2　有阻尼简谐激振

单自由度系统在简谐激振力作用下的受迫振动微分方程为

$$m\ddot{x}+c\dot{x}+kx=F_0\sin(\omega t) \quad (1.53)$$

式中，F_0 为激振力幅值；ω 为激振力角频率。

若引入

$$n=\frac{c}{2m},\quad \omega_n^2=k/m,\quad h=F_0/m \quad (1.54)$$

则运动方程(1.53) 可写为标准形式

$$\ddot{x}+2n\dot{x}+\omega_n^2 x=h\sin(\omega t) \quad (1.55)$$

根据微分方程理论，上述非齐次方程的解为两部分组成，即

$$x=x_1+x_2$$

其中 x_1 是齐次方程

$$\ddot{x}+2n\dot{x}+\omega_n^2 x=0$$

的通解，在欠阻尼($n<\omega_n$) 情况下，有

$$x_1=e^{-nt}[C_1\cos(\omega_d t)+C_2\sin(\omega_d t)] \quad (1.56)$$

式中，$\omega_d=\sqrt{\omega_n^2-n^2}=\omega_n\sqrt{1-\zeta^2}$。而 x_2 是方程(1.55) 的特解，设

$$x_2=A\sin(\omega t-\alpha) \quad (1.57)$$

将表达式(1.57) 代入方程(1.55) 后解得

$$A=\frac{h}{\sqrt{(\omega_n^2-\omega^2)^2+4n^2\omega^2}}=\frac{x_{st}}{\sqrt{(1-\overline{\omega}^2)^2+(2\zeta\overline{\omega})^2}} \quad (1.58)$$

$$\tan\alpha=\frac{2n\omega}{\omega_n^2-\omega^2}=\frac{2\zeta\overline{\omega}}{1-\overline{\omega}^2} \quad (1.59)$$

$$\overline{\omega}=\omega/\omega_{\mathrm{n}} \tag{1.60}$$

$$x_{\mathrm{st}}=h/\omega_{\mathrm{n}}^2=F_0/k \tag{1.61}$$

式中，$\overline{\omega}$ 称为频率比；x_{st} 称为静变形。

这样方程(1.55)的解可写为

$$x=\mathrm{e}^{-nt}[C_1\cos(\omega_{\mathrm{d}}t)+C_2\sin(\omega_{\mathrm{d}}t)]+\frac{h}{\sqrt{(\omega_{\mathrm{n}}^2-\omega^2)^2+4n^2\omega^2}}\sin(\omega t-\alpha)$$

如果初始条件为 $t=0,x=x_0,\dot{x}=\dot{x}_0$，则得方程的全解为

$$x=\mathrm{e}^{-nt}\left[x_0\cos(\omega_{\mathrm{d}}t)+\frac{\dot{x}_0+nx_0}{\omega_{\mathrm{d}}}\sin(\omega_{\mathrm{d}}t)\right]+$$

$$A\mathrm{e}^{-nt}\left[\sin\alpha\cos(\omega_{\mathrm{d}}t)+\frac{n\sin\alpha-\omega\cos\alpha}{\omega_{\mathrm{d}}}\sin(\omega_{\mathrm{d}}t)\right]+A\sin(\omega t-\alpha) \tag{1.62}$$

式(1.62)表示单自由度系统对简谐激振力 $F_0\sin(\omega t)$ 的位移响应。全式由三大项组成，前两项之和代表自由振动部分，这部分只在最初一段时间起作用，称为过渡过程。最后一项是激振力频率为 ω 的简谐振动，这部分振动不衰减，称为稳态响应。式中第一项只与初始条件有关，而与激振力无关，所以也称第一项为零输入响应，而第二项与第三项的组合称为零初始响应。

1.5.3 稳态响应的振幅和相位

公式(1.58)、(1.59)表达了稳态响应中的振幅、相位与激振频率 ω 的关系。下面我们将这两个公式都写成无量纲形式

$$\beta=\frac{A}{x_{\mathrm{st}}}=\frac{1}{\sqrt{(1-\overline{\omega}^2)^2+(2\zeta\overline{\omega})^2}} \tag{1.63a}$$

$$\alpha=\arctan\frac{2\zeta\overline{\omega}}{1-\overline{\omega}^2} \tag{1.63b}$$

式中，β 为动力放大系数，它表示振幅相对于静变形的放大倍数。

图1.12所示曲线称为振幅－频率曲线，它表示在不同阻尼比情况下放大系数 β 与频率比 $\overline{\omega}$ 的关系。从这些曲线可以看到，当 $\overline{\omega}$ 接近于1时，即 $\omega\approx\omega_{\mathrm{n}}$ 时，振幅迅速增大，这种现象称为共振(resonance)。在共振区内，阻尼对振幅影响很大。振幅最大值所对应的频率 $\omega_{共}$ 称为共振频率，从式(1.63a)可解得位移共振频率 $\omega_{共}=\omega_{\mathrm{n}}\sqrt{1-2\zeta^2}$。可见在黏性阻尼条件下，位移共振频率略小于固有频率，但在小阻尼情况下，常取 $\omega_{共}\approx\omega_{\mathrm{n}}$。

图1.13所示曲线称为相频曲线，它表示在不同阻尼比的情况下，激振力与位移响应之间的相位关系。由于阻尼的存在，位移响应总是滞后于激振力，阻尼不同，滞后相位角也不同，但在 $\omega=\omega_{\mathrm{n}}$(共振)时，无论阻尼是多少，相位角都等于 $\pi/2$。所以，也可以根据这个特性，利用实验的相频曲线测定系统的固有频率。

例1.4 图1.14表示一重为 W，长为 l 的均质杆，可绕其上的铰链在铅垂面内摆动，若在距上端 $\frac{1}{4}l$ 处垂直作用一正弦激振力 $F=F_0\sin(\omega t)$，忽略阻尼，求杆的稳态微幅振动。

解 取摆角 θ 为广义坐标，根据动量矩定理，可建立微振动情况下的振动微分方程为

$$I\ddot{\theta}+\frac{Wl}{2}\theta=\frac{l}{4}F_0\sin(\omega t)$$

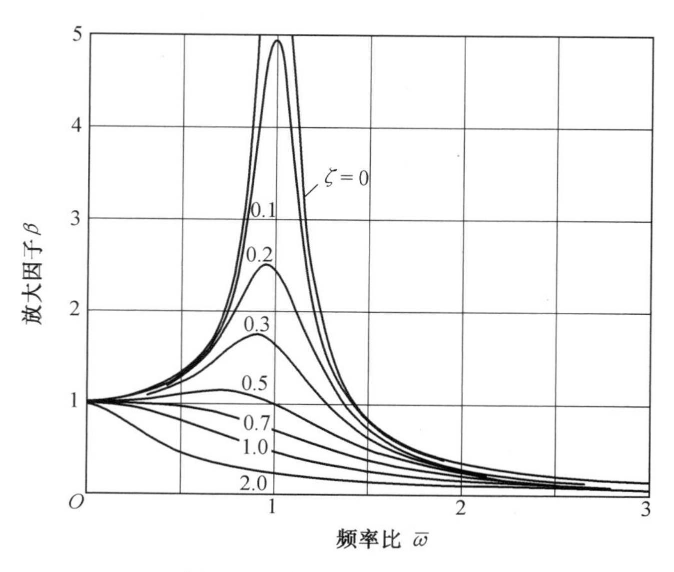

图 1.12　振幅－频率曲线

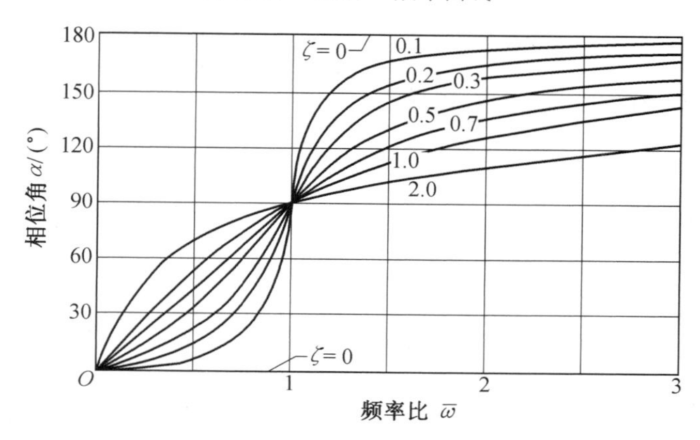

图 1.13　相位－频率曲线

其中转动惯量 $I=\dfrac{Wl^2}{3g}$。可解得固有频率为 $\omega_n=\sqrt{\dfrac{Wl}{2I}}=\sqrt{\dfrac{3g}{2l}}$。由公式(1.55) 可解得

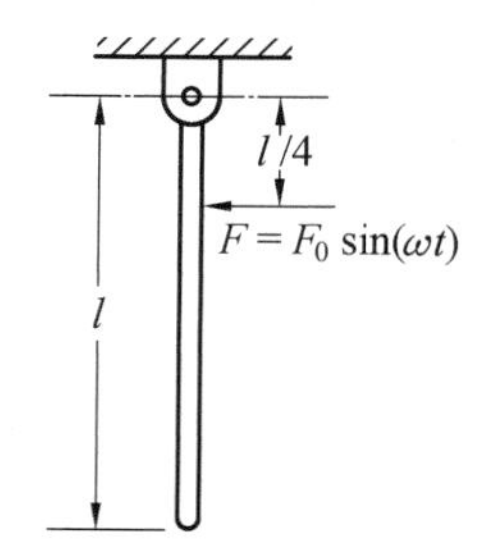

图 1.14　均质刚杆的摆动

$$\theta=\frac{3F_0 g}{2W(3g-2\omega^2 l)}\sin(\omega t)$$

从幅频曲线图 1.12 可以看到，在共振区附近，阻尼对振幅影响很大，阻尼越小，振幅越大，曲线峰形越尖锐，反之阻尼越大，振幅越小，曲线峰形越平缓。可以利用这一关系从实验得到的幅频曲线求系统的阻尼。设黏性阻尼的幅频曲线如图1.15 所示，横坐标用激振频率 ω 表示，在共振时，有 $\omega=\omega_n$，$\beta_{max}=\dfrac{1}{2\zeta}$，若在 ω_n 的两边找出两个频率 ω_1 和 ω_2，使得它们的振幅都等于 $\beta_{max}/\sqrt{2}$，有

$$\beta_{1,2}=\beta_{max}/\sqrt{2}=\frac{1}{2\sqrt{2}\zeta}$$

将上式代入式(1.63a)中得

$$\frac{1}{2\sqrt{2}\zeta}=\frac{1}{\sqrt{(1-\overline{\omega}^2)^2+4\zeta^2\overline{\omega}^2}}$$

解此方程得$\overline{\omega}^2$的两个根为

$$(\overline{\omega}^2)_{1,2}=1-2\zeta^2\pm 2\zeta\sqrt{1+\zeta^2} \tag{1.64}$$

在小阻尼情况下，忽略高次项有

$$(\overline{\omega}^2)_{1,2}=1\pm 2\zeta$$

即

$$\omega_1^2/\omega_n^2=1-2\zeta$$

$$\omega_2^2/\omega_n^2=1+2\zeta$$

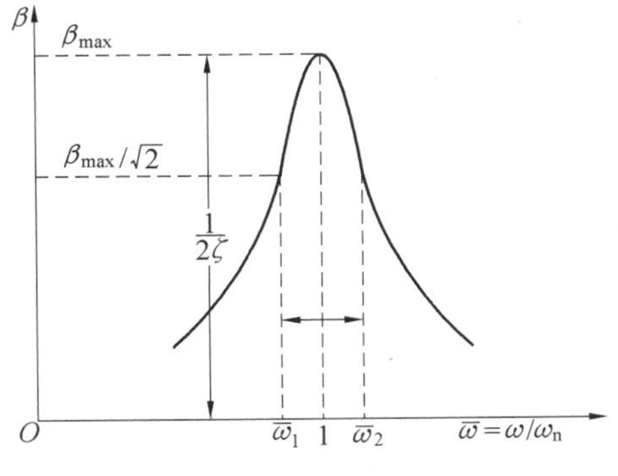

图1.15　黏性阻尼幅频曲线

联立上述两个方程，解得

$$\zeta=\frac{\omega_2-\omega_1}{2\omega_n}=\frac{\Delta\omega}{2\omega_n} \tag{1.65}$$

式(1.65)就是用共振法求系统阻尼的公式。实验时，首先用共振法求出系统的共振频率(即固有频率)ω_n及共振振幅A_{max}，然后再用扫频的方法在ω_n的两边寻找ω_1与ω_2，使得它们对应的幅值$A_1=A_2=A_{max}/\sqrt{2}$，称ω_1与ω_2为半功率点，$\Delta\omega=\omega_2-\omega_1$为半功率点带宽。然后利用公式(1.65)可算出阻尼比$\zeta=\frac{\Delta\omega}{2\omega_n}$。对于滞后阻尼系统，可利用公式(1.43)，有$\eta=2\zeta_{eq}=\Delta\omega/\omega_n$。

1.5.4　用矢量方法推导稳态响应公式

用矢量方法求解单自由度系统的稳态响应比较简单，且各个力矢量之间的相位关系也比较清楚。在谐振动中，振动系统的弹性力、阻尼力、激振力及惯性力都可用矢量表示，并且这些力应组成一平衡力系，其力多边形应封闭，此方法利用了这个关系。

在运动方程(1.53)中，将激振力$F_0\sin(\omega t)$写作复数形式，有$f(t)=F_0e^{j\omega t}$，方程(1.53)可写为

$$m\ddot{x}+c\dot{x}+kx=F_0e^{j\omega t} \tag{1.66}$$

稳态响应为

$$x=Ae^{j(\omega t-\alpha)} \tag{1.67}$$

将表达式(1.67)代入式(1.66)中得

$$-m\omega^2Ae^{j(\omega t-\alpha)}+j\omega cAe^{j(\omega t-\alpha)}+kAe^{j(\omega t-\alpha)}=F_0e^{j\omega t}$$

整理得

$$F_0e^{j\omega t}+(m\omega^2-k)Ae^{j(\omega t-\alpha)}-j\omega cAe^{j(\omega t-\alpha)}=0 \tag{1.68}$$

公式(1.68)表示了激振力、惯性力、弹性力及阻尼力矢量的平衡关系及相位关系。根据它们的关系可作出矢量图，如图1.16所示，由图中直角三角形三边关系，可得

$$F_0^2=[(k-m\omega^2)A]^2+(\omega cA)^2 \tag{1.69}$$

由上式同样可解得与式(1.58)和式(1.59)相同的结果

$$A=\frac{h}{\sqrt{(\omega_n^2-\omega^2)^2+4n^2\omega^2}} \tag{1.70}$$

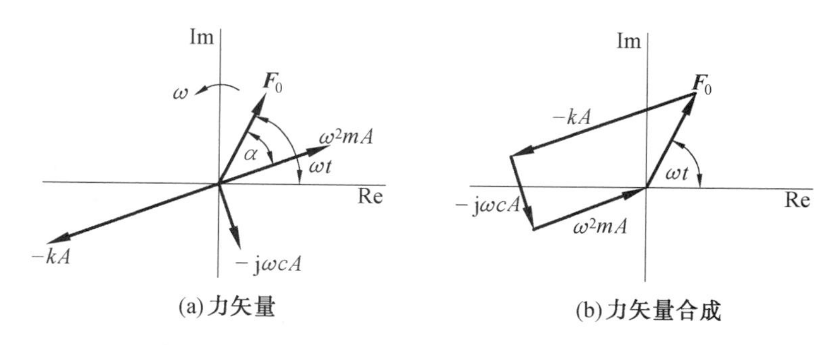

图 1.16 稳态响应的力矢量图

$$\tan\alpha = \frac{2n\omega}{\omega_n^2 - \omega^2}$$

由公式(1.68)得

$$(k - m\omega^2 + \mathrm{j}c\omega)A\mathrm{e}^{\mathrm{j}(\omega t - \alpha)} = F_0\mathrm{e}^{\mathrm{j}\omega t} \tag{1.71}$$

$$(k - m\omega^2 + \mathrm{j}c\omega)A = F_0\mathrm{e}^{\mathrm{j}\alpha} \tag{1.72}$$

上式两端的幅值和相角对应相等也可得与式(1.58)和(1.59)同样的结果。

由公式(1.71)可以得到

$$\frac{A\mathrm{e}^{\mathrm{j}(\omega t-\alpha)}}{F_o\mathrm{e}^{\mathrm{j}\omega t}} = \frac{1}{k - m\omega^2 + \mathrm{j}c\omega} = H(\omega) \tag{1.73}$$

其物理意义为单位幅值复谐激励引起的复响应，具有柔度的量纲，称之为单自由度系统的频率响应函数。

其表达式也可以对单自由度系统的运动方程(1.1)直接进行傅里叶变换得到

$$-m\omega^2 X(\omega) + \mathrm{j}c\omega X(\omega) + kX(\omega) = F(\omega) \tag{1.74}$$

$$\frac{X(\omega)}{F(\omega)} = \frac{1}{k - m\omega^2 + \mathrm{j}c\omega} = H(\omega) \tag{1.75}$$

可以看到频率响应函数是单自由度系统特性在频率域的完整表征，它在激励与响应之间的起到一个传递作用。因为它是在频率域单位力引起的位移，称之为位移频响，也称之为动柔度，也称导纳(mobility)，其倒数称之为动刚度，也称阻抗(impedance)。当上式左端分母是速度或加速度时，得到的对应表达式分别称之为速度或加速度频响。

1.5.5 稳态响应中力的功

下面讨论受迫振动的稳态响应中各种力在一个周期内所做的功，用符号$\oint$表示在一个周期内的积分。

1. 弹性力(恢复力)的功

$$W_e = \oint -kx\,\mathrm{d}x = \oint -kx\dot{x}\,\mathrm{d}t =$$

$$\oint -kA\sin(\omega t - \alpha)\omega A\cos(\omega t - \alpha)\mathrm{d}t =$$

$$\oint -\frac{1}{2}k\omega A^2\sin[2(\omega t - \alpha)]\mathrm{d}t = 0$$

结论为弹性力在一个振动周期内所做功为零。

2. 阻尼力的功

$$W_d = \oint -c\dot{x}\,dx = \oint -c\dot{x}^2 dt = \oint -c[\omega A\cos(\omega t-\alpha)]^2 dt = -\pi\omega cA^2 \tag{1.76}$$

结论为黏性阻尼在一周内所做的功除与振幅和阻尼系数有关外，还与频率成正比。

3. 激振力的功

$$W_f = \oint F_0\sin(\omega t)\,dx = \oint F_0\sin(\omega t)\dot{x}\,dt =$$

$$\oint F_0\omega A\sin(\omega t)\cos(\omega t-\alpha)\,dt = \pi F_0 A\sin\alpha \tag{1.77}$$

结论为激振力在一周内所做的功除与振幅及力幅有关外，还与相位有关。

对于稳态响应，根据机械能守恒定律，应有弹性力、阻尼力与激振力在一周之内所做功之总和为零，即

$$W_e + W_d + W_f = 0$$

有

$$\pi F_0 A\sin\alpha - \pi\omega cA^2 = 0$$

得

$$A = \frac{F_0\sin\alpha}{c\omega} \tag{1.78}$$

当 $\omega=\omega_n$ 时，有 $\sin\alpha=\sin\frac{\pi}{2}=1$，可得

$$A_{max} = \frac{F_0}{c\omega_n} = \frac{x_{st}}{2\zeta}$$

则共振时的动力放大系数

$$\beta_{max} = \frac{1}{2\zeta} \tag{1.79}$$

上式与公式(1.63a) 推出的 β_{max} 是一致的。

1.5.6　位移激振、隔振

有些振动不是因为激振力直接作用于物体引起的，而是由于支承的运动引起的，称为位移激振(displacement excitation)。如地震引起的地面结构的振动，汽车行驶时，由于凹凸不平的地面引起车身的振动，放在机器上的仪器的振动等。

1. 位移激振微分方程

图 1.17 所示单自由度系统，支承做简谐振动，其规律为 $x_1=B\sin(\omega t)$。设质量为 m 的物体的振动位移为 x，则作用在物体上的弹性力为 $-k(x-x_1)$，阻尼力为 $-c(\dot{x}-\dot{x}_1)$，根据牛顿定律有

$$m\ddot{x} = -k(x-x_1) - c(\dot{x}-\dot{x}_1) \tag{1.80}$$

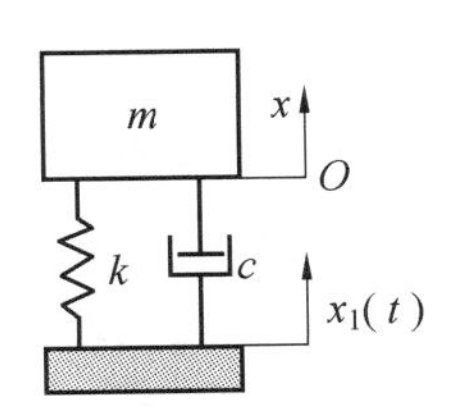

图 1.17　位移激振力学模型

设相对位移 $x_r = x - x_1$，则上式可写为

$$m\ddot{x}_r + c\dot{x}_r + kx_r = -m\ddot{x}_1$$

或

$$m\ddot{x}_r + c\dot{x}_r + kx_r = mB\omega^2\sin(\omega t) \tag{1.81}$$

上式与受迫振动微分方程(1.53)相同。

若仍考虑绝对位移 x,将方程(1.80)写为

$$m\ddot{x} + c\dot{x} + kx = kx_1 + c\dot{x}_1$$

将 $x_1 = B\sin(\omega t)$ 代入,得

$$m\ddot{x} + c\dot{x} + kx = kB\sin(\omega t) + c\omega B\cos(\omega t) \tag{1.82}$$

设系统的稳态响应为

$$x = A\sin(\omega t - \alpha) \tag{1.83}$$

将式(1.83)代入式(1.82)得

$$\frac{A}{B} = \sqrt{\frac{k^2 + c^2\omega^2}{(k - m\omega^2)^2 + c^2\omega^2}} = \sqrt{\frac{1 + 4\zeta^2\overline{\omega}^2}{(1 - \overline{\omega}^2)^2 + 4\zeta^2\overline{\omega}^2}} \tag{1.84a}$$

$$\tan\alpha = \frac{mc\omega^3}{k(k - m\omega^2) + c^2\omega^2} = \frac{2\zeta\overline{\omega}^3}{1 - \overline{\omega}^2 + 4\zeta^2\overline{\omega}^2} \tag{1.84b}$$

图 1.18 表示如公式(1.84a)和(1.84b)所示的位移激振的幅频曲线与相频曲线,其中振幅比 A/B 表示了位移传递率。对于隔振的要求来说,应有 $A/B < 1$,从图可看出,满足这一要求的频率比 $\overline{\omega} = \omega/\omega_n > \sqrt{2}$,且当 $\overline{\omega} > \sqrt{2}$ 时,阻尼比 ζ 越小越好,但阻尼过小对激振频率通过共振区时不利。

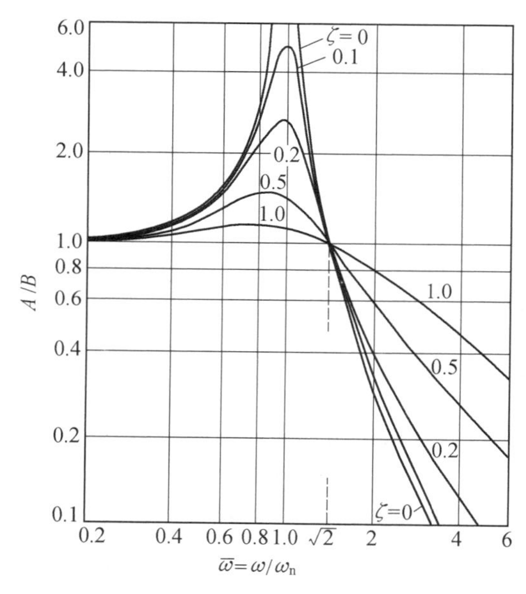

图 1.18　位移传递率曲线

2. 主动隔振

主动隔振就是将振源与周围环境隔开,使振动不要传播出去。例如汽车发动机安装在汽车上时,需要将隔振器(减振器)安置在发动机与机座之间。图 1.19 所示是用弹簧阻尼系统,将作用在质量为 m 的物体上的简谐激振力 $\boldsymbol{Q}$ 与地面隔离的一个例子。设系统的稳态响应为

$$x = A\sin(\omega t - \alpha)$$

$$\dot{x}=\omega A\cos(\omega t-\alpha)=\omega A\sin\left(\omega t-\alpha+\frac{\pi}{2}\right)$$

可见 x 与 $\dot{x}$ 相位差为 $\pi/2$。弹簧传递的最大力为 kA，阻尼传递的最大力为 ωcA，它们之间的相位角为 $\pi/2$，其合力应为

$$F_T=\sqrt{(kA)^2+(c\omega A)^2}=kA\sqrt{1+(c\omega/k)^2} \tag{1.85}$$

将振幅 A 的表达式(1.58)代入上式，整理得力的传递率为

$$\frac{F_T}{F_0}=\sqrt{\frac{1+4\zeta^2\bar{\omega}^2}{(1-\bar{\omega}^2)^2+4\zeta^2\bar{\omega}^2}} \tag{1.86}$$

上式为主动隔振时力的传递率公式，它与前述被动隔振时的位移传递率公式(1.84(a))完全相同，因此隔振的要求也是相同的。

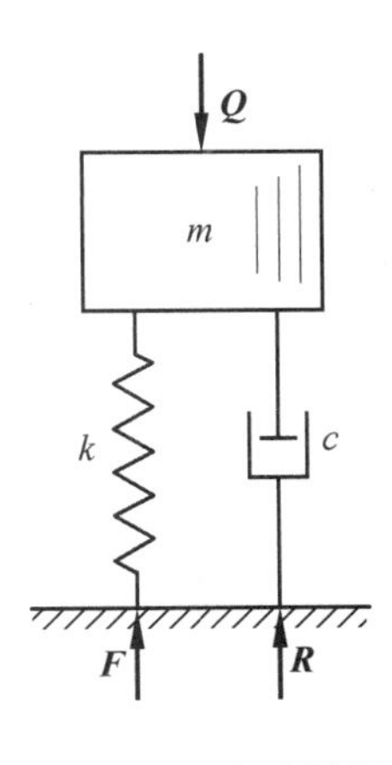

图 1.19　主动隔振

1.6　周期激振

周期性激振力也是常见的激振方式，例如往复式机械的惯性力，电磁铁通过交流电产生的电磁力，连续冲压时的周期性脉动力等。周期性激振力的特点是激振力可表示为 $f(t)=f(t+T)$，其中 T 称为激振力的周期。研究周期激振的稳态响应时，常采用谐波分析法。

谐波分析的方法就是将周期为 T 的激振力 $f(t)$ 按照傅里叶(Fourier)级数展开，即

$$f(t)=\frac{a_0}{2}+\sum_{i=1}^{\infty}[a_i\cos(i\omega t)+b_i\sin(i\omega t)] \tag{1.87}$$

式中，ω 为基频，$\omega=\frac{2\pi}{T}$。

$$a_i=\frac{2}{T}\int_0^T f(t)\cos(i\omega t)\mathrm{d}t \quad (i=0,1,2,\cdots)$$

$$b_i=\frac{2}{T}\int_0^T f(t)\sin(i\omega t)\mathrm{d}t \quad (i=1,2,\cdots) \tag{1.88}$$

也可将式(1.87)写为

$$f(t)=a_0/2+\sum_{i=1}^{\infty}c_i\sin(i\omega t+\varphi_i) \tag{1.89}$$

式中

$$c_i=\sqrt{a_i^2+b_i^2},\quad \varphi_i=\arctan(a_i/b_i) \tag{1.90}$$

利用公式(1.87)和(1.89)可以将一周期激振力分解为一系列频率为 $i\omega$ 的简谐激振力。每一个简谐激振力的稳态响应都可以根据简谐激振响应公式求解。又由于线性系统服从叠加原理，因此激振力 $f(t)$ 总的响应等于各简谐激振力响应之和，这样就完满地解决了周期激振力的响应问题。

例 1.5　一个单自由度系统，受到如图1.20所示三角波激振力 $f(t)$ 作用，若频率比 $\bar{\omega}=\omega/\omega_n=0.9$，忽略阻尼，求系统稳态响应。

解　首先对 $f(t)$ 作谐波分析，根据公式(1.87)和(1.88)有

$$a_0=\frac{2}{T}\int_0^T f(t)\mathrm{d}t=0$$

这一结果可从曲线 $f(t)$ 在一周内 $(0,\frac{2\pi}{\omega})$ 的上下面积相互抵消而直接得到。它表示波形的平均值为零。

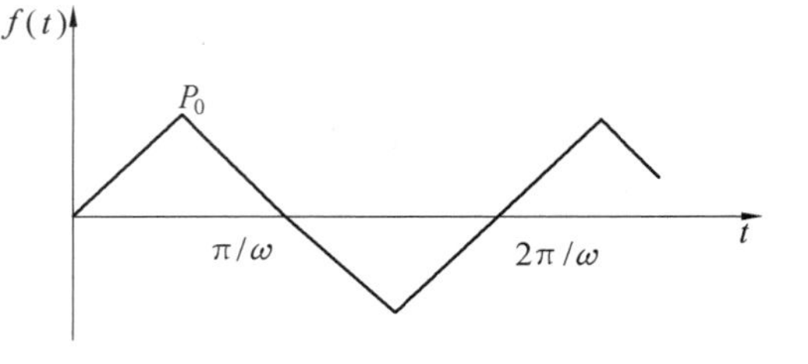

图 1.20　三角波激振力

$$a_i=\frac{2}{T}\int_0^T f(t)\cos(i\omega t)\,dt=0$$

这是因为在一个周期内 $f(t)$ 以半周期 $t=\pi/\omega$ 成反对称，而 $\cos(i\omega t)$ 以这点成对称，所以其乘积的积分为零。

对于系数 b_i，当 i 为偶数时，有

$$b_i=\frac{2}{T}\int_0^T f(t)\sin(i\omega t)\,dt=0\quad(i=2,4,6,\cdots)$$

这是因为 $f(t)$ 的上半周以 $\frac{\pi}{2\omega}$ 点为对称，而下半周以 $\frac{3\pi}{2\omega}$ 点为对称。此时，i 为偶数，$\sin(i\omega t)$ 在上半周，以 $\frac{\pi}{2\omega}$ 点为反对称，下半周以 $\frac{3\pi}{2\omega}$ 点也为反对称。当 i 为奇数时，有

$$b_i=\frac{2}{T}\int_0^{\frac{2\pi}{\omega}} f(t)\sin(i\omega t)\,dt=\frac{4\omega}{\pi}\int_0^{\frac{\pi}{2\omega}} f(t)\sin(i\omega t)\,dt=$$

$$\frac{8P_0}{i^2\pi^2}(-1)^{\frac{i-1}{2}}\quad(i=1,3,5,\cdots)$$

上式积分时，在区间 $(0,\frac{\pi}{2\omega})$ 上有 $f(t)=2P_0\omega t/\pi$。下面计算 $i=1$ 和 $i=3$ 时的动力放大系数 β_1 与 β_3，有

$$\beta_1=\frac{1}{1-\omega^2/\omega_n^2}=\frac{1}{1-0.9^2}=5.26$$

$$\beta_3=\frac{1}{1-(3\omega/\omega_n)^2}=\frac{1}{1-9\times0.9^2}=-0.159$$

稳态响应为

$$x=\frac{8P_0\beta_1}{\pi^2 k}\sin(\omega t)+\frac{8P_0\beta_3}{9\pi^2 k}\sin(3\omega t)$$

若仅取第一项，则误差小于 0.4%。

例 1.6　对图 1.21(a) 所示方波作谐波分析。

解　$f(t)$ 在任意周期内可表示为

$$f(t)=\begin{cases}1 & (0<t<T/2)\\ -1 & (T/2<t<T)\end{cases}$$

$$a_0=\frac{2}{T}\int_0^T f(t)\,dt=0$$

$$a_i=\frac{2}{T}\int_0^T f(t)\cos(i\omega t)\,dt=\frac{2}{T}\left[\int_0^{T/2}\cos(i\omega t)\,dt-\int_{T/2}^{T}\cos(i\omega t)\,dt\right]=0$$

$$b_i=\frac{2}{T}\int_0^T f(t)\sin(i\omega t)\,dt=-\frac{2}{T}\cdot\frac{T}{2i\pi}\left[\cos\left(\frac{2i\pi}{T}t\right)\Big|_0^{T/2}+\cos\left(\frac{2i\pi}{T}t\right)\Big|_{T/2}^{T}\right]=$$

$$\begin{cases} \dfrac{4}{i\pi} & (i=1,3,5,\cdots) \\ 0 & (i=2,4,6,\cdots) \end{cases}$$

所以

$$f(t)=\frac{4}{\pi}\sum_{i=1}^{\infty}\frac{1}{i}\sin\left(\frac{2i\pi}{T}t\right)$$

$f(t)$ 的前四阶谐波分量及其和示于图 1.21(b)。

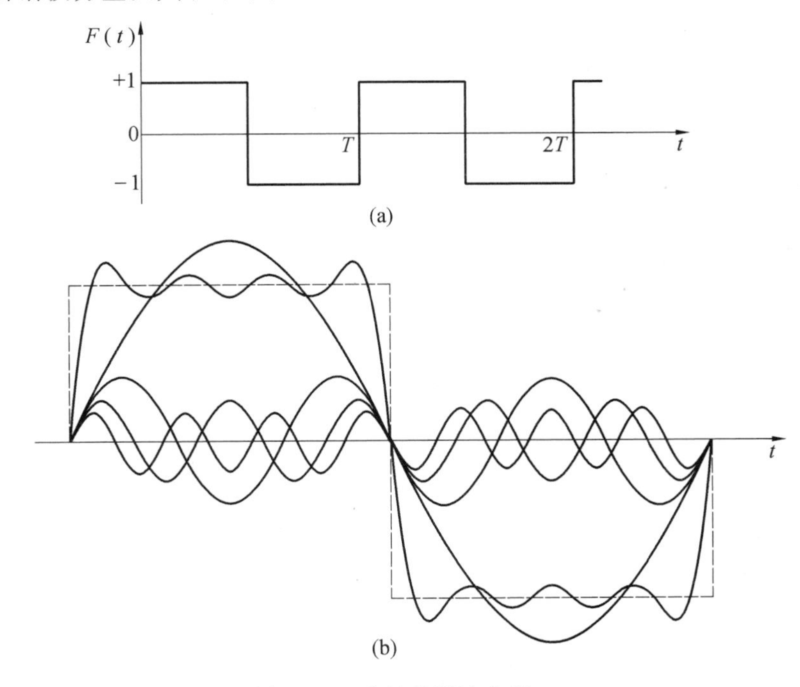

图 1.21　方波的谐波分析

1.7　单位脉冲激振和单位阶跃激振

研究单位脉冲(unit impulse) 激振和单位阶跃(unit step) 激振是研究任意力激振的基础。

1.7.1　单位脉冲激振

下面研究一单自由度系统受到某一冲击作用后的响应。图 1.22 所示的脉冲函数为发生在 t_1 时刻的某一冲击力，其持续时间为 Δt，假设在此时间内力 F 的大小不变，则 F 的冲量为

$$I_p=\int_{t_1}^{t_1+\Delta t}F\mathrm{d}t=F\Delta t \tag{1.91}$$

上式中令 $I_p=1$，$\Delta t\to 0$，$F\to\infty$，这时称这个冲量为单位脉冲，这个力函数 $F(t)$ 称为 δ 函数(Dirac 函数或 delta 函数)，即单位脉冲函数，记为 $\delta(t-t_1)$。$\delta(t-t_1)$ 有以下性质：

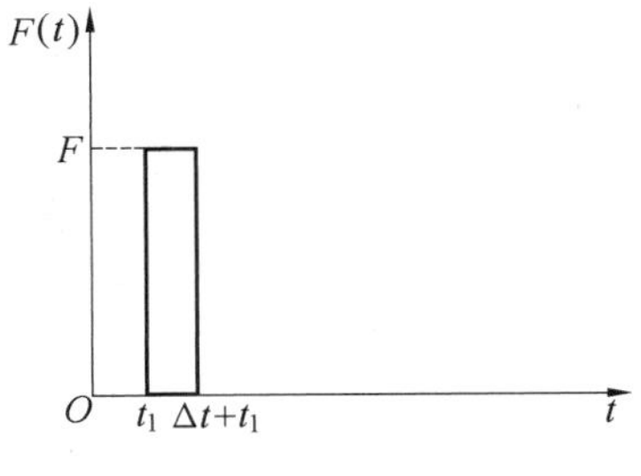

图 1.22　脉冲函数

(1)$\delta(t-t_1)=\begin{cases}0 & t\neq t_1\\ \infty & t=t_1\end{cases}$；

(2)$\int_{-\infty}^{\infty}\delta(t-t_1)\mathrm{d}t=1$；

(3)$\int_{-\infty}^{\infty}f(t)\delta(t-t_1)\mathrm{d}t=f(t_1)$。

下面研究在 $t=0$ 时作用单位脉冲的响应问题，其运动方程为

$$m\ddot{x}+c\dot{x}+kx=\delta(t) \tag{1.92}$$

或写为

$$\ddot{x}+2n\dot{x}+\omega_n^2x=\frac{1}{m}\delta(t) \tag{1.93}$$

当脉冲作用完之后，上述方程的解应为有阻尼自由振动解

$$x=A\mathrm{e}^{-nt}\sin(\omega_d t+\varphi)$$

在脉冲作用的一瞬间($t=0\rightarrow0^+$)，有加速度 $\ddot{x}=\frac{1}{m}\delta(t)$，可积分得脉冲作用后的速度 $\dot{x}_0$ 与位移 x_0，即

$$\dot{x}_0=\int_0^{0^+}\ddot{x}\mathrm{d}t=\int_0^{0^+}\frac{1}{m}\delta(t)\mathrm{d}t=\frac{1}{m}$$

$$x_0=\int_0^{0^+}\dot{x}\mathrm{d}t=\int_0^{0^+}\frac{1}{m}\mathrm{d}t=0 \tag{1.94}$$

将式(1.94)代入前式中解得

$$A=\frac{1}{m\omega_d},\quad \varphi=0$$

$$x=\frac{1}{m\omega_d}\mathrm{e}^{-nt}\sin(\omega_d t) \tag{1.95}$$

或

$$x=\frac{1}{m\omega_n\sqrt{1-\zeta^2}}\mathrm{e}^{-\zeta\omega_n t}\sin(\omega_n\sqrt{1-\zeta^2}\,t) \tag{1.96}$$

式(1.96)称为单位脉冲响应函数(图1.23)，记为 $h(t)$，这是一个准周期函数，常写为

$$h(t)=\begin{cases}0 & (t<0)\\ \dfrac{\mathrm{e}^{-\zeta\omega_n t}}{\sqrt{mk(1-\zeta^2)}}\sin(\omega_n\sqrt{1-\zeta^2}\,t) & (t\geqslant0)\end{cases} \tag{1.97}$$

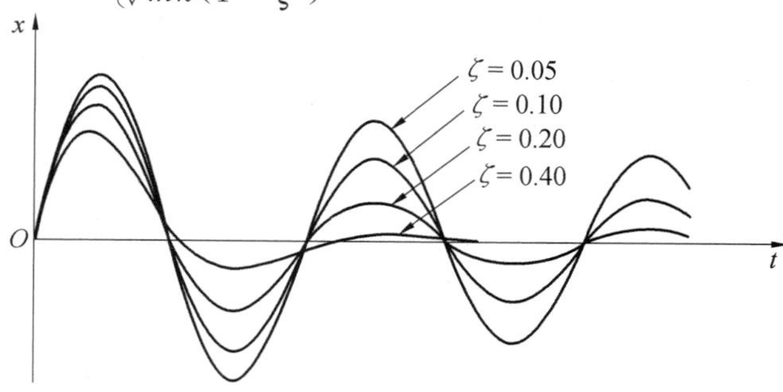

图1.23　单位脉冲响应函数

脉冲响应函数在振动理论与控制理论中都有重要应用。一方面它是研究各种复杂激振力响应的基础，另一方面它还全面地代表了系统的动力特性，是一个很重要的特征量。$h(t)$ 的傅里叶变换称为系统的频响函数，后面将详细叙述。

1.7.2　单位阶跃激振

若对某单自由度系统作用一个单位阶跃函数的激振力 $f(t)=U(t)$，$U(t)$ 满足关系

$$U(t)=\begin{cases}0 & (t<0)\\ 1 & (t\geqslant 0)\end{cases} \tag{1.98}$$

$U(t)$ 的图线如图 1.24 所示。当 $t>0$ 时，系统的振动方程为

$$m\ddot{x}+c\dot{x}+kx=1 \tag{1.99}$$

显然上述方程的特解为 $1/k$，其通解如式(1.38) 所示，方程(1.99) 的全解为

$$x=\frac{1}{k}+A\mathrm{e}^{-nt}\sin(\omega_{\mathrm{d}}t+\varphi)$$

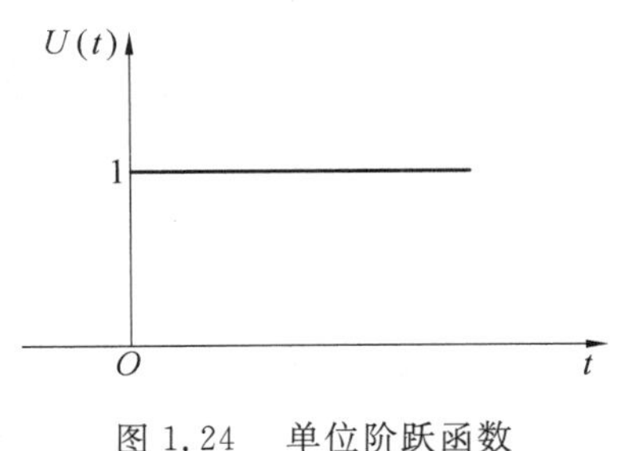

图 1.24　单位阶跃函数

或

$$x=\frac{1}{k}+A\mathrm{e}^{-\zeta\omega_{\mathrm{n}}t}\sin(\omega_{\mathrm{n}}\sqrt{1-\zeta^2}\,t+\varphi) \tag{1.100}$$

对于初始条件 $t=0$，$x_0=\dot{x}_0=0$，有

$$A=-1/k\sqrt{1-\zeta^2}$$

$$\varphi=\arctan(\sqrt{1-\zeta^2}/\zeta)$$

代入式(1.100) 得

$$x=\frac{1}{k}\left[1-\frac{\mathrm{e}^{-\zeta\omega_{\mathrm{n}}t}}{\sqrt{1-\zeta^2}}\sin(\omega_{\mathrm{n}}\sqrt{1-\zeta^2}\,t+\varphi)\right] \tag{1.101a}$$

或

$$x=\frac{1}{k}\left\{1-\mathrm{e}^{-\zeta\omega_{\mathrm{n}}t}\left[\cos(\omega_{\mathrm{d}}t)+\frac{\zeta\omega_{\mathrm{n}}}{\omega_{\mathrm{d}}}\sin(\omega_{\mathrm{d}}t)\right]\right\} \tag{1.101b}$$

若阻尼比 $\zeta=0$，则单位阶跃响应函数为

$$x=\frac{1}{k}[1-\cos(\omega_{\mathrm{n}}t)] \tag{1.102}$$

单位阶跃响应函数的时间历程曲线如图 1.25 所示。

1.7.3　响应谱

若单自由度系统受如图 1.26 所示的矩形脉冲力 $f(t)$ 作用，脉冲力的时间宽度为 t_0，这时矩形脉冲力 $f(t)$ 可以表示为

$$f(t)=F_0U(t)-F_0U(t-t_0) \tag{1.103}$$

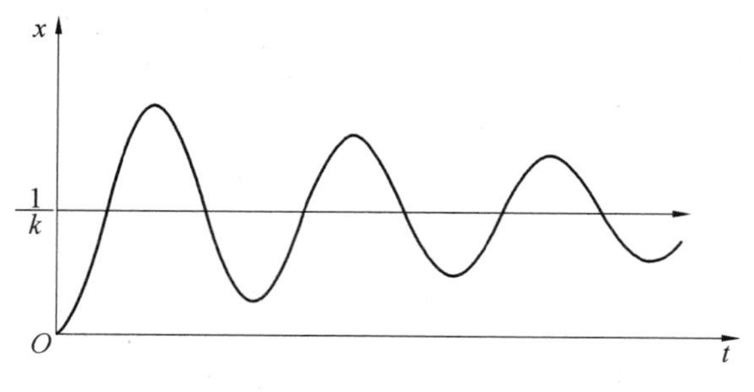

图 1.25 单位阶跃响应函数

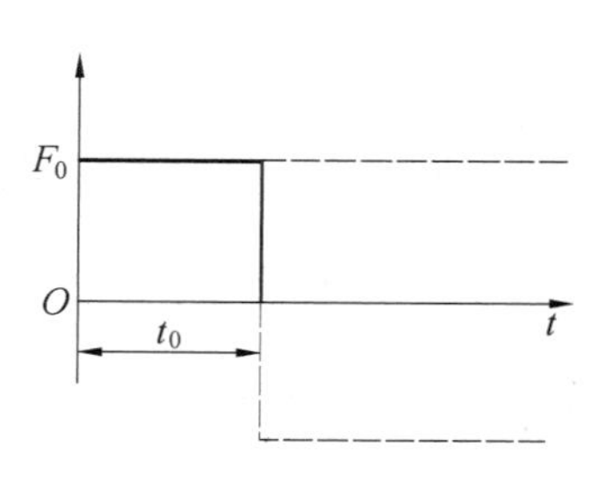

图 1.26 矩形脉冲

设系统初始处于静止状态，忽略阻尼，则由式(1.102)可得系统的响应为

$$x=\begin{cases}\dfrac{F_0}{k}[1-\cos(\omega_n t)] & (0<t<t_0)\\ \dfrac{F_0}{k}\{[1-\cos(\omega_n t)]-[1-\cos(\omega_n(t-t_0))]\} & (t>t_0)\end{cases} \tag{1.104}$$

对于冲击响应问题，经常关心的不是时间历程曲线，而是位移响应的最大值(峰值)和达到峰值的时间 t_p。为此，对上式求导得

$$\dot{x}=\begin{cases}\dfrac{\omega_n F_0}{k}\sin(\omega_n t) & (0<t<t_0)\\ \dfrac{\omega_n F_0}{k}\{\sin(\omega_n t)-\sin[\omega_n(t-t_0)]\} & (t>t_0)\end{cases} \tag{1.105}$$

当位移达到峰值时，有 $\dot{x}=0$，从上式第一式得

$$\omega_n t_p=\pi$$

$$t_p=\pi/\omega_n=T_n/2\leqslant t_0 \tag{1.106}$$

对应的位移峰值为 $x_p=2F_0/k=2x_{st}$，动力放大系数 $\beta'=x_p/x_{st}=2$。
式中，t_p 为到达峰值的时间；T_n 为固有周期。

从式(1.105)第二式有

$$\tan(\omega_n t_p)=\frac{-\sin(\omega_n t_0)}{1-\cos(\omega_n t_0)}=-\cot\left(\frac{\omega_n t_0}{2}\right)$$

解上述三角方程得

$$t_p=\frac{\pi}{2\omega_n}+\frac{t_0}{2}=\frac{T_n}{4}+\frac{t_0}{2}>t_0 \tag{1.107}$$

将式(1.107)代入式(1.104)中的第二式得峰值为

$$x_p=\frac{2F_0}{k}\sin\left(\frac{\omega_n t_0}{2}\right)=2x_{st}\sin\left(\frac{\pi t_0}{T_n}\right) \tag{1.108}$$

动力放大系数为

$$\beta'=x_p/x_{st}=2\sin\left(\frac{\pi t_0}{T_n}\right) \tag{1.109}$$

由式(1.106)知，当 $t_0>\dfrac{T_n}{2}$ 时，响应的峰值发生在脉冲作用时间之内，其最大响应值为静变形 x_{st} 的2倍($\beta'=2$)。从式(1.107)知，当 $t_0<T_n/2$ 时，响应的峰值发生在脉冲作用时间以后，峰值的大小与 t_0/T_n 有关，当 $t_0/T_n=\dfrac{1}{2}$ 时，峰值最大($\beta'=2$)。β' 与 t_0/T_n 的曲线

(图 1.27) 称为响应谱，冲击引起的响应谱又称冲击响应谱。

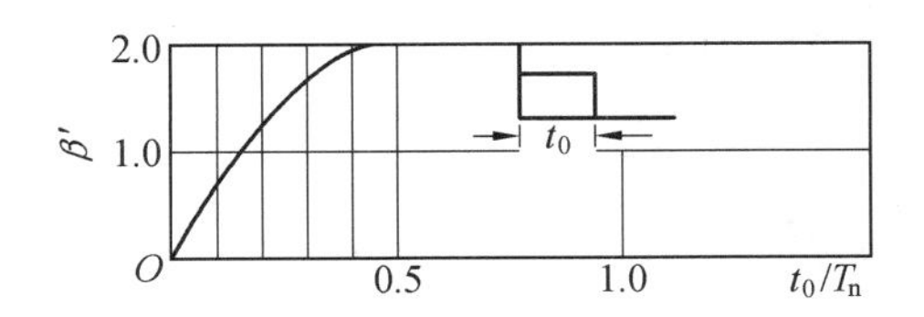

图 1.27　矩形脉冲响应谱

响应谱在研究冲击问题时是很重要的。例如从图 1.27 可看出，只有当矩形脉冲的宽度 $t_0 \geqslant T_n/2$ 时，位移响应才有最大值，它等于静变形的 2 倍，当 $t_0 < T_n/6$ 时，响应的最大值小于静变形。图 1.28 所示为半正弦脉冲响应谱，其动力放大系数小于 2。

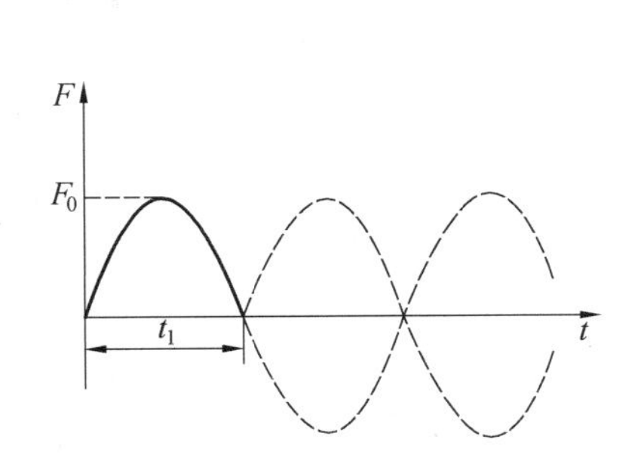

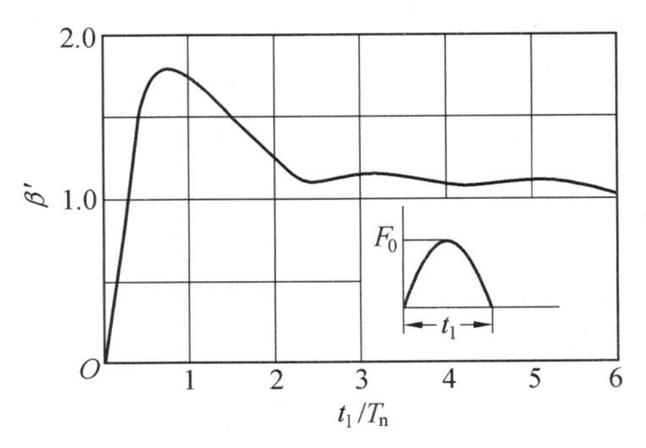

图 1.28　半正弦脉冲响应谱

1.8　任意激振

任意激振又称非周期激振，它是最一般的情况。研究任意激振响应问题，一般有两种方法，一是将任意激振力看成无数微小的阶跃函数组成的函数；另一种方法是将任意激振力看成无数微小的脉冲函数组成的函数。下面采用第二种方法。

图 1.29 表示一任意激振力 $f(t)$ 的时间历程曲线，可以认为 $f(t)$ 在任意时刻 τ 至 $\tau+\mathrm{d}\tau$ 的冲量为 $f(\tau)\mathrm{d}\tau(\mathrm{d}\tau \to 0)$，在这个脉冲的作用下，单自由度系统的响应，根据上节的理论应为 $h(t-\tau)f(\tau)\mathrm{d}\tau$，其中 $t-\tau>0$，因为只有 $t>\tau$ 时，元脉冲 $f(\tau)\mathrm{d}\tau$ 才能引起系统响应。由于研究的是线性系统，所以 $0 \sim t$ 这段时间间隔内全部元脉冲 $f(\tau)\mathrm{d}\tau$ 作用的响应之和，即 $f(t)$ 引起的响应，有

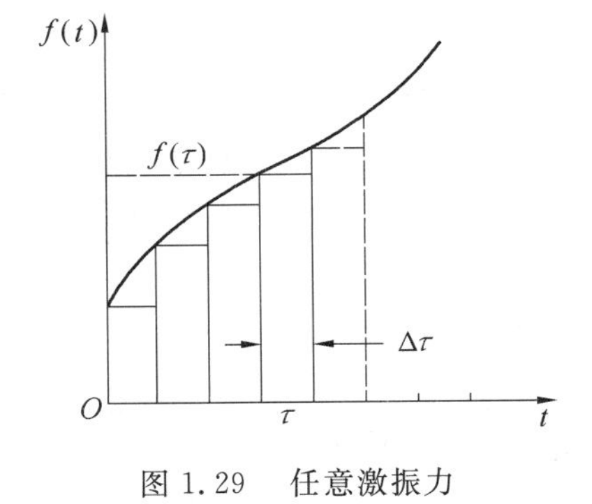

图 1.29　任意激振力

$$x=\int_0^t h(t-\tau)f(\tau)\mathrm{d}\tau \qquad (1.110)$$

上式称为杜哈梅(Duhamel) 积分，式中认为初始系统处于静止状态。如果计及 $t=0$ 以前系统受到的作用，可将上式写为

$$x=\int_{-\infty}^{t}h(t-\tau)f(\tau)\mathrm{d}\tau \tag{1.111}$$

或考虑当 $t<\tau$ 时，有 $h(t-\tau)=0$，可写为

$$x=\int_{-\infty}^{\infty}h(t-\tau)f(\tau)\mathrm{d}\tau \tag{1.112a}$$

上式在数学上称为单位脉冲响应函数 $h(t)$ 与力函数 $f(t)$ 的卷积(convolution integral)。根据卷积的可交换性，上式也可写为

$$x=\int_{-\infty}^{\infty}f(t-\tau)h(\tau)\mathrm{d}\tau \tag{1.112b}$$

上两式的卷积可简记为

$$x(t)=h(t)*f(t)=f(t)*h(t) \tag{1.113}$$

上述任意激振力响应表达为积分形式，对于简单的力函数，可以通过积分求得解析表达式，对于复杂的力函数，则采用数值解。

对公式(1.113)两端进行傅里叶变换，得到

$$X(\omega)=H(\omega)F(\omega) \tag{1.114}$$

其中 $H(\omega)$ 为单位脉冲响应函数的傅里叶变换，对比公式(1.75)可知它就是系统的频率响应函数，它们互为傅里叶变换。

1.9 阻　　尼

振动系统中的阻尼是一个很复杂的概念，一般指振动过程中的能量耗散，统称为阻尼。阻尼产生的原因也是很多的，主要有介质的阻力，材料的内耗(内摩擦)，还有从支承处向外的波的传播、声辐射等。在建立阻尼的数学模型时，必须给以简化，通常都把阻尼看成与运动速度相反的一种阻力。

1.9.1 阻尼的分类

在任何一个动力学问题中，都存在某种形式的机械能的耗散，从耗能机制角度可以分为3大类：

(1) 材料阻尼(内部阻尼)

材料内部颗粒摩擦、缺陷等的不同，导致耗能机制不同。在稳态响应的一个周期内做功与激励频率有关，称为黏性阻尼，耗能与激励频率无关的称为滞后阻尼(hysteretic damping)，在有些书上也将滞后阻尼称为结构阻尼(structural damping)，但容易与下面的由于连接和支撑导致的结构阻尼混淆，需要读者加以注意。

(2) 结构阻尼

由于结构存在连接面，在边界的支撑处以及中间的连接部，相对运动产生的摩擦、碰撞或者间歇接触，支撑处向外的波传播或者结构的声辐射，也都属于这一类。通常情况下结构阻尼比内部阻尼大。

(3) 流体阻尼

流体阻尼是指结构在流体中运动(包含振动)受到的阻力。一般与速度的平方成比例，具体的数学建模与流体介质的密度、黏性、物体在流体介质中的运动速度等都有关，如果是

在气体中低速运动则一般采用线性黏性模型。

下面介绍 3 种常用的阻尼模型：

1. 黏性阻尼

线性黏性阻尼理论认为阻尼力的大小与速度成正比，方向与速度方向相反，即 $f_d = -c\dot{x}$。黏性阻尼相当于物体在气体中低速运动的介质阻力，或者耗能与外激励力频率有关的材料阻尼。这种线性假设在数学上给我们带来很大的方便，而且在微振动条件下这种假设也有一定的精确性。因此，在一般情况下，黏性阻尼是用得最多的。

2. 滞后阻尼(hysteretic damping)

滞后阻尼假设来源于结构内部由于振动变形引起能量耗散带来的阻尼，是材料阻尼的一种。很多材料在往复变形中的应力应变曲线不是直线，而是如图 1.30 所示的椭圆。从图中可以看到，在外力作用下循环一周时，外力做功(应变绝对值增长方向)大于系统所释放的弹性能(应变绝对值缩小方向)，因此有一部分能量被材料变形消耗。但材料阻尼每周消耗的能量只与应变大小有关，而与振动频率无关，这是与黏性阻尼不同之处。根据这个道理，假设滞后阻尼的大小与振动位移成正比，但方向与速度方向相反(这样才能得到负的功率)。在谐振动时，振动位移多可表示成复数形式 $x = A\mathrm{e}^{\mathrm{j}\omega t}$，而速度 $\dot{x} = \mathrm{j}\omega A\mathrm{e}^{\mathrm{j}\omega t} = \mathrm{j}\omega x$，这样滞后阻尼可表示为

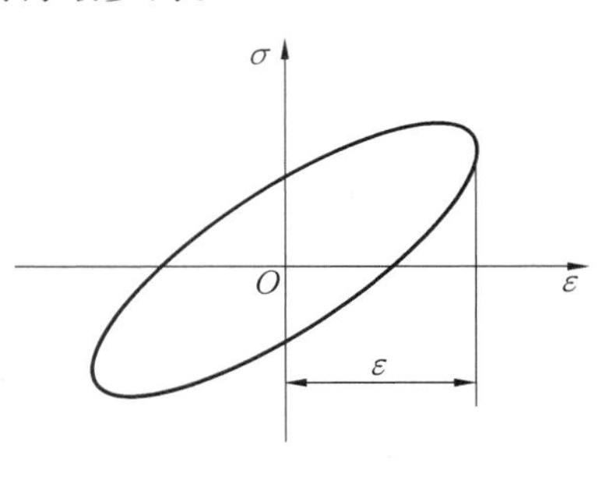

图 1.30　应力应变滞后曲线

$$f_g = -\mathrm{j}gx \tag{1.115a}$$

也可改写为

$$f_g = -\frac{g}{\omega}\dot{x} \tag{1.115b}$$

式中，g 为滞后阻尼系数；$\mathrm{j} = \sqrt{-1}$，表示相位角与位移 x 相差 90°，与 $\dot{x}$ 相位相同。

滞后阻尼在振动一周内所做的功为

$$W_g = \oint f_g \mathrm{d}x = \oint -\frac{g}{\omega}\dot{x}\,\mathrm{d}x = -\pi g A^2 \tag{1.116}$$

上式说明滞后阻尼所消耗的功与振动频率无关，只与振幅及阻尼系数有关。

3. 干摩擦阻尼(dry friction damping)

干摩擦阻尼又称库仑阻尼(Coulomb damping)，它的方向始终与物体运动速度方向相反，大小与正压力成正比，这是一种典型的结构阻尼。若正压力不变，干摩擦力为常值，有

$$f_F = -\mu N \operatorname{sgn}(\dot{x}) \tag{1.117}$$

式中，μ 为摩擦系数；N 为正压力；$\operatorname{sgn}(\dot{x}) = \dot{x}/|\dot{x}|$，表示 $\dot{x}$ 的符号。

对于有干摩擦阻尼的单自由度系统的自由振动运动方程可写为

$$m\ddot{x} + \mu N \operatorname{sgn}(\dot{x}) + kx = 0 \tag{1.118}$$

上述方程的解为

$$x = A_1\cos(\omega_n t) + A_2\sin(\omega_n t) - \frac{\mu N \operatorname{sgn}(\dot{x})}{k}$$

式中，A_1，A_2 为待定常数，考虑初始条件为 $t=0, x=-x_0, \dot{x}_0=0$，则上式为

$$x=\left[\frac{\mu N \operatorname{sgn}(\dot{x})}{k}-x_0\right]\cos(\omega_n t)-\frac{\mu N \operatorname{sgn}(\dot{x})}{k} \tag{1.119}$$

在第一个半周（$\omega_n t=\pi$），其位移为

$$x=x_0-\frac{2\mu N \operatorname{sgn}(\dot{x})}{k} \tag{1.120}$$

此时 $\dot{x}>0$，半周内振幅减少为 $2\pi N/k$。对于带干摩擦阻尼的自由振动，每周振幅减少为 $4\mu N/k$，即振幅是线性减少，而不是按指数函数减少。

1.9.2　等效黏性阻尼

现实中的阻尼往往比较复杂，有时难以用一简单数学规律来描述。但黏性阻尼比较简单，也为人们所熟悉，所以对各种复杂阻尼，将引入等效黏性阻尼(equivalent viscous damping)的概念。用这种概念，将其他阻尼折算为等价的黏性阻尼。折算的方法是认为其他阻尼与黏性阻尼在振动一周之内所消耗的能量相等。黏性阻尼在一周内所做的功可参考公式(1.76)，有

$$W_d=\pi\omega c A^2 \tag{1.121}$$

考虑到在稳态响应中，阻尼主要在共振区内起作用，在上式中取 $\omega=\omega_n$，则有 $W_d=\pi\omega_n c A_m^2$，如果非黏性阻尼力在一周内做功为 W_D，其等效黏性阻尼系数为 c_{eq}，则应有公式 $W_D=\pi\omega_n c_{eq} A_m^2$，可解得

$$c_{eq}=\frac{W_D}{\pi\omega_n A_m^2} \tag{1.122}$$

考虑等效黏性阻尼比 $\zeta_{eq}=c_{eq}/c_c$，$c_c=2\sqrt{mk}$，代入上式得

$$\zeta_{eq}=\frac{W_D}{2\pi k A_m^2} \tag{1.123}$$

例如对滞后阻尼，由式(1.116)有 $W_D=W_g=\pi g A_m^2$，代入式(1.122)和式(1.123)，得

$$c_{eq}=g/\omega_n \tag{1.124}$$

$$\zeta_{eq}=\frac{g}{2k}=\eta/2,\quad \eta=\frac{W_D}{\pi k A_m^2} \tag{1.125}$$

式中，η 为滞后阻尼比，或阻尼损耗因子，$\eta=g/k$。

对于干摩擦阻尼，阻尼力在一周内做的功为 $W_D=4\mu N A_m$，代入式(1.122)和式(1.123)得

$$c_{eq}=\frac{4\mu N}{\pi\omega_n A_m} \tag{1.126}$$

$$\zeta_{eq}=\frac{2\mu N}{\pi k A_m} \tag{1.127}$$

习　　题

1.1　总结求单自由度系统固有频率的方法与步骤。

1.2　叙述用衰减振动求单自由度系统阻尼比的方法与步骤。

1.3　叙述用正弦激励求单自由度系统阻尼比的方法与步骤。

1.4　求图 1.31 所示系统的固有频率，图中标出的参数为已知(简支梁$k=\frac{48EJ}{l^3}$，悬臂梁 $k=\frac{3EJ}{l^3}$)。

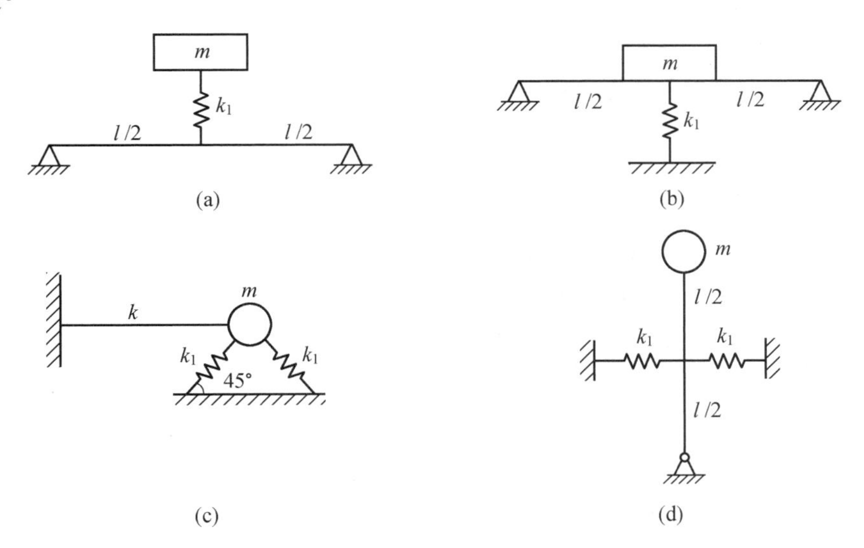

图 1.31　题 1.4 图

1.5　求图 1.32 所示系统的固有频率，图中匀质轮 A 半径为 R，重为 P，重物 B 的重为 $P/2$，弹簧的刚度为 k。

1.6　求图 1.33 所示系统的固有频率，图中滚子半径为 R，质量为 M，作纯滚动。弹簧刚度为 k。

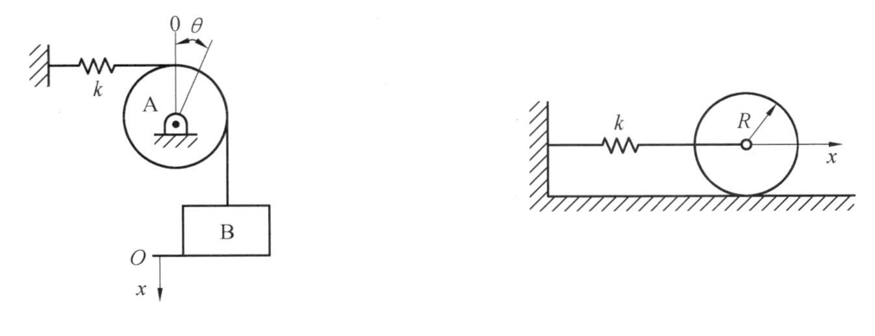

图 1.32　题 1.5 图　　　图 1.33　题 1.6 图

1.7　求图 1.34 所示齿轮系统的固有频率。已知齿轮 A 质量为 m_A，半径为 r_A，齿轮 B 的质量为 m_B，半径为 r_B，杆 AC 的扭转刚度为 k_A，杆 BD 的扭转刚度为 k_B。

1.8　已知图 1.35 所示振动系统中，匀质杆长为 l，质量为 m，两弹簧刚度皆为 k，阻尼系数为 c，求当初始条件 $\theta_0=\dot{\theta}_0=0$ 时：

(1) $f(t)=F\sin\omega t$ 的稳态解；

(2) $f(t)=\delta(t)$ 的解。

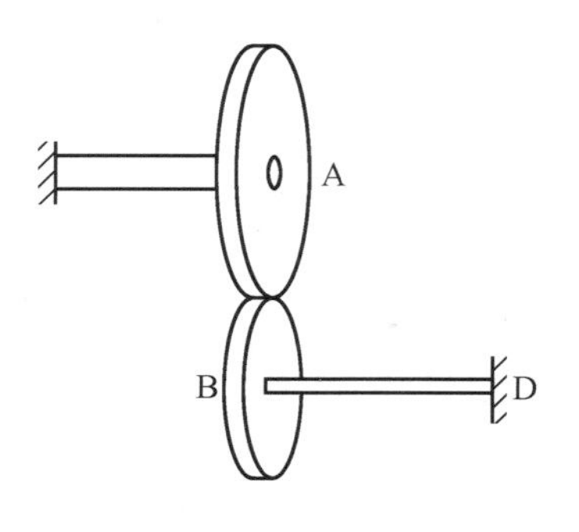

图 1.34 题 1.7 图

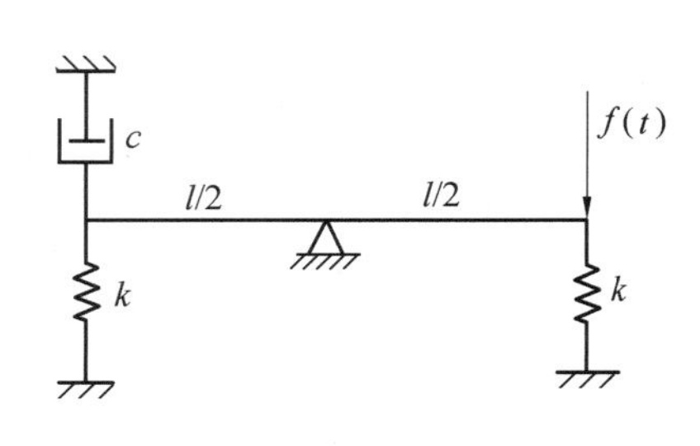

图 1.35 题 1.8 图

1.9 图 1.36 所示盒内有一弹簧振子，其质量为 m，阻尼为 c，刚度为 k，处于静止状态，方盒距地面高度为 H，求方盒自由落下与地面粘住后弹簧振子的振动历程及振动频率。

1.10 汽车以速度 v 在水平路面行驶，其单自由度模型如图 1.37 所示，设 m,k,c 已知，路面波动情况可以用正弦函数 $y=h\sin(at)$ 表示，求：

(1) 建立汽车上下振动的数学模型；

(2) 汽车振动的稳态解。

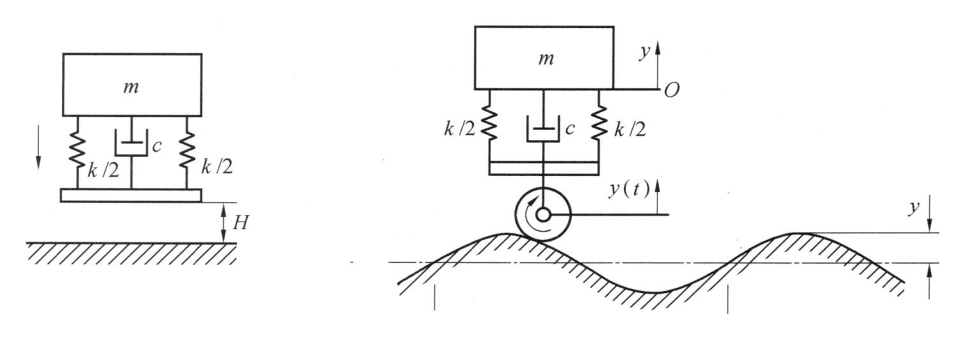

图 1.36 题 1.9 图　　图 1.37 题 1.10 图

1.11 若电磁激振力可写成 $F(t)=H\sin^2(\omega_0 t)$，求将它作用在参数为 m,k,c 的弹簧振子上的稳态响应(取前 4 项)。

1.12 若流体的阻尼力可写为 $F_d=-b\dot{x}^3$，求其等效黏性阻尼。

附录 重点内容辅助教学程序

程序 1:无阻尼简谐激振零初始条件响应

```
clear
a=1.2;% 外激励与固有频率比值,改变该值观察图形曲线
m=1;k=pi^2*100;f0=10;xs=f0/k;
omgan=sqrt(k/m);omga=a*omgan;
T=3;t=0:0.001:T;
xt=2*xs/(a^2-1)*sin((omga-omgan)/2*t).*sin((omga+omgan)/2*t);
```

```
t1=[0,2*pi/((omga+omgan)/2)/4:2*pi/((omga+omgan)/2):T];
t2=[0,3*2*pi/((omga+omgan)/2)/4:2*pi/((omga+omgan)/2):T];
xt1=2*xs/(a^2-1)*sin((omga-omgan)/2*t1).*sin((omga+omgan)/2*t1);
xt2=2*xs/(a^2-1)*sin((omga-omgan)/2*t2).*sin((omga+omgan)/2*t2);
y(1:length(t))=0;
plot(t,xt,t,y,'m-',t1,xt1,'r:',t2,xt2,'r:')
xlabel('t(s)');ylabel('x(t)')
```

程序2:不同阻尼比情况下幅频曲线(放大因子随频率比变化曲线)和相频曲线

```
clear
jt=0.3;%阻尼比,可自行改变,推荐几个值0.04,0.08,0.1,0.2,0.3
na=[0:0.001:3];%频率比
beta=1./sqrt((1-na.^2).^2+(2*jt*na).^2);%放大因子
af=atan(2*jt*na./(1-na.^2));%相角
for i=1:length(na);
   if af(i)<0;
        af(i)=pi+af(i);
   end
end
figure(1)
plot(na,beta,'linewidth',1);
text(0.95,1./sqrt((1-0.95.^2).^2+(2*jt*0.95)^2),sprintf('%3.2f',jt));
hold on;grid on;
xlabel('频率比\lambda');ylabel('放大因子\beta');
title('振幅-频率曲线');
figure(2)
plot(na,af,'linewidth',1);
text(1.6,pi+atan(2*jt*1.6/(1-1.6^2)),sprintf('%3.2f',jt));
hold on;grid on;
set(gca,'Ytick',0:pi/6:pi);
set(gca,'Yticklabel',{'0','30','60','90','120','150','180'});
xlabel('频率比\lambda');ylabel('相位角\alpha(度)');
title('相频曲线');
axis([0 3 0 pi]);
```

程序3:不同阻尼比情况下的位移与力传递曲线(传递率随频率比变化曲线)

```
clear
jt=0.3;%阻尼比,可自行改变改制该值并观察曲线,推荐值0.04,0.1,0.2,0.3
na=[0:0.01:2.2];
```

```
AB=sqrt((1+4*jt^2*na.^2)./((1-na.^2).^2+4*jt^2*na.^2));
y1(1:length(na))=1;
x2=ones(1,length(na))*sqrt(2);y2=0.2:0.1:((length(na)-1)*0.1+0.2);
semilogy(na,AB,'linewidth',1,'color','b');
text(1.0,sqrt((1+4*jt^2)/(4*jt^2)),sprintf('%2.2f',jt),'fontsize',10);
hold on;grid on;
axis([0.1 2.2 0.2 15]);
semilogy(x2,y2,'r',na,y1,'r')
hold on;grid on;
axis([0.1 2.2 0.2 15]);
xlabel('频率比\omega/\omega_n');ylabel('位移(力)传递率(A/B或F_T/F_0)');
title('位移与力传递率曲线','fontsize',16);
```

程序4:不同阻尼比情况下,频率响应函数实部、虚部和模值随外激励频率变化曲线

```
clear
jt=0.04;%阻尼比,改变该值观察曲线变化,推荐0.04,0.08,0.12
k=100;m=1;c=2*sqrt(m*k)*jt;
omegan=sqrt(k/m);omega=0:0.1:2*omegan;
h=1./(k-m*omega.^2+i*c*omega);
reh=real(h);imh=imag(h);absh=abs(h);
figure(1)
plot(omega,reh,'linewidth',2);
text(10,real(1./(k-m*(0.95*omegan).^2+i*c*0.95*omegan)),sprintf('%2.2f',jt),'fontsize',10);
title('频率响应函数实部响应曲线','fontsize',10);
xlabel('\omega(\omega_n=10)');ylabel('ReH(\omega)');
grid on;hold on
figure(2)
plot(omega,imh,'linewidth',2);
text(10,imag(1./(k-m*omegan.^2+i*c*omegan)),sprintf('%2.2f',jt),'fontsize',10);
title('频率响应函数虚部响应曲线','fontsize',10);
xlabel('\omega(\omega_n=10)');ylabel('ImH(\omega)');
grid on;hold on
figure(3)
plot(omega,absh,'linewidth',2);
text(10,abs(1./(k-m*omegan.^2+i*c*omegan)),sprintf('%2.2f',jt),'fontsize',10);
title('频率响应函数模值响应曲线','fontsize',10);
```

```
xlabel('\omega(\omega_n=10)');ylabel('abs(H(\omega))');
grid on;hold on
```

程序 5:n 次谐波叠加对方波函数的近似程度分析曲线图

```
clear
n=6;  %改变该值并观察,推荐 2,4,6,8
T=9;t=[0:0.01:T];m=length(t);
B=zeros(1,m);fb1=zeros(1,m);
fb1(1:m/2)=1;fb1(m/2+1:m)=-1
for i=1:n,
    A=4/pi/(2*i-1)*sin(2*pi*(2*i-1)*t/T);
    B=B+A;
    plot(t,A,'b:');
    hold on;
end
plot(t,fb1,'g',t,B,'r');
xlabel('时间 t');ylabel('谐波分量及其总和');
title('方波的谐波分析','fontsize',16);
```

第2章　多自由度系统

2.1　多自由度系统建模

2.1.1　多自由度系统概念及实例

需要两个或两个以上独立参数才能确定振动系统的几何位置，则称这样的系统为多自由度系统。两自由度系统是最简单的多自由度系统，但工程实际中也有很多问题可以这样简化，例如图2.1中的工程实例。图2.1(a)表示在重量可忽略不计的梁上的电动机及其减振器系统，系统的位置由质点m_1，m_2的坐标x_1，x_2确定。图2.1(b)表示在重量可忽略不计的轴上装有两个轮子，考虑其扭转振动时，系统的位置由两轮子的转角φ_1，φ_2确定。图2.1(c)表示若只研究汽车在铅直平面内振动时，可将车身简化为支承在两弹簧上的平板，系统的位置可选质心C的垂直位移x_C和绕质心的转角θ两个独立参数来表示，这也是一个两自由度系统。

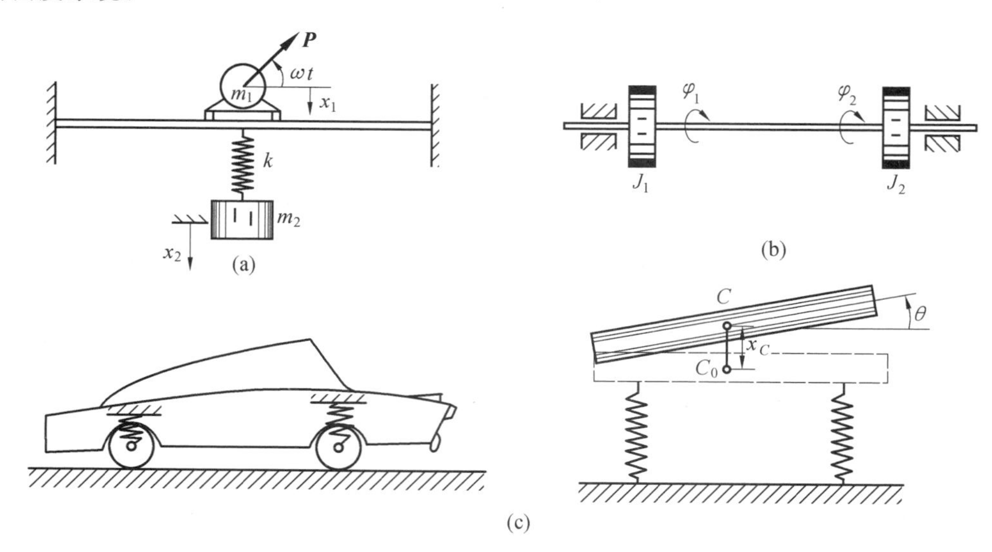

图2.1　两个自由度系统实例

两自由度问题的数学建模和运动方程的解析求解，不至于过于繁琐，得到的方程解的信息将有助于更多自由度问题的研究。

对于相对复杂的工程结构，有时模化成两个自由度过于粗略或者根本无法解决，这就需要建立更多自由度模型，这类问题是工程中最为常见的。

例如图2.2(a)是一个3圆盘的轴，它的弯曲振动可以简化为图2.2(b)所示的三质点轴系统，质点之间的轴段看作无重的弹性梁，这是3个自由度系统。图2.3表示一刚体可以在弹性支承上作任意运动的系统，这个刚体在空间具有 6 个自由度，因此是 6 个自由度系统。图 2.4 所示为 Apollo Saturm V 运载火箭，它被简化成 30 个自由度的梁杆模型，作为初步研究和全尺寸试验的模型。如果多自由度系统是由无弹性的惯性元件与无惯性的弹性元件连接而成的，一般称为集中参数系统。

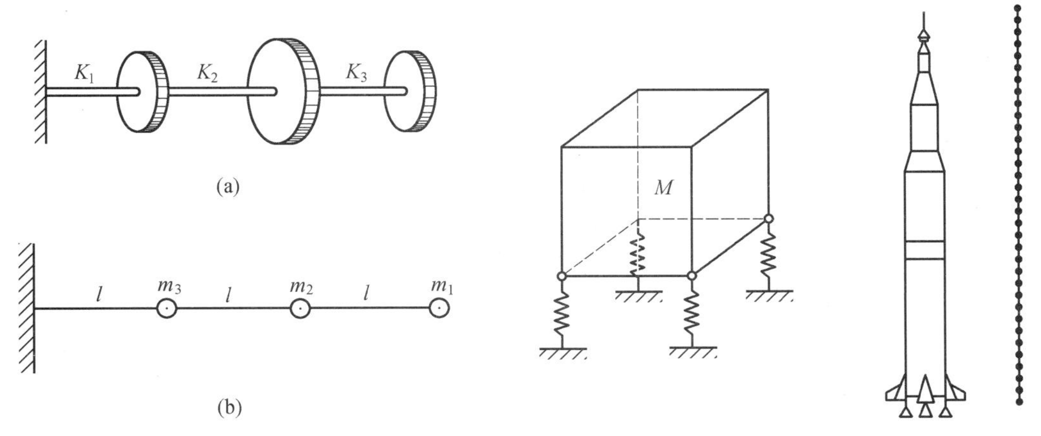

图 2.2　3 自由度系统实例　　图 2.3　6 自由度系统实例　　图 2.4　火箭 30 自由度模型

2.1.2　多自由度系统振动方程建立

系统的振动微分方程(即数学模型)可基于不同的力学原理来建立，究竟用哪种原理，要根据系统的复杂程度、表示方法及推导方便来确定。常用于建立运动方程的力学原理可分类如下：

力学原理
- 微分的
  - 非变分的(如牛顿定律、达朗贝尔原理、拉格朗日方程)
  - 变分的(如虚功原理)
- 积分的
  - 非变分的(如能量守恒原理、动量变化定理)
  - 变分的(如哈密顿原理)

非变分的原理指出真实运动的某些公共性质，例如真实运动要遵守牛顿定律或能量守恒等。但牛顿定律或达朗贝尔原理指出真实运动在每一瞬时所必须遵守的条件，因而它们是微分形式的非变分原理；而能量守恒原理或动量变化定理等则指出在某一有限的时间间隔内真实运动所应满足的条件，因而它们都是积分形式的非变分原理。

变分原理提供一种准则，把真实运动与在同样条件下运动学上可能的其他运动区分开来。其中微分形式如虚功原理，提供了判别每一瞬时真实运动的准则，积分形式如哈密顿原理，提供了在任一有限时段内判别真实运动的准则。

下面介绍多自由度系统建立振动微分方程常用的几种方法。

1. 牛顿第二定律

这是最常用的方法之一，对于自由度较少的情况使用方便。

图 2.5 表示左端弹性支承的两自由度质块弹簧系统，这是一典型的无阻尼两自由度系统，x_1 和 x_2 为确定振动质量 m_1 和 m_2 位置的独立坐标。系统作自由振动时，分别对 m_1 和 m_2 列出振动微分方程为

$$m_1\ddot{x}_1 = -k_1x_1 - k_2(x_1 - x_2)$$
$$m_2\ddot{x}_2 = -k_2(x_2 - x_1) \tag{2.1}$$

整理得

$$m_1\ddot{x}_1 + (k_1 + k_2)x_1 - k_2x_2 = 0$$
$$m_2\ddot{x}_2 - k_2x_1 + k_2x_2 = 0 \tag{2.2}$$

写成矩阵形式为

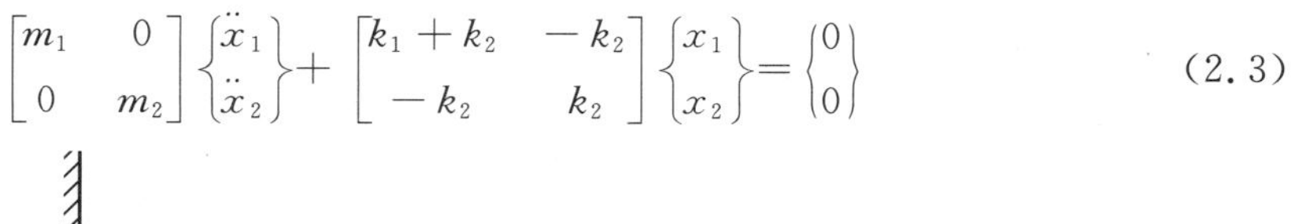

$$\begin{bmatrix} m_1 & 0 \\ 0 & m_2 \end{bmatrix}\begin{Bmatrix} \ddot{x}_1 \\ \ddot{x}_2 \end{Bmatrix} + \begin{bmatrix} k_1 + k_2 & -k_2 \\ -k_2 & k_2 \end{bmatrix}\begin{Bmatrix} x_1 \\ x_2 \end{Bmatrix} = \begin{Bmatrix} 0 \\ 0 \end{Bmatrix} \tag{2.3}$$

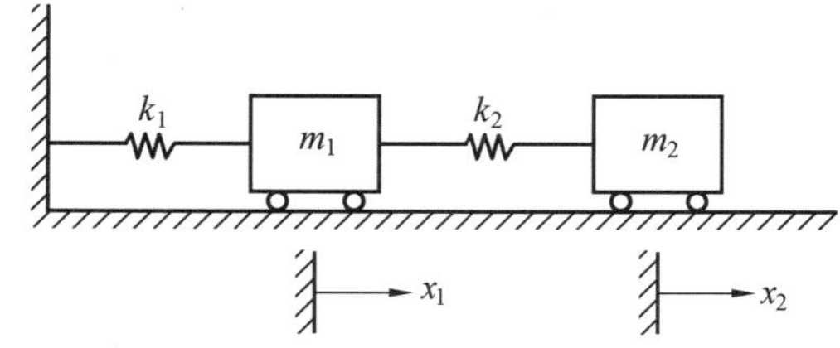

图 2.5　无阻尼两自由度系统

如果有更多个质量块,和上面一样分别针对每一个质量块进行受力分析,然后使用牛顿第二定律,不过自由度太多就不方便了。

2. 达朗贝尔原理(D' Alembert principle)

达朗贝尔原理是一种直接的方法,其实质仍是用牛顿定律建立微分方程的方法。但是,达朗贝尔原理引入了惯性力的概念,将动力学问题中建立微分方程变为像静力学中列“平衡方程”的方法。

例如,图 2.6 所示有阻尼 3 自由度系统,在质量 m_1,m_2,m_3 上作用力为 $F_1(t)$,$F_2(t)$,$F_3(t)$,对每个质量加上惯性力 $-m_1\ddot{x}_1$,$-m_2\ddot{x}_2$,$-m_3\ddot{x}_3$。根据达朗贝尔原理可建立微分方程

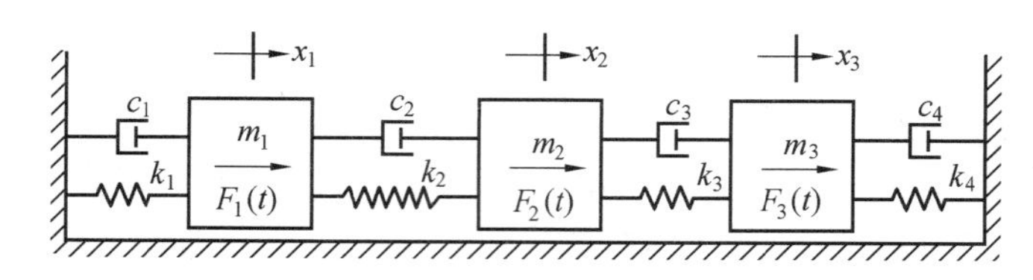

图 2.6　有阻尼 3 自由度系统

$$-m_1\ddot{x}_1 - k_1x_1 - k_2(x_1 - x_2) - c_1\dot{x}_1 - c_2(\dot{x}_1 - \dot{x}_2) + F_1(t) = 0$$
$$-m_2\ddot{x}_2 - k_2(x_2 - x_1) - c_2(\dot{x}_2 - \dot{x}_1) - k_3(x_2 - x_3) - c_3(\dot{x}_2 - \dot{x}_3) + F_2(t) = 0$$
$$-m_3\ddot{x}_3 - k_3(x_3 - x_2) - c_3(\dot{x}_3 - \dot{x}_2) - k_4x_3 - c_4\dot{x}_3 + F_3(t) = 0 \tag{2.4}$$

整理式(2.4)得

$$m_1\ddot{x}_1 + (k_1 + k_2)x_1 + (c_1 + c_2)\dot{x}_1 - k_2x_2 - c_2\dot{x}_2 = F_1(t)$$
$$m_2\ddot{x}_2 - k_2x_1 + (k_2 + k_3)x_2 - c_2\dot{x}_1 + (c_2 + c_3)\dot{x}_2 - k_3x_3 - c_3\dot{x}_3 = F_2(t)$$
$$m_3\ddot{x}_3 - k_3x_2 - c_3\dot{x}_2 + (k_3 + k_4)x_3 + (c_3 + c_4)\dot{x}_3 = F_3(t) \tag{2.5}$$

将上式写成矩阵的形式

$$\boldsymbol{M}\ddot{\boldsymbol{x}} + \boldsymbol{C}\dot{\boldsymbol{x}} + \boldsymbol{K}\boldsymbol{x} = \boldsymbol{F}(t) \tag{2.6}$$

其中，质量矩阵

$$\boldsymbol{M}=\begin{bmatrix} m_1 & 0 & 0 \\ 0 & m_2 & 0 \\ 0 & 0 & m_3 \end{bmatrix} \tag{2.7}$$

阻尼矩阵

$$\boldsymbol{C}=\begin{bmatrix} c_1+c_2 & -c_2 & 0 \\ -c_2 & c_2+c_3 & -c_3 \\ 0 & -c_3 & c_3+c_4 \end{bmatrix} \tag{2.8}$$

刚度矩阵

$$\boldsymbol{K}=\begin{bmatrix} k_1+k_2 & -k_2 & 0 \\ -k_2 & k_2+k_3 & -k_3 \\ 0 & -k_3 & k_3+k_4 \end{bmatrix} \tag{2.9}$$

位移列阵（向量）

$$\boldsymbol{x}=[x_1 \quad x_2 \quad x_3]^{\mathrm{T}}$$

荷载列阵（向量）

$$\boldsymbol{F}(t)=[F_1(t) \quad F_2(t) \quad F_3(t)]^{\mathrm{T}}$$

矩阵 $\boldsymbol{M}$ 只有主对角线上的元素不为零，其他非对角元素全部为零，此对角矩阵表示没有惯性耦合（coupling）。而矩阵 $\boldsymbol{K}$ 不是对角矩阵，表示刚度有耦合。$\boldsymbol{K}$ 是对称矩阵，即有 $k_{ij}=k_{ji}$，这一点可从功的互等定理直接推导出来。

上例说明了怎样利用达朗贝尔原理建立系统的振动方程，在应用上比较明了、简便，但是它对一些比较复杂、约束较多的结构也有不方便之处。下面介绍一种从能量观点出发的方法——拉格朗日方法。

3. 拉格朗日方法（Lagrange Method）

从理论力学或分析力学中知道，对于 n 个自由度的非保守系统的动力学方程可写成的拉格朗日方程的形式，即

$$\frac{\mathrm{d}}{\mathrm{d}t}\left(\frac{\partial L}{\partial \dot{q}_i}\right)-\frac{\partial L}{\partial q_i}=Q_i \tag{2.10}$$

或

$$\frac{\mathrm{d}}{\mathrm{d}t}\left(\frac{\partial T}{\partial \dot{q}_i}\right)-\frac{\partial T}{\partial q_i}+\frac{\partial U}{\partial q_i}=Q_i \quad (i=1,2,\cdots,n) \tag{2.11}$$

式中，$L=T-U$，称为拉格朗日函数；Q_i 为对应广义坐标 q_i 的广义力；T，U 分别为系统的动能和势能。

在微振动理论中，动能 T 与广义坐标无关（因质量是常量），即 $\frac{\partial T}{\partial q_i}=0$，则方程(2.11) 可写为

$$\frac{\mathrm{d}}{\mathrm{d}t}\left(\frac{\partial T}{\partial \dot{q}_i}\right)+\frac{\partial U}{\partial q_i}=Q_i \quad (i=1,2,\cdots,n) \tag{2.12}$$

下面就分别讨论动能 T、势能 U 和广义力 Q_i。

动能（kinetic energy）：质点系的动能 T 应等于各质点的动能之和，若第 k 个质点 m_k 的

物理坐标用矢径 $\boldsymbol{r}_k$ 表示，则其速度为 $\dot{\boldsymbol{r}}_k$，这样系统的动能为

$$T=\frac{1}{2}\sum_{k=1}^{m}m_k\mid\dot{\boldsymbol{r}}_k\mid^2 \tag{2.13}$$

若系统的约束是稳定约束，则矢径 $\boldsymbol{r}_k$ 可以表示为广义坐标 q_i 的函数，即

$$\boldsymbol{r}_k=\boldsymbol{r}_k(q_1,q_2,\cdots,q_n) \tag{2.14}$$

则第 k 个质点的速度为

$$\dot{\boldsymbol{r}}_k=\frac{\mathrm{d}}{\mathrm{d}t}\boldsymbol{r}_k=\sum_{i=1}^{n}\frac{\partial\boldsymbol{r}_k}{\partial q_i}\dot{q}_i \tag{2.15}$$

而速度的平方为

$$\mid\dot{\boldsymbol{r}}_k\mid^2=\sum_{i=1}^{n}\sum_{j=1}^{n}\frac{\partial\boldsymbol{r}_k}{\partial q_i}\cdot\frac{\partial\boldsymbol{r}_k}{\partial q_j}\dot{q}_i\dot{q}_j \tag{2.16}$$

系统的动能 T 可表示为

$$T=\frac{1}{2}\sum_{k=1}^{m}m_k\sum_{i=1}^{n}\sum_{j=1}^{n}\frac{\partial\boldsymbol{r}_k}{\partial q_i}\cdot\frac{\partial\boldsymbol{r}_k}{\partial q_j}\dot{q}_i\dot{q}_j=\frac{1}{2}\sum_{i=1}^{n}\sum_{j=1}^{n}\left(\sum_{k=1}^{m}m_k\frac{\partial\boldsymbol{r}_k}{\partial q_i}\cdot\frac{\partial\boldsymbol{r}_k}{\partial q_j}\right)\dot{q}_i\dot{q}_j=$$

$$\frac{1}{2}\sum_{i=1}^{n}\sum_{j=1}^{n}m_{ij}\dot{q}_i\dot{q}_j=\frac{1}{2}\dot{\boldsymbol{q}}^{\mathrm{T}}\boldsymbol{M}\dot{\boldsymbol{q}} \tag{2.17}$$

由微幅、低频假设质量表达式中关于广义坐标、一次及以上的项，可略去，只保留常数项，仍记为 m_{ij}，则从式(2.17) 可见系统的动能是广义速度的二次齐次函数，简称二次型。此时，m_{ij} 与运动无关，只表示在广义坐标 q_i 和 q_j 的惯性耦合，所以称其为广义质量，并且 $m_{ij}=m_{ji}$，即 $\boldsymbol{M}$ 矩阵是对称、正定方阵。

势能(potential energy)：在稳定约束的系统中，势能 U 只是坐标的函数，当然也就是广义坐标的函数，即

$$U=U(q_1,q_2,\cdots,q_n) \tag{2.18}$$

将势能 U 在平衡位置附近展成泰勒级数

$$U=U_0+\sum_{i=1}^{n}\left(\frac{\partial U}{\partial q_i}\right)_0 q_i+\frac{1}{2}\sum_{i=1}^{n}\sum_{j=1}^{n}\left(\frac{\partial^2 U}{\partial q_i\partial q_j}\right)_0 q_iq_j+\cdots \tag{2.19}$$

若选择平衡位置为零势能点，则上式中第一项等于零，若将广义坐标的零点也选在平衡位置，即$(q_i)_0=0$ 时，$\left(\frac{\partial U}{\partial q_i}\right)_0=0$，则上式中第二项也等于零。对于微振动，可忽略第四项及以后的高次项，最后得

$$U=\frac{1}{2}\sum_{i=1}^{n}\sum_{j=1}^{n}\left(\frac{\partial^2 U}{\partial q_i\partial q_j}\right)_0 q_iq_j \tag{2.20}$$

令

$$k_{ij}=\left(\frac{\partial^2 U}{\partial q_i\partial q_j}\right)_0 \tag{2.21}$$

称 k_{ij} 为广义刚度，根据求导规则，可以改变自变量的先后顺序，从式(2.21) 知

$$k_{ij}=k_{ji} \tag{2.22}$$

这样势能 U 可表示为

$$U=\frac{1}{2}\sum_{i=1}^{n}\sum_{j=1}^{n}k_{ij}q_iq_j=\frac{1}{2}\boldsymbol{q}^{\mathrm{T}}\boldsymbol{K}\boldsymbol{q} \tag{2.23}$$

因系统的势能是广义坐标的二次型，广义刚度矩阵 $\boldsymbol{K}$ 是一对称的方阵。

广义力(generalized force)：这里的广义力是指系统中的非保守力，并且不包括阻尼力。对于保守力，可用上述的方法求势能。而对非保守力就不能用势能函数来推导，只能用对应于某广义坐标的变分 δq_j，来计算非保守力在相应虚位移中的虚功之和 δW，即

$$\delta W=\sum_{k=1}^{m}\boldsymbol{F}_k\cdot\delta\boldsymbol{r}_k=\sum_{k=1}^{m}\boldsymbol{F}_k\cdot\sum_{i=1}^{n}\frac{\partial\boldsymbol{r}_k}{\partial q_i}\delta q_i=\sum_{i=1}^{n}\left(\sum_{k=1}^{m}\boldsymbol{F}_k\cdot\frac{\partial\boldsymbol{r}_k}{\partial q_i}\right)\delta q_i$$

非保守广义力即为

$$Q_i=\frac{\partial W}{\partial q_i}=\sum_{k=1}^{m}\boldsymbol{F}_k\cdot\frac{\partial\boldsymbol{r}_k}{\partial q_i}\tag{2.24}$$

求出相应的广义力。

耗散力(dissipative force)：这里仅考虑黏性阻尼的情况，作用在质点上的阻力是线性非保守力，此力大小与速度的一次方成正比，方向相反。因这种力使机械能耗散，故又称耗散力。可以用形式上与势能函数导出势力相似的方法，定义耗散函数，由此函数导出耗散力。

设第 k 个质点上受到的阻尼力为

$$\boldsymbol{R}_k=-\beta_k\dot{\boldsymbol{r}}_k\quad(k=1,2,\cdots,m)\tag{2.25}$$

阻力系数 β_k 是常数或仅依赖于质点 k 坐标的函数，而与速度无关。作用在所有质点上的阻尼力在质点系任意虚位移中的虚功之和为

$$\delta W_R=\sum_{k=1}^{m}\boldsymbol{R}_k\cdot\delta\boldsymbol{r}_k=\sum_{k=1}^{m}-\beta_k\dot{\boldsymbol{r}}_k\cdot\delta\boldsymbol{r}_k\tag{2.26}$$

因

$$\delta\boldsymbol{r}_k=\sum_{i=1}^{n}\frac{\partial\boldsymbol{r}_k}{\partial q_i}\delta q_i=\sum_{i=1}^{n}\frac{\partial\dot{\boldsymbol{r}}_k}{\partial\dot{q}_i}\delta q_i$$

将上式代入式(2.26)得

$$\delta W_R=\sum_{k=1}^{m}-\beta_k\dot{\boldsymbol{r}}_k\cdot\sum_{i=1}^{n}\frac{\partial\dot{\boldsymbol{r}}_k}{\partial\dot{q}_i}\delta q_i=-\frac{1}{2}\sum_{i=1}^{n}\frac{\partial}{\partial\dot{q}_i}\left(\sum_{k=1}^{m}\beta_k\dot{\boldsymbol{r}}_k\cdot\dot{\boldsymbol{r}}_k\right)\delta q_i\tag{2.27}$$

令

$$\Phi=\frac{1}{2}\sum_{k=1}^{m}\beta_k\dot{\boldsymbol{r}}_k\cdot\dot{\boldsymbol{r}}_k\tag{2.28}$$

式(2.28)称为瑞利耗散函数(Rayleigh dissipation function)，则式(2.27)可写成

$$\delta W_R=-\sum_{i=1}^{n}\frac{\partial\Phi}{\partial\dot{q}_i}\delta q_i\tag{2.29}$$

如果令 Q_{Ri} 为对应于广义坐标 q_j 的广义耗散力，则

$$Q_{Ri}=-\frac{\partial\Phi}{\partial\dot{q}_i}\quad(i=1,2,\cdots,n)\tag{2.30}$$

根据式(2.15)，可将耗散函数进一步表示成矩阵形式，即

$$\Phi=\frac{1}{2}\sum_{k=1}^{m}\beta_k\dot{\boldsymbol{r}}_k\cdot\dot{\boldsymbol{r}}_k=\frac{1}{2}\sum_{k=1}^{m}\beta_k\left(\sum_{i=1}^{n}\frac{\partial\boldsymbol{r}_k}{\partial q_i}\cdot\sum_{j=1}^{n}\frac{\partial\boldsymbol{r}_k}{\partial q_j}\right)\dot{q}_i\dot{q}_j=$$

$$\frac{1}{2}\sum_{i=1}^{n}\sum_{j=1}^{n}\left(\sum_{k=1}^{m}\beta_k\frac{\partial\boldsymbol{r}_k}{\partial q_i}\cdot\frac{\partial\boldsymbol{r}_k}{\partial q_j}\right)\dot{q}_i\dot{q}_j=\frac{1}{2}\sum_{i=1}^{n}\sum_{j=1}^{n}c_{ij}\dot{q}_i\dot{q}_j=\frac{1}{2}\dot{\boldsymbol{q}}^{\mathrm{T}}\boldsymbol{C}\dot{\boldsymbol{q}}\tag{2.31}$$

其中

$$c_{ij} = \sum_{k=1}^{m} \beta_k \frac{\partial \boldsymbol{r}_k}{\partial q_i} \cdot \frac{\partial \boldsymbol{r}_k}{\partial q_j} \tag{2.32}$$

称为广义阻尼系数，显然有 $c_{ij} = c_{ji}$，广义阻尼矩阵 $\boldsymbol{C}$ 是一对称方阵。

拉格朗日方程：根据系统不同的广义力，代入拉格朗日方程(式(2.12))，可得不同情况下的系统振动方程。

当系统作自由振动，即 $Q_i = 0$ 时，得

$$\frac{\mathrm{d}}{\mathrm{d}t}\left(\frac{\partial T}{\partial \dot{q}_i}\right) + \frac{\partial U}{\partial q_i} = 0 \quad (i = 1, 2, \cdots, n) \tag{2.33}$$

将用广义坐标表示的系统的动能 T 和势能 U 的表达式(式(2.17)和式(2.20))代入上式，得

$$\begin{gathered} m_{11}\ddot{q}_1 + m_{12}\ddot{q}_2 + \cdots + m_{1n}\ddot{q}_n + k_{11}q_1 + k_{12}q_2 + \cdots + k_{1n}q_n = 0 \\ m_{21}\ddot{q}_1 + m_{22}\ddot{q}_2 + \cdots + m_{2n}\ddot{q}_n + k_{21}q_1 + k_{22}q_2 + \cdots + k_{2n}q_n = 0 \\ \vdots \\ m_{n1}\ddot{q}_1 + m_{n2}\ddot{q}_2 + \cdots + m_{nn}\ddot{q}_n + k_{n1}q_1 + k_{n2}q_2 + \cdots + k_{nn}q_n = 0 \end{gathered} \tag{2.34}$$

用矩阵形式表示为

$$\boldsymbol{M}\ddot{\boldsymbol{q}} + \boldsymbol{K}\boldsymbol{q} = 0 \tag{2.35}$$

方程(2.35)就是多自由度系统的自由振动微分方程的普遍形式。

当系统作无阻尼受迫振动，即 $Q_{Ri} = 0$ 时，有

$$\frac{\mathrm{d}}{\mathrm{d}t}\left(\frac{\partial T}{\partial \dot{q}_i}\right) + \frac{\partial U}{\partial q_i} = Q_i \quad (i = 1, 2, \cdots, n) \tag{2.36}$$

将用广义坐标表示的系统的动能 T 和势能 U 的表达式及广义力表达式代入上式得

$$\boldsymbol{M}\ddot{\boldsymbol{q}} + \boldsymbol{K}\boldsymbol{q} = \boldsymbol{Q} \tag{2.37}$$

其中

$$\boldsymbol{Q} = [Q_1 \quad Q_2 \quad \cdots \quad Q_n]^{\mathrm{T}}$$

当系统作有阻尼受迫振动时，即最一般情况，则有

$$\frac{\mathrm{d}}{\mathrm{d}t}\left(\frac{\partial T}{\partial \dot{q}_i}\right) + \frac{\partial \Phi}{\partial \dot{q}_i} + \frac{\partial U}{\partial q_i} = Q_i \quad (i = 1, 2, \cdots, n) \tag{2.38}$$

除了和上述作法一样之外，还应将耗散函数表达式(2.31)代入上式，有

$$\begin{gathered} m_{11}\ddot{q}_1 + m_{12}\ddot{q}_2 + \cdots + m_{1n}\ddot{q}_n + c_{11}\dot{q}_1 + c_{12}\dot{q}_2 + \cdots + c_{1n}\dot{q}_n + k_{11}q_1 + k_{12}q_2 + \cdots + k_{1n}q_n = Q_1 \\ m_{21}\ddot{q}_1 + m_{22}\ddot{q}_2 + \cdots + m_{2n}\ddot{q}_n + c_{21}\dot{q}_1 + c_{22}\dot{q}_2 + \cdots + c_{2n}\dot{q}_n + k_{21}q_1 + k_{22}q_2 + \cdots + k_{2n}q_n = Q_2 \\ \vdots \\ m_{n1}\ddot{q}_1 + m_{n2}\ddot{q}_2 + \cdots + m_{nn}\ddot{q}_n + c_{n1}\dot{q}_1 + c_{n2}\dot{q}_2 + \cdots + c_{nn}\dot{q}_n + k_{n1}q_1 + k_{n2}q_2 + \cdots + k_{nn}q_n = Q_n \end{gathered} \tag{2.39}$$

用矩阵形式表示为

$$\boldsymbol{M}\ddot{\boldsymbol{q}} + \boldsymbol{C}\dot{\boldsymbol{q}} + \boldsymbol{K}\boldsymbol{q} = \boldsymbol{Q} \tag{2.40}$$

下面通过例题来说明拉格朗日方程的应用。

例 2.1　图 2.7 表示一双摆，其摆锤质量各为 m_1 和 m_2，摆长各为 l_1 和 l_2，试建立该系统的自由振动微分方程。

解　对此两自由度系统，选择摆角 θ_1 和 θ_2 为广义坐标，则 m_1 和 m_2 的速度分别是

$$v_1 = l_1\dot{\theta}_1$$

$$v_2=\sqrt{l_1^2\dot{\theta}_1^2+l_2^2\dot{\theta}_2^2-2l_1l_2\dot{\theta}_1\dot{\theta}_2\cos(\pi-\theta_1+\theta_2)}$$

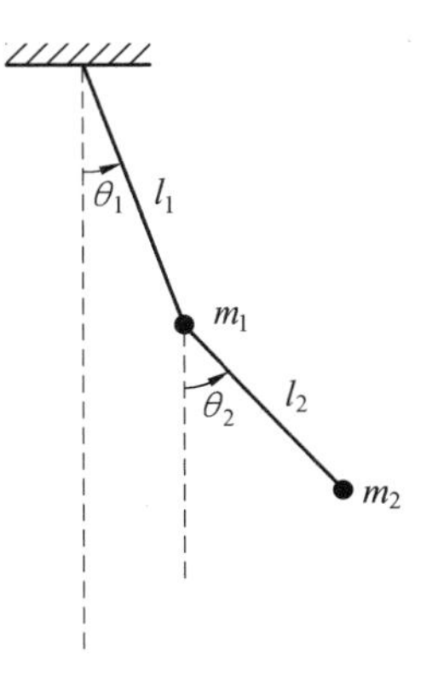

图 2.7　双摆

系统动能

$$T=\frac{1}{2}m_1v_1^2+\frac{1}{2}m_2v_2^2=\frac{1}{2}\{m_1l_1^2\dot{\theta}_1^2+m_2[l_1^2\dot{\theta}_1^2+l_2^2\dot{\theta}_2^2+2l_1l_2\dot{\theta}_1\dot{\theta}_2\cos(\theta_2-\theta_1)]\}$$

对于微振动 $\cos(\theta_2-\theta_1)\approx 1$，则

$$T=\frac{1}{2}[m_1l_1^2\dot{\theta}_1^2+m_2(l_1^2\dot{\theta}_1^2+l_2^2\dot{\theta}_2^2+2l_1l_2\dot{\theta}_1\dot{\theta}_2)]$$

系统势能

$$U=m_1gl_1(1-\cos\theta_1)+m_2g[l_1(1-\cos\theta_1)+l_2(1-\cos\theta_2)]$$

将 T,U 代入自由振动拉格朗日方程(2.33)，得

$$m_1l_1^2\ddot{\theta}_1+m_2l_1^2\ddot{\theta}_1+m_2l_1l_2\ddot{\theta}_2+m_1gl_1\sin\theta_1+m_2gl_1\sin\theta_1=0$$

$$m_2l_2^2\ddot{\theta}_2+m_2l_1l_2\ddot{\theta}_1+m_2gl_2\sin\theta_2=0$$

对于微振动 $\sin\theta_1\approx\theta_1$，$\sin\theta_2\approx\theta_2$，整理上式得

$$(m_1l_1^2+m_2l_1^2)\ddot{\theta}_1+m_2l_1l_2\ddot{\theta}_2+(m_1gl_1+m_2gl_1)\theta_1=0$$

$$m_2l_1l_2\ddot{\theta}_1+m_2l_2^2\ddot{\theta}_2+m_2gl_2\theta_2=0$$

写成矩阵的形式为

$$\boldsymbol{M}\ddot{\boldsymbol{q}}+\boldsymbol{K}\boldsymbol{q}=0$$

其中

$$\boldsymbol{M}=\begin{bmatrix}m_1l_1^2+m_2l_1^2 & m_2l_1l_2\\ m_2l_1l_2 & m_2l_2^2\end{bmatrix}$$

$$\boldsymbol{K}=\begin{bmatrix}(m_1+m_2)gl_1 & 0\\ 0 & m_2gl_2\end{bmatrix}$$

$$\boldsymbol{q}=[\theta_1\quad\theta_2]^{\mathrm{T}}$$

例 2.2　有关飞机的机翼和机身的对称振动，可简化为如图 2.8 的模型。机身用集中质量 M 表示。机翼用长为 L，端点带集中质量 m 的刚性梁表示，机翼的弹性用弹性常数为 k 的扭转弹簧来表示，扭转弹簧将机身和机翼连接起来。用拉格朗日方程推导出系统的运动方程，忽略重力并假设 θ 很小。

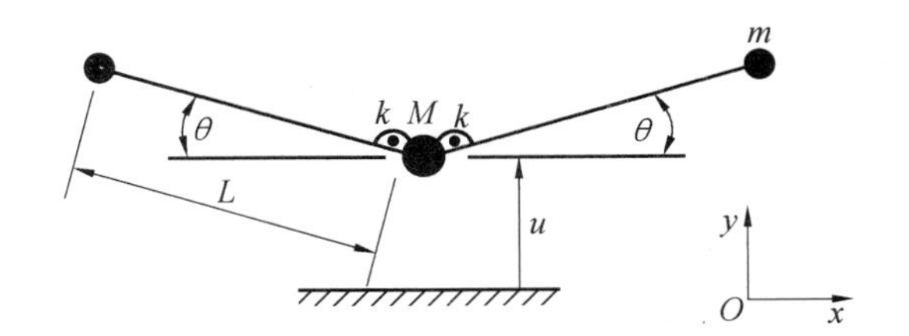

图 2.8　飞机铅垂面内对称振动模型

解　因系统对称，可选 u,θ 为广义坐标，则系统的动能、势能分别为

$$T=2\left[\frac{1}{2}m(\dot{u}+L\dot{\theta})^2\right]+\frac{1}{2}M\dot{u}^2=m(\dot{u}+L\dot{\theta})^2+\frac{1}{2}M\dot{u}^2$$

$$U=2\left(\frac{1}{2}k\theta^2\right)$$

应用拉格朗日方程

$$\frac{\partial T}{\partial \dot{u}}=2m(\dot{u}+L\dot{\theta})+M\dot{u},\quad \frac{\partial T}{\partial \dot{\theta}}=2mL(\dot{u}+L\dot{\theta})$$

$$\frac{\partial U}{\partial u}=0,\quad \frac{\partial U}{\partial \theta}=2k\theta$$

$$Q_1=0,\quad Q_2=0$$

代入$\frac{\mathrm{d}}{\mathrm{d}t}\left(\frac{\partial T}{\partial \dot{q}_i}\right)+\frac{\partial U}{\partial q_i}=Q_i$，得

$$2m(\ddot{u}+L\ddot{\theta})+M\ddot{u}=0$$

$$2mL(\ddot{u}+L\ddot{\theta})+2k\theta=0$$

写成矩阵形式为

$$\begin{bmatrix}(M+2m) & 2mL\\ 2mL & 2mL^2\end{bmatrix}\begin{bmatrix}\ddot{u}\\ \ddot{\theta}\end{bmatrix}+\begin{bmatrix}0 & 0\\ 0 & 2k\end{bmatrix}\begin{bmatrix}u\\ \theta\end{bmatrix}=\begin{bmatrix}0\\ 0\end{bmatrix}$$

2.2　多自由度系统无阻尼自由振动

若系统建模成有限自由度，方程(2.40)就是描述系统运动规律的最具普遍意义的控制方程，系统动力学特性和响应分析都是以这个方程为基础的，因此，需要熟练掌握这个方程的求解方法。对于多自由度系统，由于各自由度的运动是有相互影响的，也就是各变量是相互不独立的，这称为耦合，如果质量矩阵非对角线元素有不为零的，就存在惯性耦合，如果刚度矩阵非对角线元素有不为零的，就存在弹性耦合，因此这就是一个非齐次常系数二阶线性常微分方程组。在常微分方程理论中，求其对应的齐次方程的通解以及特解，待定系数法、算子法、拉普拉斯变换法等均可应用。一般来说，这个方程组用这些方法均可以直接求解，但是对于实际工程问题，多数结构较为复杂，需要建立成很多自由度模型才可以达到要求，用这些直接方法求解就可能非常冗繁，甚至人力所不能为。如果能通过线性变换把原方程解耦成 n 个互不相关的方程，把多自由度系统方程的求解问题转化成单自由度，就简单多了，而且单自由度系统振动理论和方法也能直接平移过来。因此，本章以下在介绍用直接求解法分析两自由度系统振动后将重点研究基于线性变换达到解耦目的的方法，也就是本章2.2.4节介绍的模态分解和叠加方法。

2.2.1　两自由度系统无阻尼自由振动

以图2.5问题为例，其运动方程(2.2)是联立的二阶线性齐次微分方程组，其中 k_2 在两个方程中都出现，它是连接 m_1 与 m_2 的弹簧，称为耦联弹簧，这种耦合称为刚度耦合或静态耦合。为了简明起见，引入符号

$$\frac{k_1+k_2}{m_1}=a,\quad \frac{k_2}{m_1}=b,\quad \frac{k_2}{m_2}=c \tag{2.41}$$

则方程(2.2)可写为

$$\begin{aligned}\ddot{x}_1+ax_1-bx_2&=0\\ \ddot{x}_2-cx_1+cx_2&=0\end{aligned} \tag{2.42}$$

根据微分方程理论，可设上述方程组的解为

$$\begin{cases} x_1 = A_1\sin(\omega t + \alpha) \\ x_2 = A_2\sin(\omega t + \alpha) \end{cases} \tag{2.43}$$

将式(2.43)代入方程(2.42)得

$$-A_1\omega^2\sin(\omega t+\alpha)+aA_1\sin(\omega t+\alpha)-bA_2\sin(\omega t+\alpha)=0$$
$$-A_2\omega^2\sin(\omega t+\alpha)-cA_1\sin(\omega t+\alpha)+cA_2\sin(\omega t+\alpha)=0$$

因 $\sin(\omega t+\alpha)$ 不可能总为零，整理上式得

$$\begin{aligned}(a-\omega^2)A_1-bA_2=0 \\ -cA_1+(c-\omega^2)A_2=0\end{aligned} \tag{2.44}$$

方程(2.44)是二元一次齐次代数方程组，其可能的解中有 $A_1=A_2=0$，这相当于系统在平衡位置平衡不动。若系统发生振动时，则要求方程具有非零解，那么只有令方程组的系数行列式等于零，即

$$\begin{vmatrix} a-\omega^2 & -b \\ -c & c-\omega^2 \end{vmatrix}=0 \tag{2.45}$$

式(2.45)称为频率行列式，展开后得代数方程

$$\omega^4-(a+c)\omega^2+c(a-b)=0 \tag{2.46}$$

通常称方程(2.46)为频率方程或特征值方程，它是关于 ω^2 的一元二次代数方程，它的两个根为

$$\omega_{1,2}^2=\frac{a+c}{2}\mp\sqrt{\left(\frac{a+c}{2}\right)^2-c(a-b)} \tag{2.47}$$

或

$$\omega_{1,2}^2=\frac{a+c}{2}\mp\sqrt{\left(\frac{a-c}{2}\right)^2+bc} \tag{2.48}$$

由式(2.47)明显看出此两根均为正实根，且 ω_1 和 ω_2 只与系统的本身参数(m_1,m_2,k_1,k_2)有关，而与其他条件无关，所以称之为固有频率。其中第一个根 ω_1 较小，称为第一固有频率，第二个根 ω_2 较大，称为第二固有频率，或简称一阶和二阶频率。

下面进一步研究振幅方面的特点，将式(2.47)或式(2.48)中求出的两固有频率 ω_1 和 ω_2，分别代入式(2.44)中的任意一个，可以很容易地证明振幅 A_1 和 A_2 具有两组确定的比值，即对应于第一固有频率为

$$\frac{A_1^{(1)}}{A_2^{(1)}}=\frac{b}{a-\omega_1^2}=\frac{c-\omega_1^2}{c}=\frac{1}{\gamma^{(1)}} \tag{2.49}$$

对应于第二固有频率为

$$\frac{A_1^{(2)}}{A_2^{(2)}}=\frac{b}{a-\omega_2^2}=\frac{c-\omega_2^2}{c}=\frac{1}{\gamma^{(2)}} \tag{2.50}$$

对应于第一固有频率的振动称为第一主振动，或简称为一阶主振动，它的解为

$$\begin{aligned}x_1^{(1)}&=A_1^{(1)}\sin(\omega_1 t+\alpha_1) \\ x_2^{(1)}&=\gamma^{(1)}A_1^{(1)}\sin(\omega_1 t+\alpha_1)\end{aligned} \tag{2.51}$$

对应于第二固有频率的振动称为第二主振动，或简称为二阶主振动，它的解为

$$\begin{aligned}x_1^{(2)}&=A_1^{(2)}\sin(\omega_2 t+\alpha_2) \\ x_2^{(2)}&=\gamma^{(2)}A_1^{(2)}\sin(\omega_2 t+\alpha_2)\end{aligned} \tag{2.52}$$

将式(2.48)代入式(2.49)和式(2.50)可得振幅比

$$\gamma^{(1)}=\frac{a-\omega_1^2}{b}=\frac{1}{b}\left[\frac{a-c}{2}+\sqrt{\left(\frac{a-c}{2}\right)^2+bc}\right]>0 \tag{2.53}$$

$$\gamma^{(2)}=\frac{a-\omega_2^2}{b}=\frac{1}{b}\left[\frac{a-c}{2}-\sqrt{\left(\frac{a-c}{2}\right)^2+bc}\right]<0 \tag{2.54}$$

这样当系统作第一主振动时,振幅比 $\gamma^{(1)}$ 始终大于零,即 m_1 和 m_2 总是同相位,作同方向的振动。当系统作第二主振动时,振幅比 $\gamma^{(2)}$ 始终小于零,即 m_1 和 m_2 总是反相位,作反方向振动,见图 2.9。在第二主振动中,由于 m_1 和 m_2 始终作确定比例 $\gamma^{(2)}$ 的反相振动,所以在弹簧 k_2 上始终有一点不发生振动,这一点称为节点,如图 2.9(b)中的点 O。

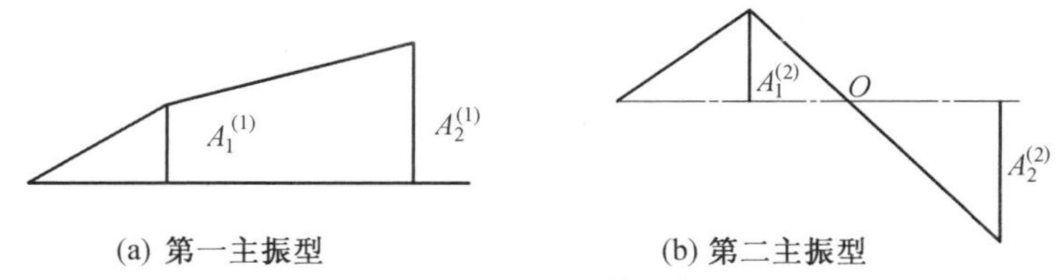

图 2.9　图 2.5 系统的振型

由于振幅比 $\gamma^{(1)}$,$\gamma^{(2)}$ 在振动过程中始终不变,而且只与系统本身参数有关,所以一定的系统,其对应于各阶固有频率的振动形状(图 2.9)是固定不变的。对应于第一固有频率 ω_1 的振动形状称为第一主振型(principal mode shape),或称第一主模态,简称一阶振型或一阶模态;对应于第二固有频率 ω_2 的振动形状称为第二主振型,或称第二主模态,简称二阶振型或二阶模态。主振型与固有频率一样,都只与系统本身的参数有关,与其他条件无关,因此有时也将主振型叫做固有振型。值得注意的是,对一个系统来说,固有频率和固有振型一一对应,固有频率是定值,固有振型中振幅比是定值,而振幅的大小与初始条件及激励有关。

根据微分方程理论,自由振动微分方程(式(2.42))的全解应为第一主振动的解(式(2.51))和第二主振动的解(式(2.52))的叠加,即

$$\begin{aligned}x_1&=A_1^{(1)}\sin(\omega_1 t+\alpha_1)+A_1^{(2)}\sin(\omega_2 t+\alpha_2)\\x_2&=\gamma^{(1)}A_1^{(1)}\sin(\omega_1 t+\alpha_1)+\gamma^{(2)}A_1^{(2)}\sin(\omega_2 t+\alpha_2)\end{aligned} \tag{2.55}$$

其中包含的 4 个任意常数 $A_1^{(1)}$,$A_1^{(2)}$,α_1 和 α_2,应由运动的初始条件 $x_1(0)$,$x_2(0)$,$\dot{x}_1(0)$,$\dot{x}_2(0)$ 来决定。由于式(2.55)所代表的振动是两个谐振动的合成,它不一定是周期性振动,只有 ω_1 与 ω_2 之比为有理数时才是周期性振动。如果要得到第一主振动,则可使初始条件为 $x_2(0)=\gamma^{(1)}x_1(0)$,$\dot{x}_2(0)=\gamma^{(1)}\dot{x}_1(0)$,如果要得到第二主振动,则可使初始条件为 $x_2(0)=\gamma^{(2)}x_1(0)$,$\dot{x}_2(0)=\gamma^{(2)}\dot{x}_1(0)$。

下面将两个自由度系统的自由振动作一小结:

(1) 两个自由度系统具有两个固有频率,它只与系统本身的参数有关,而与运动的初始条件无关。

(2) 对应两个固有频率有两个主振型(主模态),主振型的形状是确定的,它也只与系统本身的参数有关,而与运动的初始条件无关。

(3) 两个自由度系统的自由振动一般为以两个固有频率作谐振动的主振动的叠加,每个主振动的振幅和相位与初始条件有关。

例2.3　图2.10表示具有两个集中质量 m_1，m_2 的无重简支梁，在 m_1，m_2 处梁的影响系数分别为 α_{11}，α_{22} 和 $\alpha_{12}=\alpha_{21}$，求系统的弯曲自由振动的固有频率与振型。

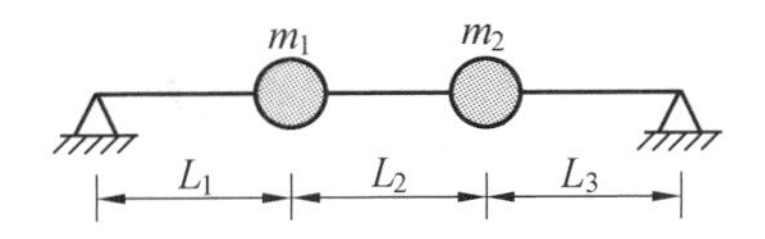

图2.10　有两个质块的无重简支梁

解　根据材料力学关于影响系数的定义知，α_{11} 表示在 m_1 处作用单位力在该点产生的挠度，α_{22} 表示在 m_2 处作用单位力在该点产生的挠度，$\alpha_{12}(\alpha_{21})$ 表示在 $m_2(m_1)$ 点作用单位力而在 $m_1(m_2)$ 点产生的挠度。系统在作自由振动时，设 m_1，m_2 的位移为 x_1，x_2，则它们的惯性力分别为：$-m_1\ddot{x}_1$，$-m_2\ddot{x}_2$，于是可建立起系统的振动微分方程

$$
\begin{aligned}
x_1 &= -\alpha_{11}m_1\ddot{x}_1-\alpha_{12}m_2\ddot{x}_2\\
x_2 &= -\alpha_{21}m_1\ddot{x}_1-\alpha_{22}m_2\ddot{x}_2
\end{aligned}
\tag{2.56}
$$

或

$$
\begin{aligned}
\alpha_{11}m_1\ddot{x}_1+\alpha_{12}m_2\ddot{x}_2+x_1=0\\
\alpha_{21}m_1\ddot{x}_1+\alpha_{22}m_2\ddot{x}_2+x_2=0
\end{aligned}
\tag{2.57}
$$

在上述方程中，由于第一方程中含有惯性力项 $m_2\ddot{x}_2$，而在第二方程中含有惯性力项 $m_1\ddot{x}_1$，这样把 x_1，x_2 两个运动耦合起来，称之为惯性耦合（或动态耦合）。若设

$$
\begin{aligned}
\frac{\alpha_{12}m_2}{\alpha_{11}m_1}=a,\quad \frac{\alpha_{21}m_1}{\alpha_{22}m_2}=b\\
\frac{1}{\alpha_{11}m_1}=c,\quad \frac{1}{\alpha_{22}m_2}=d
\end{aligned}
\tag{2.58}
$$

则方程(2.57)变为

$$
\begin{aligned}
\ddot{x}_1+a\ddot{x}_2+cx_1=0\\
b\ddot{x}_1+\ddot{x}_2+dx_2=0
\end{aligned}
\tag{2.59}
$$

设方程(2.59)的解为

$$
\begin{aligned}
x_1=A_1\sin(\omega t+\alpha)\\
x_2=A_2\sin(\omega t+\alpha)
\end{aligned}
\tag{2.60}
$$

将表达式(2.60)代入方程(2.59)中得

$$
\begin{aligned}
(c-\omega^2)A_1-a\omega^2A_2=0\\
-b\omega^2A_1+(d-\omega^2)A_2=0
\end{aligned}
\tag{2.61}
$$

上述方程组中，若 A_1，A_2 要有非零解，则系数行列式必等于零，即

$$
\begin{vmatrix} c-\omega^2 & -a\omega^2 \\ -b\omega^2 & d-\omega^2 \end{vmatrix}=0 \tag{2.62}
$$

将此行列式展开就得到频率方程

$$
(1-ab)\omega^4-(c+d)\omega^2+cd=0 \tag{2.63}
$$

解方程(2.63)，得到关于频率 ω^2 的两个根为

$$
\omega_{1,2}^2=\frac{(c+d)\mp\sqrt{(c+d)^2-4(1-ab)cd}}{2(1-ab)} \tag{2.64}
$$

或

$$
\omega_{1,2}^2=\frac{(c+d)\mp\sqrt{(c-d)^2+4abcd}}{2(1-ab)}
$$

可以证明，ω^2 的两个根均为正实根，而且固有频率 ω_1 和 ω_2 都只与系统参数（m_1，m_2，α_{11}，α_{22}，α_{12}，α_{21}）有关，与其他条件无关。若将两个固有频率 ω_1 和 ω_2 分别代入方程(2.61)中的任一个方程，可建立其振幅比

$$\frac{A_1^{(1)}}{A_2^{(1)}}=\frac{a\omega_1^2}{c-\omega_1^2}=\frac{d-\omega_1^2}{b\omega_1^2}=\frac{1}{\gamma^{(1)}}>0 \tag{2.65}$$

$$\frac{A_1^{(2)}}{A_2^{(2)}}=\frac{a\omega_2^2}{c-\omega_2^2}=\frac{d-\omega_2^2}{b\omega_2^2}=\frac{1}{\gamma^{(2)}}<0 \tag{2.66}$$

根据振幅比的表达式(2.65)和(2.66)可画出第一主振型和第二主振型，见图2.11。

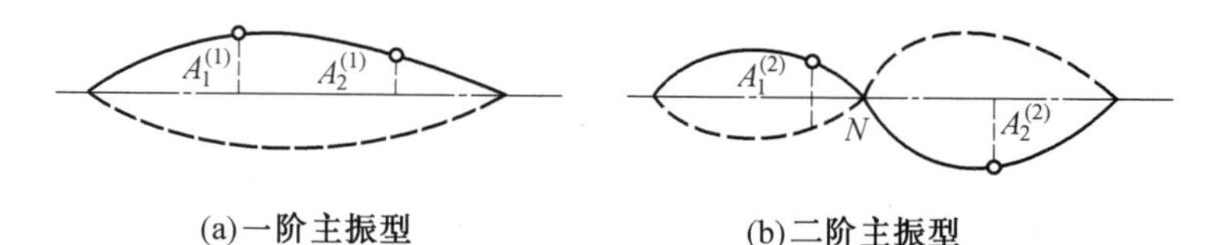

(a)一阶主振型　　(b)二阶主振型

图 2.11　图 2.10 系统振型

例 2.4　图2.12表示一双圆盘轴，轴的两端固定于 A，B 两点，该轴的三段具有如图所示的扭转刚度 k_{t1}，k_{t2}，k_{t3}，两个圆盘的转动惯量分别为 I_1 和 I_2，求系统的固有频率。

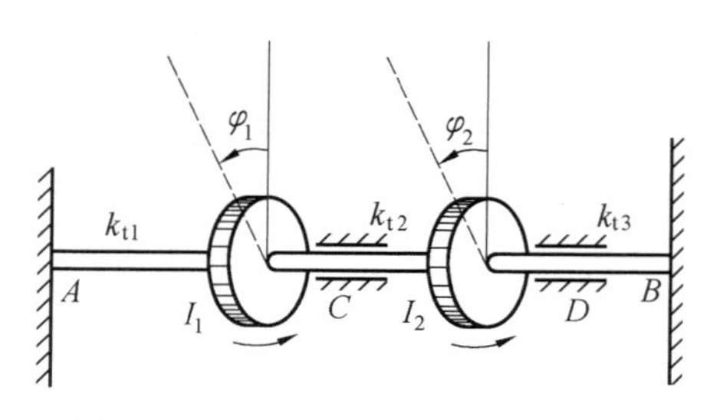

图 2.12　两端固定的双圆盘轴系统

解　设两圆盘在自由振动中的转角分别为 φ_1 和 φ_2，则根据转动动力学方程可得出两圆盘的扭振方程为

$$\begin{aligned}I_1\ddot{\varphi}_1&=-k_{t1}\varphi_1+k_{t2}(\varphi_2-\varphi_1)\\ I_2\ddot{\varphi}_2&=-k_{t2}(\varphi_2-\varphi_1)-k_{t3}\varphi_2\end{aligned} \tag{2.67}$$

整理得

$$\begin{aligned}I_1\ddot{\varphi}_1+(k_{t1}+k_{t2})\varphi_1-k_{t2}\varphi_2&=0\\ I_2\ddot{\varphi}_2-k_{t2}\varphi_1+(k_{t2}+k_{t3})\varphi_2&=0\end{aligned} \tag{2.68}$$

设

$$\begin{aligned}&\frac{k_{t1}+k_{t2}}{I_1}=a,\quad \frac{k_{t2}}{I_1}=b\\ &\frac{k_{t2}}{I_2}=c,\quad \frac{k_{t2}+k_{t3}}{I_2}=d\end{aligned} \tag{2.69}$$

则方程(2.68)可写成

$$\begin{aligned}\ddot{\varphi}_1+a\varphi_1-b\varphi_2&=0\\ \ddot{\varphi}_2-c\varphi_1+d\varphi_2&=0\end{aligned} \tag{2.70}$$

设方程(2.70)的解为

$$\begin{aligned}\varphi_1&=A_1\sin(\omega t+\alpha)\\ \varphi_2&=A_2\sin(\omega t+\alpha)\end{aligned} \tag{2.71}$$

将上式代入方程(2.70)得代数方程组

$$(a-\omega^2)A_1-bA_2=0$$

$$-cA_1+(d-\omega^2)A_2=0 \tag{2.72}$$

解上述齐次代数方程组的非零解而得频率方程

$$\omega^4-(a+d)\omega^2+ad-bc=0 \tag{2.73}$$

解频率方程(2.73)得两个固有频率为

$$\omega_{1,2}^2=\frac{a+d}{2}\mp\sqrt{\left(\frac{a+d}{2}\right)^2-(ad-bc)} \tag{2.74}$$

若有 $I_1=I_2=I$，$k_{t1}=k_{t2}=k_{t3}=k_t$，并令 $\Omega^2=k_t/I$，则 $a=d=2\Omega^2$，$b=c=\Omega^2$，代入式(2.74)得

$$\omega_1^2=\Omega^2=k_t/I$$

$$\omega_2^2=3\Omega^2=3k_t/I$$

2.2.2　n 自由度系统的无阻尼自由振动

关于多自由度系统无阻尼自由振动微分方程的普遍形式已由方程(2.34)或(2.35)示出，为习惯和通用起见，将 q 改为 x 重写如下

$$\begin{aligned}
&m_{11}\ddot{x}_1+m_{12}\ddot{x}_2+\cdots+m_{1n}\ddot{x}_n+k_{11}x_1+k_{12}x_2+\cdots+k_{1n}x_n=0\\
&m_{21}\ddot{x}_1+m_{22}\ddot{x}_2+\cdots+m_{2n}\ddot{x}_n+k_{21}x_1+k_{22}x_2+\cdots+k_{2n}x_n=0\\
&\qquad\vdots\\
&m_{n1}\ddot{x}_1+m_{n2}\ddot{x}_2+\cdots+m_{nn}\ddot{x}_n+k_{n1}x_1+k_{n2}x_2+\cdots+k_{nn}x_n=0
\end{aligned}$$

用矩阵形式表示为

$$\boldsymbol{M}\ddot{\boldsymbol{x}}+\boldsymbol{K}\boldsymbol{x}=0$$

在微振动的情况下，可设上述方程组的解为

$$\begin{aligned}
x_1&=a_1\sin(\omega t+\alpha)\\
x_2&=a_2\sin(\omega t+\alpha)\\
&\vdots\\
x_n&=a_n\sin(\omega t+\alpha)
\end{aligned} \tag{2.75}$$

或

$$\boldsymbol{x}=\boldsymbol{\varphi}\sin(\omega t+\alpha) \tag{2.76}$$

其中

$$\boldsymbol{x}=[x_1\quad x_2\quad\cdots\quad x_n]^{\mathrm{T}},\boldsymbol{\varphi}=[a_1\quad a_2\quad\cdots\quad a_n]^{\mathrm{T}}$$

将表达式(2.75)代入方程(2.34)得到一组齐次代数方程组，即

$$\begin{aligned}
&(k_{11}-m_{11}\omega^2)a_1+(k_{12}-m_{12}\omega^2)a_2+\cdots+(k_{1n}-m_{1n}\omega^2)a_n=0\\
&(k_{21}-m_{21}\omega^2)a_1+(k_{22}-m_{22}\omega^2)a_2+\cdots+(k_{2n}-m_{2n}\omega^2)a_n=0\\
&\qquad\vdots\\
&(k_{n1}-m_{n1}\omega^2)a_1+(k_{n2}-m_{n2}\omega^2)a_2+\cdots+(k_{nn}-m_{nn}\omega^2)a_n=0
\end{aligned} \tag{2.77a}$$

或用矩阵表示为

$$(\boldsymbol{K}-\omega^2\boldsymbol{M})\boldsymbol{\varphi}=0 \tag{2.77b}$$

或

$$\boldsymbol{K}\boldsymbol{\varphi}=\omega^2\boldsymbol{M}\boldsymbol{\varphi} \tag{2.78}$$

如果上述方程组中 $a_1,a_2,\cdots,a_n$ 不都为零，即非零解，则要求其系数行列式的值等于

零，即

$$|\boldsymbol{K}-\omega^2\boldsymbol{M}|=0 \tag{2.79}$$

称上述行列式为频率行列式。

系统的固有频率一般可通过解形如方程(2.78)广义特征值问题来得到，将频率行列式(2.79)展开可得到一个关于 ω^2 的 n 次代数方程，即

$$f(\omega^2)=b_n\omega^{2n}+b_{n-1}\omega^{2(n-1)}+\cdots+b_1\omega^2+b_0=0 \tag{2.80}$$

这个方程称为频率方程，求解后即可得到系统的固有频率。

由线性代数中可知，当质量矩阵 $\boldsymbol{M}$ 是正定的，刚度矩阵 $\boldsymbol{K}$ 也是正定的或半正定的时，方程(2.80)的全部根都是正实数或者是零，称这些根 ω_i^2 为特征值，ω_i 也就是系统的固有频率。

这些固有频率都只与系统本身的物理参数有关，与其他条件无关。实际工程系统多数情况下，各固有频率互不相等，即特征方程有不等的实根，一般从小到大排列，即

$$\omega_1<\omega_2<\cdots<\omega_{\mathrm{n}}$$

ω_i 称为第 i 阶固有频率。如果有零根，即固有频率为零的情况，那一定是前几阶，如果只有一个为零，一定是 $\omega_1=0$，详见2.4.1节。也可能存在有重根情况，详见2.4.2节。本章的前几节均只讨论有非零不等根情况。

将所求的 ω_i 逐个代入方程(2.77b)，可得对应的特征向量$\boldsymbol{\varphi}_i$，表示为

$$\boldsymbol{\varphi}_i=\{a_{1i},a_{2i},\cdots,a_{ni}\}^{\mathrm{T}} \tag{2.81}$$

注意，对于有 n 个不等实根的广义特征值问题，将特征值代入后得到的 n 个方程中只有一个是不独立的，任意去掉一个以后剩下的$(n-1)$个方程是相互独立的，其中的 n 个未知数，有一个是待定的，可以任意取值。一般为方便起见，取最后一个或者第一个。例如，去掉第一个方程，将第一个元素作为待定数，把含有待定数的项移到方程的右边当做已知的，有

$$\begin{gathered}(k_{22}-m_{22}\omega_i^2)a_{2i}+\cdots+(k_{2n}-m_{2n}\omega_i^2)a_{ni}=(m_{21}\omega_i^2-k_{21})a_{1i}\\ \vdots\\ (k_{n2}-m_{n2}\omega_i^2)a_{2i}+\cdots+(k_{nn}-m_{nn}\omega_i^2)a_{ni}=(m_{n1}\omega_i^2-k_{n1})a_{1i}\end{gathered} \tag{2.82}$$

可求出用该待定数表示的剩下的 $n-1$ 个数，这样得到对应的特征向量里的每一个元素都是与该待定数成固定比例的，即

$$\boldsymbol{\varphi}_i=a_{1i}\{1,\gamma_2^{(i)},\cdots,\gamma_n^{(i)}\}^{\mathrm{T}} \tag{2.83}$$

实际使用中，为了方便都将待定数先取为1，这样再求其他数时最为简单，如前所说，一般取第一个数或最后一个数，也有取绝对值最大的，这样的处理称之为归一化处理，如第一个数取1，归一化处理后可表示为

$$\boldsymbol{\varphi}_i=\{1,\gamma_2^{(i)},\cdots,\gamma_n^{(i)}\}^{\mathrm{T}} \tag{2.84}$$

求出第 i 阶特征值和特征向量后，回代通解表达式，得到第 i 阶特征值解

$$\boldsymbol{x}^{(i)}(t)=\boldsymbol{\varphi}_i\sin(\omega_i t+\alpha_i) \tag{2.85}$$

与两自由度一样，第 i 阶特征值解表示了第 i 阶主振动规律，对应的特征向量表示了第 i 阶主振动的形式，各质点振幅成固定比例，称之为第 i 阶主振型或主模态。方程的最终解为所有阶特征值解的叠加，也即各质点的振动为各阶主振动的和，即

$$\boldsymbol{x}(t)=\sum_{i=1}^{n}\boldsymbol{x}^{(i)}=\sum_{i=1}^{n}a_{1i}\{1,\gamma_2^{(i)},\cdots,\gamma_n^{(i)}\}^{\mathrm{T}}\sin(\omega_i t+\alpha_i) \tag{2.86}$$

其中，有 $2n$ 个数待定，将给定的 n 个初始位移和 n 个初始速度代入得到 $2n$ 个方程，可得方程的定解。但对于高自由度问题，会带来求解大型代数方程组的困难，这个困难可以由下面几节给出的模态分解和叠加的方法来解决。

2.2.3　主振型正交性与线性无关性

对 n 个自由度系统有 n 个主振型，这些主振型只与系统本身的参数有关，所以对一定的系统，其主振型也就是确定的，下面研究这些主振型是否存在一定的联系呢？回答是肯定的，这种联系称为主振型的正交性(orthogonality)，现在证明这个性质。

设系统第 j 阶主振型为

$$\boldsymbol{\varphi}_j = [a_{1j} \quad a_{2j} \quad \cdots \quad a_{nj}]^{\mathrm{T}} \tag{2.87}$$

其相对应的固有频率为 ω_j，则方程(2.78)可写为

$$\boldsymbol{K}\boldsymbol{\varphi}_j = \omega_j^2 \boldsymbol{M}\boldsymbol{\varphi}_j \tag{2.88}$$

将上式两边同时前乘以第 i 阶的主振型的转置向量 $\boldsymbol{\varphi}_i^{\mathrm{T}}$，则有

$$\boldsymbol{\varphi}_i^{\mathrm{T}}\boldsymbol{K}\boldsymbol{\varphi}_j = \omega_j^2 \boldsymbol{\varphi}_i^{\mathrm{T}}\boldsymbol{M}\boldsymbol{\varphi}_j \tag{2.89}$$

如果仍按照上述方法，但改变 i 与 j 的先后次序，也可以得到与式(2.89)类似的等式

$$\boldsymbol{\varphi}_j^{\mathrm{T}}\boldsymbol{K}\boldsymbol{\varphi}_i = \omega_i^2 \boldsymbol{\varphi}_j^{\mathrm{T}}\boldsymbol{M}\boldsymbol{\varphi}_i \tag{2.90}$$

注意，由于刚度矩阵 $\boldsymbol{K}$ 和质量矩阵 $\boldsymbol{M}$ 都是对称矩阵，根据线性代数中的转置规则，将等式(2.89)两边分别求转置得

$$\boldsymbol{\varphi}_j^{\mathrm{T}}\boldsymbol{K}\boldsymbol{\varphi}_i = \omega_j^2 \boldsymbol{\varphi}_j^{\mathrm{T}}\boldsymbol{M}\boldsymbol{\varphi}_i \tag{2.91}$$

将等式(2.90)减去等式(2.91)，可得到

$$(\omega_i^2 - \omega_j^2)\boldsymbol{\varphi}_j^{\mathrm{T}}\boldsymbol{M}\boldsymbol{\varphi}_i = 0$$

由于 ω_i 与 ω_j 不相等，所以有

$$\boldsymbol{\varphi}_j^{\mathrm{T}}\boldsymbol{M}\boldsymbol{\varphi}_i = 0 \tag{2.92a}$$

上式也可写为

$$\sum_{k=1}^{n}\sum_{l=1}^{n} m_{kl} a_{ki} a_{lj} = 0 \tag{2.92b}$$

称等式(2.92)所表示的性质为主振型关于质量矩阵的正交性。

如果将等式(2.89)和(2.90)中的 ω_j^2 和 ω_i^2 从等式右边变换到等式左边，按照上面类似的方法，可以得到主振型关于刚度矩阵的正交性，即

$$\boldsymbol{\varphi}_j^{\mathrm{T}}\boldsymbol{K}\boldsymbol{\varphi}_i = 0 \tag{2.93a}$$

或

$$\sum_{k=1}^{n}\sum_{l=1}^{n} k_{kl} a_{ki} a_{lj} = 0 \tag{2.93b}$$

关于主振型的正交性的物理意义可以这样解释：如果把 $\omega_j^2\boldsymbol{\varphi}_j^{\mathrm{T}}\boldsymbol{M}\boldsymbol{\varphi}_i$ 看做第 j 阶主振型的惯性力在第 i 阶主振型作为虚位移上所做的虚功，则主振型关于质量的正交性就是任一阶主振型的惯性力在另一阶主振型作为虚位移上所做的虚功为零。同样主振型关于刚度的正交性也有类似的意义。

由主振型的正交性，可知主振型是线性无关的，设有常数 $\xi_1, \xi_2, \cdots, \xi_n$ 使

$$\sum_{i=1}^{n} \xi_i \boldsymbol{\varphi}_i = 0$$

上式两端左乘 $\boldsymbol{\varphi}_j^{\mathrm{T}}\boldsymbol{M}$ 有

$$\sum_{i=1}^{n}\xi_i\boldsymbol{\varphi}_j^{\mathrm{T}}\boldsymbol{M}\boldsymbol{\varphi}_i=0$$

注意到主振型关于质量矩阵的正交性，将式(2.92a)代入上式，可推出 $\xi_j=0$，令 $j=1,2,\cdots,n$，便得到所有 $\xi_1=\xi_2=\cdots=\xi_n=0$，这就证明了 $\boldsymbol{\varphi}_1,\boldsymbol{\varphi}_2,\cdots,\boldsymbol{\varphi}_n$ 线性无关。

例 2.5　3个单摆借两根弹簧连接，如图2.13所示。假设3个摆在铅垂位置时弹簧没有变形，试求系统在其稳定平衡位置附近作微振动的固有频率、主振型，并验证其主振型的正交性。

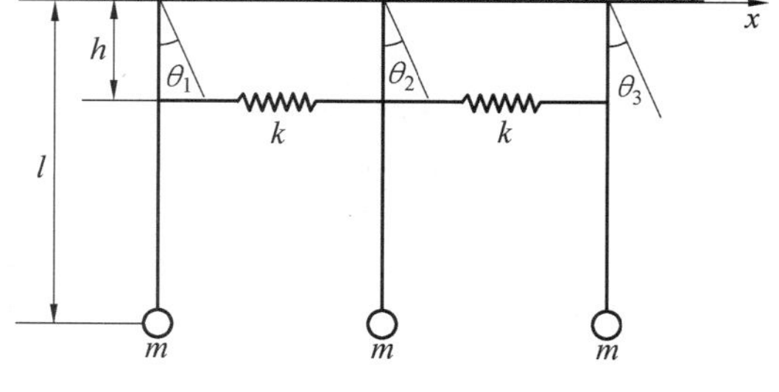

图 2.13　弹簧连接的3个单摆系统

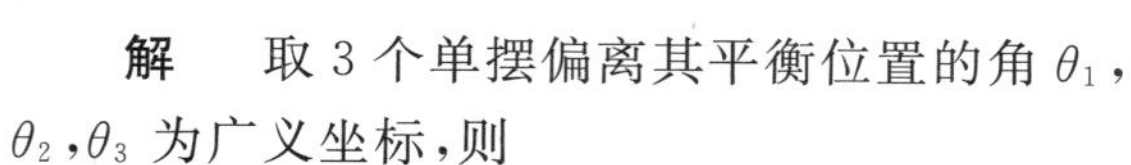

解　取3个单摆偏离其平衡位置的角 $\theta_1,\theta_2,\theta_3$ 为广义坐标，则

系统的动能为

$$T=\frac{1}{2}ml^2(\dot{\theta}_1^2+\dot{\theta}_2^2+\dot{\theta}_3^2)\qquad\text{(a)}$$

系统的势能等于重力势能 U_1 和弹性势能 U_2 之和，其中

$$U_1=mgl[(1-\cos\theta_1)+(1-\cos\theta_2)+(1-\cos\theta_3)]\approx\frac{1}{2}mgl(\theta_1^2+\theta_2^2+\theta_3^2)$$

$$U_2=\frac{1}{2}kh^2[(\sin\theta_2-\sin\theta_1)^2+(\sin\theta_3-\sin\theta_2)^2]\approx\frac{1}{2}kh^2(\theta_1^2+2\theta_2^2+\theta_3^2-2\theta_1\theta_2-2\theta_2\theta_3)$$

所以总势能

$$U=U_1+U_2=\frac{1}{2}ml^2[(\alpha+\beta)\theta_1^2+(\alpha+2\beta)\theta_2^2+(\alpha+\beta)\theta_3^2-2\beta\theta_1\theta_2-2\beta\theta_2\theta_3]\qquad\text{(b)}$$

式中

$$\alpha=\frac{g}{l},\quad\beta=\frac{kh^2}{ml^2}$$

从式(a)和式(b)可得系统的质量矩阵和刚度矩阵为

$$\boldsymbol{M}=ml^2\begin{bmatrix}1&0&0\\0&1&0\\0&0&1\end{bmatrix}\qquad\text{(c)}$$

$$\boldsymbol{K}=ml^2\begin{bmatrix}\alpha+\beta&-\beta&0\\-\beta&\alpha+2\beta&-\beta\\0&-\beta&\alpha+\beta\end{bmatrix}\qquad\text{(d)}$$

将式(c)和式(d)代入式(2.79)，并约去非零因子 ml^2，得

$$\begin{vmatrix}\alpha+\beta-\omega^2&-\beta&0\\-\beta&\alpha+2\beta-\omega^2&-\beta\\0&-\beta&\alpha+\beta-\omega^2\end{vmatrix}=0\qquad\text{(e)}$$

展开上式左端的行列式，并分解因式得

$$(\alpha-\omega^2)(\alpha+\beta-\omega^2)(\alpha+3\beta-\omega^2)=0 \tag{f}$$

求得 3 个根

$$\omega_1^2=\alpha,\quad \omega_2^2=\alpha+\beta,\quad \omega_3^2=\alpha+3\beta \tag{g}$$

它们就分别等于系统的 3 个固有频率的平方。

欲求一阶主振型，只需将一阶固有频率 ω_1 代入特征方程得

$$ml^2\begin{bmatrix}\alpha+\beta-\omega_1^2 & -\beta & 0\\ -\beta & \alpha+2\beta-\omega_1^2 & -\beta\\ 0 & -\beta & \alpha+\beta-\omega_1^2\end{bmatrix}\begin{bmatrix}a_1\\ a_2\\ 1\end{bmatrix}=\begin{bmatrix}0\\ 0\\ 0\end{bmatrix}$$

求解得

$$\boldsymbol{\varphi}_1=[a_1^{(1)}\quad a_2^{(1)}\quad a_3^{(1)}]^{\mathrm{T}}=[1\quad 1\quad 1]^{\mathrm{T}} \tag{h}$$

求二阶和三阶主振型方法同上，只是分别用 ω_2 和 ω_3 代入，求解得

$$\boldsymbol{\varphi}_2=[-1\quad 0\quad 1]^{\mathrm{T}} \tag{l}$$

$$\boldsymbol{\varphi}_3=[1\quad -2\quad 1]^{\mathrm{T}} \tag{j}$$

则系统的模态矩阵为

$$\boldsymbol{\Phi}=\begin{bmatrix}1 & -1 & 1\\ 1 & 0 & -2\\ 1 & 1 & 1\end{bmatrix} \tag{k}$$

要验证主振型的正交性，只需将各阶主振型分别代入式(2.92)或(2.93)，这里仅验证一阶和二阶主振型关于质量的正交性，即

$$\boldsymbol{\varphi}_1^{\mathrm{T}}\boldsymbol{M}\boldsymbol{\varphi}_2=[1\quad 1\quad 1]ml^2\begin{bmatrix}1 & 0 & 0\\ 0 & 1 & 0\\ 0 & 0 & 1\end{bmatrix}\begin{bmatrix}-1\\ 0\\ 1\end{bmatrix}=0$$

其余都可用上述类似的方法来验证主振型关于质量矩阵和刚度矩阵的正交性。

通过振型正交性检验，可验证振型求解的正确性。

2.2.4　模态变换与模态叠加法

基于振型向量之间的正交性和线性无关性，由线性代数理论知向量 $\boldsymbol{\varphi}_1,\boldsymbol{\varphi}_2,\cdots,\boldsymbol{\varphi}_n$ 构成了 n 维空间的一组向量基，因此，对于 n 个自由度系统的任何振动形式(相当于任意一个 n 维矢量)，都可以表示为这 n 个正交的主振型的线性组合，即

$$\boldsymbol{x}=\sum_{i=1}^{n}\xi_i\boldsymbol{\varphi}_i \tag{2.94}$$

写成矩阵的形式为

$$\boldsymbol{x}=\boldsymbol{\Phi}\boldsymbol{\xi} \tag{2.95}$$

其中 $\boldsymbol{\Phi}=[\boldsymbol{\varphi}_1\boldsymbol{\varphi}_2\cdots\boldsymbol{\varphi}_n]$ 称为模态矩阵，n 个振型向量张成的空间称为模态空间，每一个振型向量前的系数 ξ_i 称之为模态坐标。公式(2.95)数学上就是模态空间与物理空间之间的一个线性变换，这个变换的物理意义是十分清楚的，将物理空间的响应变换到模态空间，用各阶主模态响应的线性叠加来表示，其中模态坐标表示各阶主模态对响应的参与程度，相当于参与因子或者加权因子。

为了进一步说明变换的物理意义，写出用模态坐标表示的动能和势能，即

$$T=\frac{1}{2}\dot{\boldsymbol{x}}^{\mathrm{T}}\boldsymbol{M}\dot{\boldsymbol{x}}=\frac{1}{2}\dot{\boldsymbol{\xi}}^{\mathrm{T}}\boldsymbol{\Phi}^{\mathrm{T}}\boldsymbol{M}\boldsymbol{\Phi}\dot{\boldsymbol{\xi}}=\frac{1}{2}\dot{\boldsymbol{\xi}}^{\mathrm{T}}\overline{\boldsymbol{M}}\dot{\boldsymbol{\xi}} \tag{2.96}$$

其中

$$\overline{\boldsymbol{M}}=\boldsymbol{\Phi}^{\mathrm{T}}\boldsymbol{M}\boldsymbol{\Phi} \tag{2.97}$$

称之为模态质量矩阵。根据系统主振型关于质量矩阵的正交性，可将上式展开为

$$\overline{\boldsymbol{M}}=\boldsymbol{\Phi}^{\mathrm{T}}\boldsymbol{M}\boldsymbol{\Phi}=[\boldsymbol{\varphi}_1\quad\boldsymbol{\varphi}_2\quad\cdots\quad\boldsymbol{\varphi}_n]^{\mathrm{T}}\boldsymbol{M}[\boldsymbol{\varphi}_1\quad\boldsymbol{\varphi}_2\quad\cdots\quad\boldsymbol{\varphi}_n]=$$

$$\begin{bmatrix}\boldsymbol{\varphi}_1^{\mathrm{T}}\boldsymbol{M}\boldsymbol{\varphi}_1 & \boldsymbol{\varphi}_1^{\mathrm{T}}\boldsymbol{M}\boldsymbol{\varphi}_2 & \cdots & \boldsymbol{\varphi}_1^{\mathrm{T}}\boldsymbol{M}\boldsymbol{\varphi}_n\\ \boldsymbol{\varphi}_2^{\mathrm{T}}\boldsymbol{M}\boldsymbol{\varphi}_1 & \boldsymbol{\varphi}_2^{\mathrm{T}}\boldsymbol{M}\boldsymbol{\varphi}_2 & \cdots & \boldsymbol{\varphi}_2^{\mathrm{T}}\boldsymbol{M}\boldsymbol{\varphi}_n\\ \vdots & \vdots & & \vdots\\ \boldsymbol{\varphi}_n^{\mathrm{T}}\boldsymbol{M}\boldsymbol{\varphi}_1 & \boldsymbol{\varphi}_n^{\mathrm{T}}\boldsymbol{M}\boldsymbol{\varphi}_2 & \cdots & \boldsymbol{\varphi}_n^{\mathrm{T}}\boldsymbol{M}\boldsymbol{\varphi}_n\end{bmatrix}=\begin{bmatrix}\overline{m}_1 & 0 & \cdots & 0\\ 0 & \overline{m}_2 & \cdots & 0\\ \vdots & \vdots & & \vdots\\ 0 & 0 & \cdots & \overline{m}_n\end{bmatrix} \tag{2.98}$$

式中，$\overline{m}_i=\boldsymbol{\varphi}_i^{\mathrm{T}}\boldsymbol{M}\boldsymbol{\varphi}_i$，$i=1,2,\cdots,n$，为与坐标 ξ_i 对应的广义质量，或叫第 i 阶模态质量（modal mass）。

同理有系统的势能

$$U=\frac{1}{2}\boldsymbol{x}^{\mathrm{T}}\boldsymbol{K}\boldsymbol{x}=\frac{1}{2}\boldsymbol{\xi}^{\mathrm{T}}\boldsymbol{\Phi}^{\mathrm{T}}\boldsymbol{K}\boldsymbol{\Phi}\boldsymbol{\xi}=\frac{1}{2}\boldsymbol{\xi}^{\mathrm{T}}\overline{\boldsymbol{K}}\boldsymbol{\xi} \tag{2.99}$$

$$\overline{\boldsymbol{K}}=\boldsymbol{\Phi}^{\mathrm{T}}\boldsymbol{K}\boldsymbol{\Phi}=\begin{bmatrix}\overline{k}_1 & 0 & \cdots & 0\\ 0 & \overline{k}_2 & \cdots & 0\\ \vdots & \vdots & & \vdots\\ 0 & 0 & \cdots & \overline{k}_n\end{bmatrix} \tag{2.100}$$

称之为模态刚度矩阵。式中，$\overline{k}_i=\boldsymbol{\varphi}_i^{\mathrm{T}}\boldsymbol{K}\boldsymbol{\varphi}_i$，为对应坐标 ξ_i 为广义刚度，或叫第 i 阶模态刚度（modal siffness）。

将求出的第 i 阶固有频率 ω_i 和振型向量 $\boldsymbol{\varphi}_i$ 代入广义特征值方程(2.78)得 $\boldsymbol{K}\boldsymbol{\varphi}_i=\omega_i^2\boldsymbol{M}\boldsymbol{\varphi}_i$，然后两边前乘 $\boldsymbol{\varphi}_i^{\mathrm{T}}$ 得

$$\boldsymbol{\varphi}_i^{\mathrm{T}}\boldsymbol{K}\boldsymbol{\varphi}_i=\omega_i^2\boldsymbol{\varphi}_i^{\mathrm{T}}\boldsymbol{M}\boldsymbol{\varphi}_i$$

即

$$\overline{k}_i=\omega_i^2\overline{m}_i \tag{2.101}$$

可知任一阶模态刚度和模态质量的比值所对应阶的固有频率。

由公式(2.98)和(2.100)知，对应于模态坐标 $\boldsymbol{\xi}$ 的质量矩阵和刚度矩阵都是一对角矩阵，因此，在这个坐标下既没有刚度耦合（静态耦合），也没有惯性耦合（动态耦合），所以坐标 ξ_i 就是主坐标，而模态矩阵 $\boldsymbol{\Phi}$ 就是物理坐标转换为主坐标 ξ_i 的坐标变换矩阵。

将用模态坐标 $\boldsymbol{\xi}$ 表示的动能和势能表达式(2.96)和(2.99)代入拉格朗日方程有

$$\frac{\mathrm{d}}{\mathrm{d}t}\frac{\partial(T-U)}{\partial\dot{\boldsymbol{\xi}}}-\frac{\partial(T-U)}{\partial\boldsymbol{\xi}}=\boldsymbol{Q}$$

有广义力 $\boldsymbol{Q}$ 为零，得

$$\overline{\boldsymbol{M}}\ddot{\boldsymbol{\xi}}+\overline{\boldsymbol{K}}\boldsymbol{\xi}=0 \tag{2.102}$$

或写成独立的表达式

$$\overline{m}_i\ddot{\xi}_i+\overline{k}_i\xi_i=0\quad(i=1,2,\cdots,n) \tag{2.103a}$$

或

$$\ddot{\xi}_i+\omega_i^2\xi_i=0\quad(i=1,2,\cdots,n)\tag{2.103b}$$

式中，ω_i 为系统的第 i 阶固有频率，$\omega_i=\sqrt{\bar{k}_i/\bar{m}_i}$。

不难验证，把变换式(2.95)直接代入原运动方程(2.35)，也可写出与上式一样的模态坐标下的运动方程。从这些方程不难看出，这种坐标变换使得原来物理空间下的 n 个变量相互耦合的常微分方程组，变成了 n 个相互独立的方程，完全解耦，这个过程称之为模态分解。同时注意到，每个方程所描述的是对应阶的主振动规律，各阶主振动之间没有能量交换，完全相互独立。

为求每一个模态坐标下的响应，或者称之为每一阶主模态响应，还需要获得模态坐标下的初始条件。假设物理坐标下的初始位移 $\boldsymbol{x}_0$ 和初始速度 $\dot{\boldsymbol{x}}_0$ 已知，由模态变换式得

$$\boldsymbol{x}_0=\boldsymbol{\Phi}\boldsymbol{\xi}_0,\quad \dot{\boldsymbol{x}}_0=\boldsymbol{\Phi}\dot{\boldsymbol{\xi}}_0\tag{2.104}$$

上两式前乘 $\boldsymbol{\Phi}^{\mathrm{T}}\boldsymbol{M}$ 得

$$\boldsymbol{\Phi}^{\mathrm{T}}\boldsymbol{M}\boldsymbol{x}_0=\boldsymbol{\Phi}^{\mathrm{T}}\boldsymbol{M}\boldsymbol{\Phi}\boldsymbol{\xi}_0=\overline{\boldsymbol{M}}\boldsymbol{\xi}_0,\quad \boldsymbol{\Phi}^{\mathrm{T}}\boldsymbol{M}\dot{\boldsymbol{x}}_0=\boldsymbol{\Phi}^{\mathrm{T}}\boldsymbol{M}\boldsymbol{\Phi}\dot{\boldsymbol{\xi}}_0=\overline{\boldsymbol{M}}\dot{\boldsymbol{\xi}}_0\tag{2.105}$$

上两式前乘模态质量矩阵的逆 $\overline{\boldsymbol{M}}^{-1}$ 得

$$\boldsymbol{\xi}_0=\overline{\boldsymbol{M}}^{-1}\boldsymbol{\Phi}^{\mathrm{T}}\boldsymbol{M}\boldsymbol{x}_0,\quad \dot{\boldsymbol{\xi}}=\overline{\boldsymbol{M}}^{-1}\boldsymbol{\Phi}^{\mathrm{T}}\boldsymbol{M}\dot{\boldsymbol{x}}_0\tag{2.106}$$

将初始条件 $\boldsymbol{x}_0$ 及 $\dot{\boldsymbol{x}}_0$ 代入式(2.106)后，得到在模态坐标下的初始条件 $\boldsymbol{\xi}_0$ 及 $\dot{\boldsymbol{\xi}}_0$，然后由式(2.103b)可得到在模态坐标下的自由振动的解 $\boldsymbol{\xi}(t)$，再将 $\boldsymbol{\xi}(t)$ 回代入式(2.95)，就可得到在物理坐标下的自由振动 $\boldsymbol{x}(t)$。

上述步骤称为模态分解与叠加方法，简称模态叠加法，是结构振动核心理论，多自由度系统的固有频率、主振型(主模态)、模态刚度、模态质量等也都是核心概念。

实际工程结构一般自由度都较高，但多数问题的高阶响应的贡献都很小，所以不用将所有阶的模态响应都求出来，只取低阶模态即可，其他高阶响应可直接略去，称为模态截断，这是一种近似处理方法，具体取多少阶合适，依赖于实际问题的精度要求，一般取感兴趣最高频率的 2 倍。由于实际工程结构振动响应多数主要由低阶主振动决定，模态叠加方法就变得十分高效、简捷，在工程中得以广泛应用。

另外，由于模态矩阵中的 $\boldsymbol{\varphi}_i$ 是表示模态形状的，所以对它可以乘以任意的常数，这时模态质量 $\bar{m}_i$ 和模态刚度 $\bar{k}_i$ 都会发生相应的变化，而固有频率 ω_i 不变。若选择新的模态振型为

$$\boldsymbol{\varphi}'_i=\frac{1}{\sqrt{\bar{m}_i}}\boldsymbol{\varphi}_i\tag{2.107}$$

有模态质量

$$\bar{m}_i=\boldsymbol{\varphi}'^{\mathrm{T}}_i\boldsymbol{M}\boldsymbol{\varphi}'_i=1\tag{2.108}$$

或

$$\overline{\boldsymbol{M}}=\boldsymbol{\Phi}'^{\mathrm{T}}\boldsymbol{M}\boldsymbol{\Phi}'=\boldsymbol{I}\tag{2.109}$$

这时相应的模态刚度

$$\bar{k}_i=\boldsymbol{\varphi}'^{\mathrm{T}}_i\boldsymbol{K}\boldsymbol{\varphi}'_i=\omega_i^2\tag{2.110}$$

称 $\boldsymbol{\varphi}'_i$ 为正则模态(normal mode)，而正则模态对应的模态坐标称为正则坐标，有

$$x=\boldsymbol{\Phi}'\boldsymbol{\xi}' \tag{2.111}$$

由正则模态变换可以直接得到解耦的自由振动方程(2.103b)。

上述针对振型的正则化处理也称质量归一化。

例 2.6　图 2.14 所示系统可用于模拟汽车在铅垂平面内的振动，一刚杆在其端点由两个线性弹簧支撑，杆的质量为 m，两弹簧的刚度分别为 $2k$ 和 k 。

(1) 写出它的两个固有频率和振型；

(2) 若质心处受到向上的常力 F 作用，考虑突然移去该力后，用模态叠加法求刚杆自由振动响应。

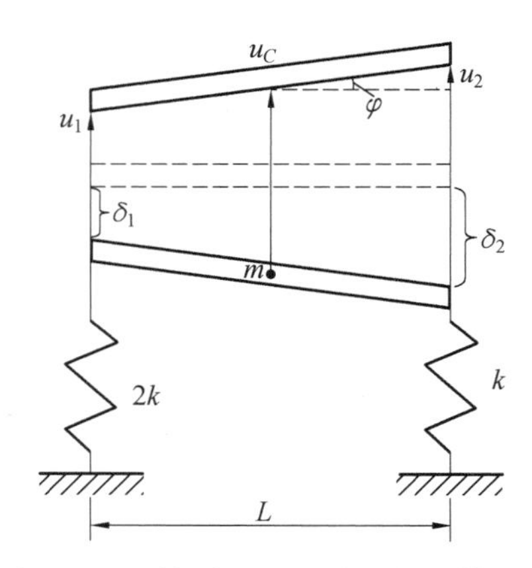

图 2.14　刚杆在铅垂面内的振动模型

解　(1) 杆在静平衡位置上的静力平衡方程为

$$\begin{cases}2k\delta_1+k\delta_2=mg\\2k\delta_1\dfrac{L}{2}-k\delta_2\dfrac{L}{2}=0\end{cases}$$

以均质杆的静平衡位置为坐标原点，自由振动后两端点的位移分别为 u_1，u_2，杆的运动分解为质心的上下平动和绕质心的转动。质心的位移为

$$u_C=\frac{1}{2}(u_1+u_2)$$

杆绕质心的转角在小转动情况下近似为

$$\varphi=\sin^{-1}\frac{u_2-u}{L}\approx\frac{u_2-u_1}{L}$$

用牛顿第二定律列运动微分方程，并代入静力平衡关系得

$$\begin{cases}m\ddot{u}_C=-2k(u_1-\delta_1)-k(u_2-\delta_2)-mg=-2ku_1-ku_2\\J_C\ddot{\varphi}=2k(u_1-\delta_1)\cdot\dfrac{L}{2}-k(u_2-\delta_2)\dfrac{L}{2}=ku_1L-\dfrac{kL}{2}u_2\end{cases}$$

与单自由度系统一样，在系统受常值外力作用情况下，若以静平衡位置作为坐标原点，列方程时可忽略静态位移和常值力。将质心位移和转角表达式代入该方程得

$$\begin{cases}m\ddot{u}_1+m\ddot{u}_2+4ku_1+2ku_2=0\\-m\ddot{u}_1+m\ddot{u}_2-12ku_1+6ku_2=0\end{cases}$$

写成矩阵形式后的质量阵、刚度阵分别为

$$\boldsymbol{M}=m\begin{bmatrix}1&1\\-1&1\end{bmatrix},\quad\boldsymbol{K}=2k\begin{bmatrix}2&1\\-6&3\end{bmatrix}$$

由 $(\boldsymbol{K}-\omega^2\boldsymbol{M})\boldsymbol{\varphi}=0$ 得

$$\begin{vmatrix}4k-m\omega^2&2k-m\omega^2\\m\omega^2-12k&6k-m\omega^2\end{vmatrix}=0$$

即

$$m^2\omega^4-12km\omega^2+24k^2=0$$

解得系统的两个固有频率为

$$\omega_1^2=(6-2\sqrt{3})k/m,\quad\omega_2^2=(6+2\sqrt{3})k/m$$

对应的振型为

$$\boldsymbol{\varphi}_1=\begin{Bmatrix}1\\1+\sqrt{3}\end{Bmatrix},\quad \boldsymbol{\varphi}_2=\begin{Bmatrix}1\\1-\sqrt{3}\end{Bmatrix}$$

求响应可以用直接法，也可以用模态叠加方法，但如果用模态叠加法，质量和刚度矩阵要保证对称，而用牛顿第二定律列写的运动方程并不能保证这一点，相反采用拉格朗日第二类方程就可以保证，如本例，系统动能和势能分别为

$$T=\frac{1}{2}m\dot{u}_C^2+\frac{1}{2}J_C\dot{\varphi}^2,\quad U=\frac{1}{2}2ku_1^2+\frac{1}{2}ku_2^2=ku_1^2+\frac{1}{2}ku_2^2$$

将质心位移和转角表达式代入得

$$T=\frac{1}{8}m(\dot{u}_1+\dot{u}_2)^2+\frac{1}{24}m(\dot{u}_2-\dot{u}_1)^2$$

代入拉格朗日方程得

$$\begin{cases}\dfrac{m}{3}\ddot{u}_1+\dfrac{m}{6}\ddot{u}_2+2ku_1=0\\[2mm]\dfrac{m}{6}\ddot{u}_1+\dfrac{m}{3}\ddot{u}_2+ku_2=0\end{cases}$$

写成矩阵形式的质量、刚度矩阵分别为

$$\boldsymbol{M}=\frac{m}{6}\begin{bmatrix}2&1\\1&2\end{bmatrix},\quad \boldsymbol{K}=k\begin{bmatrix}2&0\\0&1\end{bmatrix}$$

由此求得的固有频率和振型与通过牛顿定律写出的方程得到的结果是一样的，基于对称的质量矩阵得到的模态质量为

$$\bar{m}_1=\boldsymbol{\varphi}_1^{\mathrm{T}}\boldsymbol{M}\boldsymbol{\varphi}_1=(2+\sqrt{3})m,\quad \bar{m}_2=\boldsymbol{\varphi}_2^{\mathrm{T}}\boldsymbol{M}\boldsymbol{\varphi}_2=(2-\sqrt{3})m$$

由模态质量很容易获得质量归一化振型。

(2) 质心处受到向上的常力 F 作用，所引起的相对静平衡位置的位移分别为

$$u_{10}=F/(2\times 2k)=\frac{F}{4k},\quad u_{20}=F/(2\times k)=\frac{F}{2k}$$

当移去外力后，系统以上述位移为初始激励产生自由振动，初始位移就是 u_{10}、u_{20}，初始速度均为零，由此可得模态坐标下的初始位移为

$$\begin{aligned}\boldsymbol{\xi}_0&=\begin{bmatrix}\xi_{10}\\\xi_{20}\end{bmatrix}=\bar{\boldsymbol{M}}^{-1}\boldsymbol{\Phi}^{\mathrm{T}}\boldsymbol{M}\boldsymbol{u}_0=\begin{bmatrix}\bar{m}_1&0\\0&\bar{m}_2\end{bmatrix}^{-1}\begin{bmatrix}\boldsymbol{\varphi}_1^{\mathrm{T}}\\\boldsymbol{\varphi}_2^{\mathrm{T}}\end{bmatrix}\boldsymbol{M}\begin{bmatrix}u_{10}\\u_{20}\end{bmatrix}\\&=\begin{bmatrix}1/(2+\sqrt{3})&0\\0&1/(2-\sqrt{3})\end{bmatrix}\begin{bmatrix}1&1+\sqrt{3}\\1&1-\sqrt{3}\end{bmatrix}\begin{bmatrix}1/3&1/6\\1/6&1/3\end{bmatrix}\begin{bmatrix}F/4k\\F/2k\end{bmatrix}\\&=\frac{F}{24k}\begin{bmatrix}3+\sqrt{3}\\3-\sqrt{3}\end{bmatrix}\end{aligned}$$

初始速度为

$$\dot{\boldsymbol{\xi}}_0=\begin{bmatrix}\dot{\xi}_{10}\\\dot{\xi}_{20}\end{bmatrix}=\bar{\boldsymbol{M}}^{-1}\boldsymbol{\Phi}^{\mathrm{T}}\boldsymbol{M}\dot{\boldsymbol{u}}_0=\begin{bmatrix}0\\0\end{bmatrix}$$

在上述初始激励下的各阶模态响应为

$$\xi_i(t)=\xi_{i0}\cos\omega_i t+\frac{\dot{\xi}_{i0}}{\omega_i}\sin\omega_i t=\xi_{i0}\cos\omega_i t,\quad (i=1,2)$$

物理坐标响应为

$$\boldsymbol{u}=\boldsymbol{\Phi\xi}=[\boldsymbol{\varphi}_1\quad\boldsymbol{\varphi}_2]\begin{bmatrix}\xi_1(t)\\\xi_2(t)\end{bmatrix}=\frac{F}{24k}\begin{bmatrix}(3+\sqrt{3})\cos(\omega_1 t)+(3-\sqrt{3})\cos(\omega_2 t)\\(6+4\sqrt{3})\cos(\omega_1 t)+(6-4\sqrt{3})\cos(\omega_2 t)\end{bmatrix}$$

2.3 多自由度系统的受迫振动

2.3.1 两自由度有阻尼受迫振动

图 2.15 所示是两个自由度系统有阻尼受迫振动的例子，它同时也是一个动力减振器模型，其中 m_1 是主质量，在主质量上作用有激振力 $F_0\sin(\omega t)$，因此 m_1 将作受迫振动，为减轻 m_1 的振动，在其上加一动力减振器，动力减振器的质量为 m_2，用弹簧 k_2 和阻尼器 c 与主质量连接。设其阻尼为黏性阻尼，位移 x_1，x_2 均由质量的静平衡位置开始计算，对每个质量应用牛顿定律，则可建立系统的振动方程

$$m_1\ddot{x}_1=-k_1x_1-c(\dot{x}_1-\dot{x}_2)-k_2(x_1-x_2)+F_0\sin(\omega t)$$
$$m_2\ddot{x}_2=c(\dot{x}_1-\dot{x}_2)+k_2(x_1-x_2)\quad(2.112)$$

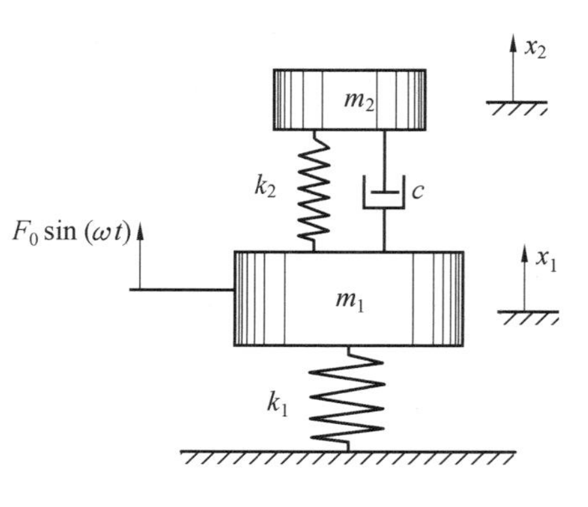

图 2.15　动力减振器模型

或

$$m_1\ddot{x}_1+c\dot{x}_1-c\dot{x}_2+(k_1+k_2)x_1-k_2x_2=F_0\sin(\omega t)$$
$$m_2\ddot{x}_2-c\dot{x}_1+c\dot{x}_2-k_2x_1+k_2x_2=0\qquad(2.113)$$

为简明起见，方程(2.113) 用矩阵形式表示

$$\begin{bmatrix}m_1&0\\0&m_2\end{bmatrix}\begin{bmatrix}\ddot{x}_1\\\ddot{x}_2\end{bmatrix}+\begin{bmatrix}c&-c\\-c&c\end{bmatrix}\begin{bmatrix}\dot{x}_1\\\dot{x}_2\end{bmatrix}+$$
$$\begin{bmatrix}k_1+k_2&-k_2\\-k_2&k_2\end{bmatrix}\begin{bmatrix}x_1\\x_2\end{bmatrix}=\begin{bmatrix}F_0\sin(\omega t)\\0\end{bmatrix}\qquad(2.114)$$

或

$$\boldsymbol{M\ddot{x}}+\boldsymbol{C\dot{x}}+\boldsymbol{Kx}=\boldsymbol{F}\qquad(2.115)$$

式中，$\boldsymbol{M}$、$\boldsymbol{C}$ 和 $\boldsymbol{K}$ 分别为质量矩阵、阻尼矩阵和刚度矩阵。$\boldsymbol{x}$ 为位移向量，对应的 $\dot{\boldsymbol{x}}$ 为速度向量，$\ddot{\boldsymbol{x}}$ 为加速度向量。$\boldsymbol{F}$ 为力向量或荷载向量。

对方程(2.113) 所代表的阻尼系统的受迫振动仅考虑其稳态响应，即受迫振动部分，设特解为

$$x_1=A_1\sin(\omega t-\alpha_1)$$
$$x_2=A_2\sin(\omega t-\alpha_2)\qquad(2.116)$$

或

$$x_1=C_1\sin(\omega t)+C_2\cos(\omega t)$$
$$x_2=D_1\sin(\omega t)+D_2\cos(\omega t)\qquad(2.117)$$

并有

$$A_1 = \sqrt{C_1^2 + C_2^2}, \quad A_2 = \sqrt{D_1^2 + D_2^2}$$

$$\alpha_1 = \arctan\frac{C_2}{C_1}, \quad \alpha_2 = \arctan\frac{D_2}{D_1} \tag{2.118}$$

将式(2.117)代入方程(2.114)，根据两个方程中 $\sin(\omega t)$ 项前的系数和为零及 $\cos(\omega t)$ 项前面的系数和为零，可建立 4 个方程，解出 4 个待定系数 C_1, C_2, D_1, D_2。然后根据式(2.118)求出 $A_1, A_2, \alpha_1, \alpha_2$。例如，其中的 A_1, A_2 的表达式为

$$A_1 = \frac{F_0\sqrt{(k_2-\omega^2 m_2)^2+\omega^2c^2}}{\sqrt{[(k_1-\omega^2m_1)(k_2-\omega^2m_2)-\omega^2m_2k_2]^2+[\omega c(k_1-\omega^2m_1-\omega^2m_2)]^2}} \tag{2.119}$$

$$A_2 = \frac{F_0\sqrt{(k_2^2+\omega^2c^2)}}{\sqrt{[(k_1-\omega^2m_1)(k_2-\omega^2m_2)-\omega^2m_2k_2]^2+[\omega c(k_1-\omega^2m_1-\omega^2m_2)]^2}} \tag{2.120}$$

由上面讨论可见，受迫振动的稳定响应的频率与激振力的频率相同，其振幅不仅与激振力的力幅大小和频率有关，而且与组成系统的参数有关。上式分母第一项与无阻尼自由振动频率方程表达式完全相同，意味着当外激励力频率接近第一或二固有频率时稳态响应振幅将会很大，产生共振。在工程实际中，为利用或消除振动，对系统的参数选择就显得尤为重要，将在下一节中以动力减振器为例进行说明。

2.3.2　动力减振器

作为两个自由度系统受迫振动的一个重要应用问题，有必要讨论动力减振器的设计原理及最佳阻尼。正如上节所述，动力减振器由附加质量 m_2，附加刚度 k_2 与阻尼器 c 组成，其目的是为了减小主质量 m_1 的振动，也就是要使式(2.119)中 A_1 减小。为讨论方便，将式(2.119)无量纲化，设

$x_{st} = F_0/k_1$—— 由 F_0 引起的静变形；

$\omega_0 = \sqrt{k_1/m_1}$—— 单独主质量系统的局部固有频率；

$\omega_a = \sqrt{k_2/m_2}$—— 单独减振器的局部固有频率；

$\beta = m_2/m_1$—— 减振器质量与主质量之比；

$\delta = \omega_a/\omega_0$—— 减振器与主质量的局部频率之比；

$\zeta = c/c_c = \dfrac{c}{2m_2\omega_a}$—— 系统的阻尼比；

$\lambda = \omega/\omega_0$—— 激振频率与主质量的局部频率比。

将方程(2.119)改写成 A_1^2/x_{st}^2 的表达式，然后分子分母同乘 $m_1^2/(m_2^2k_1^4)$ 得

$$\frac{A_1^2}{x_{st}^2} = \frac{4\lambda^2\delta^2\zeta^2+(\lambda^2-\delta^2)^2}{4\delta^2\lambda^2(\lambda^2-1+\beta\lambda^2)^2\zeta^2+[\beta\delta^2\lambda^2-(\lambda^2-1)(\lambda^2-\delta^2)]^2} \tag{2.121}$$

或

$$\frac{A_1^2}{x_{st}^2} = \frac{M\zeta^2+N}{P\zeta^2+Q} \tag{2.122}$$

其中

$$M = 4\lambda^2\delta^2, \quad N = (\lambda^2-\delta^2)^2$$

$$P=4\lambda^2(\lambda^2-1+\beta\lambda^2)^2,\quad Q=[\beta\delta^2\lambda^2-(\lambda^2-1)(\lambda^2-\delta^2)]^2 \tag{2.123}$$

下面根据式(2.121)绘制幅频图(图2.16)，即振幅比 A_1/x_{st} 随频率比 ω/ω_0(即 λ)的变化曲线，同时图线还要反映随阻尼比 ζ 的变化情况。首先考虑关于阻尼比 ζ 的以下两个特殊情况。

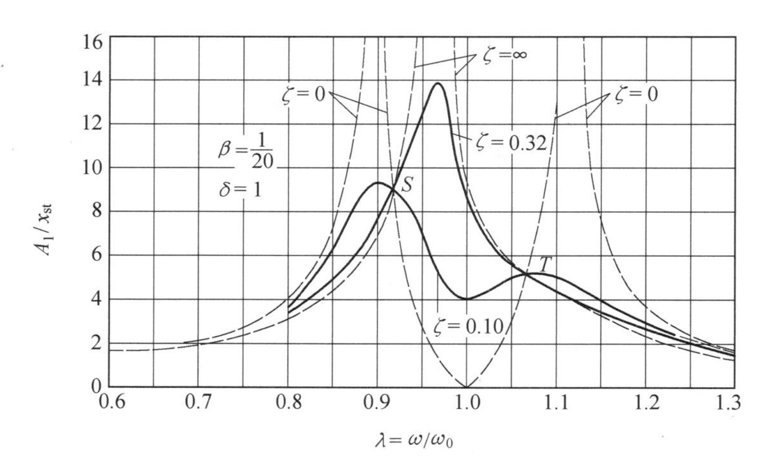

图2.16　动力减振器的响应谱

1. ζ=0 的情况

这是无阻尼的情况，从方程(2.121)得到

$$\frac{A_1}{x_{st}}=\frac{\lambda^2-\delta^2}{\beta\delta^2\lambda^2-(\lambda^2-1)(\lambda^2-\delta^2)} \tag{2.124}$$

当 $A_1/x_{st}=0$ 时，得到 $\lambda=\delta$，也就是当激振频率 ω 等于减振器的固有频率 ω_a 时，主质量的振幅为零。减振器的工作效率最高。无阻尼减振器的缺点是要求激振频率一定要稳定在 ω_a 这一点(或一个很小的区域)。当激振频率稍微变化大一点时，振幅 A_1 立即上升很大，因此，这在实际中是不适用的。特别是无阻尼系统对越过共振区也是不利的，为了克服无阻尼动力减振器工作频带太窄的缺点，一般都使用有阻尼减振器。

2. ζ=∞ 的情况

这种阻尼无穷大的情况，相当于质量 m_1 和 m_2 黏合在一起而没有相对运动，这样系统变为一个无阻尼单自由度系统，从方程(2.121)得

$$\frac{A_1}{x_{st}}=\left|\frac{1}{\lambda^2-1+\beta\lambda^2}\right| \tag{2.125}$$

其共振频率比 λ_n，可由令上式分母为零得到

$$\lambda_n=\frac{1}{\sqrt{1+\beta}} \tag{2.126}$$

对于 $\beta=1/20$，$\delta=1$ 的情况，可将式(2.124)和式(2.125)所示的曲线画在图2.16中，然后再根据式(2.121)，给出 $\zeta=0.10$，$\zeta=0.32$ 两条曲线。

有趣的是，图2.16中所有曲线都交于 S 点和 T 点，这意味着对于这两点相应的频率比 λ 值，质量 m_1 的振幅 A_1 与阻尼无关。若要求这两个 λ 值，可以联立方程(2.124)和(2.125)得到

$$\frac{\lambda^2-\delta^2}{\beta\delta^2\lambda^2-(\lambda^2-1)(\lambda^2-\delta^2)}=\frac{1}{\lambda^2-1+\beta\lambda^2} \tag{2.127}$$

整理得

$$\lambda^4-\frac{2(1+\delta^2+\beta\delta^2)}{2+\beta}\lambda^2+\frac{2\delta^2}{2+\beta}=0 \tag{2.128}$$

从方程(2.128)求出两个根，就是 S 点与 T 点所对应的 λ 值，即 λ_S 和 λ_T，将 λ_S 与 λ_T 代入式(2.125)得

$$\begin{aligned}\frac{A_{1S}}{x_{st}}&=\frac{-1}{\lambda_S^2-1+\beta\lambda_S^2}\\ \frac{A_{1T}}{x_{st}}&=\frac{1}{\lambda_T^2-1+\beta\lambda_T^2}\end{aligned} \tag{2.129}$$

为了改进减振器的效率，希望在较宽的频带上使质量 m_1 都得到较小的振幅 A_1。从图上可看出要得到最佳的情况，首先是使 S 点的纵坐标 A_{1S} 和 T 点的纵坐标 A_{1T} 相等，从公式(2.129)可得

$$-\frac{1}{\lambda_S^2-1+\beta\lambda_S^2}=\frac{1}{\lambda_T^2-1+\beta\lambda_T^2}$$

经整理得

$$\lambda_S^2+\lambda_T^2=\frac{2}{1+\beta} \tag{2.130}$$

另外，从方程(2.128)可知其根之和应等于第二项系数的相反数，即

$$\lambda_S^2+\lambda_T^2=\frac{2(1+\delta^2+\beta\delta^2)}{2+\beta} \tag{2.131}$$

解联立方程(2.130)和(2.131)，可得到主系统与减振器的参数关系为

$$\delta=\frac{1}{1+\beta} \tag{2.132}$$

公式(2.132)是调整减振器的一个很重要的公式。

如果减振器质量 m_2 确定了，即 β 已确定，δ 可算出，由 δ 可调整弹簧刚度 k_2。为进一步确定 A_{1S} 和 A_{1T}，利用方程(2.132)去简化方程(2.128)得

$$\lambda^4-\frac{2}{1+\beta}\lambda^2+\frac{2}{(2+\beta)(1+\beta)^2}=0$$

从上式解得

$$\lambda_{S,T}^2=\frac{1}{1+\beta}\left(1\mp\sqrt{\frac{\beta}{2+\beta}}\right) \tag{2.133}$$

再将表达式(2.133)代入方程(2.129)之一得

$$\frac{A_{1S}}{x_{st}}=\frac{A_{1T}}{x_{st}}=\sqrt{\frac{2+\beta}{\beta}} \tag{2.134}$$

下面的问题是要选择合适的阻尼比 ζ，使得振幅 A_1 达到最小，这就是最佳阻尼的选择。假定这样选择阻尼比 ζ，它能使幅频曲线在 S 点和 T 点同时具有极大值(见图 2.17)，这是否可能呢？可利用公式(2.121)，并求其偏导数

$$\frac{\partial A_1^2}{\partial\lambda^2}=0$$

将 $\lambda^2=\lambda_{S,T}^2$ 代入，并考虑到公式(2.132)可得到两个不同的阻尼比

$$\zeta_S^2=\frac{\beta}{8(1+\beta)^3}\left(3-\sqrt{\frac{\beta}{2+\beta}}\right) \tag{2.135}$$

$$\zeta_T^2=\frac{\beta}{8(1+\beta)^3}\left(3+\sqrt{\frac{\beta}{2+\beta}}\right) \tag{2.136}$$

这说明无论怎样选择阻尼，不可能在 S 和 T 两点同时得到 A_1 的极大值。但是一般减振器与主系统的质量比 β 都很小($\beta \ll 1$)，所以 ζ_S 与 ζ_T 在实际问题中很接近，选 ζ_S 与选 ζ_T 的幅频图差不多(见图 2.17)，于是最佳阻尼比就可选 ζ_S 与 ζ_T 的算术平均值，即

$$\zeta_{佳}^2=\frac{3\beta}{8(1+\beta)^3} \tag{2.137}$$

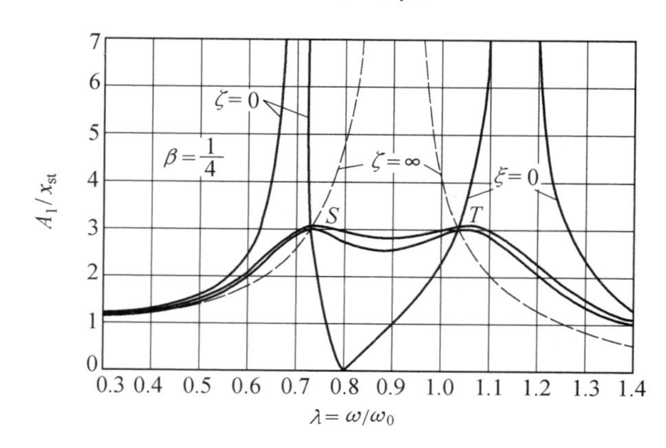

图 2.17　ζ 值的最佳选择

当减振器的质量 m_2 一旦选定，β 就为已知，那么根据公式(2.137)可以算出最佳阻尼比 $\zeta_{佳}$，从公式(2.132)算出减振器与主振系统的频率比 δ，再由公式(2.134)算出 S，T 两点的幅值 A_{1S}，A_{1T}。

如果要计算减振器弹簧的最大应力，那么感兴趣的是两个质量的相对位移值 $A_r=A_2-A_1$，若精确计算 A_r，要应用公式(2.120)，这个计算是复杂的。下面假设作用在主质量 m_1 上的激振力 $F_0\sin(\omega t)$ 超前振动位移的相位为 $\pi/2$，即可以得到 A_r 的近似值。利用外力在一个周期内输入的功等于阻尼在一个周期内所耗散能的原理，可得到

$$A_r^2=\frac{F_0A_1}{c\omega} \tag{2.138}$$

将上式改成无量纲形式，有

$$\frac{A_r^2}{x_{st}^2}=\frac{A_1}{x_{st}}\cdot\frac{1}{2\zeta\lambda\beta} \tag{2.139}$$

例 2.7　已知图 2.18 所示的电机动力吸振系统，主系统质量 $m_1=5$ kg，$k_1=250$ N/cm，若取减振器质量 $m_2=0.5$ kg，求：

(1) 减振器的质量比；

(2) 最佳阻尼比 $\zeta_{佳}$；

(3) 主质量的最大振幅比；

(4) 减振器与主振系统频率比；

(5) 减振器的弹簧刚度。

解　(1) 减振器的质量比

$$\beta = m_2/m_1 = 0.5/5 = 0.1$$

(2) 最佳阻尼比

$$\zeta_{佳} = \sqrt{\frac{3\beta}{8(1+\beta)^3}} = 0.168$$

(3) 主质量最大振幅比,近似用 S,T 点振幅比

$$\frac{A_{1S}}{x_{st}} = \sqrt{(2+\beta_{佳})/\beta_{佳}} = 4.58$$

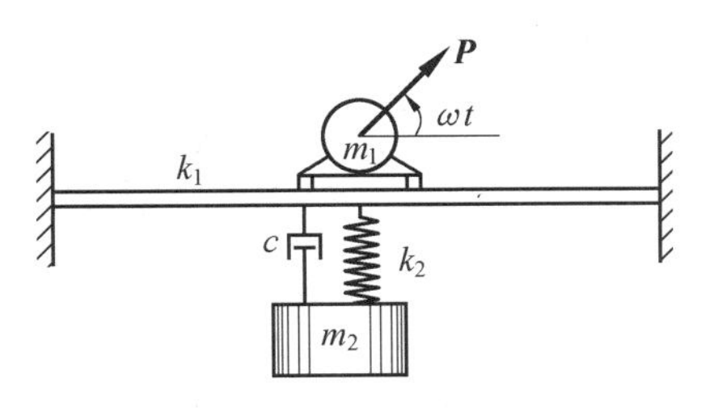

图 2.18　电机的动力吸振

(4) 减振器与主振系统频率比

$$\delta = 1/(1+\beta) = 0.909$$

(5) 减振器的弹簧刚度

$$k_2/(\mathrm{N \cdot cm^{-1}}) = \frac{k_2 m_2}{m_2} = \omega_a^2 m_2 = \delta^2 \omega_0^2 m_2 = \delta^2 k_1 \beta =$$

$$0.909^2 \times 250 \times 0.1 = 20.7$$

2.3.3　有阻尼受迫振动的模态叠加法

由 2.1.2 节可知,多自由度系统有阻尼受迫振动运动方程的一般表达式可写为

$$\boldsymbol{M\ddot{x}} + \boldsymbol{C\dot{x}} + \boldsymbol{Kx} = \boldsymbol{f}(t) \tag{2.140}$$

对低自由度系统,直接法求解该方程也是可行的,但对于高自由度系统,希望也有如 2.2.5 节针对无阻尼自由振动问题的模态分解和叠加步骤可以应用,这样问题就大大简化了。问题的根源就是阻尼矩阵是否和质量矩阵、刚度矩阵一样具有关于系统振型的正交性,最直观的想法是如果阻尼矩阵可以写成质量矩阵和刚度矩阵的线性组合,即

$$\boldsymbol{C} = a_0\boldsymbol{M} + a_1\boldsymbol{K} \tag{2.141}$$

则很容易证明,这样构成的阻尼矩阵也是关于主振型正交的,即

$$\boldsymbol{\varphi}_j^{\mathrm{T}}\boldsymbol{C\varphi}_i = 0 \tag{2.142}$$

按式(2.141)构造的阻尼矩阵称为比例阻尼(propotional damping),是一种黏性阻尼模型,因其使用方便而在工程上常用,这种模型的特点以及其他阻尼模型的详细介绍见 2.3.5 节。

如果阻尼矩阵也被构造成可对角化的,有阻尼受迫振动的模态叠加法步骤为:首先从无阻尼自由振动问题获取各阶固有频率、振型,然后引入模态坐标对物理坐标进行变换,即

$$\boldsymbol{x}(t) = \boldsymbol{\Phi\xi}(t) = \sum_{i=1}^{n} \xi_i(t)\boldsymbol{\varphi}_i$$

代入运动方程(2.140)得

$$\boldsymbol{M\Phi\ddot{\xi}} + \boldsymbol{C\Phi\dot{\xi}} + \boldsymbol{K\Phi\xi} = \boldsymbol{f}(t)$$

再以模态矩阵的转置 $\boldsymbol{\Phi}^{\mathrm{T}}$ 乘上式各项,有

$$\boldsymbol{\Phi}^{\mathrm{T}}\boldsymbol{M\Phi\ddot{\xi}} + \boldsymbol{\Phi}^{\mathrm{T}}\boldsymbol{C\Phi\dot{\xi}} + \boldsymbol{\Phi}^{\mathrm{T}}\boldsymbol{K\Phi\xi} = \boldsymbol{\Phi}^{\mathrm{T}}\boldsymbol{f}(t) \tag{2.143}$$

利用任意两不同阶振型向量关于质量、刚度和阻尼矩阵的加权正交性得

$$\overline{\boldsymbol{M}}\ddot{\boldsymbol{\xi}} + \overline{\boldsymbol{C}}\dot{\boldsymbol{\xi}} + \overline{\boldsymbol{K}}\boldsymbol{\xi} = \overline{\boldsymbol{f}} \tag{2.144}$$

其中 $\overline{\boldsymbol{M}},\overline{\boldsymbol{C}},\overline{\boldsymbol{K}}$ 都是对角矩阵，它们的对角线的元素分别为

$$\begin{aligned}\overline{m}_i &= \boldsymbol{\varphi}_i^{\mathrm{T}}\boldsymbol{M}\boldsymbol{\varphi}_i \\ \overline{c}_i &= \boldsymbol{\varphi}_i^{\mathrm{T}}\boldsymbol{C}\boldsymbol{\varphi}_i \\ \overline{k}_i &= \boldsymbol{\varphi}_i^{\mathrm{T}}\boldsymbol{K}\boldsymbol{\varphi}_i\end{aligned} \tag{2.145}$$

这样方程组(2.144)可写为

$$\overline{m}_i\ddot{\xi}_i + \overline{c}_i\dot{\xi}_i + \overline{k}_i\xi_i = \overline{f}_i \quad (i=1,2,\cdots,n) \tag{2.146}$$

其广义力为

$$\overline{f}_i = \boldsymbol{\varphi}_i^{\mathrm{T}}\boldsymbol{f}(t) \tag{2.147}$$

这是 n 个互相独立的单自由度系统的运动方程，每一个方程都可以按单自由度系统的振动理论去求解。式(2.146)中各系数分别被称为第 i 阶模态质量、模态阻尼系数和模态刚度，方程右端的广义力也称为第 i 阶模态力，如果直接采用正则化振型，或者上式两端同除模态质量得

$$\ddot{\xi}_i(t) + 2\zeta_i\omega_i\dot{\xi}_i(t) + \omega_i^2\xi_i(t) = \overline{f}_i/\overline{m}_i = \overline{f}'_i \tag{2.148}$$

注意，其中阻尼力模型与单自由度系统一样为分析方便取黏性阻尼假设，与此对应在公式中引入的 ζ_i 称为第 i 阶模态阻尼比，它与模态阻尼系数的关系，以及物理意义都如同第1章的单自由度问题一样，而且也可以用第1章介绍的试验方法获取。

2.3.4 多自由度系统的脉冲响应及频率响应函数矩阵

多自由度系统经模态变换后，解耦成 n 个相互独立的单自由度方程，第1章所有的外激励下的响应分析方法都可以直接使用，如果 $\overline{f}_i$ 为任意激振力，对于零初始条件式(2.146)描述的系统可以借助于杜哈梅积分公式求出响应，即

$$\xi_i = \int_0^t h_i(\tau)\overline{f}_i(t-\tau)\mathrm{d}\tau \tag{2.149}$$

式中，$h_i(t)$ 为与第 i 阶模态对应的单位脉冲响应函数。将上式代入变换式的分量形式有

$$\boldsymbol{x}(t) = \sum_{i=1}^{n}\xi_i(t)\boldsymbol{\varphi}_i = \sum_{i=1}^{n}\int_0^t h_i(\tau)\overline{f}_i(t-\tau)\mathrm{d}\tau\,\boldsymbol{\varphi}_i = \int_0^t\sum_{i=1}^{n}h_i(\tau)\boldsymbol{\varphi}_i^{\mathrm{T}}\boldsymbol{f}(t-\tau)\,\boldsymbol{\varphi}_i\mathrm{d}\tau \tag{2.150}$$

如果仅在第 r 个坐标上进行单点激励，任意的第 s 个坐标处的响应为

$$x_s(t) = \int_0^t\sum_{i=1}^{n}h_i(\tau)\varphi_{ri}\varphi_{si}f_r(t-\tau)\mathrm{d}\tau = \int_0^t h_{sr}(\tau)f_r(t-\tau)\mathrm{d}\tau \tag{2.151}$$

其中

$$h_{sr}(\tau) = \sum_{i=1}^{n}\frac{\varphi_{ri}\varphi_{si}}{m_i\omega_{id}}\mathrm{e}^{-\zeta_i\omega_i t}\sin(\omega_{id}\tau) \tag{2.152}$$

为多自由度系统的单位脉冲响应函数。若将公式(2.149)写成向量形式，则有

$$\boldsymbol{\xi}(t) = \int_0^t \boldsymbol{h}_p(\tau)\overline{\boldsymbol{f}}(t-\tau)\,\mathrm{d}\tau \tag{2.153}$$

其中

$$\boldsymbol{h}_p(\tau) = \begin{bmatrix} h_1(\tau) & & \\ & \ddots & \\ & & h_n(\tau)\end{bmatrix} \tag{2.154}$$

$$\bar{\boldsymbol{f}}(t-\tau)=\begin{Bmatrix}\bar{f}_1(t-\tau)\\ \vdots\\ \bar{f}_n(t-\tau)\end{Bmatrix}=\begin{Bmatrix}\boldsymbol{\varphi}_1^{\mathrm{T}}\boldsymbol{f}(t-\tau)\\ \vdots\\ \boldsymbol{\varphi}_n^{\mathrm{T}}\boldsymbol{f}(t-\tau)\end{Bmatrix}=\boldsymbol{\Phi}^{\mathrm{T}}\boldsymbol{f}(t-\tau)$$

代入到矩阵形式的模态变换式有

$$\boldsymbol{x}(t)=\boldsymbol{\Phi\xi}(t)=\boldsymbol{\Phi}\int_0^t \boldsymbol{h}_p(\tau)\boldsymbol{\Phi}^{\mathrm{T}}\boldsymbol{f}(t-\tau)\,\mathrm{d}\tau=$$

$$\int_0^t \boldsymbol{\Phi h}_p(\tau)\boldsymbol{\Phi}^{\mathrm{T}}\boldsymbol{f}(t-\tau)\,\mathrm{d}\tau=\int_0^t \boldsymbol{h}(\tau)\boldsymbol{f}(t-\tau)\,\mathrm{d}\tau \tag{2.155}$$

其中，$\boldsymbol{h}(\tau)$ 称为多自由度系统的脉冲响应函数矩阵，很容易看出它是一个对称矩阵，而且其任意一个元素 h_{sr} 表示第 r 个自由度上施加单位脉冲在第 s 个自由度上的响应，表达式就是公式(2.152)，它表示了结构不同位置上的力与响应在时间域的传递特性。

如果 $\bar{f}_i$ 为简谐激励，即

$$\bar{f}_i=\bar{f}_{i0}\mathrm{e}^{\mathrm{j}\omega t} \tag{2.156}$$

则系统的稳态响应为

$$\xi_i=\xi_{i0}\mathrm{e}^{\mathrm{j}\omega t} \tag{2.157}$$

将上式代入方程(2.146)，可解得

$$\xi_i=\frac{\bar{f}_i}{\bar{k}_i-\bar{m}_i\omega^2+\mathrm{j}\omega\bar{c}_i} \tag{2.158}$$

或

$$\xi_i=\frac{\bar{f}_i}{\bar{k}_i(1-\lambda_i^2+\mathrm{j}2\zeta_i\lambda_i)}=\frac{\bar{f}_i}{\bar{m}_i\omega_i^2(1-\lambda_i^2+\mathrm{j}2\zeta_i\lambda_i)}$$

其中，$\lambda_i=\omega/\omega_i$，主坐标 ξ_i 解出后，返回到物理坐标上得

$$\boldsymbol{x}=\sum_{i=1}^n \xi_i\boldsymbol{\varphi}_i=\sum_{i=1}^n \frac{\boldsymbol{\varphi}_i^{\mathrm{T}}\boldsymbol{f}\boldsymbol{\varphi}_i}{\bar{k}_i-\bar{m}_i\omega^2+\mathrm{j}\omega\bar{c}_i} \tag{2.159}$$

公式(2.159) 表示了多自由度系统在简谐激振力 $\boldsymbol{f}$ 作用下的稳态响应。从公式中可以看到激振响应除了与激振力 $\boldsymbol{f}$ 有关外，还与系统各阶主模态及表征系统动态特性的各个参数有关。

如果系统仅在第 r 个坐标处进行单点激振，其激振力为 $f_r=f_{r0}\mathrm{e}^{\mathrm{j}\omega t}$，那么在第 s 个坐标处的响应可以从公式(2.159) 得到

$$x_{sr}=\sum_{i=1}^n \frac{\varphi_{ri}\varphi_{si}f_r}{\bar{k}_i-\bar{m}_i\omega^2+\mathrm{j}\omega\bar{c}_i}=H_{sr}(\omega)f_r$$

或

$$x_{sr}=\sum_{i=1}^n \frac{\varphi_{ri}\varphi_{si}f_r}{\bar{k}_i(1-\lambda_i^2+\mathrm{j}2\zeta_i\lambda_i)}=\sum_{i=1}^n \frac{\varphi_{ri}\varphi_{si}f_r}{\bar{m}_i\omega_i^2(1-\lambda_i^2+\mathrm{j}2\zeta_i\lambda_i)} \tag{2.160}$$

其中

$$H_{sr}(\omega)=\sum_{i=1}^n \frac{\varphi_{si}\varphi_{ri}}{\bar{k}_i-\bar{m}_i\omega^2+j\bar{c}_i\omega} \tag{2.161}$$

其物理意义为在第 r 个自由度上作用单位幅值的简谐激励力在第 s 个自由度上的频率域响应，表示了结构不同位置上的力与响应在频率域的传递特性。

令公式(2.158) 右端系数为

$$H_i(\omega)=\frac{1}{\bar{k}_i-\bar{m}_i\omega^2+\mathrm{j}\bar{c}_i\omega} \tag{2.162}$$

并将公式写成向量形式有

$$\boldsymbol{\xi}(t)=\boldsymbol{H}_p(\omega)\bar{\boldsymbol{f}}(t)$$

其中

$$\boldsymbol{H}_p(\omega)=\begin{bmatrix} H_1(\omega) & & \\ & \ddots & \\ & & H_n(\omega) \end{bmatrix} \tag{2.163}$$

$$\bar{\boldsymbol{f}}(t)=\{\bar{f}_1(t)\cdots\bar{f}_n(t)\}^{\mathrm{T}}$$

回代到向量形式的模态变换式有

$$\boldsymbol{x}(t)=\boldsymbol{\Phi\xi}=\boldsymbol{\Phi H}_p(\omega)\boldsymbol{\Phi}^{\mathrm{T}}\boldsymbol{f}(t)=\boldsymbol{H}(\omega)\boldsymbol{f}(t) \tag{2.164}$$

其中,$\boldsymbol{H}(\omega)$称为多自由度系统的频响函数矩阵,同样不难看出它是对称的,乘开得其任意一个元素的表达式就是公式(2.161)。

$$\boldsymbol{H}(\omega)=\boldsymbol{\Phi}H_{\mathrm{p}}(\omega)\boldsymbol{\Phi}^{\mathrm{T}}=[\boldsymbol{\varphi}_1,\boldsymbol{\varphi}_2,\cdots,\boldsymbol{\varphi}_n]\begin{bmatrix} H_1(\omega) & & \\ & \ddots & \\ & & H_n(\omega) \end{bmatrix}\begin{bmatrix}\boldsymbol{\varphi}_1^{\mathrm{T}}\\ \boldsymbol{\varphi}_2^{\mathrm{T}}\\ \vdots\\ \boldsymbol{\varphi}_n^{\mathrm{T}}\end{bmatrix} \tag{2.165}$$

$$[\boldsymbol{\varphi}_1H_1,\boldsymbol{\varphi}_2H_2,\cdots,\boldsymbol{\varphi}_nH_n]\begin{bmatrix}\boldsymbol{\varphi}_1^{\mathrm{T}}\\ \boldsymbol{\varphi}_2^{\mathrm{T}}\\ \vdots\\ \boldsymbol{\varphi}_n^{\mathrm{T}}\end{bmatrix}=\boldsymbol{\varphi}_1H_1\boldsymbol{\varphi}_1^{\mathrm{T}}+\boldsymbol{\varphi}_2H_2\boldsymbol{\varphi}_2^{\mathrm{T}}+\cdots+\boldsymbol{\varphi}_nH_n\boldsymbol{\varphi}_n^{\mathrm{T}}=$$

$$\begin{bmatrix} & \vdots & \\ \cdots & H_{sr}=\sum_{i=1}^{n}\frac{\varphi_{si}\varphi_{ri}}{\bar{k}_i-\bar{m}_i\omega^2+\mathrm{j}\bar{c}_i\omega} & \cdots \\ & \vdots & \end{bmatrix}$$

例 2.8　图 2.19 表示 4 层楼的抗剪模型,其剪切刚度系数及楼板质量均表示在图中,在顶层受一水平的简谐激振力 $p\cos(\Omega t)$,仅考虑其稳态响应,求:

(1) 系统的固有频率和模态矩阵;

(2) 系统的模态质量、模态刚度、模态力;

(3) 系统在不同激振频率 $\Omega=0.0$,$\Omega=0.5\omega_1$,$\Omega=1.3\omega_3$ 下用不同截断(即 $N=1$,$N=2$,$N=3$)方法的响应振幅 u_1。

解　选各层的水平位移 u_1,u_2,u_3,u_4 为广义坐标,根据达朗贝尔原理可列出系统的运动方程为

$$\begin{cases} -m_1\ddot{u}_1-k_1(u_1-u_2)=0\\ -m_2\ddot{u}_2-k_1(u_2-u_1)-k_2(u_2-u_3)=0\\ -m_3\ddot{u}_3-k_2(u_3-u_2)-k_3(u_3-u_4)=0\\ -m_4\ddot{u}_4-k_3(u_4-u_3)-k_4u_4=0 \end{cases}$$

$$\boldsymbol{M\ddot{u}}+\boldsymbol{Ku}=\boldsymbol{F}$$

其中

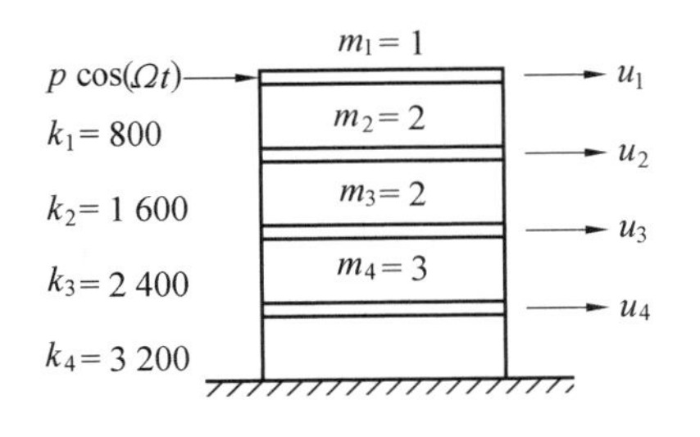

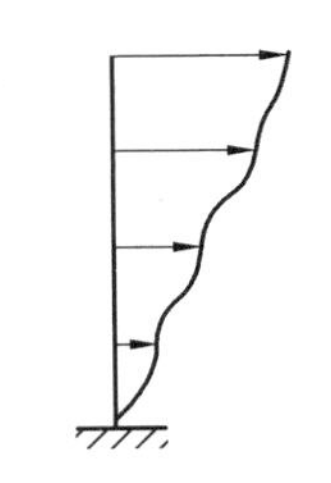
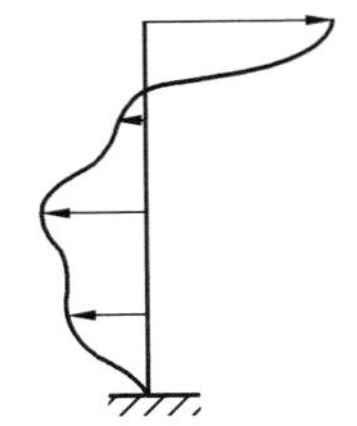
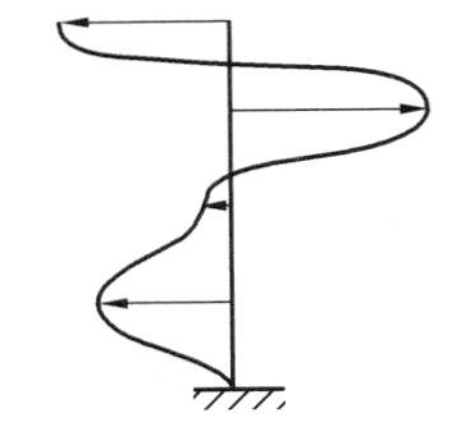
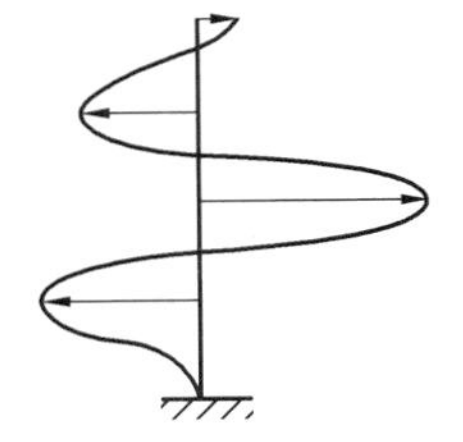

图 2.19　4 层楼的抗剪模型

$$\boldsymbol{u}=[u_1\quad u_2\quad u_3\quad u_4]^{\mathrm{T}}$$

$$\boldsymbol{M}=\begin{bmatrix}1&0&0&0\\0&2&0&0\\0&0&2&0\\0&0&0&3\end{bmatrix}$$

$$\boldsymbol{K}=\begin{bmatrix}k_1&-k_1&0&0\\-k_1&k_1+k_2&-k_2&0\\0&-k_2&k_2+k_3&-k_3\\0&0&-k_3&k_3+k_4\end{bmatrix}=\begin{bmatrix}800&-800&0&0\\-800&2\ 400&-1\ 600&0\\0&-1\ 600&4\ 000&-2\ 400\\0&0&-2\ 400&5\ 600\end{bmatrix}$$

$$\boldsymbol{F}=[p\cos(\Omega t)\quad 0\quad 0\quad 0]^{\mathrm{T}}$$

(1) 其固有频率及模态矩阵可用后面的求广义特征值和特征向量的方法获得

$$\omega^2=\begin{bmatrix}0.176\ 72\\0.879\ 70\\1.687\ 46\\3.122\ 79\end{bmatrix}\times 10^3,\quad \omega=\begin{bmatrix}13.294\\29.660\\41.079\\55.882\end{bmatrix}\tag{a}$$

$$\boldsymbol{\Phi}=\begin{bmatrix}1.000\ 00&1.000\ 00&-0.901\ 45&0.154\ 36\\0.779\ 10&-0.099\ 63&1.000\ 00&-0.448\ 17\\0.496\ 55&-0.539\ 89&-0.158\ 59&1.000\ 00\\0.235\ 06&-0.437\ 61&-0.707\ 97&-0.636\ 88\end{bmatrix}\tag{b}$$

其各阶主振型如图 2.19 所示。

(2) 求解出模态矩阵后，根据式(2.145) 和(2.147) 就可求出模态质量、模态刚度和模态力

$$\bar{m}_1=\boldsymbol{\varphi}_1^{\mathrm{T}}\boldsymbol{M}\boldsymbol{\varphi}_1=\begin{bmatrix}1.000\ 00\\0.779\ 10\\0.496\ 55\\0.235\ 06\end{bmatrix}^{\mathrm{T}}\begin{bmatrix}1&0&0&0\\0&2&0&0\\0&0&2&0\\0&0&0&3\end{bmatrix}\begin{bmatrix}1.000\ 00\\0.779\ 10\\0.496\ 55\\0.235\ 06\end{bmatrix}=2.872\ 88\tag{c}$$

$$\bar{k}_1=\boldsymbol{\varphi}_1^{\mathrm{T}}\boldsymbol{K}\boldsymbol{\varphi}_1 \tag{d}$$

模态刚度可以从式(d)求得，也可用更简单的方法求得，即

$$\bar{k}_1=\omega_1^2\bar{m}_1=176.72\times2.87288=507.695$$

其余的模态质量、模态刚度可用相似的方法求得，即

$$\bar{m}_2=2.17732,\quad \bar{m}_3=4.36658,\quad \bar{m}_4=3.64239$$

$$\bar{k}_2=1915.39,\quad \bar{k}_3=7368.43,\quad \bar{k}_4=11374.4$$

模态力

$$\bar{f}_1=\boldsymbol{\varphi}_1^{\mathrm{T}}\boldsymbol{F}=\begin{bmatrix}1.0000\\0.77910\\0.49655\\0.23506\end{bmatrix}^{\mathrm{T}}\begin{bmatrix}p\cos(\Omega t)\\0\\0\\0\end{bmatrix}=p\cos(\Omega t)$$

$$\bar{f}_2=p\cos(\Omega t)$$

$$\bar{f}_3=-0.90145p\cos(\Omega t)$$

$$\bar{f}_4=0.15436p\cos(\Omega t)$$

(3) 因系统是单点简谐激励，而且要求 u_1 的稳定响应幅值，可直接用公式(2.160)，并表明各阶模态的影响，有

$$\begin{aligned}u_1=&\frac{(1.000)[p\cos(\Omega t)]}{507.695[1-(\Omega^2/176.72)]}+\quad (N=1)\\&\frac{(1.000)[p\cos(\Omega t)]}{1915.39[1-(\Omega^2/879.70)]}+\quad (N=2)\\&\frac{(-0.90145)(-0.90145)[p\cos(\Omega t)]}{7368.43[1-(\Omega^2/1687.46)]}+\quad (N=3)\\&\frac{(0.15436)(0.15436)[p\cos(\Omega t)]}{11374.4[1-(\Omega^2/3122.79)]}+\quad (N=4)\end{aligned}$$

对 $\Omega=0.5\omega_1$，即 $\Omega=6.6468$，$\Omega^2=44.179$；$\Omega=1.3\omega_3$，即 $\Omega=53.402$，$\Omega^2=2851.80$。其 u_1 的幅值($p\cos(\Omega t)$ 的系数)计算结果列于下表。

表 2.1　u_1 幅值计算结果

激频＼阶数	$N=1$	$N=2$	$N=3$	$N=4$
$\Omega=0$	1.970×10^{-3}	2.492×10^{-3}	2.602×10^{-3}	2.604×10^{-3}
$\Omega=0.5\omega_1$	2.626×10^{-3}	3.176×10^{-3}	3.289×10^{-3}	3.291×10^{-3}
$\Omega=1.3\omega_3$	-1.301×10^{-4}	-3.630×10^{-4}	-5.228×10^{-4}	-4.987×10^{-4}

从上述结果可以看出，只取第一阶模态在 3 个激振频率下都是不精确的，误差太大。取前 3 个模态在激振频率为 0 或 $0.5\omega_1$ 时，其响应已足够精确，但是对 $\Omega=1.3\omega_3$，误差仍然较大，其原因是此时的激振频率几乎等于 ω_4，那么对 u_1 的响应贡献最大者应是第 4 阶主模态，所以此时不能截断第 4 阶模态。

2.3.5　多自由度系统的阻尼

由上一节可知，如果多自由度系统的阻尼矩阵关于系统模态矩阵可对角化，我们就可以非常方便地使用模态分解和叠加步骤进行理论分析，因此，有必要寻求可对角化的一般性条

件，而不仅仅是比例阻尼这一种特殊情况。可以证明，假定 $\boldsymbol{K},\boldsymbol{M},\boldsymbol{C}$ 对称正定，下述任意一个等式

$$\boldsymbol{C}\boldsymbol{M}^{-1}\boldsymbol{K}=\boldsymbol{K}\boldsymbol{M}^{-1}\boldsymbol{C} \tag{2.166a}$$

$$\boldsymbol{M}\boldsymbol{K}^{-1}\boldsymbol{C}=\boldsymbol{C}\boldsymbol{K}^{-1}\boldsymbol{M} \tag{2.166b}$$

$$\boldsymbol{M}\boldsymbol{C}^{-1}\boldsymbol{K}=\boldsymbol{K}\boldsymbol{C}^{-1}\boldsymbol{M} \tag{2.166c}$$

的成立是阻尼矩阵关于模态矩阵可对角化的充要条件。满足此条件的阻尼称为经典阻尼，经典阻尼具有黏性阻尼性质，比例阻尼是其中的一种特例，读者可自行验证。

需要注意的是本章的两自由度和 n 自由度系统建模时，每一个自由度受到的阻力都是采用黏性阻尼假设，这样构成的阻尼矩阵不是一定能够关于振型向量正交的，例如 2.3.1 节的模型中的阻尼矩阵就不能对角化，除非在另一个自由度也有阻尼力作用，而且两个自由度的阻尼比与对应的刚度比相等，才满足经典阻尼的充要条件，这个结论读者可自行用第一个条件来证明。

此外，要特别注意，在实际应用中，几乎很少直接去获取作用于每个自由度上的阻尼力的阻尼系数，多数情况下是通过共振试验获取与较低的几阶主振动对应的模态阻尼比，然后用模态叠加计算响应，这是目前多数工程实际振动问题采取的方法。这样，试验获取各阶阻尼比之后，用模态叠加法分析经典阻尼问题，直接可以从各阶模态坐标下的单自由度方程求解，然后回代叠加，就不用关注阻尼矩阵的构造问题了，但如果做如下考虑，就需要构造阻尼矩阵。

(1) 不采用模态叠加法，采用第 5 章的直接积分方法，或者其他方法分析；

(2) 试验测量得到可靠的模态阻尼比阶数较少，而计算需要更多阶模态；

(3) 非经典阻尼问题。

阻尼矩阵需要构造，但能否像刚度矩阵一样用结构的几何和材料特征来构造，对于多数实际工程问题来说一般是无法实现的，因为实际结构存在各种阻尼机制，不单单是材料阻尼，还有结构阻尼，可能还有流体阻尼，这些与材料阻尼相比一般具有更强的耗能能力，诸如结构的宏观缺陷、连接摩擦等，但却很难定量表征和识别，所以，阻尼矩阵一般是用能够考虑所有能量耗散机制的模态阻尼比来构造。下面几小节分别介绍几种常见的经典阻尼矩阵构造方法。

1. 比例阻尼矩阵

比例阻尼矩阵即公式(2.141)形式，假设系统的耗散特性与其质量和刚度特性有关，不仅使用方便，物理意义上也有一定的合理性，该阻尼模型也称 Rayleigh 阻尼。使用该模型的关键在于确定公式中的权系数，利用经典阻尼矩阵的正交性有

$$\begin{gathered}\boldsymbol{\Phi}^{\mathrm{T}}\boldsymbol{C}\boldsymbol{\Phi}=a_0\boldsymbol{\Phi}^{\mathrm{T}}\boldsymbol{M}\boldsymbol{\Phi}+a_1\boldsymbol{\Phi}^{\mathrm{T}}\boldsymbol{K}\boldsymbol{\Phi}\\ \operatorname{diag}(2\zeta_i\omega_i)=a_0\boldsymbol{I}+a_1\operatorname{diag}(\omega_i^2)\end{gathered} \tag{2.167}$$

上式有 n 个方程，由振动试验测量得到某两阶的固有频率和模态阻尼比，代入上式就可以得到两个待定系数，即

$$a_0=\frac{2\omega_i\omega_j(\zeta_j\omega_i-\zeta_i\omega_j)}{\omega_i^2-\omega_j^2},\quad a_1=\frac{2\zeta_i\omega_i-2\zeta_j\omega_j}{\omega_i^2-\omega_j^2} \tag{2.168}$$

由这两个系数构造的阻尼矩阵，在第 i 和 j 阶模态阻尼比精确满足，但在其他阶就不一定满足了。为分析这种系数确定方法对其他阶模态阻尼比计算的影响，我们假设实际测得的两

阶模态阻尼比近似相等，均为 $\zeta_i=\zeta_j=\zeta$，由公式(2.167)得第 n 阶模态阻尼比为

$$\zeta_n=\frac{a_0}{2\omega_n}+\frac{a_1\omega_n}{2} \tag{2.169}$$

其中

$$a_0=\frac{2\omega_i\omega_j\zeta}{\omega_i+\omega_j},\quad a_1=\frac{2\zeta}{\omega_i+\omega_j}$$

画出阻尼比随频率的变化曲线，如图 2.20 所示。

由图 2.20 可以看到，当感兴趣的频率(取决于外载荷的频率范围以及结构自身的动特性)落在这两阶模态之间时，对应的模态阻尼比略小于 ζ，响应计算值就偏大，对应的设计就偏保守和安全，而在这区间值之外，远离这两个频率点时，阻尼比有较大的增长，计算的响应就偏小，对应的高频响应基本上被该模型给耗散掉，如果其中有感兴趣的实际起主要作用的模态，那计算结果就远远低于实际值，据此计算的设计就较为危险。

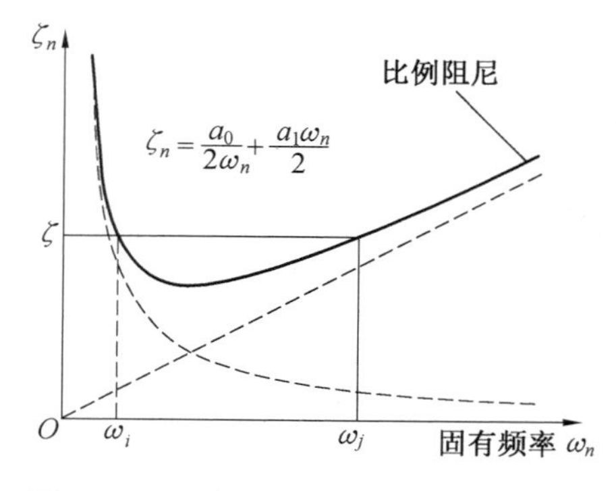

图 2.20　比例阻尼随频率变化曲线

2. Caughey 阻尼矩阵

比例阻尼仅仅在两个频率点处精确满足给定的阻尼比，如果给定更多阶的阻尼比，并希望保证阻尼模型对所有给定阶次的阻尼比都满足，可采用模型

$$\boldsymbol{C}=a_0\boldsymbol{M}+a_1\boldsymbol{K}+a_2\boldsymbol{K}\boldsymbol{M}^{-1}\boldsymbol{K}+\cdots=\sum_{i=0}^{n-1}a_i\boldsymbol{M}\,(\boldsymbol{M}^{-1}\boldsymbol{K})^i \tag{2.170}$$

此模型称为Caughey阻尼矩阵模型，但该模型的缺点也需要注意，即在求高阶系数时可能出现较大数值计算误差，因为会出现固有频率的高次幂项，另外，$\boldsymbol{K}\boldsymbol{M}^{-1}\boldsymbol{K}$ 及其高次幂项通常是满阵，即使质量矩阵是对角阵，这也会给数值计算带来更大的计算量和计算误差。

3. 利用模态阻尼矩阵直接计算

如果是经典阻尼矩阵，则有

$$\boldsymbol{\Phi}^{\mathrm{T}}\boldsymbol{C}\boldsymbol{\Phi}=\bar{\boldsymbol{C}}=\mathrm{diag}(2\zeta_i\omega_i)$$

上式两边分别乘模态变换矩阵的逆矩阵得

$$\boldsymbol{C}=(\boldsymbol{\Phi}^{\mathrm{T}})^{-1}\bar{\boldsymbol{C}}\boldsymbol{\Phi}^{-1}$$

其中模态变换矩阵的逆矩阵前节已经获得为

$$\boldsymbol{\Phi}^{-1}=\boldsymbol{\Phi}^{\mathrm{T}}\boldsymbol{M}$$

这样有

$$\boldsymbol{C}=\boldsymbol{M}\boldsymbol{\Phi}\bar{\boldsymbol{C}}\boldsymbol{\Phi}^{\mathrm{T}}\boldsymbol{M}=\boldsymbol{M}\Big(\sum_{i=1}^{n}2\zeta_i\omega_i\boldsymbol{\varphi}_i\boldsymbol{\varphi}_i^{\mathrm{T}}\Big)\boldsymbol{M} \tag{2.171}$$

通常仅能获取前若干阶的阻尼比，更高阶的直接取为零，中间的叠加项就可以大大减少。若仅仅知道很少的几阶，例如仅知道第一阶或前两阶，但计算需要考虑更高阶，可采用近似处理方法，令更高阶阻尼比为已知的前若干阶的平均。但这个方法，也有可能使得阻尼阵为满阵。

由于多自由度问题的阻尼建模，是实际工程结构动力响应计算的关键，因此，这里还要给出一些补充说明。实际工程结构的阻尼比的获取可以通过实际结构工作环境激励下的响

应的测量来识别，但这只能是事后估计，测量结果可以用于相似结构的设计。如果在设计阶段需要评估动响应，只能根据经验预先给出一个值，制成样机后，通过振动台环境试验的响应测量识别的阻尼比来修正，对无法用振动台进行试验的大型结构，例如土木结构，专家的经验就很重要。此外，结构的耗能特性还与经受的应力水平有关。土木工程行业，根据积累的地震试验数据，给出了典型结构和连接在不同应力水平下的推荐阻尼比值。

对于有明显不同阻尼特性的结构，可以分区采用比例阻尼，然后组合成总体阻尼矩阵，矩阵中在区域的界面有共同自由度的部分包含来自不同区域的贡献。

2.3.6　模态加速度法

从例 2.8 看出，当用模态位移法求响应时，若模态取得少时就不可能得到一个精确解，即使是静荷载也是如此。也就是说模态位移法的收敛太慢，要得到比较精确的解需要取更多的模态。模态加速度法可以加快其收敛速度，仅需要较少的模态就可以获得较精确的解。具体解法如下：

将方程(2.140)写成如下形式

$$\boldsymbol{x}=\boldsymbol{K}^{-1}(\boldsymbol{f}-\boldsymbol{C}\dot{\boldsymbol{x}}-\boldsymbol{M}\ddot{\boldsymbol{x}}) \tag{2.172}$$

根据展开定理，即式(2.94)将速度和加速度写成模态叠加的形式有

$$\boldsymbol{x}=\boldsymbol{K}^{-1}\boldsymbol{f}-\sum_{i=1}^{n}\dot{\xi}_i\boldsymbol{K}^{-1}\boldsymbol{C}\boldsymbol{\varphi}_i-\sum_{i=1}^{n}\ddot{\xi}_i\boldsymbol{K}^{-1}\boldsymbol{M}\boldsymbol{\varphi}_i \tag{2.173}$$

其中的振型满足广义特征值方程

$$(\boldsymbol{K}-\omega_i^2\boldsymbol{M})\boldsymbol{\varphi}_i=0$$

方程两边前乘$\boldsymbol{K}^{-1}$并整理得

$$\boldsymbol{K}^{-1}\boldsymbol{M}\boldsymbol{\varphi}_i=\frac{1}{\omega_i^2}\boldsymbol{\varphi}_i \tag{2.174}$$

利用经典阻尼的充要条件 $\boldsymbol{M}\boldsymbol{K}^{-1}\boldsymbol{C}=\boldsymbol{C}\boldsymbol{K}^{-1}\boldsymbol{M}$，两边右乘 $\boldsymbol{\varphi}_i$，并将(2.174)式代入得

$$\boldsymbol{M}\boldsymbol{K}^{-1}\boldsymbol{C}\boldsymbol{\varphi}_i=\boldsymbol{C}\boldsymbol{K}^{-1}\boldsymbol{M}\boldsymbol{\varphi}_i=\frac{1}{\omega_i^2}\boldsymbol{C}\boldsymbol{\varphi}_i \tag{2.175}$$

上式两边前乘$\boldsymbol{\varphi}_i^{\mathrm{T}}$得

$$\boldsymbol{\varphi}_i^{\mathrm{T}}\boldsymbol{M}\boldsymbol{K}^{-1}\boldsymbol{C}\boldsymbol{\varphi}_i=\frac{1}{\omega_i^2}\boldsymbol{\varphi}_i^{\mathrm{T}}\boldsymbol{C}\boldsymbol{\varphi}_i=\frac{2\zeta_i}{\omega_i} \tag{2.176}$$

对(2.175)式第二个等号两边求转置得

$$(\boldsymbol{C}\boldsymbol{K}^{-1}\boldsymbol{M}\boldsymbol{\varphi}_i)^{\mathrm{T}}=\boldsymbol{\varphi}_i^{\mathrm{T}}\boldsymbol{M}\boldsymbol{K}^{-1}\boldsymbol{C}=\frac{1}{\omega_i^2}\boldsymbol{\varphi}_i^{\mathrm{T}}\boldsymbol{C}$$

上式第二个等号两边右乘 $\boldsymbol{\varphi}_j$ 得

$$\boldsymbol{\varphi}_i^{\mathrm{T}}\boldsymbol{M}\boldsymbol{K}^{-1}\boldsymbol{C}\boldsymbol{\varphi}_j=\frac{1}{\omega_i^2}\boldsymbol{\varphi}_i^{\mathrm{T}}\boldsymbol{C}\boldsymbol{\varphi}_j=0 \tag{2.177}$$

由(2.176)、(2.177)两式可得

$$\boldsymbol{\Phi}^{\mathrm{T}}\boldsymbol{M}\boldsymbol{K}^{-1}\boldsymbol{C}\boldsymbol{\Phi}=\mathrm{diag}\left(\frac{2\zeta_i}{\omega_i}\right) \tag{2.178}$$

注意到 $\boldsymbol{\Phi}^{\mathrm{T}}\boldsymbol{M}=\boldsymbol{\Phi}^{-1}$，上式两边前乘 $\boldsymbol{\Phi}$ 得

$$\boldsymbol{K}^{-1}\boldsymbol{C}\boldsymbol{\Phi}=\boldsymbol{\Phi}\mathrm{diag}\left(\frac{2\zeta_i}{\omega_i}\right) \tag{2.179}$$

上式可改写成

$$[\boldsymbol{K}^{-1}\boldsymbol{C}\boldsymbol{\varphi}_1\cdots\boldsymbol{K}^{-1}\boldsymbol{C}\boldsymbol{\varphi}_i\cdots\boldsymbol{K}^{-1}\boldsymbol{C}\boldsymbol{\varphi}_n]=\left[\frac{2\zeta_1}{\omega_1}\boldsymbol{\varphi}_1\cdots\frac{2\zeta_i}{\omega_i}\boldsymbol{\varphi}_i\cdots\frac{2\zeta_n}{\omega_n}\boldsymbol{\varphi}_n\right] \tag{2.180}$$

由此得

$$\boldsymbol{K}^{-1}\boldsymbol{C}\boldsymbol{\varphi}_i=\frac{2\zeta_i}{\omega_i}\boldsymbol{\varphi}_i \tag{2.181}$$

这样公式(2.173)就可以写成

$$\boldsymbol{x}=\boldsymbol{K}^{-1}\boldsymbol{f}-\sum_{i=1}^{n}\frac{2\zeta_i}{\omega_i}\boldsymbol{\varphi}_i\dot{\xi}_i-\sum_{i=1}^{n}\frac{1}{\omega_i^2}\ddot{\xi}_i\boldsymbol{\varphi}_i \tag{2.182}$$

上述方程中的第一项就是伪静态响应，最后一项给出了此法的名字，即模态加速度法。由于有ω_i^2和ω_i分别在分母出现，所以高阶模态对响应的贡献就越来越小。这样就加快了收敛速度，只需取较少的模态就可以求得比较精确的响应。这也是模态加速度法应用较广的原因。下面用模态加速度法求解例2.8。

例2.9　同例2.8，用模态加速度法求解。

解　据例2.8可得

$$\boldsymbol{K}^{-1}=\begin{bmatrix}2.6047 & 1.35417 & 0.72917 & 0.31250\\ 1.35417 & 1.35417 & 0.72917 & 0.31250\\ 0.72917 & 0.72917 & 0.72917 & 0.31250\\ 0.31250 & 0.31250 & 0.31250 & 0.31250\end{bmatrix}\times10^{-3}$$

由式(2.182)，因$\zeta=0$可得

$$\boldsymbol{u}=\boldsymbol{K}^{-1}\boldsymbol{f}-\sum_{i=1}^{n}\frac{1}{\omega_i^2}\ddot{\xi}_i\boldsymbol{\varphi}_i$$

再由公式(2.157)可得$\ddot{\xi}_i=-\Omega^2\xi_i$，将其代入上式并注意到式(2.158)得

$$\boldsymbol{u}=\boldsymbol{K}^{-1}\boldsymbol{f}+\sum_{i=1}^{n}\frac{\Omega^2}{\omega_i^2}\xi_i\boldsymbol{\varphi}_i=\boldsymbol{K}^{-1}\boldsymbol{f}+\sum_{i=1}^{n}\frac{\Omega^2}{\omega_i^2}\frac{\boldsymbol{\varphi}_i^{\mathrm{T}}\boldsymbol{f}}{\bar{k}_i(1-\Omega^2/\omega_i^2)}\boldsymbol{\varphi}_i=$$

$$\boldsymbol{K}^{-1}\boldsymbol{f}+\sum_{i=1}^{n}\frac{\Omega^2}{\omega_i^2}\frac{\varphi_{1i}p\cos(\Omega t)}{\bar{k}_i(1-\Omega^2/\omega_i^2)}\boldsymbol{\varphi}_i$$

由此得

$$u_1=\boldsymbol{K}_{11}^{-1}p\cos(\Omega t)+\sum_{i=1}^{n}\frac{\Omega^2}{\omega_i^2}\frac{\varphi_{1i}\varphi_{1i}p\cos(\Omega t)}{\bar{k}_i(1-\Omega^2/\omega_i^2)}$$

于是

$$\left.\left.\left.\left.\begin{array}{l}u_1=2.6047\times10^{-3}p\cos(\Omega t)+\\ \dfrac{(\Omega^2/176.72)(1.0)[p\cos(\Omega t)]}{507.695[1-(\Omega^2/176.72)]}+\end{array}\right]N=1\\ \dfrac{(\Omega^2/879.70)(1.0)[p\cos(\Omega t)]}{1915.39[1-(\Omega^2/879.70)]}+\end{array}\right]N=2\\ \dfrac{(\Omega^2/1687.46)(-0.90145)(-0.90145)[p\cos(\Omega t)]}{7368.43[1-(\Omega^2/1687.46)]}+\end{array}\right]N=3\\ \dfrac{(\Omega^2/3122.79)(0.15436)(0.15436)[p\cos(\Omega t)]}{11374.4[1-(\Omega^2/3122.79)]}+\end{array}\right]N=4$$

按例2.8的方法，分别给出在 $\Omega=0, \Omega=0.5\omega_1, \Omega=1.3\omega_3$ 的情况下，取不同阶数时对 u_1 的振幅影响，列表如下。

表2.2　用模态加速度法计算的 u_1 的幅值

激频 \ 阶数	$N=1$	$N=2$	$N=3$	$N=4$
$\Omega=0$	2.604×10^{-3}	2.604×10^{-3}	2.604×10^{-3}	2.604×10^{-3}
$\Omega=0.5\omega_1$	3.261×10^{-3}	3.288×10^{-3}	3.291×10^{-3}	3.291×10^{-3}
$\Omega=1.3\omega_3$	5.044×10^{-4}	-2.506×10^{-4}	-5.207×10^{-4}	-4.987×10^{-4}

从上述结果可看出：

(1) 当 $\Omega=0$ 时，不需要各阶模态的贡献，就可以得到精确的静态解。

(2) 在低频激励时，如 $\Omega=0.5\omega_1$，即使取一阶模态就已足够精确，模态加速度法取前两阶模态就和模态位移法的取3阶相当。

(3) 当激励频率 $\Omega=1.3\omega_3$ 时，因为在 ω_3 和 ω_4 之间，在这种情况下，模态位移法和模态加速度法的任何截断都会有较大误差，都需要取4阶模态。

2.4　刚体模态和重特征值系统分析

当系统无约束或者约束不完整时，系统存在整体运动模式，这种整体运动模式，通常称之为刚体模态，也就是说系统存在弹性振动的同时，还有刚体运动。典型问题就是飞行器结构的运动，当飞行器在空中飞行时，处于自由的无约束状态，刚体在空间的自由运动有6个自由度，则结构振动特性分析中的前六阶固有频率为零。此时，结构约束不完全，刚度矩阵是奇异的，即刚度矩阵行列式为零，这样的系统属于半正定系统，即满足

$$\boldsymbol{\varphi}_i^{\mathrm{T}}\boldsymbol{M}\boldsymbol{\varphi}_i>0,\quad \boldsymbol{\varphi}_i^{\mathrm{T}}\boldsymbol{K}\boldsymbol{\varphi}_i\geqslant 0\quad (i=1,2,\cdots,n) \tag{2.183}$$

这样的系统，必存在零固有频率，即刚度矩阵奇异是零固有频率存在的充要条件，与零固有频率对应的模态称为刚体模态。系统的平衡位置是随遇的。

此外，由于结构的对称性或其他原因系统可能具有重特征值，就是有相等的固有频率，此时系统的固有特性分析也不同于前述的非零、非重根情况。

2.4.1　具有刚体模态系统分析

在实际的结构动态特性分析中，有时为分析方便要求将刚体运动分离出去，此外结构固有特性数值计算方法有的也要求消除刚度矩阵的奇异性，为此，有两种途径：一是将刚体运动分离仅仅剩下振动运动，相当于原系统被缩聚；二是通过移频的方法，这种方法保持了原系统规模。但要注意，不是所有问题都要做这样的处理。

刚体运动分离的方法就是利用模态的正交性。为简便起见，假设只有一个频率为零，即 $\omega_1=0$，由公式(2.103)可得，解耦后的一阶主振动方程为 $\ddot{\xi}_1=0$，积分得到

$$\xi_1=bt+c \tag{2.184}$$

这表明该阶主振动是随时间均匀增加的刚体位移。但是，该刚体模态与其他阶模态一样还满足正交性条件。即假设 $\boldsymbol{\varphi}_1$ 为零固有频率对应的刚体模态，则依据正交性条件有

$$\boldsymbol{\varphi}_1^{\mathrm{T}}\boldsymbol{M}\boldsymbol{\varphi}_j=0 \quad (j=2,3,\cdots,n) \tag{2.185}$$

将上式各项乘以与 $\boldsymbol{\varphi}_j$ 对应的正则模态坐标 ξ_j，并对指标 j 从 $2\sim n$ 求和得

$$\sum_{j=2}^{n}\boldsymbol{\varphi}_1^{\mathrm{T}}\boldsymbol{M}\boldsymbol{\varphi}_j\xi_j=\boldsymbol{\varphi}_1^{\mathrm{T}}\boldsymbol{M}\sum_{j=2}^{n}\boldsymbol{\varphi}_j\xi_j=\boldsymbol{\varphi}_1^{\mathrm{T}}\boldsymbol{M}\boldsymbol{x}_j=0 \tag{2.186}$$

其中，$\boldsymbol{x}_j$ 为消除刚体位移以后的自由振动，上式相当于对消除刚体位移以后的振动响应增加了一个约束条件，系统自由度也就减少了一个，得到不含刚体位移的缩聚系统。

缩聚系统的质量矩阵和刚度矩阵可以基于如上步骤得到一个变换矩阵来获得。不失一般性，假设无约束结构有 s 个刚体自由度，对应的刚体运动模态为 $\boldsymbol{\varphi}_i(i=1,2,\cdots,s)$，且已经经过质量归一化处理，构造如下变换矩阵

$$\boldsymbol{D}=I-\sum_{i=1}^{s}\boldsymbol{\varphi}_i\boldsymbol{\varphi}_i^{\mathrm{T}}\boldsymbol{M} \tag{2.187}$$

该矩阵称为清型变换矩阵，因为它可以把刚体位移从总的位移中清除，只剩下振动位移。对总位移进行变换有

$$\boldsymbol{x}_j=\boldsymbol{D}\boldsymbol{x}=\left(I-\sum_{i=1}^{s}\boldsymbol{\varphi}_i\boldsymbol{\varphi}_i^{\mathrm{T}}\boldsymbol{M}\right)\sum_{k=1}^{n}\xi_k\boldsymbol{\varphi}_k=\sum_{k=s+1}^{n}\xi_k\boldsymbol{\varphi}_k \tag{2.188}$$

上式可以理解为矩阵 $\boldsymbol{D}$ 从由原系统的 n 个模态向量构成的空间，变换到由 $n-s$ 个向量 $\boldsymbol{\varphi}_i(i=s+1,s+2,\cdots,n)$ 所张成的子空间内。矩阵 $\boldsymbol{D}$ 的秩是 $n-s$，同时注意到 $\boldsymbol{x}_j$ 受到类似公式(2.186) 的 s 个约束。

$$\boldsymbol{\varphi}_i^{\mathrm{T}}\boldsymbol{M}\boldsymbol{x}_j=0 \quad (i=1,2,\cdots,s) \tag{2.189}$$

结构固有特性计算方法中有的要求刚度矩阵不能奇异，所以要利用清型变换矩阵将原系统的质量矩阵与刚度矩阵进行变换。一种典型处理方法是在矩阵 $\boldsymbol{D}$ 中划去任意的 s 列，剩下的矩阵用 $\boldsymbol{P}$ 表示，同时在 $\boldsymbol{x}$ 中划去对应的 s 个元素后剩下的用 $\boldsymbol{y}$ 表示，做变换

$$\boldsymbol{x}=\boldsymbol{P}\boldsymbol{y} \tag{2.190}$$

则原系统变为缩聚系统，新系统的质量矩阵和刚度矩阵分别为

$$\overline{\boldsymbol{M}}=\boldsymbol{P}^{\mathrm{T}}\boldsymbol{M}\boldsymbol{P},\quad \overline{\boldsymbol{K}}=\boldsymbol{P}^{\mathrm{T}}\boldsymbol{K}\boldsymbol{P} \tag{2.191}$$

都是满秩正定的，求出特征对$(\omega_i,\boldsymbol{y}_i)$，后，原系统的特征值不变，特征向量用式(2.190) 的变换可得原系统的特征特征向量为

$$\boldsymbol{x}_i=\boldsymbol{P}\boldsymbol{y}_i \tag{2.192}$$

例 2.10 讨论两端的轴上 3 个圆盘的扭转振动(图 2.21)。各盘绕转动轴的转动惯量分别为 $J,2J,J$，轴的抗扭刚度均为 k，圆盘相对惯性系的转角为 θ_1,θ_2 和 θ_3。试计算系统的固有频率和模态。

解 以 $\theta_1,\theta_2,\theta_3$ 为广义坐标，系统的动能和势能分别为

$$T=\frac{1}{2}J(\dot{\theta}_1^2+2\dot{\theta}_2^2+\dot{\theta}_3^2)$$

$$U=\frac{1}{2}k[(\theta_1-\theta_2)^2+(\theta_2-\theta_3)^2]$$

代入拉氏方程，导出动力学方程为

$$\boldsymbol{M}\ddot{\boldsymbol{x}}+\boldsymbol{K}\boldsymbol{x}=0$$

其中

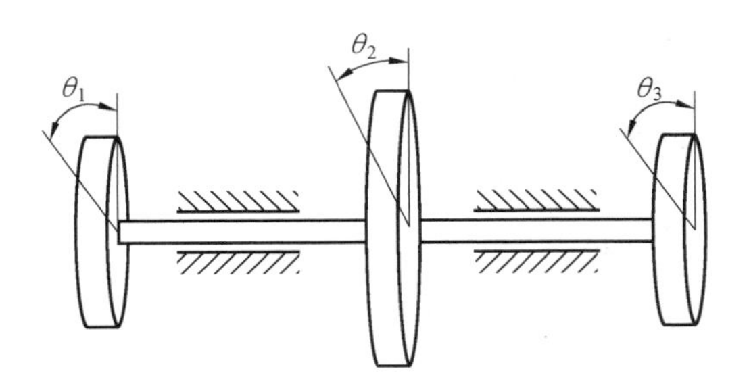

图 2.21　三盘扭振系统

$$\boldsymbol{M}=J\begin{bmatrix}1&0&0\\0&2&0\\0&0&1\end{bmatrix},\quad \boldsymbol{K}=k\begin{bmatrix}1&-1&0\\-1&2&-1\\0&-1&1\end{bmatrix},\quad \boldsymbol{x}=\begin{bmatrix}\theta_1\\\theta_2\\\theta_3\end{bmatrix}$$

直接验证可知 $|\boldsymbol{K}|=0$,刚度矩阵为半正定。系统的特征方程为

$$\begin{vmatrix}k-J\omega^2&-k&0\\-k&2(k-J\omega^2)&-k\\0&-k&k-J\omega^2\end{vmatrix}=-2J\omega^2(J\omega^2-k)(J\omega^2-2k)=0$$

解出固有频率

$$\omega_1=0,\quad \omega_2=\sqrt{\frac{k}{J}},\quad \omega_3=\sqrt{\frac{2k}{J}}$$

解出其模态

$$\boldsymbol{\varphi}^{(1)}=\begin{bmatrix}1\\1\\1\end{bmatrix},\quad \boldsymbol{\varphi}^{(2)}=\begin{bmatrix}-1\\0\\1\end{bmatrix},\quad \boldsymbol{\varphi}^{(3)}=\begin{bmatrix}1\\-1\\1\end{bmatrix}$$

系统只有一个刚体模态向量 $\varphi^{(1)}$,将其归一化为

$$\boldsymbol{\xi}=\frac{[1\quad 1\quad 1]^{\mathrm{T}}}{2\sqrt{J}}$$

利用式(2.187)得

$$\boldsymbol{D}=\boldsymbol{I}-\boldsymbol{\xi\xi}^{\mathrm{T}}\boldsymbol{M}=\frac{1}{4}\begin{bmatrix}3&-2&-1\\-1&2&-1\\-1&-2&3\end{bmatrix}$$

D 中有两列是线性独立的,得 **P**

$$\boldsymbol{P}=\frac{1}{4}\begin{bmatrix}-2&-1\\2&-1\\-2&3\end{bmatrix}$$

取变换,则原系统变为一缩聚系统,其中质量矩阵为

$$\overline{\boldsymbol{M}}=\boldsymbol{P}^{\mathrm{T}}\boldsymbol{MP}=\frac{J}{4}\begin{bmatrix}4&-2\\-2&3\end{bmatrix}$$

刚度矩阵为

$$\overline{\boldsymbol{K}}=\boldsymbol{P}^{\mathrm{T}}\boldsymbol{KP}=k\begin{bmatrix}2&-1\\-1&1\end{bmatrix}$$

由此可得缩聚系统方程为

$$(\bar{\boldsymbol{K}}-\omega^2\bar{\boldsymbol{M}})\boldsymbol{y}=0$$

缩聚系统的特征值和特征向量为

$$\omega_1=\sqrt{\frac{k}{J}},\quad \boldsymbol{y}_1=[1\quad 2]^{\mathrm{T}}$$

$$\omega_2=\sqrt{\frac{2k}{J}},\quad \boldsymbol{y}_2=[1\quad 0]^{\mathrm{T}}$$

对应于原系统的固有频率及模态为

$$\omega_2=\sqrt{\frac{k}{J}},\quad \boldsymbol{\varphi}^{(2)}=\boldsymbol{P}\boldsymbol{y}_1=[-1\quad 0\quad 1]^{\mathrm{T}}$$

$$\omega_3=\sqrt{\frac{2k}{J}},\quad \boldsymbol{\varphi}^{(3)}=\boldsymbol{P}\boldsymbol{y}_2=[1\quad -1\quad 1]^{\mathrm{T}}$$

例 2.11　求图 2.22 所示放在光滑面上的两端自由的双质块弹簧系统的固有频率和固有振型。

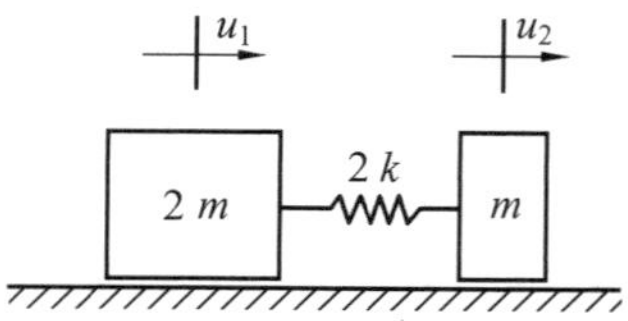

u_1　u_2　2 m　2 k　m

图 2.22　两端自由的双质块弹簧系统

解　运动方程写为

$$\begin{cases}2m\ddot{x}_1+2k(x_1-x_2)=0\\ m\ddot{x}_2+2k(x_2-x_1)=0\end{cases}$$

质量矩阵和刚度阵分别为

$$\boldsymbol{M}=m\begin{bmatrix}2&0\\0&1\end{bmatrix},\quad \boldsymbol{K}=2k\begin{bmatrix}1&-1\\-1&1\end{bmatrix}$$

明显刚度矩阵奇异，有零特征根，频率方程为

$$(2k-2m\omega^2)(2k-m\omega^2)-4k^2=0$$

得到两个固有频率为

$$\omega_1=0,\quad \omega_2=\sqrt{\frac{3k}{m}}$$

对应的振型为

$$\boldsymbol{\varphi}_1=\begin{bmatrix}1\\1\end{bmatrix},\ \boldsymbol{\varphi}_2=\begin{bmatrix}1\\-2\end{bmatrix}$$

由刚体模态的约束条件有

$$\boldsymbol{\varphi}_1^{\mathrm{T}}\boldsymbol{M}\boldsymbol{x}_j=[1\quad 1]\begin{bmatrix}2&0\\0&1\end{bmatrix}m\begin{Bmatrix}x_1\\x_2\end{Bmatrix}=0$$

得

$$2x_1+x_2=0$$

注意，x_1，x_2 为消去刚体位移后的自由振动响应，上式代入运动方程有

$$m\ddot{x}_1+3kx_1=0$$

容易得振动运动的固有频率。注意，若有更多个自由度，上述方程将变成方程组，也就是将刚体模态带来的约束方程代入微分方程，可以去掉一个未知数，重新形成新的系统，不过此时系统参数矩阵均为正定的，可求得系统剩下的非零固有频率及对应的振型，这个振型各元

素代入约束方程，求得被去掉的那个未知数对应的相对位移，即可得到原系统振型。

对有刚体模态问题，这两种方法都可以采用，各有方便之处。

2.4.2　具有重特征值系统分析

设系统特征方程(2.79)有重根，且假设前两阶固有频率相等，则计算对应的模态时，方程组(2.77)有两个是不独立的。不失一般性，将最后两个方程去掉，同时将方程中与对应的振型向量 $\boldsymbol{\varphi}$ 的最后两个元素 φ_n,φ_{n-1} 有关的项移动到方程的右边化作

$$\left.\begin{aligned}&(k_{11}-\omega_1^2 m_{11})\varphi_1+\cdots+(k_{1,n-2}-\omega_1^2 m_{1,n-2})\varphi_{n-2}=\\&-(k_{1,n-1}-\omega_1^2 m_{1,n-1})\varphi_{n-1}-(k_{1,n}-\omega_1^2 m_{1,n})\varphi_n\\&\qquad\vdots\\&(k_{n-2,1}-\omega_1^2 m_{n-2,1})\varphi_1+\cdots+(k_{n-2,n-2}-\omega_1^2 m_{n-2,n-2})\varphi_{n-2}=\\&-(k_{n-2,n-1}-\omega_1^2 m_{n-2,n-1})\varphi_{n-1}-(k_{n-2,n}-\omega_1^2 m_{n-2,n})\varphi_n\end{aligned}\right\}\tag{2.193}$$

任意给定 φ_n,φ_{n-1} 两组线性独立的值 $\varphi_n^{(1)},\varphi_{n-1}^{(1)}$ 和 $\varphi_n^{(2)},\varphi_{n-1}^{(2)}$，例如可令

$$\begin{bmatrix}\varphi_{n-1}^{(1)}\\\varphi_n^{(1)}\end{bmatrix}=\begin{bmatrix}1\\0\end{bmatrix},\quad\begin{bmatrix}\varphi_{n-1}^{(2)}\\\varphi_n^{(2)}\end{bmatrix}=\begin{bmatrix}0\\1\end{bmatrix}\tag{2.194}$$

对于给定的以上两组值，从方程组(2.193)解出其余$(n-2)$个 $\varphi_j^{(1)}$ 和 $\varphi_j^{(2)}$ $(j=1,2,\cdots,n-2)$，与式(2.194)组合为第1、第2阶模态

$$\left.\begin{aligned}\boldsymbol{\varphi}^{(1)}&=[\varphi_1^{(1)}\quad\varphi_2^{(1)}\quad\cdots\quad\varphi_{n-2}^{(1)}\quad 1\quad 0]^{\mathrm T}\\\boldsymbol{\varphi}^{(2)}&=[\varphi_1^{(2)}\quad\varphi_2^{(2)}\quad\cdots\quad\varphi_{n-2}^{(2)}\quad 0\quad 1]^{\mathrm T}\end{aligned}\right\}\tag{2.195}$$

这两阶模态显然是线性无关的，也显然不是唯一的组合，为保证它们之间关于 $\boldsymbol{M},\boldsymbol{K}$ 满足正交性条件，将 $\boldsymbol{\varphi}^{(2)}$ 改为

$$\boldsymbol{\varphi}^{(2)}=\boldsymbol{\varphi}^{(2)}+c\boldsymbol{\varphi}^{(1)}\tag{2.196}$$

$\boldsymbol{\varphi}^{(2)}+c\boldsymbol{\varphi}^{(1)}$ 也是方程(2.193)的解，c 由以下正交性条件确定

$$\boldsymbol{\varphi}^{(1)\mathrm T}\boldsymbol{M}(\boldsymbol{\varphi}^{(2)}+c\boldsymbol{\varphi}^{(1)})=0\tag{2.197}$$

解出待定系数 c 为

$$c=-\frac{\boldsymbol{\varphi}^{(1)\mathrm T}\boldsymbol{M}\boldsymbol{\varphi}^{(2)}}{\boldsymbol{\varphi}^{(1)\mathrm T}\boldsymbol{M}\boldsymbol{\varphi}^{(1)}}=-\frac{1}{M_1}(\boldsymbol{\varphi}^{(1)\mathrm T}\boldsymbol{M}\boldsymbol{\varphi}^{(2)})\tag{2.198}$$

从而得到相互独立且正交的第1、第2阶模态。容易证它们关于刚度阵也是正交的。

例 2.12　讨论由等刚度弹簧支撑的质点的平面运动，质点的质量为 m，沿 x_1 和 x_2 轴的弹簧刚度系数均为 k(图2.23)，求固有频率和模态。

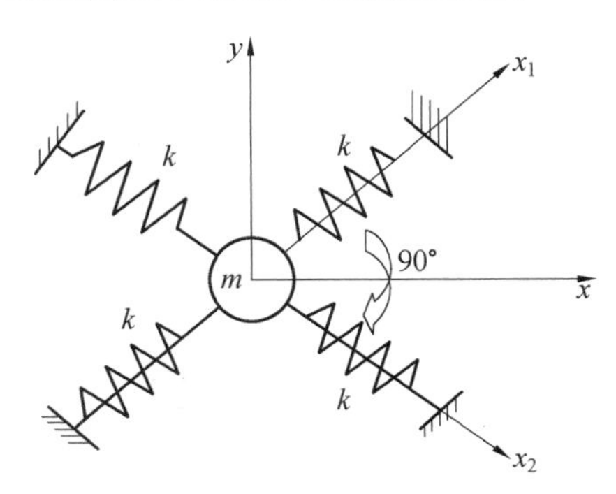

图 2.23　对称振动系统

解　系统的动力学方程为

$$\begin{cases}m\ddot{x}_1+2kx_1=0\\m\ddot{x}_2+2kx_2=0\end{cases}$$

特征方程为

$$(2k-m\omega^2)^2=0$$

固有频率为

$$\omega_1 = \omega_2 = \sqrt{\frac{2k}{m}}$$

$$\boldsymbol{\varphi}^{(1)} = \begin{bmatrix} 1 \\ 0 \end{bmatrix}, \quad \boldsymbol{\varphi}^{(2)} = \begin{bmatrix} 0 \\ 1 \end{bmatrix}$$

此模态满足正交性条件，也可选择另一组满足正交条件的模态，如

$$\boldsymbol{\varphi}^{(1)} = \begin{bmatrix} 1 \\ 1 \end{bmatrix}, \quad \boldsymbol{\varphi}^{(2)} = \begin{bmatrix} -1 \\ 1 \end{bmatrix}$$

习　　题

2.1　求如图 2.24 所示系统的固有频率和固有振型，并画出振型。

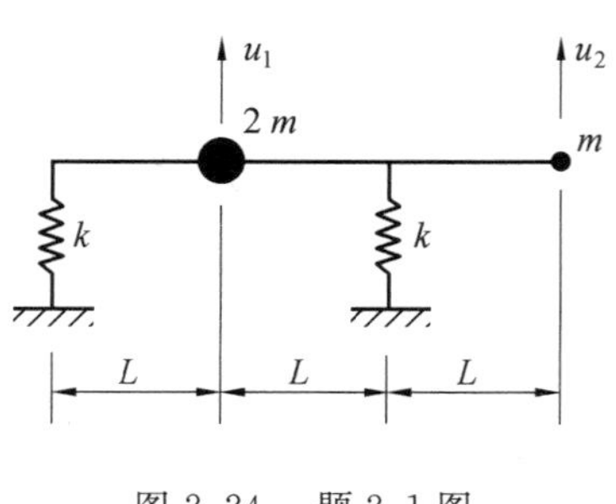

图 2.24　题 2.1 图

2.2　图 2.25 所示的均质细杆悬挂成一单摆，杆的质量为 m，长为 l，悬线长为 $l/2$，求该系统的固有频率和固有振型。

2.3　两层楼用集中质量表示如图 2.26 所示的系统，其中 $m_1 = \frac{1}{2}m_2$，$k_1 = \frac{1}{2}k_2$，证明该系统的固有频率和固有振型为

$$\omega_1 = \frac{k_1}{2m_1}; \quad \omega_2 = \frac{2k_1}{m_1}; \quad \frac{x_1^{(1)}}{x_2^{(1)}} = 2, \quad \frac{x_1^{(2)}}{x_2^{(2)}} = -1$$

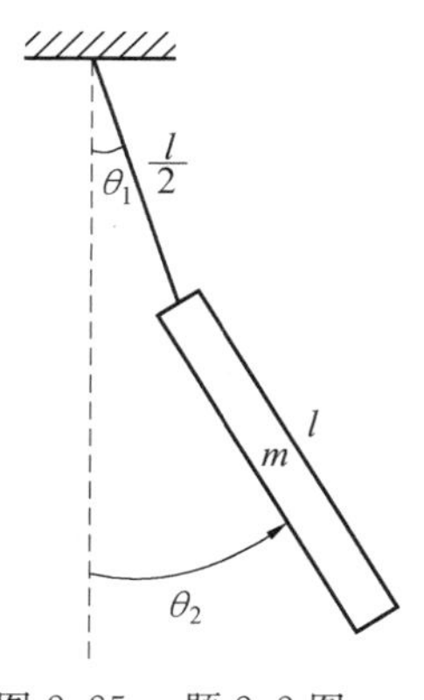

图 2.25　题 2.2 图

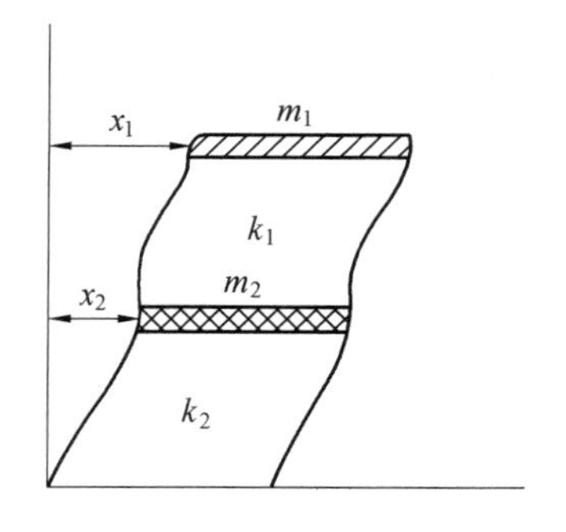

图 2.26　题 2.3 图

2.4　如图 2.27 所示的系统，设激振力为简谐形式，求系统的稳态响应。

2.5　如图 2.28 所示的系统，一水平力 $F\sin(\omega t)$ 作用于 M 上，求使 M 不动的条件。

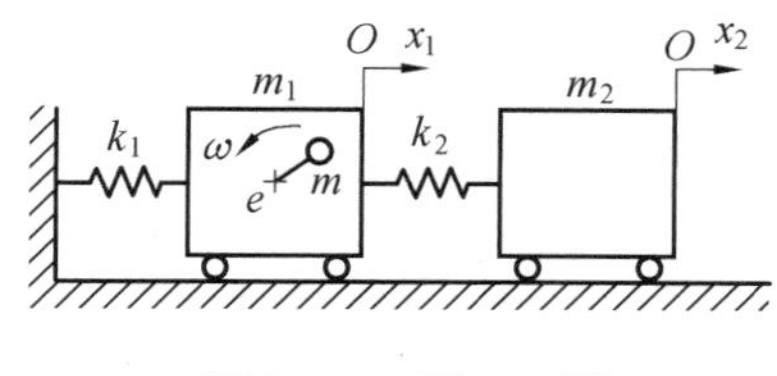

图 2.27　题 2.4 图

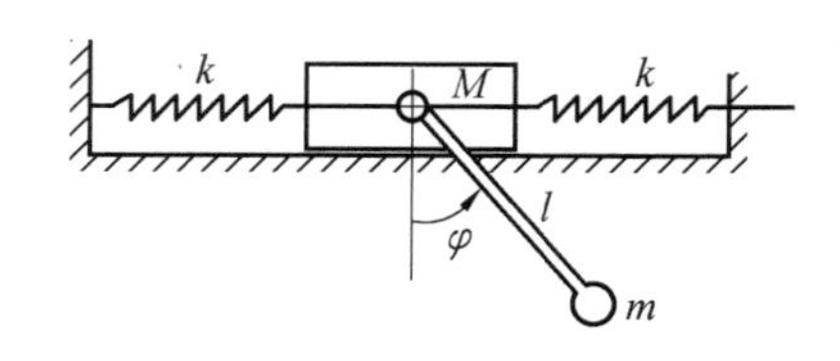

图 2.28　题 2.5 图

2.6　在图 2.29 所示的系统中，轴的弯曲刚度为 EJ，圆盘质量为 m，它对其一条直径的转动惯量为 $I=\frac{mR^2}{4}$，其中 $R=l/4$。设轴在它的静平衡位置时是水平的，且忽略轴的质量，求系统的运动微分方程和固有频率。

2.7　减小受简谐激励单自由度系统的振幅的方法之一，是在该系统上附加一个“可调吸振器”，吸振器由弹簧－质量组成。这样原系统和吸振器就构成了一个两自由度系统，见图 2.30。

(1) 建立系统的运动方程；

(2) 设系统的稳定响应为

$$u_1(t)=U_1\cos(\Omega t),\quad u_2=U_2\cos(\Omega t)$$

试证明

$$U_1(\Omega)=\frac{(k_2-\Omega^2 m_2)p_1}{D(\Omega)},\quad U_2(\Omega)=\frac{k_2 p_1}{D(\Omega)}$$

其中

$$D(\Omega)=(k_1+k_2-\Omega^2 m_1)(k_2-\Omega^2 m_2)-k_2^2$$

(3) 将吸振器调到 $k_2/m_2=k_1/m_1$，证明当 $\Omega^2=k_1/m_1$ 时，即原系统处于共振状态，U_1 的响应振幅为零。

(4) 若吸振器调到 $m_2/m_1=0.25$ 时，画出 k_1U_1/p_1 和 k_1U_2/p_1 对频率比 $r=\Omega/\sqrt{k_1/m_1}$ 的幅频图。

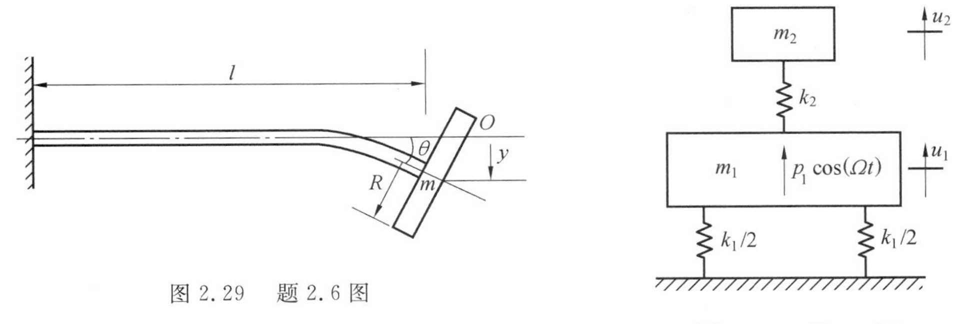

图 2.29　题 2.6 图

图 2.30　题 2.7 图

2.8　试求图 2.31 所示系统在其平衡位置附近作微振动的振动方程。若 $m_1=m_3=m$，$m_2=2m$，$k_1=k_4=k$，$k_2=k_3=2k$，$k_5=k_6=3k$，求该系统的固有频率和固有振型。

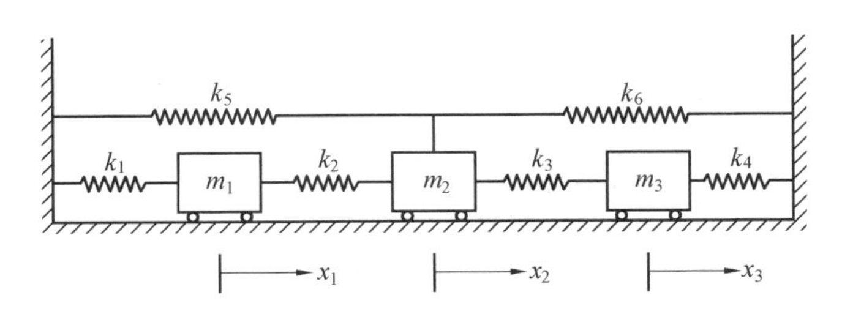

图 2.31　题 2.8 图

2.9 两端由弹簧支撑的刚性均质杆，质量均为 m，在 B 点用铰链连接，如图 2.32 所示，如选取 B 点的竖直位移 y 和两杆绕 B 点的转角 θ_1,θ_2 为广义坐标，试从特征方程出发，求系统的固有频率和固有振型。

2.10 图 2.33 所示的两均质杆是等长的，但具有不同的质量，试求系统作微振动的振动方程，若 $m_1=m_2=m,k_1=k_2=k$，试求系统的固有频率和固有振型（设选取两杆的转角 θ_1 和 θ_2 为广义坐标，其中 θ_1 以顺时针方向为正，θ_2 以逆时针方向为正）。

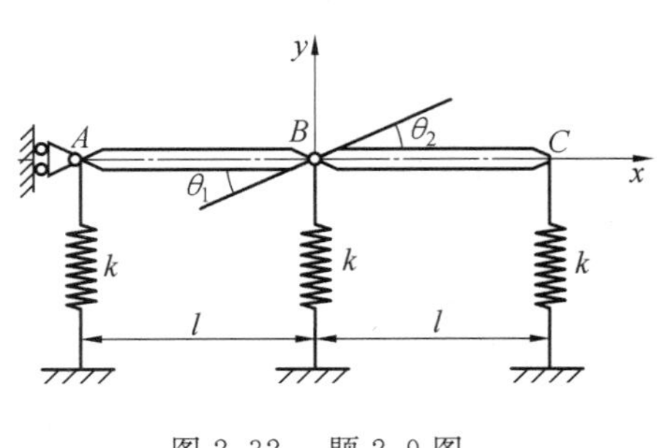

图 2.32 题 2.9 图

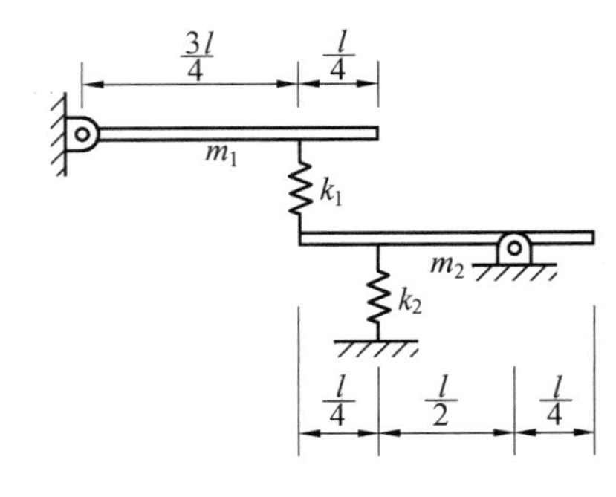

图 2.33 题 2.10 图

2.11 试从矩阵方程 $\boldsymbol{K}\boldsymbol{x}^{(j)}=\omega_j^2\boldsymbol{M}\boldsymbol{x}^{(j)}$ 出发，左乘 $\boldsymbol{K}\boldsymbol{M}^{-1}$，利用正交关系证明

$$\boldsymbol{x}^{(i)\mathrm{T}}(\boldsymbol{K}\boldsymbol{M}^{-1})^h\boldsymbol{K}\boldsymbol{x}^{(j)}=0\quad(i=1,2,\cdots,n)$$

其中 n 为系统自由度数。

2.12 一轻型飞行器的水平稳定器被简化为 3 个集中质量系统的模型，见图 2.34，其刚度、质量矩阵和固有频率及模态形状已经求出。若飞行器遇到突然的一阵风，其产生的阶跃力为

$$\boldsymbol{p}(t)=\begin{bmatrix}500\\100\\100\end{bmatrix}f(t)$$

其中 $f(t)$ 是单位阶跃力，如图 2.34 所示。

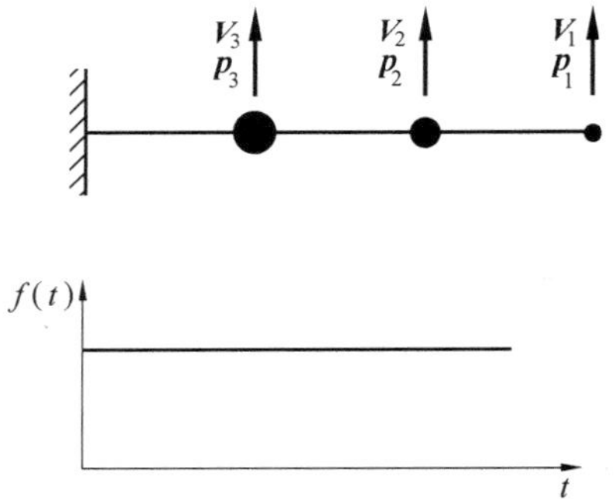

图 2.34 题 2.12 图

(1) 确定第 r 阶模态响应 $\xi_r(t)$ 表达式，假定 $\mathbf{V}(0)=\dot{\mathbf{V}}(0)=0$；

(2) 确定响应 $V_1(t)$ 的表达式，并指出各阶模态的贡献。

其中
$$\boldsymbol{k}=\begin{bmatrix}0.0656 & -0.1538 & 0.1220\\-0.1538 & 0.4797 & -0.5843\\0.1220 & -0.5843 & 1.2593\end{bmatrix}\times10^5$$

$$\boldsymbol{m}=\begin{bmatrix}4.0 & 0 & 0\\0 & 6.0 & 0\\0 & 0 & 8.0\end{bmatrix}\times\frac{1}{386}$$

$$\omega_1^2=59\,900,\quad\omega_2^2=1\,330\,000,\quad\omega_3^2=8\,400\,000$$

$$\boldsymbol{\varphi}=\begin{bmatrix}8.31 & -4.96 & 1.70\\ 4.08 & 5.36 & -4.35\\ 1.10 & 3.80 & 5.71\end{bmatrix}$$

2.13　一栋 3 层楼房，如图 2.35 所示，其刚度矩阵、质量矩阵和固有频率及振型如下：

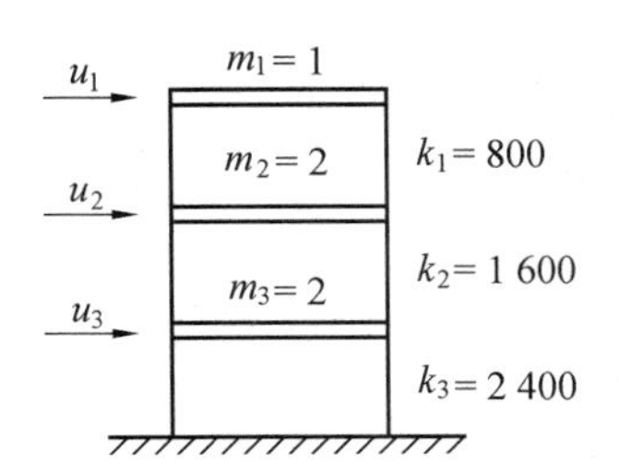

图 2.35　题 2.13 图

$$\boldsymbol{k}=\begin{bmatrix}800 & -800 & 0\\ -800 & 2\,400 & -1\,600\\ 0 & -1\,600 & 4\,000\end{bmatrix},\quad \boldsymbol{m}=\begin{bmatrix}1 & 0 & 0\\ 0 & 2 & 0\\ 0 & 0 & 2\end{bmatrix}$$

$$\omega_1^2=251.1,\quad \omega_2^2=1\,200.0,\quad \omega_3^2=2\,548.9$$

$$\boldsymbol{\varphi}=\begin{bmatrix}1.000\,00 & 1.000\,00 & 0.313\,86\\ 0.686\,14 & -0.500\,000 & -0.686\,14\\ 0.313\,86 & -0.500\,00 & 1.000\,00\end{bmatrix}$$

(1) 确定模态质量矩阵 $\boldsymbol{M}$、模态刚度矩阵 $\boldsymbol{K}$；

(2) 若 $\boldsymbol{p}(t)=[100\quad 100\quad 100]^{\mathrm{T}}\cos(\Omega t)$，确定模态力 F_r；

(3) 确定稳定响应 ξ_r 的表达式；

(4) 用模态位移法确定 u_1 的响应，并指出各阶模态对响应的贡献，并列出当激振频率分别为 $\Omega=0$，$\Omega=0.5\omega_1$，$\Omega=\frac{1}{2}(\omega_1+\omega_3)$ 时，u_1 的振幅随截取模态数变化的表格。

2.14　当题 2.13 中的柔度矩阵为

$$\boldsymbol{a}=\boldsymbol{k}^{-1}=\begin{bmatrix}2.291\,67 & 1.041\,67 & 0.416\,67\\ 1.041\,67 & 1.041\,67 & 0.416\,67\\ 0.416\,67 & 0.416\,67 & 0.416\,67\end{bmatrix}\times 10^{-3}$$

(1) 用模态加速度法，确定 u_1 响应的表达式；

(2) 像题 2.13 一样，列出当激振频率分别为 $\Omega=0$，$\Omega=0.5\omega_1$，$\Omega=\frac{1}{2}(\omega_1+\omega_3)$ 时的 u_1 的振幅随截取模态数变化的表格，并对结果加以分析。

第 3 章　连续体结构振动的精确解法

工程实际中的结构都是由连续分布的质量和连续分布的刚度所组成，例如任何一个弹簧元件都具有质量，同样，任何一个具有质量的物体也具有弹性，因此实际的结构都是连续弹性体，它具有无限多个自由度。在数学上需要用时间和空间的函数来描写它的运动状态，最后得到的系统运动方程是偏微分方程。但在一定的条件下，可以把连续弹性体结构抽象为多自由度系统，甚至单自由度系统来研究。这种抽象化或理想化是必要的，它可以将问题简化，使系统运动用常微分方程就可以描述。将一个复杂结构离散为一个多自由度系统模型的方法，在电子计算机时代的今天更是一个被广泛采用的方法。但是在理论研究上，将一个连续弹性体看成为具有无限个自由度的模型，研究它运动的基本方程及其相应的解析解仍然是很有意义的。有些物理现象，例如弹性波的传播，用连续系统的模型更能清晰地描述。

弹性体的振动理论是建立在弹性力学基础上的，因此要求满足线性弹性体的基本假设，即假设物体是均匀的，各向同性的，并且服从虎克定律。

本章研究的主要问题是建立各种弹性构件（如杆、梁、板）在不同支撑条件，不同外荷载作用下的振动微分方程，并寻求方程的解析解及近似解，讨论振动的基本规律。在学习本章时注意：许多弹性体振动的基本规律就是多自由度系统振动规律的推广，例如弹性体振动在理论上具有无限多个固有频率，对应于每一个有频率都有一个主振型，而且各主振型间都具有正交性等。

3.1　直杆的纵向振动

3.1.1　直杆纵向振动微分方程(运动方程)

一般将又细又长只能承受轴向力的构件称为杆件。下面分析直杆的纵向自由振动。

图 3.1(a) 表示一直杆。假设直杆的横截面在作纵向振动过程中始终保持为平面，即同一横截面上各点仅在轴向（x 轴方向）以相同的位移移动，对于纵向振动中的横向位移忽略不计。这样对于任一截面的位移 u 都可以写为位置 x 和时间 t 的二元函数，有

$$u = u(x,t) \tag{3.1}$$

考虑在坐标 x 位置处的微元段 $\mathrm{d}x$（图 3.1(b)），u 表示在 x 位置截面的位移，对于线性问题（小位移问题），可认为在 $x+\mathrm{d}x$ 处的位移为 $u+\dfrac{\partial u}{\partial x}\mathrm{d}x$。这样微元段 $\mathrm{d}x$ 的绝对变形为

$$\Delta(\mathrm{d}x) = \left(u+\frac{\partial u}{\partial x}\mathrm{d}x\right) - u = \frac{\partial u}{\partial x}\mathrm{d}x$$

应变为

$$\varepsilon = \frac{\Delta(\mathrm{d}x)}{\mathrm{d}x} = \frac{\partial u}{\partial x}$$

根据虎克定律知，应力 $\sigma = E\varepsilon$，由此得

$$N = A\sigma = AE\varepsilon = AE\,\frac{\partial u}{\partial x} \qquad (3.2)$$

式中，N 为截面内力；A 为截面积；E 为材料的弹性模量。

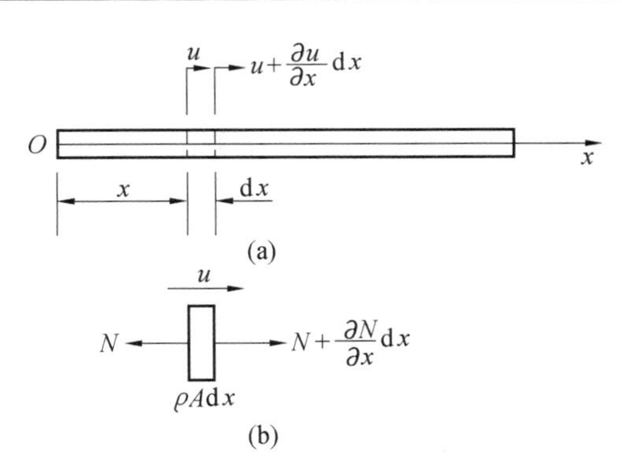

图 3.1　直杆及其轴向受力分析

对于变截面杆，上式中 A 应为 $A(x)$。因为在微元段 $\mathrm{d}x$ 上存在振动的惯性力 $-\rho(x)A(x)\mathrm{d}x\,\frac{\partial^2 u}{\partial t^2}$，$\rho(x)$ 表示直杆在 x 处的密度，这样在微元段的两端存在不平衡的内力 N 和 $N+\frac{\partial N}{\partial x}\mathrm{d}x$，根据达朗贝尔(D'Alembert)原理，可建立运动微分方程

$$-\rho(x)A(x)\mathrm{d}x\,\frac{\partial^2 u}{\partial t^2} + \left(N + \frac{\partial N}{\partial x}\mathrm{d}x\right) - N = 0$$

整理得

$$\rho(x)A(x)\,\frac{\partial^2 u}{\partial t^2} = \frac{\partial N}{\partial x}$$

再考虑式(3.2)得

$$\rho(x)A(x)\,\frac{\partial^2 u}{\partial t^2} = E\,\frac{\partial}{\partial x}\left[A(x)\,\frac{\partial u}{\partial x}\right] \qquad (3.3)$$

上式就是直杆纵向振动微分方程，对等直杆有：$A(x)=A$，$\rho(x)=\rho$，可将方程(3.3)简化为

$$\frac{\partial^2 u}{\partial t^2} = \frac{E}{\rho}\,\frac{\partial^2 u}{\partial x^2} \qquad (3.4)$$

若设

$$a = \sqrt{E/\rho} \qquad (3.5)$$

则方程(3.4)可写为

$$\frac{\partial^2 u}{\partial t^2} = a^2\,\frac{\partial^2 u}{\partial x^2} \qquad (3.6)$$

方程(3.6)是等直杆自由振动微分方程，这是一个二阶齐次偏微分方程。其中 a 具有速度的量纲，从弹性波理论知，a 表示纵波在杆内的传播速度。

方程(3.6)一般称为波动方程，可以用分离变量法进行求解，设它解的形式为

$$u(x,t) = U(x)T(t) \qquad (3.7)$$

将上式代入式(3.6)得到

$$U(x)T''(t) = a^2 T(t)U''(x)$$

或

$$\frac{T''(t)}{T(t)} = a^2\,\frac{U''(x)}{U(x)} = -\omega^2$$

式中，ω 为一常数。这样上式可变为两个常微分方程

$$T''(t) + \omega^2 T(t) = 0 \qquad (3.8)$$

$$U''(x)+\frac{\omega^2}{a^2}U(x)=0 \tag{3.9}$$

方程(3.8)与单自由度系统自由振动微分方程完全一样，它的解为

$$T(t)=C\sin(\omega t+\varphi) \tag{3.10}$$

式中，ω 为振动固有频率；φ 为相位角。

方程(3.9)的形式与(3.8)相同，它的解可写成另一种表达形式

$$U(x)=A\sin\left(\frac{\omega}{a}x\right)+B\cos\left(\frac{\omega}{a}x\right) \tag{3.11}$$

表达式(3.11)称为振型函数，它表达了杆纵向振动的形态。

方程(3.6)的通解(3.7)可表达为

$$u(x,t)=\left[A\sin\left(\frac{\omega}{a}x\right)+B\cos\left(\frac{\omega}{a}x\right)\right]C\sin(\omega t+\varphi)$$

或

$$u(x,t)=\left[A'\sin\left(\frac{\omega}{a}x\right)+B'\cos\left(\frac{\omega}{a}x\right)\right]\sin(\omega t+\varphi) \tag{3.12}$$

其中 $A'=CA$，$B'=CB$，上式中4个常数 A'，B'，ω，φ 应由边界条件与初始条件来确定。

除了固定和自由这样的基本边界条件以外，还需注意如下两类非基本边界条件。

(1) 杆的一端是弹性支承，设为右端(图3.2(a))。此处轴向内力等于弹性力，二者方向相反。

$$EA\frac{\partial u(x,t)}{\partial x}=-ku(x,t),x=l$$

(2) 一端有一惯性载荷(图3.2(b))。此处轴向内力等于惯性力，二者方向相反。

$$EA\frac{\partial u(x,t)}{\partial x}=-M\frac{\partial^2 u(x,t)}{\partial t^2},x=l$$

(a) 弹性支承边界　　(b) 惯性载荷边界

图3.2　杆的两类非基本边界条件

3.1.2　两端固定杆的纵向振动

对一两端固定的等直杆(图3.3(a))，其边界条件为

$$u(0,t)=u(l,t)=0$$

将其代入式(3.12)得

$$B'=0$$

$$A'\sin\left(\frac{\omega}{a}l\right)\sin(\omega t+\varphi)=0$$

由于 A' 与 $\sin(\omega t+\varphi)$ 都不应恒为零，则应有

$$\sin\left(\frac{\omega}{a}l\right)=0 \tag{3.13}$$

方程(3.13)称为频率方程，满足此方程的解为

$$\frac{\omega}{a}l = n\pi \quad (n = 1,2,3,\cdots)$$

从中解出固有频率

$$\omega_n = \frac{n\pi a}{l} = \frac{n\pi}{l}\sqrt{\frac{E}{\rho}} \quad (n = 1,2,3,\cdots) \tag{3.14}$$

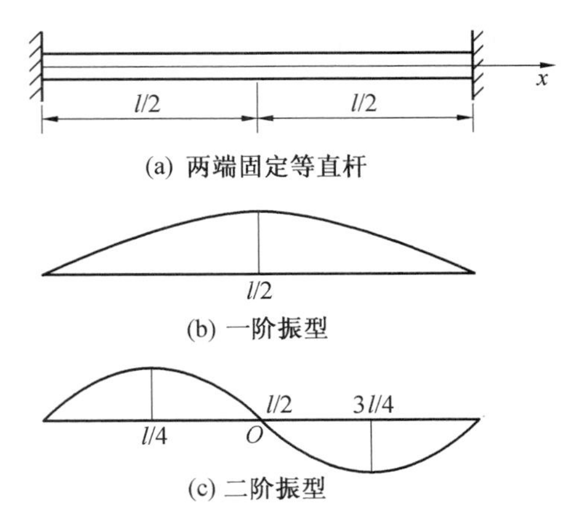

图 3.3　两端固定的等直杆振动

对应于各阶固有频率，可得到各阶主振型为

$$U_n(x) = A'_n \sin\left(\frac{\omega_n}{a}x\right) = A'_n \sin\left(\frac{n\pi}{l}x\right) \quad (n = 1,2,3,\cdots) \tag{3.15}$$

其中前两阶主振型分别如图 3.3(b) 和 3.3(c) 所示。图 3.3(c) 中有一点 O 振幅始终为零，称为节点。各阶振型的节点数各不相同，此例中第 n 个主振型有 $(n-1)$ 个节点，利用这一点，在实验中或计算中可以用来区别各阶主振型所属阶数。

利用式(3.12) 可以得到各阶主振动为

$$u_n(x,t) = A'_n \sin\left(\frac{n\pi}{l}x\right)\sin(\omega_n t + \varphi_n) \quad (n = 1,2,3,\cdots) \tag{3.16}$$

其中待定常数 A'_n 和 φ_n 可以由初始条件来确定。

在一般情况下，杆并不按主振型振动，其振动是各阶主振动的叠加，即

$$u(x,t) = \sum_{n=1}^{\infty} A'_n \sin\left(\frac{n\pi}{l}x\right)\sin(\omega_n t + \varphi_n) \tag{3.17}$$

3.1.3　两端自由杆的纵向振动

对两端自由的等直杆(图 3.4(a))，其边界条件为两端的应力等于零，写成位移条件为：在 $x = 0$ 与 $x = l$ 处有

$$\frac{\partial u}{\partial x} = 0 \quad 或 \quad \frac{\mathrm{d}U(x)}{\mathrm{d}x} = 0$$

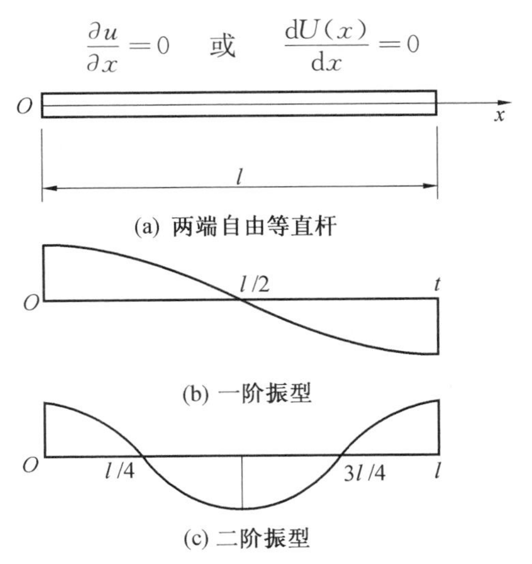

图 3.4　两端自由等直杆振动

将振型函数 $U(x)$ 求导数得

$$\frac{\mathrm{d}U(x)}{\mathrm{d}x}=A'\frac{\omega}{a}\cos\left(\frac{\omega}{a}x\right)-B'\frac{\omega}{a}\sin\left(\frac{\omega}{a}x\right)$$

将边界条件代入得

$$\left.\frac{\mathrm{d}U}{\mathrm{d}x}\right|_{x=0}=A'\frac{\omega}{a}=0,\text{得 }A'=0$$

$$\left.\frac{\mathrm{d}U}{\mathrm{d}x}\right|_{x=l}=-B'\frac{\omega}{a}\sin\left(\frac{\omega}{a}l\right)=0$$

由于 B' 不能为 0,则得

$$\sin\left(\frac{\omega}{a}l\right)=0 \tag{3.18}$$

满足频率方程(3.18)的解为

$$\frac{\omega}{a}l=n\pi \quad (n=1,2,3,\cdots)$$

从中解出固有频率

$$\omega_n=\frac{n\pi a}{l}=\frac{n\pi}{l}\sqrt{\frac{E}{\rho}} \quad (n=1,2,3,\cdots) \tag{3.19}$$

对应于各阶固有频率,可得到各阶主振型为

$$u_n(x)=B'_n\cos\left(\frac{\omega_n}{a}x\right)=B'_n\cos\left(\frac{n\pi}{l}x\right) \quad (n=1,2,3,\cdots) \tag{3.20}$$

其中前两阶主振型如图 3.4(b) 和 3.4(c) 所示。对应于各阶固有频率的主振动为

$$u_n(x,t)=B'_n\cos\left(\frac{n\pi}{l}x\right)\sin(\omega_n t+\varphi_n) \quad (n=1,2,3,\cdots) \tag{3.21}$$

例 3.1 试求一端固定一端自由杆的固有频率和主振型。假定在杆的自由端作用有轴向力 P,如图 3.5(a) 所示,在 $t=0$ 时突然释放,求杆的自由振动响应。设杆长为 l,密度为 ρ,弹性模量为 E,横截面积为 A。

解 无外力作用时,图示杆的边界条件为

$$U\Big|_{x=0}=0,\quad \left.\frac{\mathrm{d}U}{\mathrm{d}x}\right|_{x=l}=0$$

将它们代入振型函数

$$U(x)=A'\sin\left(\frac{\omega}{a}x\right)+B'\cos\left(\frac{\omega}{a}x\right)$$

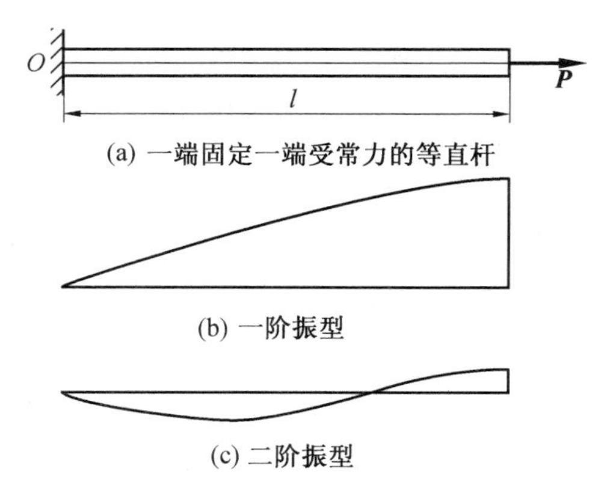

图 3.5 一端固定一端受常力的等直杆振动

得

$$B'=0,\quad A'\frac{\omega}{a}\cos\left(\frac{\omega}{a}l\right)=0$$

得频率方程

$$\cos\left(\frac{\omega}{a}l\right)=0$$

解此方程得

$$\frac{\omega}{a}l=\frac{n\pi}{2}\quad (n=1,3,5,\cdots)$$

得各阶固有频率为

$$\omega_n=\frac{n\pi a}{2l}=\frac{n\pi}{2l}\sqrt{\frac{E}{\rho}}\quad (n=1,3,5,\cdots)\tag{3.22}$$

各阶主振动的表达式为

$$u_n(x,t)=A'_n\sin\left(\frac{n\pi}{2l}x\right)\sin(\omega_n t+\varphi_n)\tag{3.23}$$

其中前两阶主振型如图 3.5(b),(c) 所示。在一般情况下振动可表示为各阶主振动的叠加,即

$$u(x,t)=\sum_{n=1,3,\cdots}^{\infty}A'_n\sin\left(\frac{n\pi}{2l}x\right)\sin(\omega_n t+\varphi_n)\tag{3.24}$$

当 $t=0$ 时,各点应变 $\varepsilon=\dfrac{P}{AE}$ 是常数,这样各点的初始条件为

$$u\Big|_{t=0}=\varepsilon x,\quad \frac{\partial u}{\partial t}\Big|_{t=0}=0$$

将初始条件代入式(3.24) 得

$$\sum_{n=1,3,\cdots}^{\infty}A'_n\sin\left(\frac{n\pi}{2l}x\right)\sin\varphi_n=\varepsilon x\tag{3.25}$$

$$\sum_{n=1,3,\cdots}^{\infty}A'_n\omega_n\sin\left(\frac{n\pi}{2l}x\right)\cos\varphi_n=0\tag{3.26}$$

要使式(3.26) 得到满足,必须有 $\cos\varphi_n=0$,这样导致 $\sin\varphi_n=1$ 或(-1),代入式(3.25) 得

$$\sum_{n=1,3,\cdots}^{\infty}A'_n\sin\left(\frac{n\pi}{2l}x\right)=\varepsilon x$$

为了解出 A'_n,在上式两边均乘以 $\sin\left(\dfrac{m\pi}{2l}x\right)$($m$ 为正整数) 并在全杆长上积分。注意到正交性

$$\int_0^l\sin\left(\frac{m\pi}{2l}x\right)\sin\left(\frac{n\pi}{2l}x\right)\mathrm{d}x=\begin{cases}0 & \text{当 } m\neq n\\ \dfrac{l}{2} & \text{当 } m=n\end{cases}\tag{3.27}$$

则

$$\sum_{n=1,3,\cdots}^{\infty}\int_0^l A'_n\sin\left(\frac{m\pi}{2l}x\right)\sin\left(\frac{n\pi}{2l}x\right)\mathrm{d}x=\int_0^l\varepsilon x\sin\left(\frac{m\pi}{2l}x\right)\mathrm{d}x$$

解出

$$A'_n=\frac{2}{l}\varepsilon\int_0^l x\sin\left(\frac{n\pi}{2l}x\right)\mathrm{d}x\tag{3.28}$$

用分部积分

$$\int_0^l x\sin\left(\frac{n\pi}{2l}x\right)\mathrm{d}x=-\frac{2l}{n\pi}\left\{\left[x\cos\left(\frac{n\pi}{2l}x\right)\right]\Big|_0^l-\int_0^l\cos\left(\frac{n\pi}{2l}x\right)\mathrm{d}x\right\}=$$
$$-\frac{2l}{n\pi}\left[l\cos\left(\frac{n\pi}{2}\right)-\frac{2l}{n\pi}\sin\left(\frac{n\pi}{2}\right)\right]$$

注意当 $n=1,3,5,\cdots$ 时,$\cos\left(\dfrac{n\pi}{2}\right)=0$,于是

$$\int_0^l x\sin\left(\frac{n\pi}{2l}x\right)\mathrm{d}x=\frac{4l^2}{n^2\pi^2}\sin\left(\frac{n\pi}{2}\right)=\frac{4l^2}{n^2\pi^2}(-1)^{\frac{n-1}{2}}$$

所以

$$A'_n=\frac{8l}{n^2\pi^2}\varepsilon(-1)^{\frac{n-1}{2}} \tag{3.29}$$

得

$$u(x,t)=\frac{8l}{\pi^2}\varepsilon\sum_{n=1,3,\cdots}^{\infty}\frac{(-1)^{\frac{n-1}{2}}}{n^2}\sin\left(\frac{n\pi}{2l}x\right)\cos\left(\frac{n\pi a}{2l}t\right) \tag{3.30}$$

3.2　圆轴的扭转振动

圆轴扭转时，每一横截面绕通过截面形心的轴线转动一个角度 θ，横截面仍保持为平面。横截面上每一点的位移由该截面的扭转角唯一确定。这样，分析圆轴的扭转振动时，振动的位移取为扭转角位移 $\theta=\theta(x,t)$，对应的扭矩为 $M_t=M_t(x,t)$。

在图 3.6(a) 所示的圆轴上，取如图 3.6(b) 所示的微元段 dx，由材料力学知，通过微元段 dx 可以建立相对转角$\frac{\partial\theta}{\partial x}$与扭矩 M_t 的关系为

$$M_t=GJ_\rho\frac{\partial\theta}{\partial x} \tag{3.31}$$

式中，G 为剪切弹性模量；J_ρ 为截面的极惯性矩。

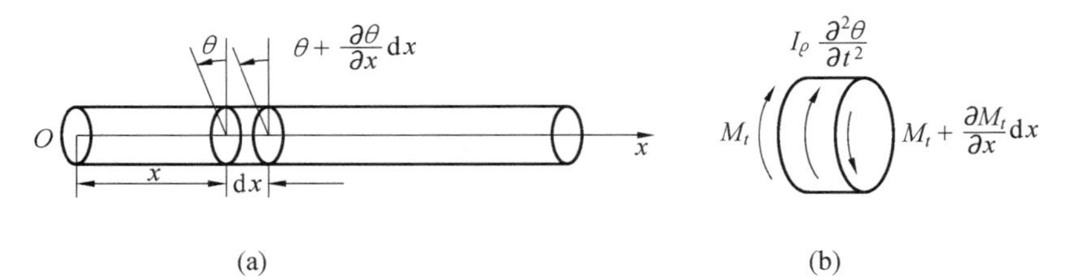

图 3.6　圆轴的扭转振动模型

再根据达朗贝尔原理可以建立微元段的动力学方程为

$$M_t+\frac{\partial M_t}{\partial x}\mathrm{d}x-M_t-I_\rho\frac{\partial^2\theta}{\partial t^2}=0$$

或

$$\frac{\partial M_t}{\partial x}\mathrm{d}x=I_\rho\frac{\partial^2\theta}{\partial t^2} \tag{3.32}$$

式中，I_ρ 为微元段的转动惯量；$-\frac{I_\rho\partial^2\theta}{\partial t^2}$ 为微元段的惯性力距，对于圆截面，转动惯量 I_ρ 与截面极惯性矩 J_ρ 的关系为

$$I_\rho=\rho J_\rho\mathrm{d}x \tag{3.33}$$

将式(3.31) 及(3.33) 代入式(3.32) 得

$$\frac{\partial}{\partial x}\left(GJ_\rho\frac{\partial\theta}{\partial x}\right)=\rho J_\rho\frac{\partial^2\theta}{\partial t^2} \tag{3.34}$$

当 J_ρ 沿轴向不变时(等直轴)，上式可简化为

$$\frac{\partial^2 \theta}{\partial t^2}=\frac{G}{\rho}\frac{\partial^2 \theta}{\partial x^2} \tag{3.35}$$

若设

$$a=\sqrt{G/\rho} \tag{3.36}$$

则方程(3.35)可写为

$$\frac{\partial^2 \theta}{\partial t^2}=a^2\frac{\partial^2 \theta}{\partial x^2} \tag{3.37}$$

式中,a 为剪切波在杆内的传播速度,显然它小于纵波的传播速度。

方程(3.37)是一个与等直杆纵向振动的微分方程(3.6)完全相同的偏微分方程,可以直接写出它的解为

$$\theta(x,t)=\left[A'\sin\left(\frac{\omega}{a}x\right)+B'\cos\left(\frac{\omega}{a}x\right)\right]\sin(\omega t+\varphi) \tag{3.38}$$

根据边界条件,可以建立频率方程,从频率方程得到各阶固有频率,同时得到各阶对应的主振型。显然,其各阶固有频率和主振型将具有与相应的纵向振动相似的结果。即

(1) 两端固定的轴

$$\omega_n=\frac{n\pi a}{l}=\frac{n\pi}{l}\sqrt{\frac{G}{\rho}} \tag{3.39a}$$

$$\theta_n=A'_n\sin\left(\frac{n\pi}{l}x\right)\sin\left(\frac{n\pi a}{l}t+\varphi_n\right)\quad(n=1,2,3,\cdots) \tag{3.39b}$$

(2) 两端自由的轴

$$\omega_n=\frac{n\pi a}{l}=\frac{n\pi}{t}\sqrt{\frac{G}{\rho}} \tag{3.40a}$$

$$\theta_n=B'_n\cos\left(\frac{n\pi}{l}x\right)\sin\left(\frac{n\pi a}{l}t+\varphi_n\right)\quad(n=1,2,3,\cdots) \tag{3.40b}$$

(3) 一端固定和一端自由的轴

$$\omega_n=\frac{n\pi a}{2l}=\frac{n\pi}{2l}\sqrt{\frac{G}{\rho}} \tag{3.41a}$$

$$\theta_n=A'_n\sin\left(\frac{n\pi}{2l}x\right)\sin\left(\frac{n\pi a}{2l}t+\varphi_n\right)\quad(n=1,3,5,\cdots) \tag{3.41b}$$

例 3.2　图 3.7 表示一端固定的等直杆,其另一端装有一转动惯量为 I_0 的圆盘,杆长为 l,密度为 ρ,剪切弹性模量为 G,试求杆的固有频率。

解　这种情况的边界条件为

$$\theta\Big|_{x=0}=0$$

$$GJ_\rho\frac{\partial\theta}{\partial x}\Big|_{x=l}=-I_0\frac{\partial^2\theta}{\partial t^2}\Big|_{x=l}$$

上式表示作用在圆杆下端的扭矩应等于圆盘的惯性力矩,将上述边界条件代入式(3.38)得

$$B'=0$$

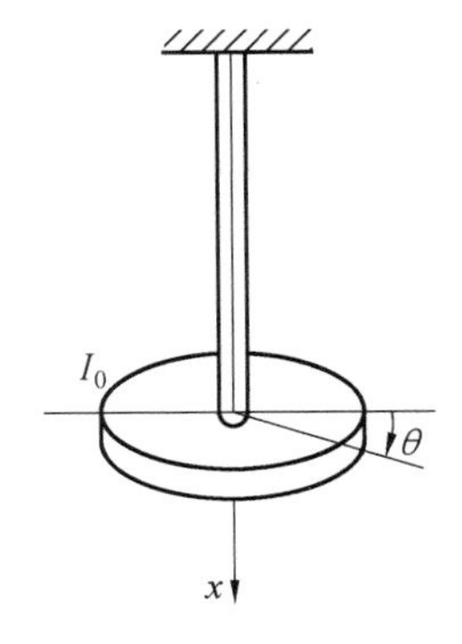

图 3.7　单圆盘扭振模型

$$GJ_{\rho}\ \frac{\omega}{a}\cos\left(\frac{\omega l}{a}\right)=I_0\omega^2\sin\left(\frac{\omega l}{a}\right)$$

整理后得频率方程为

$$\frac{\omega l}{a}\tan\left(\frac{\omega l}{a}\right)=\frac{GJ_{\rho}l}{a^2 I_0} \tag{3.42}$$

上述方程是一个关于频率 ω 的超越方程,解此方程就可以得到各阶固有频率。此超越方程可以通过计算机求数值解,或通过图解法求近似解。

3.3　梁的横向自由振动

3.3.1　梁的横向振动微分方程

本节只讨论梁的横向微振动问题,因此要满足小变形梁的一切假设,如只考虑梁沿轴线垂直方向的位移,而忽略轴向位移及截面绕中性轴的转动,梁在变形时要满足平面假设,并且忽略剪力引起的变形。这样从材料力学知道,梁的变形方程为

$$EJ\ \frac{\mathrm{d}^2 y}{\mathrm{d}x^2}=M \tag{3.43a}$$

$$Q=\frac{\mathrm{d}M}{\mathrm{d}x}=\frac{\mathrm{d}}{\mathrm{d}x}\left(EJ\ \frac{\mathrm{d}y^2}{\mathrm{d}x^2}\right) \tag{3.43b}$$

$$q=\frac{\mathrm{d}Q}{\mathrm{d}x}=\frac{\mathrm{d}^2}{\mathrm{d}x^2}\left(EJ\ \frac{\mathrm{d}y^2}{\mathrm{d}x^2}\right) \tag{3.43c}$$

式中,y 为梁的横向位移(图 3.8);EJ 为梁的弯曲刚度;M 为截面弯矩;Q 为截面剪力;q 为梁上的分布荷载。

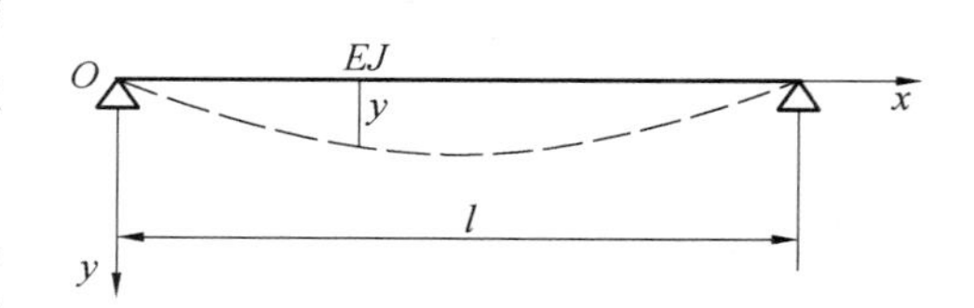

图 3.8　简支梁的弯曲振动模型

当梁作自由振动时,在梁上没有外加荷载,但是按照达朗贝尔原理,可以将梁振动时的惯性力当作外加荷载,这样仍可用静力方程(3.43)。梁的惯性荷载为分布荷载,其分布集度为

$$q(x,t)=-\rho A\ \frac{\partial^2 y}{\partial t^2} \tag{3.44}$$

式中,ρ 为材料的密度;A 为梁的横截面积。

将上式代入式(3.43c)得

$$\frac{\partial^2}{\partial x^2}\left(EJ\ \frac{\partial^2 y}{\partial x^2}\right)=-\rho A\ \frac{\partial^2 y}{\partial t^2} \tag{3.45}$$

方程(3.45)是梁的横向自由振动微分方程的普通形式。如果梁是一等直梁,则方程变为

$$EJ\ \frac{\partial^4 y}{\partial x^4}=-\rho A\ \frac{\partial^2 y}{\partial t^2}$$

或

$$\frac{\partial^2 y}{\partial t^2}+a^2\ \frac{\partial^4 y}{\partial x^4}=0 \tag{3.46}$$

其中

$$a=\sqrt{EJ/\rho A} \tag{3.47}$$

方程(3.46)是等直梁横向自由振动微分方程的标准形式，这是一个四阶齐次偏微分方程，仍采用分离变量法来求解，即设

$$y(x,t)=Y(x)T(t)$$

将上式代入方程(3.46)得

$$\frac{a^2}{Y}\frac{d^4Y}{dx^4}=-\frac{1}{T}\frac{d^2T}{dt^2}$$

上式左端仅是坐标 x 的函数，右端仅是时间 t 的函数，所以它们相等于一常数，设此常数为 ω^2，则上式可写为以下两个常微分方程

$$\frac{d^2T}{dt^2}+\omega^2T=0 \tag{3.48}$$

$$\frac{d^4Y}{dx^4}-\frac{\omega^2}{a^2}Y=0 \tag{3.49}$$

从方程(3.48)解出

$$T(t)=C_1\sin(\omega t+\varphi) \tag{3.50}$$

式中，ω 为固有频率(即自由振动的频率)。

从方程(3.49)可以解出振型函数 $Y(x)$，设

$$k^4=\frac{\omega^2}{a^2} \tag{3.51}$$

方程(3.49)成为

$$\frac{d^4Y}{dx^4}-k^4Y=0 \tag{3.52}$$

从微分方程的理论知，上述方程的解可写为

$$Y(x)=A\sin(kx)+B\cos(kx)+C\text{sh}(kx)+D\text{ch}(kx) \tag{3.53}$$

其中双曲函数

$$\text{sh}(kx)=(e^{kx}-e^{-kx})/2 \tag{3.54a}$$

$$\text{ch}(kx)=(e^{kx}+e^{-kx})/2 \tag{3.54b}$$

这样可得到主振动的表达式为

$$y(x,t)=[A\sin(kx)+B\cos(kx)+C\text{sh}(kx)+D\text{ch}(kx)]\sin(\omega t+\varphi) \tag{3.55}$$

式中，共有 A,B,C,D,ω,φ 六个待定常数，这些常数可以由梁两端的边界条件和两个振动的始起条件来决定。

梁结构主要的边界条件有：

(1) 简支(铰支)点

简支(铰支)点横向位移、弯矩为零，即

$$y(x,t)=0,x=0,l \tag{3.56a}$$

$$M(x,t)=EJ\frac{\partial^2y(x,t)}{\partial x^2}=0,x=0,l \tag{3.56b}$$

(2) 固支点

固支点处转角、位移均被锁住，为零，即

$$y(x,t)=0, x=0,l \tag{3.57a}$$

$$\frac{\partial y(x,t)}{\partial x}=0, x=0,l \tag{3.57b}$$

(3) 自由端

力与力矩均为零,即

$$M(x,t)=EJ\ \frac{\partial^2 y(x,t)}{\partial x^2}=0, x=0,l \tag{3.58a}$$

$$Q=\frac{\partial M}{\partial x}=EJ\ \frac{\partial^3 y(x,t)}{\partial x^3}=0, x=0,l \tag{3.58b}$$

(4) 梁端有弹性支撑

梁端有弹簧支撑如图 3.9 所示,梁端剪力大小等于弹性恢复力，方向相同,都与位移正向相反。梁端弯矩为零。

$$EJ\ \frac{\partial^3 y(x,t)}{\partial x^3}=ky(x,t), x=l \tag{3.59a}$$

$$EJ\ \frac{\partial^2 y(x,t)}{\partial x^2}=0, x=l \tag{3.59b}$$

梁端有扭转弹簧,提供阻碍转动的弹性恢复力矩。梁端部截面弯矩大小与该弹性恢复力矩大小相等,对图 3.10 所示结构,在梁右端部截面弯矩一般是规定的正向,而恢复力矩方向与转角位移正向相反,所以有

$$EJ\ \frac{\partial^2 y}{\partial x^2}(x,t)=-k\ \frac{\partial y}{\partial x}(x,t), x=l \tag{3.60a}$$

此外,梁端部截面剪力为零,即

$$EJ\ \frac{\partial^3 y}{\partial x^3}(x,t)=0, x=l \tag{3.60b}$$

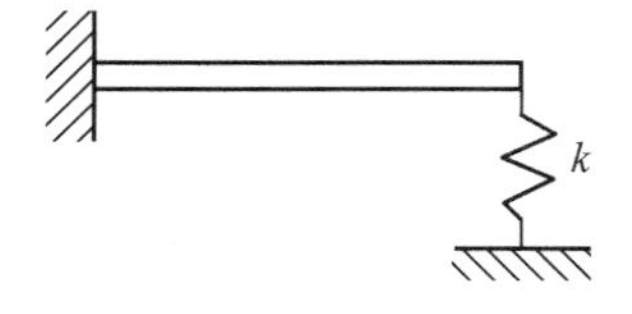

图 3.9　线弹性支承边界

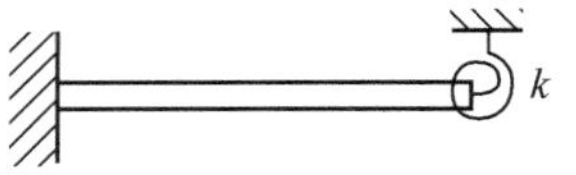

图 3.10　扭转弹性支承边界

(5) 梁端有集中质量力(如图 3.11 所示)

梁端弯矩为零,即

$$M(l,t)=EJ\ \frac{\partial^2 y(x,t)}{\partial x^2}=0, x=l \tag{3.61a}$$

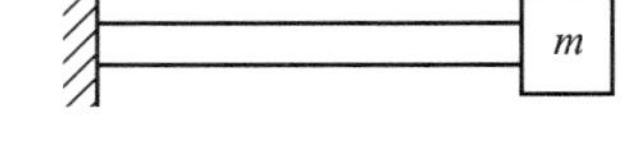

图 3.11　集中质量边界

梁端剪力大小等于惯性力,右端剪力与惯性力均与位移正向相反,所以二者同号,即

$$EJ\ \frac{\partial^3 y(x,t)}{\partial x^3}=m\ \frac{\partial^2 y(x,t)}{\partial t^2}, x=l \tag{3.61b}$$

对位移或转角施加的约束称为几何边界条件。对剪力和弯矩施加的约束称为力边界条件。前 3 种称为基本边界条件,后两种称为非基本边界条件。

3.3.2　两端简支梁的横向振动

对于等截面简支梁(图 3.8),其振型函数由式(3.55) 知

$$Y(x)=A\sin(kx)+B\cos(kx)+C\mathrm{sh}(kx)+D\mathrm{ch}(kx) \tag{3.62a}$$

$$Y'(x)=Ak\cos(kx)-Bk\sin(kx)+Ck\mathrm{ch}(kx)+Dk\mathrm{sh}(kx) \tag{3.62b}$$

$$Y''(x)=-Ak^2\sin(kx)-Bk^2\cos(kx)+Ck^2\mathrm{sh}(kx)+Dk^2\mathrm{ch}(kx) \tag{3.62c}$$

$$Y'''(x)=-Ak^3\cos(kx)+Bk^3\sin(kx)+Ck^3\mathrm{ch}(kx)+Dk^3\mathrm{sh}(kx) \tag{3.62d}$$

对于简支梁，其边界条件为位移与弯矩等于零，即

$$\begin{aligned} x=0,\quad Y=Y''=0 \\ x=l,\quad Y=Y''=0 \end{aligned} \tag{3.63}$$

将上述边界条件代入式(3.62a)和(3.62c)中得

$$B+D=0,\ -B+D=0$$

从上述两个条件得

$$B=D=0$$

剩下两个方程为

$$A\sin(kl)+C\mathrm{sh}(kl)=0$$

$$-A\sin(kl)+C\mathrm{sh}(kl)=0$$

由此可解得 $C=0$，最后得到频率方程为

$$\sin(kl)=0$$

解得频率方程的根为

$$k_n l=n\pi \quad (n=1,2,3,\cdots) \tag{3.64}$$

考虑公式(3.51)得到各阶固有频率为

$$\omega_n=ak_n^2=\frac{n^2\pi^2}{l^2}\sqrt{\frac{EJ}{\rho A}} \quad (n=1,2,3,\cdots) \tag{3.65}$$

各阶主振型的表达式为

$$Y_n=A_n\sin(k_n x)=A_n\sin\left(\frac{n\pi}{l}x\right) \quad (n=1,2,3,\cdots) \tag{3.66}$$

从上式可以看出简支梁的主振型为一正弦曲线，其前两个主振型如图 3.12 所示。

对于任意初始条件所激发的自由振动，各阶主振动都可能激发出来，因此其振动表达式为各阶主振动的和，即

$$y(x,t)=\sum_{n=1}^{\infty}A_n\sin\left(\frac{n\pi}{l}x\right)\sin(\omega_n t+\varphi_n) \tag{3.67}$$

其中系数 A_n 和 φ_n 由起始条件 $y(x,0)$ 和 $\dot{y}(x,0)$ 确定。

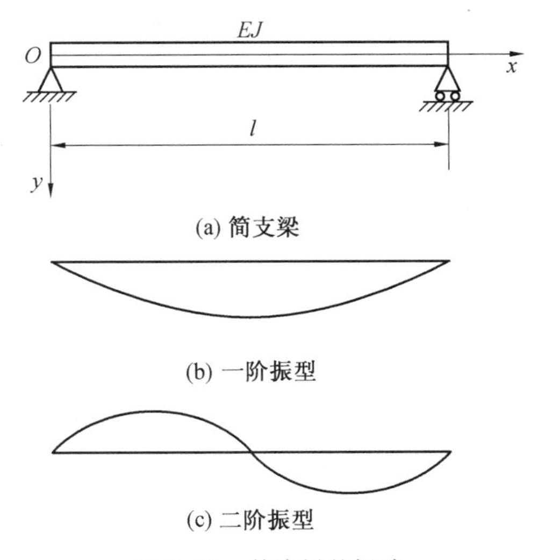

(a) 简支梁

(b) 一阶振型

(c) 二阶振型

图 3.12　简支梁的振动

3.3.3　悬臂梁的横向振动

悬臂梁(图 3.13(a))的边界条件为

$$\begin{aligned} x=0,\quad Y=Y'=0; \\ x=l,\quad Y''=Y'''=0 \end{aligned} \tag{3.68}$$

式 3.68) 表示在固定端位移和转角为零，在自由端的弯矩和剪力为零。将上述条件代入式(3.62) 得

$$B+D=0,\quad A+C=0$$
$$-A\sin(kl)-B\cos(kl)+C\operatorname{sh}(kl)+D\operatorname{ch}(kl)=0$$
$$-A\cos(kl)+B\sin(kl)+C\operatorname{ch}(kl)+D\operatorname{sh}(kl)=0 \tag{3.69}$$

由式(3.69) 的前两式得 $A=-C, B=-D$，代入后两式得

$$C[\sin(kl)+\operatorname{sh}(kl)]+D[\cos(kl)+\operatorname{ch}(kl)]=0$$
$$C[\cos(kl)+\operatorname{ch}(kl)]+D[\operatorname{sh}(kl)-\sin(kl)]=0 \tag{3.70}$$

上述方程具有非零解的条件为

$$\begin{vmatrix} \sin(kl)+\operatorname{sh}(kl) & \cos(kl)+\operatorname{ch}(kl) \\ \cos(kl)+\operatorname{ch}(kl) & \operatorname{sh}(kl)-\sin(kl) \end{vmatrix}=0 \tag{3.71}$$

展开行列式后得到频率方程

$$\cos(kl)\operatorname{ch}(kl)=-1$$

或

$$\cos(kl)=-1/\operatorname{ch}(kl) \tag{3.72}$$

解此超越方程即可以得到各阶的 k 值，即可得到各阶固有频率，此方程可以用计算机或作图的方法来求解。可得

$$k_1 l=1.875,\quad k_2 l=4.6941$$
$$k_3 l=7.8548,\quad k_n l\approx\frac{2n-1}{2}\pi\quad(n\geqslant 2) \tag{3.73}$$

由式(3.51) 得到相应的各阶固有频率为

$$\omega_n=ak_n^2=\frac{(k_n l)^2}{l^2}\sqrt{\frac{EJ}{\rho A}} \tag{3.74}$$

(a) 悬臂梁

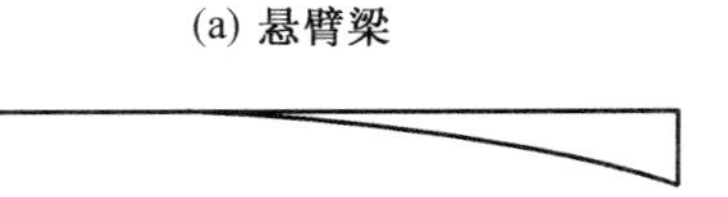

(b) 一阶振型

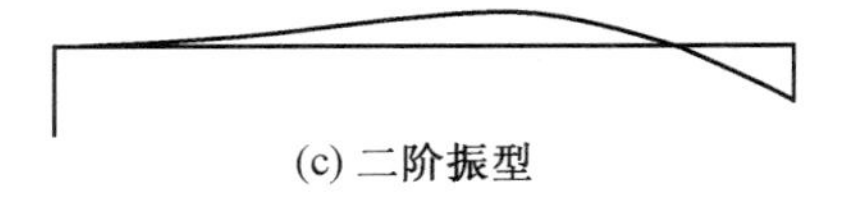

(c) 二阶振型

图 3.13　悬臂梁的振动

代入 $k_n l$ 数值得

$$\omega_1=\frac{1.875^2}{l^2}\sqrt{\frac{EJ}{\rho A}}$$
$$\omega_2=\frac{3.694^2}{l^2}\sqrt{\frac{EJ}{\rho A}}$$

对应于各阶固有频率的振型函数为

$$Y_n(x)=A_n\sin(k_n x)+B_n\cos(k_n x)+C_n\operatorname{sh}(k_n x)+D_n\operatorname{ch}(k_n x)$$

前两阶主振型如图 3.13(b)、(c) 所示。

对于其他边界情况的固有频率和主振型的求解方法与上述两种边界条件的计算方法完全相同，只是由于边界条件不同而得到的固有频率和主振型的形状不同而已，所以不一一叙述。下面将 4 种不同的边界条件的固有频率计算结果列于表 3.1。

表 3.1　各种边界条件下梁横向振动的固有频率

	两端自由	两端固定	一端固定,一端自由	一端固定,一端简支
边界条件	$X=0, Y''=Y'''=0$ $X=l, Y''=Y'''=0$	$X=0, Y=Y'=0$ $X=l, Y=Y'=0$	$X=0, Y=Y'=0$ $X=l, Y''=Y'''=0$	$X=0, Y=Y'=0$ $X=l, Y=Y''=0$
频率方程	$\cos(kl)\text{ch}(kl)=1$	$\cos(kl)\text{ch}(kl)=1$	$\cos(kl)\text{ch}(kl)=-1$	$\tan(kl)=\dfrac{\text{sh}(kl)}{\text{ch}(kl)}$
固有频率	$\omega_0=0$ $\omega_1=\dfrac{4.73^2}{l^2}a$ $\omega_2=\dfrac{7.8532^2}{l^2}a$ $\omega_3=\dfrac{10.9956^2}{l^2}a$ $\omega_4=\dfrac{14.1372^2}{l^2}a$ $\vdots$ $a=\sqrt{\dfrac{EJ}{\rho A}}$	除 $\omega_0=0$ 外 与左边相同	$\omega_1=\dfrac{1.875^2}{l^2}a$ $\omega_2=\dfrac{4.6941^2}{l^2}a$ $\omega_3=\dfrac{7.8548^2}{l^2}a$ $\omega_4=\dfrac{10.9955^2}{l^2}a$ $\omega_5=\dfrac{14.1372^2}{l^2}a$ $\vdots$	$\omega_1=\dfrac{3.9266^2}{l^2}a$ $\omega_2=\dfrac{7.0686^2}{l^2}a$ $\omega_3=\dfrac{10.2102^2}{l^2}a$ $\omega_4=\dfrac{13.352^2}{l^2}a$ $\omega_5=\dfrac{16.493^2}{l^2}a$ $\vdots$

综合以上各种情况,我们可以得到关于连续弹性体的自由振动有以下几点结论:

(1) 连续弹性体有无穷多个自由度,因此有无穷多个固有频率;

(2) 对应于每一个固有频率都有一个主振型(主模态);

(3) 结构的固有频率和主振型是结构的固有特性,它不仅与材料性质、形状、大小等有关,而且还和边界条件有关。

3.3.4　轴向力对梁横向振动的影响

有些工程问题是梁的轴向有一常力或者变力作用下的振动问题,此时,就要分析研究该轴向力对梁横向振动特性的影响,本节分析梁在轴向作用有一常力情况的自由振动问题。与前面的分析一样,拿出梁的一个微元段进行力学分析,见图 3.14,此时,在微元段的两端,除了作用有剪力 $\boldsymbol{Q}$ 和弯矩 M 以外,还有轴向力 $\boldsymbol{T}$ 的作用,不妨假设受轴向压力作用,微元段横向运动微分方程为

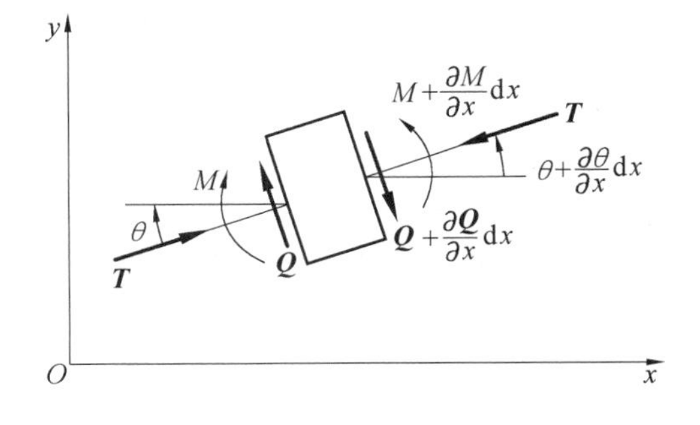

图 3.14　轴向常力作用的梁微元段受力

$$\rho \mathrm{d}x \frac{\partial^2 y}{\partial t^2}=Q-\left(Q+\frac{\partial Q}{\partial x}\mathrm{d}x\right)-T\left(\theta+\frac{\partial \theta}{\partial x}\mathrm{d}x\right)+T\theta \tag{3.75}$$

将剪力、转角与横向变形的关系式$\dfrac{\partial Q}{\partial x}=\dfrac{\partial^2}{\partial x^2}\left(EJ\dfrac{\partial^2 y}{\partial x^2}\right)$以及 $\theta=\dfrac{\partial y}{\partial x}$ 代入上式并化简得

$$\rho \frac{\partial^2 y}{\partial t^2} = -\frac{\partial^2}{\partial x^2}\left(EJ \frac{\partial^2 y}{\partial x^2}\right) - T \frac{\partial^2 y}{\partial x^2} \tag{3.76}$$

采用分离变量法求解，设

$$y(x,t) = Y(x)N(t)$$

代入方程(3.76)得

$$EJY^{(4)}(x)N(t) + TY^{(2)}(x)N(t) + \rho Y(x)\ddot{N}(t) = 0$$

两边同除 $\rho Y(x)N(t)$ 得

$$\frac{1}{\rho Y(x)}[EJY^{(4)}(x) + TY^{(2)}(x)] = -\frac{1}{N(t)}\ddot{N}(t)$$

等式两边为不同变量的函数，若要相等只能等于一个常数，目标是研究结构振动特性，所以只能等于一个正数，设为 ω^2，这样可得到如下两个方程：

$$Y^{(4)}(x) + \frac{T}{EJ}Y^{(2)}(x) - \frac{\rho\omega^2}{EJ}Y(x) = 0$$

$$\ddot{N}(t) + \omega^2 N(t) = 0$$

第一个方程是一个4阶常微分方程，为求解方便，令

$$\frac{T}{EJ} = h^2, \frac{\rho\omega^2}{EJ} = k^2$$

则该微分方程的特征方程为

$$\lambda^4 + h^2\lambda^2 - k^2 = 0$$

有4个特征根，分别为

$$\lambda_1 = \sqrt{\sqrt{(h^2/2)^2 + k^2} - h^2/2},\quad \lambda_2 = -\lambda_1,\quad \lambda_3 = \mathrm{i}\beta,\quad \lambda_4 = -\mathrm{i}\beta$$

其中

$$\beta = \sqrt{\sqrt{(h^2/2)^2 + k^2} + h^2/2}$$

则原常微分方程的通解可依据特征根的特点写为

$$Y(x) = c_1 \mathrm{e}^{\lambda_1 x} + c_2 \mathrm{e}^{-\lambda_1 x} + c_3 \cos(\beta x) + c_4 \sin(\beta x)$$

将两端简支的边界条件代入上式及其二阶导函数表达式得

$$c_1 = c_2 = c_3 = 0,\quad c_4 \sin(\beta l) = 0$$

若 $c_4 = 0$，方程解为零，不是我们想得到的运动，因此只能有

$$\sin(\beta l) = 0,\quad \beta = \frac{i\pi}{l},\quad i = 1,2,\cdots,n \tag{3.77}$$

将 β 表达式代入上式可得

$$\rho\omega_i^2 - EJ\left(\frac{i\pi}{l}\right)^4 + T\left(\frac{i\pi}{l}\right)^2 = 0 \tag{3.78}$$

由此可得频率为

$$\omega_i^2 = \left[\left(\frac{i\pi}{l}\right)^2 \sqrt{\frac{EJ}{\rho}}\right]^2 \left(1 - \frac{Tl^2}{i^2\pi^2 EJ}\right) \tag{3.79}$$

与没有轴向力作用的频率表达式(3.65)比较可以发现，轴向压力作用结果是使得固有频率下降，相当于使结构变柔。不难验证若是作用有轴向拉力，公式(3.79)中的减号变为加号，结果是使得固有频率增加，相当于使结构变得更加刚硬。此外，要注意公式(3.79)中的轴

向压力是有限制的，不能过大，要求

$$T < EJ\left(\frac{\pi}{l}\right)^2 \tag{3.80}$$

否则用上面的分析步骤是没有意义的，右端的值是临界值。

另外，我们还应注意到，振型函数表述形式和没有轴向力作用情况是一样的，因此也可直接写出梁的第 i 阶主振动表达式

$$y_i(x,t) = A_i \sin\frac{i\pi}{l}x \sin(\omega_i t + \varphi_i)$$

然后代入运动方程(3.76)也可获得频率表达式。

3.3.5　剪切变形与转动惯量对固有频率的影响

前述在欧拉－伯努利(Euler－Bainuli)梁假设下得到的固有频率，已经被试验证明在低阶频率求解问题上有很好的效果，但对于长细比较小(如小于 10)的梁结构固有频率计算，或者长细比较大结构的高阶固有频率计算，结果误差就比较大，应该考虑振动过程中微元段转动惯量以及由横截面上剪切力引起的剪切变形的影响，这种考虑剪切变形和转动惯量影响的梁模型被称为铁木辛柯(Timoshenko)梁。

同样采用微元段分析方法，仍然假设变形过程中截面始终保持平面，如图 3.15 所示。当不考虑剪切变形时，微段为虚线所示，此时截面的法线与梁轴线的切线重合。若考虑剪切变形的影响，微段为图实线所示，此时由于考虑了剪切力所引起的截面变形，截面的法线与梁轴线的切线变得不重合。剪力作用使得矩形单元变成平行四边形单元，但不使截面发生转动，截面转动仍然只是由于受到了弯矩作用，所以截面法线转角 θ 不受剪力影响，但是梁轴线由于受剪切变形影响偏离了截面法线，偏离的角度 γ 称为剪切角。这样，由于剪力和弯矩共同作用引起的梁轴线实际转动角度为

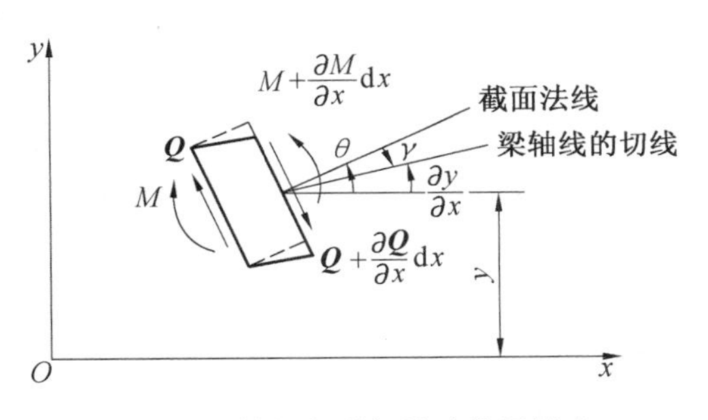

图 3.15　剪切变形与转动惯量影响

$$\frac{\partial y}{\partial x} = \theta - \gamma \tag{3.81}$$

根据材料力学梁弯曲理论，引入一个表征截面剪切应力分布特点的截面形状系数 μ，则上式剪切角可表示为

$$\gamma = \frac{Q}{\mu AG}$$

式中，A 为横截面面积；G 为剪切弹性模量。这样，由上两式可得剪力为

$$Q = \mu AG\left(\theta - \frac{\partial y}{\partial x}\right) \tag{3.82}$$

弯矩与截面法线转角的关系仍然是

$$M = EJ\,\frac{\partial \theta}{\partial x}$$

对微元段用达朗贝尔原理，将惯性力作为静力，列写力和力矩平衡方程，在 y 方向的力平衡

方程为

$$-\rho\mathrm{d}x\frac{\partial^2 y}{\partial t^2}+Q-(Q+\frac{\partial Q}{\partial x}\mathrm{d}x)=0 \tag{3.83}$$

即

$$\rho\frac{\partial^2 y}{\partial t^2}+\frac{\partial Q}{\partial x}=0 \tag{3.84}$$

绕质心转动的力矩平衡方程为

$$-\frac{\rho}{A}J\,\mathrm{d}x\frac{\partial^2\theta}{\partial t^2}-M+(M+\frac{\partial M}{\partial x}\mathrm{d}x)-\frac{\mathrm{d}x}{2}(Q+\frac{\partial Q}{\partial x}\mathrm{d}x)-\frac{\mathrm{d}x}{2}Q=0 \tag{3.85}$$

其中 ρ 为梁单位长度质量。注意,该方程考虑了微元段转动惯性力矩的影响,这也是和简单梁理论不同之处,所谓的考虑转动惯量的影响,就是指在力矩平衡方程中加入了微元段转动惯性力矩。忽略方程中的二阶小量,并注意到 $J=Ar^2$(r 为截面对中性轴的惯性半径),方程可简化为

$$\rho r^2\frac{\partial^2\theta}{\partial t^2}-\frac{\partial M}{\partial x}+Q=0 \tag{3.86}$$

将剪力和弯矩表达式代入这两个平衡方程有

$$\rho\frac{\partial^2 y}{\partial t^2}+\frac{\partial}{\partial x}[\mu AG(\theta-\frac{\partial y}{\partial x})]=0$$

$$\rho r^2\frac{\partial^2\theta}{\partial t^2}-\frac{\partial}{\partial x}(EJ\frac{\partial\theta}{\partial x})+\mu AG(\theta-\frac{\partial y}{\partial x})=0$$

对于等截面均匀梁,从上两个方程中消去变量 θ 得

$$\frac{\rho^2r^2}{\mu AG}\frac{\partial^4 y}{\partial t^4}-\rho r^2(1+\frac{E}{\mu G})\frac{\partial^4 y}{\partial t^2\partial x^2}+\rho\frac{\partial^2 y}{\partial t^2}+EJ\frac{\partial^4 y}{\partial x^4}=0 \tag{3.87}$$

这就得到了同时考虑剪切变形及转动惯量影响的运动方程。如果单独考虑剪切变形或转动惯量影响,同样能够获得类似的方程。

仅仅考虑剪切变形的影响,得到的运动方程为

$$EJ\frac{\partial^4 y}{\partial x^4}+\rho\frac{\partial^2 y}{\partial t^2}-\rho r^2\frac{E}{\mu G}\frac{\partial^4 y}{\partial t^2\partial x^2}=0 \tag{3.88}$$

仅仅考虑转动惯量的影响,得到的运动方程为

$$EJ\frac{\partial^4 y}{\partial x^4}+\rho\frac{\partial^2 y}{\partial t^2}-\rho r^2\frac{\partial^4 y}{\partial t^2\partial x^2}=0 \tag{3.89}$$

这些方程的求解相对比较复杂,但我们注意到,计及剪切变形及转动惯量的影响并不改变梁两端简支的条件,也就不影响振型函数,因此仍可假设梁的第 i 阶主振动为

$$y_i(x,t)=A_i\sin(\frac{i\pi x}{l})\sin(\omega_i t+\varphi_i)$$

将其代入各运动方程(3.87) ~ (3.89) 得到对应的频率方程分别为

$$\frac{\rho r^2}{\mu AG}\omega_i^4-[1+(i\pi)^2(1+\frac{E}{\mu G})(\frac{r}{l})^2]\omega_i^2+\frac{EJ}{\rho}(\frac{i\pi}{l})^4=0 \tag{3.90}$$

$$-[1+\frac{E}{\mu G}(i\pi)^2(\frac{r}{l})^2]\omega_i^2+\frac{EJ}{\rho}(\frac{i\pi}{l})^4=0 \tag{3.91}$$

$$-[1+(i\pi)^2(\frac{r}{l})^2]\omega_i^2+\frac{EJ}{\rho}(\frac{i\pi}{l})^4=0 \tag{3.92}$$

从公式(3.91)可以得到仅仅考虑剪切变形影响的梁的固有频率为

$$\omega_i^2 = \frac{EJ}{\rho}\left(\frac{i\pi}{l}\right)^4 / \left[1 + \frac{E}{\mu G}(i\pi)^2\left(\frac{r}{l}\right)^2\right] \tag{3.93}$$

从公式(3.92)可以得到仅仅考虑转动惯量影响的梁的固有频率为

$$\omega_i^2 = \frac{EJ}{\rho}\left(\frac{i\pi}{l}\right)^4 / \left[1 + (i\pi)^2\left(\frac{r}{l}\right)^2\right] \tag{3.94}$$

注意到上两个公式的分子是简单梁的固有频率的平方表达式，则从公式的分母部分很容易看出影响及影响程度，结论是：

(1) 两个表达式的分母都大于 1，所以考虑剪切变形或转动惯量得到的固有频率都偏小。截面剪切力引起的变形相当于降低了有效刚度，或者说不考虑剪切变形影响相当于增强了刚度。考虑转动惯量相当于增加了有效质量。

(2) 对各向同性材料有 $E/G = 2(1+\upsilon)$，υ 是泊松比，截面的形状系数一般小于 1，所以 $E/(\mu G)$ 多数都在 3 左右，故剪切变形的影响要大于转动惯量的影响。

(3) 随待求频率阶次 i 或细长比 r/l 的增高，剪切变形或转动惯量的影响都是增大。就是说对于粗短的简支梁，或者求解梁的高阶固有频率问题，考虑剪切变形或转动惯量的影响是必要的。

同时考虑剪切变形和转动惯量两个因素影响的固有频率，可以从方程(3.90)解出，注意到该方程第一项系数一般非常小(密度在分子，剪切弹性模量在分母，两个量数值相差一般都很大)，为了简化求解可以直接略去，这样求得的方程近似解为

$$\omega_i^2 \approx \frac{EJ}{\rho}\left(\frac{i\pi}{l}\right)^4 / \left[1 + (i\pi)^2\left(1 + \frac{E}{\mu G}\right)\left(\frac{r}{l}\right)^2\right] \tag{3.95}$$

与单独考虑影响因素求得的两个解相比，这个近似解将两个影响因素同时考虑进去了，影响更大一些，求得的固有频率比单独考虑的要小。

3.4　板的横向自由振动

本节讨论的板为弹性薄板，其变形为小变形(微振动)，因此要满足薄板小变形的一切假设，如直法线假设等。

3.4.1　矩形板的横向自由振动

如图 3.16 所示，一等厚度矩形薄板，其厚度为 h，边长各为 a 和 b。对应坐标轴 x,y,z 方向的位移为 u,v,w。根据弹性理论知，矩形板的平衡方程为

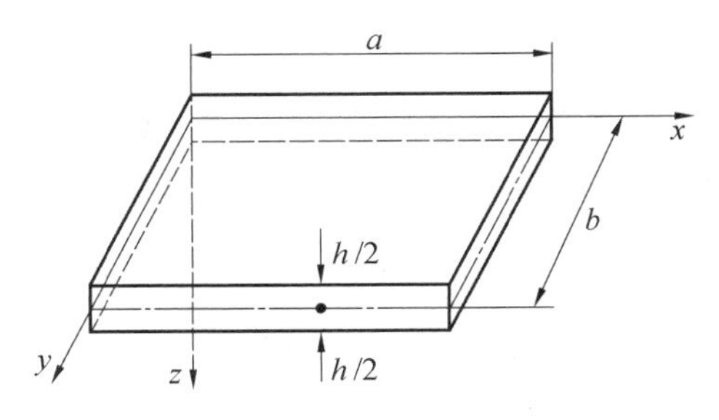

图 3.16　矩形板模型

$$\frac{\partial^4 w}{\partial x^4} + 2\frac{\partial^4 w}{\partial x^2 \partial y^2} + \frac{\partial^4 w}{\partial y^4} = \frac{q(x,y)}{D} \tag{3.96}$$

或简写为

$$\nabla^2 \nabla^2 w = q(x,y)/D \tag{3.97}$$

式中，∇^2 为微分算子，$\nabla^2=\left(\dfrac{\partial^2}{\partial x^2}+\dfrac{\partial^2}{\partial y^2}\right)$；$q(x,y)$ 为作用在板表面上的垂直分布荷载的分布集度；D 为板的弯曲刚度，$D=\dfrac{Eh^3}{12(1-\mu^2)}$；$E,\mu$ 分别为材料的弹性模量和泊松系数。

当板作自由振动时，在板上没有外加荷载，但是根据达朗贝尔原理，我们可以将板振动时的惯性力当作外加荷载，这样仍可用平衡方程(3.96)或(3.97)。板的惯性荷载的分布集度为

$$q(x,y,t)=-\rho h\frac{\partial^2 w}{\partial t^2} \tag{3.98}$$

式中，ρ 为材料的密度，这样将上式代入式(3.97)得

$$\nabla^2\nabla^2 w=-\frac{\rho h}{D}\frac{\partial^2 w}{\partial t^2} \tag{3.99}$$

上式为矩形等厚度板的自由振动微分方程。若设 $\beta=\sqrt{D/\rho h}$，则上式成为

$$\nabla^2\nabla^2 w=-\frac{1}{\beta^2}\frac{\partial^2 w}{\partial t^2} \tag{3.100}$$

上式为四阶齐次偏微分方程，仍用分离变量法解之，设

$$w(x,y,t)=W(x,y)T(t) \tag{3.101}$$

将式(3.101)代入式(3.100)后可得到两个微分方程

$$\frac{\mathrm{d}^2 T}{\mathrm{d}t^2}+\omega^2 T=0 \tag{3.102}$$

$$\nabla^2\nabla^2 W-\frac{\omega^2}{\beta^2}W=0 \tag{3.103}$$

方程(3.102)的解为

$$T(t)=C_1\sin(\omega t+\varphi)$$

方程(3.103)的解与边界条件有关。

(1) 四边铰支板

铰支条件为边界处的横向位移及弯矩为零，因此其边界条件可以写为

$$W=0,\quad \frac{\partial^2 W}{\partial x^2}=0\quad (\text{当 } x=0 \text{ 与 } x=a \text{ 时})$$

$$W=0,\quad \frac{\partial^2 W}{\partial y^2}=0\quad (\text{当 } y=0 \text{ 与 } y=b \text{ 时}) \tag{3.104}$$

这样既要满足方程(3.103)又要满足边界条件(3.104)的解可以设为

$$W(x,y)=A_{mn}\sin\left(\frac{m\pi x}{a}\right)\sin\left(\frac{n\pi y}{b}\right)\quad (m,n=1,2,3,\cdots) \tag{3.105}$$

将式(3.105)代入方程(3.103)后得

$$\left(\frac{m\pi}{a}\right)^4+2\left(\frac{m\pi}{a}\right)^2\left(\frac{n\pi}{b}\right)^2+\left(\frac{n\pi}{b}\right)^4=\frac{\omega^2}{\beta^2}$$

从中解得固有频率

$$\omega_{mn}=\pi^2\sqrt{\frac{D}{\rho h}}\left(\frac{m^2}{a^2}+\frac{n^2}{b^2}\right)$$

方程(3.100)对四边铰支板的通解可以写为

$$w(x,y,t)=\sum_{m=1}^{\infty}\sum_{n=1}^{\infty}A'_{mn}\sin\left(\frac{m\pi x}{a}\right)\sin\left(\frac{n\pi y}{b}\right)\sin(\omega_{mn}t+\varphi_{mn})\quad(m,n=1,2,3,\cdots)$$

当 $m=1$ 与 $n=1$ 时得到最低阶的固有频率及主振型，图 3.17(a)，(b) 表示前两阶主振型，其中图 3.17(b) 中的直线 O_1O_2 振动时位移始终为零，称它为节线。

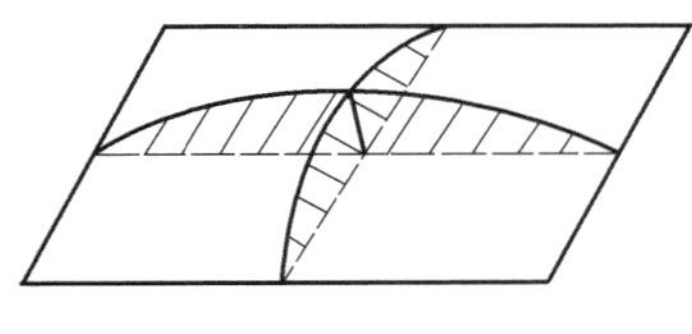

(a) $m=n=1$ 时的振型

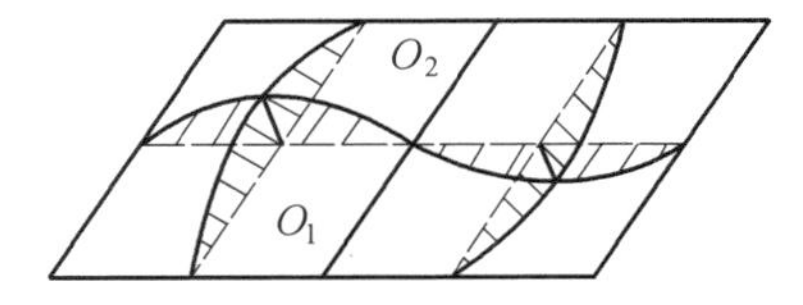

(b) $m=2, n=1$ 时的振型

图 3.17　矩形板的振型

(2) 其他边界条件

除了铰支边界条件以外，还有固支和自由边界条件及其他的边界条件。

对于固支边界条件，其在边界处的位移和转角为零，可以写为

$$W=0,\quad \frac{\partial W}{\partial x}=0\quad(当\ x=0\ 与\ x=a\ 时)$$

$$W=0,\quad \frac{\partial W}{\partial y}=0\quad(当\ y=0\ 与\ y=b\ 时)$$

对于自由边界条件，其在边界处的弯矩和剪力为零，可以写为

$$\frac{\partial^2 W}{\partial x^2}+\mu\frac{\partial^2 W}{\partial y^2}=0,\quad \frac{\partial^3 W}{\partial x^3}+(2-\mu)\frac{\partial^3 W}{\partial x\partial y^2}=0\quad(当\ x=0\ 与\ x=a\ 时)$$

$$\frac{\partial^2 W}{\partial y^2}+\mu\frac{\partial^2 W}{\partial x^2}=0,\quad \frac{\partial^3 W}{\partial y^3}+(2-\mu)\frac{\partial^3 W}{\partial x^2\partial y}=0\quad(当\ y=0\ 与\ y=b\ 时)$$

对于这些边界条件，利用方程(3.103)同样可以解出固有频率 ω 和主振型 $W(x,y)$。但是这些边界条件大多数情况下都不能用一个显函数来表示固有频率 ω，都需要解一个比较复杂的方程，这对工程上应用是不方便的。一般都做成表格，在工程手册上可以查到。例如，对边长为 a 的正方形板，其固有频率公式为

$$\omega_i=\frac{\lambda_i}{a^2}\sqrt{\frac{D}{\rho h}}$$

对于四边固支的正方形板，从手册中可以查出

$$\lambda_1=35.99,\quad \lambda_2=73.41,\quad \lambda_3=108.27$$

其振型也可以从手册查到，对应上述 3 个频率的振型见图 3.18。

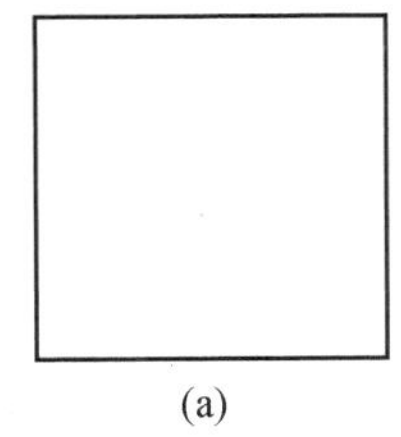

(a)

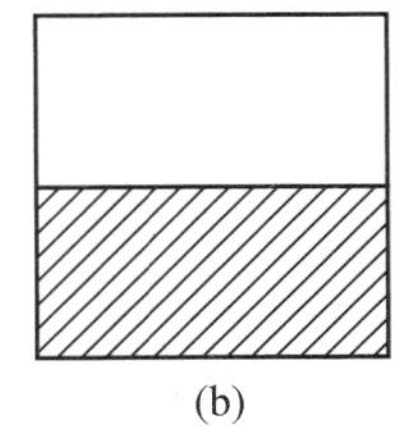

(b)

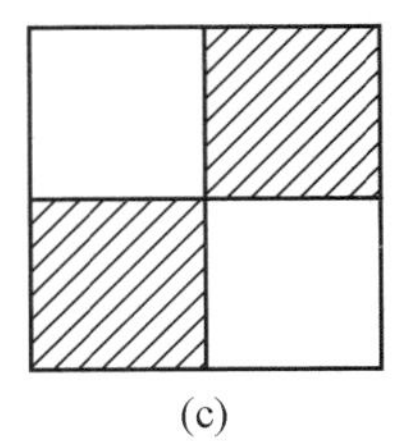

(c)

图 3.18　四边固支的正方形板的振型

3.4.2　圆板的横向自由振动

对于圆板来说，微分方程(3.96)至(3.100)都是适用的，但是在圆板分析中，一般采用圆柱坐标系 r,θ,z，对应的位移为 u,v,w。由于坐标变换，微分算子变为

$$\nabla^2=\frac{\partial^2}{\partial r^2}+\frac{1}{r}\frac{\partial}{\partial r}+\frac{1}{r^2}\frac{\partial^2}{\partial\theta^2}$$

这样，可以设方程(3.100)的解为

$$w(r,\theta,t)=W(r,\theta)T(t) \tag{3.106}$$

将上式代入方程(3.100)后，可以得到微分方程(3.102)和(3.103)。利用算子解法解微分方程(3.103)，将方程(3.103)分解为

$$\left(\nabla^2-\frac{\omega}{\beta}\right)\left(\nabla^2+\frac{\omega}{\beta}\right)W=0$$

得到两个方程

$$\left(\nabla^2-\frac{\omega}{\beta}\right)W=0,\quad \left(\nabla^2+\frac{\omega}{\beta}\right)W=0$$

这两个方程可以写为下面的形式

$$\frac{\partial^2 W}{\partial r^2}+\frac{1}{r}\frac{\partial W}{\partial r}+\frac{1}{r^2}\frac{\partial^2 W}{\partial\theta^2}\mp\frac{\omega}{\beta}W=0 \tag{3.107}$$

设上述方程的解为

$$W(r,\theta)=R(r)\sin(n\theta) \tag{3.108}$$

将表达式(3.108)代入式(3.107)得到关于 $R(r)$ 的二阶常微分方程

$$\left.\begin{aligned}&\frac{\mathrm{d}^2R}{\mathrm{d}r^2}+\frac{1}{r}\frac{\mathrm{d}R}{\mathrm{d}r}+\left(\frac{\omega}{\beta}-\frac{n^2}{r^2}\right)R=0\\&\frac{\mathrm{d}^2R}{\mathrm{d}r^2}+\frac{1}{r}\frac{\mathrm{d}R}{\mathrm{d}r}-\left(\frac{\omega}{\beta}+\frac{n^2}{r^2}\right)R=0\end{aligned}\right\} \tag{3.109}$$

上述方程具有贝塞尔(bessel)函数解

$$R(r)=A_nJ_n\left(\sqrt{\frac{\omega}{\beta}}\right)r+B_nN_n\left(\sqrt{\frac{\omega}{\beta}}\right)r+C_nI_n\left(\sqrt{\frac{\omega}{\beta}}\right)r+D_nK_n\left(\sqrt{\frac{\omega}{\beta}}\right)r \tag{3.110}$$

利用边界条件通过方程(3.108)可以解出固有频率 ω 和主振型。

对于实心圆板，其固有频率都可以表达为

$$\omega=\frac{\alpha_{ns}}{R^2}\sqrt{\frac{D}{\rho h}} \tag{3.111}$$

式中，R 为圆板半径；α_{ns} 为系数，其值与边界条件有关，例如对于周边固定的圆板，可将 α_{ns} 值列表3.2，其中 n 表示径向节线数，s 表示环向节线数。从表中可以看出板的固有频率是比较密集的，远不像梁的固有频率那样相距较远，表中前6个振型如图3.19所示。

表3.2　α_{ns} 值

s \ n	0	1	2
0	10.21	21.22	33.84
1	39.78	61.00	88.36
2	88.90	120.56	158.76

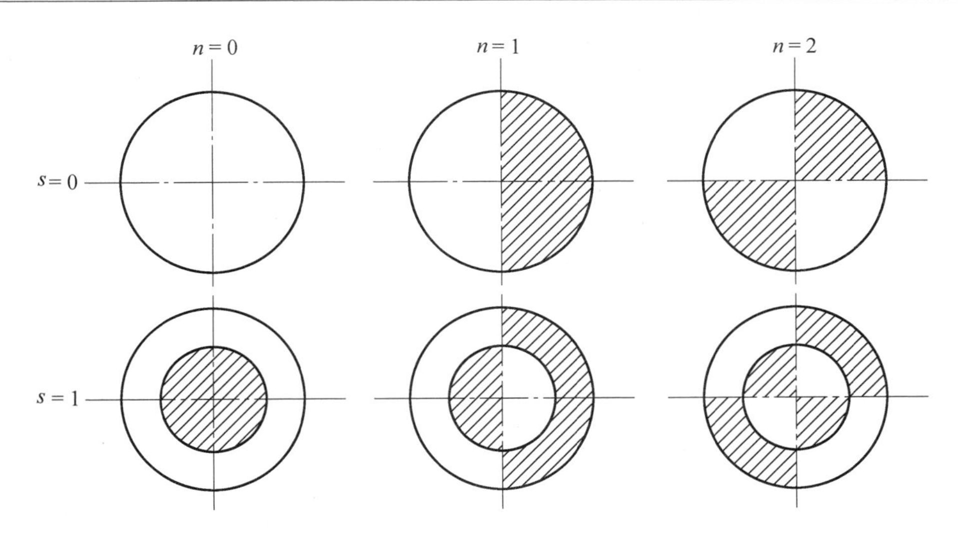

图 3.19　周边固定的实心圆板振型

关于连续弹性体的基本构件除了杆、梁、板之外，还有曲杆、曲板或壳、三维弹性体等等。对这些构件振动的研究方法与本章前述例子相同，只是它们的振动微分方程更复杂一些罢了，但是振动的基本特性是相同的，所以就不一一列举了。

3.5　连续体主振型的正交性

前面讨论过多自由度系统主振型的正交性问题，这一重要特性可以推广到连续弹性体的振动问题中。因为连续弹性体的振动可以看作为无穷多个自由度系统的振动，从有限个自由度的证明方法推广到无限个自由度是没有什么问题的。但是正交性的表达形式有所变化，因为连续体的主振型是用连续函数表达的，其质量分布与刚度分布也是用连续函数表达的，所以主振型的正交性将以积分的形式表达，而不是求和的形式表达。

设 $u_1, u_2, u_3, \cdots$ 表示一弹性体的各阶主振型，则在一般情况下弹性体的振型 u 可表达为

$$u = \sum_{i=1}^{\infty} a_i u_i \tag{3.112}$$

式中，a_i 称为第 i 阶振型的参与因子或称为第 i 个广义坐标。

再设 ρ 与 K 表示弹性体的分布质量与分布刚度，它们都是位置的函数。这样主振型的正交性的一般表达式可以表示为

$$\int_{\nabla} \rho u_i u_j \mathrm{d}\nabla = 0 \quad (i \neq j) \tag{3.113}$$

或

$$\int_{\nabla} K u_i u_j \mathrm{d}\nabla = 0 \quad (i \neq j) \tag{3.114}$$

对于梁的横向振动，其主振型的正交性可以写为

$$\int_0^l \rho(x) A(x) Y_i(x) Y_j(x) \mathrm{d}x = 0 \quad (i \neq j) \tag{3.115}$$

或

$$\int_0^l EJ(x)Y''_i(x)Y''_j(x)\mathrm{d}x = 0 \quad (i \neq j) \tag{3.116}$$

对于等截面均质梁，其截面积 $A(x)$、密度 $\rho(x)$、刚度分布 $EJ(x)$ 都是常数，所以式(3.115)可以写为

$$\int_0^l Y_i(x)Y_j(x)\mathrm{d}x = 0 \quad (i \neq j) \tag{3.117}$$

下面以等截面均质梁作为特例，来证明主振型正交性，即证明公式(3.117)。

由于 $Y_i(x)$ 与 $Y_j(x)$ 都是主振型，所以必然满足方程(3.52)

$$\frac{\mathrm{d}^4 Y}{\mathrm{d}x^4} - k^4 Y = 0$$

代入得两个方程

$$\frac{\mathrm{d}^4 Y_i}{\mathrm{d}x^4} - k_i^4 Y_i = 0 \tag{3.118}$$

$$\frac{\mathrm{d}^4 Y_j}{\mathrm{d}x^4} - k_j^4 Y_j = 0 \tag{3.119}$$

用 $Y_j(x)$ 乘以式(3.118)，用 $Y_i(x)$ 乘以式(3.119)，然后两式相减再沿梁全长积分，得

$$(k_i^4 - k_j^4)\int_0^l Y_i Y_j \mathrm{d}x = \int_0^l \left(Y_j \frac{\mathrm{d}^4 Y_i}{\mathrm{d}x^4} - Y_i \frac{\mathrm{d}^4 Y_j}{\mathrm{d}x^4}\right)\mathrm{d}x \tag{3.120}$$

将上式右边两项分步积分，有

$$\int_0^l Y_j \frac{\mathrm{d}^4 Y_i}{\mathrm{d}x^4}\mathrm{d}x = Y_j \frac{\mathrm{d}^3 Y_i}{\mathrm{d}x^3}\bigg|_0^l - \int_0^l \frac{\mathrm{d}Y_j}{\mathrm{d}x}\frac{\mathrm{d}^3 Y_i}{\mathrm{d}x^3}\mathrm{d}x =$$

$$\left(Y_j \frac{\mathrm{d}^3 Y_i}{\mathrm{d}x^3} - \frac{\mathrm{d}Y_j}{\mathrm{d}x}\frac{\mathrm{d}^2 Y_i}{\mathrm{d}x^2}\right)\bigg|_0^l + \int_0^l \frac{\mathrm{d}^2 Y_j}{\mathrm{d}x^2}\frac{\mathrm{d}^2 Y_i}{\mathrm{d}x^2}\mathrm{d}x$$

同理有

$$\int_0^l Y_i \frac{\mathrm{d}^4 Y_j}{\mathrm{d}x^4}\mathrm{d}x = \left(Y_i \frac{\mathrm{d}^3 Y_j}{\mathrm{d}x^3} - \frac{\mathrm{d}Y_i}{\mathrm{d}x}\frac{\mathrm{d}^2 Y_j}{\mathrm{d}x^2}\right)\bigg|_0^l + \int_0^l \frac{\mathrm{d}^2 Y_i}{\mathrm{d}x^2}\frac{\mathrm{d}^2 Y_j}{\mathrm{d}x^2}\mathrm{d}x$$

将上述两式代入式(3.120)中得

$$(k_i^4 - k_j^4)\int_0^l Y_i Y_j \mathrm{d}x = \left(Y_j \frac{\mathrm{d}^3 Y_i}{\mathrm{d}x^3} - Y_i \frac{\mathrm{d}^3 Y_j}{\mathrm{d}x^3} + \frac{\mathrm{d}Y_i}{\mathrm{d}x}\frac{\mathrm{d}^2 Y_j}{\mathrm{d}x^2} - \frac{\mathrm{d}Y_j}{\mathrm{d}x}\frac{\mathrm{d}^2 Y_i}{\mathrm{d}x^2}\right)\bigg|_0^l$$

上式的右端无论对固支、铰支或自由边界条件都会使得右端等于零。这样上式变为

$$(k_i^4 - k_j^4)\int_0^l Y_i Y_j \mathrm{d}x = 0$$

若 $i \neq j$，有 $k_i^4 \neq k_j^4$，则上式变成为

$$\int_0^l Y_i Y_j \mathrm{d}x = 0 \quad (i \neq j)$$

这就是公式(3.117)，主振型的正交性证毕。对于非等截面梁主振型正交性式(3.115)和式(3.116)可用同样步骤证之。

主振型的正交性表示某阶主振动的惯性力(或弹性力)在另一阶主振型虚位移上所做的虚功为零。它说明各阶主振动之间没有耦合，各主振动之间是独立无关的，它们之间是没有能量交换的。

3.6 连续体的受迫振动

仍然以梁的横向受迫振动为例来研究弹性体的受迫振动问题，以振型叠加法来求解运动微分方程，这种方法是不难推广到其他弹性体受迫振动问题上去的。

设在某一梁上受有周期性横向激振荷载 $q(x,t)$ 作用而产生受迫振动，这样根据方程(3.43)利用达朗贝尔原理建立运动方程时，其分布荷载为惯性荷载与激振荷载的和

$$-\rho A\frac{\partial^2 y}{\partial t^2}+q(x,t)$$

若同时考虑与振动速度成比例的阻尼力，则梁的强迫振动方程为

$$\frac{\partial^2}{\partial x^2}\left(EJ(x)\frac{\partial^2 y}{\partial x^2}\right)+\rho A(x)\frac{\partial^2 y}{\partial t^2}+c(x)\frac{\partial y}{\partial t}=q(x,t) \tag{3.121}$$

对于等截面梁，则为

$$EJ\frac{\partial^4 y}{\partial x^4}+\rho A\frac{\partial^2 y}{\partial t^2}+c\frac{\partial y}{\partial t}=q(x,t) \tag{3.122}$$

式中，c 为梁的黏性阻尼系数。上两式都是四阶非齐次偏微分方程，下面用振型叠加法来进行求解。假定上式的解为

$$y(x,t)=\sum_{i=1}^{\infty}Y_i(x)T_i(t) \tag{3.123}$$

式中，$Y_i(x)$ 为该梁的各阶主振型函数，可以通过前面几节的知识求得；$T_i(t)$ 为与激振荷载等有关的函数，是要求解的。

对于等截面梁，将式(3.123)代入式(3.122)得

$$\sum_{i=1}^{\infty}EJ\frac{\mathrm{d}^4 Y_i}{\mathrm{d}x^4}T_i+\sum_{i=1}^{\infty}\rho AY_i\frac{\mathrm{d}^2 T_i}{\mathrm{d}t^2}+\sum_{i=1}^{\infty}cY_i\frac{\mathrm{d}T_i}{\mathrm{d}t}=q(x,t) \tag{3.124}$$

因为 Y_i 是主振型函数，故满足齐次方程(3.52)，并有

$$EJ\frac{\mathrm{d}^4 Y_i}{\mathrm{d}x^4}=\omega_i^2\rho AY_i \tag{3.125}$$

式中，ω_i 为第 i 阶固有频率。将式(3.124)两边同乘第 j 阶主振型 $Y_j(x)$，沿梁的全长进行积分，并利用振型函数的正交性得

$$M_j\ddot{T}_j+C_j\dot{T}_j+K_jT_j=F_j(t) \tag{3.126}$$

其中

$$F_j(t)=\int_0^l q(x,t)Y_j\,\mathrm{d}x$$

$$M_j=\int_0^l\rho AY_j^2\,\mathrm{d}x,\quad K_j=\int_0^l EJ\frac{\mathrm{d}^4 Y_j}{\mathrm{d}x_j^4}Y_j\,\mathrm{d}x=\omega_j^2\int_0^l\rho AY_j^2\,\mathrm{d}x=\omega_j^2M_j,\quad C_j=\int_0^l cY_j^2\,\mathrm{d}x=2\zeta_j\omega_jM_j$$

称 $F_j(t)$ 为广义力，M_j 为广义质量，K_j 为广义刚度，C_j 为广义阻尼系数，也分别称为第 j 阶模态力、模态质量、模态刚度和模态阻尼系数，ζ_j 称为第 j 阶模态阻尼比，则方程(3.126)变为

$$\ddot{T}_j+2\zeta_j\omega_j\dot{T}_j+\omega_j^2T_j=F_j(t)/M_j\quad(j=1,2,\cdots,\infty) \tag{3.127}$$

方程(3.127)是单自由度系统的强迫振动方程，从此方程可以解出 $T_i(t)$，然后将 $T_i(t)$(为与式(3.123)统一将下标“j”换回“i”)代入式(3.123)，即可得到方程(3.122)的解 $y(x,t)$。

如果,不考虑阻尼的影响,直接将上述步骤中的阻尼系数取为0即可。但实际工程问题中阻尼总是存在的,所以初始条件影响及外激励引起的自由振动部分随时间的增长而快速衰减,剩下的仅仅是方程的特解,即外激励引起的不衰减振动部分,称为稳态响应,也是强迫振动问题通常重点关注的。

需要说明的是,在公式(3.126)中,我们利用了阻尼系数 c 关于振型函数也满足正交性的假设,同时根据黏性阻尼的特点引入了模态阻尼比,并仿照多自由度问题给出了阻尼系数和阻尼之间的关系,即

$$\int_0^l cY_i(x)Y_j(x)\mathrm{d}x = C_i\delta_{ij} = 2\zeta_i\omega_i M_i\delta_{ij} \tag{3.128}$$

其中 δ_{ij} 是克罗内克 δ 符号,i 等于 j 时,等于1;i 不等于 j 时,等于0。当 c 为常数,i 不等于 j 时,上式由振型正交性显然成立,当阻尼系数与位置有关不为常数时,需要专门构造以满足正交性条件。

此外,假设梁结构初始位移和速度沿梁长的分布分别为

$$y(x,0) = \sum_{i=1}^{\infty} Y_i(x)T_i(0) = f(x), \quad \frac{\partial y(x,0)}{\partial t} = \sum_{i=1}^{\infty} Y_i(x)\dot{T}_i(0) = g(x)$$

可依据振型正交性条件获得方程(3.127)的初始条件,进而求出初始状态作用下梁横向位移响应。上两式第二个等号两端分别乘以 $\rho AY_j(x)$ 并沿梁全长积分得

$$T_j(0) = \frac{1}{M_j}\int_0^l \rho AY_j(x)f(x)\mathrm{d}x, \quad \dot{T}_j(0) = \frac{1}{M_j}\int_0^l \rho AY_j(x)g(x)\mathrm{d}x \tag{3.129}$$

为分析方便,经常将振型函数质量归一化,也称正则化,即将原振型函数除以模态质量的开平方,用正则化的振型函数得到模态质量为1。

例3.3 一均质简支梁,梁长为 l,密度为 ρ,横截面积为 A,抗弯刚度为 EJ,其上作用均匀分布的横向简谐激振荷载 $q(x,t) = q_0\sin(\omega_0 t)$,求梁的稳态响应。

解 均匀简支梁的各阶固有频率 ω_i 和各阶主振型 Y_i 为

$$\omega_i = \frac{i^2\pi^2}{l^2}\sqrt{\frac{EJ}{\rho A}}$$

$$Y_i = \sin\left(\frac{i\pi}{l}x\right)$$

由式(3.126)可求出广义力

$$F_i(t) = \int_0^l q(x,t)Y_i\mathrm{d}x = \int_0^l q_0\sin(\omega_0 t)\sin\left(\frac{i\pi}{l}x\right)\mathrm{d}x = \frac{2q_0 l}{i\pi}\sin(\omega_0 t) \quad (i=1,3,5,\cdots)$$

广义质量

$$M_i = \int_0^l \rho AY_i^2\mathrm{d}x = \rho A\int_0^l \sin^2\left(\frac{i\pi}{l}x\right)\mathrm{d}x = \frac{\rho Al}{2} = \frac{M_0}{2}$$

式中,M_0 为梁的质量。由式(3.127)忽略阻尼影响可建立微分方程为

$$\ddot{T}_i + \omega_i^2 T_i = \frac{4q_0 l}{i\pi M_0}\sin(\omega_0 t)$$

解得方程的特解为

$$T_i = \frac{4q_0 l}{i\pi M_0(\omega_i^2 - \omega_0^2)}\sin(\omega_0 t)$$

再根据式(3.123)可得梁的受迫振动稳态解为

$$y(x,t)=\sum_{i=1,3,5,\cdots}^{\infty}\frac{4q_0 l}{i\pi M_0(\omega_i^2-\omega_0^2)}\sin\left(\frac{i\pi x}{l}\right)\sin(\omega_0 t)$$

3.7　旋转结构振动

旋转轴在高速转动时总有某些特定的转速，当转轴在这些转速或其邻近运转时，将引起剧烈的振动，甚至造成轴承和转轴的破坏；而当转速在这些特定转速的一定范围之外时，运转即趋于平稳，这些引起剧烈振动的特定转速称为转轴的临界转速(critical speed)，以 n_c 表示。当不考虑陀螺效应和工作环境等因素时，轴的临界转速在数值上与轴横振动的固有频率相同。因此，一根轴在理论上有无穷多个临界转速，按其数值由小到大排列为：n_{c1}，n_{c2}，…，n_{ck}，…，分别称为一阶，二阶，…，k 阶，… 临界转速。在工程上有实际意义的主要是前几阶临界转速。

工程上一般将工作转速低于一阶临界转速的转轴(亦称为转子)，称为刚性轴(转子)。将工作转速处于一阶临界转速以上的转轴，称为柔性轴(转子)。下面分别叙述临界转速的概念和求解方法。

1. 转轴的弓状回转和临界状态

考虑图 3.20 所示的单圆盘转子，设轴处于垂直位置，圆盘安装在轴的中部，轴的质量不计。

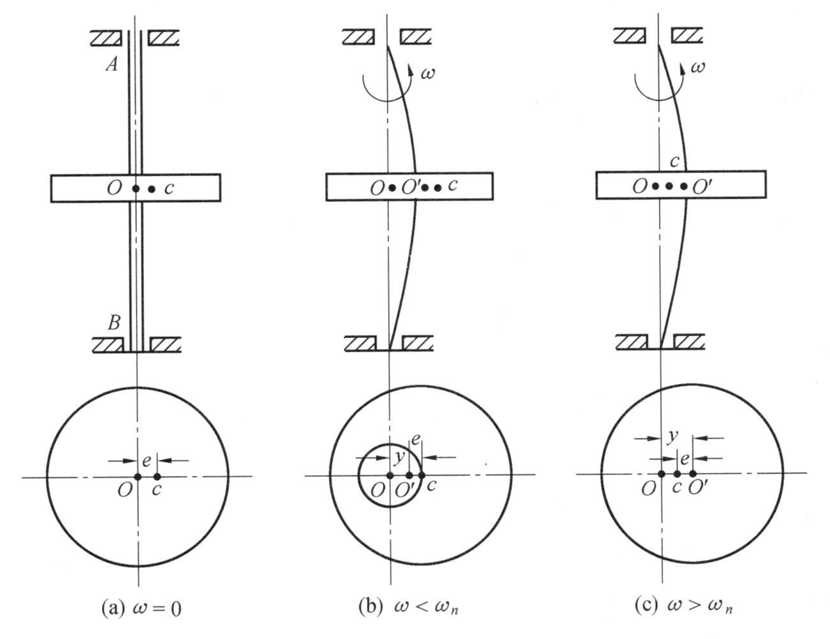

图 3.20　单圆盘转子的弓状回转

由于制造和材料的缺陷，也由于动平衡不可能达到理想的境地，因此圆盘的重心 c 和圆盘的几何中心 O' 不可能绝对重合，存在一个偏心距 $e=O'c$，如图 3.20(a) 所示。

当转轴以角速度 ω 旋转时，在偏心质量惯性力的作用下轴线会产生一定的弯曲变形，形成弓形曲线 $AO'B$，如图 3.20(b) 所示，$OO'=y$ 表示轴的挠度。弓形曲线 $AO'B$ 与轴承中心

线 AOB 形成一平面，并与轴以同一角速度在回转，此现象称为转轴的弓状回转。弓状回转的特点是：在转动过程中，轴的任何纤维承受拉伸者一直受拉伸，承受压缩者一直受压缩。这是轴在转动时的振动现象与轴作弯曲振动的现象在机理上的区别。

下面分析作用在圆盘上的力。一方面，由于圆盘重心 c 的运动轨迹是以 $r=e+y$ 为半径，以 O 为圆心的圆。因此，圆盘的离心力为

$$p=m(y+e)\omega^2$$

式中，m 为圆盘的质量。

另一方面，由于轴的弹性变形，圆盘中心 O' 上承受轴的弹性恢复力作用

$$F=ky$$

式中，k 为轴的刚度系数，也即使轴在 O' 处产生单位挠度所需要的力。

根据达朗贝尔原理，离心力和弹性力平衡，即

$$m\omega^2(y+e)=ky$$

由此可得转轴的挠度为

$$y=\frac{me\omega^2}{k-m\omega^2}=\frac{e}{\frac{k/m}{\omega^2}-1}=\frac{e}{\frac{\omega_n^2}{\omega^2}-1} \tag{3.130}$$

$$\omega_n=\sqrt{\frac{k}{m}} \tag{3.131}$$

式中，ω_n 为单圆盘转子的临界转速。

由此可见，临界转速只与刚度和质量有关(当不计阻尼、回转效应等时)，而与偏心距无关，是转轴固有的特性。数值上与轴横向振动的固有频率相重合。式(3.131) 与单自由度系统固有频率公式相同。

现在根据式(3.130) 来分析挠度 y 随转速 ω 变化的关系。

当 $\omega=0$ 时，$y=0$，此时轴没有变形，如图 3.19(a) 所示。

当 $\omega<\omega_n$ 时，即转子在低于临界转速下工作时，$(\omega_n/\omega)^2>1$ 时，$y>0$，因此挠度 y 和偏心距 e 同号，即它们间的“相位”相同，因此重心 c 位于 OO' 之外，如图 3.19(b) 所示。随着 ω 的增加，挠度 y 随之增加，但对于确定的 ω 值，y 值也确定不变，轴的运动是稳定的。机组的振动是由于轴给予轴承的动压力激发的，因为这个动压力是随着圆盘的离心惯性力以角速度 ω 在旋转，且随着 ω 的增大而增大，因此要减小机组的振动，首先必须减小偏心距 e，也就是要尽可能地做好转子的动平衡。

当 $\omega=\omega_n$ 时，即转子在临界转速下工作时，$(\omega_n/\omega)^2-1=0$，$y=\infty$。应当指出轴的挠度不是立即达到很大的值的，这要有一个能量输入的积累过程，因此快速通过临界转速是不致引起剧烈振动的。但是当轴的转速在临界转速下停留时，挠度 y 将随着停留的时间而增大。此时轴的运动是不稳定的，称之为临界状态。还应当指出，挠度 y 是不会无限制地增长的。原因之一是，随着 y 的增大弹性力和挠度之间的线性关系将被破坏，式(3.130) 所描述的关系也就不存在了。其二是，由于任何实际的转子系统都存在着阻尼，转子在临界转速下的最大挠度将随着阻尼的增大而降低。但是还能达到相当大的数值。总之，转子长时间在临界转速下运行，会使转轴产生相当大的变形，并引起机组剧烈的振动，因而可能造成事故，甚至造成严重的破坏事故。只有在转子经过高精度的高速动平衡，并设置了良好的阻尼系

统，还要有良好的维修保养的情况下，转轴才可能在临界转速下工作。

当 $\omega > \omega_n$ 时，即转子在高于临界转速下工作时，$(\omega_n/\omega)^2 - 1 < 0$，$y < 0$，因此挠度 y 和偏心距 e 反号，即它们之间的"相位"差 180°，此时圆盘重心 c 位于 OO' 之间，如图 3.19(c) 所示。随着 ω 的增加，挠度 y 将逐渐减小，当转速远大于临界转速时($\omega \gg \omega_n$)$y \approx -e$，即重心 c 趋近于轴心 O，整个轴系有绕其重心转动的倾向，转速越高，此倾向越趋剧烈，这种现象叫做转轴的自动对中(定心) 现象。当 $\omega > \omega_n$ 时，轴的运动也是稳定的。

如果轴处于水平位置，圆盘的回转中心就不再在轴承中心线上，而是几何中心的静平衡位置 O'，如图 3.21(a) 所示，轴系则绕静挠度曲线回转。重心位置周期性升高和降低的影响可以忽略不计。其他关于临界状态的讨论都和垂直轴一致。

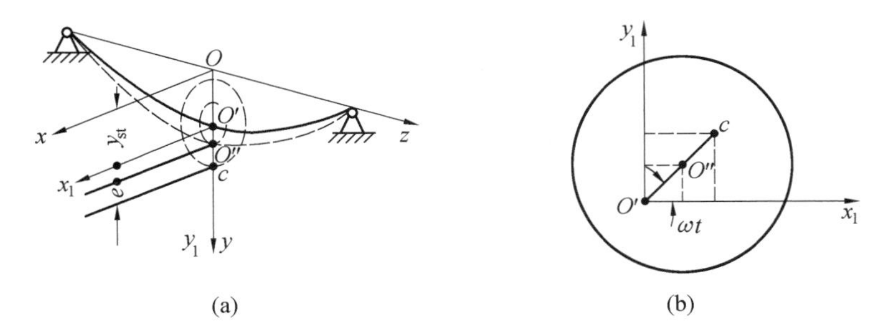

图 3.21　圆盘几何中心变化图

O'— 圆盘几何中心静平衡位置；O''— 圆盘几何中心动平衡位置；r— 圆盘几何中心回转半径，$r = O'O''$；c— 圆盘质量中心；e— 圆盘质量中心偏心距，$e = O''c$

2. 研究转轴临界转速的微分方程法

前面用弓状回转说明了回转时的振动现象和轴弯曲振动现象的区别。说明了临界转速是转轴固有的特性，是与偏心距的大小无关的。还指出临界转速与轴弯曲振动的固有频率在数值上相同。现在要说明这种数值上的相同，并非偶然，而是由运动微分方程的一致所决定的。

为简明起见，以图 3.21 所示水平轴中部单圆盘转子为例。图 3.21(b) 表示圆盘在回转过程中的任一位置，根据质心运动方程得

$$m\frac{\mathrm{d}^2}{\mathrm{d}t^2}[x_1 + e\cos(\omega t)] = -kx_1$$

$$m\frac{\mathrm{d}^2}{\mathrm{d}t^2}[y_1 + e\sin(\omega t)] = -ky_1$$

移项得

$$\begin{aligned} m\ddot{x}_1 + kx_1 &= m\omega^2 e\cos(\omega t) \\ m\ddot{y}_1 + ky_1 &= m\omega^2 e\sin(\omega t) \end{aligned} \tag{3.132}$$

此两方程与受迫振动方程相同，其通解为

$$x_1 = C_1\sin(\omega_n t) + C_2\cos(\omega_n t) + \frac{\omega^2 e}{\omega_n^2 - \omega^2}\cos(\omega t) \tag{3.133a}$$

$$y_1 = C_3\sin(\omega_n t) + C_4\cos(\omega_n t) + \frac{\omega^2 e}{\omega_n^2 - \omega^2}\sin(\omega t) \tag{3.133b}$$

此解说明圆盘轴心 O' 在 x_1，y_1 方向上的运动均包括两部分：(1) 频率 $\omega_n = \sqrt{k/m}$ 的自

由振动(前两项);(2) 频率为 ω 的强迫振动(后一项)。由于 $r=\sqrt{x_1^2+y_1^2}$,所以将两个方向的强迫振动合成即得式(3.130)

$$r=\frac{\omega^2 e}{\omega_n^2-\omega^2}=\frac{e}{(\omega_n/\omega)^2-1}$$

自由振动部分是方程(3.132)的齐次方程的通解。如果并不需要求轴对偏心激振的响应,而只关心轴的临界转速,则只要求解

$$m\ddot{x}_1+kx_1=0$$
$$m\ddot{y}_1+ky_1=0$$

此二方程和轴横向弯曲振动方程是完全一致的。

由此,关于临界转速的研究方法可以说明以下几点:

(1) 当不考虑回转效应时,研究轴的临界转速的微分方程和研究轴的横向无阻尼自由振动的微分方程是一致的。但轴的弹性线的运动要由 x_1,y_1 两个方向运动合成。

(2) 当轴的断面在两个主惯性轴 ξ,η 方向惯性矩不相等时,则可分别按两主惯性轴建立微分方程求解,将得到两个系列固有频率

$$\omega_{\xi_1},\omega_{\xi_2},\cdots,\omega_{\xi_i},\cdots,\omega_{\xi_n}$$
$$\omega_{\eta_1},\omega_{\eta_2},\cdots,\omega_{\eta_i},\cdots,\omega_{\eta_n}$$

这时轴的临界转速不是一个单值而是一范围,此范围的上下限分别为主惯性轴方向的固有频率,即

$$(\omega_{\xi_1},\omega_{\eta_1}),(\omega_{\xi_2},\omega_{\eta_2}),\cdots,(\omega_{\xi_i},\omega_{\eta_i}),\cdots,(\omega_{\xi_n},\omega_{\eta_n})$$

当轴的转速落到临界转速区间之内,即当

$$\omega_{\xi_i}<\omega<\omega_{\eta_i}$$

此时轴的运动是不稳定的,只需很小的偏心,就足以使共振振幅变得很大。

(3) 当不考虑回转效应时,研究轴横向振动固有频率的能量法以及其他近似方法都适用于求解临界转速。

习　　题

3.1　一端固定,一端自由的均匀杆,在自由端有一弹簧常数为 k 的轴向弹簧支承(图 3.22),试推导纵向振动的频率方程,并对两种极端情形:$k=0$ 和 $k\to\infty$,进行讨论。

3.2　一均质杆,两端都是自由端,开始时在端部用相等的力压缩,若将力突然移去,求其纵向振动。

3.3　图 3.23 为一端固定,一端自由的圆等直杆。在自由端作用有扭矩 M_0,在 $t=0$ 时突然释放,求杆自由端的振幅。

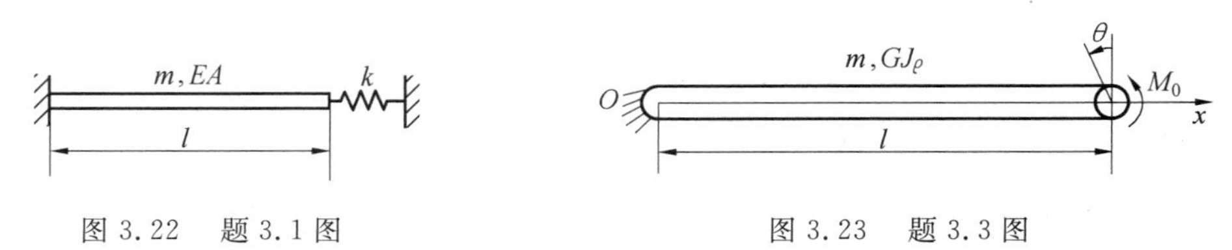

图 3.22　题 3.1 图　　　　图 3.23　题 3.3 图

3.4　一均质梁,一端固支,一端简支,试导出梁弯曲振动的频率方程,并写出固有振型的表达式。

3.5　一均匀悬臂梁,在自由端附有一质量为 M 的重物(图 3.24),设重物的尺寸远小于

梁长 l,试推导该系统弯曲振动的频率方程并讨论 $M \gg m$ 时的基本频率。

3.6　一均匀简支梁,中央作用一横向力 $\boldsymbol{P}$(图 3.25) 产生挠曲,试确定荷载突然卸除后梁的自由振动。

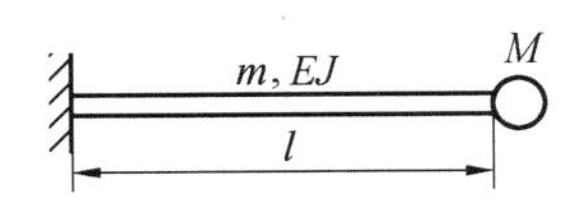

图 3.24　题 3.5 图

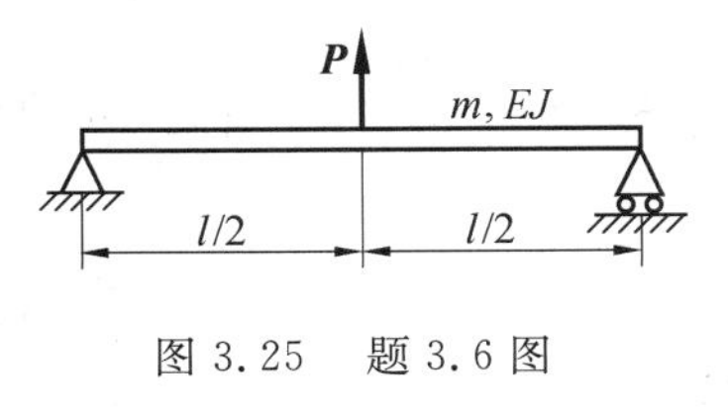

图 3.25　题 3.6 图

3.7　以两端固支均匀梁为例证明主振型的正交性。

3.8　一均匀简支梁,在距左端为 x_1 处作用有周期性集中荷载 $p\sin(\omega t)$(图 3.26),求系统的稳态响应。

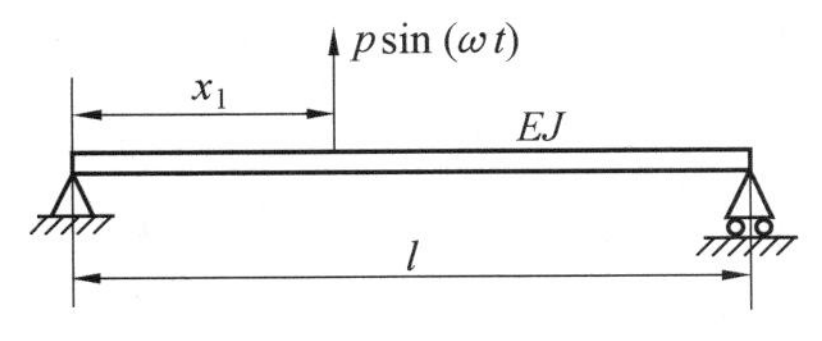

图 3.26　题 3.8 图

第 4 章　连续体结构振动的近似解法

对于形状规则的结构，可直接建立连续体模型，采用第 3 章的方法解析求解，然而，对于多数实际工程结构，结构形式复杂、各种连接及采用多种材料，简化成形状简单、规则的连续结构会带来很大的误差，如果不简化，如第 3 章的基于连续体假设的建模和分析理论又无法使用，为此，学者们发展了各种近似求解方法。主要通过振动形态的预先假设，或者直接空间离散这两种主要手段将复杂的连续体问题变成有限自由度问题，这样就可以直接采用第 2 章的多自由度系统理论进行分析。

4.1　基于假设振型的近似解法

这类方法基本原理都是假设结构的主振动形态为某种已知的函数，或者是某几个已知函数的线性组合，然后基于变分原理或者拉格朗日方程等力学基本定律，获得问题的近似解。尽管现代计算方法（如有限元）迅猛发展，在实际工程中这类方法已经不常使用，但这类方法是现代数值方法以及非线性、多场耦合等复杂问题研究的理论基础，仍有其理论意义和一定的实用价值。

4.1.1　基于变分原理的连续体振动方程

本节利用哈密顿（Hamilton）原理，通过变分方法来建立连续弹性体的运动微分方程，需要提醒的是第 3 章连续体结构振动方程的建立，不只达朗贝尔原理可以采用，诸如哈密顿原理也同样可以，而且哈密顿变分原理、拉格朗日方程等能量原理还是近似解法的理论基础。哈密顿原理是分析力学中一个基本的变分原理，它提供了从一切可能发生的（约束所许可的）运动中判断真正的（实际发生的）运动的准则，即对真实的运动而言，有

$$\delta\int_{t_1}^{t_2}(T-U)\mathrm{d}t+\int_{t_1}^{t_2}\delta W\mathrm{d}t=0 \tag{4.1}$$

因此，只需建立弹性体的动能 T、势能 U 的表达式和虚功 δW，就可以由式(4.1) 建立振动微分方程和力的边界条件。

下面以均质等截面直梁的横向振动为例，来说明应用变分方法建立振动微分方程并得到力的边界条件的一般方法。

以变形前的中性轴作为 x 轴，建立如图 4.1(a) 所示的坐标系 xOy，中性轴的横向变形为

$$w=w(x,t)$$

设 x 方向的位移为 u，根据平面假设，图 4.1(b) 所示的垂直虚线所示的梁水平位置为 x 的截面，在振动变形后，该截面上任意一点在 y 向上的位移都相同，均为 $w(x,t)$，截面同时会发生转动，非中性轴上的点会由于截面转动而产生 x 向位移（图 4.1(b)），所以梁上距中性轴

距离为 y 的任意一点 a 的位移为

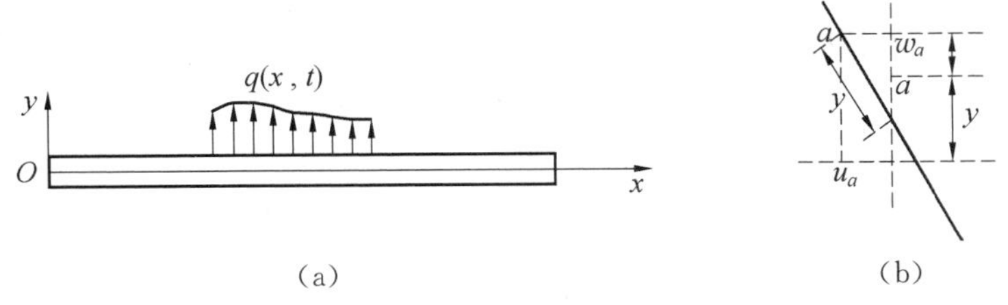

图 4.1　梁模型及其任一截面的变形

$$u_a = -yw' = -\frac{y\partial w}{\partial x}$$

$$w_a = w$$

由此可得该点的轴向应变和应力为

$$\varepsilon_x = \frac{\partial u_a}{\partial x} = -y\frac{\partial^2 w}{\partial x^2} = -yw''$$

$$\sigma_x = E\varepsilon_x$$

由此就可计算动能 T 和势能 U。由于截面转动而产生的 x 方向位移 u_a 比起挠度 w 小得多，在计算动能时可略去与 $\dot{u}_a = \frac{\partial u_a}{\partial t}$ 有关的部分，因此得 T 和 U 的表达式为

$$T = \frac{1}{2}\iiint_V \rho\dot{w}^2 \mathrm{d}V = \frac{1}{2}\int_0^l \rho A\dot{w}^2 \mathrm{d}x \tag{4.2}$$

$$U = \frac{1}{2}\iiint_V \sigma_x\varepsilon_x \mathrm{d}V = \frac{1}{2}\int_0^l EJ(w'')^2 \mathrm{d}x \tag{4.3}$$

式中，A 为各截面的面积；J 为截面的惯性矩。

将式(4.2)和(4.3)代入式(4.1)，动能的变分为

$$\delta\int_{t_1}^{t_2} T\mathrm{d}t = \delta\int_{t_1}^{t_2}\frac{1}{2}\int_0^l \rho A\dot{w}^2 \mathrm{d}x\mathrm{d}t = \int_{t_1}^{t_2}\int_0^l \rho A\dot{w}\delta\dot{w}\mathrm{d}x\mathrm{d}t =$$
$$-\int_{t_1}^{t_2}\int_0^l \rho A\ddot{w}\delta w\mathrm{d}x\mathrm{d}t + \int_0^l\int_{t_1}^{t_2}\rho A\frac{\partial}{\partial t}(\dot{w}\delta w)\mathrm{d}t\mathrm{d}x \tag{a}$$

其中由于在 t_1、t_2 瞬时的运动已经给定，因此

$$\int_{t_1}^{t_2}\frac{\partial}{\partial t}(\dot{w}\delta w)\mathrm{d}t = \dot{w}\delta w\Big|_{t_1}^{t_2} = 0$$

势能的变分并考虑分步积分可写为

$$\delta\int_{t_1}^{t_2} U\mathrm{d}t = \delta\int_{t_1}^{t_2}\frac{1}{2}\int_0^l EJ(w'')^2\mathrm{d}x\mathrm{d}t = \int_{t_1}^{t_2}\int_0^l EJw''\delta w''\mathrm{d}x\mathrm{d}t =$$
$$-\int_{t_1}^{t_2}\int_0^l (EJw'')'\delta w'\mathrm{d}x\mathrm{d}t + \int_{t_1}^{t_2}\int_0^l (EJw''\delta w')'\mathrm{d}x\mathrm{d}t =$$
$$\int_{t_1}^{t_2}\int_0^l (EJw'')''\delta w\mathrm{d}x\mathrm{d}t - \int_{t_1}^{t_2}[(EJw'')'\delta w]_0^l\mathrm{d}t + \int_{t_1}^{t_2}[EJw''\delta w']_0^l\mathrm{d}t \tag{b}$$

作用在梁上的分布荷载 $q(x,t)$ 在虚位移 δw 上的虚功积分为

$$\int_{t_1}^{t_2}\int_0^l q\delta w\mathrm{d}x\mathrm{d}t \tag{c}$$

作用于梁的两端的弯矩 M_0，M_l 和剪力 Q_0，Q_l 在边界上对应的虚位移上的虚功积分为

$$\int_{t_1}^{t_2}[Q_0\delta w(0)-Q_l\delta w(l)-M_0\delta w'(0)+M_l\delta w'(l)]\mathrm{d}t \tag{d}$$

将式(a),(b),(c),(d) 代入式(4.1) 得

$$-\int_{t_1}^{t_2}\int_0^l[(EJw'')''+\rho A\ddot{w}-q]\delta w\,\mathrm{d}x\,\mathrm{d}t+\int_{t_1}^{t_2}\left[(EJw'')'\Big|_{x=l}-Q_l\right]\delta w(l)\,\mathrm{d}t-$$
$$\int_{t_1}^{t_2}\left[(EJw'')'\Big|_{x=0}-Q_0\right]\delta w(0)\,\mathrm{d}t-\int_{t_1}^{t_2}\left[EJw''\Big|_{x=l}-M_l\right]\delta w'(l)\,\mathrm{d}t+$$
$$\int_{t_1}^{t_2}\left[EJw''\Big|_{x=0}-M_0\right]\delta w'(0)\,\mathrm{d}t=0 \tag{4.4}$$

由于在边界上变分 $\delta w(0)$,$\delta w'(0)$,$\delta w(l)$,$\delta w'(l)$ 对于位移边界条件是等于零的,而对于力的边界条件是任意的,因此要使式(4.4) 成立,必须满足式(4.6) 中的各式,同时也就必须满足式(4.5)

$$\int_0^l[(EJw'')''+\rho A\ddot{w}-q]\delta w\,\mathrm{d}x=0 \tag{4.5}$$

$$\left[(EJw'')'\Big|_{x=l}-Q_l\right]\delta w(l)=0 \tag{4.6a}$$

$$\left[(EJw'')'\Big|_{x=0}-Q_0\right]\delta w(0)=0 \tag{4.6b}$$

$$\left[(EJw'')\Big|_{x=l}-M_l\right]\delta w'(l)=0 \tag{4.6c}$$

$$\left[(EJw'')\Big|_{x=0}-M_0\right]\delta w'(0)=0 \tag{4.6d}$$

由于变分 δw 的任意性,从式(4.5) 就可以得到梁的横向振动微分方程

$$(EJw'')''+\rho A\ddot{w}=q$$

从式(4.6) 则可得到两端的力的边界条件。假定 $x=0$ 处的位移 w 和转角 w' 没有给定,由于 $\delta w(0)$ 及 $\delta w'(0)$ 是任意的,可得到如下的力的边界条件

$$(EJw'')'\Big|_{x=0}=Q_0$$

$$(EJw'')\Big|_{x=0}=M_0$$

如果该端无外力作用,则得自由端边界条件

$$(EJw'')'\Big|_{x=0}=0$$

$$(EJw'')\Big|_{x=0}=0$$

假如 $x=0$ 处的位移 w 和转角 w' 已经给定,例如固定端,则端点条件为

$$w(0)=0,\quad w'(0)=0$$

这时 $\delta w(0)$ 和 $\delta w'(0)$ 必然等于零,于是式(4.6) 自动满足。

可见运动学许可的位移,只要满足了变分方程(4.1),也就满足了振动微分方程和力的边界条件。

4.1.2 里兹法

里兹法是建立在哈密顿(Hamilton) 变分原理基础上的,是将变分问题转换为求多个变量函数的极值问题。对无阻尼自由振动,式(4.1) 中虚功 $\delta W=0$,哈密顿原理的表达式为

$$\delta S=\delta\int_{t_1}^{t_2}(T-U)\mathrm{d}t=0 \tag{4.7}$$

式中，T 和 U 分别为系统的动能和势能；S 为泛函。

对于谐振动，若上式积分区间选为一个周期，则式(4.7)可以变为

$$\delta S=\delta(T_{\max}-U_{\max})=0 \tag{4.8}$$

这是一个关于振型函数的泛函变分问题。假设振型函数为一系列已知函数 $u_1(x,y,z)$，$u_2(x,y,z)$，…，$u_n(x,y,z)$ 的线性组合，即

$$u(x,y,z)=\sum_{i=1}^{n}a_i u_i(x,y,z) \tag{4.9}$$

其中 $u_i(x,y,z)$ 必须满足几何边界条件，称它为坐标函数(或基础函数)。a_i 是待定参数，也就是广义坐标。经过式(4.9)的变化后，在式(4.8)中关于振型函数的泛函 S 蜕化为关于参数 a_i 的函数，而泛函变分求极值问题，变为函数求极值问题。应有

$$\frac{\partial S}{\partial a_i}=0 \quad (i=1,2,\cdots,n) \tag{4.10}$$

由于 a_i 是广义坐标，所以 $T_{\max}$ 和 $U_{\max}$ 都应是 a_i 的二次型函数，即

$$S(a_1,a_2,\cdots,a_n)=\omega^2\sum_{i=1}^{n}\sum_{j=1}^{n}m_{ij}a_i a_j-\sum_{i=1}^{n}\sum_{j=1}^{n}k_{ij}a_i a_j \tag{4.11}$$

用梁的横向振动来证明此式。

$$S=T_{\max}-U_{\max}=\frac{1}{4}T_0\int_0^l\{\rho A\omega^2 Y^2(x)-EJ[Y''(x)]^2\}\mathrm{d}x \tag{4.12}$$

式中，T_0 为谐振动的周期。

设振型函数为一系列已知函数 $Y_1(x)$，$Y_2(x)$，…，$Y_n(x)$ 的线性组合，即

$$Y(x)=\sum_{i=1}^{n}a_i Y_i$$

式中 $Y_i(x)$ 必须满足几何边界条件。将上式代入式(4.12)即可得到(4.11)形式的二次型函数

$$S=\frac{1}{4}T_0\left(\omega^2\sum_{i=1}^{n}\sum_{j=1}^{n}m_{ij}a_i a_j-\sum_{i=1}^{n}\sum_{j=1}^{n}k_{ij}a_i a_j\right) \tag{4.13}$$

其中

$$m_{ij}=\int_0^l\rho A Y_i Y_j\mathrm{d}x$$

$$k_{ij}=\int_0^l EJ Y''_i Y''_j\mathrm{d}x \tag{4.14}$$

将式(4.13)代入式(4.10)得到一组关于 a_i 的线性代数方程组

$$\sum_{j=1}^{n}(k_{ij}-\omega^2 m_{ij})a_j=0 \tag{4.15}$$

上式中若要求 a_j 有非零解，则要求系数行列式等于零，即

$$\begin{vmatrix} k_{11}-\omega^2 m_{11} & k_{12}-\omega^2 m_{12} & \cdots & k_{1n}-\omega^2 m_{1n} \\ k_{21}-\omega^2 m_{21} & k_{22}-\omega^2 m_{22} & \cdots & k_{2n}-\omega^2 m_{2n} \\ \vdots & \vdots & & \vdots \\ k_{n1}-\omega^2 m_{n1} & k_{n2}-\omega^2 m_{n2} & \cdots & k_{nn}-\omega^2 m_{nn} \end{vmatrix} \tag{4.16}$$

上式即为关于 ω^2 的频率方程，从中可以解出 n 个根，此 n 个根就是系统固有频率的近似解。再从式(4.15)中可以求出关于 a_j 的 n 组比值，从这 n 组比值可得到关于 $Y(x)$ 的 n 组振型，这就是系统的近似主振型。

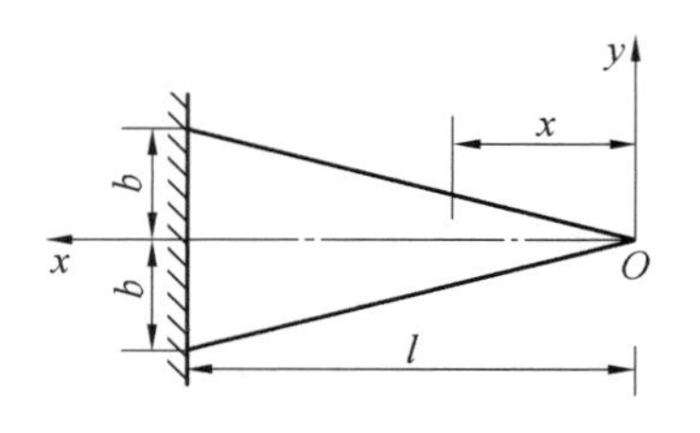

图 4.2　具有单位厚度的楔形梁

例 4.1　用里兹法求图 4.2 所示具有单位厚度的楔形梁的固有频率。

解　楔型梁的横截面积为

$$A(x)=2b\cdot\frac{x}{l}\cdot 1=A_0\frac{x}{l}$$

式中，$A_0=2b\cdot 1$ 为根部横截面积。梁的截面惯性矩为

$$J(x)=\frac{1}{12}\left(\frac{2bx}{l}\right)^3\cdot 1=J_0\frac{x^3}{l^3}$$

式中，J_0 为根部截面惯性矩，$J_0=\frac{1}{12}(2b)^3\cdot 1$。

取振型函数为

$$Y(x)=a_1Y_1(x)+a_2Y_2(x)=a_1(1-\frac{x}{l})^2+a_2(1-\frac{x}{l})^2\cdot\frac{x}{l}$$

按式(4.14)计算

$$k_{11}=\int_0^l E\left(J_0\frac{x^3}{l^3}\right)\left(\frac{2}{l^2}\right)^2\mathrm{d}x=\frac{EJ_0}{l^3}$$

$$k_{12}=k_{21}=\int_0^l E\left(J_0\frac{x^3}{l^3}\right)\left(\frac{2}{l^2}\right)\left(\frac{6x}{l^3}-\frac{4}{l^2}\right)\mathrm{d}x=\frac{2EJ_0}{5l^3}$$

$$k_{22}=\int_0^l E\left(J_0\frac{x^3}{l^3}\right)\left(\frac{6x}{l^3}-\frac{4}{l^2}\right)^2\mathrm{d}x=\frac{2EJ_0}{5l^3}$$

$$m_{11}=\int_0^l\rho\left(A_0\frac{x}{l}\right)\left(1-\frac{x}{l}\right)^4\mathrm{d}x=\frac{\rho A_0 l}{30}$$

$$m_{12}=m_{21}=\int_0^l\rho\left(A_0\frac{x}{l}\right)\left(1-\frac{x}{l}\right)^4\frac{x}{l}\mathrm{d}x=\frac{\rho A_0 l}{105}$$

$$m_{22}=\int_0^l\rho\left(A_0\frac{x}{l}\right)\left(1-\frac{x}{l}\right)^4\left(\frac{x}{l}\right)^2\mathrm{d}x=\frac{\rho A_0 l}{280}$$

频率方程为

$$\begin{vmatrix}\frac{EJ_0}{l^3}-\omega^2\frac{\rho A_0 l}{30} & \frac{2EJ_0}{5l^3}-\omega^2\frac{\rho A_0 l}{105}\\ \frac{2EJ_0}{5l^3}-\omega^2\frac{\rho A_0 l}{105} & \frac{2EJ_0}{5l^3}-\omega^2\frac{\rho A_0 l}{280}\end{vmatrix}=0$$

解此方程的第一个根为

$$\omega_1=\frac{5.319}{l^2}\sqrt{\frac{EJ_0}{\rho A_0}}$$

与精确解 $\omega_1=\frac{5.315}{l^2}\sqrt{\frac{EJ_0}{\rho A_0}}$ 比较，误差为

$$\Delta=\frac{5.319-5.315}{5.315}\times 100\%=0.075\%$$

由上述频率方程解出的第二阶频率误差较大，若要使第二阶固有频率值得到较好的结果，一般需要选坐标函数（假设振型）的数目在4个以上。

4.1.3 伽辽金法

伽辽金法也是建立在哈密顿变分原理基础上的另一种近似计算方法。这种方法不需要计算振动系统的动能和势能，而直接从振动微分方程出发。下面仍以梁的横向振动为例来说明该方法。这时不是直接利用变分式(4.1)，而是利用经过变分以后的式(4.5)。

设梁的自由振动解为

$$y(x,t)=Y(x)\sin(\omega t+\varphi) \tag{4.17}$$

将上式代入式(4.5)后得

$$\int_0^l [(EJY'')''-\rho A\omega^2 Y]\delta Y\mathrm{d}x=0 \tag{4.18}$$

如果选取 n 个已知函数 $Y_i(x)$ 满足几何边界条件，那么作为近似解可令

$$Y(x)=\sum_{i=1}^n a_iY_i(x) \tag{4.19}$$

式中，a_i 为待定系数。

将上式求变分得

$$\delta Y=\sum_{i=1}^n Y_i\delta a_i \tag{4.20}$$

将式(4.19)和式(4.20)代入式(4.18)得

$$\int_0^l \left[\left(EJ\sum_{j=1}^n a_jY''_j\right)''-\rho A\omega^2\sum_{j=1}^n a_jY_j\right]\sum_{i=1}^n Y_i\delta a_i\mathrm{d}x=0$$

整理后得

$$\sum_{i=1}^n\sum_{j=1}^n (k'_{ij}-\omega^2 m_{ij})a_j\delta a_i=0 \tag{4.21}$$

其中

$$m_{ij}=\int_0^l \rho AY_iY_j\mathrm{d}x$$

$$k'_{ij}=\int_0^l Y_i(EJY''_j)''\mathrm{d}x$$

因为 a_i 相当于独立的广义坐标，它的变分 δa_i 是任意的，所以由式(4.21)可得到下列 a_j 的线性代数方程组

$$\sum_{j=1}^n (k'_{ij}-\omega^2 m_{ij})a_j=0\quad (i=1,2,\cdots,n) \tag{4.22}$$

由上述方程组可得频率方程，为行列式

$$\begin{vmatrix} k'_{11}-\omega^2 m_{11} & k'_{12}-\omega^2 m_{12} & \cdots & k'_{1n}-\omega^2 m_{1n} \\ k'_{21}-\omega^2 m_{21} & k'_{22}-\omega^2 m_{22} & \cdots & k'_{2n}-\omega^2 m_{2n} \\ \vdots & \vdots & & \vdots \\ k'_{n1}-\omega^2 m_{n1} & k'_{n2}-\omega^2 m_{n2} & \cdots & k'_{nn}-\omega^2 m_{nn} \end{vmatrix}=0 \tag{4.23}$$

解上述频率方程可以得到 n 个固有频率和 n 个广义振型(在广义坐标 a_i 下的振型)。

例 4.2 再用伽辽金法计算例题 4.1 的楔形梁的固有频率。

解 仍然假设振型为例 4.1 所设的振型

$$Y(x)=a_1Y_1(x)+a_2Y_2(x)=a_1\left(1-\frac{x}{l}\right)^2+a_2\left(\frac{x}{l}\right)\left(1-\frac{x}{l}\right)^2$$

根据式(4.22) 可算得

$$k'_{11}=\int_0^l E\left[\left(J_0\frac{x^3}{l^3}\right)\left(\frac{2}{l^2}\right)\right]''\left(1-\frac{x}{l}\right)^2\mathrm{d}x=\frac{EJ_0}{l^3}$$

$$k'_{12}=k'_{21}=\int_0^l E\left[\left(J_0\frac{x^3}{l^3}\right)\left(\frac{2}{l^2}\right)\right]''\frac{x}{l}\left(1-\frac{x}{l}\right)^2\mathrm{d}x=\frac{2EJ_0}{5l^3}$$

$$k'_{22}=\int_0^l E\left[\left(J_0\frac{x^3}{l^3}\right)\frac{2}{l^2}\left(\frac{3x}{l}-2\right)\right]''\frac{x}{l}\left(1-\frac{x}{l}\right)^2\mathrm{d}x=\frac{2EJ_0}{5l^3}$$

与例题 4.1 的里兹法相比较,得到 $k'_{11}=k_{11}$,$k'_{12}=k_{12}$,$k'_{22}=k_{22}$,而计算 m_{11},m_{12},m_{22} 的公式完全相同,所以得到的结果与里兹法计算的结果相同。

4.1.4 假设模态法

与前两种方法类似,也是假设主振动的形态为已知的,并将系统的振动位移表示为假设已知的 n 阶主振动的和,即

$$y(x,t)=\sum_{i=1}^{n}Y_i(x)q_i(t)=\boldsymbol{Y}^{\mathrm{T}}(x)\boldsymbol{q}(t) \tag{4.24}$$

其中,$Y_i(x)$ 为人为构造的满足几何边界条件和力边界条件的假设振型函数;$q_i(t)$ 为待定的广义坐标,这是与前两种方法不同之处,待定项放在与时间有关的项中了。

以梁为例,将上式代入梁的动能和势能表达式有:

$$\begin{aligned}T&=\frac{1}{2}\int_0^l\rho A\dot{y}^2\mathrm{d}x=\frac{1}{2}\int_0^l\rho A\sum_{i=1}^{n}Y_i(x)\dot{q}_i(t)\sum_{j=1}^{n}Y_j(x)\dot{q}_j(t)\mathrm{d}x=\\&\frac{1}{2}\sum_{i=1}^{n}\sum_{j=1}^{n}\int_0^l\rho AY_i(x)Y_j(x)\mathrm{d}x\dot{q}_i(t)\dot{q}_j(t)=\\&\frac{1}{2}\sum_{i=1}^{n}\sum_{j=1}^{n}m_{ij}\dot{q}_i(t)\dot{q}_j(t)=\frac{1}{2}\dot{\boldsymbol{q}}^{\mathrm{T}}\boldsymbol{M}\dot{\boldsymbol{q}}\end{aligned} \tag{4.25}$$

$$\begin{aligned}U&=\frac{1}{2}\int_0^l EJ(y'')^2\mathrm{d}x=\frac{1}{2}\int_0^l EJ\sum_{i=1}^{n}Y_i''(x)q_i(t)\sum_{j=1}^{n}Y_j''(x)q_j(t)\mathrm{d}x=\\&\frac{1}{2}\sum_{i=1}^{n}\sum_{j=1}^{n}\int_0^l EJY_i''(x)Y_j''(x)\mathrm{d}xq_i(t)q_j(t)=\\&\frac{1}{2}\sum_{i=1}^{n}\sum_{j=1}^{n}k_{ij}q_i(t)q_j(t)=\frac{1}{2}\boldsymbol{q}^{\mathrm{T}}\boldsymbol{K}\boldsymbol{q}\end{aligned} \tag{4.26}$$

其中

$$m_{ij}=\int_0^l\rho AY_i(x)Y_j(x)\mathrm{d}x$$

$$k_{ij}=\int_0^l EJY''_i(x)Y''_j(x)\mathrm{d}x$$

$\boldsymbol{M}$,$\boldsymbol{K}$ 分别称为广义质量、刚度矩阵,且均对称;$\boldsymbol{q}(t)$,$\dot{\boldsymbol{q}}(t)$ 分别称为广义位移和广义速度。

若梁上作用有分布力 $f(x,t)$ 及若干个集中力 $p(x_k,t)$，$k=1,2,\cdots,s$，则与虚位移对应的虚功为

$$\delta W=\int_0^l\left[f(x,t)+\sum_{k=1}^{s}p(x_k,t)\delta(x-x_k)\right]\mathrm{d}x\delta y=$$

$$\int_0^l\left[f(x,t)+\sum_{k=1}^{s}p(x_k,t)\delta(x-x_k)\right]\sum_{i=1}^{n}Y_i(x)\delta q_i(t)\mathrm{d}x$$

$$\sum_{i=1}^{n}\left[\int_0^l Y_i(x)f(x,t)\mathrm{d}x+\sum_{k=1}^{s}p(x_k,t)Y_i(x_k)\right]\delta q_i(t)$$

$$\sum_{i=1}^{n}Q_i\delta q_i(t)=\boldsymbol{Q}^{\mathrm{T}}\boldsymbol{\delta q} \tag{4.27}$$

如果在梁上有附加的质量或者弹性支撑，将其对应的动能和势能直接加到前面的表达式中即可，例在 x_r 处有附加质量 m，在 x_p 处附加有刚度为 k 的弹性支撑，见图 4.3，对应的动能和势能为

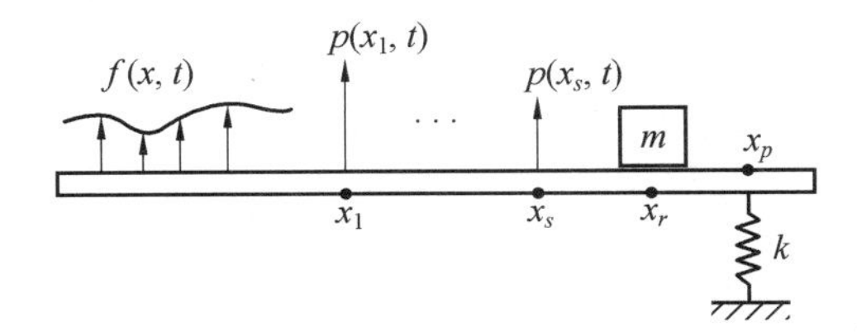

图 4.3　任意位置附加质量、弹性支承和外载的梁

$$T_m=\frac{1}{2}m\dot{y}_{x_r}^2=\frac{1}{2}m\sum_{i=1}^{n}Y_i(x_r)\dot{q}_i(t)\sum_{j=1}^{n}Y_j(x_r)\dot{q}_j(t)=$$

$$\frac{1}{2}\sum_{i=1}^{n}\sum_{j=1}^{n}mY_i(x_r)Y_j(x_r)\dot{q}_i(t)\dot{q}_j(t)=\frac{1}{2}\sum_{i=1}^{n}\sum_{j=1}^{n}m_{ij}^{r}\dot{q}_i(t)\dot{q}_j(t) \tag{4.28}$$

$$U_p=\frac{1}{2}ky_p^2=\frac{1}{2}k\sum_{i=1}^{n}Y_i(x_p)q_i(t)\sum_{j=1}^{n}Y_j(x_p)q_j(t)=$$

$$\frac{1}{2}\sum_{i=1}^{n}\sum_{j=1}^{n}kY_i(x_p)Y_j(x_p)q_i(t)q_j(t)=\frac{1}{2}\sum_{i=1}^{n}\sum_{j=1}^{n}k_{ij}^{p}q_i(t)q_j(t) \tag{4.29}$$

将上两公式中的 m_{ij}^r，k_{ij}^p 加到对应的 m_{ij}，k_{ij} 中去，就是考虑附加质量或弹性支撑的质量和刚度矩阵。将公式(4.25)，(4.26)，(4.27) 等代入拉格朗日方程得

$$\boldsymbol{M}\ddot{\boldsymbol{q}}(t)+\boldsymbol{Kq}(t)=\boldsymbol{Q}(t) \tag{4.30}$$

变成了多自由度振动问题，可以得到与该方程对应的 n 个固有频率 ω_r 和振型 $\boldsymbol{a}_r=\{a_{1r},a_{2r},\cdots,a_{nr}\}^{\mathrm{T}}$，其模态叠加形式的解为

$$\boldsymbol{q}(t)=\sum_{r=1}^{n}\xi_r\boldsymbol{a}_r$$

代入公式(4.24) 得

$$y(x,t)=\boldsymbol{Y}^{\mathrm{T}}(x)\boldsymbol{q}(t)=\boldsymbol{Y}^{\mathrm{T}}(x)\sum_{r=1}^{n}[\xi_r(t)\boldsymbol{a}_r]=\sum_{r=1}^{n}\xi_r(t)\boldsymbol{Y}^{\mathrm{T}}(x)\boldsymbol{a}_r=\sum_{r=1}^{n}\xi_r(t)Y_r(x)$$

其中

$$Y_r(x)=\boldsymbol{Y}^{\mathrm{T}}(x)\boldsymbol{a}_r=\sum_{i=1}^{n}Y_i(x)a_{ir} \tag{4.31}$$

为原系统近似的第 r 阶振型函数,同时可以看出 ω_r 为原系统近似的第 r 阶固有频率。另外注意到,该方法的质量矩阵和刚度矩阵的表达式与里兹法完全一样。

4.2 连续体结构动力学的离散化方法

这种近似方法,主要的考虑就是将复杂结构划分成若干相对简单的构型,然后前面的理论方法就可以应用了,目前这类方法主要有集中质量法、有限元法、传递矩阵法以及子结构法,本节主要介绍前 3 种方法,最后一种方法详见第 6 章。

4.2.1 集中质量法

该方法主要用在参数分布很不均匀或相对集中的物理系统,多自由度系统的模型就是这样抽象出来的,这类方法也可以推广用于参数分布均匀或近乎均匀的系统建模。该方法的思想是首先把结构划分成若干个单元,把每一个单元的质量按照静力学平行力分解原理集中到单元的两端,单元的刚度近似保持与原刚度相等。这个方法在早期的火箭、导弹类的细长航天器结构的模态分析中是主要的方法,后来尽管更精细的有限元法在工程应用中取得了成功,但是由于集中质量法的简便、快捷,目前在这类航天器结构的低阶模态分析中仍然还在广泛使用。

细长的航天器结构一般可以模化为一个变截面的梁,下面就以一个运载火箭模型为例,说明集中质量建模方法的步骤:

(1) 根据结构几何特征以及设计需求,将变截面梁划分成若干段;对火箭而言一般在级间连接位置、有效载荷及其连接结构、发动机及其连接结构以及传感器分布点以及其他要特别关注振动大小的位置等都必须划分成端截面,同时要关注每一段是否是具备几何上的近乎均匀性。这些都得到保证了,一般就不需要继续细划了,尽管划分的段数越多计算精度一般也就越高,但过细也没必要。

(2) 保持每一段结构长度不变、质量不变,选取等效的外径和等效的厚度将其等效成等截面的梁,这两个等效参数的选取要以尽可能保持该段结构的刚度特征为原则。外径一般用该段梁两端面直径的平均,等效厚度一般也可选该段的平均厚度。如果内壁面还有加筋和肋等结构,有的可以按静力等效计算出等效厚度,如果结构复杂只能根据经验适当加厚。等效完成后,可计算出每一段梁的刚度。

(3) 保持该段梁的刚度,将每一段梁的质量均分到两端,将每个端面相邻两段梁均分过来的质量叠加作为该端面的质量,这样就得到了质点梁模型。

对于本就是均匀的结构,等效的过程就不用了,划分完直接就均分质量。

为说明划分段数的多少对计算结果的影响,我们以有精确解析解的两端简支梁为例,划分两段得到有一个集中质量的系统,只能计算第一阶频率,划分 4 段得到有 3 个集中质量的系统,可以计算前三阶固有频率。由表 4.1 可以看出,划分的段数越多计算的第一阶固有频率就越精确,而第三阶误差相对较大,为了更准确计算第三阶,显然需要划分更多的段。

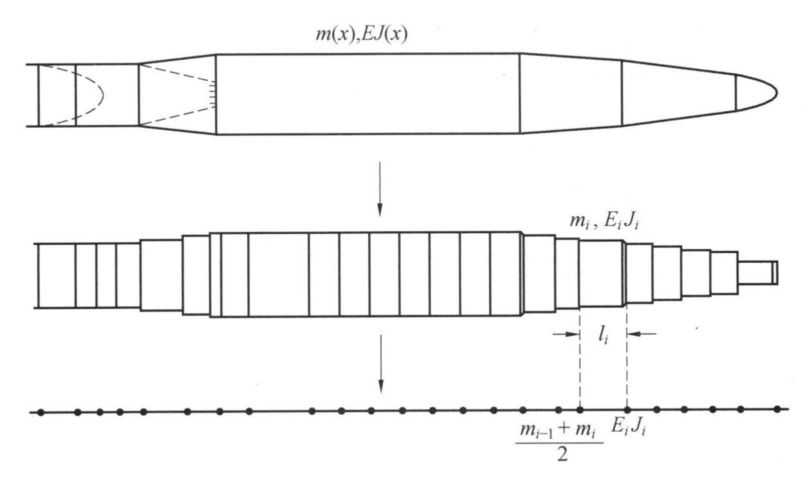

图 4.4　火箭的集中质量建模

表 4.1　集中质量建模方法及误差

	连续系统及精确解	四段离散近似解及相对误差	两段离散近似解及相对误差
第一阶固有频率	9.877a	9.86a(0.17%)	9.788a(0.9%)
第二阶固有频率	39.48a	39.20a(0.71%)	
第三阶固有频率	88.83a	83.24a(6.29%)	

对于悬臂梁系统，可以做同样的分析比较，发现结果不如简支梁。格莱德威尔曾对此进行过详细研究，对于均匀梁的弯曲振动问题，他证明了对于没有自由端的边界条件的系统，用集中质量法得到的固有频率误差与 $1/n^4$ 成正比，而对于有自由端的系统，响应的误差与 $1/n^2$ 成正比，其中 n 是分段数。

4.2.2　有限元法

在里兹法求解中需要对整个结构假设一系列的振型函数，这对复杂结构是极其困难的，而且对不同的问题要重新选择一系列的振型函数，这也是极其不方便的。这里介绍的有限元法(finite element method)实际上也是一种里兹近似解法，只是假设的振型函数不是定义于整个结构的连续函数，而是分段插值的分段连续函数，而且对一种给定单元形式，不论对任何结构和任何问题，在所有单元中都采用相同的插值函数。有限单元法的基本思想是将一个连续体看作由多个性质相同的单元所组成，这些单元在结点处相连，各单元内的位移由相应的各结点的待定位移通过插值函数来表示，按原问题的控制方程和约束条件求解出各结点处的待定位移。从而使一个无限自由度的连续体的力学问题变为有限自由度的力学问题，使得求解微分方程的问题变为求解线性代数方程组的问题。有限元法一般采用位移法，即以结点处的位移作为基本未知量，单元及整个结构的位移、应变、应力等所有参数都由结点位移来表示。有限元法的一般典型步骤如下：

(1) 将结构划分成单元

工程上的结构及构件千差万别多种多样，但从力学分析的角度看，基本上可以将其分为杆、梁、板、壳及三维实体，因此在将结构划分为单元时，根据不同结构的不同特性，也可相应地将结构划分为杆单元、梁单元、板单元、壳单元、二维平面固体元、三维固体元。将结构划分为单元，就是将结构离散为若干个性质相同的单元，具体划分应根据结构的几何形状、边界条件及荷载情况等来确定单元类型、形状及大小。如对图 4.5 所示的平面刚架，可将结构中的每个杆件作为一个梁单元，每一个联结点作为一个节点而进行有限元离散。对图 4.6(a) 所示的坝体，可将其视为平面应变问题，离散化为图 4.6(b) 所示的三角形二维固体单元。

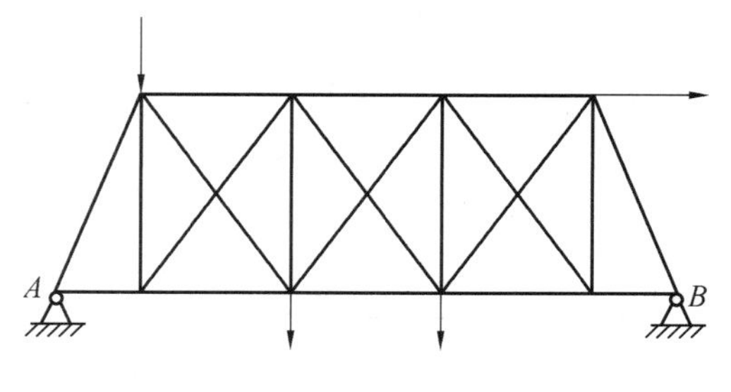

图 4.5　平面刚架

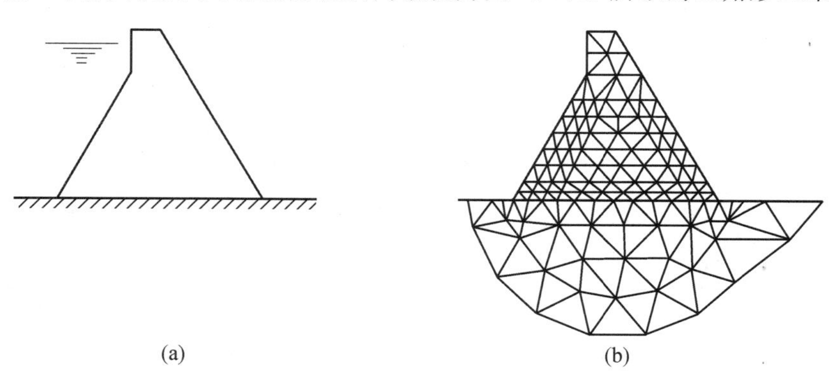

图 4.6　水坝有限元模型

(2) 单元分析

将结构离散化为多个性质相同的单元后，需要对单个单元进行分析以得到结点力与结点位移之间的关系。首先要选取单元的位移插值函数，由此得到单元内任一点的位移与结点位移之间的关系。然后通过几何方程求出应变位移关系矩阵，由此得到单元内任一点的应变与结点位移之间的关系。再通过物理方程导出应力位移关系矩阵，由此得到单元内任一点的应力与结点位移之间的关系。最后由平衡方程或虚功方程求出单元刚度矩阵，由此得到单元结点力与单元结点位移之间的关系。另外，通过单元分析还要建立单元质量矩阵、单元阻尼矩阵及单元激振力列阵。

(3) 集合成整体

将上面单元分析中得到的单元刚度矩阵、质量矩阵、阻尼矩阵及单元激振力列阵集合成整体刚度矩阵、质量矩阵、阻尼矩阵及激振力列阵，从而得到整个结构的结点位移列阵及其导数与结点激振力列阵的关系。由此将连续体的振动问题化为多自由度系统的振动问题。

(4) 数值求解

利用前面多自由度系统的求解方法可以求出系统的固有频率及在外激励作用下的响应。

以上仅是有限元法的一个简单介绍，近年来随着电子计算机的飞速发展，有限元法已经发展成为相对独立完整的力学分支。进一步的了解可参考有关的论著。

本节以梁的弯曲振动为例，说明有限元的应用。将梁划分为若干个单元，其中的一个单元，如图 4.7 所示。

梁的两端节点各有两个待定的位移，针对这个梁单元采用假设模态方法的思想，将梁上

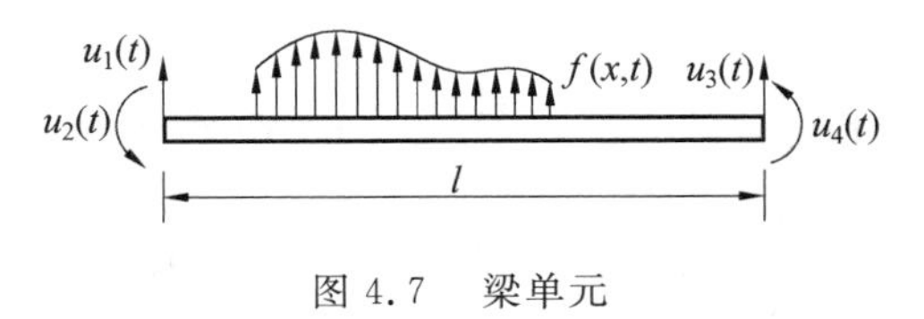

图 4.7　梁单元

任意一点的横向振动表示为

$$y(x,t)=\sum_{i=1}^{4}N_i(x)u_i(t)=\boldsymbol{N}^{\mathrm{T}}(x)\,\boldsymbol{u}_e \tag{4.32}$$

这里 $N_i(x)$ 起到假设模态的作用，在有限元理论中也称为形函数，其选取应该使上式在边界上等于节点位移，则有

$$N_1(0)=1,N_2(0)=0,N_3(0)=0,N_4(0)=0$$
$$N_1{}'(0)=0,N_2{}'(0)=1,N_3{}'(0)=0,N_4{}'(0)=0$$
$$N_1(l)=0,N_2(l)=0,N_3(l)=1,N_4(l)=0$$
$$N_1{}'(l)=0,N_2{}'(l)=0,N_3{}'(l)=0,N_4{}'(l)=1$$

原则上，4 个函数的构造只要满足上述边界条件的都可以，很直观地可以想到选取有 4 个待定系数的三阶多项式函数，即

$$N_i(x)=a_3x^3+a_2x^2+a_1x+a_0 \tag{4.33}$$

将前述边界条件代入有

$$\begin{aligned}&N_1(x)=1-3\frac{x^2}{l^2}+2\frac{x^3}{l^3},\quad N_2(x)=x-2\frac{x^2}{l}+\frac{x^3}{l^2}\\&N_3(x)=3\frac{x^2}{l^2}-2\frac{x^3}{l^3},\quad N_4(x)=-\frac{x^2}{l}+\frac{x^3}{l^2}\end{aligned} \tag{4.34}$$

梁单元动能为

$$\begin{aligned}T_e=\frac{1}{2}\int_0^l\rho A\dot{y}^2\mathrm{d}x&=\frac{1}{2}\int_0^l\rho A\sum_{i=1}^{4}N_i(x)\dot{u}_i(t)\sum_{j=1}^{4}N_j(x)\dot{u}_j(t)\mathrm{d}x=\\&\frac{1}{2}\sum_{i=1}^{4}\sum_{j=1}^{4}\int_0^l\rho AN_i(x)N_j(x)\mathrm{d}x\dot{u}_i(t)\dot{u}_j(t)=\\&\frac{1}{2}\sum_{i=1}^{4}\sum_{j=1}^{4}m_{ij}\dot{u}_i(t)\dot{u}_j(t)=\frac{1}{2}\dot{\boldsymbol{u}}_e^{\mathrm{T}}\boldsymbol{M}_e\dot{\boldsymbol{u}}_e\end{aligned} \tag{4.35}$$

或者

$$\begin{aligned}T_e=\frac{1}{2}\int_0^l\rho A\dot{y}^2\mathrm{d}x&=\frac{1}{2}\int_0^l\rho A\dot{\boldsymbol{u}}_e{}^{\mathrm{T}}\boldsymbol{N}\boldsymbol{N}^{\mathrm{T}}\dot{\boldsymbol{u}}_e\mathrm{d}x=\\&\frac{1}{2}\dot{\boldsymbol{u}}_e^{\mathrm{T}}\left(\int_0^l\rho A\boldsymbol{N}\boldsymbol{N}^{\mathrm{T}}\mathrm{d}x\right)\dot{\boldsymbol{u}}_e=\frac{1}{2}\dot{\boldsymbol{u}}_e^{\mathrm{T}}\boldsymbol{M}_e\dot{\boldsymbol{u}}_e\end{aligned} \tag{4.36}$$

梁单元势能为

$$\begin{aligned}U_e=\frac{1}{2}\int_0^l EJ(y'')^2\mathrm{d}x&=\frac{1}{2}\int_0^l EJ\sum_{i=1}^{n}N_i{}''(x)u_i(t)\sum_{j=1}^{n}N_j{}''(x)u_j(t)\mathrm{d}x=\\&\frac{1}{2}\sum_{i=1}^{n}\sum_{j=1}^{n}\int_0^l EJN''_i(x)N''_j(x)\mathrm{d}xu_i(t)u_j(t)=\\&\frac{1}{2}\sum_{i=1}^{n}\sum_{j=1}^{n}k_{ij}u_i(t)u_j(t)=\frac{1}{2}\boldsymbol{u}_e{}^{\mathrm{T}}\boldsymbol{K}_e\boldsymbol{u}_e\end{aligned} \tag{4.37}$$

或者

$$U_e = \frac{1}{2}\int_0^l EJ(y'')^2 \mathrm{d}x = \frac{1}{2}\int_0^l EJ\ \boldsymbol{u}_e^{\mathrm{T}} \boldsymbol{N}''(\boldsymbol{N}'')^{\mathrm{T}}\ \boldsymbol{u}_e(t)\mathrm{d}x =$$

$$\frac{1}{2}\boldsymbol{u}_e^{\mathrm{T}}\left(\int_0^l EJ\boldsymbol{N}''(\boldsymbol{N}'')^{\mathrm{T}}\mathrm{d}x\right)\boldsymbol{u}_e = \frac{1}{2}\boldsymbol{u}_e^{\mathrm{T}}\boldsymbol{K}_e\boldsymbol{u}_e \tag{4.38}$$

其中,$\boldsymbol{M}_e$ 为单元质量矩阵,$\boldsymbol{K}_e$ 为单元刚度矩阵,将 $N_i(x)$ 表达式分别代入它们的计算公式得

$$\boldsymbol{M}_e = \frac{\rho Al}{420}\begin{bmatrix} 156 & 22l & 54 & -13l \\ & 4l^2 & 13l & -3l^2 \\ & & 156 & -22l \\ & & & 4l^2 \end{bmatrix} \tag{4.39}$$

$$\boldsymbol{K}_e = \frac{2EJ}{l^3}\begin{bmatrix} 6 & 3l & -6 & 3l \\ & 2l^2 & -3l & l^2 \\ & & 6 & -3l \\ & & & 2l^2 \end{bmatrix} \tag{4.40}$$

外载荷向量的处理和假设模态法一样,得到与节点位移对应的广义力为

$$\delta W_e = \int_0^l \left[f(x,t) + \sum_{k=1}^{s} p(x_k,t)\delta(x-x_k)\right]\mathrm{d}x\delta y =$$

$$\int_0^l \left[f(x,t) + \sum_{k=1}^{s} p(x_k,t)\delta(x-x_k)\right]\sum_{i=1}^{4} N_i(x)\delta u_i(t)\mathrm{d}x =$$

$$\sum_{i=1}^{4}\left[\int_0^l N_i(x)f(x,t)\mathrm{d}x + \sum_{k=1}^{s} p(x_k,t)N_i(x_k)\right]\delta u_i(t) =$$

$$\sum_{i=1}^{4} Q_i\delta u_i(t) = \boldsymbol{Q}_e^{\mathrm{T}}\delta\ \boldsymbol{u}_e \tag{4.41}$$

每个单元都这样处理后,全系统的动能、势能以及虚功就是这些单元的和,下面以图 4.8 所示的悬臂梁划分两个单元的例子来说明。

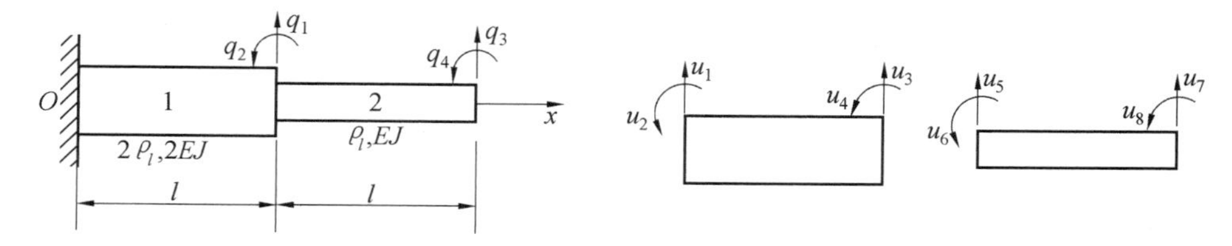

图 4.8 两单元的悬臂梁

系统总动能为

$$T = T_{e_1} + T_{e_2} = \frac{1}{2}\dot{\boldsymbol{u}}_{e_1}^{\mathrm{T}}\ \boldsymbol{M}_{e_1}\ \dot{\boldsymbol{u}}_{e_1} + \frac{1}{2}\dot{\boldsymbol{u}}_{e_2}^{\mathrm{T}}\ \boldsymbol{M}_{e_2}\ \dot{\boldsymbol{u}}_{e_2} = \frac{1}{2}\dot{\boldsymbol{u}}^{\mathrm{T}}\ \boldsymbol{M}_u\dot{\boldsymbol{u}} \tag{4.42}$$

其中,$\boldsymbol{u}_{e_1}$,$\boldsymbol{u}_{e_2}$ 分别为单元一、二的节点位移向量,$\boldsymbol{M}_{e_1}$,$\boldsymbol{M}_{e_2}$ 分别为对应的单元质量矩阵,$\boldsymbol{u} = \{u_1, u_2, u_3, u_4, u_5, u_6, u_7, u_8\}^{\mathrm{T}}$,为系统整体的节点位移向量,$\boldsymbol{M}_u$ 为与之对应的质量矩阵,即

$$\boldsymbol{M}_u = \begin{bmatrix} \boldsymbol{M}_{e_1} & 0 \\ 0 & \boldsymbol{M}_{e_2} \end{bmatrix}$$

需要注意，从单元到系统整合时，通常要保持单元之间公用节点上的位移协调，这样在系统整体节点位移向量里有两个位移不独立，同时，由于边界的固定的条件，前面的两个位移是已知为零的，这样剩下的独立位移只有 4 个，构成系统广义坐标，表示为向量形式为

$$\boldsymbol{q}=\{q_1, q_2, q_3, q_4\}^{\mathrm{T}}$$

根据这些独立位移在系统整体位移中的位置，可以建立起系统广义坐标向量和整体节点位移向量之间的关系：

$$\boldsymbol{u}=\begin{Bmatrix} u_1 \\ u_2 \\ u_3 \\ u_4 \\ u_5 \\ u_6 \\ u_7 \\ u_8 \end{Bmatrix}=\begin{bmatrix} 0 & 0 & 0 & 0 \\ 0 & 0 & 0 & 0 \\ 1 & 0 & 0 & 0 \\ 0 & 1 & 0 & 0 \\ 1 & 0 & 0 & 0 \\ 0 & 1 & 0 & 0 \\ 0 & 0 & 1 & 0 \\ 0 & 0 & 0 & 1 \end{bmatrix}\begin{Bmatrix} q_1 \\ q_2 \\ q_3 \\ q_4 \end{Bmatrix}=\boldsymbol{\beta q} \tag{4.43}$$

代入总动能表达式得

$$T=\frac{1}{2}\dot{\boldsymbol{u}}^{\mathrm{T}}\boldsymbol{M}_u\dot{\boldsymbol{u}}=\frac{1}{2}\dot{\boldsymbol{q}}^{\mathrm{T}}\boldsymbol{\beta}^{\mathrm{T}}\boldsymbol{M}_u\boldsymbol{\beta}\dot{\boldsymbol{q}}=\frac{1}{2}\dot{\boldsymbol{q}}^{\mathrm{T}}\boldsymbol{M}\dot{\boldsymbol{q}} \tag{4.44}$$

其中，$\boldsymbol{M}$ 为系统最终与若干独立广义速度坐标对应的质量矩阵。刚度矩阵同样处理。注意，这种方法，首先需要建立起各单元节点位移与整体广义坐标之间的变换矩阵 $\boldsymbol{\beta}$，然后进行矩阵相乘$\boldsymbol{\beta}^{\mathrm{T}}\boldsymbol{M}_u\boldsymbol{\beta}$，这在单元划分数目较大时，会带来较大的存储和运算量，所以实际在进行整体矩阵构造时，一般都要进行储存和运算代价最小的算法流程优化，采用最经济的办法构造整体矩阵。针对梁的问题，由于单元之间是串联的，规律明显，可以用对号入座的办法进行单元矩阵到整体矩阵的变换：就是将不同单元矩阵中与相同广义坐标对应位置上的元素叠加，把与已知为零的边界条件对应的行和列直接划掉，对本例就是把第一个单元矩阵 $\boldsymbol{K}_{e_1}$ 的前两行和前两列直接划掉，剩下的分别对应第 1 和 2 两个广义坐标，直接叠加到第二个单元矩阵$\boldsymbol{K}_{e_2}$ 中与第 1 和第 2 广义坐标对应位置上。单元刚度矩阵及其对应的广义坐标表示如下：

$$\boldsymbol{K}_{e_1}=\left[\begin{array}{cc:cc} k_{11}^{e_1} & k_{12}^{e_1} & k_{13}^{e_1} & k_{14}^{e_1} \\ k_{21}^{e_1} & k_{22}^{e_1} & k_{23}^{e_1} & k_{24}^{e_1} \\ \hdashline k_{31}^{e_1} & k_{32}^{e_1} & k_{33}^{e_1} & k_{34}^{e_1} \\ k_{41}^{e_1} & k_{42}^{e_1} & k_{43}^{e_1} & k_{44}^{e_1} \end{array}\right]\begin{Bmatrix} q_1 \\ q_2 \end{Bmatrix},\quad \boldsymbol{K}_{e_2}=\begin{bmatrix} k_{11}^{e_2} & k_{12}^{e_2} & k_{13}^{e_2} & k_{14}^{e_2} \\ k_{21}^{e_2} & k_{22}^{e_2} & k_{23}^{e_2} & k_{24}^{e_2} \\ k_{31}^{e_2} & k_{32}^{e_2} & k_{33}^{e_2} & k_{34}^{e_2} \\ k_{41}^{e_2} & k_{42}^{e_2} & k_{43}^{e_2} & k_{44}^{e_2} \end{bmatrix}\begin{Bmatrix} q_1 \\ q_2 \\ q_3 \\ q_4 \end{Bmatrix} \tag{4.45}$$

对号入座，对应位置叠加后得整体刚度矩阵为

$$\boldsymbol{K}=\begin{bmatrix} k_{33}^{e_1}+k_{11}^{e_2} & k_{34}^{e_1}+k_{12}^{e_2} & k_{13}^{e_2} & k_{14}^{e_2} \\ k_{43}^{e_1}+k_{21}^{e_2} & k_{44}^{e_1}+k_{22}^{e_2} & k_{23}^{e_2} & k_{24}^{e_2} \\ k_{31}^{e_2} & k_{32}^{e_2} & k_{33}^{e_2} & k_{34}^{e_2} \\ k_{41}^{e_2} & k_{42}^{e_2} & k_{43}^{e_2} & k_{44}^{e_2} \end{bmatrix} \tag{4.46}$$

质量矩阵和单元载荷向量与刚度矩阵同样处理。

对于上述有限元步骤有几点需要补充说明：

(1) 应该注意到用上述方法得到单元质量矩阵，单元的惯性在每一个节点位移上都得到了体现，各节点位移之间是协调的，因此，也称作一致协调质量矩阵。与此对应，可以将质量直接集中到节点上，得到集中质量模型。集中质量模型得到的系统固有频率一般相对于实际系统偏低，而采用协调质量矩阵一般偏高，因此，也可以考虑采用两种方法的平均来构造质量矩阵。

(2) 有限元方法，在划分完单元后，都要采用诸如拉格朗日第二类方程、虚功原理、最小余能原理等力学原理，进行与整体广义坐标对应的方程列写，针对不同的单元划分，根据使用方便选用不同原理，详见专门有限元的书籍。上例，针对平面梁单元采用了拉格朗日第二类方程，读者可以自行采用同样的方法获取杆单元的单元质量矩阵，以及总体质量矩阵。

4.2.3　传递矩阵法

工程上的许多旋转轴，如汽轮机转轴、发动机曲轴等都是由很多单元一环连一环地结合而成的，呈一种链状结构的形式。这些结构可以离散化成轴上带有圆盘的扭转振动系统或轴上带有集中质量的横向振动系统。对这种系统作振动分析时，可以采用一种有效的计算方法 —— 传递矩阵法(transfer matrix method)。传递矩阵法的基本思想是将连续的弹性体离散为若干段，然后以统一的格式逐段求解微分方程，并将逐段递推的方程以矩阵表达及运算，最后以初参数法求数值解。用传递矩阵法进行振动分析时，只需对一些阶次很低的传递矩阵进行连续的矩阵乘法运算，在数值求解时只需计算低阶次的传递矩阵和行列式值。它的核心是建立从一个位置的状态矢量(由广义位移与广义内力构成)推算下一位置的状态矢量的公式。下面以旋转轴的弯曲振动为例介绍传递矩阵法。

将实际转子按轴径的不同和集中质量的位置不同分成若干段，各个分点的位置称为“站”。将各段的质量按重心不变的原则简化到各站上。两站之间用无质量等断面的弹性轴连接。当考虑圆盘在高速旋转，轴作弯曲振动时的回转力矩时，各站上还作用有集中力矩。这种计算模型，当分段足够多时，是具有足够精度的。设简化后的轴盘横向振动系统如图4.9所示。现在的任务是建立当轴以角速度 ω 转动时，相邻两站状态矢量之间的传递关系。

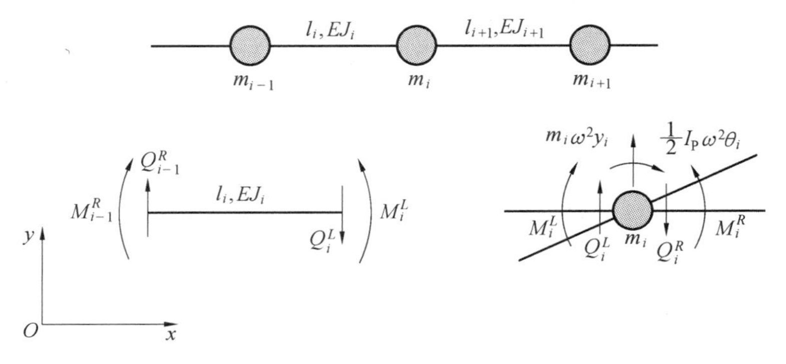

图 4.9　轴盘横向振动系统

首先考虑集聚质量 m_i 两侧状态矢量的关系。由于质量 m_i 左右两侧的挠度 y 与转角 $\theta\left(\theta=\dfrac{\mathrm{d}y}{\mathrm{d}x}\right)$ 相等有

$$
\begin{aligned}
y_i^R &= y_i^L \\
\theta_i^R &= \theta_i^L
\end{aligned} \tag{4.47}
$$

再由平衡方程得

$$
\begin{aligned}
Q_i^R &= Q_i^L + m_i\omega^2 y_i^L \\
M_i^R &= M_i^L + \frac{1}{2} I_{pi}\omega^2 \theta_i^L
\end{aligned} \tag{4.48}
$$

式中，$\frac{1}{2} I_{pi}\omega^2 \theta_i^L$ 为回转力矩；I_{pi} 为圆盘的极转动惯量。

联合式(4.47)，(4.48) 写成矩阵形式

$$
\begin{bmatrix} y_i \\ \theta_i \\ M_i \\ Q_i \end{bmatrix}^R = \begin{bmatrix} 1 & 0 & 0 & 0 \\ 0 & 1 & 0 & 0 \\ 0 & \frac{1}{2} I_{pi}\omega^2 & 1 & 0 \\ m_i\omega^2 & 0 & 0 & 1 \end{bmatrix} \begin{bmatrix} y_i \\ \theta_i \\ M_i \\ Q_i \end{bmatrix}^L \tag{4.49}
$$

式中，两个列阵为第 i 个集聚质量 m_i 两边的状态矢量，方阵为第 i 个点的点传递矩阵。

再考虑第 i 段无质量弹性轴两端状态矢量间的关系。由平衡条件(图 4.10) 得

$$
\left.
\begin{aligned}
Q_i^L &= Q_{i-1}^R \\
M_i^L &= M_{i-1}^R + Q_{i-1}^R l_i
\end{aligned}
\right\} \tag{4.50}
$$

为得到第 i 段轴两端的挠度及转角间的关系，先看图 4.11 所示的悬臂梁，由材料力学得

$$
\begin{aligned}
y &= \frac{Ml^2}{2EJ} - \frac{Ql^3}{3EJ} \\
\theta &= \frac{Ml}{EJ} - \frac{Ql^2}{2EJ}
\end{aligned} \tag{4.51}
$$

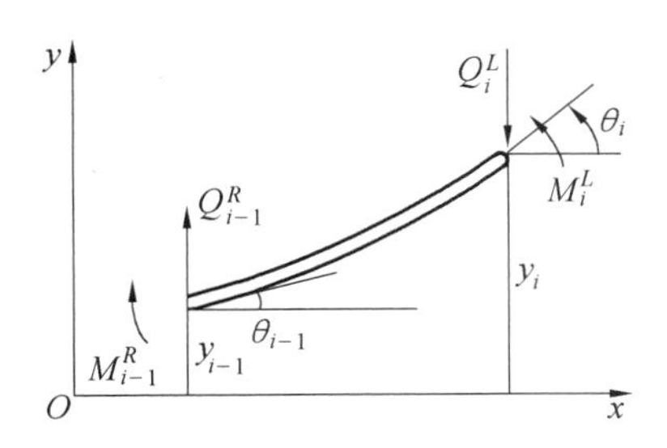

图 4.10　第 i 段弹性轴受力图

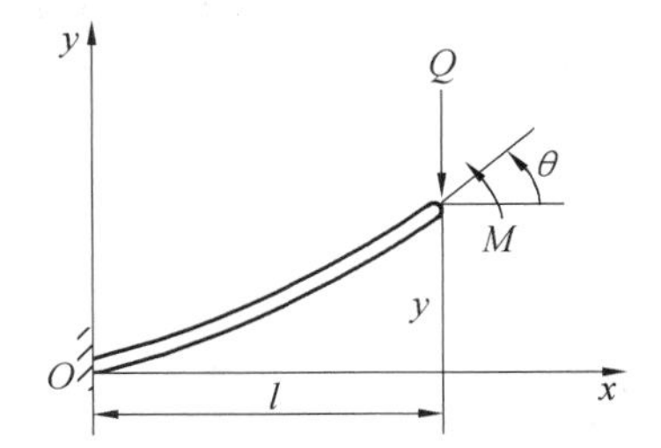

图 4.11　左端固定的第 i 段弹性轴受力

这里的 y 与 θ 值即为梁右端相对于左端的挠度与转角。由图 4.10 可得

$$
\begin{aligned}
\theta_i &= \theta_{i-1} + \frac{l_i}{EJ_i} M_i^L - \frac{l_i^2}{2EJ_i} Q_i^L \\
y_i &= y_{i-1} + l_i\theta_{i-1} + \frac{l_i^2}{2EJ_i} M_i^L - \frac{l_i^3}{3EJ_i} Q_i^L
\end{aligned} \tag{4.52}
$$

将式(4.50) 代入上式得

$$
\begin{aligned}
\theta_i &= \theta_{i-1} + \frac{l_i}{EJ_i} M_{i-1}^R + \frac{l_i^2}{2EJ_i} Q_{i-1}^R \\
y_i &= y_{i-1} + l_i\theta_{i-1} + \frac{l_i^2}{2EJ_i} M_{i-1}^R + \frac{l_i^3}{6EJ_i} Q_{i-1}^R
\end{aligned} \tag{4.53}
$$

联合式(4.50)、(4.53)写成矩阵形式

$$\begin{bmatrix} y_i \\ \theta_i \\ M_i \\ Q_i \end{bmatrix}^L = \begin{bmatrix} 1 & l_i & \dfrac{l_i^2}{2EJ_i} & \dfrac{l_i^3}{6EJ_i} \\ 0 & 1 & \dfrac{l_i}{EJ_i} & \dfrac{l_i^2}{2EJ_i} \\ 0 & 0 & 1 & l_i \\ 0 & 0 & 0 & 1 \end{bmatrix} \begin{bmatrix} y_{i-1} \\ \theta_{i-1} \\ M_{i-1} \\ Q_{i-1} \end{bmatrix}^R \tag{4.54}$$

式中，方阵为第 i 段轴的场传递矩阵，它表达了弹性轴两端状态矢量间的关系。将式(4.54)代入式(4.49)可得出第 i 站右侧的状态矢量与第 $i-1$ 站右侧的状态矢量之间的关系

$$\begin{bmatrix} y_i \\ \theta_i \\ M_i \\ Q_i \end{bmatrix}^R = \begin{bmatrix} 1 & 0 & 0 & 0 \\ 0 & 1 & 0 & 0 \\ 0 & \dfrac{1}{2}I_{pi}\omega^2 & 1 & 0 \\ m_i\omega^2 & 0 & 0 & 1 \end{bmatrix} \begin{bmatrix} 1 & l_i & \dfrac{l_i^2}{2EJ_i} & \dfrac{l_i^3}{6EJ_i} \\ 0 & 1 & \dfrac{l_i}{EJ_i} & \dfrac{l_i^2}{2EJ_i} \\ 0 & 0 & 1 & l_i \\ 0 & 0 & 0 & 1 \end{bmatrix} \begin{bmatrix} y_{i-1} \\ \theta_{i-1} \\ M_{i-1} \\ Q_{i-1} \end{bmatrix}^R =$$

$$\begin{bmatrix} 1 & l_i & \dfrac{l_i^2}{2EJ_i} & \dfrac{l_i^3}{6EJ_i} \\ 0 & 1 & \dfrac{l_i}{EJ_i} & \dfrac{l_i^2}{2EJ_i} \\ 0 & \dfrac{1}{2}I_{pi}\omega^2 & 1+\dfrac{I_{pi}\omega^2 l_i}{2EJ_i} & l_i+\dfrac{I_{pi}\omega^2 l_i^2}{4EJ_i} \\ m_i\omega^2 & m_i\omega^2 l_i & \dfrac{m_i\omega^2 l_i^2}{2EJ_i} & 1+\dfrac{m_i\omega^2 l_i^3}{6EJ_i} \end{bmatrix} \begin{bmatrix} y_{i-1} \\ \theta_{i-1} \\ M_{i-1} \\ Q_{i-1} \end{bmatrix}^R \tag{4.55}$$

式中，右端的方阵即为右端具有集聚质量的第 i 段轴的传递矩阵。类似地可以求出其他各段轴的传递矩阵，从而建立轴上各站的状态矢量之间的关系。再加上相应的支承条件就可求出系统的临界转速及主振型。

习　　题

4.1　均匀简支梁，在离左端 $l/3$ 处固连一集中质量 M(见图 4.12)，$M=\dfrac{1}{3}ml$，m 为梁的线密度，假设 $W=\sum_{n=1}^{2}a_n\sin\dfrac{n\pi x}{l}$，试分别用里兹法及伽辽金法计算系统的固有频率。

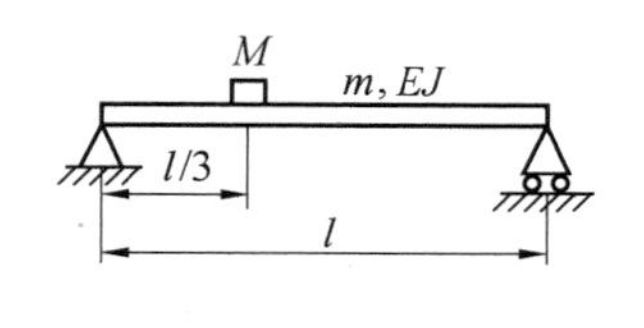

图 4.12　题 4.1 图

4.2　已知均质等截面杆的长度为 l，横截面积为 A，线密度为 m，推导杆单元的单元质量矩阵。

4.3　均匀简支梁，抗弯刚度为 EJ，线密度为 m，总长为 l，在离左端 $\dfrac{2}{3}l$ 处固连一刚度为 k 的线弹簧，试用假设模态法求系统第一阶固有频率。

4.4　使用假设模态法计算图 4.13 所示悬臂梁，其刚度和质量分布为

$$\rho(x)=\rho A_0(1+x/l)$$
$$EJ(x)=EJ_0(1+x/l)^3$$

求系统的前 2 阶固有频率和振型函数，若梁端作用有集中正弦载荷 $P_0\sin(\omega t)$，求梁横向稳态响应。

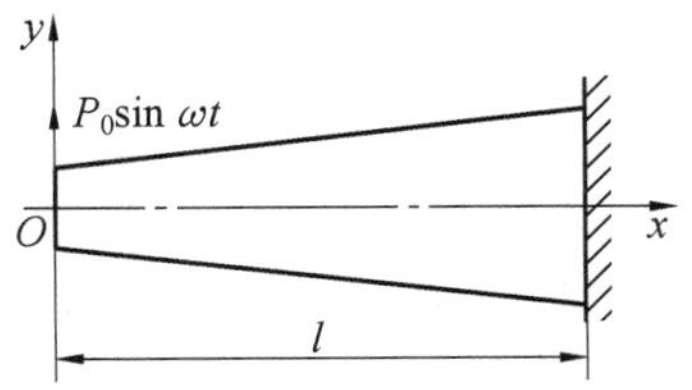

图 4.13　题 4.4 图

4.5　对一左端固定的均匀悬臂梁，抗弯刚度为 EJ，线密度为 m，总长为 l，使用集中质量建模方法建立单自由度、两自由度和三自由度系统，分析系统固有频率随自由度数的变化规律。

第5章 结构动力学中常用的数值方法

结构动力学分析的主要任务是获取结构的固有频率和振型，以及各种激励下的动响应。两个或三个自由度系统可以得到解析形式的固有频率和振型的精确解，也就能得到响应的精确解。对四个自由度系统，理论上存在四次方程根的解析表达式，但很繁复，使用起来很不方便，五个及以上自由度系统，数学上不存在一般五次及以上的方程根的解析表达式，所以只能求广义特征值问题的近似数值解，这是本章的主要内容之一，数学基础是代数及数值代数的内容。得到近似的固有频率和振型后，可采用模态叠加法获取结构近似的动响应。在响应分析上，还可以不用模态分解步骤，直接对结构动力学方程进行数值求解，这类方法称为直接积分法，这是本章的另外一个主要内容，数学上属于常微分方程数值求解范畴。

高效的数值算法是大型复杂结构动力学分析的主要手段，目前已经发展出一些用于结构动特性和动响应计算的算法，并形成了不少成熟的商用软件模块，如 Nastran、Ansys 等的模态分析和响应计算模块，本章简介部分主要算法的理论基础、流程和性能。

5.1 结构动特性数值解法

在结构或系统的振动分析中，经常要求其固有频率和主振型(模态)，这也是动力学中首先关心的量。对大型复杂结构来说，一般采用拉格朗日方程等能量方法或者通过有限元等离散化方法形成系统对称的质量矩阵和刚度矩阵，然后求解形如方程(2.78)的广义特征值问题，为叙述方便，现重写如下

$$\boldsymbol{K\varphi} = \omega^2 \boldsymbol{M\varphi} \tag{5.1}$$

式中，$\boldsymbol{K}$ 为刚度矩阵，是对称正定或半正定；$\boldsymbol{M}$ 为质量矩阵，是对称、正定；$\boldsymbol{\varphi}$ 为对应于特征值 ω^2 的特征向量，即主振型(模态)；ω 为系统自由振动的角频率(固有频率)。

下面将介绍如何求解广义特征值问题，特征值和特征向量的一些基本性质及几种常用的算法。因篇幅有限，有些结论只是介绍，而未加证明。若特别需要，可参阅有关资料。

5.1.1 化广义特征值问题为标准特征值问题

由线性代数知，除了个别特殊情况之外，直接处理广义特征值问题是比较复杂的，一般来说，首先把它化为标准特征值问题，再进行求解。如对式(5.1)的广义特征值问题可化为如下的标准特征值问题

$$(\boldsymbol{A} - \lambda \boldsymbol{I})\boldsymbol{x} = 0 \tag{5.2}$$

式中，$\boldsymbol{A} = \boldsymbol{M}^{-1}\boldsymbol{K}$，$\lambda = \omega^2$，$\boldsymbol{x} = \boldsymbol{\varphi}$，但在结构动力学分析中，质量矩阵 $\boldsymbol{M}$ 和刚度矩阵 $\boldsymbol{K}$ 总是对称矩阵，经上述简单的求逆处理后，所得的 $\boldsymbol{A}$ 矩阵不一定是对称矩阵。而非对称矩阵即使是标准特征值问题，其计算求解的讨论也往往要比对称矩阵复杂得多，所以这样做是很不经济的。通常的办法之一是，对 $\boldsymbol{M}$ 矩阵进行乔莱斯基(Cholesky)分解，即将其分解为 $\boldsymbol{L}$(对角元

均不为零的下三角阵）与 $\boldsymbol{L}^{\mathrm{T}}$ 的乘积，即

$$\boldsymbol{M}=\boldsymbol{L}\boldsymbol{L}^{\mathrm{T}} \tag{5.3}$$

在此条件下将式(5.3) 代入式(5.1) 后，等式两边前乘 $\boldsymbol{L}^{-1}$，并均提出 $\boldsymbol{L}^{\mathrm{T}}\boldsymbol{\varphi}$ 得

$$\boldsymbol{L}^{-1}\boldsymbol{K}\boldsymbol{L}^{-\mathrm{T}}\boldsymbol{L}^{\mathrm{T}}\boldsymbol{\varphi}=\omega^2\boldsymbol{L}^{\mathrm{T}}\boldsymbol{\varphi} \tag{5.4}$$

上式等号右端项移到左边整理得如下标准特征值问题

$$(\bar{\boldsymbol{A}}-\lambda\boldsymbol{I})\bar{\boldsymbol{x}}=0 \tag{5.5}$$

其中

$$\bar{\boldsymbol{A}}=\boldsymbol{L}^{-1}\boldsymbol{K}\boldsymbol{L}^{-\mathrm{T}},\quad \boldsymbol{\varphi}=\boldsymbol{L}^{-\mathrm{T}}\bar{\boldsymbol{x}},\quad \lambda=\omega^2$$

由于 $\boldsymbol{K}$ 是对称的，可推知 $\bar{\boldsymbol{A}}$ 也具有对称性。因此，所有对称矩阵特征值问题的解法均可施于式(5.5)。

关于矩阵的三角分解及 Cholesky 分解，这里补充一下相关知识。任意一个方阵 $\boldsymbol{A}$ 总可以分解为单位下三角矩阵 $\boldsymbol{U}$ 和上三角矩阵 $\boldsymbol{S}$ 的乘积，即 $\boldsymbol{A}=\boldsymbol{U}\boldsymbol{S}$，而任何一个上三角矩阵 $\boldsymbol{S}$ 总可以分解成对角阵 $\boldsymbol{D}$ 与单位上三角矩阵 $\boldsymbol{R}$ 的乘积，即 $\boldsymbol{S}=\boldsymbol{D}\boldsymbol{R}$，这样任意一个方阵 $\boldsymbol{A}$ 可以分解为 $\boldsymbol{A}=\boldsymbol{U}\boldsymbol{D}\boldsymbol{R}$，若 $\boldsymbol{A}$ 为对称矩阵，则有

$$\boldsymbol{A}=\boldsymbol{U}\boldsymbol{D}\boldsymbol{U}^{\mathrm{T}}$$

若 $\boldsymbol{A}$ 为对称、正定，必有 $\boldsymbol{D}$ 正定并可分解为

$$\boldsymbol{D}=\boldsymbol{D}^{1/2}\ \boldsymbol{D}^{1/2}$$

令 $\boldsymbol{L}=\boldsymbol{U}\,\boldsymbol{D}^{1/2}$ 则有

$$\boldsymbol{A}=\boldsymbol{L}\boldsymbol{L}^{\mathrm{T}}$$

上式就是对称正定矩阵的乔莱斯基 Cholesky 分解。由于无论采用什么样的离散化方法（有限元中集中质量建模情况需慎重考虑，可能出现对角元素为零），质量矩阵一般都是对称正定的，所以可以进行公式(5.3) 的 Cholesky 分解，具体计算如下：

$$\boldsymbol{L}=\begin{bmatrix} l_{11} & 0 & 0 & \cdots & 0 \\ l_{21} & l_{22} & 0 & \cdots & 0 \\ \vdots & \vdots & \vdots & & \vdots \\ l_{n1} & l_{n2} & l_{n3} & \cdots & l_{nn} \end{bmatrix} \tag{5.6}$$

各非零元素为

$$\left.\begin{aligned} l_{jj} &= \Big(m_{jj}-\sum_{r=1}^{j-1} l_{jr}^2\Big)^{1/2} \\ l_{ij} &= \Big(m_{ij}-\sum_{r=1}^{j-1} l_{ir}l_{jr}\Big)/l_{jj} \end{aligned}\right\} \quad (i=j+1,j+2,\cdots,n) \tag{5.7}$$

上式依次取 $j=1,2,\cdots,n$，即可求得 $\boldsymbol{L}$ 的下三角部分各列元素。又若记

$$\boldsymbol{L}^{-1}=\begin{bmatrix} v_{11} & 0 & 0 & \cdots & 0 \\ v_{21} & v_{22} & 0 & \cdots & 0 \\ \vdots & \vdots & \vdots & & \vdots \\ v_{n1} & v_{n2} & v_{n3} & \cdots & v_{nn} \end{bmatrix} \tag{5.8}$$

则其下三角之 $i=1,2,\cdots,n$ 行元素，依次为

$$\left.\begin{aligned} v_{ii} &= 1/l_{ii} \\ v_{ij} &= -\Big(\sum_{r=j}^{i-1} l_{ir}v_{rj}/l_{ii}\Big) \end{aligned}\right\} \quad (j=1,2,\cdots,i-1) \tag{5.9}$$

鉴于本书的范围，下面仅讨论对称矩阵的标准特征值问题。

5.1.2　特征值、特征向量的一些特性

本节不加证明地介绍特征值、特征向量的若干特性。

1. 对角阵、三角阵、块对角阵、块三角阵

对角阵和三角阵的特征值就是这些矩阵对角元素的数值。块对角阵和块三角阵的特征值就是这些矩阵的对角线上各个子块的特征值。

2. 几种特征矩阵

(1) 实对称矩阵的特征值必为实数，其特征向量也可选为实向量。

(2) 反对称矩阵的特征值或者为纯虚数，或者为零。

(3) 正定对称矩阵的特征值全部大于零。

(4) 对称矩阵对应于不同特征值的特征向量彼此正交。

3. 与原矩阵 $\boldsymbol{A}$ 相关联的几种矩阵

设矩阵 $\boldsymbol{A}$ 的特征值是 λ，其对应的特征向量是 $\boldsymbol{x}$，则

(1)$\boldsymbol{A}+\mu\boldsymbol{I}$ 阵的特征值是 $\lambda+\mu$，特征向量是 $\boldsymbol{x}$；

(2)$\alpha\boldsymbol{A}$ 阵的特征值是 $\alpha\lambda(\alpha\neq 0)$，特征向量是 $\boldsymbol{x}$；

(3)$\boldsymbol{A}^{\mathrm{T}}$ 是 $\boldsymbol{A}$ 的转置矩阵，则 $\boldsymbol{A}^{\mathrm{T}}$ 的特征值就是 λ；

(4)$\boldsymbol{A}^m$ 阵的特征值是 λ^m，特征向量仍为 $\boldsymbol{x}$，m 为整数；

(5) 若 $\boldsymbol{A}$ 非奇异，则 $\boldsymbol{A}$ 的逆矩阵存在，记为 $\boldsymbol{A}^{-1}$，则 $\boldsymbol{A}^{-1}$ 的特征值为 $1/\lambda$，特征向量也为 $\boldsymbol{x}$；

(6) 若矩阵 $\boldsymbol{B}$ 与 $\boldsymbol{A}$ 相似，即有可逆阵 $\boldsymbol{P}$ 存在，使

$$\boldsymbol{B}=\boldsymbol{P}^{-1}\boldsymbol{A}\boldsymbol{P}$$

则 $\boldsymbol{B}$ 的特征值也是 λ，特征向量是 $\boldsymbol{P}^{-1}\boldsymbol{x}$。

这也称为矩阵 $\boldsymbol{A}$ 的相似变换，若同时还存在$\boldsymbol{P}^{-1}=\boldsymbol{P}^{\mathrm{T}}$，则称为正交变换，容易证明，对称矩阵经正交变换后仍然对称。在正交变换中有两类在特征值问题中比较常用，旋转变换和豪斯霍尔德(Household) 变换。

旋转矩阵一般构成为

$$\boldsymbol{P}=\begin{bmatrix}\cos\theta & -\sin\theta\\ \sin\theta & \cos\theta\end{bmatrix}\tag{5.10}$$

其几何意义就是平面坐标系原点不变的坐标变换阵。

豪斯霍尔德变换是指正交矩阵 $\boldsymbol{P}$ 可把任意给定的向量 $\boldsymbol{a}$ 变换成只有第一个元素不为零的向量，即

$$\boldsymbol{P}\boldsymbol{a}=-\sigma\boldsymbol{e}_1,\quad \boldsymbol{e}_1=[1,0,\cdots,0]^{\mathrm{T}}$$

其中

$$\sigma=\begin{cases}(\boldsymbol{a}^{\mathrm{T}}\boldsymbol{a})^{1/2}, & \boldsymbol{a}(1)\geqslant 0\\ -(\boldsymbol{a}^{\mathrm{T}}\boldsymbol{a})^{1/2}, & \boldsymbol{a}(1)<0\end{cases}$$

变换矩阵可确定为

$$\boldsymbol{P}=\boldsymbol{I}-2\boldsymbol{v}\boldsymbol{v}^{\mathrm{T}}\tag{5.11}$$

其中

$$v=\frac{u}{\sqrt{u^{\mathrm{T}}u}},\quad u=a+\sigma e_1$$

可以证明这样构成的变换矩阵是一个对称的正交阵。其主要功能是通过选取不同的 v，把一个对称矩阵化为三对角阵。

4. 特征值的和与积

若矩阵 A 的特征值为 $\lambda_1,\lambda_2,\cdots,\lambda_n$，则有

$$\lambda_1+\lambda_2+\cdots+\lambda_n=\sum_{i=1}^{n}a_{ii}$$

$$\lambda_1\cdot\lambda_2\cdot\cdots\cdot\lambda_n=\det A \tag{5.12}$$

它们可作为校核、估计甚至计算特征值的手段，读者可以自行验证，这里不再赘述。

5.1.3　矩阵标准特征值问题解法简介

解标准特征值问题，大致有两种情况：一是求解它的全部特征值问题，即所有的特征值和对应的特征向量。另一是求解部分特征值问题，即部分（通常是最小或最大的一些）特征值和对应的特征向量。这是因为，在结构动力学中，往往矩阵的阶数都很高，有时不可能，而且也没有必要求解全部特征值和特征向量。在求解方法上，也分为两大类：一类是变换方法；另一类是向量迭代方法。

随着电子计算机技术的日新月异及实际问题的客观需要，自 20 世纪 30 年代以来，大型矩阵特征值计算方法不断出现，种类之繁多，难以一一枚举。目前较为流行的解法有，变换方法的雅可比（Jacobi）方法、吉文斯－豪斯霍尔德（Givens－Householder）方法及行列式搜索法；向量迭代法的乘幂法和反乘幂法、子空间迭代法、松弛法、兰佐斯（Lanczos）方法以及 QR 迭代方法等。下面将分别简要地介绍最常用的雅可比法、幂迭代法、反迭代法和子空间迭代法。

1. 雅可比法

雅可比法是求解实对称矩阵全部特征值和特征向量的简单有效方法。该法自 1864 年问世以来，至今仍被广泛应用。为讨论方便将式（5.2）重写如下

$$Ax=\lambda x \tag{5.13}$$

式中，A 为 $n\times n$ 阶的实对称矩阵。由线性代数理论知，任何一个 $n\times n$ 实对称矩阵 A，可通过一个 $n\times n$ 的正交矩阵 S，经相似变换化为一对角阵，即

$$S^{\mathrm{T}}AS=D=\mathrm{diag}[d_1\quad d_2\quad\cdots\quad d_n] \tag{5.14}$$

那么，即可断定 D 的 n 个对角元素就是 A 的 n 个特征值，而 S 的第 i 列，就是 D 中第 i 个对角元素所对应的特征向量。

这里的正交矩阵 S 实际上是一个坐标变换矩阵，它的功能就是实现坐标系的旋转，使旋转后的 n 个坐标轴的方向，恰好是矩阵 A 的 n 个互相正交的特征向量的方向。问题是正交矩阵 S 是不容易寻找的。雅可比方法的基本思想是通过许多次的坐标系统旋转来逐渐实现所想达到的最终旋转 $S^{\mathrm{T}}AS$，其中每一次“小的旋转”也是由一个正交矩阵 S^i 所确定。S^i 可简单地由下述法则生成。

若 A 经过 $i-1$ 次“小的旋转”后，已成为矩阵 A^i，设其绝对值最大的非对角线元素为

A_{pq}，则 $\boldsymbol{S}^i$ 可取如下形式

$$\boldsymbol{S}^i = \begin{bmatrix} 1 & & & & & & & & & \\ & \ddots & & \vdots & & & \vdots & & & \\ & & 1 & \vdots & & & \vdots & & & \\ & & & \cos\theta & \cdots & \cdots & \sin\theta & \cdots & & \\ & & & \vdots & 1 & & \vdots & & & \\ & & & \vdots & & \ddots & \vdots & & & \\ & & & \vdots & & 1 & \vdots & & & \\ \cdots & \cdots & \cdots & -\sin\theta & \cdots & \cdots & \cos\theta & \cdots & & \\ & & & \vdots & & & \vdots & 1 & & \\ & & & \vdots & & & \vdots & & \ddots & \\ & & & \vdots & & & \vdots & & & 1 \end{bmatrix} \begin{matrix} \\ \\ \\ p\text{行} \\ \\ \\ \\ q\text{行} \\ \\ \\ \\ \end{matrix} \tag{5.15}$$

（其中 $\cos\theta$、$-\sin\theta$ 位于 p 列，$\sin\theta$、$\cos\theta$ 位于 q 列）

亦即

$$S_{pp} = S_{qq} = \cos\theta$$
$$S_{pq} = -S_{qp} = \sin\theta$$
$$S_{ii} = 1 \quad (i \neq p, q)$$
$$S_{ij} = 0 \quad (i, j \neq p, q, i \neq j) \tag{5.16}$$

经 $\boldsymbol{S}^i$ 变换后得到新的矩阵 $\boldsymbol{A}^{i+1}$ 为

$$\boldsymbol{A}^{i+1} = \boldsymbol{S}^{i^{\mathrm{T}}} \boldsymbol{A}^i \boldsymbol{S}^i \tag{5.17a}$$

则经展开整理后，$\boldsymbol{A}^{i+1}$ 中各元素可以表示为

$$A_{pj}^{i+1} = A_{pj}^i \cos\theta - A_{qj}^i \sin\theta \quad (j \neq p, q)$$
$$A_{qj}^{i+1} = A_{pj}^i \sin\theta + A_{qj}^i \cos\theta \quad (j \neq p, q)$$
$$A_{pp}^{i+1} = A_{pq}^i \cos^2\theta - 2A_{pq}^i \sin\theta\cos\theta + A_{qq}^i \sin^2\theta$$
$$A_{qq}^{i+1} = A_{pp}^i \sin^2\theta + 2A_{pq}^i \sin\theta\cos\theta + A_{qq}^i \cos^2\theta$$
$$A_{pq}^{i+1} = (A_{pp}^i - A_{qq}^i)\sin\theta\cos\theta + A_{pq}^i(\cos^2\theta - \sin^2\theta)$$
$$A_{mn}^{i+1} = A_{mn}^i \quad (\text{其他元素}) \tag{5.17b}$$

这里的 θ 叫做旋转角，它是由条件 $A_{pq}^{i+1} = A_{qp}^{i+1} = 0$ 来确定的。由式(5.17b)中的第五式，可知

$$\theta = \frac{1}{2}\arctan\left(\frac{2A_{pq}^i}{A_{qq}^i - A_{pp}^i}\right) \tag{5.18}$$

其中 arctan 为反正切，并通常将 θ 限制在下列范围

$$-\frac{\pi}{4} \leqslant \theta \leqslant \frac{\pi}{4}$$

重复地应用这一变换，就可使一个实对称矩阵按任意精度变换为一个对角矩阵，即实现式(5.14)的变换。总的变换阵 $\boldsymbol{S}$ 应为所有的“小旋转”的变换阵的乘积

$$\boldsymbol{S} = \boldsymbol{S}^1 \cdot \boldsymbol{S}^2 \cdot \cdots \cdot \boldsymbol{S}^i \tag{5.19}$$

因为 $\boldsymbol{S}$ 的所有因子 $\boldsymbol{S}^i$ 都是正交矩阵，所以 $\boldsymbol{S}$ 亦必为一正交矩阵。$\boldsymbol{D}$ 就是 $\boldsymbol{A}$ 的谱矩阵(但尚未按大小次序排列)。$\boldsymbol{D}$ 的第 j 个对角元素 λ_j 所对应的规一化特征向量就是 $\boldsymbol{S}$ 的第 j 列($j=1, 2, \cdots, n$)。

下面举一个简单例子。设

$$\boldsymbol{A}=\boldsymbol{A}^1=\begin{bmatrix}1 & 1 & 1\\1 & 1 & 1\\1 & 1 & 1\end{bmatrix}$$

非对角线元素的绝对值都一样大，不妨任取一个 A_{12} 作为第一次旋转准备消去的元素。于是

$$\boldsymbol{S}^1=\begin{bmatrix}\cos\theta & \sin\theta & 0\\-\sin\theta & \cos\theta & 0\\0 & 0 & 1\end{bmatrix}$$

按式(5.18)得

$$\theta=\frac{1}{2}\arctan\left(\frac{2}{1-1}\right)=\frac{\pi}{4}$$

于是

$$\boldsymbol{S}^1=\begin{bmatrix}1/\sqrt{2} & 1/\sqrt{2} & 0\\-1/\sqrt{2} & 1/\sqrt{2} & 0\\0 & 0 & 1\end{bmatrix}$$

而按式(5.17)有

$$\boldsymbol{A}^2=(\boldsymbol{S}^1)^{\mathrm{T}}\boldsymbol{A}^1\boldsymbol{S}^1=\begin{bmatrix}0 & 0 & 0\\0 & 2 & \sqrt{2}\\0 & \sqrt{2} & 1\end{bmatrix}$$

然后再依法求得

$$\boldsymbol{S}^2=\begin{bmatrix}1 & 0 & 0\\0 & \sqrt{2/3} & -\sqrt{1/3}\\0 & \sqrt{1/3} & \sqrt{2/3}\end{bmatrix}$$

再按式(5.17)有

$$\boldsymbol{A}^3=(\boldsymbol{S}^2)^{\mathrm{T}}\boldsymbol{A}^2\boldsymbol{S}^2=\begin{bmatrix}0 & 0 & 0\\0 & 3 & 0\\0 & 0 & 0\end{bmatrix}$$

$\boldsymbol{A}^3$ 的全部非对角项都为零了，这就是想求的对角阵 $\boldsymbol{D}$，而相应的 $\boldsymbol{S}$ 阵则为

$$\boldsymbol{S}=\boldsymbol{S}^1\cdot\boldsymbol{S}^2=\begin{bmatrix}1/\sqrt{2} & 1/\sqrt{3} & -1/\sqrt{6}\\-1/\sqrt{2} & 1/\sqrt{3} & -1/\sqrt{6}\\0 & 1/\sqrt{3} & \sqrt{2/3}\end{bmatrix}$$

在上述例题中，碰巧只通过两次小的旋转便获得了按式(5.14)所需要的精确的 $\boldsymbol{D}$ 和 $\boldsymbol{S}$ 阵。但一般说来，雅可比法是一个无限迭代过程，当迭代进行到全部非对角线元素的平方和小于某一指定值时，便结束迭代。

以上所述仅是雅可比法的基本思想。在实际应用时还应采取一定的措施，以加快迭代收敛速度。其中最常用的是阈值雅可比法。当 $\boldsymbol{A}$ 矩阵的阶数较高时，每次旋转都要搜索出绝对值最大的非对角元素是很费时间的。所以可按 $\boldsymbol{A}$ 阵中非对角元素绝对值的平均大小先

大致设定一个“阈值”，例如取该阈值为

$$v_1 = \Big(\sum_{i,j=1,i\neq j}^{n} A_{ij}^2 \Big)^{1/2} / n \tag{5.20}$$

然后，对 $\boldsymbol{A}$ 阵的上三角元素按行扫描，依次检查每一非对角元素的绝对值。若其值大于阈值，就立即对它作旋转消元。当按此阈值作最后一周扫描，可以确定已没有非对角元素其绝对值大于该阈值，就可以取

$$v_2 = v_1 / n \tag{5.21}$$

按更严格的标准扫描 —— 旋转。直到当阈值小到一定的程度，就能获得所需精度的对角阵 $\boldsymbol{D}$ 和 $\boldsymbol{S}$ 阵。

综上所述，雅可比方法概念清楚，方法简单，易于编程，对低阶实对称矩阵求解效率较高，精度可以控制，所以在求高阶矩阵时将它和其他的求解方法联合使用。下面给出其计算步骤：

(1) 记 $\boldsymbol{A}^0 = \boldsymbol{A}, \boldsymbol{S}^0 = \boldsymbol{I}$，给定精度指标 $v > 0$，按式(5.20)和(5.21)算出 $v_m (m=1,2,\cdots)$；

(2) 巡视 $\boldsymbol{A}^{k-1}$ 中的上三角非对角元素，若对所有 $|A_{i,j}^{k-1}| < v_m (j > i)$，则转入(6)，若对 $i=p, j=q$，有 $|A_{i,j}^{k-1}| \geqslant v_m$，则记下；

(3) 按式(5.18)计算 θ 及 $\cos\theta, \sin\theta$；按式(5.16)计算 $\boldsymbol{S}^{k-1}$；

(4) 按式(5.17)计算 $\boldsymbol{A}^k$ 的各元素；

(5) 按式(5.19)计算 $\boldsymbol{S}$ 的各元素，将 k 加上 1，返回(2)；

(6) 若 $v_m \geqslant v$，则令 $m+1 \Rightarrow m$，返回(2)；若 $v_m < v$，则迭代结束。

最后从 $\boldsymbol{A}^k$ 的对角线位置获得 $\boldsymbol{A}$ 的近似特征值，从 $\boldsymbol{S}$ 中获得对应的特征向量。

2. 幂迭代法(power iteration method)

幂迭代法又叫乘幂法。这里仅讨论一种简单情况，设矩阵 $\boldsymbol{A}$ 的特征值和对应的特征向量分别是

$$\begin{gathered} |\lambda_1| > |\lambda_2| \geqslant \cdots \geqslant |\lambda_n| \\ \boldsymbol{x}_1, \boldsymbol{x}_2, \cdots, \boldsymbol{x}_n \end{gathered} \tag{5.22}$$

现在，任取一初始向量 $\boldsymbol{z}$，因为 $\boldsymbol{x}_i (i=1,2,\cdots,n)$ 相互独立（当 $\boldsymbol{A}$ 为对称时，它们还彼此正交），故 $\boldsymbol{z}^{(0)}$ 可由它们线性组合来表示

$$\boldsymbol{z}^{(0)} = \sum_{i=1}^{n} \alpha_i \boldsymbol{x}_i \tag{5.23}$$

对 $\boldsymbol{z}^{(0)}$ 进行左乘 $\boldsymbol{A}$ 的一连串的乘幂，并注意到式(5.13)，有

$$\begin{aligned} \boldsymbol{z}^{(1)} &= \boldsymbol{A}\boldsymbol{z}^{(0)} = \sum_{i=1}^{n} \alpha_i \boldsymbol{A} \boldsymbol{x}_i = \sum_{i=1}^{n} \alpha_i \lambda_i \boldsymbol{x}_i \\ \boldsymbol{z}^{(2)} &= \boldsymbol{A}\boldsymbol{z}^{(1)} = \boldsymbol{A}^2 \boldsymbol{z}^{(0)} = \sum_{i=1}^{n} \alpha_i \lambda_i \boldsymbol{A} \boldsymbol{x}_i = \sum_{i=1}^{n} \alpha_i \lambda_i^2 \boldsymbol{x}_i \\ &\vdots \\ \boldsymbol{z}^{k-1} &= \boldsymbol{A}^{k-1} \boldsymbol{z}^{(0)} = \sum_{i=1}^{n} \alpha_i \lambda_i^{k-1} \boldsymbol{x}_i \\ \boldsymbol{z}^{(k)} &= \boldsymbol{A}^k \boldsymbol{z}^{(0)} = \sum_{i=1}^{n} \alpha_i \lambda_i^k \boldsymbol{x}_i = \lambda_1^k \left[\alpha_1 \boldsymbol{x}_1 + \sum_{i=2}^{n} \left(\frac{\lambda_i}{\lambda_1} \right)^k \alpha_i \boldsymbol{x}_i \right] \end{aligned} \tag{5.24}$$

由关系式(5.22)知,当 $k\to\infty$ 时,式(5.24)的最后一式中的中括号内除第一项外,其余各项及其和均趋于零。即 $\boldsymbol{z}^{(k)}$ 趋于 $\boldsymbol{x}_1$ 的方向,将 $\boldsymbol{z}^{(k)}$ 规范化,即得 $\boldsymbol{x}_1$。其特征值 λ_1 可以由 $\boldsymbol{z}^{(k)}$ 中之任一非零分量(一定有这样的分量)与 $\boldsymbol{z}^{k-1}$ 中与之对应的分量相比得到。这就是按模最大的特征值 λ_1。在实际作乘幂运算时,每作一次乘幂都应规范化一次,否则,可能发生计算机上溢或下溢。

当 $\boldsymbol{A}$ 非奇异时,可经求 $\boldsymbol{A}^{-1}$ 的按模最大的特征值 $1/\lambda_n$,从而通过 $\boldsymbol{A}^{-1}$ 的乘幂法求得 $\boldsymbol{A}$ 的按模最小的特征值。在实际计算时,为避免求 $\boldsymbol{A}$ 的逆矩阵,可通过求解线性方程组进行。例如,对 $\boldsymbol{z}^{(0)}$ 作 $\boldsymbol{z}^{(1)}$ 时,可由 $\boldsymbol{z}^{(1)}=\boldsymbol{A}^{-1}\boldsymbol{z}^{(0)}$,通过等价的形式,以 $\boldsymbol{A}\boldsymbol{z}^{(1)}=\boldsymbol{z}^{(0)}$,解以 $\boldsymbol{z}^{(1)}$ 为未知数的列向量,$\boldsymbol{A}$ 为系数矩阵的线性方程组。当给定初始 $\boldsymbol{z}^{(0)}$,求得 $\boldsymbol{z}^{(1)}$,再按 $\boldsymbol{A}\boldsymbol{z}^{(2)}=\boldsymbol{z}^{(1)}$,求得 $\boldsymbol{z}^{(2)}$,如此逐步作下去,到第 k 步,由 $\boldsymbol{A}\boldsymbol{z}^{(k)}=\boldsymbol{z}^{(k-1)}$,求得 $\boldsymbol{z}^{(k)}$。在实际运算中,对每次求得的 $\boldsymbol{z}^{(k)}$ $(k=1,2,\cdots)$ 都应实行规范化。为求得特征值,可再作一次迭代,即

$$\boldsymbol{A}\boldsymbol{z}^{(k+1)}=\boldsymbol{z}^{(k)} \tag{5.25}$$

此时,若 λ_n 为 $\boldsymbol{A}$ 的按模严格最小的特征值,则由

$$\boldsymbol{z}^{(k)\mathrm{T}}\boldsymbol{z}^{(k+1)}=1/\lambda_n \tag{5.26}$$

得

$$\lambda_n=1/(\boldsymbol{z}^{(k)\mathrm{T}}\boldsymbol{z}^{(k+1)})$$

特征向量就是 $\boldsymbol{z}^{(k)}$,上述就是反幂迭代法。当矩阵 $\boldsymbol{A}$ 可以进行三角分解,即

$$\boldsymbol{A}=\boldsymbol{L}\boldsymbol{U} \tag{5.27}$$

式中,$\boldsymbol{L}$,$\boldsymbol{U}$ 分别为对角元素非零的下三角阵和上三角阵,这时在引入中间变量 $\boldsymbol{y}$ 以后,可分两步求解式(5.25),即首先通过

$$\boldsymbol{L}\boldsymbol{y}=\boldsymbol{z}^{(k)} \tag{5.28}$$

求得 $\boldsymbol{y}$,第二步通过

$$\boldsymbol{U}\boldsymbol{z}^{(k+1)}=\boldsymbol{y} \tag{5.29}$$

求得 $\boldsymbol{z}^{(k+1)}$,由于系统矩阵为三角阵的方程组非常容易求解,所以可以事先将 $\boldsymbol{A}$ 作一劳永逸的分解,然后依照式(5.28)和式(5.29)的格式进行 $k=0,1,2,\cdots$ 的迭代。

实践证明,反幂迭代的收敛速度是很快的,以至于有时仅需迭代几次就能得到满意的结果。目前它已成为求解特征向量比较有效的方法。

幂迭代法或反幂迭代法可以求 $\boldsymbol{A}$ 矩阵的最大或最小特征值和特征向量。但它们也可以推广到求解 $\boldsymbol{A}$ 矩阵的其他或一组特征值和特征向量。有关这方面内容,若有兴趣,可参阅这方面的专著。

5.1.4　矩阵广义特征值问题解法简介

1. 广义雅可比法

在前一节中,一个实对称矩阵 $\boldsymbol{A}$ 经过一系列的正交变换而成为对角阵 $\boldsymbol{D}$,这就是 $\boldsymbol{A}$ 的谱矩阵。但在那里,广义特征值问题必须先化成标准特征值问题,才能施行对角化旋转。作为该法的一个自然推广,不需先对广义特征值问题进行标准化,而直接对广义特征值方程(5.1)两边的 $\boldsymbol{K}$ 阵和 $\boldsymbol{M}$ 阵施行一系列的变换,而将两矩阵同时化成对角矩阵。将它们对角线上的元素对应相除,就可以得到原问题的所有特征值;而将各次变换的矩阵连乘起来,就

可得到原问题的特征向量矩阵,并可按对角化后的 $\boldsymbol{M}$ 阵进行归一化。此法适用于求低阶的全部特征值问题,或 $\boldsymbol{K}$ 阵和 $\boldsymbol{M}$ 阵都很稀疏的高阶情况。这里介绍一种常用的广义雅可比方法。

设广义特征值方程

$$\boldsymbol{K\varphi} = \omega^2 \boldsymbol{M\varphi}$$

其中,$\boldsymbol{K}$ 是对称正定或半正定的,$\boldsymbol{M}$ 是对称正定的。仍沿用上节所述“阈值”的概念,对 $\boldsymbol{K}$ 和 $\boldsymbol{M}$ 分别定出阈值,例如,可仍参照式(5.20)与(5.21),也可按别的方法定阈值。但现在要对 $\boldsymbol{K}$ 阵与 $\boldsymbol{M}$ 阵的上三角作同步扫描,并依次检查每一对(K_{ij},M_{ij}),若两个数中有一个超过了阈值(指绝对值),就利用下列“广义雅可比矩阵”$\boldsymbol{S}^k$ 将当前的 $\boldsymbol{K}^k$ 和 $\boldsymbol{M}^k$ 矩阵变换为 $\boldsymbol{K}^{k+1}$ 和 $\boldsymbol{M}^{k+1}$ 矩阵

$$\boldsymbol{S}^k = \begin{bmatrix} 1 & & & & & \\ & \ddots & \vdots & & \vdots & \\ & & 1 & \cdots & \alpha & \cdots \\ & & \vdots & \ddots & \vdots & \\ & & \gamma & & 1 & \cdots \\ & & & & & \ddots \end{bmatrix} \begin{matrix} \\ \\ i\text{ 行} \\ \\ j\text{ 行} \\ \\ \end{matrix} \tag{5.30}$$

(其中 α 位于 i 行 j 列,γ 位于 j 行 i 列)

而

$$\begin{aligned} \boldsymbol{K}^{k+1} &= (\boldsymbol{S}^k)^{\mathrm{T}} \boldsymbol{K}^k \boldsymbol{S}^k \\ \boldsymbol{M}^{k+1} &= (\boldsymbol{S}^k)^{\mathrm{T}} \boldsymbol{M}^k \boldsymbol{S}^k \end{aligned} \tag{5.31}$$

其中,当 $k=1$ 时,$\boldsymbol{K}^k$ 和 $\boldsymbol{M}^k$ 就是原始的 $\boldsymbol{K}$ 阵与 $\boldsymbol{M}$ 阵。

式(5.31)的两式可以统一地写成

$$\boldsymbol{A}^{k+1} = (\boldsymbol{S}^k)^{\mathrm{T}} \boldsymbol{A}^k \boldsymbol{S}^k \tag{5.32}$$

将它展开后,可得到变换公式

$$\begin{aligned} A_{il}^{k+1} &= A_{li}^{k+1} = A_{li}^k + \gamma A_{lj}^k \\ A_{jl}^{k+1} &= A_{lj}^{k+1} = \alpha A_{li}^k + A_{lj}^k \\ A_{ii}^{k+1} &= A_{ii}^k + 2\gamma A_{ij}^k + \gamma^2 A_{jj}^k \quad (l \neq i, j) \\ A_{jj}^{k+1} &= \alpha^2 A_{ii}^k + 2\alpha A_{ij}^k + A_{jj}^k \\ A_{ij}^{k+1} &= A_{ji}^{k+1} = \alpha A_{ii}^k + (1+\alpha\gamma) A_{ij}^k + \gamma A_{jj}^k \\ A_{pq}^{k+1} &= A_{pq}^k \quad (p, q \neq i, j) \end{aligned} \tag{5.33}$$

按照这一关系式,选取 α 和 γ,使

$$K_{ij}^{k+1} = K_{ji}^{k+1} = M_{ij}^{k+1} = M_{ji}^{k+1} = 0 \tag{5.34}$$

即

$$\begin{aligned} \alpha K_{ii}^k + (1+\alpha\gamma) K_{ij}^k + \gamma K_{jj}^k &= 0 \\ \alpha M_{ii}^k + (1+\alpha\gamma) M_{ij}^k + \gamma M_{jj}^k &= 0 \end{aligned} \tag{5.35}$$

假如

$$\frac{K_{ii}^k}{M_{ii}^k} = \frac{K_{ij}^k}{M_{ij}^k} = \frac{K_{jj}^k}{M_{jj}^k} \tag{5.36}$$

则式(5.35)的两方程线性相关，只需取

$$\alpha=0,\quad \gamma=-\frac{K_{ij}^{k}}{K_{jj}^{k}} \tag{5.37}$$

便使式(5.36)的两方程均得到满足，如果式(5.36)并不满足，则可这样来解出 α 和 γ：自式(5.35)的两式消去 $(1+\alpha\gamma)$，可得

$$\overline{K}_{ii}^{k}\alpha+\overline{K}_{jj}^{k}\gamma=0 \tag{5.38}$$

其中

$$\begin{aligned}\overline{K}_{ii}^{k}&=K_{ii}^{k}M_{ij}^{k}-M_{ii}^{k}K_{ij}^{k}\\ \overline{K}_{jj}^{k}&=K_{jj}^{k}M_{ij}^{k}-M_{jj}^{k}K_{ij}^{k}\end{aligned} \tag{5.39}$$

再将式(5.38)代入式(5.35)，可得到关于 α 的二次方程

$$\overline{K}_{ii}^{k}\alpha^{2}+\overline{K}^{k}\alpha-\overline{K}_{jj}^{k}=0 \tag{5.40}$$

其中

$$\overline{K}^{k}=K_{ii}^{k}M_{jj}^{k}-K_{jj}^{k}M_{ii}^{k} \tag{5.41}$$

从式(5.40)可解出 α 的两个根，可任取一个，例如取

$$X=-\frac{\overline{K}^{k}}{2}+\sqrt{\left(\frac{\overline{K}^{k}}{2}\right)^{2}+\overline{K}_{ii}^{k}\overline{K}_{jj}^{k}}$$

$$\alpha=\frac{X}{\overline{K}_{ii}^{k}},\quad \gamma=-\frac{X}{\overline{K}_{jj}^{k}}$$

有关此法的解题过程，请读者自行推导。

2. 广义逆幂迭代

思想与标准特征根值的幂迭代方法一样，任意给定初始的第一阶振型向量和第一阶特征值，按下列方式实施迭代：

(1) 一般选初始第一阶振型向量和第一阶特征值为

$$\boldsymbol{x}_{1}=[1,1,\cdots,1]^{\mathrm{T}},\lambda_{1}=1$$

(2) 令 $k=1,2,\cdots$

① $\boldsymbol{K}\bar{\boldsymbol{x}}_{k+1}=\lambda_{k}\boldsymbol{M}\boldsymbol{x}_{k}$

这里一般要求刚度矩阵正定，则可利用乔莱斯基分解进行线性代数方程组的求解，解出 $\bar{\boldsymbol{x}}_{k+1}$。

② 对 $\bar{\boldsymbol{x}}_{k+1}$ 实施对质量矩阵的正交化，得新的下一次迭代向量：

$$\boldsymbol{x}_{k+1}=\frac{\bar{\boldsymbol{x}}_{k+1}}{(\bar{\boldsymbol{x}}_{k+1}^{\mathrm{T}}\boldsymbol{M}\bar{\boldsymbol{x}}_{k+1})^{1/2}}$$

$$\lambda_{k+1}=\sqrt{\boldsymbol{x}_{k+1}^{\mathrm{T}}\boldsymbol{K}\boldsymbol{x}_{k+1}}$$

然后返回①使 $k\rightarrow k+1$ 进行下轮迭代，直至相邻的两次迭代值的差：

$$|\lambda_{k+1}-\lambda_{k}|<\varepsilon=10^{-6}$$

$$\mathrm{norm}\,|\boldsymbol{x}_{k+1}-\boldsymbol{x}_{k}|<\varepsilon=10^{-6}$$

3. 子空间迭代

当要求一个复杂系统的固有频率和固有振型时，常归结为解一个阶数很高的广义特征值问题，这是非常困难的。但工程中有用的是低频或某一频段内的固有频率和固有振型。此时，子空间迭代法是极其有效的，不但可以节省计算时间，而且所需的计算机内存也大为

减少。下面先简单地介绍一下子空间迭代法的基本概念。

子空间迭代实质上就是对一组试验向量反复地使用里兹法和反迭代。对形如式(5.1)的广义特征值问题，从几何意义上讲，原 n 阶特征值系统有 n 个线性无关的特征向量 $\boldsymbol{A}^{(1)}$，$\boldsymbol{A}^{(2)},\cdots,\boldsymbol{A}^{(n)}$，它们相互之间关于 $\boldsymbol{M}$ 阵正交。这 n 个向量张成一个 n 维向量空间。而初始猜测的 q 个一组线性无关的 n 维向量 $\boldsymbol{x}^{(1)},\boldsymbol{x}^{(2)},\cdots,\boldsymbol{x}^{(q)}$ 则在其中张成一个 q 维子空间。里兹法就是如此将广义特征值问题转化为低阶特征值问题求解，但解的结果完全取决于初始试验向量，这对复杂结构来说，要将试验向量(振型)选好，并不是一件容易的事。此外，它本身也没有一种有效的手段来估计所得结果的准确程度。因此，多自由度的瑞利－里兹法长期以来没有得到广泛应用。由于电子计算机的应用，使瑞利－里兹法反复迭代成为可能。迭代的结果，就是使这 q 个试验向量的低阶振型分量不断地相对放大，即这些试验向量都向低阶特征向量 $\boldsymbol{A}^{(1)},\boldsymbol{A}^{(2)},\cdots,\boldsymbol{A}^{(q)}$ 所张成的子空间靠拢。这就是，尽管初始试验向量并不良好，通过迭代总能收敛于精确的 q 个低阶的特征向量。

但要注意，假如只作反复地迭代而不进行正交化处理，则 q 个 $\boldsymbol{x}^{(i)}(i=1,2,\cdots,q)$ 最后都将指向同一方向，即 $\boldsymbol{A}^{(1)}$ 所指的方向。所以必须作关于 $\boldsymbol{M}$ 阵正交化处理，使这些 $\boldsymbol{x}^{(1)}$，$\boldsymbol{x}^{(2)},\cdots,\boldsymbol{x}^{(q)}$ 不断旋转，最后分别指向 q 个特征向量的方向。即，初始猜测的子空间通过反复的“带正交化的旋转”而逼近由 $\boldsymbol{A}^{(1)},\boldsymbol{A}^{(2)},\cdots,\boldsymbol{A}^{(q)}$ 所张成的子空间。至于子空间迭代方法的具体循环步骤，可按下述方法完成。为求解 n 阶广义特征值问题

$$\boldsymbol{Kx}=\omega^2\boldsymbol{Mx}$$

首先应假设它的前 q 阶振型，q 应略大于所需的特征向量的阶数 p，有的文献推荐取

$$q=\min(2p,p+8)$$

将这 q 列初始向量自左至右依次排列，构成一个 $n\times q$ 的矩阵 $\boldsymbol{X}^0$，此时可按下列步骤进行：

(1) 形成系统的刚度矩阵 $\boldsymbol{K}$，质量矩阵 $\boldsymbol{M}$；

(2) 形成初始迭代向量矩阵 $\boldsymbol{X}^0$；

(3) 求解 $\boldsymbol{K}\bar{\boldsymbol{X}}^k=\boldsymbol{MX}^{k-1}$；

(4) 计算 $\boldsymbol{K}^*=(\bar{\boldsymbol{X}}^k)^{\mathrm{T}}\boldsymbol{K}\bar{\boldsymbol{X}}^k,\boldsymbol{M}^*=(\bar{\boldsymbol{X}}^k)^{\mathrm{T}}\boldsymbol{M}\bar{\boldsymbol{X}}^k$；

(5) 求 $\boldsymbol{K}^*\boldsymbol{A}^k=\boldsymbol{M}^*\boldsymbol{A}^k\boldsymbol{\Omega}^{2k}$ 的特征值问题；

(6) 计算 $\boldsymbol{X}^k=\bar{\boldsymbol{X}}^k\boldsymbol{A}^k$。

注意迭代从第3步开始，将已经准备好的 $\boldsymbol{X}^0$ 代入(3)(这时 $k=1$)，通过求解 q 个代数方程组便可获得 $\bar{\boldsymbol{X}}^1$，这是对 $\boldsymbol{X}^0$ 作了一次反迭代，从而改善了它所包含的 q 个初始振型品质(即增强了低阶振型分量)。在这一步中，常采用修正的平方根法，即预先对 $\boldsymbol{K}$ 作 $\boldsymbol{LDL}^{\mathrm{T}}$ 分解，因为 $\boldsymbol{K}$ 矩阵始终不变，故只需作一次分解即可；以后每解一个方程，只需要作一下回代便可以，而作回代是较省时间的。在第一步中并未对 $\bar{\boldsymbol{X}}^k$ 实行规一化，但这不影响后面的计算。在求得 $\bar{\boldsymbol{X}}^k$ 后进行第4步计算。但在第5步中求解广义特征值问题则常常是比较费时间的，尽管其阶数已被大大缩减，必须要解出其全部 q 个特征值和特征向量。为此，当 q 较大时，建议用雅可比法和其他方法(如豪斯霍尔德三对角化法)相结合求解，当 q 较小时，直接使用雅可比法是合适的。最后一步是计算出新的迭代向量，并进行正交规范化，同时也获得了系统近似振型矩阵。这时需判断是否结束迭代，若相邻两次同一频率的差满足精度要求，则结束迭代。否则，$k\Leftarrow k+1$ 再返回第3步进行新一轮计算，直到收敛为止。

最后需要指出的是，初始向量的选取将直接影响到迭代的收敛速度。根据经验和实践，

按如下方法选取是比较好的。即初始向量的第 1 列全部置 1，以后各列按 M_{ii}/K_{ii} 中的大小顺序，分别在该顺序的位置上置 $1/M_{kk}$，而其余该列元素皆置 0，其中 k 即是第 k 个元素最大，下面举一例说明。假设

$$\boldsymbol{K}=\begin{bmatrix}2 & \times & \times & \times & \times \\ \times & 3 & \times & \times & \times \\ \times & \times & 2 & \times & \times \\ \times & \times & \times & 1 & \times \\ \times & \times & \times & \times & 1\end{bmatrix} \tag{a}$$

$$\boldsymbol{M}=\begin{bmatrix}8 & \times & \times & \times & \times \\ \times & 9 & \times & \times & \times \\ \times & \times & 10 & \times & \times \\ \times & \times & \times & 6 & \times \\ \times & \times & \times & \times & 4\end{bmatrix} \tag{b}$$

“×”处可为任意数。把 $\boldsymbol{M}$ 和 $\boldsymbol{K}$ 中的对角元素对应相除，得

$$\frac{\boldsymbol{M}\text{ 对角}}{\boldsymbol{K}\text{ 对角}}=\begin{bmatrix}4 \\ 3 \\ 5 \\ 6 \\ 4\end{bmatrix} \tag{c}$$

于是 $\boldsymbol{X}^0$ 取为下列矩阵的前 q 列

$$\boldsymbol{X}^6=\begin{bmatrix}1 & 0 & 0 & 1/8 & 0 \\ 1 & 0 & 0 & 0 & 0 \\ 1 & 0 & 1/10 & 0 & 0 \\ 1 & 1/6 & 0 & 0 & 0 \\ 1 & 0 & 0 & 0 & 1/4\end{bmatrix} \tag{d}$$

这个矩阵的第一列全是 1；第二列只有一个非零元素 $1/M_{44}=1/6$，这是因为式(c) 中的第 4 个元素为最大。而式(c) 中次大的元素 5 是第 3 个，所以 $\boldsymbol{X}^0$ 的第三列中，亦只有第 3 个元素是非零的，取值 $1/M_{33}$，以此类推，即可获得所需的 $n\times q$ 的初始向量。

5.1.5　特征值问题的简单总结

除了以上介绍的方法以外，还有一些方法不详细介绍了，包括 QR 迭代、Sturm 法等。不同的方法有不同的特点，也就有不同的适用范围，此外一个高效的方法，要综合前述方法的思想进行组合。下面简单给出各类成熟方法的特点：

雅可比迭代：小模型实对称阵标准特征值问题的全部特征对问题。

广义雅可比迭代：求全部特征对，小模型的广义特征值问题，或者有大量非对角线零元素和少量对角线零元素问题。

子空间迭代法：针对大型广义特征对问题，是求这类问题的低阶特征对的高效方法。

兰索斯(Lanczos) 法：大型结构特征值计算最常用算法之一，对大多数问题都合适，比子空间迭代更为高效。

HQRI(Householder—QR)迭代方法：首先对矩阵进行 Householder 变换，变换为 3 对角阵，然后用 QR 迭代求全部特征值，再用逆幂迭代求特征向量。适合于大型满阵的大多数或全部特征值和向量的求解。一般说来，对于算法高阶特征值和特征向量的求解精度较差，而这个算法相对好一些，但是求解计算量会有较大增加。

5.2　结构动力响应的数值解法

5.2.1　引言

结构动响应的数值计算问题，主要针对多自由度或者连续体经过空间离散后建立的二阶常微分方程组形式的运动控制方程

$$\boldsymbol{M}\ddot{\boldsymbol{x}} + \boldsymbol{C}\dot{\boldsymbol{x}} + \boldsymbol{k}\boldsymbol{x} = \boldsymbol{Q} \tag{5.42}$$

研究这类方程组的数值求解方法。目前已经发展出的方法有两大类：

(1) 计算数学领域针对一阶微分方程数值积分发展出的方法，这类方法中典型的有向前(向后)欧拉法、中点法、Rugge－kutta(龙格 — 库塔)方法等。

(2) 直接基于二阶动力学方程发展的方法，主要有：① 模态叠加法；② 直接积分法(“直接”的含义是求解之前不进行模态变换，直接求解)。

模态叠加方法适合于经典阻尼假设情况，适合于长时间、持续动载荷作用问题，以及大多数以低频响应为主的工程问题，是线性结构动响应数值计算常用的方法，但如下情况通常使用直接积分方法：

① 非经典阻尼，非线性情况，这些情况模态叠加无法使用。

② 有冲击作用，激起高频模态，模态叠加计算量太大，就是瞬态响应计算问题。

本节主要介绍几种常用的直接积分方法。

5.2.2　中心差分法(The central difference method)

用位移向前一步的差分表示的速度和向后一步的差分表示的速度的平均来确定当前时刻的速度，得到以当前时刻 t 为中心的前后时刻位移的差分表示的速度，即

$$\dot{\boldsymbol{x}}_t = \frac{1}{2}\left(\frac{x_{t+\Delta t} - x_t}{\Delta t} + \frac{x_t - x_{t-\Delta t}}{\Delta t}\right) = \frac{1}{2\Delta t}(\boldsymbol{x}_{t+\Delta t} - \boldsymbol{x}_{t-\Delta t}) \tag{5.43a}$$

加速度的位移变动表示为

$$\ddot{\boldsymbol{x}}_t = \frac{\dot{x}_{t+\Delta t} - \dot{x}_t}{\Delta t} = \frac{1}{\Delta t}\left(\frac{x_{t+\Delta t} - x_t}{\Delta t} - \frac{x_t - x_{t-\Delta t}}{\Delta t}\right) = \frac{1}{(\Delta t)^2}(\boldsymbol{x}_{t+\Delta t} - 2\boldsymbol{x}_t + \boldsymbol{x}_{t-\Delta t}) \tag{5.43b}$$

代入振动方程(5.42)，则以中心时刻 t 的差分表示的振动方程的近似式为

$$\left(\boldsymbol{M}\frac{1}{(\Delta t)^2} + \boldsymbol{C}\frac{1}{2\Delta t}\right)\boldsymbol{x}_{t+\Delta t} =$$

$$\boldsymbol{Q}_t - \left(\boldsymbol{K} - \frac{2}{(\Delta t)^2}\boldsymbol{M}\right)\boldsymbol{x}_t - \left(\frac{1}{(\Delta t)^2}\boldsymbol{M} - \frac{1}{2\Delta t}\boldsymbol{C}\right)\boldsymbol{x}_{t-\Delta t} \tag{5.44}$$

若以如下记号简记

$$a_0 = \frac{1}{(\Delta t)^2},\quad a_1 = \frac{1}{2\Delta t},\quad a_2 = 2a_0$$

则式(5.44)可写成如下形式

$$\bar{\boldsymbol{K}}\boldsymbol{x}_{t+\Delta t}=\bar{\boldsymbol{Q}}_t \tag{5.45}$$

其中

$$\bar{\boldsymbol{K}}=a_0\boldsymbol{M}+a_1\boldsymbol{C}$$

$$\bar{\boldsymbol{Q}}_t=\boldsymbol{Q}_t-(\boldsymbol{K}-a_2\boldsymbol{M})\boldsymbol{x}_t-(a_0\boldsymbol{M}-a_1\boldsymbol{C})\boldsymbol{x}_{t-\Delta t} \tag{5.46}$$

由式(5.46)和(5.45)可以看出,通过中心差分法可用系统在 $t-\Delta t$ 时刻以及 t 时刻向量 $\boldsymbol{x}$ 的值,近似表示它在 $t+\Delta t$ 时刻所应满足的方程。通过求解以 $\boldsymbol{x}_{t+\Delta t}$ 为未知向量的方程组式(5.45),即可使问题得到解答。由式(5.43)可知,中心差分法必须先计算出位移向量 $\boldsymbol{x}_{t+\Delta t}$,然后才能得到前一时刻 t 的速度和加速度向量。

又由式(5.46)知,在计算的第一步,需要知道 $\boldsymbol{x}_{t-\Delta t}$ 的值;但是,一般初始条件只给出 $\boldsymbol{x}_0$ 和 $\dot{\boldsymbol{x}}_0$ 的值。为此,令 $t=0$,从式(5.43a)解出 $\boldsymbol{x}_{\Delta t}$ 代入第二式,经整理可得

$$\boldsymbol{x}_{-\Delta t}=\boldsymbol{x}_0-\frac{1}{2a_1}\dot{\boldsymbol{x}}_0+\frac{1}{2a_0}\ddot{\boldsymbol{x}}_0 \tag{5.47}$$

实际计算中,可直接补充给出加速度的初值 $\ddot{\boldsymbol{x}}_0$;也可自动力学方程(5.42)通过计算

$$\boldsymbol{M}\ddot{\boldsymbol{x}}_0+\boldsymbol{C}\dot{\boldsymbol{x}}_0+\boldsymbol{K}\boldsymbol{x}_0=\boldsymbol{Q}_0 \tag{5.48}$$

精确方程来求得 $\ddot{\boldsymbol{x}}_0$,从而可进行式(5.47)的计算。

至此,通过式(5.46)计算静力方程组(5.45),可逐步解得 $\boldsymbol{x}_{0+j\Delta t}$,$\dot{\boldsymbol{x}}_{0+j\Delta t}$,$\ddot{\boldsymbol{x}}_{0+j\Delta t}$($j=1$,2,…,步数)。

由中心差分法的推导过程可以看出,它的计算程序是很简练的,而且此方法是很有效的。但是,中心差分法要求用足够小的时间步长 Δt,算法才能给出稳定的数值解。通常要求

$$\Delta t\leqslant\Delta t_{\mathrm{cr}}=\frac{T_n}{\pi} \tag{5.49}$$

式中,Δt_{cr} 为时间步长的临界值;T_n 为系统的最小周期;n 为系统的阶数。

下面给出中心差分法的解题步骤。

1. 初始值计算

(1) 形成刚度矩阵 $\boldsymbol{K}$,质量矩阵 $\boldsymbol{M}$ 和阻尼矩阵 $\boldsymbol{C}$。

(2) 定初始值 $\boldsymbol{x}_0$,$\dot{\boldsymbol{x}}_0$,$\ddot{\boldsymbol{x}}_0$。

(3) 选择时间步长 Δt,使它满足 $\Delta t<\Delta t_{\mathrm{cr}}$,并计算

$$a_0=\frac{1}{(\Delta t)^2},\quad a_1=\frac{1}{2\Delta t},\quad a_2=2a_0$$

(4) 计算 $\boldsymbol{x}_{-\Delta t}=\boldsymbol{x}_0-\dfrac{1}{2a_1}\dot{\boldsymbol{x}}_0+\dfrac{1}{2a_0}\ddot{\boldsymbol{x}}_0$。

(5) 形成等效刚度阵 $\bar{\boldsymbol{K}}=a_0\boldsymbol{M}+a_1\boldsymbol{C}$。

(6) 对 $\bar{\boldsymbol{M}}$ 阵进行三角分解 $\bar{\boldsymbol{M}}=\boldsymbol{LDL}^{\mathrm{T}}$。

2. 对每一时间步长

(1) 计算时刻 t 的等效荷载

$$\bar{\boldsymbol{Q}}_t=\boldsymbol{Q}_t-(\boldsymbol{K}-a_2\boldsymbol{M})\boldsymbol{x}_t-(a_0\boldsymbol{M}-a_1\boldsymbol{C})\boldsymbol{x}_{t-\Delta t}$$

(2) 求解 $t+\Delta t$ 时刻的位移

$$(\boldsymbol{LDL}^{\mathrm{T}})\boldsymbol{x}_{t+\Delta t}=\bar{\boldsymbol{Q}}_t$$

(3) 如需要计算时刻 t 的速度和加速度值，则

$$\dot{\boldsymbol{x}}_t = a_1(\boldsymbol{x}_{t+\Delta t} - \boldsymbol{x}_{t-\Delta t})$$

$$\ddot{\boldsymbol{x}}_t = a_0(\boldsymbol{x}_{t+\Delta t} - 2\boldsymbol{x}_t + \boldsymbol{x}_{t-\Delta t})$$

若系统的质量矩阵和阻尼矩阵为对角阵时，则计算可进一步简化。

5.2.3　纽马克方法(Newmark method)

根据动力学方程(5.42)，当在 t 时刻的响应 $\boldsymbol{x}_t, \dot{\boldsymbol{x}}_t, \ddot{\boldsymbol{x}}_t$ 已知时，要求下一时刻 $t+\Delta t$ 的响应值 $\boldsymbol{x}_{t+\Delta t}, \dot{\boldsymbol{x}}_{t+\Delta t}, \ddot{\boldsymbol{x}}_{t+\Delta t}$，令在待求时刻动力学方程成立，即

$$\boldsymbol{M}\ddot{\boldsymbol{x}}_{t+\Delta t} + \boldsymbol{C}\dot{\boldsymbol{x}}_{t+\Delta t} + \boldsymbol{K}\boldsymbol{x}_{t+\Delta t} = \boldsymbol{Q}_{t+\Delta t} \tag{5.50}$$

$\dot{\boldsymbol{x}}_{t+\Delta t}$ 为在 $t+\Delta t$ 时刻的速度，纽马克方法首先假定其内的加速度为介于 $\ddot{\boldsymbol{x}}_t$ 和 $\ddot{\boldsymbol{x}}_{t+\Delta t}$ 之间的某一常数，即

$$\ddot{\boldsymbol{x}} = \ddot{\boldsymbol{x}}_t + \gamma(\ddot{\boldsymbol{x}}_{t+\Delta t} - \ddot{\boldsymbol{x}}_t) \tag{5.51}$$

其中

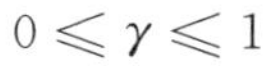

$$0 \leqslant \gamma \leqslant 1$$

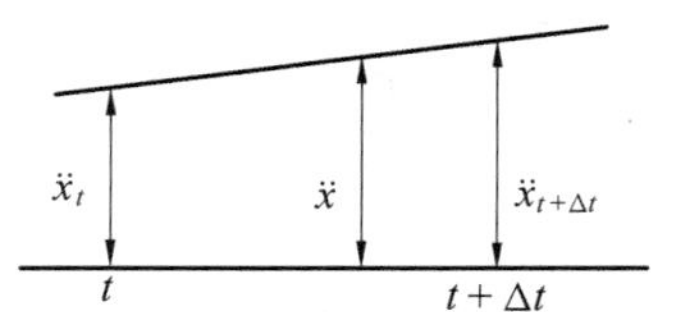

图 5.1　Δt 时段内的加速度分布

假如取 $\gamma = \dfrac{1}{2}$，则在此时段内的加速度为

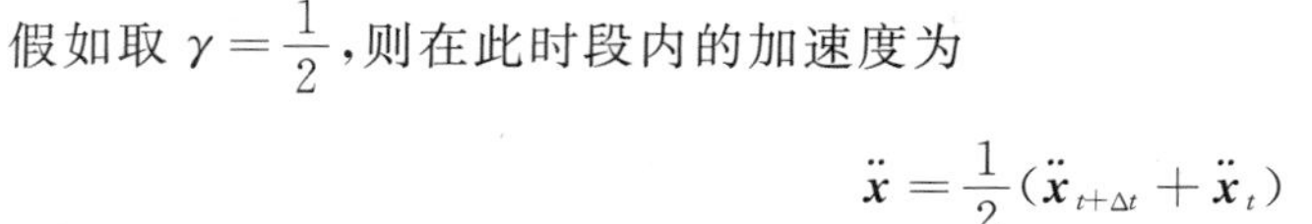

$$\ddot{\boldsymbol{x}} = \frac{1}{2}(\ddot{\boldsymbol{x}}_{t+\Delta t} + \ddot{\boldsymbol{x}}_t)$$

用图 5.1 来表示，其实就是平均加速度。

于是，对一般情况取 $\dot{\boldsymbol{x}}_{t+\Delta t}$ 以 t 时刻为原点的一阶泰勒展开式

$$\dot{\boldsymbol{x}}_{t+\Delta t} = \dot{\boldsymbol{x}}_t + \ddot{\boldsymbol{x}}\Delta t \tag{5.52}$$

将式(5.51) 代入式(5.52)，有

$$\dot{\boldsymbol{x}}_{t+\Delta t} = \dot{\boldsymbol{x}}_t + (1-\gamma)\ddot{\boldsymbol{x}}_t\Delta t + \gamma\ddot{\boldsymbol{x}}_{t+\Delta t}\Delta t \tag{5.53}$$

可以同样采用截尾的泰勒展开式写出

$$\boldsymbol{x}_{t+\Delta t} = \boldsymbol{x}_t + \dot{\boldsymbol{x}}_t\Delta t + \frac{1}{2}\ddot{\boldsymbol{x}}\Delta t^2 \tag{5.54}$$

与式(5.51) 类似的加速度表示式，但选取了不同的控制常数 δ，使

$$\ddot{\boldsymbol{x}} = \ddot{\boldsymbol{x}}_t + 2\delta(\ddot{\boldsymbol{x}}_{t+\Delta t} - \ddot{\boldsymbol{x}}_t) \tag{5.55}$$

其中，$0 \leqslant \delta \leqslant 0.5$。

将式(5.55) 代入式(5.54) 得

$$\boldsymbol{x}_{t+\Delta t} = \boldsymbol{x}_t + \dot{\boldsymbol{x}}_t\Delta t + (0.5-\delta)\ddot{\boldsymbol{x}}_t\Delta t^2 + \delta\ddot{\boldsymbol{x}}_{t+\Delta t}\Delta t^2 \tag{5.56}$$

原则上，只要选取适当的 γ 和 δ，在已知 t 时刻的各位移向量 $\boldsymbol{x}_t, \dot{\boldsymbol{x}}_t, \ddot{\boldsymbol{x}}_t$ 的条件下，即可通过三组控制方程(5.50)、(5.53) 和(5.56) 解得经过 Δt 时间后的响应向量 $\boldsymbol{x}_{t+\Delta t}, \dot{\boldsymbol{x}}_{t+\Delta t}$ 和 $\ddot{\boldsymbol{x}}_{t+\Delta t}$。具体做法是将式(5.56) 中的 $\ddot{\boldsymbol{x}}_{t+\Delta t}$ 用 $\boldsymbol{x}_{t+\Delta t}$ 表示，再代入式(5.53) 得 $\dot{\boldsymbol{x}}_{t+\Delta t}$ 用 $\boldsymbol{x}_{t+\Delta t}$ 表示，最后将 $\ddot{\boldsymbol{x}}_{t+\Delta t}$ 和 $\dot{\boldsymbol{x}}_{t+\Delta t}$ 代入到式(5.50)，解得 $\boldsymbol{x}_{t+\Delta t}$。再返回求得 $\ddot{\boldsymbol{x}}_{t+\Delta t}$ 和 $\dot{\boldsymbol{x}}_{t+\Delta t}$。其具体表达式如下

$$\ddot{\boldsymbol{x}}_{t+\Delta t} = \frac{1}{\delta\Delta t^2}(\boldsymbol{x}_{t+\Delta t} - \boldsymbol{x}_t) - \frac{1}{\delta\Delta t}\dot{\boldsymbol{x}}_t - \left(\frac{1}{2\delta} - 1\right)\ddot{\boldsymbol{x}}_t \tag{5.57}$$

$$\dot{\boldsymbol{x}}_{t+\Delta t} = \dot{\boldsymbol{x}}_t + \Delta t(1-\gamma)\ddot{\boldsymbol{x}}_t + \gamma\Delta t\ddot{\boldsymbol{x}}_{t+\Delta t} \tag{5.58}$$

将式(5.57)、(5.58) 代入式(5.50) 得

$$\bar{\boldsymbol{K}}\boldsymbol{x}_{t+\Delta t}=\bar{\boldsymbol{Q}}_{t+\Delta t} \tag{5.59}$$

其中

$$\bar{\boldsymbol{K}}=\boldsymbol{K}+\frac{1}{\delta\Delta t^2}\boldsymbol{M}+\frac{\gamma}{\delta\Delta t}\boldsymbol{C}$$

$$\bar{\boldsymbol{Q}}_{t+\Delta t}=\boldsymbol{Q}_{t+\Delta t}+\boldsymbol{M}\left[\frac{1}{\delta\Delta t^2}\boldsymbol{x}_t+\frac{1}{\delta\Delta t}\dot{\boldsymbol{x}}_t+(\frac{1}{2\delta}-1)\ddot{\boldsymbol{x}}_t\right]+$$
$$\boldsymbol{C}\left[\frac{\gamma}{\delta\Delta t}\boldsymbol{x}_t+(\frac{\gamma}{\delta}-1)\dot{\boldsymbol{x}}_t+\frac{\Delta t}{2}(\frac{\gamma}{\delta}-2)\ddot{\boldsymbol{x}}_t\right]$$

式中，$\bar{\boldsymbol{K}}$ 为等效刚度矩阵，它与时间无关；$\bar{\boldsymbol{Q}}_{t+\Delta t}$ 为等效荷载向量，它与时间有关。

求解方程组(5.59)属常规计算，无需赘述。解得 $x_{t+\Delta t}$ 后，返回到式(5.57)和式(5.58)，即可得到相应的 $\ddot{\boldsymbol{x}}_{t+\Delta t}$ 和 $\dot{\boldsymbol{x}}_{t+\Delta t}$，然后，从 $t+\Delta t$ 时刻的响应向量出发，重复上述过程，即可求得以后各时刻的响应向量。

下面给出纽马克法的解题步骤。

1. 初始值计算

(1) 形成系统刚度矩阵 $\boldsymbol{K}$，质量矩阵 $\boldsymbol{M}$ 和阻尼矩阵 $\boldsymbol{C}$；

(2) 定初始值 $\boldsymbol{x}_0,\dot{\boldsymbol{x}}_0,\ddot{\boldsymbol{x}}_0=\boldsymbol{M}^{-1}(\boldsymbol{Q}_0-\boldsymbol{K}\boldsymbol{x}_0-\boldsymbol{C}\dot{\boldsymbol{x}}_0)$；

(3) 选择时间步长 Δt，参数 γ,δ。并计算积分常数

$$\gamma\geqslant 0.5,\quad \delta\geqslant 0.25(0.5+\gamma)^2$$

$$a_0=\frac{1}{\delta\Delta t^2},\quad a_1=\frac{\gamma}{\delta\Delta t},\quad a_2=\frac{1}{\delta\Delta t}$$

$$a_3=\frac{1}{2\delta}-1,\quad a_4=\frac{\gamma}{\delta}-1,\quad a_5=\frac{\Delta t}{2}(\frac{\gamma}{\delta}-2)$$

$$a_6=\Delta t(1-\gamma),\quad a_7=\gamma\Delta t$$

(4) 形成等效刚度矩阵 $\bar{\boldsymbol{K}}$

$$\bar{\boldsymbol{K}}=\boldsymbol{K}+a_0\boldsymbol{M}+a_1\boldsymbol{C}$$

(5) $\bar{\boldsymbol{K}}$ 矩阵进行三角分解

$$\bar{\boldsymbol{K}}=\boldsymbol{L}\boldsymbol{D}\boldsymbol{L}^{\mathrm{T}}$$

2. 对每一时间步长

(1) 计算 $t+\Delta t$ 时刻的等效荷载

$$\bar{\boldsymbol{Q}}_{t+\Delta t}=\boldsymbol{Q}_{t+\Delta t}+\boldsymbol{M}(a_0\boldsymbol{x}_t+a_2\dot{\boldsymbol{x}}_t+a_3\ddot{\boldsymbol{x}}_t)+\boldsymbol{C}(a_1\boldsymbol{x}_t+a_4\dot{\boldsymbol{x}}_t+a_5\ddot{\boldsymbol{x}}_t)$$

(2) 求解 $t+\Delta t$ 时刻的位移

$$(\boldsymbol{L}\boldsymbol{D}\boldsymbol{L}^{\mathrm{T}})\boldsymbol{x}_{t+\Delta t}=\bar{\boldsymbol{Q}}_{t+\Delta t}$$

(3) 计算 $t+\Delta t$ 时刻的加速度和速度

$$\ddot{\boldsymbol{x}}_{t+\Delta t}=a_0(\boldsymbol{x}_{t+\Delta t}-\boldsymbol{x}_t)-a_2\dot{\boldsymbol{x}}_t-a_3\ddot{\boldsymbol{x}}_t$$
$$\dot{\boldsymbol{x}}_{t+\Delta t}=\dot{\boldsymbol{x}}_t+a_6\ddot{\boldsymbol{x}}_t+a_7\ddot{\boldsymbol{x}}_{t+\Delta t}$$

5.2.4　威尔逊 $-\theta$ 方法(Wilson $-\theta$ method)

威尔逊 $-\theta$ 法是线性加速度法的推广。在线性加速度法中，假设加速度在 t 到 $t+\Delta t$ 时间内是线性变化的。而威尔逊 $-\theta$ 法假设加速度在 t 到 $t+\theta\Delta t$ 时间内是线性变化的。其中

$\theta \geqslant 1.0$，当 $\theta = 1.0$ 时，威尔逊 $-\theta$ 法就变为线性加速度法，如图 5.2 所示。由算法稳定性分析可知，当 $\theta \geqslant 1.37$ 时，威尔逊 $-\theta$ 法是无条件稳定的，通常取 $\theta = 1.4$，θ 的优化值是 1.420815。

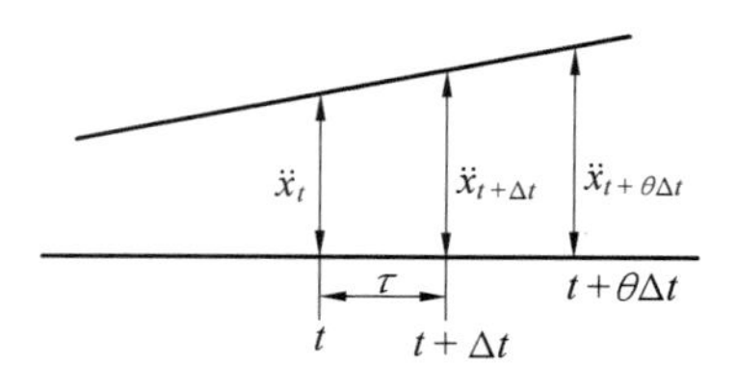

图 5.2　$\theta\Delta t$ 时段内的加速度分布

根据假设，在 t 和 $t+\theta\Delta t$ 时间内的加速度可表示为

$$\ddot{\boldsymbol{x}}_{t+\tau} = \ddot{\boldsymbol{x}}_t + \frac{\tau}{\theta\Delta t}(\ddot{\boldsymbol{x}}_{t+\theta\Delta t} - \ddot{\boldsymbol{x}}_t) \tag{5.60}$$

式中，τ 为时间的增量，并且 $0 \leqslant \tau \leqslant \theta\Delta t$。

将式(5.60)积分两次，可得在 t 到 $t+\theta\Delta t$ 时间间隔内任意时刻的速度和位移

$$\dot{\boldsymbol{x}}_{t+\tau} = \dot{\boldsymbol{x}}_t + \ddot{\boldsymbol{x}}_t\tau + \frac{\tau^2}{2\theta\Delta t}(\ddot{\boldsymbol{x}}_{t+\theta\Delta t} - \ddot{\boldsymbol{x}}_t) \tag{5.61}$$

$$\boldsymbol{x}_{t+\tau} = \boldsymbol{x}_t + \dot{\boldsymbol{x}}_t\tau + \frac{1}{2}\ddot{\boldsymbol{x}}_t\tau^2 + \frac{1}{6\theta\Delta t}\tau^3(\ddot{\boldsymbol{x}}_{t+\theta\Delta t} - \ddot{\boldsymbol{x}}_t) \tag{5.62}$$

当 $\tau = \theta\Delta t$，即在 $t+\theta\Delta t$ 时，则有

$$\dot{\boldsymbol{x}}_{t+\theta\Delta t} = \dot{\boldsymbol{x}}_t + \frac{\theta\Delta t}{2}(\ddot{\boldsymbol{x}}_{t+\theta\Delta t} + \ddot{\boldsymbol{x}}_t) \tag{5.63}$$

$$\boldsymbol{x}_{t+\theta\Delta t} = \boldsymbol{x}_t + \theta\Delta t\dot{\boldsymbol{x}}_t + \frac{\theta^2\Delta t^2}{6}(\ddot{\boldsymbol{x}}_{t+\theta\Delta t} + 2\ddot{\boldsymbol{x}}_t) \tag{5.64}$$

从式(5.63)和(5.64)可求得用位移 $\boldsymbol{x}_{t+\theta\Delta t}$ 表示的 $\ddot{x}_{t+\theta\Delta t}$ 和 $\dot{x}_{t+\theta\Delta t}$

$$\ddot{\boldsymbol{x}}_{t+\theta\Delta t} = \frac{6}{\theta^2\Delta t^2}(\boldsymbol{x}_{t+\theta\Delta t} - \boldsymbol{x}_t) - \frac{6}{\theta\Delta t}\dot{\boldsymbol{x}}_t - 2\ddot{\boldsymbol{x}}_t \tag{5.65}$$

$$\dot{\boldsymbol{x}}_{t+\theta\Delta t} = \frac{3}{\theta\Delta t}(\boldsymbol{x}_{t+\theta\Delta t} - \boldsymbol{x}_t) - 2\dot{\boldsymbol{x}}_t - \frac{\theta\Delta t}{2}\ddot{\boldsymbol{x}}_t \tag{5.66}$$

将式(5.65)和(5.66)代入动力学方程(5.42)并注意到由于加速度假设是线性变化的，荷载也应采用其线性投影，得系统在 $t+\theta\Delta t$ 时刻的平衡方程为

$$\boldsymbol{M}\ddot{\boldsymbol{x}}_{t+\theta\Delta t} + \boldsymbol{C}\dot{\boldsymbol{x}}_{t+\theta\Delta t} + \boldsymbol{K}\boldsymbol{x}_{t+\theta\Delta t} = \bar{\boldsymbol{Q}}_{t+\theta\Delta t} \tag{5.67}$$

$$\bar{\boldsymbol{Q}}_{t+\theta\Delta t} = \boldsymbol{Q}_t + \theta(\boldsymbol{Q}_{t+\Delta t} - \boldsymbol{Q}_t)$$

亦即

$$\bar{\boldsymbol{K}}\boldsymbol{x}_{t+\theta\Delta t} = \bar{\boldsymbol{R}}_{t+\theta\Delta t} \tag{5.68}$$

其中

$$\bar{\boldsymbol{K}} = \boldsymbol{K} + \frac{6}{(\theta\Delta t)^2}\boldsymbol{M} + \frac{3}{\theta\Delta t}\boldsymbol{C}$$

$$\bar{\boldsymbol{R}}_{t+\theta\Delta t} = \boldsymbol{Q}_t + \theta(\boldsymbol{Q}_{t+\Delta t} - \boldsymbol{Q}_t) + \boldsymbol{M}\left[\frac{6}{(\theta\Delta t)^2}\boldsymbol{x}_t + \frac{6}{\theta\Delta t}\dot{\boldsymbol{x}}_t + 2\ddot{\boldsymbol{x}}_t\right] + \boldsymbol{C}\left[\frac{3}{\theta\Delta t}\boldsymbol{x}_t + 2\dot{\boldsymbol{x}}_t + \frac{\theta\Delta t}{2}\ddot{\boldsymbol{x}}_t\right]$$

从方程(5.68)按常规方法解出 $\boldsymbol{x}_{t+\theta\Delta t}$，将其代入式(5.65)，就可求出 $\ddot{\boldsymbol{x}}_{t+\theta\Delta t}$。

令 $\tau = \Delta t$，并将 $\ddot{\boldsymbol{x}}_{t+\theta\Delta t}$ 代入式(5.60)、(5.61)和(5.62)可求得

$$\ddot{\boldsymbol{x}}_{t+\Delta t} = \left(1 - \frac{1}{\theta}\right)\ddot{\boldsymbol{x}}_t + \frac{1}{\theta}\ddot{\boldsymbol{x}}_{t+\theta\Delta t} =$$

$$\frac{6}{\theta(\theta\Delta t)^2}(\boldsymbol{x}_{t+\theta\Delta t}-\boldsymbol{x}_t)-\frac{6}{\theta(\theta\Delta t)}\dot{\boldsymbol{x}}_t+(1-\frac{3}{\theta})\ddot{\boldsymbol{x}}_t$$

$$\dot{\boldsymbol{x}}_{t+\Delta t}=\dot{\boldsymbol{x}}_t+\frac{\Delta t}{2}(\ddot{\boldsymbol{x}}_{t+\Delta t}+\ddot{\boldsymbol{x}}_t)$$

$$\boldsymbol{x}_{t+\Delta t}=\boldsymbol{x}_t+\Delta t\dot{\boldsymbol{x}}_t+\frac{\Delta t^2}{6}(\ddot{\boldsymbol{x}}_{t+\Delta t}+2\ddot{\boldsymbol{x}}_t)$$

下面给出威尔逊－θ 法具体解题步骤。

1. 初始值计算

(1) 形成刚度矩阵 $\boldsymbol{K}$、质量矩阵 $\boldsymbol{M}$ 和阻尼矩阵 $\boldsymbol{C}$；

(2) 给定初始值 $\boldsymbol{x}_0$、$\dot{\boldsymbol{x}}_0$ 和 $\ddot{\boldsymbol{x}}_0=\boldsymbol{M}^{-1}(\boldsymbol{Q}_0-\boldsymbol{K}\boldsymbol{x}_0-\boldsymbol{C}\dot{\boldsymbol{x}}_0)$；

(3) 选择时间步长 Δt，并计算积分常数

$\theta=1.4$

$a_0=\frac{6}{(\theta\Delta t)^2},\quad a_1=\frac{3}{\theta\Delta t},\quad a_2=2a_1,$

$a_3=\frac{\theta\Delta t}{2},\quad a_4=\frac{a_0}{\theta},\quad a_5=\frac{-a_2}{\theta},$

$a_6=1-\frac{3}{\theta},\quad a_7=\frac{\Delta t}{2},\quad a_8=\frac{\Delta t^2}{6};$

(4) 形成等效刚度阵 $\bar{\boldsymbol{K}}$

$$\bar{\boldsymbol{K}}=\boldsymbol{K}+a_0\boldsymbol{M}+a_1\boldsymbol{C}$$

(5) 将等效刚度阵 $\bar{\boldsymbol{K}}$ 进行三角分解

$$\bar{\boldsymbol{K}}=\boldsymbol{LDL}^{\mathrm{T}}$$

2. 对每一时间步长

(1) 计算 $t+\theta\Delta t$ 时刻的等效荷载

$$\begin{aligned}\bar{\boldsymbol{R}}_{t+\theta\Delta t}=&\boldsymbol{Q}_t+\theta(\boldsymbol{Q}_{t+\Delta t}-\boldsymbol{Q}_t)+\boldsymbol{M}(a_0\boldsymbol{x}_t+a_2\dot{\boldsymbol{x}}_t+2\ddot{\boldsymbol{x}}_t)+\\&\boldsymbol{C}(a_1\boldsymbol{x}_t+2\dot{\boldsymbol{x}}_t+a_3\ddot{\boldsymbol{x}}_t)\end{aligned}$$

(2) 解 $t+\theta\Delta t$ 时刻的位移

$$\boldsymbol{LDL}^{\mathrm{T}}\boldsymbol{x}_{t+\theta\Delta t}=\bar{\boldsymbol{R}}_{t+\theta\Delta t}$$

(3) 计算在 $t+\Delta t$ 时刻的位移、速度和加速度

$$\begin{aligned}\ddot{\boldsymbol{x}}_{t+\Delta t}&=a_4(\boldsymbol{x}_{t+\theta\Delta t}-\boldsymbol{x}_t)+a_5\dot{\boldsymbol{x}}_t+a_6\ddot{\boldsymbol{x}}_t\\\dot{\boldsymbol{x}}_{t+\Delta t}&=\dot{\boldsymbol{x}}_t+a_7(\ddot{\boldsymbol{x}}_{t+\Delta t}+\ddot{\boldsymbol{x}}_t)\\\boldsymbol{x}_{t+\Delta t}&=\boldsymbol{x}_t+\Delta t\dot{\boldsymbol{x}}_t+a_8(\ddot{\boldsymbol{x}}_{t+\Delta t}+2\ddot{\boldsymbol{x}}_t)\end{aligned}\tag{5.69}$$

值得注意的是为了保证系统在 $t+\Delta t$ 时刻的动力平衡，减少累积误差，在进行 $t+\Delta t$ 的下一步计算之前，用系统在 $t+\Delta t$ 时刻的动力平衡方程求出 $\ddot{x}_{t+\Delta t}$，而不是用公式(5.69)中的第一式。

最后指出，在以上几种方法中，所使用的控制方程都是原始(由物理坐标直接建立形成)的动力学方程，这也是“直接”的含意，不过也可将运动方程经模态变换(包括适当截尾)后，通过计算主振动的响应来实现对响应的物理参数的计算。对于某些系统高阶振型对响应贡献甚微时，可进行大尺度的模态截尾，以至于在实际逐步积分时，相应的矩阵和向量的维数将大大缩小，节省计算时间是可能的。但由于事先要计算系统的模态，故对于一般问题还应

审慎行事,特别是某些问题,已有明显信息说明高阶模态对响应的贡献不可忽略时,也许转换到模态坐标是不合适的。另一方面,对于某些复杂系统,其特征值相差比较大,仅依靠缩小步长也难以得到收敛的结果,而由于计算步数的增加其累积误差也越来越大,即使得到结果,也可能不是系统的真解,这就是所谓"刚性"方程问题,若碰到这类问题,请参见有关参考文献,采用一些更有效的算法。

5.2.5　广义 $-\alpha$ 方法(Generalized $-\alpha$ method)

这类方法的思想是在纽马克方法的基础上,假设惯性力、阻尼力和弹性恢复力为前后两时刻的线性组合,即

$$
\begin{gathered}
(1-\alpha)\boldsymbol{M}\boldsymbol{a}_{t+h}+\alpha\boldsymbol{M}\boldsymbol{a}_t+(1-\delta)\boldsymbol{C}\boldsymbol{v}_{t+h}+\delta\boldsymbol{C}\boldsymbol{v}_t+(1-\eta)\boldsymbol{K}\boldsymbol{x}_{t+h}+\eta\boldsymbol{K}\boldsymbol{x}_t=(1-\eta)\boldsymbol{F}_{t+h}+\eta\boldsymbol{F}_t \\
\boldsymbol{x}_{t+h}=\boldsymbol{x}_t+h\boldsymbol{v}_t+h^2(\varepsilon\boldsymbol{a}_t+\beta\boldsymbol{a}_{t+h}) \\
\boldsymbol{v}_{t+h}=\boldsymbol{v}_t+h(\mu\boldsymbol{a}_t+\gamma\boldsymbol{a}_{t+h})
\end{gathered}
\tag{5.70}
$$

h 为时间步长,$\boldsymbol{x}$,$\boldsymbol{v}$,$\boldsymbol{a}$ 分别为位移、速度和加速度向量。通过算法性能分析步骤,依据算法性能要求确定算法中各待定参数,最后由表 5.1 中的参数给出 6 个典型算法。

表 5.1　广义 $-\alpha$ 方法的算法参数

	没有超调的 CH $-\alpha$ 方法 $\rho\in[0,1]$	CH $-\alpha$ 方法 $\rho\in[0,1]$	没有超调的 HHT $-\alpha$ 方法 $\rho\in[1/2,1]$	HHT $-\alpha$ 方法 $\rho\in[1/2,1]$	没有超调的 WBZ $-\alpha$ 方法 $\rho\in[0,1]$	WBZ $-\alpha$ 方法 $\rho\in[0,1]$
α	$\frac{2\rho-1}{1+\rho}$	$\frac{2\rho-1}{1+\rho}$	0	0	$\frac{\rho-1}{1+\rho}$	$\frac{\rho-1}{1+\rho}$
δ	$\frac{3\rho-1}{2(1+\rho)}$	$\frac{\rho}{1+\rho}$	$\frac{1-\rho}{2(1+\rho)}$	$\frac{1-\rho}{1+\rho}$	$\frac{\rho-1}{2(1+\rho)}$	0
η	$\frac{\rho}{1+\rho}$	$\frac{\rho}{1+\rho}$	$\frac{1-\rho}{1+\rho}$	$\frac{1-\rho}{1+\rho}$	0	0
ε	$\frac{\rho}{(1+\rho)^2}$	$\frac{\rho^2+2\rho-1}{2(1+\rho)^2}$	$\frac{\rho}{(1+\rho)^2}$	$\frac{\rho^2+2\rho-1}{2(1+\rho)^2}$	$\frac{\rho}{(1+\rho)^2}$	$\frac{\rho^2+2\rho-1}{2(1+\rho)^2}$
β	$\frac{1}{(1+\rho)^2}$	$\frac{1}{(1+\rho)^2}$	$\frac{1}{(1+\rho)^2}$	$\frac{1}{(1+\rho)^2}$	$\frac{1}{(1+\rho)^2}$	$\frac{1}{(1+\rho)^2}$
μ	$\frac{\rho}{1+\rho}$	$\frac{3\rho-1}{2(1+\rho)}$	$\frac{\rho}{1+\rho}$	$\frac{3\rho-1}{2(1+\rho)}$	$\frac{\rho}{1+\rho}$	$\frac{3\rho-1}{2(1+\rho)}$
γ	$\frac{1}{1+\rho}$	$\frac{3-\rho}{2(1+\rho)}$	$\frac{1}{1+\rho}$	$\frac{3-\rho}{2(1+\rho)}$	$\frac{1}{1+\rho}$	$\frac{3-\rho}{2(1+\rho)}$

其中的参数 ρ 表征算法对高频的耗散性能,值越小算法耗散性能越强,反之当等于 1 的时候算法对无阻尼问题没有算法耗散。算法性能相关概念见下一节。算法流程如下:

1. 初始值计算

(1) 形成系统质量、刚度和阻尼矩阵。

(2) 确定初始条件。

(3) 选择时间步长 h 和算法参数 ρ,并按表 5.1 计算积分常数:

$$m_1 = \beta(1-\eta)h^2,\quad m_2 = \gamma(1-\delta)h,\quad m_3 = (1-\alpha),\quad m_4 = \beta\eta h^2,\quad m_5 = h(1-\alpha)$$
$$m_6 = (\varepsilon(1-\alpha)-\alpha\beta)h^2,\quad m_7 = (\gamma(1-\delta)-\beta)h^2,\quad m_8 = (1-\delta)(\varepsilon\gamma-\beta\mu)h^3$$
$$m_9 = -\beta\eta h^2,\quad m_{10} = \gamma/(\beta h),\quad m_{11} = (\beta-\gamma)/\beta,\quad m_{12} = (\beta\mu-\varepsilon\gamma)h/\beta$$
$$m_{13} = 1/(\beta h^2),\quad m_{14} = -1/(\beta h),\quad m_{15} = -\varepsilon/\beta$$

(4) 形成等效刚度矩阵

$$\boldsymbol{K}^e = m_1\boldsymbol{K} + m_2\boldsymbol{C} + m_3\boldsymbol{M}$$

(5) 对刚度矩阵进行三角分解

$$\boldsymbol{K}^e = \boldsymbol{LDL}^{\mathrm{T}}$$

2. 对于每一个时间步

(1) 计算下一时刻的等效载荷

$$\boldsymbol{F}^e_{t+h} = m_1\boldsymbol{F}_{t+h} + m_4\boldsymbol{F}_t + \boldsymbol{M}(m_3\boldsymbol{x}_t + m_5\boldsymbol{v}_t + m_6\boldsymbol{a}_t) + \boldsymbol{C}(m_2\boldsymbol{x}_t + m_7\boldsymbol{v}_t + m_8\boldsymbol{a}_t) + m_9\boldsymbol{Kx}_t$$

(2) 计算下一时刻的位移

$$(\boldsymbol{LDL}^{\mathrm{T}})\boldsymbol{x}_{t+h} = \boldsymbol{F}^e_{t+h}$$

(3) 计算下一时刻的速度和加速度

$$\boldsymbol{v}_t = m_{10}(\boldsymbol{x}_t - \boldsymbol{x}_t) + m_{11}\boldsymbol{v}_t + m_{12}\boldsymbol{a}_t$$
$$\boldsymbol{a}_t = m_{13}(\boldsymbol{x}_t - \boldsymbol{x}_t) + m_{14}\boldsymbol{v}_t + m_{15}\boldsymbol{a}_t$$

5.3　结构动力响应数值算法性能分析

自 1950 年 Houbolt 将其提出多步隐式算法公式用于结构动力学方程的数值计算的半个世纪以来,有大量的研究成果问世,各具特色的算法被提出,例如,上节所描述的算法就是几个常用的典型直接积分算法,然而,这些算法数值计算结果如何评价,针对不同的结构动力响应计算问题应该如何选择更合适的算法等是非常重要的问题。这就需要深入研究算法的数值计算性能,也就是算法的计算精度、稳定性等。本节给出描述算法性能的一些主要指标,和算法性能分析方法,并对典型数值算法进行分析。

对线性系统结构动力学问题,已经有证明对整个多自由度的积分,等价于将模态分解后对单自由度的积分的结果进行模态叠加,因此可以通过对单自由度问题的分析,来说明算法的特性,其中阻尼均假设为比例阻尼,这样,设模态分解后的单自由度结构动力学方程为

$$\ddot{x} + 2\zeta\omega\dot{x} + \omega^2 x = f(t) \tag{5.71}$$

式中,ζ 为阻尼比;ω 为单自由度系统固有频率。

以下算法的性能分析,均将算法用于这个方程。

5.3.1　算法用于结构动力学方程的有限差分表示

将数值计算方法应用于式(5.71),即分别在相邻的不同时刻应用算法可得如下一般形式

$$\boldsymbol{y}_{k+1}=\boldsymbol{A}\boldsymbol{y}_k+\boldsymbol{L}_k \tag{5.72}$$

式中，$\boldsymbol{A}$ 为放大矩阵或称逼近算子；$\boldsymbol{L}_k$ 为荷载逼近算子，$k=0,1,2,\cdots,n$。

$$\boldsymbol{y}_k=[x_k \quad x_{k-1} \quad \cdots \quad x_{k-m+1}]^{\mathrm{T}}, \quad \boldsymbol{y}_{k+1}=[x_{k+1} \quad x_k \quad \cdots \quad x_{k-m}]^{\mathrm{T}}$$

这种表示方法称为算法的单步多值表示方法。为表述方便，有的也将 y_k 定义为

$$[x_k \quad hv_k]^{\mathrm{T}} \quad 或 \quad [x_k \quad hv_k \quad h^2a_k]^{\mathrm{T}} \tag{5.73}$$

式中，x_k，v_k，a_k 分别为位移、速度、加速度在第 k 个时刻的近似值；h 为时间步长。

显然对自由振动情况有

$$\boldsymbol{y}_n=\boldsymbol{A}^n\boldsymbol{y}_0 \tag{5.74}$$

式中，$\boldsymbol{y}_0$ 为系统的初始值，显然计算的第 n 步的值与 $\boldsymbol{A}$ 直接有关。

例如将 Newmak 方法应用于方程(5.71) 有

$$\boldsymbol{A}=\boldsymbol{A}_{\mathrm{t}}^{-1}\boldsymbol{A}_{\mathrm{d}} \tag{5.75}$$

$$\boldsymbol{A}_{\mathrm{t}}=\begin{bmatrix}1+h^2\delta\omega^2 & 2h^2\delta\zeta\omega\\ h\gamma\omega^2 & 1+2h\gamma\zeta\omega\end{bmatrix}, \quad \boldsymbol{A}_{\mathrm{d}}=\begin{bmatrix}1-\dfrac{h^2}{2}(1-2\delta)\omega^2 & h[1-h(1-2\delta)\zeta\omega]\\ -h(1-\gamma)\omega^2 & 1-2h(1-\gamma)\zeta\omega\end{bmatrix}$$

矩阵 $\boldsymbol{A}$ 的特征多项式为

$$-\det(\boldsymbol{A}-\lambda I)=\lambda^2-2A_1\lambda+A_2=0 \tag{5.76}$$

其中 A_1，A_2 为该矩阵的两个特征向量，分别为矩阵的迹的一半和矩阵的行列式

$$A_1=\frac{1}{2}\mathrm{trace}\,\boldsymbol{A}=\frac{1}{2}(A_{11}+A_{22}) \tag{5.77}$$

$$A_2=\det\boldsymbol{A}=A_{11}A_{22}-A_{12}A_{21} \tag{5.78}$$

$$\lambda_{1,2}=A_1\pm\sqrt{A_1^2-A_2} \tag{5.79}$$

对 Newmak 方法有

$$A_1=\frac{1+(2\gamma-1)\zeta\Omega+(\delta-\dfrac{\gamma}{2}-\dfrac{1}{4})\Omega^2}{D}$$

$$A_2=\frac{1+(2\gamma-2)\zeta\Omega+(\delta-\gamma+\dfrac{1}{2})\Omega^2}{D} \tag{5.80}$$

式中，$\Omega=\omega h$，$D=1+2\gamma\zeta\Omega+\delta\Omega^2$。Newmak 方法放大矩阵的规模是二维的，因此特征值也只有两个，可以根据它们进行分析。有的算法放大矩阵是三维的，例如 Wilson-θ 方法，在无阻尼情况下放大矩阵为

$$\boldsymbol{A}=\frac{1}{D}\begin{bmatrix}(\theta^3-1)\Omega^2+6\theta & \theta h(6+\theta^2\Omega^3-\Omega^2) & h^2(6\theta+\theta^3\Omega^2-2-\theta^2\Omega^2)\\ -3\Omega\omega & \theta[\Omega^2(\theta^2-3)+6] & h(6\theta+\theta^3\Omega^2-3-3\theta^2\Omega^2/2)\\ -6\omega^2 & 6h\Omega\omega\theta & 6\theta+\Omega^2\theta^3-3\theta^2\Omega^2-6\end{bmatrix} \tag{5.81}$$

$$D=(\Omega^2\theta^2+6)\theta$$

放大矩阵 $\boldsymbol{A}$ 的特征多项式为

$$-\det(\boldsymbol{A}-\lambda\boldsymbol{I})=\lambda^3-2A_1\lambda^2+A_2\lambda-A_3=0 \tag{5.82}$$

式中，A_1，A_2，A_3 为该矩阵的 3 个特征向量，分别为矩阵的迹的一半、各阶主子式的和以及矩阵的行列式，对 Wilson-θ 方法有

$$\begin{cases} A_1 = \dfrac{18\theta - 6 + 3\Omega^2\theta^3 - \Omega^2 - 3\Omega^2\theta^2 - 3\Omega^2\theta}{2\theta(\Omega^2\theta^2 + 6)} \\ A_2 = \dfrac{4\Omega^2 + 3\Omega^2\theta^3 - 6\Omega^2\theta^2 + 18\theta - 12}{\theta(\Omega^2\theta^2 + 6)} \\ A_3 = \dfrac{-6 + 6\theta - \Omega^2 - 3\Omega^2\theta^2 + \Omega^2\theta^3 + 3\Omega^2\theta}{\theta(\Omega^2\theta^2 + 6)} \end{cases} \tag{5.83}$$

广义 $-\alpha$ 方法在无阻尼情况下的放大矩阵表示为

$$\boldsymbol{A} = \frac{1}{D}\begin{bmatrix} \Omega^2\rho + \rho^3 - 3\rho - 2 & (\rho - 2)(1+\rho)^2 & (\rho^2 - 1) \\ (1+\rho)^2\Omega^2 & \Omega^2\rho + \rho^3 - 3\rho - 2 & (\rho^2 - 1)(1+\rho) \\ (1+\rho)^3\Omega^2 & (1+\rho)^2\Omega^2 & \Omega^2\rho + 2\rho^3 + 3\rho^2 - 1 \end{bmatrix} \tag{5.84}$$

$$D = -\Omega^2 + \rho^3 - 3\rho - 2$$

此外，在几个不同时刻应用数值算法，然后将方程中的速度和加速度项消去，可得数值算法关于位移的差分方程，例如 Newmak 方法，有

$$(1 + 2\gamma\zeta\Omega + \delta\Omega^2)x_{n+1} - 2\left[1 + (2\gamma - 1)\zeta\Omega + \left(\delta - \frac{\gamma}{2} - \frac{1}{4}\right)\Omega^2\right]x_n + \left[1 + (2\gamma - 2)\zeta\Omega + \left(\delta - \gamma + \frac{1}{2}\right)\Omega^2\right]x_{n-1} = 0 \tag{5.85}$$

很显然，其特征方程与其放大矩阵 $\boldsymbol{A}$ 的特征方程是相同的，该方程为计算下一时刻($n+1$ 时刻) 的值不仅需要当前时刻(n 时刻) 的值，还需要前一时刻的值，这种方法称为线性多步法，可以看到使用关于位移的线性多步方式和放大矩阵来说明算法性能是一样的，只不过各有方便之处。

5.3.2　算法的稳定性分析

设 $\lambda_i(i=1,2,\cdots,m)$ 为放大矩阵 $\boldsymbol{A}$ 的特征值，则 $\rho = \max|\lambda_i|$ 定义为 $\boldsymbol{A}$ 的谱半径，若特征值互异，则 $\rho \leqslant 1$ 的算法是稳定的，但若有重特征根，则要求 $\rho < 1$。如果算法的稳定性要求对步长的选取有限制，称算法是有条件稳定的，反之为无条件稳定的。放大矩阵的谱半径小于等于 1 成立的充分条件是

$$\begin{cases} 1 - 2A_1 + A_2 \geqslant 0 \\ 1 + 2A_1 + A_2 \geqslant 0 \\ 1 - A_2 \geqslant 0 \end{cases} \tag{5.86}$$

对 3×3 的放大矩阵

$$\begin{cases} 1 - 2A_1 + 2A_2 - A_3 \geqslant 0 \\ 3 - 2A_1 - A_2 + 3A_3 \geqslant 0 \\ 3 + 2A_1 - A_2 - 3A_3 \geqslant 0 \\ 1 + 2A_1 + A_2 + A_3 \geqslant 0 \\ 1 - A_2 + A_3(2A_1 - A_3) \geqslant 0 \end{cases} \tag{5.87}$$

上两式是关于算法自由参数 ζ，Ω 的不等式，由它可以判断算法是否无条件稳定，若不是，将给出稳定条件。

由于直接积分格式都可以化为关于位移的线性多步法形式，因此在常微分方程数值计算领域给出的一些稳定性定义，如 A— 稳定，L— 稳定等，这里也都适用。其中 A 稳定是要

求全部特征值都按模严格小于 1,即它的稳定性比无条件稳定更强一些。

上面介绍的是算法性能数学上的定义和分析方法,稳定性的概念也可以从物理上解释。物理上,对一个无阻尼或者有阻尼自由振动系统,系统的能量随着时间不应该增加,有阻尼情况还应该减小。因此,一个数值方法的计算结果也不应该放大初始能量,如果经过若干步的数值计算以后,计算结果远比初始条件大,那就是数值算法本身计算是不稳定的。计算稳定性是对一个数值算法最基本的要求。一个稳定的计算过程,不仅仅不会放大初始条件,而且还会抑制计算过程中每一步产生的计算机舍入误差的累积。

例 5.1 分析 Newmak 方法、Wilson-θ 方法的稳定性。

解 将式(5.80)代入式(5.86)有

$$2\zeta\Omega+\Omega^2\left(\gamma-\frac{1}{2}\right)\geqslant 0$$

$$\Omega^2\left(\frac{\gamma}{2}-\delta\right)+(1-2\gamma)\zeta\Omega-1\leqslant 0$$

显然,当

$$\gamma\geqslant\frac{1}{2},\quad \delta\geqslant\frac{\gamma}{2} \tag{5.88}$$

算法无条件稳定。

当 $\gamma\geqslant\frac{1}{2}$,$\delta<\frac{\gamma}{2}$ 且

$$\Omega\leqslant\Omega_c=\frac{\zeta\left(\gamma-\frac{1}{2}\right)+\left[\frac{\gamma}{2}-\delta+\zeta^2\left(\gamma-\frac{1}{2}\right)^2\right]^{\frac{1}{2}}}{\frac{\gamma}{2}-\delta} \tag{5.89}$$

算法稳定,但为条件稳定,其中 Ω_c 为临界采样频率。由于式(5.86)仅仅是充分条件,所以可进一步按照稳定性的定义得到 5.2.3 节给出的无条件稳定条件。

对 Wilson-θ 方法,将式(5.83)代入式(5.87)得

$$\begin{cases}6\Omega^2\geqslant 0\\ 6\Omega^2(2\theta-1)\geqslant 0\\ 12+\Omega^2(-1+6\theta^2-6\theta)\geqslant 0\\ (4\theta^3+1-6\theta^2)\Omega^2+24\theta-12\geqslant 0\\ \Omega^4(2\theta^2+1-3\theta)\geqslant 0\end{cases} \tag{5.90}$$

容易看出,其中第一、二、五不等式恒成立,对第三、四不等式若希望对任意的 Ω 均成立,则有

$$\begin{cases}-1+6\theta^2-6\theta\geqslant 0\\ 4\theta^3-6\theta^2+1\geqslant 0\end{cases}$$

求解上述不等式得

$$\theta\geqslant\frac{1+\sqrt{3}}{2}\approx 1.37 \tag{5.91}$$

实际使用中通常选取 $\theta=1.4$。

5.3.3 算法的相容性和收敛性

直接积分算法的相容性、收敛性分析同样要使用其位移型的差分方程,或对应的单步多

值形式，在这些表达式中用精确解代替近似解，即可得到局部截断误差表达式，用符号 $e(t_k)$ 表示。以最常用的线性三步法为例局部截断误差表达式用放大矩阵的特征量可表示为

$$e(t_k)=[x(t_k+h)-2A_1x(t_k)+A_2x(t_k-h)-A_3x(t_k-2h)]/h^2 \tag{5.92}$$

式中，A_1，A_2，A_3 分别为对应的 3×3 的放大矩阵的 3 个特征向量，然后将 $x(t_k+h)$，$x(t_k-h)$，$x(t_k-2h)$ 在点 t_k 进行泰勒展开，然后利用各时刻的运动平衡方程化简即可。若局部截断误差表达式为步长的 $s(s>0)$ 阶小量，则称算法是 s 阶相容的。对 2×2 的放大矩阵，局部截断误差定义为

$$e(t_k)=[x(t_k+h)-2A_1x(t_k)+A_2(t_k-h)]/h^2 \tag{5.93}$$

在经典的数值算法收敛性分析理论中，一个重要的结论就是相容加稳定等于收敛，其相容的阶数就是算法的精度阶。收敛性的含义就是当时间步长趋于零，算法的数值解趋于精确解。对直接积分算法该定理同样可以证明是成立的。

例 5.2　分析 Newmak 法的相容性和精度。

解　其局部误差仿照式(5.93)得

$$e(t_k)=\frac{x(t_k+h)-2A_1x(t_k)+A_2x(t_k-h)}{h^2} \tag{5.94}$$

将 $x(t_k+h)$，$x(t_k-h)$ 在 t_k 点泰勒展开，并注意到在 t_k 时刻的运动方程有

$$\begin{aligned}e(t_k)=&\frac{1}{D}\left(\gamma-\frac{1}{2}\right)[\omega^2\dot{x}(t_k)+2\zeta\omega\ddot{x}(t_k)]h+\\&\frac{1}{D}\left[\left(\delta-\frac{\gamma}{2}+\frac{1}{4}\right)\omega^2\ddot{x}(t_k)+\frac{\zeta\omega}{3}\dddot{x}(t_k)+\frac{1}{12}x^{(4)}(t_k)\right]h^2+o(h^3)\end{aligned} \tag{5.95}$$

显然，选择 $\gamma=\frac{1}{2}$ 算法是二阶的，即截断误差是步长的二阶小量。显然 Newmak 方法中有两个参数待定，每种特定的选取都是一个特定的算法，最常用的几个算法见表 5.2。

表 5.2　常用的 Newmak 族直接积分算法

γ	δ	方法名称	稳定条件	精度阶	类型
1/2	1/4	平均加速度方法（梯形法）	无条件	2	隐式
1/2	1/6	线性加速度方法	$\Omega\leqslant\Omega_c=2\sqrt{3}=3.46$	2	隐式
1/2	0	中心差分方法	$\Omega\leqslant\Omega_c=2$	2	显式（质量、阻尼矩阵为对角时）

如果在一个时间步内需要求解一个隐式的方程组，则称算法是隐式的，反之不需要求解方程，直接计算即可得到下一时刻的值，则称算法是显式的。从 Newmak 方法的计算步骤可以看出，这类方法是隐式的，但对于中心差分方法，若质量矩阵和阻尼矩阵都是对角矩阵就可以显示地计算。显然显式方法计算量要小得多。读者可自行分析 Wilson-θ 方法的精度，不难分析，无论是无阻尼还是有阻尼其精度都是二阶的，它也是隐式方法。

5.3.4 算法耗散和弥散特性

算法的精度，在小步长的情况下可以通过局部截断误差分析来说明比较，但是，在实际计算过程中，当选用无条件稳定的算法时，步长的选取可能不是很小，此时如何来度量算法的计算精度，当然可以针对有解析解的问题进行大量的数值计算，将数值解与解析解进行比较来分析算法的计算精度。理论上还可以通过数值耗散(disspation)和弥散(dispersion)来辅助度量与分析，为引出这两个概念的含义，我们仍然以单自由度有阻尼自由振动问题为例，该问题的解析解为

$$x(t)=\mathrm{e}^{-\zeta\omega t}[c_1\cos(\omega_{\mathrm{d}}t)+c_2\sin(\omega_{\mathrm{d}}t)] \tag{5.96}$$

其中

$$c_1=x_0,\quad c_2=\frac{v_0+\zeta\omega x_0}{\omega_{\mathrm{d}}},\quad \omega_{\mathrm{d}}=\omega\sqrt{1-\zeta^2}$$

当直接积分算法用于这样的问题，前小节已经讲述过它可以写成形如式(5.85)的关于位移的有限差分形式，就是可以得到一个关于位移的有限差分方程，对于一个收敛的且有一定精度的算法，这个差分方程通常有一对共轭复根

$$\lambda_{1,2}=\mathrm{e}^{(-\bar{\zeta}\bar{\omega}\pm\bar{\omega}_{\mathrm{d}})h} \tag{5.97}$$

其中$\bar{\omega}_{\mathrm{d}}=\bar{\omega}\sqrt{1-\zeta^2}$，该两根称为主根，其他根称为寄生根(spurious roots)。解的一般形式可写为

$$x_n=\mathrm{e}^{-\bar{\zeta}\bar{\omega}t_n}[\bar{c}_1\cos(\bar{\omega}_{\mathrm{d}}t_n)+\bar{c}_2\sin(\bar{\omega}_{\mathrm{d}}t_n)]+\sum_{i=3}^{m}c_i\lambda_i^n \tag{5.98}$$

式中，$\bar{\zeta}$为算法阻尼比，当有物理阻尼存在时，它还包括了物理阻尼的影响；$\bar{\omega}$为算法频率，对应的$\bar{T}=2\pi/\bar{\omega}$称为算法周期。

可以看到上式前两项与式(5.96)形式是相同的，这给了我们与精确解进行比较的可能，如果：

(1) 寄生根的影响较小，即$|\lambda_i|_{i=3,\cdots,m}\ll|\lambda_{1,2}|$。

(2) 解表达式中的常数c_1，c_2与$\bar{c}_1$，$\bar{c}_2$差别不太大。

这样，我们就可以通过比较不同算法的算法阻尼比和相对周期误差，来比较算法的计算精度。此时，对无阻尼问题，可以很明显看到算法阻尼比会使得数值解曲线的幅值与解析解相比要降低而产生振幅衰减，这就是所谓的算法的数值耗散。同时，不同算法的算法周期与精确的周期会有一定的误差，这个误差一般用相对周期误差来表示$(\bar{T}-T)/T$，它会使得数值解曲线上产生周期的延长或缩短，即所谓的数值弥散。

实际分析时，可以首先通过求解放大矩阵或差分方程的特征方程得到特征方程的主根和寄生根，若主根可以表示为

$$\lambda_{1,2}=a\pm b\mathrm{i} \tag{5.99}$$

并注意到式(5.97)有

$$\bar{\Omega}_d=\bar{\omega}_{\mathrm{d}}h=\arctan(b/a) \tag{5.100}$$

$$\bar{\Omega}=\bar{\omega}h=\arctan(b/a)/\sqrt{1-\zeta^2} \tag{5.101}$$

$$\rho=\sqrt{a^2+b^2} \tag{5.102}$$

$$\bar{\zeta} = -\frac{1}{2\Omega}\ln(a^2 + b^2) \tag{5.103}$$

对结构动力学问题，一般总希望算法在低频段有较小的耗散和弥散，而且在低频段，当 $\Omega \to 0$ 时，可以很方便地获得它们的近似解析表达式。在高频段算法的耗散特性，用谱半径来说明更适合，一般用 $\rho_\infty = \lim\limits_{\Omega\to\infty}\rho(\boldsymbol{A})$ 来度量算法对高频分量的耗散特性，表 5.1 中为书写简化直接用 ρ 代替了，特别地，当 $\rho_\infty = 0$ 时，称算法具有高频渐进消去特性，即当算法计算一步以后高频极限完全地被耗散掉，而其他高频分量由高到低渐进地被耗散。由前面的叙述可以看到，算法放大矩阵的特征向量 $\boldsymbol{A}_1, \boldsymbol{A}_2$ 或 $\boldsymbol{A}_1, \boldsymbol{A}_2, \boldsymbol{A}_3$ 决定了算法对应特征方程的根，也就决定了算法的稳定性，同时确定了谱半径以及算法耗散和弥散特性。这些特性有时也称算法的谱特性。放大矩阵相同的不同算法，称为互相相同的，放大矩阵不同但特征值相同，称算法互相相似，或称算法频谱等价。

对于算法的耗散特性，应该说明的是高频耗散特性对实际的结构动响应求解是有益的，因为实际结构进行有限元离散以后计算出的高频行为并不真正代表系统的物理行为，它是结构系统在空间进行有限元离散的结果，是虚假的行为，而不具备高频耗散特性的算法，是将所有频率上的响应全部进行了积分，由于高频积分不准确，这样的计算结果显然与系统实际的反应不一致。但是同时要注意，它在低频也不同程度地引入了数值耗散，这样这些算法就不适合进行长时间的计算，因为长时间以后应该精确计算的低频响应，由于耗散特性的存在，已经被耗散得面目全非，因此，有耗散特性的直接积分方法只适合计算瞬态的、短时间内的低频动力响应。

广义 $-\alpha$ 方法，在高低频有更合理的耗散性能，在高频同等耗散程度下，低频耗散最小。

例 5.3　分析 Newmak 族算法频谱特性。

解　对 Newmak 族算法来说，当 $\gamma = \frac{1}{2}$ 时，算法才可能有二阶精度，我们仅讨论这一种情况。此时算法放大矩阵的两个特征量为

$$A_1 = \frac{1 + (\delta - \frac{1}{2})\Omega^2}{1 + \zeta\Omega + \delta\Omega^2}, \quad A_2 = \frac{1 - \zeta\Omega + \delta\Omega^2}{1 + \zeta\Omega + \delta\Omega^2} \tag{5.104}$$

$$\lambda_{1,2} = A_1 \pm \mathrm{i}\sqrt{A_2 - A_1^2} = a \pm \mathrm{i}b$$

则谱半径

$$\rho = \sqrt{a^2 + b^2} = \sqrt{A_2}$$

不考虑物理阻尼时，对任意的 Ω 有

$$\rho = 1, \quad \bar{\zeta} = 0 \tag{5.105}$$

$$\frac{\bar{T} - T}{T} = \frac{\Omega}{\bar{\Omega}} - 1 = \frac{\Omega}{\arctan\left\{\Omega\sqrt{1 + (\delta - \frac{1}{4})\Omega^2} / [1 + (\delta - \frac{1}{2})\Omega^2]\right\}} - 1 \tag{5.106}$$

结论是无阻尼时，Newmak 族算法不存在数值耗散，但有一定的相对周期误差。对有阻尼问题

$$\rho_\infty = 1, \quad \bar{\zeta} = \zeta + O(\Omega^2) \tag{5.107}$$

5.3.5　算法的超调特性

谱半径这个指标对算法性能的影响还需要进一步说明的是，它只决定算法的长期特性，即 $\rho \leqslant 1$ 可以保证随着算法计算步数的增加计算过程是数值稳定的。但对无条件稳定的算法，由于步长大小选择没有限制，一般在满足指定精度的条件下，尽可能取较大的时间步长，对于非零初始条件问题，在计算开始的几步可能会出现初始数据及其误差（如初始位移，速度的测量误差，初始加速度的计算误差）被放大的现象，这称为超调(overshoot)。这种现象是算法放大矩阵 **A** 病态，有较大的条件数而产生的。实际应用时，由于当 $\Omega \to 0$ 算法是收敛的，不会出现超调。一般为简单起见，只分析当 $\Omega \to \infty$ 时，在计算的第一步是否会出现超调。

例 5.4　分析 Newmak 平均加速度法的超调特性。

解　为分析简便起见，将 Newmak 平均加速度法用于无阻尼自由振动问题，此时其放大矩阵为

$$\boldsymbol{A}=\frac{1}{4+\Omega^2}\begin{bmatrix}4-\Omega^2 & 4h\\ -4\omega\Omega+\Omega^3\omega/2 & 4-2\Omega^2\end{bmatrix}$$

$$x_1=\frac{4-\Omega^2}{4+\Omega^2}x_0+\frac{4h}{4+\Omega^2}v_0$$

$$v_1=\frac{-4\omega\Omega+\Omega^3\omega/2}{4+\Omega^2}x_0+\frac{4-2\Omega^2}{4+\Omega^2}v_0$$

在 $\Omega \to \infty$ 时，可得近似等式

$$x_1=o(1)x_0,\quad v_1=o(\Omega)x_0+o(1)v_0 \tag{5.108}$$

式中，$o(1)$，$o(\Omega)$ 分别为关于 Ω 的零次和一次关系式。由此可知算法在位移上无超调，但由于初位移的影响，在速度上有关于 Ω 的线性超调现象。

前面提过 Wilson-θ 方法有很强的超调现象，对无阻尼问题，从放大矩阵的各元素的表达式中，很容易得到

$$x_1=\frac{(\theta-\theta^2)\Omega^4+(2\theta^2-6)\Omega^2+12}{12+2\theta^2\Omega^2}x_0+\frac{h[(\theta^2-1)\Omega^2+6]}{6+\theta^2\Omega^2}v_0$$

$$v_1=\frac{(3\theta-2\theta^2)\omega\Omega^3-12\Omega\omega}{12+2\theta^2\Omega^2}x_0+\frac{(\theta^2-3)\Omega^2+6}{6+\theta^2\Omega^2}v_0$$

在 $\Omega \to \infty$ 时，可得近似等式

$$x_1=o(\Omega^2)x_0+o(h)v_0 \tag{5.109}$$

$$v_1=o(\Omega)\cdot v_0+o(1)x_0 \tag{5.110}$$

式中，$o(\Omega^2)$，$o(\Omega)$ 分别为关于 Ω 的二次和一次关系式。由此可知 Wilson-θ 方法在位移上关于初位移有二次超调，同时关于初始速度有一次超调。在速度上有关于初位移一次超调。

另外，也可以用数值计算的方法对指定的初始条件，计算出近似解 x_1，v_1，然后与精确解比较，或计算系统能量范数

$$E_n=\frac{Mv_n^2+Kx_n^2}{2} \tag{5.111}$$

然后将 E_0 与 E_1 比较。

显然，由于直接积分方法适合于短时间的瞬态问题计算，因此超调现象也是必须加以注

意的。

对于广义 $-\alpha$ 方法，可以得到其中无超调和有超调 CH $-\alpha$ 方法的第一步速度计算公式中初始位移前的系数分别为

$$c_{21}=\frac{(2-\rho)(1+\rho)^{2}\Omega^{2}}{\rho^{3}-2-3\rho-(3+2\rho-\rho^{2})\xi\Omega-\Omega^{2}} \tag{5.112a}$$

$$c_{21}=\frac{(\mu+\mu\rho-\rho)^{2}\Omega^{4}-(\rho^{3}-3\rho-2)\Omega^{2}}{\rho^{3}-3\rho-2-\Omega^{2}} \tag{5.112b}$$

由式(5.112b)可看出，CH $-\alpha$ 方法同 Wilson $-\theta$ 一样，速度计算有超调，且为关于初始位移的二次超调。结论是：广义 $-\alpha$ 方法中的无超调类的 3 个算法，关于初始位移、速度均无超调，无论有阻尼，还是无阻尼情况。对应的有超调的 3 个算法，无阻尼时都会有因初始位移不为零而引起速度计算的超调，有阻尼时在位移、速度上会同时显示超调。

综上所述，对一个数值积分算法理论上要分析其相容性、稳定性、数值的耗散与弥散特性，对无条件稳定的算法还要分析其超调特性。这样才可能对算法的本质有深入的了解，进而指导数值计算结果的解释与分析。

此外，由于直接积分方法对结构运动平衡方程进行数值积分的目的在于估计结构真实的动力响应。为了精确地预计结构的动力响应，要求模态分解以后所有的单自由度平衡方程都必须被精确地积分，但在直接积分法中，对所有的方程积分都相当于采用相同的步长 h，所以时间步长的选择必须针对系统的最小周期。如果 T_n 是系统的最小周期的话，则 h 选为 T_n/n，其中一般 $n=10$。对条件稳定的算法，当然还要同时考虑这个选取是否满足算法稳定性的要求。对有条件稳定的算法，要求 $n>\dfrac{2\pi}{\Omega_c}$，若 n 取 10，多数的条件稳定算法的稳定条件都满足，不难验证表 5.2 中的条件稳定算法全都满足。但需要注意的是，对于大型、复杂的实际结构，经过有限元离散以后通常都有上万，甚至几十万个自由度，其最大固有频率通常都很大，也就是系统的最小周期非常小，此时，按 $T_n/10$ 来选取步长就非常小，这会大大增加计算量。而实际工程上只关心较低阶的固有频率，同时结构的响应也主要由若干较低阶的响应构成，因此在计算时高频可以不用精确积分，就积分出那些主要的，感兴趣的低频响应就可以了。也就是步长可选择为 $T_p/10$，其中 T_p 为与感兴趣的上限频率对应的周期，它比 $T_n/10$ 大 T_p/T_n 倍。由于实际情况中 T_p/T_n 可能会非常大，这样条件稳定算法的稳定条件就可能无法满足，而无条件稳定算法对步长的选取就没有稳定性的限制，因此对于实际的结构动力响应计算，多数都使用无条件稳定算法。

习　　题

5.1　编写“中心差分法”求多自由度系统响应的通用子程序。

5.2　编写“纽马克法”求多自由度系统响应的通用子程序。

5.3　编写“威尔逊 $-\theta$ 法”求多自由度系统响应的通用子程序。

5.4　编写“雅可比法”求矩阵特征值和特征向量的通用子程序。

5.5　本书附录“SUBROUTINE SUSPIT”程序是一个可执行的子空间迭代法原程序，用它可以求解广义特征值问题 $\boldsymbol{K\varphi}=\lambda\boldsymbol{M\varphi}$ 的最小特征值及相应的特征向量，各变量和子程序的使用都由说明卡加以注释，这里不再重复，要求读懂并会使用。

5.6　结合第4章中有限元方法一节的内容,用数值方法求任一悬臂梁在端点在正弦激励下的响应(参数自定),并画出响应曲线。

5.7　在5.6题的基础上,用子空间迭代法(或雅可比方法)求此梁的固有频率和振型。

附录　动特性和动响应计算辅助教学程序

程序1:雅克比迭代方法求解对称矩阵标准特征值和特征向量

```
clear
a=[1 1 1;1 1 1;1 1 1];% 待求矩阵
n=length(a);v=10^(-6);ss=eye(n);m=1;s=0;
for i=2:n
    for j=1:i-1
    s=s+a(i,j)^2;
    end
end
v1=sqrt(s)/n^m;
while v1>=v
    for j=2:n
    for i=1:j-1
    if abs(a(i,j))>=v1
        p=i;q=j;s0=eye(n);
        xt=0.5*atan(2*a(p,q)/(a(q,q)-a(p,p)));
        s0(p,p)=cos(xt);s0(q,q)=cos(xt);s0(p,q)=sin(xt);s0(q,p)=-sin(xt);
        a1=s0'*a*s0;a=a1;
        ss=ss*s0;
    end
    end
    end
    m=m+1;
    s=0;
    for i=2:n
    for j=1:i-1
    s=s+a(i,j)^2;
    end
    end
    v1=sqrt(s)/n^m;
end
d=diag(a)
ss
```

程序2:以一个两自由度自由振动响应计算为例,熟悉 Newmark 方法的使用。

```
clear
% 系统参数赋值
M=[1 0;0 1];K=[10001 -1;-1 1];C=[0 0;0 0];F=[0 0]';
x0=[1;10];dx0=[0;0];
% 算法参数选择及计算
beta=0.25;gamma=0.5;
a0=1/(beta * dt^2);a1=gamma/(beta * dt);a2=1/(beta * dt);
a3=1/(2 * beta)-1;a4=gamma/beta-1;a5=dt * (gamma/beta-2)/2;
a6=dt * (1-gamma);a7=gamma * dt;
IM=inv(M);IKe=inv(K+a0 * M+a1 * C);
d2x0=IM * (F-K * x0-C * dx0);
% 计算步长及时间确定
dt=0.628;n=20;
% 待计算量的定义和初始化
i=1;ts(i)=0;
X0=x0;DX0=dx0;D2X0=d2x0;
x1(i)=x0(1);x2(i)=x0(2);
y1(i)=dx0(1);y2(i)=dx0(2);
% 各个时刻循环递推计算
for t=dt:dt:n * dt
    i=i+1;ts(i)=t;Fdt=F;
    Fe=Fdt+M * (a0 * X0+a2 * DX0+a3 * D2X0)+C * (a1 * X0+a4 * DX0+a5 * D2X0);
    X=IKe * Fe;
    D2X=a0 * (X-X0)-a2 * DX0-a3 * D2X0;
    DX=DX0+a6 * D2X0+a7 * D2X;
    x1(i)=X(1);x2(i)=X(2);
    y1(i)=DX(1);y2(i)=DX(2);
    X0=X;DX0=DX;D2X0=IM * (F-K * X0-C * DX0);
end
% 结果曲线输出
figure(1);
subplot(2,2,1)
plot(ts,x1,'b-')
xlabel('t');ylabel('x1(t)');
subplot(2,2,2)
plot(ts,y1,'b-')
xlabel('t');ylabel('v1(t)');
```

```
subplot(2,2,3)
plot(ts,x2,'b-')
xlabel('t');ylabel('x2(t)');
subplot(2,2,4)
plot(ts,y2,'b-')
xlabel('t');ylabel('v2(t)');
```

程序 3:以悬臂梁为例说明子空间迭代法应用 Fortran 程序

Rayleigh-Ritz 子空间迭代法计算程序

```
C     ******************************************************************
C     *                                                                *
C     *  %%%%%%%%%%%%%EXAMPLE%%%%%%%%%%%%%                             *
C     *  COMPUTATION OF EIGENVALUE AND EIGENVECTORS FOR THE FREE       *
C     *  VIBRATIONS OF A CANTILEVER BEAM WITH FOUR-ELEMENT IDEALIZATION*
C     *  IN THE PLANE USING THE RAYLEIGH-RITZ SUBSPACE ITERATION METHOD*
C     *                                                                *
C     ******************************************************************
      REAL*8 GM(8,4),X(8,3),OMEG(3),Y(8,3),GST(3,3),
     2 GMM(3,3),VECT(3;3),ABCV(3),ABCW(3) 9ABCX(3),ABCY(3),
     3 ABCZ(3t3);B(3,1),R(3),SK(8,4),SM(8),SUM(3),DIFF(3),
     4 OMEG2,XI(8)
      DIMENSION LP (3), LQ(3, 2)
      OPEN (7, FILE=´SIGN. OUT´)
      N=8
      NB=4
      NMODE=3
      INDEX=2
      E=2.0E06
      Al=1.0/12.0
      AL=25.0
      AA=1.0
      RHO=0.00776
      CIBJ-E*AI/(AL**3)
      CONM=RHO*AA*AL/420.0
      DO10 I=1,8
      DO10 J=1,4
      SK(I, J)= O.0D0
 10   GM (1,J)= 0.0D0
      SK(1,1)= 24.0
      SK(1,3)= -12.0
      SK(1, 4)= 6.0´* AL
      SK(2,1)= 8.0 * AL * AL
      SK(2,2)= -6.0 * AL
      SK(2,3)= 2.0 * AL * AL
      SK(3,1)= 24.000
      SK(3,3)= -12.00000
      SK(3,4)= 6.0 * AL
      SK(4,1)= 8.0*AL*AL
      SK(4,2)= -6.0 * AL
      SK(4,3)= 2.0 * AL * AL
```

```
      SK(5,1)=24.0
      SK(5,3)=-12.0
      SK(5,4)=6.0 * AI.
      SK(6,1)=8.0 * AL * AL
      SK(6,2)=-6.0 * AL
      SK(6,3)=2.0*AL*AL
      SK(7,1)=12.0000
      SK(7,2)=-6.000 * AL
      SK(8,1)=4.0*AL*AL
C
      GM(1,1)=312.0
      GM(1,3)=54.0
      GM(194)=-13.0* AL
      GM(2,1)=8.0 * AL * AL
      GM(2,2)=13.0 * AL
      GM(2,3)=-3.0 * AL AL
      GM(3,1)=312.0
      GM(3,3) = 54.00000
      GM(3,4)=-13.00 * AL
      GM(4,1)=8.00 * AL * AL
      GM(4,2)=13.0 * AL
      GM(4,3)=-3.0 * AL * AL
      GM(5,1)=-312.0
      GM(5,3)=54.000000
      GM(5,4)=-13.0 * AL
      GM(6,1)=8.0 * AL * AL
      GM(6,2)=13.0 * AL .
      GM(6,3)=-3.0 * AL * AL .
      GM(7,1)=156.00000
      GM(7,2)=-22.0 * AL
      GM(8,1)=4.0 * AL * AL
      DO 20 I-=1,8
      DO 20 J=1,4
      SK(I,J) = SK(I,J) * CONK
20    GM(I,J) = GM(I,J) * CONM
C
C     FORMING THE INITIAL ITERATION VECTORS
C
      DO 30 I=1,N
      XI(I)=GM(I,1)/SK(I,1)
      IF(INDEX.EQ.1) XI(I)=SM(I)/SK(I,1)
      X(I,1)=XI(I)
      DO 30 J=2,NMODE
      IF(NMODE.EQ.1) GO TO 30
      X(I,J)=O.ODO
30    CONTINUE
      IF(NMODE .EQ.1) GO TO 99
      J=1
38    J=J+1
      RR = 0.0D0
      DO 39 I=1,N
      IF(RR.GE.XI(I)) GO TO 39
```

```
         RR=XI(I)
         N1=I
39       CONTINUE
         XI(N 1) =  0.ODO
         X(N1,J)= 1.ODO
         IF(J .LT. NMODE) GO TO 38
99       CONTINUE
C        ********************************
         CALL SUSPIT(SK9SM,GM9X,OMEG,Y,GST,GMM,VECT,SUM,INDEX ,N,
NB,
    *    NMODE 9ABCV,ABCW,ABCX,ABCY,ABCZ,DIFF,B,LP,LGZ,R)
         WRITE( * ,40)
40        FORMAT ( 20X  ,  '%%%%%  EIGENVALUES  AND  EIGENVECTOR
%%%%%,/)
         DO 50 J =1,NMODE
         OMEG2=OMEG(J)/(2.OD0 * 3. 1415926D0)
         WRITE (7,60) J,OMEG(J),OMEG2, (X(I,J),I=1,N)
50       WRITE( * ,60) J,OMEG(J),OMEG2, (X(I,J),I=1,N)
60       FORMAT (4X,I5,3X,'OMEG=',D14.6,3X,'HZ=',D14.6/(4X,4D14.6))
         STOP
         END
         SUBROUTINE GAUSS (A,B,N,M,IFLAG,LP,LQ,R)
         IMPLICIT DOUBLE PRECISION (A-H,O-Z)
         DIMENSION A(N,N),B(N,M),LP(N),LQ(N,2),R(N)
         DO 10 I=1,N
10       LP (I)= 0
         DO 150 K=1,N
         CON=0.0D0
         DO 50 I=1,N
         IF (LP (I).EQ.1) GOTO 50
         DO 40 J=1,N
         IF(LP(J)-1) 30;40,200
30       IF (DABS (CON). GE. DABS (A(I,J))) GOTO 40
         IR=I
         lC=J
         CON=A(I,J)
40       CONTINUE
50       CONTINUE
         LP(IC)= LP(IC)+1
         IF(IR.EQ.IC)GOTO 90
         DO 60I=1,N
         CON=A(IR,I)
         A(IR,I)= A(iC,I)
60       A(IC,I)= CON
         IF (IFLAG. EQ. 0)GOTO 90
         DO 70 I=1,M
         CON=B(IR,I)
         B(IR,I)= B(IC,I)
70       B(IC,I)= CON
90       LQ(K,1)= IR
         LQ(K,2)= IC
         R(K)= A(IC,IC)
```

```
        A(IC,IC)= 1.0D0
        DO 100 I=1,N
100     A(iC,I)-A(IC,I)/R(K)
        IF (IFLAG.EQ.0) GOTO 120
        DO 110 I=1,M
110     B(iC,I)= B(IC,I)/R(K)
120     DO 150 I=1,N
        IF (I.EQ.IC) GOTO 150
        CON=A(I,IC)
        A(I,IC)= 0.0D0
        DO 130 J=1,N
130     A(I,J)= A(I,J)-A(IC,J) * CON
        IF (IFLAG.EQ.0) GOTO 150
        DO 140 II=1,M
140     B(I,II)= B(I,II)-B(IC,II)  * CON
150     CONTINUE
        DO 170I=1,N
        J=N-I+1
        IF (LQ(J,1).EQ.LQ(J,2)) GOTO 170
        IR=LQ(J,1)
        IC=LQ(J,2)
        DO 160K=1,N
        CON=A(K,IR)
        A(K,IR)= A(K,IC)
        A(K,IC)= CON
160     CONTINUE
170     CONTINUE
200     RETURN
        END
        SUBROUTINE DECOMP (N, NB, A)
        IMPLICIT DOUBLE PRECISION (A—H, O—Z)
        DIMENSION A (N, NB)
        DOUBLE PRECISION DIFF
        A(1,1)= DSQRT(A(1) 1))
        DO 5K=2,NB
        A(1,K) = A(1,K)/A(1,1)
        DO 25 K=2,N
        KP1=K+1
        KM1=K-1
        DIFF=A(K,1)
        DO 10 JP=1,KM1
        ICOL=K+1-JP
        IF (ICOL.GT.NB) GOTO 10
        DIFF=DIFF-A(JP,ICOL)A(JP,ICOL)
10      CONTINUE
        A(K,1) -DSQRT(DIFF)
        DO 20 J=2,NB
        IF(K+J-1.GT.N)GO TO 25
        DIFF=A(K,J)
        DO 15 JP =1, KM1
        ICOL=K+1-JP
        JCOL=K+J-JP
```

```
            IF (JCOL. GT. NB) GO TO 15
            IF (ICOL. GT. NB) GO TO 15
            DIFF=DIFF-A(JP,ICOL) * A(JP,JCOL)
15          CONTINUE
20          A(K,J)= DIFF/A(K,1)
25          CONTINUE
            RETURN
C
C           ********************************
C           SUBROUTINE SOLVE
C           ********************************
            SUBROUTINE SOLVE (N,NB,M,A,B,DIFIF)
            IMPLICIT DOUBLE PRECISION (A-H, O-Z)
            DIMENSION A(N,NB),B(N,M),DIFF(M)
C           DOUBLE PRECISION DIFF (M)
            DO 5 J=1,M
5           B(1,J)= B(1,J)/A(1,1)
            DO 30 I=2,N
            DO 10 J=1,M
10          DIFF(J)= B(I,J)
            DO 20 K=2,NB
            IROW=I+1-K
            IF (IROW. LT. 1) GO TO 20
            ICOL=I+1-IROW
            IF (ICOW. GT. NB) GOTO 20
            DO 15 J=1,M
15          DIFF(J)= DIFF(J)-A(IROW,ICOL) * B(IROW,J)
20          CONTINUE
            DO 25 J=1,M
25          B(I,J)= DIFF(J)/A(I,1)
30          CONTINUE
            DO 35 J=1,M
35          B(N,J)= B(N,J)/A(N,1)
            DO 60 II=2,N
            I=N+1-II
            DO 40 J=1,M
40          DIFF(J)-B(I,J)
            DO 50 K=2,NB
            IK=I-1+K
            IF (JK. GT. N) GOTO 50
            DO 45 J=1,M
45          DIFF(J)= DIFF(J)-A(I,K) * B(IK,J)
50          CONTINUE
            DO 55 J=1,M
55          B(I,J)= DIFF(J)/A(I,1)
60          CONTINUE
            RETURN
            END
C           ********************************
C           SUBROUTINE SUSPIT
C           ********************************
            SUBROUTINE SUSPIT (K ; M, GM, X, OMEG, Y, GST, GMM, VECT, SUM,
```

```
     *      INDEX 9N9NB9NMODE9ABCV9ABCW,ABCX,ABCY,ABCZ,DIFF,B,LP,LQ,R)
C           RAYLEIGH-RITZ SUBSPACE ITERATION METHOD
            IMPLICIT DOUBLE PRECISION (A-H, O-Z)
            REAL * 8K(N,NB),M(N)
            DIMENSION GM (N9NB),X(N,NMODE),GST(NMODE,NMODE),
     *      GMM (NMODE, NMODE), VECT (NMODE, NMODE),
     *      ABCV (NMODE), ABCW (NMODE), ABCX (NMODE), ABCY (NMODE),
     *      ABCZ(NMODE9NMODE),OMEG(NMODE),Y(N,NMODE),B(NMODE,1),
     *      LP (NMODE),LQ(NMODE,2),R(NMODE)
            DOUBLE PRECISION SUM (NMODE), DIFF (NMODE), SUMT
C
C
C           THE FOLLOWING INPUT IS TO BE GIVEN TO. THE PROGRAM SUSPIT
C
C    N      NUMBER OF DEGREES OF FREEDOM (ORDER OF MATRICES K, GM OR M
C
C    NB     SEMI - BANDWIDTH OF MATRIICES K, GM
C    NMODENUMBER OF EIGENVELUES AND EIGENVECTORS TO BE FOUND
C
C    INDEX =1 FOR LUMPED MASS MATRIX --- M
C
C           =2 FOR CONSISTENT MASS MATRIX --- GM
C
C    K      THE ELEMENTS OF THE BANDED STIFFNEES MATRIX ARE TO BE STORED
C
C           IN THE ARRAY K (N, NB)
C
C    GM     THE ELEMENTS OF THE BANDED MASS MATRIX FOR CONSISTENT MASS
C
C           MATRIX ARE TO BE STORED IN THE ARRAY GM (N , NB)
C
C    M      THE DIAGONAL ELEMENTS OF THE DIAGONAL MASS MATRIX FOR
C
C           LUMPED
C
C           MASS MATRIX ARE TO BE STORED IN THE ARRAY M(N)
C
C    X      TRIAL,EIGENVECTORS ARE TO BE STORED COLUMNWISE IN THE ARRAY
C
C           X (N,NMODE)
C
            ITER=0
            CALL DECOMP(N,NB,K)
            DO 1 I=1,NMODE
1           OMEG (I)= 1.0 D0
5           ITER=ITER+1
            IF(ITER. EQ. 1)GO TO 33
            IF (INDEX. EQ. 2)GO TO 15
            DO 10I=1,N
            DO 10J=1, NMODE
10          Y(I,J)= M (I),X(I,J),OMEG (J) * *2
            GO TO 31
```

```
15         DO 30I=1,NMODE
           DO 30J=1,N
           SUMT=0.00D00
           DO 25L=1,NB
           LL=L+J-1
           IF(LL. GT. N)GOTO 20
           SUMT=SUMT+GM(J,L) * X (LL,I) * OMEG(I)
20         IF (L. EQ. 1)GOTO 25
           LL=J-L+1
           IF (LL. LE. 0) GOTO
           SUMT=SUMT+GM(LL,L) * X(LL,I) * OMEG-(I))
25         CONTINUE
30         Y(J,I)--=SUMT
31         CALL SOLVE (N, NB,NMODE, K, Y, DIFF)
C          COMPUTE GENERALIZED STIFFNESS AND MASS MATRICES
           GO TO 36
33         DO 34 I=1,N
           DO 34 J=1,NMODE
34         Y(I,J)= X(I,J)
36         DO 40 I=1,N
           DO 40J=1,NMODE
           SUMT=0.00D00
           DO 35L=1,NB
           LL=I+L-1
           IF (LL. GT. N)GO TO 35
           SUMT=SUMT+K(I,L),Y(LL,J)
35         CONTINUE
40         X(I,J)= SUMT
           DO 50I=1,NMODE
           DO 50J=1,NMODE
           SUMT=0.00D00
           DO 45 L=1,N
45         SUMT= SUMT-E-X (L,I),X(L,J)
           GST (I, J) = SUMT
50         GST (J, I) = SUMT
           IF (INDEX. EQ. 2) GO TO 65
           DO 60 I=1, NMODE
           DO 60 J=1, NMODE
           SUMT=0.00D00
           DO 55 L=1,N
55         SUMT=SUMT-E-Y(L,I) * M(L) * Y(L, J)
           GMM (I,J)= SUMT
60         GMM (J,I)= SUMT
           GO TO95
65         DO 80 I=1, NMODE
           DO 80 J=1,N
           SUMT=0.00 D 00
           DO 75 L=1,NB
           LL=L+J-1
           IF (LL. GT. N) GO TO 70
           SUMT=SUMT+GM(J,L) - Y(LL,I)
           IF (L. EQ. 1) GO TO 75
```

```
70      LL=J-L+1
        IF (LL. LE. 0) GO TO 75
        SUMT=SUMT+GM(LL,L) * Y(LL,I)
75      CONTINUE
80      X (J,I)= SUMT
        DO 90 I=1,NMODE
        DO 90 J=1,NMODE
        SUMT= 0.00 D 00
        DO 85 L=1,N
85      SUMT=SUMT+X(L,I) * Y(L,J)
        GMM (I,J)= SUMT
90      GMM (J,I)= SUMT
95      CONTINUE
        DO 97I=1,NMODE
        TEMP= DSQRT (GMM (I, I) )
        DO 96 J=1,NMODE
        GST (I, J) = GST (I, J) /TEMP
        GST(J,I)= GST(J,I)/TEMP
        GMM (I, J) = GMM (I, J) /TEMP
96      GMM (J, I) = GMM (J,I)/TEMP
        DO 97 J=1,N
97      Y(J,I)= Y(J,I)/TEMP
C       COMPUTATION OF EIGENVALUES AND EIGENVECTORS THE
C       GENERALIZED RITZ PROBLEM
        IF (ITER. GT. 3) GO TO 107
        DO 106 I =1, NMODE
        VECT(I,1)= GST(I,I)/GMM(I,I)
        DO 106 J = 2, NMODE
106     VECT (I, J) = 1.0D0
107     CONTINUE
        NCON = 0
        DO 115I=1,NMODE
        SUMT= 0.00D00
        DO 110 J =1, N MODE
        IF (J. EQ. I) GO TO 110
        SUMT= SUMT-t-DABS (GMM (It J))
110     CONTINUE
        ERR= SUMT/GMM (I, I)
        IF (DABS(ERR).LT.0.001D0) NCON=NCON+1
115     CONTINUE
        CALL GAUSS (GST, B, NMODE,1, 0, LP, LQ, R )
        DO 125 I =1, NMODE
        DO 120 J =1, NMODE
        SUM (J) =0. 00D00
        DO 120 L =1, NMODE .
120     SUM (J)= SUM(J)+GST(I,L) * GMM(L,J)
        DO 125 J =19 NMODE
125     GST(I,J) = SUM (J)
        CALL EIGEN (NMODE, NMODE, GST, OMEG, VECT, GMM, ABCV, ABCW,
        ABCX, ABCY, ABCZ)
        DO 135I=1,N
        DO 135 J =1, NMODE
```

```
            SUMT= 0.00 D 00
            DO 130 L =19 NMODE
130         SUMT=SUMT+Y(I,L) * VECT(L,J)
135         X(I,J)= SUMT
            IF (NCON. LT. NMODE) GO TO 5
            RETURN
            END
            SUBROUTINE EIGEN,(N, NMODE, GK, EIGV, VECT, GM, X, Y, SUM, XL,
ORTH)
            IMPLICIT DOUBLE PRECISION (A-H,O-Z)
            DIMENSION GK (NMODE, NMODE )
            DIMENSION EIGV (NMODE), VECT (NMODE, NMODE), GM (NMODE,
NMODE),
     *      X (NMODE), Y (NMODE), SUM (NMODE), XL (NMODE), ORTH
(NMODE, NMODE)
C           DOUBLE PRECISION SUMT
            DATA EPS1, EPS2/1. OD- 05,1. OD- 04/
            DO 60 IVEC =1, NMODE
            NCON = 0
            ITER = 0
            RAT = 0.0D0
            ROLD= 0.0D0
            DO 5 I=1,N
5           X(I)= VECT(I,IVEC)
            IF (IVEC. EQ. 1) GO TO 18
            I1= IVEC -1
            DO 10 I=1911
            SUM (I)= 0.0D0
            DO 10 J=1,N
10          SUM (I)= SUM(I)+ORTH(J,I) * X(Z)
            DO 15 I=1,I1
            DO 15 J=1,N
15          X(J)= X(J)-SUM(I) * VECT(J,I)
            SUMSQ = 0.0D0
            DO 16 I=1,N
            DO 16 J=1,N
16          SUMSQ=SUMSQ+X(I) * GM (1,J) * (J)
            SUMSQ=DSQRT (SUMSQ)
            DO 17 I=1,N
17          X(I)= X(I)/SUMSQ
18          CONTINUE
19          DEN=0.0D0
            ITER=ITER+1
            DO 20 I=1,N
            Y(I)= 0.0D0
            DEN=DEN+X(I) * *2
            DO 20J=1,N
20          Y(I)= Y(I)+GK(I,J) * X(J)
            ANUM=0.0D0
            DO 25 I=1,N
25          ANUM=ANUM+X(I) * Y(I)
            RAT=ANUM/DEN
```

```
        SUMSQ=0.0D0
        DO 30 I=1,N
        XL(I)= X(I)
30      X(I)= Y(I)/RAT
        DO 135I=1,N
        DO 135J=1,N
135     SUMSQ=SUMSQ+X(I) * GM(I,J) * X(J)
        ERRM=0.0D0
        SUMSQ=DSQRT(SUMSQ)
        DO 130 I=1,N
        X(I)= X(I)/SUMSQ
        ERR=DABS(X(I)-XL(I)) * DSQRT(GM(I,I))
130     IF (ERR. GT. ERRM) ERRM=ERR
31      CONTINUE
        ERR=DABS((RAT-ROLD)/RAT)
        IF(ERR. GT. EPS1)GO TO 32
        IF(ERRM. GT. EPS2)GO T032
        IF(IVEC. EQ. 1)GO TO 50
        NCON=1
32      ROLD=RAT
        IF(IVEC. EQ. 1)GO TO 19
        DO 35 I=1,I1
        SUM(I)= 0.0
        DO 35I=1,N
35      SUM(I)= SUM(I)+ORTH (J,I) * X(J)
        DO 40J=1,N
        DO 40I=1,11
40      X(J)= X(J)-SUM(I) * VECT(J,I)
        SUMSQ=0.0
        DO41I=1,N
        DO41J=1,N
41      SUMSQ=SUMSQ+X(I) * GM(I,J) * X(J)
        SUMSQ=DSQRT(SUMSQ)
        DO 42J=1,N
42      X(J)= X(J)/SUMSQ
45      CONTINUE
49      CONTINUE
        IF (NCON. EQ. 1)GO TO 50
        IF (ITER. GT. 250) GO TO 50
        GO TO 19
50      SUMSQ=0.0D0
        DO 53I=1,N
        DO 53J=1,N
53      SUMSQ=SUMSQ+X(I) * GM(I,J) * X(J)
        SUMSQ=DSQRT(SUMSQ)
        EIGV(IVEC)= RAT
        DO 55I=1,N
55      VECT(I,IVEC)= X(I)/SUMSQ
        DO 571=1,N
        SUMT=0.00D00
        DO 56J=1,N
56      SUMT=SUMT+GM(I,J) * VECT(J,IVEC)
```

```
57          ORTH(I,IVEC)= SUMT
60          CONTINUE
            DO 61 I=1,NMODE
61          EIGV(I)= 1.0D0/DSQRT(EIGV(I))
            RETURN
            END
```

EIGN. OUT

```
            1   OMEG=0.162952D+01    HZ=0.259345D+00
   0.220890D+00   0.165316D-01   0.770898D+00   0.264075D-01
   0.149344D+01   0.305859D-01   0.227653D+01   0.312540D-01
            2   OMEG=0.102236D+02    HZ=0.162713D+01
   0.949519D+00   0.520317D-01   0.162417D+01   -0.103036D-01
   0.307455D+00   -0.885592D-01   -0.227552D+01   -0.108806D+00
            3   OMEG=0.288156D+02    HZ=0.458615D+01
   0.168074D+01   0.362101D-01   0.412316D-01   -0.127830D+00
   -0.133597D+01   0.612453D-01   0.228847D+01   0.179806D+00
```

第6章　动态子结构方法

6.1　引　言

6.1.1　动态子结构方法

将整体结构，例如飞机、轮船、车辆、楼房等划分成若干个子结构，对每个子结构进行动力分析计算或试验，得到子结构的模态特性或传递特性。然后按照各个子结构之间的连接条件，对子结构的特性进行综合，从而得到整个结构的模态特性或传递特性。这种由子结构动力特性综合分析得到整体结构动力特性的方法叫做动态子结构方法。

动态子结构方法分为两大类：模态综合法（modal synthesis method）和机械导纳法（mechanical mobility method）。利用子结构的模态坐标和模态特性建立起来的连接方法，称为模态综合法；利用子结构的传递特性建立起来的连接方法，称为机械导纳法。因为模态综合法应用较多，所以本章主要介绍模态综合法。

模态综合法是随着有限元法和子结构方法的发展而形成和日趋成熟的方法。特别是它和试验模态分析相结合，更便于解决工程实际问题。例如，对一辆汽车进行有限元分析，需要很高的自由度数。如果将汽车划分为车架和车身两个子结构，则自由度数可有效减缩，而且车架结构简单，可用有限元分析，车身结构复杂，可用试验模态分析。这样把车架的有限元模态和车身的试验模态作模态综合，可以方便地得到整个汽车的模态特性。

6.1.2　模态综合法的基本思想

模态综合法的基本思想是“化整为零，积零为整。”其具体做法如下：

(1)将整体结构（系统）分割成若干子结构（部件）。子结构可以取结构的部件，也可以取结构的某个局部。例如图6.1航天飞机系统可以分割成轨道器、燃料箱和两个固体助推器等4个部件，如图6.1(a)所示。也可以把航天飞机的左、右两个局部作为子结构，如图6.1(b)所示。

子结构之间相互连接处称为界面。按照对界面处理的方法，模态综合法分为固定界面法和自由界面法。固定界面法把界面上的自由度完全固定；自由界面法对界面上的自由度不作任何约束，即完全自由。

(2)建立子结构的模态集和模态坐标。子结构的模态集就是子结构的里兹向量集，可以利用计算或试验方法得到。

子结构的模态集有以下4种：

① 主模态集 $\boldsymbol{\Phi}_N$；

② 约束模态集 $\boldsymbol{\Phi}_C$；

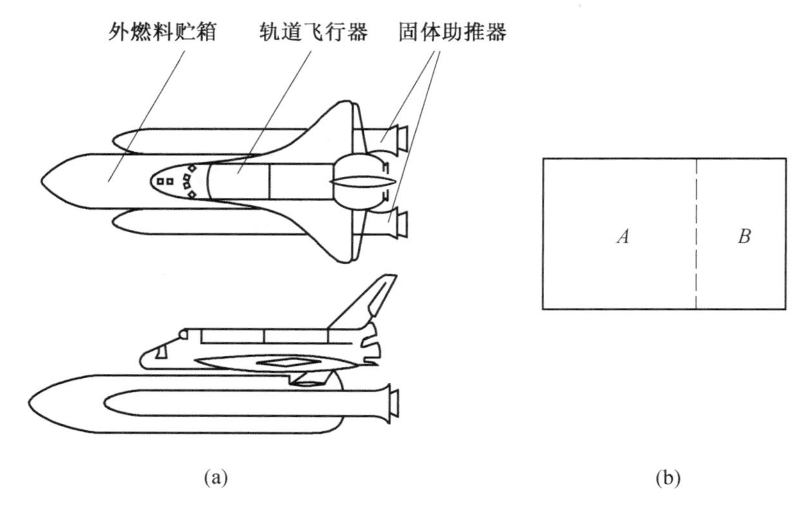

(a) (b)

图 6.1 子结构的划分

③ 附着模态集 $\boldsymbol{\Phi}_A$；

④ 加载主模态集 $\boldsymbol{\Phi}_L$。

令 $\boldsymbol{\Phi}=[\boldsymbol{\Phi}_N \vdots \boldsymbol{\Phi}_C \vdots \boldsymbol{\Phi}_A \vdots \boldsymbol{\Phi}_L]$，称为子结构的模态矩阵。通过 $\boldsymbol{\Phi}$ 建立子结构物理坐标 $\boldsymbol{x}$ 和模态坐标 $\boldsymbol{p}$ 的联系

$$\boldsymbol{x}=\boldsymbol{\Phi}\boldsymbol{p} \tag{6.1}$$

坐标变换式(6.1)把子结构的物理坐标 $\boldsymbol{x}$ 变换到模态坐标 $\boldsymbol{p}$ 上，得到子结构在模态坐标上的运动方程。

(3) 按照子结构界面上的连接条件(协调方程)，把所有子结构的不独立的模态坐标 $\boldsymbol{p}$ 变换到系统的耦联广义坐标 $\boldsymbol{q}$ 上，进行第二次坐标变换

$$\boldsymbol{p}=\boldsymbol{\beta}\boldsymbol{q} \tag{6.2}$$

利用坐标变换式(6.2)，可以由不耦联的子结构运动方程得到系统的运动方程。

(4) 利用坐标变换式(6.2)和(6.1)进行两次坐标变换，由广义坐标 $\boldsymbol{q}$ 返回到物理坐标 $\boldsymbol{x}$，得到需要的解。

模态综合法主要遵循以上 4 个步骤。

6.1.3 子结构间的连接形式

1. 刚性连接

两个子结构在界面上的位移完全相同，见图 6.2(a)，相应的界面协调方程为

$$\boldsymbol{x}_{jA}=\boldsymbol{x}_{jB},\quad \boldsymbol{f}_{jA}=-\boldsymbol{f}_{jB} \tag{6.3}$$

式中，$\boldsymbol{x}_j$，$\boldsymbol{f}_j$ 分别表示界面位移和界面力。

2. 弹性连接

两个子结构之间由弹性元件连接，其连接刚度可由试验得到。连接形式见图 6.2(c)。在形成系统方程时，可将弹簧的刚度矩阵叠加在两个子结构的刚度矩阵上。

3. 半刚性、半弹性连接

两个子结构的界面上有部分自由度刚性连接，而另一部分自由度弹性连接，见图 6.2(b)。

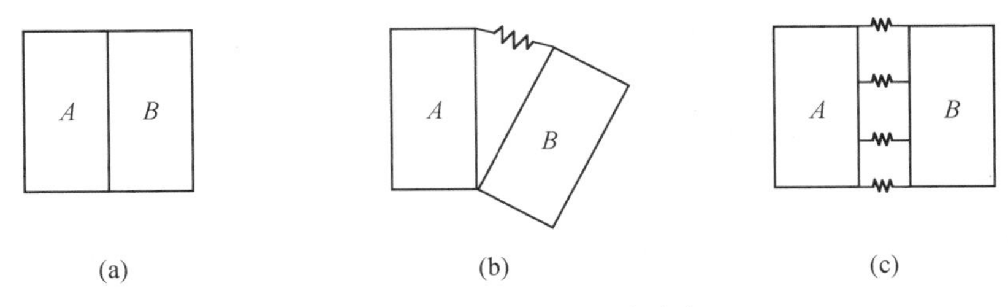

图 6.2　子结构间的连接形式

弹性联接有时也可换成减振器连接，即考虑界面间的阻尼。这时连接刚度应考虑为连接动刚度（机械阻抗）。

6.1.4　模态综合法的发展概况

1960 年，Hurly 首先确定了模态坐标和模态综合法的概念，奠定了固定界面模态综合法的基础。

1968 年，Craig 和 Bampton 改进了 Hurly 的方法，使该方法具有综合精度高和容易编制计算程序等优点，因而被广泛应用。

1969 年，Goldman 和 Hou 分别提出了相似的自由界面模态综合法，但综合精度差。1971 年，Benfield 利用自由界面加载主模态改进 Goldman 的方法，提高了精度，但失去了子结构的独立性。同年，Mecneal 引入部件剩余柔度改进部件的模态基，大大提高了自由界面法的精度，使自由界面法又前进一步。1974 年，Rubin 引入了二级剩余柔度，又改善了 Mecneal 方法的精度。

1977 年，Craig 为固定界面法减缩界面自由度提出了三条途径：模态减缩、Guyan 减缩和 Ritz 减缩，增强了固定界面法的优势，使无阻尼系统模态综合法趋于完善。

1974 年，Hasselman 首先提出了黏性阻尼系统的复模态综合法，该法建立在固定界面法基础上。1981 年至 1983 年 Craig 和 Chung 提出了自由界面的复模态综合法。

我国力学工作者也为模态综合技术作过大量贡献。1979 年，王文亮提出了双协调子结构方法，大大降低了综合自由度。朱礼文提出了在模态综合技术中应用移频法求特征值的问题。1982 年，恽伟君在 Leung 方法基础上对变频的动力模态进行变换，独立地找出模态综合超单元法的计算方案。1983 年，吴立人与 Greif 改进了 Craig 的复模态综合法，提出了阻尼系统两次模态变换的方法。1987 年，郭佳明、邹经湘引入了滞后阻尼结构的复模态综合方法。

从 20 世纪 70 年代起，模态综合法已在工程中得到广泛应用。不仅用于大型复杂结构的动力分析，而且用于随机振动、非线性振动、流固耦合及冲击等各类复杂问题。

6.2　固定界面模态综合法

6.2.1　固定界面模态综合法的方法和步骤

1. 分割

将整体结构（系统）分割成若干子结构，使子结构之间的连接界面完全固定，故称固定界面子结构。如图 6.3 所示，悬臂梁被分割成 A、B 两个子结构。

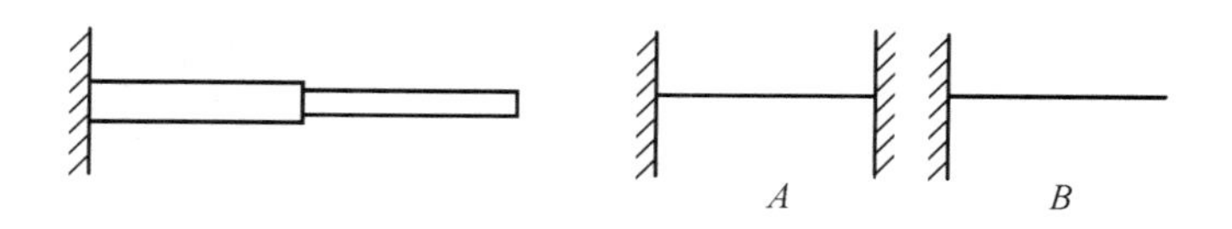

图 6.3　固定界面法中的子结构分割

2. 子结构各种模态计算及第一次坐标变换

对于无阻尼系统，子结构的振动方程为

$$\boldsymbol{m}\ddot{\boldsymbol{x}}+\boldsymbol{k}\boldsymbol{x}=\boldsymbol{f} \tag{6.4}$$

按照非界面物理坐标 $\boldsymbol{x}_i$ 和界面物理坐标系 $\boldsymbol{x}_j$ 将上述方程改写为

$$\begin{bmatrix}\boldsymbol{m}_{ii} & \boldsymbol{m}_{ij}\\ \boldsymbol{m}_{ji} & \boldsymbol{m}_{jj}\end{bmatrix}\begin{bmatrix}\ddot{\boldsymbol{x}}_i\\ \ddot{\boldsymbol{x}}_j\end{bmatrix}+\begin{bmatrix}\boldsymbol{k}_{ii} & \boldsymbol{k}_{ij}\\ \boldsymbol{k}_{ji} & \boldsymbol{k}_{jj}\end{bmatrix}\begin{bmatrix}\boldsymbol{x}_i\\ \boldsymbol{x}_j\end{bmatrix}=\begin{bmatrix}0\\ \boldsymbol{f}_j\end{bmatrix} \tag{6.5}$$

式中，f_j 为界面力。当系统自由振动时，非界面力为零。

对于固定界面法，界面物理坐标为零，即 $\boldsymbol{x}_j=0$。由式(6.5) 得子结构自由振动方程

$$\boldsymbol{m}_{ii}\ddot{\boldsymbol{x}}_i+\boldsymbol{k}_{ii}\dot{\boldsymbol{x}}_i=0 \tag{6.6}$$

由方程(6.6) 可解得系统正则化模态 $\boldsymbol{\varphi}_r$，有

$$\boldsymbol{\varphi}_r{}^{\mathrm{T}}\boldsymbol{m}_{ii}\boldsymbol{\varphi}_r=\boldsymbol{I} \tag{6.7}$$

$$\boldsymbol{\varphi}_r{}^{\mathrm{T}}\boldsymbol{k}_{ii}\boldsymbol{\varphi}_r=\boldsymbol{\lambda}_r^2 \tag{6.8}$$

令

$$\boldsymbol{\Phi}_{ii}=[\boldsymbol{\varphi}_1\quad \boldsymbol{\varphi}_2\quad \cdots]$$

则

$$\boldsymbol{\Phi}_N=\begin{bmatrix}\boldsymbol{\Phi}_{ii}\\ \vdots\\ 0\end{bmatrix} \tag{6.9}$$

为子结构的主模态集。主模态集通常是不完备的，即将高阶模态截断的低阶模态集。

与式(6.5) 相应的子结构静力平衡方程为

$$\begin{bmatrix}\boldsymbol{k}_{ii} & \boldsymbol{k}_{ij}\\ \boldsymbol{k}_{ji} & \boldsymbol{k}_{jj}\end{bmatrix}\begin{bmatrix}\boldsymbol{x}_i\\ \boldsymbol{x}_j\end{bmatrix}=\begin{bmatrix}0\\ \boldsymbol{f}_j\end{bmatrix} \tag{6.10}$$

由式(6.10) 的第一式得到

$$\boldsymbol{x}_i=-\boldsymbol{k}_{ii}{}^{-1}\boldsymbol{k}_{ij}\boldsymbol{x}_j \tag{6.11}$$

或

$$\boldsymbol{x}_i=\boldsymbol{\Phi}_{ij}\boldsymbol{x}_j \tag{6.12}$$

令

$$\boldsymbol{\Phi}_C=\begin{bmatrix}\boldsymbol{\Phi}_{ij}\\ \vdots\\ \boldsymbol{I}\end{bmatrix}=\begin{bmatrix}-\boldsymbol{k}_{ii}^{-1}\boldsymbol{k}_{ij}\\ \vdots\\ \boldsymbol{I}\end{bmatrix} \tag{6.13}$$

为子结构的约束模态集。约束模态相当于给定某些界面自由度为单位位移，而其他界面自由度为零时所形成的静模态。约束模态的数目等于子结构界面自由度的数目。

令模态矩阵

$$\boldsymbol{\Phi}=[\boldsymbol{\Phi}_N \quad \boldsymbol{\Phi}_C] \tag{6.14}$$

做第一次坐标变换，把子结构物理坐标 $\boldsymbol{x}$ 变换到模态坐标 $\boldsymbol{p}$ 上

$$\boldsymbol{x}=\boldsymbol{\Phi p} \tag{6.15}$$

或写作

$$\begin{bmatrix}\boldsymbol{x}_i\\ \boldsymbol{x}_j\end{bmatrix}=\begin{bmatrix}\boldsymbol{\Phi}_{ii} & \boldsymbol{\Phi}_{ij}\\ 0 & \boldsymbol{I}\end{bmatrix}\begin{bmatrix}\boldsymbol{p}_i\\ \boldsymbol{p}_j\end{bmatrix} \tag{6.16}$$

式中，$\boldsymbol{p}_i$ 为对应主模态的模态坐标；$\boldsymbol{p}_j$ 为对应约束模态的模态坐标。由式(6.16)可以得到 $\boldsymbol{p}_j=\boldsymbol{x}_j$ 即约束模态坐标就是界面物理坐标。

利用坐标变换式(6.15)将子结构运动方程式(6.4)变换到模态坐标 $\boldsymbol{p}$ 上，得

$$\overline{\boldsymbol{m}}\ddot{\boldsymbol{p}}+\bar{\boldsymbol{k}}\boldsymbol{p}=\boldsymbol{g} \tag{6.17}$$

式中

$$\begin{aligned}\overline{\boldsymbol{m}}&=\boldsymbol{\Phi}^{\mathrm{T}}\boldsymbol{m}\boldsymbol{\Phi}\\ \bar{\boldsymbol{k}}&=\boldsymbol{\Phi}^{\mathrm{T}}\boldsymbol{k}\boldsymbol{\Phi}\\ \boldsymbol{g}&=\boldsymbol{\Phi}^{\mathrm{T}}\boldsymbol{f}\end{aligned} \tag{6.18}$$

考虑坐标变换式(6.16)，有

$$\begin{aligned}\overline{\boldsymbol{m}}&=\begin{bmatrix}I & \overline{\boldsymbol{m}}_{ij}\\ \overline{\boldsymbol{m}}_{ji} & \overline{\boldsymbol{m}}_{jj}\end{bmatrix}\\ \bar{\boldsymbol{k}}&=\begin{bmatrix}\bar{\boldsymbol{k}}_{ii} & 0\\ 0 & \bar{\boldsymbol{k}}_{jj}\end{bmatrix}\end{aligned} \tag{6.19}$$

式中

$$\begin{aligned}\overline{\boldsymbol{m}}_{ij}&=\overline{\boldsymbol{m}}_{ji}^{\mathrm{T}}=\boldsymbol{\Phi}_{ii}^{\mathrm{T}}(\boldsymbol{m}_{ii}\boldsymbol{\Phi}_{ij}+\boldsymbol{m}_{ij})\\ \overline{\boldsymbol{m}}_{jj}&=\boldsymbol{m}_{jj}+\boldsymbol{\Phi}_{ij}^{\mathrm{T}}(\boldsymbol{m}_{ii}\boldsymbol{\Phi}_{ij}+\boldsymbol{m}_{ij})+\boldsymbol{m}_{ji}\boldsymbol{\Phi}_{ij}\\ \bar{\boldsymbol{k}}_{ii}&=[\diagdown \lambda_r^2 \diagdown]\\ \bar{\boldsymbol{k}}_{jj}&=\boldsymbol{k}_{jj}+\boldsymbol{k}_{ji}\boldsymbol{\Phi}_{ij}\end{aligned} \tag{6.20}$$

其中，$[\diagdown \lambda_r^2 \diagdown]$ 表示以 λ_r^2 为对角元素的对角阵，$r=1,2,\cdots,N$。

3. 做第二次坐标变换建立系统方程

不失一般性，考虑两个子结构的连接问题。首先建立不连接的两个子结构 A 和 B 在模态坐标下的振动方程

$$\begin{bmatrix}\overline{\boldsymbol{m}}_A & 0\\ 0 & \overline{\boldsymbol{m}}_B\end{bmatrix}\begin{bmatrix}\ddot{\boldsymbol{p}}_A\\ \ddot{\boldsymbol{p}}_B\end{bmatrix}+\begin{bmatrix}\bar{\boldsymbol{k}}_A & 0\\ 0 & \bar{\boldsymbol{k}}_B\end{bmatrix}\begin{bmatrix}\boldsymbol{p}_A\\ \boldsymbol{p}_B\end{bmatrix}=\begin{bmatrix}\boldsymbol{g}_A\\ \boldsymbol{g}_B\end{bmatrix} \tag{6.21}$$

然后考虑子结构 A 和 B 为刚性连接，则位移的协调方程为 $\boldsymbol{x}_{jA}=\boldsymbol{x}_{jB}$，即 $\boldsymbol{p}_{jA}=\boldsymbol{p}_{jB}$。这样可以选择系统的广义坐标为

$$\boldsymbol{q}=[\boldsymbol{q}_{iA}^{\mathrm{T}} \quad \boldsymbol{q}_{iB}^{\mathrm{T}} \quad \boldsymbol{q}_j^{\mathrm{T}}]^{\mathrm{T}} \tag{6.22}$$

从而建立了系统广义坐标 $\boldsymbol{q}$ 与不连接的非独立坐标 $\boldsymbol{p}$ 之间的变换关系为

$$\begin{bmatrix}\boldsymbol{p}_{iA}\\ \boldsymbol{p}_{jA}\\ \boldsymbol{p}_{iB}\\ \boldsymbol{p}_{jB}\end{bmatrix}=\begin{bmatrix}\boldsymbol{I} & 0 & 0\\ 0 & 0 & \boldsymbol{I}\\ 0 & \boldsymbol{I} & 0\\ 0 & 0 & \boldsymbol{I}\end{bmatrix}\begin{bmatrix}\boldsymbol{q}_{iA}\\ \boldsymbol{q}_{iB}\\ \boldsymbol{q}_j\end{bmatrix} \tag{6.23}$$

或简记作

$$\boldsymbol{p}=\boldsymbol{\beta q} \tag{6.24}$$

上述为建立系统方程所作的坐标变换称为第二次坐标变换。利用式(6.24)可以将式(6.21)变换到广义坐标 $\boldsymbol{q}$ 上，从而建立系统无阻尼自由振动方程为

$$\boldsymbol{M}\ddot{\boldsymbol{q}}+\boldsymbol{Kq}=0 \tag{6.25}$$

式中

$$\boldsymbol{M}=\left[\begin{array}{cc:c} \boldsymbol{I}_A & 0 & \bar{\boldsymbol{m}}_{ijA} \\ 0 & \boldsymbol{I}_B & \bar{\boldsymbol{m}}_{ijB} \\ \hdashline \bar{\boldsymbol{m}}_{ijA} & \bar{\boldsymbol{m}}_{ijB} & \bar{\boldsymbol{m}}_{jjA}+\bar{\boldsymbol{m}}_{jjB} \end{array}\right] \tag{6.26}$$

$$\boldsymbol{K}=\left[\begin{array}{cc:c} \bar{\boldsymbol{k}}_{iiA} & & 0 \\ & \bar{\boldsymbol{k}}_{iiB} & 0 \\ \hdashline 0 & 0 & \bar{\boldsymbol{k}}_{jjA}+\bar{\boldsymbol{m}}_{jjB} \end{array}\right]$$

式(6.25)的右端项 $\boldsymbol{\beta}^{\mathrm{T}}\boldsymbol{g}=0$ 证明如下

$$\boldsymbol{\beta}^{\mathrm{T}}\boldsymbol{g}=\begin{bmatrix} \boldsymbol{I} & 0 & 0 & 0 \\ 0 & 0 & \boldsymbol{I} & 0 \\ 0 & \boldsymbol{I} & 0 & \boldsymbol{I} \end{bmatrix}\begin{bmatrix} 0 \\ \boldsymbol{f}_{jA} \\ 0 \\ \boldsymbol{f}_{jB} \end{bmatrix}=\begin{bmatrix} 0 \\ 0 \\ \boldsymbol{f}_{jA}+\boldsymbol{f}_{jB} \end{bmatrix}=\boldsymbol{0}$$

式中，$\boldsymbol{f}_{jA}+\boldsymbol{f}_{jB}=0$ 表示满足界面上力的平衡条件。这样，在界面上既满足位移协调条件，又满足力平衡条件。因此，固定界面法是双协调的，可以保证问题的计算精度。

4. 返回物理坐标

将模态坐标下的振型 $\boldsymbol{\varphi}_{rq}$ 通过两次坐标变换返回到物理坐标上，得到物理坐标下的振型 $\boldsymbol{x}_{r\varphi}$ 可以按照子结构的顺序逐个返回，例如对于子结构 A，有

$$\boldsymbol{x}_{rA}=\boldsymbol{\Phi}_A\boldsymbol{\beta}_A\boldsymbol{\Phi}_{rq} \tag{6.27}$$

以上公式是对于无阻尼自由振动系统推导的。对于强迫振动系统，式(6.25)的右端项不为零，应按强迫振动方法推导。

对于有阻尼系统，如果阻尼矩阵是比例阻尼，可按实模态理论处理，否则按复模态理论作复模态综合。

6.2.2　计算程序框图

固定界面模态综合法计算机程序编制的粗框图如图 6.4 所示。

6.2.3　在固定界面法中自由度的减缩

固定界面法计算精度高，而且程序简单，得到了广泛应用。因为在综合方程中保留了全部界面自由度，当子结构划分较多时，综合规模仍然很大。所以要对自由度进行减缩。

1. 主模态坐标的减缩

在式(6.25)中，设

$$\boldsymbol{q}(t)=\boldsymbol{Q}\mathrm{e}^{\mathrm{j}\omega t} \tag{6.28}$$

则得到特征值问题

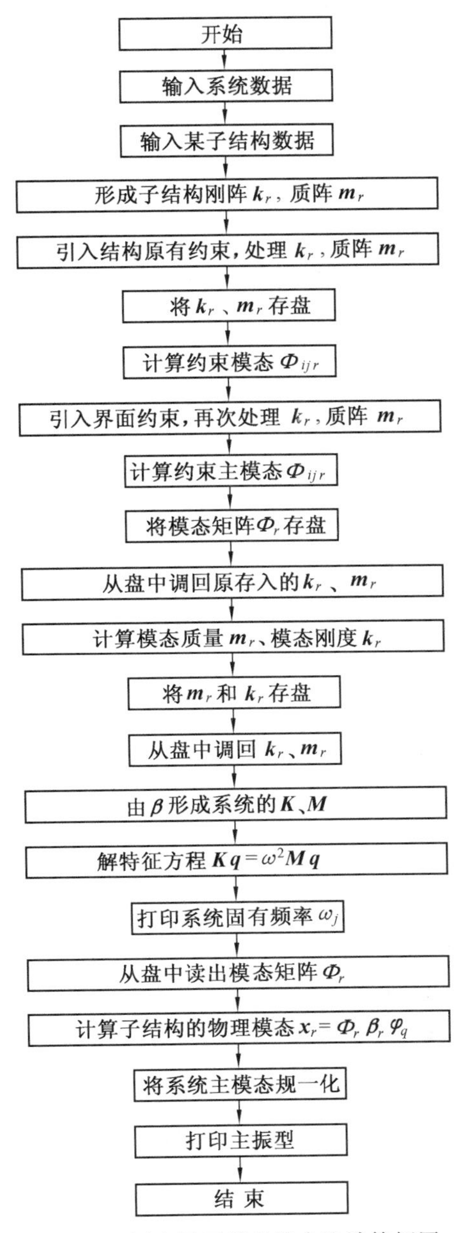

图 6.4　固定界面模态综合法计算框图

$$\begin{bmatrix} \boldsymbol{K}_{ii} & 0 \\ 0 & \boldsymbol{K}_{jj} \end{bmatrix} \begin{bmatrix} \boldsymbol{Q}_i \\ \boldsymbol{Q}_j \end{bmatrix} - \omega^2 \begin{bmatrix} \boldsymbol{M}_{ii} & \boldsymbol{M}_{ij} \\ \boldsymbol{M}_{ji} & \boldsymbol{M}_{jj} \end{bmatrix} \begin{bmatrix} \boldsymbol{Q}_i \\ \boldsymbol{Q}_j \end{bmatrix} = \boldsymbol{0} \tag{6.29}$$

式中，$\boldsymbol{Q}_i$ 是各子结构的主模态坐标；$\boldsymbol{Q}_j$ 是界面坐标。再将 $\boldsymbol{Q}_i$ 分割为 $\boldsymbol{Q}_a$ 与 $\boldsymbol{Q}_b$。其中 $\boldsymbol{Q}_a$ 为保留的主模态坐标；$\boldsymbol{Q}_b$ 为被减缩的主模态坐标，式(6.29)可以写为

$$\begin{bmatrix} \boldsymbol{K}_{aa} & 0 & 0 \\ 0 & \boldsymbol{K}_{bb} & 0 \\ 0 & 0 & \boldsymbol{K}_{jj} \end{bmatrix} \begin{bmatrix} \boldsymbol{Q}_a \\ \boldsymbol{Q}_b \\ \boldsymbol{Q}_j \end{bmatrix} - \omega^2 \begin{bmatrix} \boldsymbol{M}_{aa} & 0 & \boldsymbol{M}_{aj} \\ 0 & \boldsymbol{M}_{bb} & \boldsymbol{M}_{bj} \\ \boldsymbol{M}_{ja} & \boldsymbol{M}_{jb} & \boldsymbol{M}_{jj} \end{bmatrix} \begin{bmatrix} \boldsymbol{Q}_a \\ \boldsymbol{Q}_b \\ \boldsymbol{Q}_j \end{bmatrix} = \begin{bmatrix} 0 \\ 0 \\ 0 \end{bmatrix} \tag{6.30}$$

从上述方程的第二式可解得

$$(\boldsymbol{K}_{bb}-\omega^2\boldsymbol{M}_{bb})\boldsymbol{Q}_b=\omega^2\boldsymbol{M}_{bj}\boldsymbol{Q}_j \tag{6.31}$$

或

$$\boldsymbol{Q}_b=\omega^2(\boldsymbol{K}_{bb}-\omega^2\boldsymbol{M}_{bb})^{-1}\boldsymbol{M}_{bj}\boldsymbol{Q}_j \tag{6.32}$$

因为

$$\boldsymbol{K}_{bb}=[\diagdown\lambda_{bn}^2\diagdown],\quad \boldsymbol{M}_{bb}=\boldsymbol{I} \tag{6.33}$$

所以

$$\boldsymbol{Q}_b=\left[\frac{(\omega/\lambda_{bn})^2}{1-(\omega/\lambda_{bn})^2}\right]\boldsymbol{M}_{bj}\boldsymbol{Q}_j \tag{6.34}$$

由式(6.34)可以看出，当 $\omega/\lambda_{bn}\ll 1$ 时，则有 $\boldsymbol{Q}_b\approx 0$。因此，只要子结构的固有频率 λ_n 远大于所要求系统的固有频率，则该频率对应的子结构主模态可以略去。这样式(6.30)可变为

$$\begin{bmatrix}\boldsymbol{K}_{aa} & 0\\ 0 & \boldsymbol{K}_{jj}\end{bmatrix}\begin{bmatrix}\boldsymbol{Q}_a\\ \boldsymbol{Q}_j\end{bmatrix}-\omega^2\begin{bmatrix}\boldsymbol{M}_{aa} & \boldsymbol{M}_{aj}\\ \boldsymbol{M}_{ja} & \boldsymbol{M}_{jj}\end{bmatrix}\begin{bmatrix}\boldsymbol{Q}_a\\ \boldsymbol{Q}_j\end{bmatrix}=\begin{bmatrix}0\\0\end{bmatrix} \tag{6.35}$$

综上所述，可以按最高频率截取子结构的主模态数，例如如果限制系统的最高频率不超过100 Hz，则可限制每个子结构的固有频率不超过1 000 Hz或2 000 Hz。这样就能合理地选取各子结构的模态数。

2. 界面坐标的减缩

关于界面坐标的减缩，Craig提出了3种方法，即Guyan减缩、Ritz减缩和模态减缩。其中前两种方法比较简单、适用，介绍如下。

(1) 界面坐标的Guyan减缩

考虑式(6.29)，如果把界面坐标划分为保留的界面坐标 $\boldsymbol{Q}_e$ 和被减缩的界面坐标 $\boldsymbol{Q}_f$，则式(6.29)可以改写成为

$$\begin{bmatrix}\boldsymbol{K}_{ii} & 0 & 0\\ 0 & \boldsymbol{K}_{ee} & \boldsymbol{K}_{ef}\\ 0 & \boldsymbol{K}_{fe} & \boldsymbol{K}_{ff}\end{bmatrix}\begin{bmatrix}\boldsymbol{Q}_i\\ \boldsymbol{Q}_e\\ \boldsymbol{Q}_f\end{bmatrix}-\omega^2\begin{bmatrix}\boldsymbol{M}_{ii} & \boldsymbol{M}_{ie} & \boldsymbol{M}_{if}\\ \boldsymbol{M}_{ei} & \boldsymbol{M}_{ee} & \boldsymbol{M}_{ef}\\ \boldsymbol{M}_{fi} & \boldsymbol{M}_{fe} & \boldsymbol{M}_{ff}\end{bmatrix}\begin{bmatrix}\boldsymbol{Q}_i\\ \boldsymbol{Q}_e\\ \boldsymbol{Q}_f\end{bmatrix}=\begin{bmatrix}0\\0\\0\end{bmatrix} \tag{6.36}$$

Guyan减缩是一种静力减缩，它建立在忽略惯性项的基础上。在方程(6.36)的第三式中，若忽略惯性项，则得到

$$\boldsymbol{Q}_f=\boldsymbol{\psi}_{fe}\boldsymbol{Q}_e \tag{6.37}$$

式中

$$\boldsymbol{\psi}_{fe}=-\boldsymbol{K}_{ff}^{-1}\boldsymbol{K}_{fe} \tag{6.38}$$

这样，可以得到系统位移的变换为

$$\begin{bmatrix}\boldsymbol{Q}_i\\ \boldsymbol{Q}_e\\ \boldsymbol{Q}_f\end{bmatrix}=\begin{bmatrix}\boldsymbol{I} & 0\\ 0 & \boldsymbol{I}\\ 0 & \boldsymbol{\psi}_{fe}\end{bmatrix}\begin{bmatrix}\bar{\boldsymbol{Q}}_i\\ \bar{\boldsymbol{Q}}_e\end{bmatrix} \tag{6.39}$$

利用变换式(6.39)，可将式(6.36)写作为

$$\begin{bmatrix}\bar{\boldsymbol{K}}_{ii} & 0\\ 0 & \bar{\boldsymbol{K}}_{ee}\end{bmatrix}\begin{bmatrix}\bar{\boldsymbol{Q}}_i\\ \bar{\boldsymbol{Q}}_e\end{bmatrix}-\omega^2\begin{bmatrix}\bar{\boldsymbol{M}}_{ii} & \bar{\boldsymbol{M}}_{ie}\\ \bar{\boldsymbol{M}}_{ei} & \bar{\boldsymbol{M}}_{ee}\end{bmatrix}\begin{bmatrix}\bar{\boldsymbol{Q}}_i\\ \bar{\boldsymbol{Q}}_e\end{bmatrix}=\begin{bmatrix}0\\0\end{bmatrix} \tag{6.40}$$

式中

$$
\begin{aligned}
&\bar{\boldsymbol{K}}_{ii}=\boldsymbol{K}_{ii}\\
&\bar{\boldsymbol{K}}_{ee}=\boldsymbol{K}_{ee}+\boldsymbol{K}_{ef}\boldsymbol{\psi}_{fe}\\
&\bar{\boldsymbol{M}}_{ii}=\boldsymbol{M}_{ii}=\boldsymbol{I}\\
&\bar{\boldsymbol{M}}_{ie}=\bar{\boldsymbol{M}}_{ie}{}^{\mathrm{T}}=\boldsymbol{M}_{ie}+\boldsymbol{M}_{if}\boldsymbol{\psi}_{fe}\\
&\bar{\boldsymbol{M}}_{ee}=\boldsymbol{M}_{ee}+\boldsymbol{M}_{ef}\boldsymbol{\psi}_{fe}+\boldsymbol{\psi}_{fe}{}^{\mathrm{T}}(\boldsymbol{M}_{fe}+\boldsymbol{M}_{ff}\boldsymbol{\psi}_{fe})
\end{aligned}
\tag{6.41}
$$

Guyan 减缩结果的好坏取决于保留坐标 $\boldsymbol{Q}_e$ 的选择。通常根据刚度矩阵与质量矩阵的对角元素之比来选择。即保留其较小者，减缩其较大者。有时根据经验来选择，例如平板的横向振动，一般保留法向位移坐标，减缩转角坐标。

(2) 界面坐标的 Ritz 减缩

Craig 提出的 Ritz 减缩比较简单，它认为界面位移 $\boldsymbol{Q}_j$ 可以按 Ritz 向量展开为

$$
\boldsymbol{Q}_j=\boldsymbol{\psi}_{jg}\bar{\boldsymbol{Q}}_g \tag{6.42}
$$

一般来说矩阵 $\boldsymbol{\psi}_{jg}$ 是长方阵($n_j>n_g$)。矩阵 $\boldsymbol{\psi}_{jg}$ 的每一列都是给定的 Ritz 向量。这样有

$$
\begin{bmatrix}\boldsymbol{Q}_i\\ \boldsymbol{Q}_j\end{bmatrix}=\begin{bmatrix}\boldsymbol{I} & 0\\ 0 & \boldsymbol{\psi}_{jg}\end{bmatrix}\begin{bmatrix}\bar{\boldsymbol{Q}}_i\\ \bar{\boldsymbol{Q}}_g\end{bmatrix} \tag{6.43}
$$

或

$$
\boldsymbol{Q}=\boldsymbol{\psi}\bar{\boldsymbol{Q}} \tag{6.44}
$$

利用坐标变换式(6.44)可将式(6.29)写作为

$$
\begin{bmatrix}\bar{\boldsymbol{K}}_{ii} & 0\\ 0 & \bar{\boldsymbol{K}}_{gg}\end{bmatrix}\begin{bmatrix}\bar{\boldsymbol{Q}}_i\\ \bar{\boldsymbol{Q}}_g\end{bmatrix}-\omega^2\begin{bmatrix}\bar{\boldsymbol{M}}_{ii} & \bar{\boldsymbol{M}}_{ig}\\ \bar{\boldsymbol{M}}_{gi} & \bar{\boldsymbol{M}}_{gg}\end{bmatrix}\begin{bmatrix}\bar{\boldsymbol{Q}}_i\\ \bar{\boldsymbol{Q}}_g\end{bmatrix}=\begin{bmatrix}0\\0\end{bmatrix} \tag{6.45}
$$

式中

$$
\begin{aligned}
&\bar{\boldsymbol{K}}_{ii}=\boldsymbol{K}_{ii}\\
&\bar{\boldsymbol{K}}_{gg}=\boldsymbol{\psi}_{jg}{}^{\mathrm{T}}\boldsymbol{K}_{jj}\boldsymbol{\psi}_{jg}\\
&\bar{\boldsymbol{M}}_{ii}=\boldsymbol{M}_{ii}=\boldsymbol{I}\\
&\bar{\boldsymbol{M}}_{ig}=\bar{\boldsymbol{M}}_{gi}{}^{\mathrm{T}}=\boldsymbol{M}_{ij}\boldsymbol{\psi}_{jg}\\
&\bar{\boldsymbol{M}}_{gg}=\boldsymbol{\psi}_{jg}{}^{\mathrm{T}}\boldsymbol{M}_{jj}\boldsymbol{\psi}_{jg}
\end{aligned}
\tag{6.46}
$$

(3) 改进的 Ritz 减缩

Craig 提出的 Ritz 减缩是在综合方程形成之后进行的，改进的 Ritz 减缩可在子结构方程内进行，其综合精度较前者高，现简述如下。

选一组界面模态 $\boldsymbol{\psi}_j$，通过静力方程式(6.10)可建立方程

$$
\begin{bmatrix}\boldsymbol{K}_{ii} & \boldsymbol{K}_{ij}\\ \boldsymbol{K}_{ji} & \boldsymbol{K}_{jj}\end{bmatrix}\begin{bmatrix}\boldsymbol{\Phi}_{ij}\\ \boldsymbol{\psi}_j\end{bmatrix}=\begin{bmatrix}0\\ \boldsymbol{F}_j\end{bmatrix} \tag{6.47}
$$

由上述方程可解得

$$
\boldsymbol{\Phi}_{ij}=-\boldsymbol{K}_{ii}^{-1}\boldsymbol{K}_{ij}\boldsymbol{\psi}_j
$$

令约束模态

$$
\boldsymbol{\Phi}_c=\begin{bmatrix}\boldsymbol{\Phi}_{ij}\\ \boldsymbol{\psi}_j\end{bmatrix}=\begin{bmatrix}-\boldsymbol{K}_{ii}^{-1}\boldsymbol{K}_{ij}\boldsymbol{\psi}_j\\ \boldsymbol{\psi}_j\end{bmatrix} \tag{6.48}
$$

下面的步骤与固定界面法完全相同，由于 $\boldsymbol{\psi}_j$ 所对应的界面模态坐标比界面物理坐标少，所以界面自由度得到减缩。

例 6.1　图 6.5 所示桁架由 9 跨组成。现将它划分为 A、B 两个子结构，A 为 5 跨，B 为 4 跨。

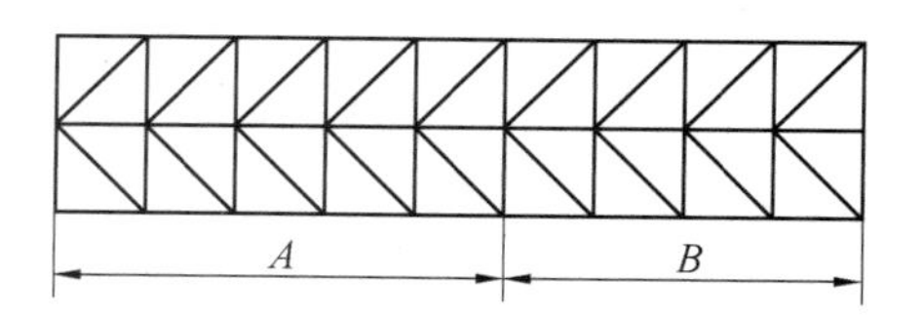

图 6.5　桁架结构

解　利用固定界面法计算结果列表如下。其中表 6.1 是利用模态减缩界面自由度后的计算结果。表 6.2 是利用 Guyan 减缩界面自由度后计算结果。比较两种减缩方法的计算结果，可以看出 Guyan 减缩方法虽然简单，但仍有较好计算精度。

表 6.1　例 6.1 中用模态减缩方法计算结果

模态序号	$N_j=6, N_A=N_B=5$		$N_j=5, N_A=N_B=5$		$N_j=4, N_A=N_B=5$		$N_j=3, N_A=N_B=5$		精确值
	ω^2	误差/%	ω^2	误差/%	ω^2	误差/%	ω^2	误差/%	ω^2
1	0.000 439 1	0.00	0.000 439 1	0.00	0.000 439 5	0.09	0.000 439 5	0.09	0.000 439 1
2	0.018 331 0	0.01	0.001 833 1	0.01	0.001 870 4	2.05	0.001 870 4	2.05	0.001 832 9
3	0.003 052 7	0.06	0.003 056 8	0.20	0.003 056 8	0.20	0.003 369 2	10.44	0.003 050 6
4	0.004 166 4	0.18	0.004 166 4	0.18	0.004 210 4	1.24	0.004 210 4	1.24	0.004 158 9
5	0.006 873 4	0.22	0.006 873 4	0.22	0.006 885 8	0.40	0.006 885 8	0.40	0.006 858 5
6	0.009 893 8	0.17	0.009 893 8	0.17	0.010 014 0	1.39	0.010 014 0	1.39	0.009 877 0
7	0.012 605 1	10.61	0.012 605 1	10.61	0.012 652 2	11.02	0.012 652 2	11.02	0.011 395 9
8	0.014 441 2	18.02	0.014 447 5	18.07	0.014 447 5	18.07	0.014 450 0	18.09	0.012 236 2
9	0.016 132 7	7.05	0.016 132 7	7.05	0.016 308 2	8.22	0.016 308 2	8.22	0.015 070 1
10	0.024 641 1	58.82	0.024 641 1	58.82	0.025 759 9	66.04	0.025 759 9	66.04	0.015 514 6
11	0.036 100 8	—	0.040 758 2	—	0.040 758 2	—	—	—	0.017 405 2
12	0.050 616 2	—	0.103 050 3	—	—	—	—	—	0.020 097 9
13	0.103 050 3	—	—	—	—	—	—	—	0.021 510 5

表 6.2　例 6.1 中用 GUYAN 减缩方法计算结果

模态序号	$N_j=6, N_A=N_B=5$		$N_j=5, N_A=N_B=5$		$N_j=4, N_A=N_B=5$		$N_j=3, N_A=N_B=5$		精确值
	ω^2	误差/%	ω^2	误差/%	ω^2	误差/%	ω^2	误差/%	ω^2
1	0.000 439 1	0.00	0.000 439 3	0.05	0.000 439 3	0.05	0.000 439 5	0.09	0.000 439 1
2	0.018 331 0	0.01	0.001 850 3	0.95	0.001 850 6	0.97	0.001 870 4	2.05	0.001 832 9
3	0.003 052 7	0.06	0.003 056 3	0.18	0.003 369 1	10.43	0.003 369 2	10.44	0.003 050 8
4	0.004 166 4	0.18	0.004 186 3	0.66	0.004 186 4	0.66	0.004 210 4	1.24	0.004 158 9
5	0.006 873 4	0.22	0.006 879 0	0.30	0.006 879 0	0.30	0.006 885 8	0.40	0.006 858 5
6	0.009 893 8	0.17	0.009 945 7	0.70	0.009 945 9	0.709	0.010 014 0	1.39	0.009 877 0
7	0.012 605 1	10.61	0.012 624 5	10.78	0.012 624 5	10.78	0.012 652 2	11.02	0.011 395 9
8	0.014 441 2	18.02	0.014 445 0	18.05	0.014 447 4	18.07	0.014 450 0	18.09	0.012 236 2
9	0.016 132 7	7.05	0.016 201 9	7.51	0.016 201 9	7.51	0.016 308 2	8.22	0.015 070 1
10	0.024 641 1	58.82	0.024 971 1	60.59	0.024 873 5	60.97	0.025 759 9	66.04	0.015 514 6
11	0.036 100 8	—	0.039 401 1	—	0.062 769 0	—	—	—	0.017 405 2
12	0.050 616 2	—	0.067 869 7	—	—	—	—	—	0.020 097 9

6.3　自由界面模态综合法

自由界面模态综合法是由 Hou 和 Holdman 在 1969 年分别提出的，两人提出的方法大致相同。

6.3.1　自由界面法的方法和步骤

1. 分割

与固定界面法相同，首先将整体结构分割为若干子结构。与固定界面法不同的是应将子结构的界面自由度完全放松，而不是完全固定。

2. 子结构模态分析及第一次坐标变换

当界面完全自由时，子结构的自由振动方程为

$$\boldsymbol{m}\ddot{\boldsymbol{x}} + \boldsymbol{k}\boldsymbol{x} = \boldsymbol{0} \tag{6.49}$$

其特征方程为

$$\boldsymbol{k}\boldsymbol{\Phi} = \boldsymbol{m}\boldsymbol{\Phi}\lambda_r^2 \tag{6.50}$$

式中，$\boldsymbol{\Phi}$ 可以是被截断的模态集，若 $\boldsymbol{\Phi}$ 为正则模态集，则有

$$\left.\begin{aligned} \boldsymbol{\Phi}^{\mathrm{T}}\boldsymbol{m}\boldsymbol{\Phi} &= \boldsymbol{I} \\ \boldsymbol{\Phi}^{\mathrm{T}}\boldsymbol{k}\boldsymbol{\Phi} &= [\diagdown \lambda_r^2 \diagdown] \end{aligned}\right\} \tag{6.51}$$

子结构第一次坐标变换为

$$\boldsymbol{x} = \boldsymbol{\Phi}\boldsymbol{p} \tag{6.52}$$

或分割为

$$\begin{bmatrix} \boldsymbol{x}_i \\ \boldsymbol{x}_j \end{bmatrix} = \begin{bmatrix} \boldsymbol{\Phi}_i \\ \vdots \\ \boldsymbol{\Phi}_j \end{bmatrix} \boldsymbol{p} \tag{6.53}$$

因此有

$$\boldsymbol{x}_j = \boldsymbol{\Phi}_j\, \boldsymbol{p} \tag{6.54}$$

即界面物理坐标位移可以按界面模态坐标展开。

3. 第二次方程变换及系统方程

不失一般性，仍将系统划分为 A、B 两个子结构。当系统作自由振动时，对每一个子结构（例如 A）可建立运动方程

$$\boldsymbol{m}_A\ddot{\boldsymbol{x}}_A + \boldsymbol{k}_A\boldsymbol{x}_A = \boldsymbol{f}_A \tag{6.55}$$

式中

$$\boldsymbol{f}_A = \begin{bmatrix} 0 \\ \vdots \\ f_j \end{bmatrix}_A \tag{6.56}$$

利用坐标变换式(6.52)可将式(6.55)变为

$$\boldsymbol{\Phi}_A^{\mathrm{T}}\boldsymbol{m}_A\boldsymbol{\Phi}_A\ddot{\boldsymbol{p}}_A + \boldsymbol{\Phi}_A^{\mathrm{T}}\boldsymbol{k}_A\boldsymbol{\Phi}_A\boldsymbol{p} = \boldsymbol{\Phi}_A^{\mathrm{T}}\boldsymbol{f}_A$$

利用正交性得

$$\ddot{\boldsymbol{p}}_A + [\diagdown \lambda_r^2 \diagdown] \boldsymbol{p}_A = \boldsymbol{\Phi}_{jA}^{\mathrm{T}} \boldsymbol{f}_{jA} \tag{6.57}$$

同样有

$$\ddot{\boldsymbol{p}}_B + [\diagdown \lambda_r^2 \diagdown] \boldsymbol{p}_B = \boldsymbol{\Phi}_{jB}^{\mathrm{T}} \boldsymbol{f}_{jB} \tag{6.58}$$

两个子结构界面位移协调的条件为

$$\boldsymbol{x}_{jA} = \boldsymbol{x}_{jB} \tag{6.59}$$

或转移成模态坐标为

$$\boldsymbol{\Phi}_{jA} \boldsymbol{p}_A = \boldsymbol{\Phi}_{jB} \boldsymbol{p}_B \tag{6.60}$$

设子结构 A 的主模态数 N_A 大于界面自由度数 N_j，则可将界面模态矩阵 $\boldsymbol{\Phi}_{jA}$ 写为

$$\boldsymbol{\Phi}_{jA} = [\boldsymbol{\Phi}_j^{\mathrm{S}} \vdots \boldsymbol{\Phi}_j^{\mathrm{T}}]_A \tag{6.61}$$

式中，$\boldsymbol{\Phi}_j^{\mathrm{S}}$ 为 $N_j \times N_j$ 方阵；$\boldsymbol{\Phi}_j^{\mathrm{T}}$ 为剩余界面模态。因此协调方程式(6.60)可写为

$$[\boldsymbol{\Phi}_j^{\mathrm{S}} \vdots \boldsymbol{\Phi}_j^{\mathrm{T}}]_A \begin{bmatrix} \boldsymbol{p}_s \\ \boldsymbol{p}_r \end{bmatrix}_A = \boldsymbol{\Phi}_{jB} \boldsymbol{p}_B \tag{6.62}$$

由该方程可解得

$$\boldsymbol{p}_{sA} = -(\boldsymbol{\Phi}_{jA}^s)^{-1} \boldsymbol{\Phi}_{jA}^{\mathrm{T}} \boldsymbol{p}_{rA} + (\boldsymbol{\Phi}_{jA}^s)^{-1} \boldsymbol{\Phi}_{jB} \boldsymbol{p}_B \tag{6.63}$$

选择系统的广义坐标

$$\boldsymbol{q} = \begin{bmatrix} \boldsymbol{p}_{rA} \\ \boldsymbol{p}_B \end{bmatrix} \tag{6.64}$$

可建立系统第二次坐标变换为

$$\begin{bmatrix} \boldsymbol{p}_{sA} \\ \boldsymbol{p}_{rA} \\ \boldsymbol{p}_B \end{bmatrix} = \begin{bmatrix} -\boldsymbol{\Phi}_{jA}^{s-1} \boldsymbol{\Phi}_{jA}^{\mathrm{T}} & \boldsymbol{\Phi}_{jA}^{s-1} \boldsymbol{\Phi}_{jB} \\ \boldsymbol{I} & 0 \\ 0 & \boldsymbol{I} \end{bmatrix} \begin{bmatrix} \boldsymbol{p}_{rA} \\ \boldsymbol{p}_B \end{bmatrix} \tag{6.65}$$

或写为

$$\boldsymbol{p} = \boldsymbol{\beta} \boldsymbol{q} \tag{6.66}$$

将式(6.57)和式(6.58)合并为

$$\begin{bmatrix} \ddot{\boldsymbol{p}}_A \\ \ddot{\boldsymbol{p}}_B \end{bmatrix} + \begin{bmatrix} \diagdown \lambda_A^2 \diagdown & 0 \\ 0 & \diagdown \lambda_B^2 \diagdown \end{bmatrix} \begin{bmatrix} \boldsymbol{p}_A \\ \boldsymbol{p}_B \end{bmatrix} = \begin{bmatrix} \boldsymbol{\Phi}_{jA}^{\mathrm{T}} & \\ & \boldsymbol{\Phi}_{jB}^{\mathrm{T}} \end{bmatrix} \begin{bmatrix} \boldsymbol{f}_{jA} \\ \boldsymbol{f}_{jB} \end{bmatrix} \tag{6.67}$$

利用坐标变换式(6.66)将式(6.67)变为

$$\boldsymbol{M} \ddot{\boldsymbol{q}} + \boldsymbol{K} \boldsymbol{q} = \boldsymbol{0} \tag{6.68}$$

式中

$$\boldsymbol{M} = \boldsymbol{\beta}^{\mathrm{T}} \boldsymbol{\beta}$$

$$\boldsymbol{K} = \boldsymbol{\beta}^{\mathrm{T}} \begin{bmatrix} \diagdown \lambda_A^2 \diagdown & 0 \\ 0 & \diagdown \lambda_B^2 \diagdown \end{bmatrix} \boldsymbol{\beta} \tag{6.69}$$

式(6.68)右端等于零，证明如下

$$\boldsymbol{\beta}^{\mathrm{T}} \begin{bmatrix} \boldsymbol{\Phi}_{jA}^{\mathrm{T}} & \\ & \boldsymbol{\Phi}_{jA}^{\mathrm{T}} \end{bmatrix} \begin{bmatrix} \boldsymbol{f}_{jA} \\ \boldsymbol{f}_{jB} \end{bmatrix} = \begin{bmatrix} -\boldsymbol{\Phi}_{jA}^{r\mathrm{T}} \boldsymbol{\Phi}_{jA}^{s-\mathrm{T}} & \boldsymbol{I} & 0 \\ \boldsymbol{\Phi}_{jB}^{\mathrm{T}} \boldsymbol{\Phi}_{jA}^{s-\mathrm{T}} & 0 & \boldsymbol{I} \end{bmatrix} \begin{bmatrix} \boldsymbol{\Phi}_{jA}^{s\mathrm{T}} & 0 \\ \boldsymbol{\Phi}_{jA}^{r\mathrm{T}} & 0 \\ 0 & \boldsymbol{\Phi}_{jB}^{\mathrm{T}} \end{bmatrix} \begin{bmatrix} \boldsymbol{f}_{jA} \\ \boldsymbol{f}_{jB} \end{bmatrix} =$$

$$\begin{bmatrix} 0 & \\ \boldsymbol{\Phi}_{jB}^{\mathrm{T}} & \boldsymbol{\Phi}_{jB}^{\mathrm{T}} \end{bmatrix} \begin{bmatrix} \boldsymbol{f}_{jA} \\ \boldsymbol{f}_{jB} \end{bmatrix} = \begin{bmatrix} 0 \\ \vdots \\ \boldsymbol{\Phi}_{jB}^{\mathrm{T}} (\boldsymbol{f}_{jA} + \boldsymbol{f}_{jB}) \end{bmatrix} = \boldsymbol{0}$$

4. 返回物理坐标

由式(6.68)可以解出系统的固有频率 ω_i 及对应模态坐标的振型 $\boldsymbol{\Phi}_{qi}$，然后可按子结构返回物理坐标，有对应物理坐标的振型

$$\boldsymbol{\Phi}_{xi} = \boldsymbol{\Phi}_A \boldsymbol{\beta}_A \boldsymbol{\Phi}_{qi} \tag{6.70}$$

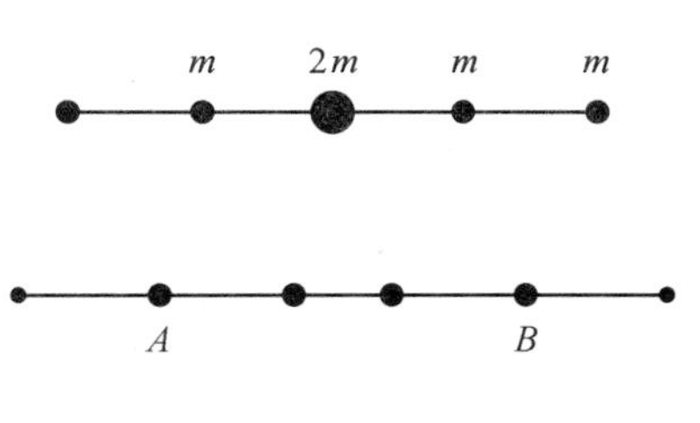

图 6.6　与质点自由－自由梁

例 6.2　图 6.6 所示一质点自由－自由梁，已知质量 m，弯曲刚度 EI，质点间隔 L。试用自由界面模态综合法求系统的固有频率。

解　(1) 将系统分割为 A、B 两个完全相同的子结构。

(2) 由子结构的模态分析得

$$[\lambda_A^2] = [\lambda_B^2] = \begin{bmatrix} 0 & & \\ & 0 & \\ & & \dfrac{9k}{m} \end{bmatrix}$$

$$k = \frac{EJ}{L^3}$$

$$\boldsymbol{\Phi}_A = \boldsymbol{\Phi}_B = \frac{1}{\sqrt{6m}} \begin{bmatrix} \sqrt{2} & \sqrt{3} & 1 \\ \sqrt{2} & 0 & -2 \\ \sqrt{2} & -\sqrt{3} & 1 \end{bmatrix}$$

取 $\boldsymbol{\Phi}_{jA}^{s} = \left[\sqrt{\dfrac{1}{3m}}\right]$，$\boldsymbol{\Phi}_{jA}^{\mathrm{T}} = \sqrt{\dfrac{1}{6m}}[-\sqrt{3} \quad 1]$，$\boldsymbol{\Phi}_{jB} = \sqrt{\dfrac{1}{6m}}[\sqrt{2} \quad \sqrt{3} \quad 1]$，则得变换矩阵

$$\boldsymbol{\beta} = \begin{bmatrix} \dfrac{\sqrt{6}}{2} & -\dfrac{\sqrt{2}}{2} & 1 & \dfrac{\sqrt{6}}{2} & \dfrac{\sqrt{2}}{2} \\ 1 & 0 & 0 & 0 & 0 \\ 0 & 1 & 0 & 0 & 0 \\ 0 & 0 & 1 & 0 & 0 \\ 0 & 0 & 0 & 1 & 0 \\ 0 & 0 & 0 & 0 & 1 \end{bmatrix}$$

由式(6.69)得

$$\boldsymbol{k} = \begin{bmatrix} 0 & 0 & 0 & 0 & 0 \\ 0 & \dfrac{9k}{m} & 0 & 0 & 0 \\ 0 & 0 & 0 & 0 & 0 \\ 0 & 0 & 0 & 0 & 0 \\ 0 & 0 & 0 & 0 & \dfrac{9k}{m} \end{bmatrix}$$

$$
\boldsymbol{M}=\begin{bmatrix} 5/2 & -\sqrt{3}/2 & \sqrt{6}/2 & 3/2 & \sqrt{3}/2 \\ -\sqrt{3}/2 & 3/2 & -\sqrt{2}/2 & -\sqrt{3}/2 & -1/2 \\ \sqrt{6}/2 & -\sqrt{2}/2 & 2 & \sqrt{6}/2 & \sqrt{2}/2 \\ 3/2 & -\sqrt{3}/2 & \sqrt{6}/2 & 5/2 & \sqrt{3}/2 \\ \sqrt{3}/2 & -1/2 & \sqrt{2}/2 & \sqrt{3}/2 & 3/2 \end{bmatrix}
$$

从而解得 $\omega_1=\omega_2=\omega_3=0, \omega_4^2=\dfrac{15k}{2m}, \omega_5^2=\dfrac{9k}{m}$。

6.3.2　改进的自由界面模态综合法

自由界面模态综合法的优点是在最后综合方程中不包含界面自由度，可使综合规模小；而且在试验模态分析中，子结构的自由界面模态容易找到，便于把试验模态与分析模态结合起来研究。但前述自由界面法精度较差，主要原因是模态截断的影响，使得界面处的受力条件不好。所以在 Hou 和 Goldman 之后发展了很多改进的方法。

1. MacNeal 方法(一阶方法)

(1) 子结构方程推导

子结构振动方程为

$$
\boldsymbol{m}\ddot{\boldsymbol{x}}+\boldsymbol{k}\boldsymbol{x}=\boldsymbol{0} \tag{6.71}
$$

由上方程解得正则化模态 $\boldsymbol{\varphi}_n$，有

$$
\left.\begin{aligned} \boldsymbol{\varphi}_r{}^{\mathrm{T}}\boldsymbol{m}\boldsymbol{\varphi}_r=1 \\ \boldsymbol{\varphi}_r{}^{\mathrm{T}}\boldsymbol{k}\boldsymbol{\varphi}_r=\lambda_r^2 \end{aligned}\right\} \tag{6.72}
$$

利用各阶模态组成的模态矩阵 $\boldsymbol{\Phi}$ 作坐标变换，有

$$
\boldsymbol{x}=\boldsymbol{\Phi}\boldsymbol{p} \tag{6.73}
$$

将模态矩阵按界面坐标和非界面坐标进行分割，有

$$
\boldsymbol{\Phi}=\begin{bmatrix} \boldsymbol{\Phi}_{ik} & \boldsymbol{\Phi}_{ia} \\ \boldsymbol{\Phi}_{jk} & \boldsymbol{\Phi}_{ja} \end{bmatrix} \tag{6.74}
$$

式中，下标 k 表示要保留的模态；下标 a 表示被减缩作近似处理的模态(一般是高阶模态)。

当系统作自由振动时，子结构的运动方程仍可写为分割形式

$$
\begin{bmatrix} \boldsymbol{m}_{ii} & \boldsymbol{m}_{ij} \\ \boldsymbol{m}_{ji} & \boldsymbol{m}_{jj} \end{bmatrix}\begin{bmatrix} \ddot{\boldsymbol{x}}_i \\ \ddot{\boldsymbol{x}}_j \end{bmatrix}+\begin{bmatrix} \boldsymbol{k}_{ii} & \boldsymbol{k}_{ij} \\ \boldsymbol{k}_{ji} & \boldsymbol{k}_{jj} \end{bmatrix}\begin{bmatrix} \boldsymbol{x}_i \\ \boldsymbol{x}_j \end{bmatrix}=\begin{bmatrix} 0 \\ \boldsymbol{f}_j \end{bmatrix} \tag{6.75}
$$

利用坐标变换式(6.73) 可将式(6.75) 写为解耦形式

$$
\ddot{p}_r+\lambda_r^2 p_r=g_r(t) \tag{6.76}
$$

式中

$$
g_r(t)=\boldsymbol{\varphi}_{jr}{}^{\mathrm{T}}\boldsymbol{f}_j \tag{6.77}
$$

考虑稳态正弦振动，有

$$
p_r(t)=\bar{p}_r \mathrm{e}^{\mathrm{j}\omega t} \tag{6.78}
$$

由式(6.76) 可解得

$$
\bar{p}_r=\bar{g}_r/(\lambda_r^2-\omega^2) \tag{6.79}
$$

这样，物理位移 $\bar{\boldsymbol{x}}$ 可以按振型 $\boldsymbol{\varphi}_r$ 分解，有

$$\bar{\boldsymbol{x}} = \sum_{r=1}^{N} \bar{p}_r \boldsymbol{\varphi}_r \tag{6.80}$$

式中，N 为子结构的自由度数。

可以根据激振频率 ω 把所有模态分为低阶和高阶两部分。这样，式(6.80)可写为

$$\bar{\boldsymbol{x}} = \sum_{r=1}^{s} \left(\frac{\bar{g}_r}{\lambda_r^2 - \omega^2}\right) \boldsymbol{\varphi}_r + \sum_{r=s+1}^{N} \left(\frac{\bar{g}_r}{\lambda_r^2 - \omega^2}\right) \boldsymbol{\varphi}_r \tag{6.81}$$

在右端第二项中，有 $\lambda_r \gg \omega$。这样，在这些高阶项中可以忽略动力效应而只考虑静力作用。这时式(6.81)可以写为

$$\bar{\boldsymbol{x}} = \sum_{r=1}^{s} \left(\frac{\bar{g}_r}{\lambda_r^2 - \omega^2}\right) \boldsymbol{\varphi}_r + \sum_{r=s+1}^{N} \left(\frac{\bar{g}_r}{\lambda_r^2}\right) \boldsymbol{\varphi}_r \tag{6.82}$$

上式右端第二项相当于高阶模态对响应的贡献，由于忽略了动力效应，所以称为“伪静力响应”。在 MacNeal 提出的一阶方法中，考虑伪静力方程

$$\boldsymbol{k}\bar{\boldsymbol{x}}_f = \bar{\boldsymbol{f}} \tag{6.83}$$

或写为

$$\bar{\boldsymbol{x}}_f = \boldsymbol{G}\bar{\boldsymbol{f}} \tag{6.84}$$

式中，$\boldsymbol{G}$ 为柔度矩阵。

将式(6.73)写为

$$\bar{\boldsymbol{x}}_f = [\boldsymbol{\Phi}_k \vdots \boldsymbol{\Phi}_a] \begin{bmatrix} \boldsymbol{p}'_k \\ \vdots \\ \boldsymbol{p}'_a \end{bmatrix} \tag{6.85}$$

式中，$\bar{\boldsymbol{x}}_f$ 为伪静力响应；$\boldsymbol{p}'_k$ 和 $\boldsymbol{p}'_a$ 为响应的模态坐标。

由式(6.85)得

$$\bar{\boldsymbol{x}}_f = \boldsymbol{\Phi}_k \boldsymbol{p}'_k + \boldsymbol{\Phi}_a \boldsymbol{p}'_a \tag{6.86}$$

或

$$\bar{\boldsymbol{x}}_f = \bar{\boldsymbol{x}}_k + \bar{\boldsymbol{x}}_a \tag{6.87}$$

其中

$$\begin{aligned} \bar{\boldsymbol{x}}_k &= \boldsymbol{\Phi}_k \boldsymbol{p}'_k \\ \bar{\boldsymbol{x}}_a &= \boldsymbol{\Phi}_a \boldsymbol{p}'_a \end{aligned} \tag{6.88}$$

可看作低阶模态和高阶模态分别对响应的贡献。但是高阶模态矩阵 $\boldsymbol{\Phi}_a$ 通常是没有被计算出来的，因此需要利用式(6.84)和式(6.87)得到 $\bar{\boldsymbol{x}}_a$。为此我们用矩阵 $\boldsymbol{\Phi}^{\mathrm{T}}$ 前乘式(6.83)，有

$$\begin{bmatrix} \boldsymbol{\Phi}_k^{\mathrm{T}} \\ \boldsymbol{\Phi}_a^{\mathrm{T}} \end{bmatrix} \boldsymbol{k} [\boldsymbol{\Phi}_k \quad \boldsymbol{\Phi}_a] \begin{bmatrix} \boldsymbol{p}'_k \\ \boldsymbol{p}'_a \end{bmatrix} = \begin{bmatrix} \boldsymbol{\Phi}_k^{\mathrm{T}} \\ \boldsymbol{\Phi}_a^{\mathrm{T}} \end{bmatrix} \bar{\boldsymbol{f}} \tag{6.89}$$

将上式展开，考虑到主模态的正交性

$$\begin{aligned} \boldsymbol{\Phi}_k{}^{\mathrm{T}} \boldsymbol{k} \boldsymbol{\Phi}_a &= \boldsymbol{\Phi}_a{}^{\mathrm{T}} \boldsymbol{m} \boldsymbol{\Phi}_k = 0 \\ \boldsymbol{\Phi}_k \boldsymbol{k} \boldsymbol{\Phi}_k &= \boldsymbol{\lambda}_k^2 \\ \boldsymbol{\Phi}_a \boldsymbol{k} \boldsymbol{\Phi}_a &= \boldsymbol{\lambda}_a^2 \end{aligned} \tag{6.90}$$

得到没有耦合的方程

$$[\diagdown \lambda_k^2 \diagdown] \boldsymbol{p}'_k = \boldsymbol{\Phi}_k{}^{\mathrm{T}} \bar{\boldsymbol{f}} \tag{6.91}$$

$$\boldsymbol{p}'_k = [\diagdown \lambda_k^2 \diagdown]^{-1} \boldsymbol{\Phi}_k{}^{\mathrm{T}} \bar{\boldsymbol{f}} \tag{6.92}$$

再将式(6.92)与式(6.88)联合可得

$$\bar{\boldsymbol{x}}_k = \boldsymbol{G}_k \bar{\boldsymbol{f}} \tag{6.93}$$

其中

$$\boldsymbol{G}_k = \boldsymbol{\Phi}_k [\backslash \lambda_k^2 \backslash]^{-1} \boldsymbol{\Phi}_k^{\mathrm{T}} \tag{6.94}$$

式中,$\bar{\boldsymbol{x}}_k$ 为低阶模态响应的贡献;$\boldsymbol{G}_k$ 为保留的低阶模态对应的柔度矩阵,这个矩阵可以由低阶模态特性得到。

同样,对于剩余的高阶模态也可以得到与式(6.93)相似的公式

$$\bar{\boldsymbol{x}}_a = \boldsymbol{G}_a \bar{\boldsymbol{f}}_k \tag{6.95}$$

但我们没有计算出高阶模态,所以不能像式(6.94)那样计算高阶模态的柔度矩阵(称剩余柔度矩阵)$\boldsymbol{G}_a$。

由式(6.84)、式(6.87)、式(6.93)和式(9.95)可以得出

$$\boldsymbol{G}\bar{\boldsymbol{f}} = \boldsymbol{G}_k \bar{\boldsymbol{f}} + \boldsymbol{G}_a \bar{\boldsymbol{f}}$$

或

$$\boldsymbol{G} = \boldsymbol{G}_k + \boldsymbol{G}_a \tag{6.96}$$

由上式可得剩余柔度矩阵

$$\boldsymbol{G}_a = \boldsymbol{G} - \boldsymbol{G}_k \tag{6.97}$$

此式说明剩余柔度矩阵可以由静柔度矩阵减去低阶柔度矩阵得到,而静柔度矩阵 $\boldsymbol{G} = \boldsymbol{K}^{-1}$,低阶柔度矩阵又可用式(6.94)算出。因此,可以不必先求出高阶模态来计算剩余柔度矩阵 $\boldsymbol{G}_a$,而可以由低阶模态得到剩余柔度矩阵。

由式(6.76)可以得到在正弦激励下子结构按模态坐标的振动方程

$$(-\omega^2 \boldsymbol{I} + [\backslash \lambda_k^2 \backslash])\bar{\boldsymbol{p}}_k = \boldsymbol{\Phi}_{jk}^{\mathrm{T}} \bar{\boldsymbol{f}}_j \tag{6.98}$$

这样由式(6.82)可以得到系统的响应

$$\bar{\boldsymbol{x}} = \boldsymbol{\Phi}_k \bar{\boldsymbol{p}}_k + \boldsymbol{G}_a \bar{\boldsymbol{f}} \tag{6.99}$$

在子结构的联接过程中,需要子结构的界面位移 $\bar{\boldsymbol{x}}_j$,这可以从分割式(6.99)得到,有

$$\bar{\boldsymbol{x}}_j = \boldsymbol{\Phi}_{jk} \bar{\boldsymbol{p}}_k + \boldsymbol{G}_{jj} \bar{\boldsymbol{f}}_j \tag{6.100}$$

(2) 子结构的连接

不失一般性,仍以两个子结构 A、B 的联接为例。式(6.98)和式(6.100)是子结构连接的基本方程,对于子结构 A 可写出

$$\bar{\boldsymbol{x}}_{jA} = \boldsymbol{\Phi}_{jkA} \bar{\boldsymbol{p}}_{kA} + \boldsymbol{G}_{jjA} \bar{\boldsymbol{f}}_{jA} \tag{6.101}$$

$$(-\omega^2 \boldsymbol{I} + [\backslash \lambda_k^2 \backslash]_A)\bar{\boldsymbol{p}}_{kA} = \boldsymbol{\Phi}_{jkA}^{\mathrm{T}} \bar{\boldsymbol{f}}_{jA} \tag{6.102}$$

对于子结构 B 同样可写出

$$\bar{\boldsymbol{x}}_{jB} = \boldsymbol{\Phi}_{jkB} \bar{\boldsymbol{p}}_{kB} + \boldsymbol{G}_{jjB} \bar{\boldsymbol{f}}_{jB} \tag{6.103}$$

$$(-\omega^2 \boldsymbol{I} + [\backslash \lambda_k^2 \backslash]_B)\bar{\boldsymbol{p}}_{kB} = \boldsymbol{\Phi}_{jkB}^{\mathrm{T}} \bar{\boldsymbol{f}}_{jB} \tag{6.104}$$

子结构的界面位移和界面力的协调方程为

$$\bar{\boldsymbol{x}}_{jA} = \bar{\boldsymbol{x}}_{jB} \tag{6.105}$$

$$\bar{\boldsymbol{f}}_{jA} = -\bar{\boldsymbol{f}}_{jB} \tag{6.106}$$

将式(6.101)和式(6.103)代入式(6.105),并利用式(6.106)可得

$$\bar{\boldsymbol{f}}_{jA} = (\boldsymbol{G}_{jjA} + \boldsymbol{G}_{jjB})^{-1}(\boldsymbol{\Phi}_{jkB} \bar{\boldsymbol{p}}_{kB} - \boldsymbol{\Phi}_{jkA} \bar{\boldsymbol{p}}_{kA}) \tag{6.107}$$

再将上式代入式(6.102),得

$$(-\omega^2\boldsymbol{I}+[\,^\backslash\lambda_{k\backslash}^2\,]_A)\,\bar{\boldsymbol{p}}_{kA}=\boldsymbol{\Phi}_{jkA}^{\mathrm{T}}(\boldsymbol{G}_{jjA}+\boldsymbol{G}_{jjB})^{-1}(\boldsymbol{\Phi}_{jkB}\,\bar{\boldsymbol{p}}_{kB}-\boldsymbol{\Phi}_{jkA}\,\bar{\boldsymbol{p}}_{kA}) \tag{6.108}$$

同样,从式(6.104)、式(6.105)和式(6.106)可得

$$(-\omega^2\boldsymbol{I}+\boldsymbol{\lambda}_{kB}^2)\,\bar{\boldsymbol{p}}_{kB}=\boldsymbol{\Phi}_{jkB}^{\mathrm{T}}(\boldsymbol{G}_{jjA}+\boldsymbol{G}_{jjB})^{-1}(\boldsymbol{\Phi}_{jkA}\,\bar{\boldsymbol{p}}_{kA}-\boldsymbol{\Phi}_{jkB}\,\bar{\boldsymbol{p}}_{kB}) \tag{6.109}$$

将式(6.108)与式(6.109)联立即得到系统运动方程

$$\begin{bmatrix}\boldsymbol{k}_{AA} & \boldsymbol{k}_{AB}\\ \boldsymbol{k}_{BA} & \boldsymbol{k}_{BB}\end{bmatrix}\begin{bmatrix}\bar{\boldsymbol{p}}_{kA}\\ \bar{\boldsymbol{p}}_{kB}\end{bmatrix}=\omega^2\begin{bmatrix}\bar{\boldsymbol{p}}_{kA}\\ \bar{\boldsymbol{p}}_{kB}\end{bmatrix} \tag{6.110}$$

式中

$$\begin{aligned}\boldsymbol{k}_{AA}&=[\,^\backslash\lambda_{k\backslash}^2\,]_A+\boldsymbol{\Phi}_{jkA}^{\mathrm{T}}\boldsymbol{k}_j\,\boldsymbol{\Phi}_{jkA}\\ \boldsymbol{k}_{AB}&=-\boldsymbol{\Phi}_{jkA}^{\mathrm{T}}\boldsymbol{k}_j\,\boldsymbol{\Phi}_{jkB}\\ \boldsymbol{k}_{BA}&=-\boldsymbol{\Phi}_{jkB}^{\mathrm{T}}\boldsymbol{k}_j\,\boldsymbol{\Phi}_{jkA}\\ \boldsymbol{k}_{BB}&=[\,^\backslash\lambda_{k\backslash}^2\,]_B+\boldsymbol{\Phi}_{jkB}^{\mathrm{T}}\boldsymbol{k}_j\,\boldsymbol{\Phi}_{jkB}\end{aligned} \tag{6.111}$$

式中

$$\boldsymbol{k}_j=(G_{jjA}+\boldsymbol{G}_{jjB})^{-1} \tag{6.112}$$

求解式(6.110),可得到系统的固有频率 ω_i 及对应坐标 $\boldsymbol{p}_k$ 的模态。如果返回物理坐标,则再利用式(6.100)和式(6.107)。

从后面的例题可以看出,MacNeal 方法有限高的精度,因为考虑了被截断的高阶模态的影响。

2. Rubin 方法(二阶方法)

Rubin方法较MacNeal方法更进了一步,它不仅考虑了静力影响,还考虑了动力影响。因此,Rubin 方法比 MacNeal 方法精度还高。

对于子结构运动方程式(6.75),考虑谐振动情形,可以得到如下方程

$$\boldsymbol{k}\bar{\boldsymbol{x}}=\bar{\boldsymbol{f}}+\omega^2\boldsymbol{m}\bar{\boldsymbol{x}} \tag{6.113}$$

Rubin 从 MacNeal 的一级近似 $\bar{\boldsymbol{x}}_f$(见式(6.84)),得到二级近似 $\bar{\boldsymbol{x}}'_f$ 的表达式

$$\bar{\boldsymbol{x}}'_f=\boldsymbol{G}(\bar{\boldsymbol{f}}+\omega^2\boldsymbol{m}\bar{\boldsymbol{x}}_f) \tag{6.114}$$

或写为

$$\bar{\boldsymbol{x}}'_f=\boldsymbol{G}(\boldsymbol{I}+\omega^2\boldsymbol{m}\boldsymbol{G})\bar{\boldsymbol{f}} \tag{6.115}$$

与推导式(6.93)方法类似,可导出

$$\bar{\boldsymbol{x}}'_k=\boldsymbol{G}_k(\bar{\boldsymbol{f}}+\omega^2\boldsymbol{m}\bar{\boldsymbol{x}}_f) \tag{6.116}$$

或

$$\bar{\boldsymbol{x}}'_k=\boldsymbol{G}_k(\boldsymbol{I}+\omega^2\boldsymbol{m}\boldsymbol{G})\bar{\boldsymbol{f}} \tag{6.117}$$

由此可导出剩余柔度矩阵

$$\boldsymbol{G}'_a=(\boldsymbol{G}-\boldsymbol{G}_k)(\boldsymbol{I}+\omega^2\boldsymbol{m}\boldsymbol{G})$$

以下推导公式的方法及步骤与 MacNeal 方法相似,但很烦琐,可参考有关资料。

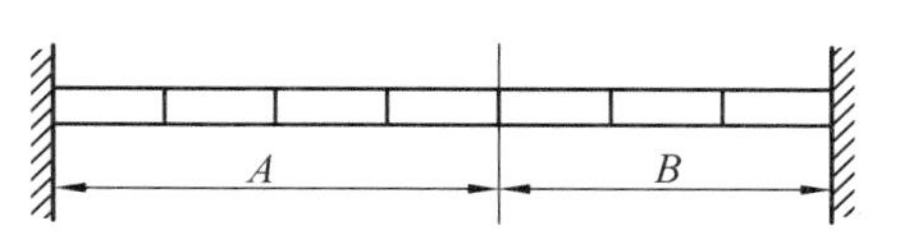

图 6.7　两端固支梁

例 6.3　图6.7所示两端固支均匀梁,将它划分为7个相同的单元,同时划分为两个子结构,子结构 A 包含 4 个单元,子结构 B 包含 3 个单元。

解　表6.3表示用Hou方法、MacNeal方法和Rubin方法计算的固有频率与精确解的

比较。

表 6.3　例 6.3 中用自由界面法计算结果

模态序号	$N_A=4,N_B=3$		$N_A=4,N_B=3$		$N_A=4,N_B=3$		$N_A=6,N_B=4$		精确值 ω^2
	一阶方法 (MacNeal)	误差 /%	二阶方法 (Rubin)	误差 /%	Hou 方法	误差 /%	一阶方法 (MacNeal)	误差 /%	
1	0.000 208 6	0.05	0.000 208 5	0.00	0.000 248 3	19.09	0.000 208 5	0.00	0.000 208 5
2	0.001 587 8	0.02	0.001 587 5	0.00	0.001 728 1	8.86	0.001 587 6	0.01	0.001 587 5
3	0.006 145 2	0.14	0.006 136 9	0.00	0.007 234 4	17.89	0.006 138 0	0.02	0.006 136 7
4	0.017 070 8	0.54	0.016 984 6	0.03	0.022 945 4	35.13	0.016 997 7	0.10	0.016 979 9
5	0.038 909 0	0.68	0.038 688 3	0.10	0.041 958 8	8.57	0.038 663 4	0.04	0.038 648 0
6	0.079 590 6	5.24	0.076 484 9	1.14	—	—	0.076 138 6	0.68	0.075 624 8
7	0.402 793 1	—	0.196 785 8	20.39	—	—	0.164 252 8	0.48	0.163 452 8

6.4　其他方法

6.4.1　复模态综合方法

前面介绍的模态综合法都是针对无阻尼情况进行的。当阻尼不能解耦时,必须采用复模态综合法。下面介绍黏性阻尼情况的复模态综合法。

1. 固定界面复模态综合法

该方法由 Hasselman 首先提出。它是由固定界面实模态综合法引申来的,其要点如下:

(1) 具有黏性阻尼的子结构,其运动方程为

$$\boldsymbol{m}\ddot{\boldsymbol{x}}+\boldsymbol{c}\dot{\boldsymbol{x}}+\boldsymbol{k}\boldsymbol{x}=\boldsymbol{f}_x \tag{6.118}$$

将以上方程写成状态空间形式为

$$\boldsymbol{a}\dot{\boldsymbol{y}}+\boldsymbol{b}\boldsymbol{y}=\boldsymbol{f} \tag{6.119}$$

式中

$$\boldsymbol{a}=\begin{bmatrix}0 & \boldsymbol{m}\\ \boldsymbol{m} & \boldsymbol{c}\end{bmatrix},\quad \boldsymbol{b}=\begin{bmatrix}-\boldsymbol{m} & 0\\ 0 & \boldsymbol{k}\end{bmatrix}$$

$$\boldsymbol{y}=\begin{bmatrix}\dot{\boldsymbol{x}}\\ \boldsymbol{x}\end{bmatrix},\quad \boldsymbol{f}=\begin{bmatrix}0\\ \boldsymbol{f}_x\end{bmatrix} \tag{6.120}$$

在式(6.118) 中,将 $\boldsymbol{x}$ 分割为 $\boldsymbol{x}=\{\boldsymbol{x}_i \vdots \boldsymbol{x}_j\}^{\mathrm{T}}$,并令 $\boldsymbol{x}_j=0$,可得以下方程

$$\boldsymbol{m}_{ii}\ddot{\boldsymbol{x}}_i+\boldsymbol{c}_{ii}\dot{\boldsymbol{x}}_i+\boldsymbol{k}_{ii}\boldsymbol{x}_i=0 \tag{6.121}$$

将上述方程写成状态空间形式

$$\boldsymbol{a}_i\dot{\boldsymbol{y}}_i+\boldsymbol{b}_i\boldsymbol{y}_i=0 \tag{6.122}$$

式中

$$\boldsymbol{a}_i=\begin{bmatrix}0 & \boldsymbol{m}_{ii}\\ \boldsymbol{m}_{ii} & \boldsymbol{c}_{ii}\end{bmatrix},\quad \boldsymbol{b}_i=\begin{bmatrix}-\boldsymbol{m}_{ii} & 0\\ 0 & \boldsymbol{k}_{ii}\end{bmatrix},\quad \boldsymbol{y}_i=\begin{bmatrix}\dot{\boldsymbol{x}}_i\\ \boldsymbol{x}_i\end{bmatrix} \tag{6.123}$$

设式(6.122)的解为

$$\boldsymbol{y}_i=\boldsymbol{\psi}_i \mathrm{e}^{\lambda t}=\begin{bmatrix}\boldsymbol{\psi}_{vi}\\ \boldsymbol{\psi}_{xi}\end{bmatrix}\mathrm{e}^{\lambda t} \tag{6.124}$$

式中，$\boldsymbol{\psi}_{vi}$ 和 $\boldsymbol{\psi}_{xi}$ 为对应 $\dot{\boldsymbol{x}}$，$\boldsymbol{x}$ 的复振幅向量。

将式(6.124)代入式(6.122)，得特征方程为

$$\lambda_i \boldsymbol{a}_i \boldsymbol{\psi}_i+\boldsymbol{b}_i \boldsymbol{\psi}_i=0 \tag{6.125}$$

可解得 $2i$ 个共轭的复频率和 $2i$ 个共轭的复模态。取前 l 个复模态构成模态矩阵，即

$$\boldsymbol{\Psi}_l=\begin{bmatrix}\boldsymbol{\Psi}_{vl}\\ \boldsymbol{\Psi}_{xl}\end{bmatrix} \tag{6.126}$$

利用矩阵 $\boldsymbol{\Psi}_l$ 建立子结构模态坐标与物理坐标之间的关系式为

$$\boldsymbol{y}_A=\begin{bmatrix}\dot{\boldsymbol{x}}\\ \boldsymbol{x}\end{bmatrix}=\begin{bmatrix}\dot{\boldsymbol{x}}_i\\ \dot{\boldsymbol{x}}_j\\ \boldsymbol{x}_i\\ \boldsymbol{x}_j\end{bmatrix}_A=\begin{bmatrix}\boldsymbol{\Psi}_{vl_A} & 0 & 0\\ 0 & \boldsymbol{I} & 0\\ \boldsymbol{\Psi}_{xl_A} & 0 & 0\\ 0 & 0 & \boldsymbol{I}\end{bmatrix}\begin{bmatrix}\boldsymbol{p}_l\\ \dot{\boldsymbol{x}}_j\\ \boldsymbol{x}_j\end{bmatrix}=\boldsymbol{T}_A\boldsymbol{q}_A \tag{6.127}$$

同理可写出

$$\boldsymbol{y}_B=\boldsymbol{T}_B\boldsymbol{q}_B \tag{6.128}$$

至此子结构的坐标变换完毕。

(2) 将 A，B 两个子结构在状态空间中的运动方程无耦联的写在一起为

$$\begin{bmatrix}\boldsymbol{a}_A & 0\\ 0 & \boldsymbol{a}_A\end{bmatrix}\begin{bmatrix}\dot{\boldsymbol{y}}_A\\ \dot{\boldsymbol{y}}_B\end{bmatrix}+\begin{bmatrix}\boldsymbol{a}_A & 0\\ 0 & \boldsymbol{a}_B\end{bmatrix}\begin{bmatrix}\boldsymbol{y}_A\\ \boldsymbol{y}_B\end{bmatrix}=\begin{bmatrix}\boldsymbol{f}_A\\ \boldsymbol{f}_B\end{bmatrix} \tag{6.129}$$

两子结构界面位移的协调方程为

$$\boldsymbol{x}_{jA}=\boldsymbol{x}_{jB}\dot{\boldsymbol{x}}_{jA}=\dot{\boldsymbol{x}}_{jB} \tag{6.130}$$

由式(6.127)、式(6.128)和式(6.130)可以得到坐标变换关系为

$$\begin{bmatrix}\boldsymbol{y}_A\\ \boldsymbol{y}_B\end{bmatrix}=\begin{bmatrix}\boldsymbol{T}_A & 0\\ 0 & \boldsymbol{T}_B\end{bmatrix}\begin{bmatrix}\boldsymbol{q}_A\\ \boldsymbol{q}_B\end{bmatrix}=\boldsymbol{T}_1\begin{bmatrix}\boldsymbol{q}_A\\ \boldsymbol{q}_B\end{bmatrix} \tag{6.131}$$

和

$$\begin{bmatrix}\boldsymbol{q}_A\\ \boldsymbol{q}_B\end{bmatrix}=\begin{bmatrix}\boldsymbol{p}_{lA}\\ \dot{\boldsymbol{x}}_{jA}\\ \boldsymbol{x}_{jA}\\ \boldsymbol{p}_{lB}\\ \dot{\boldsymbol{x}}_{jB}\\ \boldsymbol{x}_{jB}\end{bmatrix}=\begin{bmatrix}\boldsymbol{I} & 0 & 0 & 0\\ 0 & 0 & \boldsymbol{I} & 0\\ 0 & 0 & 0 & \boldsymbol{I}\\ 0 & \boldsymbol{I} & 0 & 0\\ 0 & 0 & \boldsymbol{I} & 0\\ 0 & 0 & 0 & \boldsymbol{I}\end{bmatrix}\begin{bmatrix}\boldsymbol{p}_{lA}\\ \boldsymbol{p}_{lB}\\ \dot{\boldsymbol{x}}_j\\ \boldsymbol{x}_j\end{bmatrix}=\boldsymbol{T}_2\boldsymbol{q} \tag{6.132}$$

由上述两方程可得到最后的变换关系为

$$\begin{bmatrix}\boldsymbol{y}_A\\ \boldsymbol{y}_B\end{bmatrix}=\boldsymbol{T}_1\begin{bmatrix}\boldsymbol{q}_A\\ \boldsymbol{q}_B\end{bmatrix}=\boldsymbol{T}_1\boldsymbol{T}_2\boldsymbol{q}=\boldsymbol{T}\boldsymbol{q} \tag{6.133}$$

将变换式(6.133)作用于方程(6.129)，并利用界面力的平衡条件，可得系统的自由振动方程为

$$\boldsymbol{a}\dot{\boldsymbol{q}}+\boldsymbol{b}\boldsymbol{q}=0 \tag{6.134}$$

式中

$$\boldsymbol{a}=\boldsymbol{T}^{\mathrm{T}}\begin{bmatrix}\boldsymbol{a}_A & 0\\ 0 & \boldsymbol{a}_B\end{bmatrix}\boldsymbol{T}$$

$$\boldsymbol{b}=\boldsymbol{T}^{\mathrm{T}}\begin{bmatrix}\boldsymbol{b}_A & 0\\ 0 & \boldsymbol{b}_B\end{bmatrix}\boldsymbol{T} \tag{6.135}$$

求解式(6.134)可以得到系统的复固有频率(模态频率)和相对于广义坐标 $\boldsymbol{q}$ 的复振型。再利用式(6.133)返回到物理坐标。

2. 自由界面复模态综合法

Craig 和 Chung 在 1981 年和 1983 年共同完成了自由界面复模态综合法和改进的复模态综合法。该方法的主要步骤如下:

(1) 在式(6.119)中,令界面力 $\boldsymbol{f}=0$,得到自由界面子结构方程

$$\boldsymbol{a}\dot{\boldsymbol{y}}+\boldsymbol{b}\boldsymbol{y}=0 \tag{6.136}$$

求解以上方程可以得到系统的复特征值矩阵和复模态矩阵分别为

$$\boldsymbol{\Lambda}=\begin{bmatrix}\lambda_1 & & & & \\ & \lambda_1^* & & & \\ & & \ddots & & \\ & & & \lambda_n & \\ & & & & \lambda_n^*\end{bmatrix} \tag{6.137}$$

$$\boldsymbol{\Psi}=\begin{bmatrix}\boldsymbol{\Psi}_v\\ \boldsymbol{\Psi}_x\end{bmatrix}=[\boldsymbol{\psi}_1\quad \boldsymbol{\psi}_1^*\quad \cdots\quad \boldsymbol{\psi}_n\quad \boldsymbol{\psi}_n^*] \tag{6.138}$$

式中,$\boldsymbol{\Psi}$ 是对矩阵 $\boldsymbol{a}$,$\boldsymbol{b}$ 的正则化矩阵,有

$$\boldsymbol{\Psi}^{\mathrm{T}}\boldsymbol{a}\boldsymbol{\Psi}=\boldsymbol{I}$$

$$\boldsymbol{\Psi}^{\mathrm{T}}\boldsymbol{b}\boldsymbol{\Psi}=-\boldsymbol{\Lambda} \tag{6.139}$$

将状态向量 $\boldsymbol{y}$ 按模态分解为

$$\boldsymbol{y}=\boldsymbol{\Psi}\boldsymbol{z}=\boldsymbol{\Psi}_{\mathrm{k}}\boldsymbol{z}_{\mathrm{k}}+\boldsymbol{\Psi}_{\mathrm{d}}\boldsymbol{z}_{\mathrm{d}} \tag{6.140}$$

式中,$\boldsymbol{\psi}_{\mathrm{k}}$ 为保留的低阶模态;$\boldsymbol{\psi}_{\mathrm{d}}$ 为将减缩的高阶模态。

将子结构方程式(6.119)转换到模态坐标 z 上,有

$$\dot{\boldsymbol{z}}-[\diagdown\boldsymbol{\Lambda}\diagdown]\boldsymbol{z}=\boldsymbol{\Psi}^{\mathrm{T}}\boldsymbol{f} \tag{6.141}$$

设系统的固有频率为 λ_{s},子结构将产生与 $\mathrm{e}^{\lambda t}$ 成正比的振动。式(6.141)是解耦的方程,其解为

$$z_{\mathrm{r}}=\frac{\boldsymbol{\psi}_{\mathrm{r}}^{\mathrm{T}}\boldsymbol{f}}{\lambda_{\mathrm{s}}-\lambda_{\mathrm{r}}} \tag{6.142}$$

将式(6.142)代入式(6.140),并考虑到 $\lambda_{\mathrm{s}}\ll\lambda_{\mathrm{r}}$ 得

$$\boldsymbol{y}=\boldsymbol{\Psi}_k\boldsymbol{z}_k+\left(\sum_{i=k+1}^{n}\left[\frac{\boldsymbol{\psi}_i\boldsymbol{\psi}_j^{\mathrm{T}}}{-\lambda_i}+\frac{\boldsymbol{\psi}_i^*\boldsymbol{\psi}_i^{*\mathrm{T}}}{-\lambda_i^*}\right]\right)\boldsymbol{f}=\boldsymbol{\Psi}_k\boldsymbol{z}_k+\boldsymbol{\Phi}_{\mathrm{d}}\boldsymbol{f} \tag{6.143}$$

在上式中,考虑到 $\lambda_{\mathrm{s}}\ll\lambda_i$,作了某些近似。这样,我们能用界面力 $\boldsymbol{f}$ 代替广义坐标 $\boldsymbol{z}_\alpha$,用剩余柔度 $\boldsymbol{\Phi}_{\mathrm{d}}$ 代替高阶模态矩阵 $\boldsymbol{\Psi}_{\mathrm{d}}$。因为 $\boldsymbol{\Psi}_{\mathrm{d}}$ 一般是未知的,而剩余柔度矩阵 $\boldsymbol{\Phi}_{\mathrm{d}}$ 却可近似得到。

考虑到系统只作自由振动,因此子结构只有界面力。这样有

$$\boldsymbol{f}=\begin{bmatrix}\boldsymbol{f}_v\\ \vdots\\ \boldsymbol{f}_x\end{bmatrix}=\begin{bmatrix}0\\0\\ \vdots\\0\\ \boldsymbol{f}_{xj}\end{bmatrix} \tag{6.144}$$

在式(6.143)中的第二项可以写为

$$\boldsymbol{\Phi}_{\mathrm{d}}\boldsymbol{f}=\boldsymbol{\Phi}_{\mathrm{d}j}\boldsymbol{f}_{xj} \tag{6.145}$$

式中,$\boldsymbol{\Phi}_{\mathrm{d}j}$ 为矩阵 $\boldsymbol{\Phi}_{\mathrm{d}}$ 中后半部对应 $\boldsymbol{f}_{xj}$ 的部分;$\boldsymbol{f}_{xj}$ 为界面力。

利用式(6.140),静力方程

$$\boldsymbol{by}=\boldsymbol{f} \tag{6.146}$$

可化作

$$\boldsymbol{b\Psi z}=\boldsymbol{f} \tag{6.147}$$

或写为

$$\boldsymbol{b}_{\mathrm{s}}\boldsymbol{z}=\boldsymbol{f} \tag{6.148}$$

将上式分块表示为

$$\begin{bmatrix}\boldsymbol{b}_{\mathrm{s}ii} & \boldsymbol{b}_{\mathrm{s}ij}\\ \boldsymbol{b}_{\mathrm{s}ji} & \boldsymbol{b}_{\mathrm{s}jj}\end{bmatrix}\begin{bmatrix}\boldsymbol{z}_i\\ \boldsymbol{z}_j\end{bmatrix}=\begin{bmatrix}0\\ f_{xj}\end{bmatrix} \tag{6.149}$$

式中,下标 i 包括 V_i、V_j 和 z_i;下标 j 只代表 z_j。

从上式可得

$$\boldsymbol{f}_{xj}=\boldsymbol{\Phi}_{\mathrm{s}i}\boldsymbol{z}_j \tag{6.150}$$

式中

$$\boldsymbol{\Phi}_{\mathrm{s}i}=(\boldsymbol{b}_{\mathrm{s}jj}-\boldsymbol{b}_{\mathrm{s}ji}{}^{-1}\boldsymbol{b}_{\mathrm{s}ii})\boldsymbol{b}_{\mathrm{s}ii} \tag{6.151}$$

将式(6.150)代入式(6.140)得

$$\boldsymbol{\Phi}_{\mathrm{d}}\boldsymbol{f}=\boldsymbol{\Phi}_{\mathrm{s}j}\boldsymbol{f}_{xj}=\boldsymbol{\Phi}_{\mathrm{d}j}\boldsymbol{\Phi}_{\mathrm{s}j}\boldsymbol{z}_j=\boldsymbol{\Phi}_{\mathrm{m}}\boldsymbol{z}_j \tag{6.152}$$

式中

$$\boldsymbol{\Phi}_{\mathrm{m}}=\boldsymbol{\Phi}_{\mathrm{d}j}\boldsymbol{\Phi}_{\mathrm{s}j} \tag{6.153}$$

因为 $\boldsymbol{\Phi}_{\mathrm{m}}\boldsymbol{z}_j$ 表示高阶剩余模态在振动中的贡献,所以 $\boldsymbol{\Phi}_{\mathrm{m}}$ 称为剩余附着模态。这样就可以把式(6.140)写为

$$\boldsymbol{y}=\boldsymbol{\psi}_{\mathrm{k}}\boldsymbol{I}_{\mathrm{k}}+\boldsymbol{\Phi}_{\mathrm{m}}\boldsymbol{z}_j \tag{6.154}$$

(2) 不失一般性,仍考虑 A,B 两个子结构组成的系统。先写出它们无耦联的运动方程为

$$\begin{bmatrix}\boldsymbol{a}_A & 0\\ 0 & \boldsymbol{a}_B\end{bmatrix}\begin{bmatrix}\dot{\boldsymbol{y}}_A\\ \dot{\boldsymbol{y}}_B\end{bmatrix}+\begin{bmatrix}\boldsymbol{b}_A & 0\\ 0 & \boldsymbol{b}_B\end{bmatrix}\begin{bmatrix}\boldsymbol{y}_A\\ \boldsymbol{y}_B\end{bmatrix}=\begin{bmatrix}\boldsymbol{f}_A\\ \boldsymbol{f}_B\end{bmatrix} \tag{6.155}$$

利用子结构坐标变换式(6.154),将物理坐标变换为模态坐标,得

$$\begin{bmatrix}\boldsymbol{y}_A\\ \boldsymbol{y}_B\end{bmatrix}=\begin{bmatrix}\boldsymbol{\Psi}_{\mathrm{k}}^A & \boldsymbol{\Phi}_{\mathrm{m}}^A & 0 & 0\\ 0 & 0 & \boldsymbol{\Psi}_{\mathrm{k}}^B & \boldsymbol{\Phi}_{\mathrm{m}}^B\end{bmatrix}\begin{bmatrix}\boldsymbol{z}_A\\ \boldsymbol{z}_B\end{bmatrix}=\boldsymbol{Tz} \tag{6.156}$$

利用变换式(6.156),将式(6.155)变换到模态坐标上得

$$\bar{\boldsymbol{a}}\dot{\boldsymbol{z}}+\bar{\boldsymbol{b}}\boldsymbol{z}=\bar{\boldsymbol{f}} \tag{6.157}$$

式中

$$\bar{a}=\begin{bmatrix} \boldsymbol{I} & 0 & 0 & 0 \\ 0 & \boldsymbol{\Phi}_{\mathrm{m}}^{A\mathrm{T}} a_A \boldsymbol{\Phi}_{\mathrm{m}}^{A} & 0 & 0 \\ 0 & 0 & \boldsymbol{I} & 0 \\ 0 & 0 & 0 & \boldsymbol{\Phi}_{\mathrm{m}}^{B\mathrm{T}} \boldsymbol{a}_B \boldsymbol{\Phi}_{\mathrm{m}}^{B} \end{bmatrix}$$

$$\bar{\boldsymbol{b}}=\begin{bmatrix} -\boldsymbol{\Lambda}_{\mathrm{k}}^{A} & 0 & 0 & 0 \\ 0 & \boldsymbol{\Phi}_{\mathrm{m}}^{A\mathrm{T}} \boldsymbol{b}_A \boldsymbol{\Phi}_{\mathrm{m}}^{A} & 0 & 0 \\ 0 & 0 & -\boldsymbol{\Lambda}_{\mathrm{k}}^{B} & 0 \\ 0 & 0 & 0 & \boldsymbol{\Phi}_{\mathrm{m}}^{B\mathrm{T}} \boldsymbol{b}_B \boldsymbol{\Phi}_{\mathrm{m}}^{B} \end{bmatrix} \tag{6.158}$$

$$\bar{\boldsymbol{f}}=\begin{bmatrix} \boldsymbol{\Psi}_{\mathrm{k}}^{AT} & \boldsymbol{f}_A \\ \boldsymbol{\Phi}_{\mathrm{m}}^{AT} & \boldsymbol{f}_A \\ \boldsymbol{\Psi}_{\mathrm{k}}^{BT} & \boldsymbol{f}_B \\ \boldsymbol{\Phi}_{\mathrm{m}}^{BT} & \boldsymbol{f}_B \end{bmatrix}, \quad \boldsymbol{z}=\begin{bmatrix} \boldsymbol{z}_{\mathrm{k}}^{A} \\ \boldsymbol{z}_{\mathrm{j}}^{A} \\ \boldsymbol{z}_{\mathrm{k}}^{B} \\ \boldsymbol{z}_{\mathrm{j}}^{B} \end{bmatrix}$$

由式(6.153)和式(6.145)和 $\boldsymbol{\varphi}_{\mathrm{m}}$ 是由 $\boldsymbol{\varphi}_{\mathrm{dj}}$ 组成的。$\boldsymbol{\varphi}_{\mathrm{dj}}$ 是由子结构高阶模态线性组合而成。所以 $\boldsymbol{\varphi}_{\mathrm{m}}$ 和 $\boldsymbol{\varphi}_{\mathrm{k}}$ 之间仍具有加权正交性。这样 $\bar{\boldsymbol{a}}$、$\bar{\boldsymbol{b}}$ 具有如式(6.158)所示的分块对角形。

$$\boldsymbol{f}_{xj\,A}+\boldsymbol{f}_{xj\,B}=0 \tag{6.159}$$

$$\begin{bmatrix} \dot{\boldsymbol{x}}_j \\ \boldsymbol{x}_j \end{bmatrix}_A=\begin{bmatrix} \dot{\boldsymbol{x}}_j \\ \boldsymbol{x}_j \end{bmatrix}_B \tag{6.160}$$

利用式(6.150)将式(6.159)变换为模态坐标形式为

$$[\boldsymbol{\Phi}_{sj}^{A} \ \vdots\ \boldsymbol{\Phi}_{sj}^{A}]\begin{bmatrix} \boldsymbol{z}_j^{A} \\ \boldsymbol{z}_j^{B} \end{bmatrix} \tag{6.161}$$

而式(6.160)可改写为

$$\boldsymbol{E}\begin{bmatrix} \boldsymbol{y}_{jA} \\ \vdots \\ \boldsymbol{y}_{jB} \end{bmatrix}=0 \tag{6.162}$$

式中

$$\boldsymbol{E}=\left[\begin{array}{cccc:cccc} 0 & \boldsymbol{I} & 0 & 0 & 0 & -\boldsymbol{I} & 0 & 0 \\ 0 & 0 & 0 & \boldsymbol{I} & 0 & 0 & 0 & -\boldsymbol{I} \end{array}\right]=[\boldsymbol{E}_A \ \vdots\ \boldsymbol{E}_B] \tag{6.163}$$

将式(6.156)代入式(6.162),可以得到模态坐标下的协调方程

$$[\boldsymbol{E}_A\boldsymbol{\Psi}_{\mathrm{k}}^{A}\boldsymbol{E}_A\boldsymbol{\Phi}_{\mathrm{m}}^{A} \ \vdots\ \boldsymbol{E}_B\boldsymbol{\Psi}_{\mathrm{k}}^{B}\boldsymbol{E}_B\boldsymbol{\Phi}_{\mathrm{m}}^{B}]\begin{bmatrix} \boldsymbol{z}_{\mathrm{k}}^{A} \\ \boldsymbol{z}_{\mathrm{j}}^{A} \\ \boldsymbol{z}_{\mathrm{k}}^{B} \\ \boldsymbol{z}_{\mathrm{j}}^{B} \end{bmatrix}=0 \tag{6.164}$$

将协调方程式(6.164)与式(6.161)联立,将 $\boldsymbol{z}_k^A$ 与 $\boldsymbol{z}_k^B$ 作为广义坐标,可建立关系

$$\begin{bmatrix} \boldsymbol{z}_{\mathrm{k}}^{A} \\ \boldsymbol{z}_{\mathrm{j}}^{A} \\ \boldsymbol{z}_{\mathrm{k}}^{B} \\ \boldsymbol{z}_{\mathrm{j}}^{B} \end{bmatrix}=\boldsymbol{T}_1\begin{bmatrix} \boldsymbol{z}_{\mathrm{k}}^{A} \\ \boldsymbol{z}_{\mathrm{k}}^{B} \end{bmatrix} \tag{6.165}$$

将变换式(6.165)代入式(6.157)中,并考虑平衡方程式(6.161),得系统最后的综合方程

$$\widetilde{a}\dot{\widetilde{z}} + \widetilde{b}\widetilde{z} = 0 \tag{6.166}$$

式中

$$\widetilde{a} = T_1^{\mathrm{T}}\overline{a}T_1$$

$$\widetilde{b} = T_1^{\mathrm{T}}\overline{b}T_1$$

$$\widetilde{z} = \begin{bmatrix} z_{\mathrm{k}}^{A} \\ z_{\mathrm{k}}^{B} \end{bmatrix} \tag{6.167}$$

求解式(6.166)可以得到系统的模态频率及相对于模态坐标 $\widetilde{z}$ 的振型。再经过坐标变换式(6.165)及式(6.166)可得到物理坐标下的振型。

6.4.2 组合结构系统分析法

组合结构系统分析法与模态综合法不同,它首先利用试验或计算建立子结构界面间的传递特性(机械导纳或机械阻抗),然后通过界面的连接条件将各子结构特性组合得到系统的动力特性。这一方法是美国的 Klosterman 首先提出来的。

由于这一方法用到机械导纳与机械阻抗的概念,所以首先作一简要介绍。

1. 多自由度系统的机械阻抗与导纳

具有黏性阻尼的振动系统的运动方程为

$$M\ddot{x} + C\dot{x} + Kx = f \tag{6.168}$$

作傅立叶变换,得

$$K - \omega^2 M + j\omega C x(\omega) = F(\omega) \tag{6.169}$$

或写为

$$Zx = F \tag{6.170}$$

式中,矩阵 Z,称为系统的机械阻抗矩阵(简称阻抗矩阵)。

$$Z = K - \omega^2 M + j\omega C \tag{6.171}$$

阻抗矩阵 Z 中的元素 z_{ij} 的定义可推导如下:

因为从式(6.170),有

$$F_i = z_{i1}x_1 + z_{i2}x_2 + \cdots + z_{ij}x_j + \cdots + z_{in}x_n$$

所以

$$z_{ij} = \frac{F_i}{x_j} \quad (\text{若当 } k \neq j \text{ 时,有 } x_k = 0) \tag{6.172}$$

即 i,j 两点的传递阻抗 z_{ij} 等于除 j 点外其余各点都被完全约束时($x_k = 0$),F_i 与 x_j 之比。根据定义,可知系统的机械阻抗不容易从试验中得到。

式(6.171)和式(6.172)表示的机械阻抗称为位移阻抗,即动刚度。除此之外还有速度阻抗与加速度阻抗。

将机械阻抗矩阵 $Z(\omega)$ 求逆,可得到机械导纳矩阵

$$H = Z^{-1} \tag{6.173}$$

机械导纳矩阵也称传递函数矩阵。

机械导纳矩阵 $\boldsymbol{H}$ 中的元素 H_{ij} 定义为

$$H_{ij}=\frac{x_i}{F_j}\quad (若当 k\neq j 时,有 F_k=0) \tag{6.174}$$

即 i,j 两点的传递导纳等于仅在 j 点作用为 F_j(其余各点作用力为零)时,x_i 与 F_j 之比。系统的导纳可以从试验中得到。它可从正弦激励输出与输入的复振幅之比得到,也可从随机激励或瞬态激励的傅立叶变换中得到。

2. 机械阻抗子结构方法

机械阻抗子结构方法是与静力子结构方法相似的方法。由于子结构的机械阻抗不易从试验中得到,可先由试验得到的机械导纳矩阵,然后求逆得到机械阻抗矩阵。

设有 A,B 两个子结构组成的系统。对其中某个子结构写出阻抗方程

$$\begin{bmatrix}\boldsymbol{F}_i\\ \boldsymbol{F}_j\end{bmatrix}=\begin{bmatrix}\boldsymbol{z}_{ii} & \boldsymbol{z}_{ij}\\ \boldsymbol{z}_{ji} & \boldsymbol{z}_{jj}\end{bmatrix}\begin{bmatrix}\boldsymbol{x}_i\\ \boldsymbol{x}_j\end{bmatrix} \tag{6.175}$$

式中,下标 j 表示界面坐标;下标 i 表示非界面坐标。

两子结构的非耦联方程为

$$\begin{bmatrix}\boldsymbol{F}_{iA}\\ \boldsymbol{F}_{jA}\\ \boldsymbol{F}_{iB}\\ \boldsymbol{F}_{jB}\end{bmatrix}=\begin{bmatrix}\boldsymbol{z}_{ii}^A & \boldsymbol{z}_{ij}^A & 0 & 0\\ \boldsymbol{z}_{ji}^A & \boldsymbol{z}_{jj}^A & 0 & 0\\ 0 & 0 & \boldsymbol{z}_{ii}^B & \boldsymbol{z}_{ij}^B\end{bmatrix}\begin{bmatrix}\boldsymbol{x}_i^A\\ \boldsymbol{x}_j^A\\ \boldsymbol{x}_i^B\\ \boldsymbol{x}_j^B\end{bmatrix} \tag{6.176}$$

界面协调方程为

$$\boldsymbol{x}_j^A=\boldsymbol{x}_j^B=\boldsymbol{x}_j,\quad \boldsymbol{F}_{jA}=\boldsymbol{F}_{jB}=0 \tag{6.177}$$

利用式(6.177)可建立坐标变换

$$\begin{bmatrix}\boldsymbol{x}_i^A\\ \boldsymbol{x}_j^A\\ \boldsymbol{x}_i^B\\ \boldsymbol{x}_j^B\end{bmatrix}=\begin{bmatrix}\boldsymbol{I} & 0 & 0\\ 0 & \boldsymbol{I} & 0\\ 0 & 0 & \boldsymbol{I}\\ 0 & \boldsymbol{I} & 0\end{bmatrix}\begin{bmatrix}\boldsymbol{x}_i^A\\ \boldsymbol{x}_j\\ \boldsymbol{x}_i^B\end{bmatrix} \tag{6.178}$$

将变换式(6.178)作用于式(6.176)得系统方程

$$\begin{bmatrix}\boldsymbol{F}_{iA}\\ 0\\ \boldsymbol{F}_{iB}\end{bmatrix}=\begin{bmatrix}\boldsymbol{z}_{ii}^A & \boldsymbol{z}_{ij}^A & 0\\ \boldsymbol{z}_{ji}^A & \boldsymbol{z}_{jj}^A+\boldsymbol{z}_{jj}^B & \boldsymbol{z}_{ji}^B\\ 0 & \boldsymbol{z}_{ij}^B & \boldsymbol{z}_{ii}^B\end{bmatrix}\begin{bmatrix}\boldsymbol{x}_i^A\\ \boldsymbol{x}_j\\ \boldsymbol{x}_i^B\end{bmatrix} \tag{6.179}$$

如果系统作自由振动,则有 $\boldsymbol{F}_{iA}=\boldsymbol{F}_{iB}=0$,上式变为

$$\begin{bmatrix}\boldsymbol{z}_{ii}^A & \boldsymbol{z}_{ij}^A & 0\\ \boldsymbol{z}_{ji}^A & \boldsymbol{z}_{jj}^A+\boldsymbol{z}_{jj}^B & \boldsymbol{z}_{ji}^B\\ 0 & \boldsymbol{z}_{ij}^B & \boldsymbol{z}_{ii}^B\end{bmatrix}\begin{bmatrix}\boldsymbol{x}_i^A\\ \boldsymbol{x}_j\\ \boldsymbol{x}_i^B\end{bmatrix}=0 \tag{6.180}$$

或简写为

$$\boldsymbol{Z}_{AB}\boldsymbol{x}_{AB}=0 \tag{6.181}$$

由行列式

$$\det\boldsymbol{Z}_{AB}=0 \tag{6.182}$$

可以解得系统的固有频率(或模态频率)。

3. 机械导纳子结构方法

因为导纳容易由试验得到，所以机械导纳方法应用较广泛。

设有 n 个子结构组成的系统。将每个子结构所受的力分为界面 $\boldsymbol{F}_j$ 与非界面力 $\boldsymbol{F}_i$。对于其中第 k 个子结构，可建立方程

$$\boldsymbol{x}_k=\boldsymbol{H}_k\boldsymbol{F}_k=[\boldsymbol{H}_i \vdots \boldsymbol{H}_j]_k\begin{bmatrix}\boldsymbol{F}_i\\ \boldsymbol{F}_j\end{bmatrix}_k \tag{6.183}$$

或写作

$$\boldsymbol{x}_k=\boldsymbol{H}_{ik}\boldsymbol{F}_{jk}+\boldsymbol{H}_{jk}\boldsymbol{F}_{jk}$$

将界面力项移至等式左边，有

$$\boldsymbol{x}_k-\boldsymbol{H}_{jk}\boldsymbol{F}_{jk}=\boldsymbol{H}_{ik}\boldsymbol{F}_{ik} \tag{6.184}$$

将上式写成增广矩阵形式

$$[\boldsymbol{I}_k \vdots -\boldsymbol{H}_{jk}]\begin{bmatrix}\boldsymbol{x}\\ \boldsymbol{F}_j\end{bmatrix}_k=\boldsymbol{H}_{ik}\boldsymbol{F}_{ik} \tag{6.185}$$

对每一个子结构都可列出上述方程，将所有子结构方程排列在一起，组成一个无耦联的矩阵方程

$$\begin{bmatrix}\boldsymbol{I}_1-\boldsymbol{H}_{j1} & & & \\ & \boldsymbol{I}_2-\boldsymbol{H}_{j2} & & \\ & & \ddots & \\ & & & \boldsymbol{I}_n-\boldsymbol{H}_{jn}\end{bmatrix}\begin{bmatrix}\boldsymbol{x}_1\\ \boldsymbol{F}_{j1}\\ \boldsymbol{x}_2\\ \boldsymbol{F}_{j2}\\ \boldsymbol{x}_n\\ \boldsymbol{F}_{jn}\end{bmatrix}=\begin{bmatrix}\boldsymbol{H}_{i1}\boldsymbol{F}_{i1}\\ \boldsymbol{H}_{i2}\boldsymbol{F}_{i2}\\ \vdots\\ \boldsymbol{H}_{in}\boldsymbol{F}_{in}\end{bmatrix} \tag{6.186}$$

再考虑界面位移协调方程和界面力平衡方程

$$\boldsymbol{\sigma}\begin{bmatrix}\boldsymbol{x}_1\\ \boldsymbol{x}_2\\ \vdots\\ \boldsymbol{x}_n\end{bmatrix}=0,\quad \boldsymbol{\eta}\begin{bmatrix}\boldsymbol{F}_{j1}\\ \boldsymbol{F}_{j2}\\ \vdots\\ \boldsymbol{F}_{jn}\end{bmatrix}=0 \tag{6.187}$$

将式(6.186)和式(6.187)联立即可解出要求的未知数。

例 6.4　图 6.8 所示转子支承系统。将系统分为转子部件 A 和支承部件 B 两个子结构。在转子上作用的外加激振力 F_1，求系统响应。

解　利用试验可以建立两个子结构的导纳矩阵。对子结构 A 可以建立导纳矩阵方程为

$$\begin{bmatrix}x_1\\ x_2\\ x_3\end{bmatrix}_A=\begin{bmatrix}H_{11} & H_{12} & H_{13}\\ H_{21} & H_{22} & H_{23}\\ H_{31} & H_{32} & H_{33}\end{bmatrix}_A\begin{bmatrix}F_1\\ F_2\\ F_3\end{bmatrix}_A \tag{6.188}$$

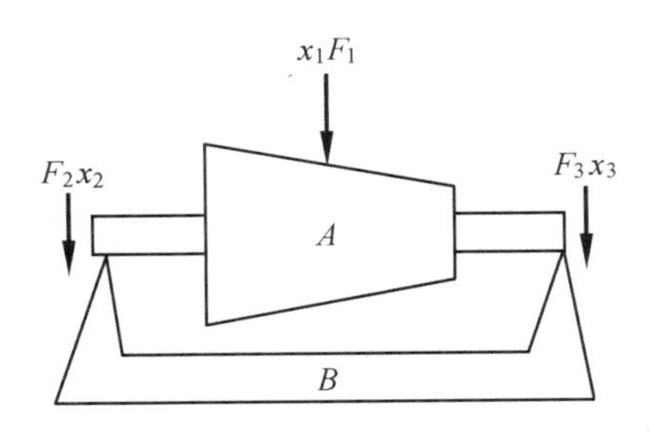

图 6.8　转子一支承组合系统

对子结构 B 的方程为

$$\begin{bmatrix}x_2\\ x_3\end{bmatrix}_B=\begin{bmatrix}H_{22} & H_{23}\\ H_{32} & H_{33}\end{bmatrix}_B\begin{bmatrix}F_2\\ F_3\end{bmatrix}_B \tag{6.189}$$

将上面两方程改写为

$$\begin{bmatrix}1&0&0\\0&1&0\\0&0&1\end{bmatrix}\begin{bmatrix}x_1\\x_2\\x_3\end{bmatrix}_A-\begin{bmatrix}H_{12}&H_{13}\\H_{22}&H_{23}\\H_{32}&H_{33}\end{bmatrix}_A\begin{bmatrix}F_2\\F_3\end{bmatrix}_A=\begin{bmatrix}H_{11}\\H_{12}\\H_{13}\end{bmatrix}_A F_1 \tag{6.190}$$

$$\begin{bmatrix}0&1&0\\0&0&1\end{bmatrix}\begin{bmatrix}x_1\\x_2\\x_3\end{bmatrix}_B-\begin{bmatrix}H_{22}&H_{23}\\H_{32}&H_{33}\end{bmatrix}_B\begin{bmatrix}F_2\\F_3\end{bmatrix}_B=0 \tag{6.191}$$

再考虑位移协调和界面力平衡有

$$\begin{bmatrix}x_1\\x_2\\x_3\end{bmatrix}_A=\begin{bmatrix}x_1\\x_2\\x_3\end{bmatrix}_B,\quad\begin{bmatrix}F_2\\F_3\end{bmatrix}_A=-\begin{bmatrix}F_2\\F_3\end{bmatrix}_B \tag{6.192}$$

将上面 4 个方程综合一起，消去多余的未知数，得系统导纳矩阵方程

$$\begin{bmatrix}1&0&0&-H_{12}^A&-H_{13}^A\\0&1&0&-H_{22}^A&-H_{23}^A\\0&0&1&-H_{32}^A&-H_{33}^A\\0&1&0&-H_{22}^B&-H_{23}^B\\0&0&1&-H_{32}^B&-H_{33}^B\end{bmatrix}\begin{bmatrix}x_1\\x_2\\x_3\\F_2\\F_3\end{bmatrix}=\begin{bmatrix}H_{11}\\H_{21}\\H_{31}\\0\\0\end{bmatrix} \tag{6.193}$$

解上述方程，即可得到系统的响应 x_1,x_2,x_3 及内力 F_2,F_3。如果要求系统的固有频率，可令外力 F_1 为零，这样可得到系统的频率方程，即上述方程左部矩阵行列式值为零的方程，从此方程解出系统的固有频率。

4. 主系统和子系统组合的结构

结构可以被人为地划分为主系统与子系统两部分。例如，飞机与外挂物(副油箱、导弹和炸弹等)，运载火箭与有效荷载等。主系统是指主体结构，而不是其一个部件。子系统是比主系统小得多的部件。主系统通常变化不大，子系统经常改变或被替换。这一节的目的是计算子系统被附加或者被变更后对主系统的影响。

图 6.9 表示一个由主系统 A 及子系统 B 组成的组合结构。主系统方程可建立为

$$\boldsymbol{z}^A\boldsymbol{x}^A=\boldsymbol{F}^A \tag{6.194}$$

将方程按界面与非界面分割为

$$\begin{bmatrix}\boldsymbol{z}_{ii}^A&\boldsymbol{z}_{ij}^A\\\boldsymbol{z}_{ji}^A&\boldsymbol{z}_{jj}^A\end{bmatrix}\begin{bmatrix}\boldsymbol{x}_i^A\\\boldsymbol{x}_j^A\end{bmatrix}=\begin{bmatrix}\boldsymbol{F}_i^A\\\boldsymbol{F}_j^A\end{bmatrix} \tag{6.195}$$

对于子系统 B，由于它较小，只取界面自由度来表示它的运动，其运动方程为

$$\boldsymbol{z}_{jj}^B\boldsymbol{x}_j^B=\boldsymbol{F}_j^B \tag{6.196}$$

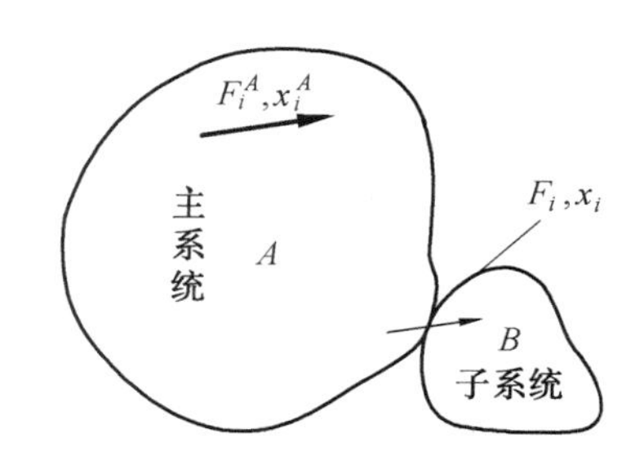

图 6.9　主系统—子系统组合系统

将上式改写为

$$\begin{bmatrix}0&0\\0&\boldsymbol{z}_{jj}^B\end{bmatrix}\begin{bmatrix}\boldsymbol{x}_i^A\\\boldsymbol{x}_j^B\end{bmatrix}=\begin{bmatrix}0\\\boldsymbol{F}_j^B\end{bmatrix} \tag{6.197}$$

考虑协调条件 $\boldsymbol{x}_j^A=\boldsymbol{x}_j^B=\boldsymbol{x}_j$ 及平衡条件 $\boldsymbol{F}_j^A+\boldsymbol{F}_j^B=0$ 将式(6.195)及式(6.197)组合起

来，得到系统的阻抗方程为

$$\left(\begin{bmatrix} \boldsymbol{z}_{ii}^{A} & \boldsymbol{z}_{ij}^{A} \\ \boldsymbol{z}_{ji}^{A} & \boldsymbol{z}_{jj}^{A} \end{bmatrix} + \begin{bmatrix} 0 & 0 \\ 0 & \boldsymbol{z}_{jj}^{B} \end{bmatrix}\right) \begin{bmatrix} \boldsymbol{x}_{i}^{A} \\ \boldsymbol{x}_{j} \end{bmatrix} = \begin{bmatrix} \boldsymbol{F}_{i}^{A} \\ 0 \end{bmatrix} \tag{6.198}$$

或写为

$$\boldsymbol{z}\boldsymbol{x} = \boldsymbol{F} \tag{6.199}$$

式中，矩阵 $\boldsymbol{z}$ 是系统的阻抗矩阵，而系统的导纳矩阵为

$$\boldsymbol{H} = \boldsymbol{z}^{-1} = (\boldsymbol{z}^{A} + \boldsymbol{z}^{B})^{-1} \tag{6.200}$$

或写成

$$\boldsymbol{H} = (\boldsymbol{H}^{A^{-1}} + \boldsymbol{H}^{B^{-1}})^{-1} = (\boldsymbol{I} + \boldsymbol{H}^{A}\boldsymbol{H}^{B^{-1}})^{-1}\boldsymbol{H}^{A} \tag{6.201}$$

将上式写成分块形式

$$\boldsymbol{H} = \begin{bmatrix} \boldsymbol{H}_{ii} & \boldsymbol{H}_{ij} \\ \boldsymbol{H}_{ji} & \boldsymbol{H}_{jj} \end{bmatrix} = \left(\begin{bmatrix} \boldsymbol{I} & 0 \\ 0 & \boldsymbol{I} \end{bmatrix} + \begin{bmatrix} \boldsymbol{H}_{ii}^{A} & \boldsymbol{H}_{ij}^{A} \\ \boldsymbol{H}_{ji}^{A} & \boldsymbol{H}_{jj}^{A} \end{bmatrix} \begin{bmatrix} 0 & 0 \\ 0 & \boldsymbol{H}_{jj}^{B^{-1}} \end{bmatrix}\right)^{-1} \begin{bmatrix} \boldsymbol{H}_{ii}^{A} & \boldsymbol{H}_{ij}^{A} \\ \boldsymbol{H}_{ji}^{A} & \boldsymbol{H}_{jj}^{A} \end{bmatrix} =$$

$$\begin{bmatrix} \boldsymbol{I} & \boldsymbol{H}_{ij}^{A}\boldsymbol{H}_{jj}^{B^{-1}} \\ 0 & \boldsymbol{I} + \boldsymbol{H}_{jj}^{A}\boldsymbol{H}_{jj}^{B^{-1}} \end{bmatrix}^{-1} \begin{bmatrix} \boldsymbol{H}_{ii}^{A} & \boldsymbol{H}_{ij}^{A} \\ \boldsymbol{H}_{ji}^{A} & \boldsymbol{H}_{jj}^{A} \end{bmatrix} \tag{6.202}$$

上式已将系统的导纳矩阵表示为子结构的导纳矩阵形式。下面将它化写成更便于计算的形式。设

$$\begin{bmatrix} \boldsymbol{a}_{11} & \boldsymbol{a}_{12} \\ \boldsymbol{a}_{21} & \boldsymbol{a}_{22} \end{bmatrix} = \begin{bmatrix} \boldsymbol{I} & \boldsymbol{H}_{ij}^{A}\boldsymbol{H}_{jj}^{B^{-1}} \\ 0 & \boldsymbol{I} + \boldsymbol{H}_{jj}^{A}\boldsymbol{H}_{jj}^{B^{-1}} \end{bmatrix}^{-1} \tag{6.203}$$

则

$$\begin{bmatrix} \boldsymbol{a}_{11} & \boldsymbol{a}_{12} \\ \boldsymbol{a}_{21} & \boldsymbol{a}_{22} \end{bmatrix} \begin{bmatrix} \boldsymbol{I} & \boldsymbol{H}_{ij}^{A}\boldsymbol{H}_{jj}^{B^{-1}} \\ 0 & \boldsymbol{I} + \boldsymbol{H}_{jj}^{A}\boldsymbol{H}_{jj}^{B^{-1}} \end{bmatrix} = \begin{bmatrix} \boldsymbol{I} & 0 \\ 0 & \boldsymbol{I} \end{bmatrix} \tag{6.204}$$

将上式左边矩阵相乘后，比较等式两边，得

$$\begin{gathered} \boldsymbol{a}_{11} = \boldsymbol{I} \\ \boldsymbol{a}_{12} = -\boldsymbol{H}_{ij}^{A}\boldsymbol{H}_{jj}^{B^{-1}}(\boldsymbol{I} + \boldsymbol{H}_{jj}^{A}\boldsymbol{H}_{jj}^{B^{-1}})^{-1} \\ \boldsymbol{a}_{21} = 0 \\ \boldsymbol{a}_{22} = (\boldsymbol{I} + \boldsymbol{H}_{ij}^{A}\boldsymbol{H}_{jj}^{B^{-1}})^{-1} \end{gathered} \tag{6.205}$$

因为矩阵 $\boldsymbol{H}$ 可写为

$$\boldsymbol{H} = \begin{bmatrix} \boldsymbol{I} & -\boldsymbol{H}_{ij}^{A}\boldsymbol{H}_{jj}^{B^{-1}}(\boldsymbol{I} + \boldsymbol{H}_{jj}^{A}\boldsymbol{H}_{jj}^{B^{-1}}) \\ 0 & (\boldsymbol{I} + \boldsymbol{H}_{jj}^{A}\boldsymbol{H}_{jj}^{B^{-1}})^{-1} \end{bmatrix} \begin{bmatrix} \boldsymbol{H}_{ii}^{A} & \boldsymbol{H}_{ij}^{A} \\ \boldsymbol{H}_{ji}^{A} & \boldsymbol{H}_{jj}^{A} \end{bmatrix} \tag{6.206}$$

将上式乘开后，得

$$\boldsymbol{H} = \begin{bmatrix} \boldsymbol{H}_{ii}^{A} - \boldsymbol{H}_{ij}^{A}(\boldsymbol{H}_{jj}^{B} + \boldsymbol{H}_{jj}^{A})^{-1}\boldsymbol{H}_{ji}^{A} & \boldsymbol{H}_{ij}^{A} - \boldsymbol{H}_{ij}^{A}(\boldsymbol{H}_{jj}^{B} + \boldsymbol{H}_{jj}^{A})^{-1}\boldsymbol{H}_{jj}^{A} \\ (\boldsymbol{I} + \boldsymbol{H}_{jj}^{A}\boldsymbol{H}_{jj}^{B^{-1}})\boldsymbol{H}_{jj}^{A} & (\boldsymbol{I} + \boldsymbol{H}_{jj}^{A}\boldsymbol{H}_{jj}^{B^{-1}})^{-1}\boldsymbol{H}_{jj}^{A} \end{bmatrix} \tag{6.207}$$

上式进一步化简为

$$\boldsymbol{H} = \begin{bmatrix} \boldsymbol{H}_{ii}^{A} & \boldsymbol{H}_{ij}^{A} \\ 0 & 0 \end{bmatrix} - \begin{bmatrix} \boldsymbol{H}_{ij}^{A} & \boldsymbol{H}_{ij}^{A} \\ -\boldsymbol{H}_{jj}^{B} & -\boldsymbol{H}_{jj}^{B} \end{bmatrix} \times \begin{bmatrix} (\boldsymbol{H}_{jj}^{B}\boldsymbol{H}_{jj}^{A})^{-1}\boldsymbol{H}_{ji}^{A} & 0 \\ 0 & \boldsymbol{H}_{jj}^{B} + \boldsymbol{H}_{jj}^{A^{-1}}\boldsymbol{H}_{jj}^{A} \end{bmatrix} \tag{6.208}$$

上式说明，利用主系统和子系统的导纳矩阵可以表示组合系统的导纳矩阵。因为子系统的导纳矩阵中的各元素可以由试验测得，所以由系统的导纳矩阵可以计算系统的响应。

第 7 章　非线性振动

7.1 引　　言

7.1.1 非线性振动举例

前面我们研究的振动都属于线性振动(linear vibration),线性振动的运动方程(振动微分方程或差分方程)在数学上都属于线性方程,线性方程的求解比较容易,也比较成熟,所以在工程上得到了广泛的应用。但是在自然界和工程中还广泛地存在着另一类振动,称非线性振动(nonlinear vibration),非线性振动的运动方程在数学上属于非线性方程。由于非线性振动有着和线性振动完全不同的特点,因此逐渐引起了科学界和工程界的重视,得到了飞速的发展。下面举几个常见的非线性振动的例子:

(1) 单摆的大振幅振动

图 7.1 所示为单摆的自由振动,其运动方程为

$$\ddot{\theta}+\frac{g}{l}\sin\theta=0 \tag{7.1}$$

式中,$\sin\theta$ 为非线性函数,可以展为台劳级数,有

$$\sin\theta=\theta-\frac{\theta^3}{3!}+\frac{\theta^5}{5!}-\frac{\theta^7}{7!}+\cdots$$

(2) 弦 — 质点大幅振动

图 7.2 所示为弦 — 质点大幅振动,其运动方程为

$$m\ddot{x}+2\left(T+\frac{AE}{l}\Delta l\right)\sin\theta=0$$

式中,m 为质点的质量;T 为弦的张力;A 为弦的横截面面积;E 为弦的弹性模量。

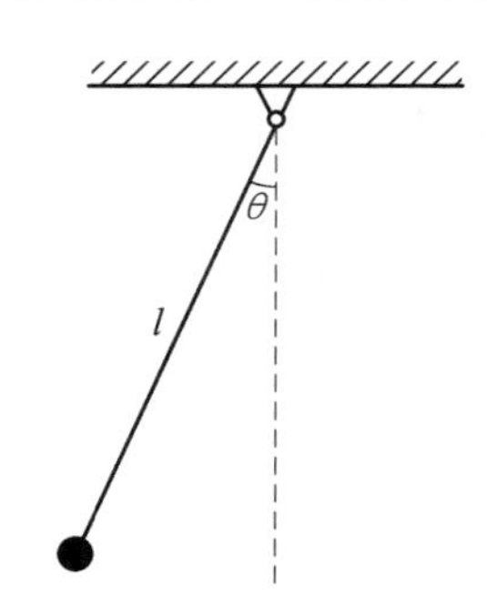

图 7.1　单摆的自由振动

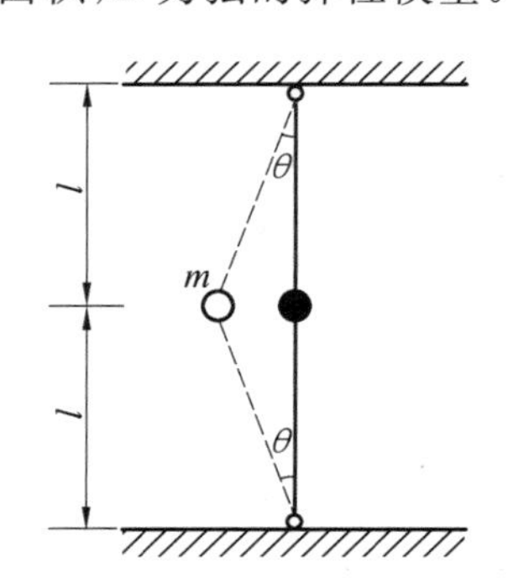

图 7.2　弦 — 质点大幅振动

若将上述方程作如下近似

$$\Delta l = \sqrt{l^2 + x^2} - l \approx \frac{x^2}{2l}$$

$$\sin \theta \approx \frac{x}{l}$$

则得运动方程为

$$m\ddot{x} + \frac{2T}{l}x + \frac{AE}{l^2}x^3 = 0 \tag{7.2}$$

方程(7.1)、(7.2)都是非线性方程，它们所描述的振动都是非线性振动，它们都是由于大振幅引起的，称为几何非线性。还有另一类非线性问题是物理原因引起的，称为物理非线性。例如某些材料的应力和应变关系是非线性的，会引起非线性刚度，梁、板、壳等构件在大变形时力和位移的关系一般都是非线性的。振动速度过大时会引起非线性阻尼。这样，在我们建立运动方程时，就会出现非线性项。

单自由度非线性振动方程可以写为

$$m\ddot{x} + f(x, \dot{x}, t) = 0 \tag{7.3}$$

比较典型的非线性振动方程有 Duffing 方程

$$\ddot{x} + x + \varepsilon x^3 = 0 \tag{7.4}$$

它表示振动系统含有非线性刚度，如果三次项前是正号，称为硬弹簧，负号称为软弹簧。还有 Van Der Pol 方程，它表示如下

$$\ddot{x} + \mu(x^2 - 1)\dot{x} + x = 0 \tag{7.5}$$

这是一个自激振动的数学模型。

如果在方程(7.3)中，不显含时间 t，它所代表的系统称为自治系统(autonomous system)，自治系统的方程可写为

$$m\ddot{x} + f(x, \dot{x}) = 0 \tag{7.6}$$

如果在方程中显含时间 t，则称为非自治系统(non-autonomous system)，一般存在外激励(包括参数激励)的系统都是非自治系统。人们在研究非自治系统时，经常把它转变为自治系统来研究。

以上例子可以说明，实际问题中更多的是非线性问题，只是我们在数学处理上常将它们处理为线性问题，称为线性化。可以说，线性振动只是非线性振动的一个特例，但在一定范围内线性化是合理的，得到了工程界的广泛应用。

7.1.2　非线性振动的研究方法

线性振动的研究方法和线性振动一样也有分析方法、数值方法和实验方法三类，这是科学研究较为普遍的方法。本章主要强调的是理论分析方法，因为在上个世纪很多著名的科学家在这片土地上辛勤地耕耘过，取得了很大的成绩。

非线性振动系统虽然是比线性振动系统更一般的和更复杂的系统，能得到精确解析解的例子是极少的，例如对于单摆大幅振动这样的例子，可以利用特殊函数得到振动周期的精确解，但还是得不到振动规律的精确解。为此很多科学家对非线性振动的研究形成了一整套的近似方法，主要有两大类：一类是定性方法(qualitative method)或称几何方法(geometric method)，另一类是定量方法(quantitative method)或称解析方法(analytical *method*)。

定性的方法主要研究解的稳定性，而不涉及运动随时间变化的规律(时间历程)，一般在相空间里研究。定量方法要研究运动规律，一般采用近似的解析方法，如摄动法、等效线性化方法等。

7.1.3 非线性振动的特点

在线性振动中，我们认为系统的恢复力和阻尼力都是线性变化的，这是对实际问题的一种近似，是为了数学建模和求解的方便。在很多情况下(例如在微振动的情况下)，这样做对处理工程问题是合理的，因此得到了广泛的应用。但也有不少问题，我们用线性化的处理方法去处理实际问题就得不到正确的结果，因为非线性振动具有很多和线性振动不同的特点，简述如下：

(1) 对于线性系统，其自由振动的主振动都是谐振动，但对非线性系统的自由振动，一般得不到单频谐振动的解，甚至得不到周期解。

(2) 对于线性系统的自由振动，其主振动的频率称为固有频率，固有频率只与系统的参数有关，与运动状态无关。但对于非线性系统，其自由振动频率一般与振幅有关，因此非线性振动系统没有固定的固有频率。

(3) 对于线性系统，给以一个单频输入(激励)，一定会得到一个同一频率的输出(响应)，称为频率保持性。但非线性系统不具有频率保持性，即给以一个单频输入，可以得到一个多频输出。从波形来看，给以一个正弦波输入，得不到一个正弦波输出，可能得到一个畸变的周期波输出，甚至得不到周期解。因此，非线性系统不具有频率保持性。

(4) 对于线性系统，其输入—输出关系服从叠加原理，而非线性系统不具有这种特性，因而给非线性振动方程的求解带来了很大的困难。

(5) 对于线性系统的受迫振动，其幅频关系是单值关系，即一个频率只对应一个确定的振幅。但对于非线性系统，在幅频关系图上，一个频率值，可能对应多个振幅，因此在频率扫描时，存在跳跃问题和平衡点的稳定性问题。

(6) 和线性振动不同，非线性振动还存在分岔和混沌现象，这是在20世纪科学界的重要发现。关于分岔和混沌的定义和解释将在本章的后面叙述。

7.1.4 非线性振动问题精确积分举例

非线性振动微分方程能积分的例子非常少，几乎是凤毛麟角，下面以摆长为 l 的单摆的大幅振动为例说明。

单摆的大幅振动的微分方程可写为

$$ml^2\ddot{\theta}+mgl\sin\theta=0$$

或

$$\ddot{\theta}+\frac{g}{l}\sin\theta=0 \tag{7.7}$$

因为 $\sin\theta=\theta-\frac{1}{3!}\theta^3+\frac{1}{5!}\theta^5-\frac{1}{7!}\theta^7+\cdots$，则上述方程可写为

$$\ddot{\theta}+\frac{g}{l}\left(\theta-\frac{1}{3!}\theta^3+\frac{1}{5!}\theta^5-\frac{1}{7!}\theta^7+\cdots\right)=0 \tag{7.8}$$

只有当摆角 $\theta \ll 1$ 时，我们才可以忽略高次项，将方程线性化，成为线性方程得到精确解。否则很难得到它的精确积分。

下面我们从能量积分的角度可以得到单摆振动周期的精确解，单摆振动时的势能和动能可以写为

$$V(\theta) = mgl(1 - \cos\theta)$$

$$T(\dot{\theta}) = \frac{1}{2} ml^2 \dot{\theta}^2$$

设单摆初始位置为 θ_0，初始速度为 $\dot{\theta}_0 = 0$，忽略阻尼，得系统能量守恒方程为

$$mgl(1 - \cos\theta) + \frac{ml^2}{2}\dot{\theta}^2 = mg(1 - \cos\theta_0)$$

由上述方程解得

$$\dot{\theta}^2 = \frac{2g}{l}(\cos\theta - \cos\theta_0)$$

开方后得

$$\dot{\theta} = \pm\sqrt{\frac{2g}{l}(\cos\theta - \cos\theta_0)} = \frac{\mathrm{d}\theta}{\mathrm{d}t}$$

或

$$\mathrm{d}t = \pm\sqrt{\frac{l}{2g}} \frac{\mathrm{d}\theta}{\sqrt{\cos\theta - \cos\theta_0}}$$

积分得振动周期

$$T(\theta_0) = 4\sqrt{\frac{l}{2g}} \int_0^{\theta_0} \frac{\mathrm{d}\theta}{\sqrt{\cos\theta - \cos\theta_0}} \tag{7.9}$$

利用三角公式中的半角公式，上式可写为

$$T(\theta_0) = 2\sqrt{\frac{l}{2g}} \int_0^{\theta_0} \frac{\mathrm{d}\theta}{\sqrt{\sin^2(\theta_0/2) - \sin^2(\theta/2)}} \tag{7.10}$$

令

$$k = \sin(\theta_0/2), \quad \sin(\theta/2) = k\sin\phi$$

可导出公式

$$\mathrm{d}\theta = \frac{2k\cos\phi \mathrm{d}\phi}{\sqrt{1 - k^2\sin^2\phi}}$$

将上式代入式(7.10)整理得

$$T(\theta_0) = 4\sqrt{\frac{l}{g}} \int_0^{\pi/2} \frac{\mathrm{d}\phi}{\sqrt{1 - k^2\sin^2\phi}} = 4\sqrt{\frac{l}{g}} K(k) \tag{7.11}$$

$$K(k) = \int_0^{\pi/2} \frac{\mathrm{d}\phi}{\sqrt{1 - k^2\sin^2\phi}} \tag{7.12}$$

式中，$K(k)$ 为第一类椭圆积分。

从而我们得到结论，单摆的振动周期与振幅有关，只有当振幅很小时，这种关系才可以被忽略。同理我们也可以用来处理具有机械能守恒的 Duffing 方程系统。

7.2　相平面法——定性方法

7.2.1　相平面和相空间

对一单自由度系统，设系统的位移和速度为

$$x = x(t)$$
$$y = \dot{x}(t)$$

定义由坐标(x,y)所构成的平面为相平面(phase plane)。相平面上的一个点$M(x,y)$表示系统在某时刻的状态，称为相点(phase point)。系统运动时，相点在相平面上移动的轨迹称为相轨迹(phase trajectory)。例如对谐振动$x=A\sin(\omega t)$，其速度$y=\dot{x}=A\omega\cos(\omega t)$，则其相轨迹为方程下式所表示的椭圆

$$\left(\frac{x}{A}\right)^2 + \left(\frac{y}{A\omega}\right)^2 = 1$$

而对有阻尼的衰减振动，因其速度和振幅随时间逐渐衰减，其相轨迹为自外向中心旋转的螺旋线。

设单自由度自治系统的运动方程为

$$\ddot{x} = f(x,\dot{x}) \tag{7.13}$$

则令$\dot{x}=y$，得$\dot{y}=f(x,\dot{x})$，消去时间t后得相轨迹方程为

$$\frac{\mathrm{d}y}{\mathrm{d}x} = \frac{f(x,y)}{y} \tag{7.14}$$

对于n自由度自治系统，其运动方程为

$$\ddot{x}_i = \varphi_i(x_1,\cdots,x_n,\dot{x}_1,\cdots,\dot{x}_n) \quad (i=1,2,\cdots,n) \tag{7.15}$$

令$\dot{x}_i=y_i$，则由坐标$(x_1,\cdots,x_n,y_1,\cdots,y_n)$组成的$2n$维空间称相空间(phase space)又称状态空间(state space)，质点运动时，在相空间中形成的曲线称为相轨迹。由$(x_1,\cdots,x_n,y_1,\cdots,y_n,t)$组成的$2n+1$维空间称运动空间(motion space)。不同的初始条件在运动空间中得到的运动曲线称特征线(characteristics)。

7.2.2　奇点及其稳定性分析

研究一单自由度自治系统，如果系统在某时刻所受的力$f(x,y)=0$，同时又有$y=\dot{x}=0$，则称相平面上的这点为平衡点(equilibrium point)，又称为奇点(singular point)。下面讨论系统在平衡点附近的稳定性问题：

设自治系统可表示为下面广义形式

$$\begin{aligned}\dot{x} &= f_1(x,y)\\ \dot{y} &= f_2(x,y)\end{aligned} \tag{7.16}$$

消去时间t得相轨迹微分方程

$$\frac{\mathrm{d}y}{\mathrm{d}x} = \frac{f_2(x,y)}{f_1(x,y)} \tag{7.17}$$

系统的奇点为$f_1(x,y)=0$，$f_2(x,y)=0$的解。不失一般性，设奇点为坐标原点(0,0)，令$x_1=x$，$x_2=y$。将f_1，f_2在原点展开得

$$\begin{cases}\dot{x}_1 = a_{11}x_1 + a_{12}x_2 + \varepsilon_1(x_1, x_2) \\ \dot{x}_2 = a_{21}x_1 + a_{22}x_2 + \varepsilon_2(x_1, x_2)\end{cases} \tag{7.18}$$

将方程(7.18)写成矩阵形式

$$\dot{\boldsymbol{x}} = \boldsymbol{a}\boldsymbol{x} + \boldsymbol{\varepsilon} \tag{7.19}$$

$$\boldsymbol{a} = \begin{bmatrix} a_{11} & a_{12} \\ a_{21} & a_{22} \end{bmatrix} \tag{7.20}$$

再将方程(7.19)线性化,即忽略非线性项,得

$$\dot{\boldsymbol{x}} = \boldsymbol{a}\boldsymbol{x} \tag{7.21}$$

设上述方程的解为 $\boldsymbol{x} = \boldsymbol{x}_0 e^{\lambda t}$,代入式(7.21)得特征值问题

$$\boldsymbol{a}\boldsymbol{x}_0 = \lambda \boldsymbol{x}_0 \tag{7.22}$$

由上述方程的解得特征值方程

$$\det(\boldsymbol{a} - \lambda \boldsymbol{I}) = 0 \tag{7.23}$$

即下式的解

$$\begin{vmatrix} a_{11} - \lambda & a_{12} \\ a_{21} & a_{22} - \lambda \end{vmatrix} = 0$$

设上述方程的根为 λ_1, λ_2,如果两根的实部都为负,则系统的运动是稳定的,反之,系统是不稳定的。下面分析根和稳定性的关系:

1. $\boldsymbol{\lambda_1, \lambda_2}$ 为不同实根

(1) 两根同号,奇点为结点(node),相轨迹为抛物线。

$\lambda_1 > \lambda_2 > 0$ 为不稳定结点,见图 7.3。

$\lambda_2 < \lambda_1 < 0$ 为稳定结点,见图 7.4。

(2) 两根异号为不稳定鞍点(saddle),$\lambda_2 < 0 < \lambda_1$,见图 7.5。

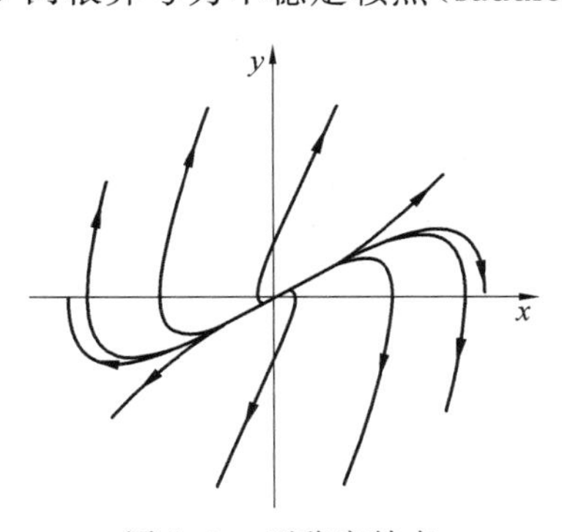

图 7.3　不稳定结点

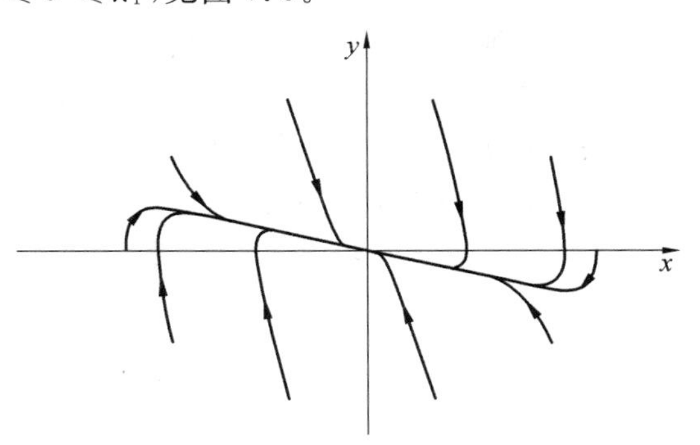

图 7.4　稳定结点

2. $\boldsymbol{\lambda_1, \lambda_2}$ 为相同实根

$\lambda_1 = \lambda_2$,奇点为结点,相迹为射线。

$\lambda_1 < 0$ 为稳定结点,见图 7.6。

$\lambda_1 > 0$ 为不稳定结点,见图 7.7。

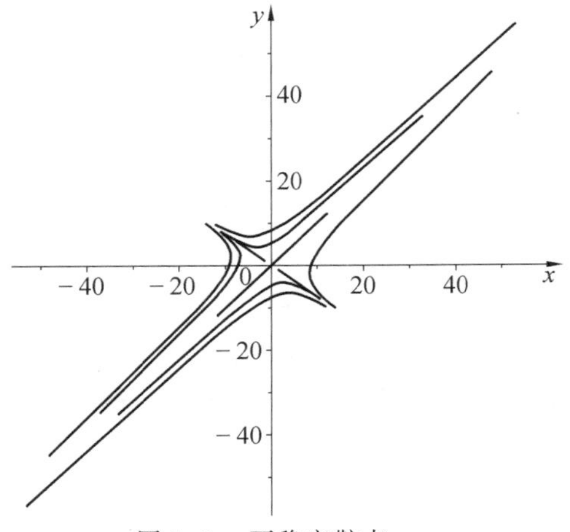

图 7.5　不稳定鞍点

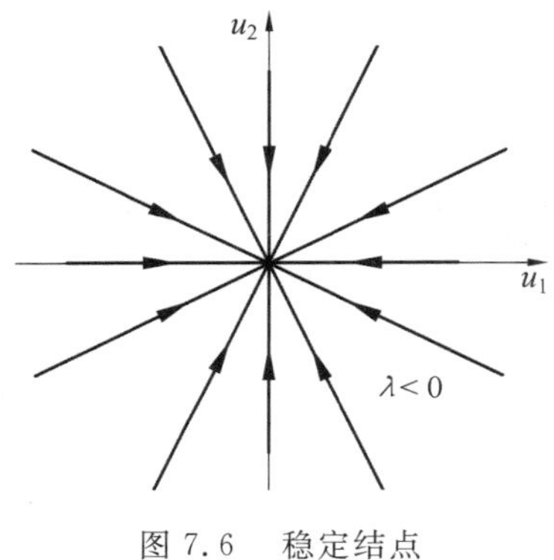

图 7.6　稳定结点

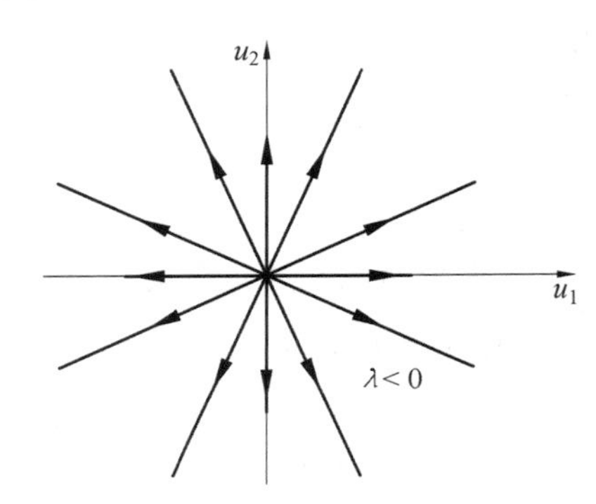

图 7.7　不稳定结点

3. λ_1,λ_2 为共轭复根($\lambda_1=\alpha+\mathrm{i}\beta$,$\lambda_2=\alpha-\mathrm{i}\beta$)

(1) 两根为复根,奇点为焦点(focus),相轨迹为螺旋线。

若 $\alpha>0$ 为不稳定焦点,见图 7.8。

若 $\alpha<0$ 为稳定焦点,见图 7.9。

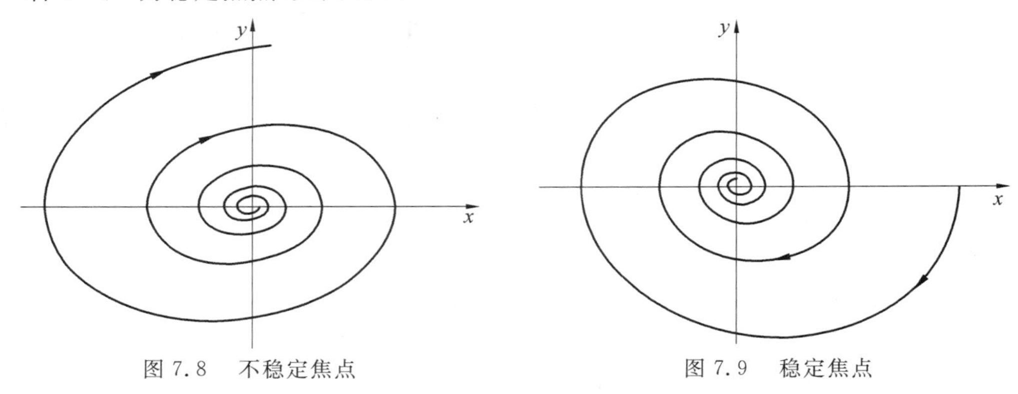

图 7.8　不稳定焦点　　　　图 7.9　稳定焦点

(2) 两根为虚根,有 $\alpha=0$,奇点为中心(center),相轨迹为椭圆,见图 7.10,运动规律为谐振动。

下面研究特征值方程(7.23)的系数与稳定性的关系,从(7.23)得

$$\lambda^2 - (a_{11} + a_{22})\lambda + (a_{11}a_{22} - a_{12}a_{21}) = 0 \tag{7.24}$$

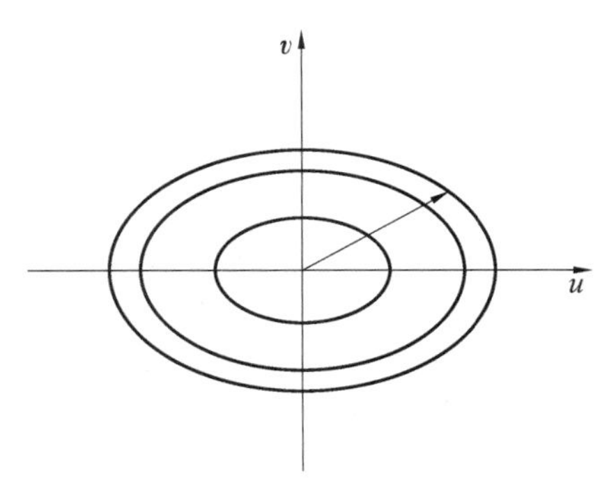

图 7.10　奇点为中心的相轨迹

设

$$a_{11} + a_{22} = tr\boldsymbol{a} = p$$
$$a_{11}a_{22} - a_{12}a_{21} = \det\boldsymbol{a} = q$$

则方程(7.24)可写为

$$\lambda^2 - p\lambda + q = 0 \tag{7.25}$$

其根为

$$\lambda_1, \lambda_2 = \frac{1}{2}(p \pm \sqrt{p^2 - 4q}) \tag{7.26}$$

下面从式(7.26)可以得到以下结论：

(1) 若 $p^2 > 4q$ 得不等实根。

$q > 0, p < 0$ 为稳定结点；

$q > 0, p > 0$ 为不稳定结点。

$q < 0$ 两根异号，为鞍点。

(2) 若 $p^2 = 4q$ 得相等实根，图线为结点与焦点的分界线。

(3) 若 $p^2 < 4q$ 得共轭复根：

$p < 0$ 为稳定焦点；

$p > 0$ 为不稳定焦点；

$p = 0$ 为中心。

7.2.3　Routh 判据

上面分析了单自由度系统平衡点的稳定性问题，对于多自由度非线性系统的稳定性问题，可以借助 Routh 判据来分析。设有一 n 个自由度系统，$m = 2n$ 为系统的维数，对于 $m > 2$ 的系统称为高维系统。设系统经过线性化后的特征值方程为

$$\lambda^m + a_1\lambda^{m-1} + a_2\lambda^{m-2} + \cdots + a_m = 0 \tag{7.27}$$

由方程的系数可组成如下矩阵

$$\boldsymbol{R} = \begin{bmatrix} a_1 & 1 & 0 & 0 & \cdots & 0 \\ a_3 & a_2 & a_1 & 1 & \cdots & 0 \\ a_5 & a_4 & a_3 & a_2 & \cdots & 0 \\ a_7 & a_6 & a_5 & a_4 & \cdots & 0 \\ \vdots & \vdots & \vdots & \vdots & & \vdots \\ 0 & 0 & 0 & 0 & \cdots & a_m \end{bmatrix} \tag{7.28}$$

矩阵(7.28)称为 Routh 矩阵。

由线性代数理论知 Routh 判据的结论是：系统特征方程的根具有非负实部的必要条件是 Routh 矩阵为正定。即矩阵的所有主子行列式大于零，即

$$a_1 > 0; \quad \begin{vmatrix} a_1 & 1 \\ a_3 & a_2 \end{vmatrix} > 0; \quad \begin{vmatrix} a_1 & 1 & 0 \\ a_3 & a_2 & a_1 \\ a_5 & a_4 & a_3 \end{vmatrix} > 0; \quad \cdots \tag{7.29}$$

Routh 判据又称为 Routh-Hurwitz 判据。

例 7.1　利用 Routh 判据检查下述方程

$$\ddot{x}+2\zeta\omega_{\mathrm{n}}\dot{x}+\omega_{\mathrm{n}}^{2}x\left[1-\left(\frac{x}{2a}\right)^{2}\right]=0 \tag{a}$$

所代表的非线性软弹簧系统的稳定性。

解　由 $\ddot{x}=\dot{x}=0$ 得到系统的平衡点为 $x_1=0$ 和 $x_{2,3}=\pm 2a$ 三个平衡点。

对于 $x_1=0$，得到系统在平衡点附近极小范围内的运动方程为

$$\ddot{x}+2\zeta\omega_{\mathrm{n}}\dot{x}+\omega_{\mathrm{n}}^{2}x=0$$

其判别式为

$$2\zeta\omega_{\mathrm{n}}>0,\quad \begin{vmatrix}2\zeta\omega_{\mathrm{n}} & 1\\ 0 & \omega_{\mathrm{n}}^{2}\end{vmatrix}>0$$

因此系统在这一平衡点是稳定的。

对于平衡点 $x_{2,3}=\pm 2a$，我们将坐标移到平衡点，得 $x=\pm 2a+\zeta$，代入式(a)得

$$\ddot{\xi}+2\zeta\omega_{\mathrm{n}}\dot{\xi}-2\omega_{\mathrm{n}}^{2}\xi=0$$

该方程表示在平衡点附近的线性化方程，其判别式为

$$2\zeta\omega_{\mathrm{n}}>0,\quad \begin{vmatrix}2\zeta\omega_{\mathrm{n}} & 1\\ 0 & -2\omega_{\mathrm{n}}^{2}\end{vmatrix}=-4\zeta\omega_{\mathrm{n}}^{3}<0$$

因此在这两个平衡点系统是不稳定的。

7.2.4　极限环

考虑 Van der Pol 方程

$$\ddot{x}+\mu(x^{2}-1)\dot{x}+x=0,\quad \mu>0 \tag{7.30}$$

式中，第二项是非线性项，我们把它看作阻尼是随振动位移变化的项，当位移 $|x|<1$ 时，系统具有负阻尼，有能量输入，运动是发散的，振幅逐渐变大。当位移 $|x|>1$，系统具有正阻尼，有能量耗散，振幅逐渐变小。这样系统可以形成一个稳定的周期运动，它在相平面轨迹就是一个封闭的曲线，称为极限环(limit cycle)，当 $\mu=1$ 时的相轨迹见图 7.11。

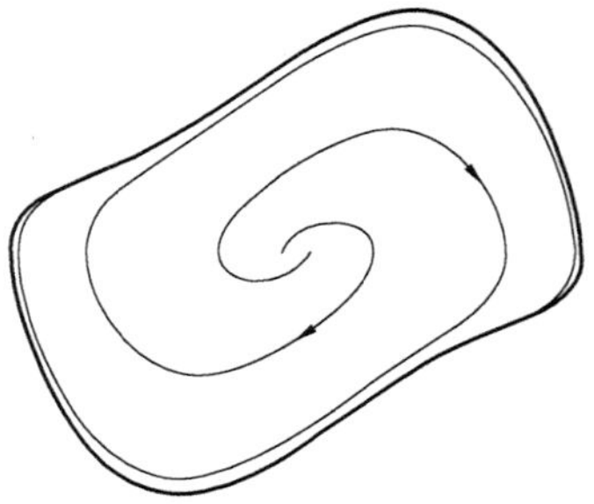

图 7.11　当 $\mu=1$ 时的相轨迹

如果令

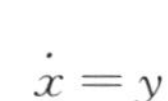

$$\dot{x}=y$$

方程(7.30) 可写为

$$\dot{y}=-x+\mu(1-x^{2})y \tag{7.31}$$

得系统的平衡点为原点 $x=0,y=0$。

系统的线性化方程为

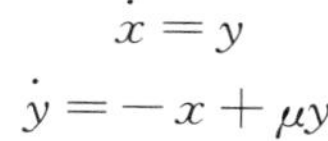

$$\dot{x}=y$$
$$\dot{y}=-x+\mu y$$

系数矩阵为

$$\boldsymbol{a}=\begin{bmatrix}0 & 1\\ -1 & \mu\end{bmatrix}$$

其特征值方程为

$$\begin{vmatrix}0-\lambda & 1\\ -1 & \mu-\lambda\end{vmatrix}=\lambda^2-\mu\lambda+1=0$$

方程的根为

$$\lambda_1,\lambda_2=\frac{\mu}{2}\mp\sqrt{\left(\frac{\mu}{2}\right)^2-1} \tag{7.32}$$

因为根的实部为正，所以系统在原点总是不稳定的。当 $\mu<2$ 时，式(7.32) 为复根，相轨迹为由原点向外环绕的螺旋线，最后稳定在极限环。

7.3　摄动法

7.3.1　引言

摄动法(perturbation method) 又称小参数法(small parameter method)，它是处理弱非线性问题的有效方法。摄动法最早是用来处理天体运动的小扰动问题，一般把小扰动称为为摄动。所谓弱非线性问题是指系统中的非线性项对运动的影响远小于线性项的影响，一般常在非线性项前加上小参数。摄动法可分为正则摄动和奇异摄动，本章只介绍正则摄动。

7.3.2　基本摄动法

考虑弱非线性自治系统的运动方程

$$\ddot{x}+\omega_0^2x=\varepsilon f(x,\dot{x})\quad \varepsilon\ll 1 \tag{7.33}$$

如果 ε 趋于 0，我们将得到周期为 ω_0 的周期解。因此，可以把方程(7.33) 的解按小参数 ε 展开，有

$$x(t,\varepsilon)=x_0(t)+\varepsilon x_1(t)+\varepsilon^2x_2(t)+\cdots \tag{7.34}$$

式中，$x_0(t)$ 为方程的基本解，其余的项是在基本解上的摄动。

将式(7.34) 代入式(7.33) 的左端得

$$\ddot{x}+\omega_0^2x=\ddot{x}_0+\omega_0^2x_0+\varepsilon(\ddot{x}_1+\omega_0^2x_1)+\varepsilon^2(\ddot{x}_2+\omega_0^2x_2)+\cdots \tag{7.35}$$

再将式(7.33) 的右端在 $x_0,\dot{x}_0$ 展成台劳级数得

$$f(x,\dot{x})=f(x_0,\dot{x}_0)+f_x\Delta x+f_{\dot{x}}\Delta\dot{x}+\frac{1}{2!}(f_{xx}\Delta x^2+2f_{x\dot{x}}\Delta x\Delta\dot{x}+f_{\dot{x}\dot{x}}\Delta\dot{x}^2)+\cdots$$

其中

$$\Delta x=x-x_0=\varepsilon x_1+\varepsilon^2x_2+\cdots$$
$$\Delta\dot{x}=\dot{x}-\dot{x}_0=\varepsilon\dot{x}_1+\varepsilon^2\dot{x}_2+\cdots$$

因此式(7.33) 的右端为

$$\varepsilon f(x,\dot{x})=\varepsilon f(x_0,\dot{x}_0)+\varepsilon^2\left[x_1\frac{\partial f(x_0,\dot{x}_0)}{\partial x}+\dot{x}_1\frac{\partial f(x_0,\dot{x}_0)}{\partial\dot{x}}\right]+\varepsilon^3[\cdots]+\cdots \tag{7.36}$$

将式(7.30)代入式(7.33),对比左右端的 ε 的同次幂得以下线性(递推)微分方程组

$$
\begin{aligned}
&\ddot{x}_0+\omega_0^2 x_0=0\\
&\ddot{x}_1+\omega_0^2 x_1=f(x_0,\dot{x}_0)\\
&\ddot{x}_2+\omega_0^2 x_2=x_1\frac{\partial f(x_0,\dot{x}_0)}{\partial x}+\dot{x}_1\frac{\partial f(x_0,\dot{x}_0)}{\partial \dot{x}}\\
&\vdots
\end{aligned}
\tag{7.37}
$$

逐个求解上述线性方程组,我们就得到了非线性方程(7.33)的解式(7.34)。

例 7.2 利用基本摄动方法求解方程

$$\ddot{x}+\omega_0^2 x=-\varepsilon\omega_0^2 x^3 \quad (\varepsilon \ll 1)$$

$$x_0=A;\quad \dot{x}_0=0$$

代表的 Duffing 保守系统。

解 方程中的非线性项为

$$f(x,\dot{x})=-\omega_0^2 x^3$$

利用式(7.37)可得上述方程的递推方程组

$$\ddot{x}_0+\omega_0^2 x_0=0 \tag{a}$$

$$\ddot{x}_1+\omega_0^2 x_1=-\omega_0^2 x_0^3 \tag{b}$$

$$\ddot{x}_2+\omega_0^2 x_2=-3\omega_0^2 x_0^2 x_1 \tag{c}$$

$$\vdots$$

利用初始条件,由方程(a)得

$$x_0=A\cos(\omega_0 t)$$

将解 x_0 代入方程(b)的右端得

$$\ddot{x}_1+\omega_0^2 x_1=-\omega_0^2 x_0^3=-\omega_0^2 A^3\cos^3(\omega_0 t)=-\frac{3}{4}\omega_0^2 A^3\cos(\omega_0 t)-\frac{1}{4}\omega_0^2 A^3\cos(3\omega_0 t) \tag{d}$$

该方程的解为

$$x_1=-\frac{3}{8}t\omega_0 A^3\sin(\omega_0 t)+\frac{1}{32}A^3\cos(\omega_0 t) \tag{e}$$

该解的第一项称为永年项或长期项(secular term),它是由于式(d)的右端第一项引起的。永年项相当于由它引起的共振运动,是随时间发散的。但这是与保守系统相违背的,是该物理系统所不能产生的解,因此是错误的。为解决永年项问题,我们引入下面的摄动方法。

7.3.3 Lindstedt 摄动方法

仍然考虑非线性自治系统式(7.33)有

$$\ddot{x}+\omega_0^2 x=\varepsilon f(x,\dot{x})$$

我们认为方程具有周期解,其振动频率也可按小参数展开,即

$$\omega=\omega_0+\varepsilon\omega_1+\varepsilon^2\omega_2+\cdots \tag{7.38}$$

引入无量纲时间 $\tau=\omega t$,则 $\dot{x}=\frac{\mathrm{d}x}{\mathrm{d}t}=\omega\frac{\mathrm{d}x}{\mathrm{d}\tau}=\omega x'$,$\ddot{x}=\omega^2 x''$,方程(7.33)变为

$$\omega^2 x''+\omega_0^2 x=\varepsilon f(x,\omega x') \tag{7.39}$$

再将解 $x(\varepsilon,\tau)$ 展开得

$$x(\tau,\varepsilon)=x_0(\tau)+\varepsilon x_1(\tau)+\varepsilon^2 x_2(\tau)+\cdots \tag{7.40}$$

将式(7.40)代入式(7.39)后,再将右端项展成级数

$$f(x,\dot{x})=f(x,\omega x')=f(x_0,\omega_0 x'_0)+\varepsilon\left[x_1\frac{\partial f(x_0,\omega_0 x'_0)}{\partial x}+x'_1\frac{\partial f(x_0,\omega_0 x'_0)}{\partial x'}\right]+\varepsilon^2[\cdots]+\cdots \tag{7.41}$$

将式(7.40)和式(7.41)代入式(7.39)后,让等式左右 ε 的同次幂的系数相等,得以下递推的线性微分方程组

$$\begin{aligned}&\omega_0^2 x''_0+\omega_0^2 x_0=0\\&\omega_0^2 x''_1+\omega_0^2 x_1=f(x_0,\omega_0 x')-2\omega_0\omega_1 x''_0\\&\omega_0^2 x''_2+\omega_0^2 x_2=\cdots\\&\qquad\vdots\end{aligned} \tag{7.42}$$

逐个解上述方程,并令永年项的系数为零,即可得到非线性方程的解。

例 7.3　求 Duffing 方程

$$\ddot{x}+x=-\varepsilon x^3 \tag{7.43}$$

$$x_0=a,\quad \dot{x}_0=0$$

解　对比式(7.33),有 $f(x,\dot{x})=-x^3,\omega_0^2=1$

由式(7.42)得递推方程组

$$\begin{aligned}&x''_0+x_0=0\\&x''_1+x_1=-x_0^3-2\omega_1 x''_0\\&x''_2+x_2=-3x_0^2x_1-(2\omega_2+\omega_1^2)x''_0-2\omega_1 x''_1\\&\qquad\vdots\end{aligned} \tag{7.44}$$

利用初始条件,可得方程组中第一方程的解

$$x_0=a\cos\tau$$

将它代入第二方程的右端,得

$$x''_1+x_1=\left(2a\omega_1-\frac{3a^3}{4}\right)\cos\tau-\frac{a^3}{4}\cos(3\tau)$$

上式右端的第一项是永年项,是不合理的,可令其系数为零得

$$\omega_1=\frac{3a^2}{8}$$

接着我们解方程

$$x''_1+x_1=-\frac{a^3}{4}\cos(3\tau)$$

得

$$x_1=\frac{a^3}{32}\cos(3\tau)$$

同理我们可将得到的解 x_0,x_1 代入方程(7.38)的第三式,解得

$$\omega_2=\frac{15}{256}a^4$$

$$x_2=\frac{a^5}{1\,024}[-21\cos(3\tau)+\cos(5\tau)]$$

最后得方程(7.33)的解为

$$x(\tau)=a\cos\tau+\varepsilon\frac{a^3}{32}\cos(3\tau)+\varepsilon^2\frac{a^5}{1\,024}[-21\cos(3\tau)+\cos(5\tau)]+\cdots$$

$$\omega=\omega_0+\varepsilon\frac{3a^2}{8}+\varepsilon^2\frac{15a^4}{256}+\cdots \tag{7.45}$$

由此我们得到结论：弱非线性Duffing方程的解为周期振动，振动的基频 ω_0 接近线性化方程的解，其摄动部分与振幅有关。振动含有高次谐波，所以不是谐振动。

例 7.4　用摄动法求解下述 van der Pol 方程

$$\ddot{x}+x=\varepsilon(1-x^2)\dot{x} \tag{a}$$

$$x_0=A,\quad \dot{x}_0=0$$

解　方程中 $\omega_0=1, f(x,\dot{x})=(1-x^2)\dot{x}$

由式(7.42)得递推方程组

$$\begin{aligned}
&x''_0+x_0=0\\
&x''_1+x_1=(1-x_0^2)x'_0-2\omega_1x''_0\\
&x''_2+x_2=(1-x_0^2)(\omega_1x'_0+x'_1)-2x_0x_1x'_0-(2\omega_2+\omega_1^2)x''_0-2\omega_1x''_1\\
&\vdots
\end{aligned} \tag{b}$$

设各阶近似解的初始条件为

$$x_i(0)=A_i,\cdots,x'_i(0)=0\quad(i=0,1,2,\cdots)$$

解式(b)的第一式得

$$x_0=A_0\cos\tau$$

将上式代入式(b)第二式，得

$$x''_1+x_1=\frac{A_0}{4}(A_0^2-4)\sin\tau+2A_0\omega_1\cos\tau+\frac{1}{4}A_0^3\sin(3\tau)$$

消去永年项，解得 $A_0=2,\omega_1=0$，有

$$x_0=2\cos\tau$$

$$x_1=-\frac{1}{4}\sin(3\tau)+A_1\cos\tau+B_1\sin\tau$$

再由初始条件得 $B_1=\frac{3}{4}$，A_1 待定。

再解方程(b)的第三式

$$x''_2+x_2=\left(\frac{1}{4}+4\omega_2\right)\cos\tau+2A_1\sin\tau-\frac{3}{2}\cos(3\tau)+3A_1\sin(3\tau)+\frac{5}{4}\cos(5\tau)$$

得 $\omega_2=-\frac{1}{16},A_1=0$。

最后可解得 Van der pol 方程(a)的解为

$$\begin{aligned}
x(t)=&2\cos(\omega t)+\frac{1}{4}\varepsilon[3\sin(\omega t)-\sin(3\omega t)]+\\
&\varepsilon^2\left[-\frac{1}{8}\cos(\omega t)+\frac{3}{16}\cos(3\omega t)-\frac{5}{96}\cos(5\omega t)\right]+\cdots
\end{aligned}$$

$$\omega=1-\varepsilon^2\frac{1}{16}+\cdots$$

由上述解可知，当 $\varepsilon \ll 1$ 时，van der Pol 方程(a) 所代表的稳定运动是周期运动，其振动的频率接近系统的线性频率。

7.4　等效线性化方法

等效线性化方法(equivalent linearization method) 是工程中解决非线性问题的常用方法。该方法针对弱非线性问题，要求非线性系统具有周期解，而我们假设的等效线性系统也具有相同的周期，虽然两个系统的恢复力和阻尼力各不相同，但在同一个周期内所做的功是相等的。

7.4.1　方法简介

对弱非线性问题

$$m\ddot{x} + kx = \varepsilon f(x, \dot{x}) \tag{7.46}$$

我们设周期运动的第一次近似为

$$x = a\cos\phi, \quad \phi = \omega t$$

微分得

$$\dot{x} = -a\omega\sin\phi$$

由上两式解得

$$\cos\phi = \frac{x}{a}, \quad \sin\phi = -\frac{\dot{x}}{a\omega}$$

假设非线性力也是周期的，可展开为 Fourier 级数，取线性近似得

$$\varepsilon f(x, \dot{x}) = \varepsilon f(a\cos\phi, -a\omega\sin\phi) = A_1(a)\cos\phi + B_1(a)\sin\phi + 0(\varepsilon^2) \tag{7.47}$$

其中

$$A_1(a) = \frac{1}{\pi}\int_0^{2\pi} \varepsilon f(a\cos\phi, -a\omega\sin\phi)\cos\phi \mathrm{d}\phi$$

$$B_1(a) = \frac{1}{\pi}\int_0^{2\pi} \varepsilon f(a\cos\phi, -a\omega\sin\phi)\sin\phi \mathrm{d}\phi$$

将式(7.47) 代入式(7.46) 中得

$$m\ddot{x} + kx = A_1(a)\frac{x}{a} - B_1(a)\frac{\dot{x}}{a\omega}$$

整理得

$$m\ddot{x} + \frac{B_1(a)}{a\omega}\dot{x} + \left[k - \frac{A_1(a)}{a}\right]x = 0$$

将上述方程写成等效线性化方程

$$m\ddot{x} + c_e\dot{x} + k_e x = 0 \tag{7.48}$$

其中

$$c_e = \frac{B_1(a)}{a\omega}, \quad k_e = k - \frac{A_1(a)}{a} \tag{7.49}$$

分别称为等效阻尼和等效刚度。

7.4.2　应用举例

例 7.5　单摆的大幅振动,其运动方程为

$$\ddot{x}+\frac{g}{l}\sin x=0$$

求方程的非线性解。

解　其保留三次项的近似方程为

$$\ddot{x}+\frac{g}{l}\left(x-\frac{x^3}{6}\right)=0$$

或

$$\ddot{x}+\frac{g}{l}x=\frac{gx^3}{6l}$$

设单摆的稳定振动可一次近似为

$$x=a\cos\phi$$

由式(7.47)可解得

$$A_1(a)=\frac{ga^3}{8l},\quad B_1(a)=0$$

则

$$\varepsilon f(x,\dot{x})=\frac{gx^3}{6l}=\frac{ga^3}{8l}\cos\phi+0\sin\phi=\frac{ga^2}{8l}x$$

因此非线性方程可改写为以下等效线性方程

$$\ddot{x}+\frac{g}{l}\left(1-\frac{a^2}{8}\right)x=0$$

得振动频率为

$$\omega_e=\sqrt{\frac{g}{l}\left(1-\frac{a^2}{8}\right)}=\omega_0\left(1-\frac{a^2}{8}\right)^{0.5}$$

其中

$$\omega_0=\sqrt{\frac{g}{l}}$$

为单摆小振幅时的固有频率。当振幅 $a=1$ 时,有 $\omega_e=0.935\omega_0$。

例 7.6　用等效线性化方法求解 van der Pol 方程

$$\ddot{x}+x=\varepsilon(1-x^2)\dot{x}\tag{a}$$

解　设 $x=a\cos\varphi,\varphi=\omega t$,得

$$\dot{x}=-\omega a\sin\varphi$$

将方程右端非线性项展开,保留线性项得

$$\varepsilon(1-x^2)\dot{x}=\varepsilon(1-a^2\cos^2\varphi)(a\omega\sin\varphi)=A_1(a)\cos\varphi+B_1(a)\sin\varphi+\cdots$$

其中

$$A_1(a)=\frac{\varepsilon}{\pi}\int_0^{2\pi}(1-a^2\cos^2\varphi)(-a\sin\varphi)\cos\varphi\mathrm{d}\varphi=0$$

$$B_1(a)=\frac{\varepsilon}{\pi}\int_0^{2\pi}(1-a^2\cos^2\varphi)(-a\sin\varphi)\sin\varphi\mathrm{d}\varphi=\varepsilon a\omega(\frac{a^2}{4}-1)$$

将上式代入式(a),得线性方程

$$\ddot{x}+c_e\dot{x}+k_e x=0 \tag{b}$$

其中

$$c_e(a)=\varepsilon(\frac{a^2}{4}-1) \tag{c}$$

$$k_e(a)=1$$

注意式(c)代表的阻尼项,当振幅 $a>2$ 时,系统有正阻尼,系统的振动是衰减振动。当振幅 $a<2$ 时,系统有负阻尼,系统的振动是发散的振动。因此无论初始情况怎样,系统运动会稳定在 $a=2$ 附近运动,其相轨迹为一极限环。

7.5　谐波平衡法

谐波平衡法(harmonic balance method)是解决非线性问题最有效的方法之一,它不仅适合弱非线性问题,还可以解决强非线性问题,它不仅适合自由振动问题,还可以解决受迫振动问题。但它有一个基本前提是,系统的输入(荷载)和输出(运动)应该是周期的。

7.5.1　方法简介

设非线性系统的运动方程为

$$\ddot{x}+f(x,\dot{x})=F(t) \tag{7.50}$$

式中,$F(t)$ 为以 T 为周期的干扰力,其解 $x(t)$ 和 $f(x,\dot{x})$ 也是以 T 为周期的周期函数。展开后有

$$x(t)=a_0+\sum_{n=1}^{\infty}[a_n\cos(n\omega t)+b_n\sin(n\omega t)]$$

$$F(t)=A_0+\sum_{n=1}^{\infty}[A_n\cos(n\omega t)+B_n\sin(n\omega t)]$$

$$f(x,\dot{x})=\alpha_0+\sum_{n=1}^{\infty}[\alpha_n\cos(n\omega t)+\beta_n\sin(n\omega t)] \tag{7.51}$$

其中 $\omega=2\pi/T$ 是力和运动的基频。α_n,β_n,A_n,B_n 为已知,a_n,b_n 待定。有

$$A_n=\frac{\omega}{\pi}\int_0^{2\pi/\omega}F(t)\cos(n\omega t)\mathrm{d}t$$

$$B_n=\frac{\omega}{\pi}\int_0^{2\pi/\omega}F(t)\sin(n\omega t)\mathrm{d}t$$

$$\alpha_n=\frac{\omega}{\pi}\int_0^{2\pi/\omega}f(x,\dot{x})\cos(n\omega t)\mathrm{d}t$$

$$\beta_n=\frac{\omega}{\pi}\int_0^{2\pi/\omega}f(x,\dot{x})\sin(n\omega t)\mathrm{d}t$$

将式(7.51)代入式(7.50)后,再令等式两端同阶谐波前的系数相等,得

$$\begin{aligned}&\alpha_0=A_0\\&n^2\omega^2a_n=\alpha_n-A_n\quad(n=1,2,\cdots)\\&n^2\omega^2b_n=\beta_n-B_n\end{aligned} \tag{7.52}$$

从上述方程组可解得待定系数 a_n 和 b_n。从而我们得到了系统运动的解。

7.5.2　应用举例

例 7.7　设一自治系统为

$$\ddot{x}+\alpha_1 x+\alpha_2 x^2+\alpha_3 x^3=0 \tag{a}$$

求方程的非线性解。

解　设其一次近似解为

$$x=a_0+a_1\cos(\omega t)+b_1\sin(\omega t) \tag{b}$$

其中系数 a_0, a_1, b, ω 待定，将式(b) 代入式(a) 后，利用三角公式

$$\sin^2 x=\frac{1-\cos(2x)}{2},\quad \cos^2 x=\frac{1+\cos(2x)}{2}$$

$$\sin^3 x=\frac{3\sin x-\sin(3x)}{4},\quad \cos^3 x=\frac{3\cos x+\cos(3x)}{4}$$

将高次项变为一次项。最后得整理后的方程

$$(\alpha_1 a_0+\alpha_2 a_0^2+\cdots)+(-\alpha_1\omega^2+\alpha_1 a_1+2\alpha_2 a_0 a_1+\cdots)\cos(\omega t)+$$
$$(-b_1\omega^2+a_1 b_1+2\alpha_2 a_0 b_1+\cdots)\sin(\omega t)+\cdots=0 \tag{c}$$

令上式中各谐波的系数为零得

$$\alpha_1 a_0+\alpha_2 a_0^2+\frac{1}{2}\alpha_2(a_1^2+b_1^2)+\alpha_3 a_0^3+\frac{3}{2}\alpha_3 a_0(a_1^2+b_1^2)=0 \tag{d}$$

$$-a_1\omega^2+\alpha_1 a_1+2\alpha_2 a_0 a_1+3\alpha_3 a_0^2 a_1+\frac{3}{4}\alpha_3 a_1^3+\frac{3}{2}\alpha_3 a_1 b_1^2-\frac{3}{4}\alpha_3 a_1^2 b_1=0 \tag{e}$$

$$-b_1\omega^2+\alpha_1 b_1+2\alpha_2 a_0 b_1+3\alpha_3 a_0^2 b_1+\frac{3}{4}\alpha_3 b_1^3+\frac{3}{2}\alpha_3 a_1^2 b_1-\frac{3}{4}\alpha_3 a_1 b_1^2=0 \tag{f}$$

令振幅 $A=\sqrt{a_1^2+b_1^2}$，线性频率 $\omega_0^2=\alpha_1$。

解方程(d)、(e)、(f) 得

$$a_0=-\frac{\alpha_2}{2\alpha_1}A^2=-\frac{\alpha_2}{2\omega_0^2}A^2$$

$$\omega^2=\omega_0^2+\frac{3\omega_0^2\alpha_3-4\alpha_2^2}{4\omega_0^2}A^2$$

7.6　多尺度方法

多尺度方法(multi-scale method) 也是求解弱非线性问题的常用方法，这里的尺度主要是指时间上的尺度，即在时间上采用大小不同的系列尺度。

7.6.1　方法简介

如果我们仍按照摄动法的思想，把振动频率按小参数 ε 展开，考虑无量纲时间

$$\tau=\omega t=(\omega_0+\varepsilon\omega_1+\varepsilon^2\omega_2+\cdots)t=\omega_0 T_0+\omega_1 T_1+\omega_2 T_2+\cdots \tag{7.53}$$

其中 $T_0=t, T_1=\varepsilon t, T_2=\varepsilon^2 t, \cdots, T_i=\varepsilon^i t$ 表示越来越小的时间尺度。

设有 M 个尺度，则

$$\frac{\mathrm{d}}{\mathrm{d}t}=\frac{\partial}{\partial T_0}\cdot\frac{\partial T_0}{\partial t}+\frac{\partial}{\partial T_1}\cdot\frac{\partial T_1}{\partial t}+\cdots=D_0+\varepsilon D_1+\varepsilon^2 D_2+\cdots+\varepsilon^M D_M \tag{7.54}$$

$$\frac{\mathrm{d}^2}{\mathrm{d}t^2}=D_0^2+2\varepsilon D_0 D_1+\varepsilon^2(D_1^2+2D_0 D_2)+\cdots \tag{7.55}$$

其中

$$D_i=\frac{\partial}{\partial T_i},\quad D_i^2=\frac{\partial^2}{\partial T_i^2},\quad D_i D_j=\frac{\partial^2}{\partial T_i \partial T_j}$$

为不同尺度的微分算子。

7.6.2　应用举例

例 7.8　应用多尺度法求解小阻尼单摆的大幅自由振动，其运动方程为

$$\ddot{x}+2\varepsilon^2\mu\dot{x}+\omega_0^2\left(x-\frac{x^3}{6}\right)=0 \tag{a}$$

求方程的非线性解。

解　设时间尺度为

$$T_i=\varepsilon^i t\quad(i=0,1,2)$$

$$x(t,\varepsilon)=\varepsilon x_1(T_0,T_1,T_2)+\varepsilon^2 x_2(T_0,T_1,T_2)+\cdots$$

将上式代入式(a) 后，比较 ε 的幂得递推微分方程组

$$D_0^2 x_1+\omega_0^2 x_1=0 \tag{b}$$

$$D_0^2 x_2+\omega_0^2 x_2=-2D_1 D_0 x_1 \tag{c}$$

$$D_0^2 x_3+\omega_0^2 x_3=-2D_0 D_1 x_2-2D_0 D_2 x_1-D_1^2 x_1-2\mu D_0 x_1+\frac{\omega_0^2 x_1^3}{6} \tag{d}$$

由式(b) 解得

$$x_1=a(T_1,T_2)\cos[\omega_0 T_0+\varphi(T_1,T_2)]=a\cos\psi \tag{e}$$

振幅和相位 $a(T_1,T_2)$，$\varphi(T_1,T_2)$ 相对 T_0 是常数。

将式(e) 代入式(c) 得

$$D_0^2 x_2+\omega_0^2 x_2=2a'\omega_0\sin\psi+2a\omega_0\varphi'\cos\psi \tag{f}$$

其中

$$a'=\frac{\partial a}{\partial T_1},\quad \varphi'=\frac{\partial\varphi}{\partial T_1}$$

消去永年项，有

$$a'=0,\quad \varphi'=0$$

解得 $a=a(T_2)$，$\varphi=\varphi(T_2)$

由式(f) 解得

$$x_2=a_2(T_1,T_2)\cos[\omega_0 T_0+\varphi_2(T_1,T_2)]=a_2\cos\psi_2$$

再将 x_1，x_2 代入式(c)，消去永年项，考虑初始条件 $x(0)=x_0$，$\dot{x}(0)=0$ 和 $\hat{\mu}=\varepsilon^2\mu$ 得

$$x=x_0\mathrm{e}^{-\hat{\mu}\cdot t}\cos\left[\omega_0 t-\frac{x_0^2\omega_0}{32\hat{\mu}}(\mathrm{e}^{-2\hat{\mu}\cdot t}-1)\right]$$

例 7.9　用多尺度法求解 Van der pol 自激振动系统，其方程为

$$\ddot{x}+x=\varepsilon(1-x^2)\dot{x} \tag{a}$$

解　设

$$x(t)=x_0(T_0,T_1)+\varepsilon x_1(T_0,T_1)=\sum_{n=0}^{1}\varepsilon^n x_n(T_0,T_1) \tag{b}$$

其中时间尺度为

$$T_0=t,\quad T_1=\varepsilon t$$

这样,系统的速度、加速度可写为

$$\dot{x}=\frac{\partial x_0}{\partial T_0}+\varepsilon\left(\frac{\partial x_0}{\partial T_1}+\frac{\partial x_1}{\partial T_0}\right)+\cdots \tag{c}$$

$$\ddot{x}=\left(\frac{\partial^2 x_0}{\partial T_0^2}\right)+2\varepsilon\frac{\partial x_1}{\partial T_0}\frac{\partial x_0}{\partial T_1}+\cdots \tag{d}$$

将式(c)和式(d)代入式(a)后,比较 ε 的同次幂,得递推方程组

$$\frac{\partial^2 x_0}{\partial T_0^2}+x_0=0 \tag{e}$$

$$\frac{\partial^2 x_1}{\partial T_0^2}+x_1=-2\frac{\partial x_0}{\partial T_0}\frac{\partial x_0}{\partial T_1}+(1-x_0^2)\frac{\partial x_0}{\partial T_0} \tag{f}$$

方程(e)的通解可写为

$$x_0=A(T_1)e^{iT_0}+\overline{A}(T_1)e^{-iT_0} \tag{g}$$

将式(g)代入式(f),得

$$\frac{\partial^2 x_1}{\partial T_0^2}+x_1=-i\left(2\frac{\partial}{\partial T_1}A+A^2\overline{A}-A\right)e^{iT_0}-iA^3e^{3iT_0}+CC \tag{h}$$

式中,CC 表示前面各项的共轭。

为了消除永年项,可令方程(h)中 $e^{\pm iT_0}$ 前的系数为零,得

$$2\frac{\partial}{\partial T_1}A+A^2\overline{A}-A=0$$

或

$$2\frac{\partial}{\partial T_1}A=A-A^2\overline{A} \tag{i}$$

设 A 的解为

$$A=\frac{1}{2}\alpha(T_1)e^{i\theta(T_1)} \tag{j}$$

将式(j)代入式(i)后,分离实部与虚部,得以下两个方程

$$\frac{d\alpha}{dT_1}=\frac{\alpha}{2}\left(1-\frac{\alpha^2}{4}\right) \tag{k}$$

$$\frac{d\theta}{dT_1}=0$$

解得

$$\theta=\theta_0=\text{const}$$

从方程(k)的第一式,还可用分离变量法解得

$$\alpha(T_1)=\frac{\alpha_0 e^{T_1/2}}{\sqrt{1+\frac{1}{4}\alpha_0^2(e^{T_1}-1)}}$$

其中 α_0 是由初始条件决定的常数,这样方程(a)的第一次近似解为

$$x(t)=\frac{\alpha_0 e^{\varepsilon t/2}}{\sqrt{1+\frac{1}{4}\alpha_0^2(e^{\varepsilon t}-1)}}\cos(t+\theta_0)$$

7.7 非线性系统的受迫振动

7.7.1 逐次逼近法

下面我们研究含有激振力项的 Duffing 方程

$$\ddot{x}+\omega_0^2 x+\varepsilon x^3=F\cos(\omega t) \tag{7.56}$$

式中，ω 为激振力频率；ω_0 为系统的线性固有频率。

将方程(7.56) 改写为

$$\ddot{x}+\omega^2 x=(\omega^2-\omega_0^2)x-\varepsilon x^3+F\cos(\omega t) \tag{7.57}$$

设上述方程的零次近似解为

$$x_0=a\cos(\omega t) \tag{7.58}$$

式中，a 为振幅。

将上式代入方程(7.57) 的右端，得一次近似解的方程为

$$\ddot{x}_1+\omega^2 x_1=(\omega^2-\omega_0^2)a\cos(\omega t)-\varepsilon a^3\cos^3(\omega t)+F\cos(\omega t)=$$

$$\left[(\omega^2-\omega_0^2)a-\frac{3}{4}\varepsilon a^3+F\right]\cos(\omega t)-\frac{1}{4}\varepsilon a^3\cos 3(\omega t) \tag{7.59}$$

令永年项前的系数为零，得

$$(\omega^2-\omega_0^2)a-\frac{3}{4}\varepsilon a^3+F=0$$

这样，我们就得到了振动频率与振幅的关系式

$$\omega^2=\omega_0^2+\frac{3}{4}\varepsilon a^2-\frac{F}{a} \tag{7.60}$$

而方程(7.56) 成为

$$\ddot{x}_1+\omega^2 x_1=-\frac{1}{4}\varepsilon a^3\cos(3\omega t) \tag{7.61}$$

求解上述方程就得到一次近似解

$$x_1=a\cos(\omega t)+\frac{\varepsilon a^3}{32\omega^2}\cos(3\omega t) \tag{7.62}$$

如果我们希望得到更精确的二次近似解，可以将式(7.62) 代入方程(7.57) 的右端，按照上述相同的方法，可得到振幅和频率的关系式为

$$\omega^2=\omega_0^2+\varepsilon a^2\left[\frac{3}{4}+\frac{3}{128}\frac{\varepsilon a^2}{\omega^2}+\frac{3}{2\,048}\left(\frac{\varepsilon a^2}{\omega^2}\right)^2\right]-\frac{F}{a} \tag{7.63}$$

而二次近似解为

$$x_2=a\cos(\omega t)+b\cos(3\omega t)+c\cos(5\omega t)+d\cos(7\omega t)+e\cos(9\omega t) \tag{7.64}$$

式中

$$b=a\left[\frac{7+\omega_0^2/\omega^2}{256}\left(\frac{\varepsilon a^2}{\omega^2}\right)^2+\frac{3}{512}\left(\frac{\varepsilon a^2}{\omega^2}\right)^3+\frac{3}{1\,048\,576}\left(\frac{\varepsilon a^2}{\omega^2}\right)^4\right]$$

$$c = a\left[\frac{1}{1\ 024}\left(\frac{\varepsilon a^2}{\omega^2}\right)^2 + \frac{1}{32\ 768}\left(\frac{\varepsilon a^2}{\omega^2}\right)^3\right]$$

$$d = a\left[\frac{1}{65\ 536}\left(\frac{\varepsilon a^2}{\omega^2}\right)^3\right]$$

$$e = a\left[\frac{1}{10\ 485\ 760}\left(\frac{\varepsilon a^2}{\omega^2}\right)^4\right]$$

式(7.64)是比式(7.62)更精确的解，如果我们把它再代入方程(7.53)，还可以得到更精确的解，所以这一方法叫逐步逼近法。从以上所得到的解，虽然是近似解，仍然可以得到以下结论：给非线性系统一个单频输入，将得到一个多频输出。如果给它一个谐波输入，那么得不到一个谐波输出，甚至得不到一个周期输出(例如混沌)。因此，我们说：非线性系统没有频率保持性。

再看非线性系统受迫振动的振幅－频率关系，我们将关系式(7.63)重写如下

$$\omega^2 = \omega_0^2 + \frac{3}{4}\varepsilon a^2 - \frac{F}{a}$$

如果考虑系统具有线性黏性阻尼，其运动方程为

$$\ddot{x} + 2\mu\dot{x} + \omega_0^2 x + \varepsilon x^3 = F\cos(\omega t + \varphi) \tag{7.65}$$

则利用逐步逼近法，可推出其振幅频率关系式为

$$\left[-(\omega^2 - \omega_0^2)a + \frac{3}{4}\varepsilon a^3\right]^2 + 4\mu^2 a^2 \omega^2 = F^2 \tag{7.66}$$

7.7.2 跳跃现象

非线性系统的受迫振动还有一个很重要的现象——跳跃现象。如图7.12所示，当激振力频率由小到大进行频率扫描时，对于硬弹簧系统($\varepsilon > 0$)，开始振幅随频率增加，一直达到右端拐点1，该点曲线具有垂直横轴的切线，如果频率继续增加，振幅将突然下降到下面曲线的点2，然后沿着曲线继续减小。当扫描频率由大逐渐减小时，振幅在拐点3有一个向上的跳跃，跳到上面曲线的点4。对于软弹簧系统($\varepsilon < 0$)，情况正好相反，当扫描频率由小到大逐渐增加时，振幅在拐点1有一个向上的跳跃，当扫描频率由大到小逐渐减小时，振幅在拐点3有一个向下的跳跃。

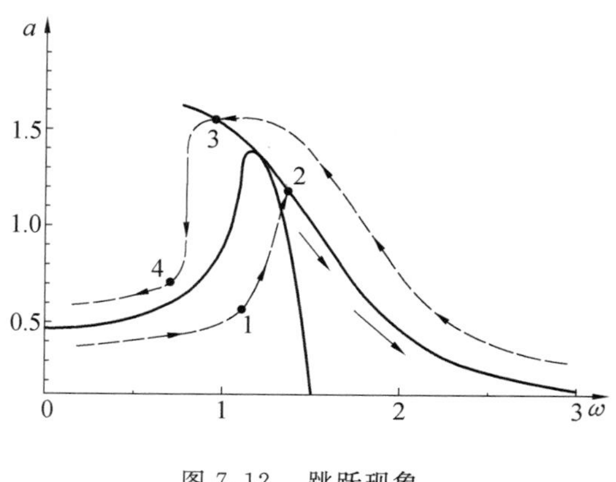

图7.12 跳跃现象

从上述曲线我们还可以看到，在点1到点3所对应的频率区间，同一个频率的干扰力受迫振动具有2～3个不同振幅的解，这些解的振动有稳定解和不稳定解的区别，一般都是从不稳定解跳到稳定解而保持稳定的周期振动。

7.7.3 主共振

考虑如下Duffing方程系统

$$\ddot{x} + \omega_0^2 x = -2\varepsilon\mu\dot{x} - \varepsilon\alpha x^3 + \varepsilon F\cos(\omega t) \tag{7.67}$$

式中，ω_0 为系统的线性频率。

我们把干扰力频率 ω 在 ω_0 附近发生的共振叫主谐波共振，简称主共振。为此引入调谐参数 σ，有

$$\omega=\omega_0+\varepsilon\sigma \tag{7.68}$$

令方程(7.64)的解为以下多尺度解

$$x(t,\varepsilon)=x_0(T_0,T_1)+\varepsilon x_1(T_0,T_1)+\cdots \tag{7.69}$$

$$\omega=(\omega_0+\varepsilon\sigma)t=\omega_0 T_0+\sigma T_1 \tag{7.70}$$

把以上两式代入式(7.67)并比较 ε 同次幂系数得

$$D_0^2 x_0+\omega_0^2 x_0=0 \tag{7.71}$$

$$D_0^2 x_1+\omega_0^2 x_1=-D_1 D_0 x_0-2\mu D_0 x_0-\alpha x_0^3+F\cos(\omega_0 T_0+\sigma T_1) \tag{7.72}$$

由方程(7.71)可解得

$$x_0=a(T_1)\cos[\omega_0 T_0+\varphi(T_1)] \tag{7.73}$$

将上式代入方程(7.69)得

$$D_0^2 x_1+\omega_0^2 x_1=[2a'\omega_0+2\mu a\omega_0-F\sin(\sigma T_1-\varphi)]\sin(\omega_0 T_0+\varphi)+\left[2a\omega_0\varphi'-\frac{3}{4}\alpha a^3+F\cos(\sigma T_1-\varphi)\right]\cos(\omega_0 T_0+\varphi)-\frac{1}{4}\alpha a^3\cos[3(\omega_0 t+\varphi)] \tag{7.74}$$

式中，a'，φ' 为对 T_1 的导数。

上式中的右端前两项为永年项，消去永年项后得方程的稳态周期解为

$$x=a\cos(\omega t-\beta) \tag{7.75}$$

其中

$$\beta=\sigma T_1-\varphi$$

$$\omega=\omega_0+\varepsilon\sigma$$

由消去永年项得到的幅频关系为

$$\left[\mu^2+\left(\sigma-\frac{3\alpha}{8\omega_0}a^2\right)^2\right]a^2=\frac{k^2}{4\omega_0^2} \tag{7.76}$$

或

$$\sigma=\frac{3\alpha}{8\omega_0}a^2\pm\left(\frac{F^2}{4\omega_0^2 a^2}-\mu^2\right)^{0.5} \tag{7.77}$$

式(7.75)中的相位角为

$$\arctan\beta=\frac{\mu}{\frac{3\alpha}{8\omega_0}a^2-\sigma} \tag{7.78}$$

7.7.4　超谐波共振、亚谐波共振和组合共振

对于线性系统，当干扰力的频率 ω 接近振动系统的固有频率 ω_0 时，系统会发生很大的振动，称为共振。对于非线性系统，除了上述的主谐波共振之外，还可能发生干扰力频率的倍频或分数频率的共振，称为超谐波共振和亚谐波共振。

例如，对于具有 3 次非线性项的 Duffing 方程系统，如果干扰力频率接近系统线性频率 ω_0 的 1/3，1/9，… 时，有时会发生 3ω，9ω，… 的倍频共振，称为超谐波共振。

同样，对于具有3次非线性项的Duffing方程系统，如果干扰力频率接近系统线性频率ω_0的3倍，9倍，…时，有时会发生$\frac{\omega}{3}$，$\frac{\omega}{9}$，…的分数频率共振，称为亚谐波共振。

此外对于非线性系统，还存在组合共振。如果对某非线性系统同时给以两个谐波激励，其频率为ω_1和ω_2，这时有可能发生$(\omega_1 \pm \omega_2)$或$(m\omega_1 \pm n\omega_2)$的共振，称为组合共振。

无论是超谐波共振、亚谐波共振或组合共振都是非线性系统所特有的现象，是非线性系统在共振问题上多值性的表现，多值性也构成了问题的复杂性。

7.8　自激振动

7.8.1　引言

自激振动和受迫振动一样也是在自然界和工程中最常见的一种振动，但它的产生机理却复杂得多，又经常和非线性系统联系在一起，所以我们在这一章里研究自激振动。常见的自激振动有：内燃机或蒸汽机的活塞的往复运动；切削工件时引起的机床振动；机械式钟表中摆轮的振动；飞机机翼由于气流引起的颤振；拉提琴时琴弦的振动和拉手风琴时簧片的振动等。

受迫振动必须有一个周期性的外激励源，自激振动是自治系统，没有外激励源，但有一个稳定的能源，以提供振动的能量。引起自激振动的交变力是在振动过程中靠调节机制（机构）产生的，如果限制系统的运动，这个交变力也就不存在了，例如，如果我们限制了蒸汽机活塞的运动，则作用在活塞上的蒸汽交变力也就没有了。

自激振动系统一般由图7.13所示的4个子系统组成，第一个子系统是振动系统，它是振动的主体，一般由质量、弹簧、阻尼三部分组成；第二个子系统是调节系统，也称控制系统，它是根据振动系统反馈来的信号，给振动系统以周期性的交变力；第三个子系统是反馈系统，它将振动系统的信号反馈给控制系统，有时也将它划归控制系统；第四个子系统是能源系统，它是一个定常的能源，它通过控制系统不断向振动系统提供能量。例如，机械式钟表中，摆轮（或摆锤）就是振动系统，擒纵机构就是反馈系统和控制系统，上紧的发条就是能源系统。

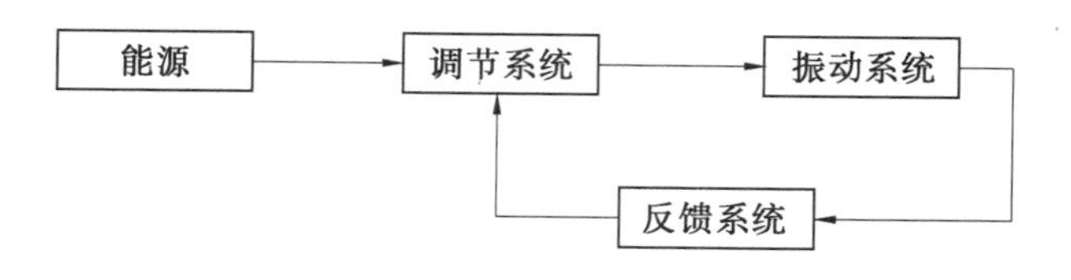

图7.13　自激振动系统

7.8.2　van der Pol 方程

下述van der Pol方程

$$\ddot{x} + \varepsilon(x^2 - 1)\dot{x} + x = 0 \tag{7.79}$$

所代表的系统是一典型的自激振动系统。当系统的位移$x < 1$时，式中阻尼项是负的，我们

说系统具有负阻尼,负阻尼和正阻尼恰好相反,向系统提供能量,使振幅逐渐增大。但振幅增大到 $x > 1$ 时,式中阻尼项变为正的,阻尼消耗系统能量,又使振幅逐渐减小,这样就形成了一个等幅振动 —— 自激振动。

将方程(7.76) 转换为状态方程为

$$\dot{x} = y$$
$$\dot{y} = \varepsilon(1 - x^2)y - x \tag{7.80}$$

它的相轨迹方程为

$$\frac{\mathrm{d}y}{\mathrm{d}x} = \frac{\varepsilon(1 - x^2)y - x}{y} \tag{7.81}$$

奇点(平衡点) 为原点,即 $x = y = 0$。为分析在平衡点的稳定性,将方程(7.77) 线性化,得

$$\dot{x} = y$$
$$\dot{y} = -x + \varepsilon y \tag{7.82}$$

其系数矩阵为

$$\boldsymbol{a} = \begin{bmatrix} a_{11} & a_{12} \\ a_{21} & a_{22} \end{bmatrix} = \begin{bmatrix} 0 & 1 \\ -1 & \varepsilon \end{bmatrix} \tag{7.83}$$

按本章 7.7.2 节关于奇点稳定性分析,有

$$p = \varepsilon, \quad q = 1$$

当 $\varepsilon \geqslant 2$ 时,有 $p^2 \geqslant 4q, p > 0$,奇点为不稳定结点。当 $\varepsilon < 2$ 时,有 $p^2 < 4q, p > 0$,奇点为不稳定焦点。因此,对于正的小参数 ε,无论取什么值,奇点都是不稳定的。为得到极限环的相轨迹图,我们可以用数值方法求解方程(7.79) 得到图 7.11。

为得到 van der Pol 方程(7.76) 的周期解,可以采用多尺度方法。

取两个时间尺度为

$$\xi = \varepsilon t$$
$$\eta = (1 + \varepsilon^2\omega_2 + \varepsilon^3\omega_3 + \cdots + \varepsilon^m\omega_m)t \tag{7.84}$$

设方程(7.76) 的解为

$$x = x_0(\xi, \eta) + \varepsilon x_1(\xi, \eta) + \varepsilon^2 x_2(\xi, \eta) + \cdots \tag{7.85}$$

将以上两式代入方程(7.76),并令方程两端 ε 的同次幂的系数相等,得以下递推的方程组

$$\frac{\partial^2 x_0}{\partial \eta^2} + x_0 = 0 \tag{7.86}$$

$$\frac{\partial^2 x_1}{\partial \eta^2} + x_1 = -2\frac{\partial^2 x_0}{\partial \xi \partial \eta} + (1 - x_0^2)\frac{\partial x_0}{\partial \eta} \tag{7.87}$$

$$\frac{\partial^2 x_2}{\partial \eta^2} + x_2 = -2\frac{\partial^2 x_1}{\partial \xi \partial \eta} - \frac{\partial^2 x_0}{\partial \xi^2} - 2\omega_2\frac{\partial^2 x_0}{\partial \eta^2} - 2x_0 x_1\frac{\partial x_0}{\partial \eta} + (1 - x_0^2)\left(\frac{\partial x_1}{\partial \eta} + \frac{\partial x_0}{\partial \xi}\right) \tag{7.88}$$

由方程(7.86) 解得

$$x_0 = a(\xi)\cos(\eta + \varphi_0) \tag{7.89}$$

将上式代入方程(7.87),消除永年项后,解得

$$x_1 = -\frac{a^3}{32}\sin[3(\eta + \varphi)] \tag{7.90}$$

其中

$$a=\frac{2}{\sqrt{1+\left(\frac{4}{a_0^2}-1\right)e^{-\varepsilon t}}} \tag{7.91}$$

式中，a_0 为初始振幅。

再将 x_0，x_1 的解代入式(7.88)，消去永年项后，可解得

$$x_2=-\frac{5a^5}{3\ 072}\cos[5(\eta+\varphi_0)]-\frac{a^3(a^2+8)}{1\ 024}\cos[3(\eta+\varphi_0)] \tag{7.92}$$

最后得到 van der Pol 方程(7.76) 的周期解为

$$x=a\cos(\eta+\varphi_0)-\varepsilon\frac{a^3}{32}\sin[3(\eta+\varphi_0)]-\varepsilon^2\frac{a^3}{1\ 024}\cdot\left\{\frac{5a^2}{3}\cos[5(\eta+\varphi_0)]+(a^2+8)\cos[3(\eta+\varphi_0)]\right\} \tag{7.93}$$

式中

$$\eta=(1+\varepsilon^2\omega_2)t$$

$$\omega_2=-\frac{1}{8}\left(1-a^2+\frac{7}{32}a^4\right)$$

对于不同的小参数 ε 可得到不同解的时间历程。

7.9 混　　沌

7.9.1 引言

混沌(chaos)是一种非常复杂的运动，它存在于非线性系统中，一般来说，世界都是非线性的，所以混沌是一种普遍的运动现象。在力学发展史中，混沌的发现和研究并不算长，但混沌的发现对力学、数学、甚至对哲学都有着很深远的意义，所以有的科学家说混沌的发现是 20 世纪继相对论力学、量子力学之后第三大发现。

人们一般都认为，确定的系统受到确定的输入，一定会得到确定的输出。这对于线性系统是对的，但对于非线性系统就不然了，非线性系统受到确定的输入后，可能会得到不确定的、貌似随机的输出，这就是混沌。

现在公认的最早发现混沌现象的是法国数学家、力学家 H. Poincare(庞加莱)。19 世纪末，他在研究天体力学的三体问题时，发现确定性的动力学方程会产生不可预见的非常复杂的运动现象，这就是混沌，但当时还没有把它定义为混沌。对混沌学做出最大贡献的是美国气象学家 E. N. Lorenz(洛伦兹)，1963 年他在研究大气对流模型时首先在耗散系统中发现了混沌运动，正式定义了混沌并确定了混沌运动的基本特征。以后法国物理学家 Ruell 和荷兰数学家 Takens 及美籍华人学者李天岩等对混沌的深入研究都有突出的贡献。1976 年，美国生态学家 May 在一个非常简单的生物种群繁衍(Logistic) 模型中，发现了非常复杂的动力学行为，其中包括分岔(bifurcation) 和混沌等。

7.9.2 生物种群繁衍的数学模型

一个非常简单的生物种群繁衍模型可写为

$$x_{i+1}=R(1-x_i)x_i \tag{7.94}$$

式中，x_i，x_{i+1} 为相邻两代某种生物的数量；R 为方程中唯一的一个参数。

这是一个非线性代数方程，也代表一个离散的动力学方程(输入输出模型)。

当参数 R 取值发生改变时，我们可以看到函数会发生很多有趣的变化：

(1)$R=0.9$ 时，种群数量逐渐趋于 0；

(2)$R=1.5$，种群数量逐渐趋于某常数；

(3)$R=2.9$，种群数量波动，但逐渐衰减，趋于某常数；

(4)$3.0000<R<3.4495$，种群数量成周期 2 振动(在一个周期内，数据上下波动两次)；

(5)$3.4495<R<3.5441$，周期 4 振动；

(6)$3.5441<R<3.5644$，周期 8 振动；

(7)$3.5644<R<3.5688$，周期 16 振动；

(8)$3.5700<R$，种群数量成非周期波动，称为混沌(chaos)。

注意当 $R=3.4495$ 时，数据从周期 2 突然变为周期 4 振动，这种运动性态突然的改变，我们称为分岔(bifurcation)，$R=3.4495$，3.5441，3.5644，…，3.5700 等突变点称为分岔点。

可以把上述数据变化的规律用图 7.14 表示。

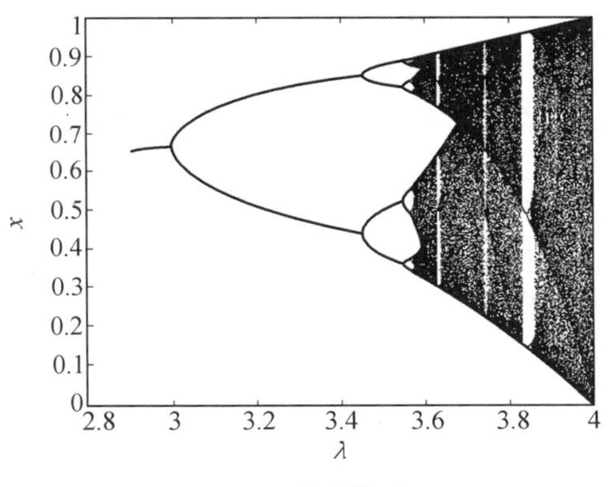

图 7.14　倍周期分叉

7.9.3　混沌的特征

到目前为止，关于混沌还没有一个严格的、精确的定义，一般来说，混沌是发生在非线性系统中的对初始条件极其敏感的貌似随机的不规则运动。混沌的特征可以概括如下：

(1) 仅在非线性系统中，在特定的(参数)条件下才能发生混沌运动。

(2) 混沌具有随机(非周期)运动的特征，但是有界的；其相轨迹是稠密的宽带，谱是连续谱。Poincare 映射是稠密的点区。

(3) 其运动行为对初始条件非常敏感。

(4) 在宏观上混沌是不确定的(无序)，在微观上又是确定的(有序)，因此混沌又是有序与无序的结合。

7.9.4　混沌举例

(1)1963 年美国气象学家 Lorenz 研究大气流动时发现混沌。该方程是一个非常简单的气流对流方程，称为火柴盒内的对流方程，可写为如下非线性微分方程组

$$\begin{aligned}\dot{x}&=-10x+10y\\ \dot{y}&=28x-y-xz\\ \dot{z}&=-\frac{8}{3}z+xy\end{aligned} \tag{7.95}$$

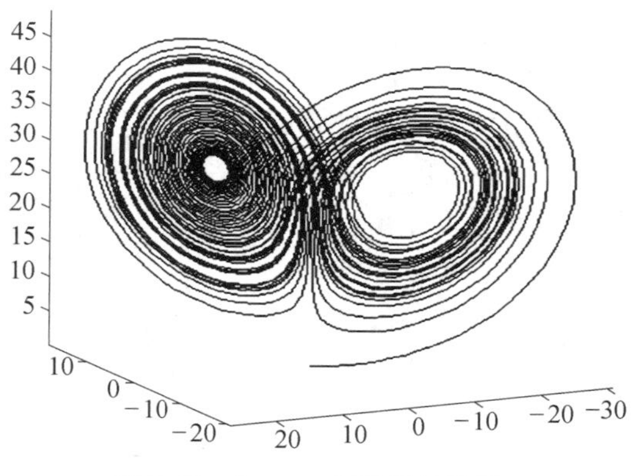

图 7.15 Lorenz 方程相轨迹图

该方程的数值解可画出如图 7.15 所示的轨迹图。其相轨迹有$(6\sqrt{2},6\sqrt{2},27)$和$(-6\sqrt{2},-6\sqrt{2},27)$两个中心(奇异吸引子),动点在中心附近来回往返,但不重复。

(2)Duffing 方程

$$\ddot{x}+\delta\dot{x}+\alpha x+\beta x^3=\gamma\sin\omega t \tag{7.96}$$

对上述非自治方程,令时间 $t=z$,作为第三维,并改为自治方程(状态方程),得

$$\begin{aligned}\dot{x}&=y\\ \dot{y}&=-\delta y-\alpha x-\beta x^3+\gamma\sin\omega z\\ \dot{z}&=1\rightarrow z=t\end{aligned} \tag{7.97}$$

对具体的 Duffing 方程 $\ddot{x}+0.4\dot{x}-x+x^3=0.4\sin t$,可作出其混沌运动的相轨迹图如图 7.16 所示。

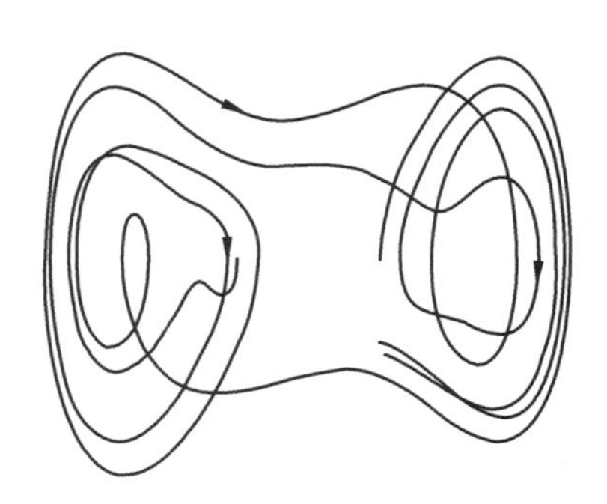
图 7.16 Duffing 方程混沌运动的相轨迹图

上述混沌运动的相轨迹图也具有两个奇异吸引子,在这两个吸引子附近运动轨迹部重复,其时间历程曲线是一个不规则的无周期的曲线。

7.10 非线性振动的数值方法

非线性振动问题能得到精确解或解析解的例子是极少的,即使是我们前述的近似解析解,一般也只能解决维数较低的一些问题。对于大量的工程实际问题,其系统都比较复杂,方程的维数都比较高,这时我们就必须借助于数值方法。

非线性振动问题的数值方法,可以分为两大类:一类是计算数学中关于解常微分方程通用的数值方法,常用的有欧拉(Euler)法和龙格－库塔(Runge－Kutta)法,其中Runge－Kutta法精度较高。另一类是在线性振动中介绍过的方法,如Newmark方法和Wilson-θ方法等,该方法在线性振动中都是无条件稳定的数值方法,这些方法适合解决大规模的非线性问题。

7.10.1　四阶龙格－库塔(Runge-Kutta)方法

研究一阶微分方程的初值问题

$$\frac{\mathrm{d}y}{\mathrm{d}t}=f(t,y)$$

$$y(0)=y_0 \tag{7.98}$$

首先要将时间 t 离散为 $t_0<t_1<t_2<\cdots<t_{n-1}$,其对应的解 $y(t)$ 值为 $y_0<y_1<y_2<\cdots<y_{n-1}$,设等时间步长为 $h=t_{i+1}-t_i$,四阶龙格－库塔(Runge-Kutta)方法的递推公式为

$$y_{i+1}=y_i+\frac{1}{6}(k_1+2k_2+3k_3+k_4)$$

$$k_1=hf(t_i,y_i)$$

$$k_2=hf(t_i+\frac{1}{2}h,y_i+\frac{1}{2}k_1)$$

$$k_3=hf(t_i+\frac{1}{2}h,y_i+\frac{1}{2}k_2)$$

$$k_4=h(t_i+h,y_i+k_3)$$

上述Runge-Kutta方法是高阶单步法,具有四阶精度,由于是显式格式,对刚性方程,它不是无条件稳定的方法,会出现数值稳定性问题。所谓数值稳定性,是指在近似计算中,每一步都会有误差,每一步误差都会影响下一步计算,称为误差传播,或误差积累。如果误差积累对计算结果不敏感,即正负误差都能得到一定的抵消,我们称该方法是稳定的,有些方法对较小的步长是稳定的,对较大的步长是不稳定的,我们称该方法是有条件稳定的。刚性方程在计算数学中是指条件数 $\rho\gg 1$ 的方程,它是一种病态方程。

7.10.2　Newmark方法和Wilson-θ方法

在第五章中我们讨论过Newmark方法和Wilson-θ方法,这两种方法都是隐式格式,在线性振动中都是无条件稳定的方法,而且适合于结合有限元方法解决工程中的动力学问题。但在解决非线性振动问题时,在计算每一个时间步长时,都要利用台劳级数将非线性刚度和非线性阻尼进行线性化。例如在第5章中,关于Newmark方法的式(5.59)和Wilson-θ方法的式(5.68),其中的矩阵 $\boldsymbol{K}$,$\boldsymbol{C}$ 在每一步迭代时,都需要该步的线性化刚度阵和阻尼阵。这类方法适合解大型工程结构问题。

关于非线性振动的数值方法,既存在物理稳定性问题,也存在数值稳定性问题,所以在计算复杂非线性问题时,最好事先用定性方法判断出问题的奇点和分岔点,在奇点和分岔点计算时,要尽量减小时间步长。

第8章　随机振动

8.1　引　　言

前面研究过的振动都属于确定性振动(deterministic vibration),即这些振动的规律都可以用一个确定的函数来描述,例如谐振动的时间历程可以写为$x(t)=A\sin(\omega t+\alpha)$,只要知道了振幅$A$、频率$\omega$和相位$\alpha$,那么在任一时刻物体振动的位置、速度和加速度都是已知的了。这种确定性的振动是可以预知的,即已知振动规律后,可以预知还没有发生的振动。

8.1.1　随机振动的特征

自然界和工程中还存在另一种类型的振动,这些振动的产生和发展受到某些偶然因素的影响,振动的规律不能用一个确定的函数来描述。例如,汽车在不平路面上行驶所产生的振动,我们称之为随机振动(random vibration)。因为路面不平的情况是没有规则的,所以路面不平激起的振动也是没有规则的,是不确定的,当然也是不能预估的。而且同一辆汽车在同一道路上以同一速度多次行驶时,其振动历程也是不会重复的。因此,随机振动的特征是振动表现为具有不确定性,不能预估,不可能完全重复。

随机振动的不确定性和不规则性是从单个现象观测而言的,但是大量同一随机振动试验的结果却存在一定的统计规律性。这就像一棵树上找不到两片完全相同的树叶,但是该树的全部树叶却存在很多共同的特点。同样,同一汽车在同一路面上以同一速度行驶多次,所测得的振动数据就服从统计规律,这是随机振动的另一个特征,也是随机过程共有的一个特点。

工程中的随机振动现象是很多的,除汽车因路面不平的振动外,还有地震和风引起的结构振动,海浪引起的船舶和海洋平台振动,湍流引起的飞机振动,噪声激发的结构振动等等。严格来说,现实中的一切振动都是随机振动,只不过有些振动,其确定性振动成分占主要地位,而随机振动成分很小,可以忽略,因此可当成确定性振动来研究。产生随机振动的原因很多,一般来说,对于一个振动系统,如果系统本身各个参数(如m,k,c)都是确定的,而系统的输入(振源)是随机的,则其输出(响应)也是随机的,所产生的振动就是随机振动,大多数随机振动就是这样产生的。当然,如果结构参数是随机变化的,即使输入是确定性的,其输出也是随机的,例如下雨天的输电线的质量就会随时间发生随机的变化。本章着重研究前一类随机振动。

随机振动的研究是从20世纪50年代兴起的,首先是在航空工程方面,由于高速的喷气飞机及火箭的出现,由于大气湍流(紊流)及喷气噪声引起的随机振动占重要成分,促进了对随机振动的研究,以后在其他领域飞速开展起来,如地震的研究,噪声的研究。20世纪60年代以前,随机振动的研究在理论上虽有一定发展,但由于受测量手段和分析设备的限制,在应用上发展较慢。60年代以后，由于测量和分析方法的改进，特别是电子计算机的应用和快速傅里叶变换算法的出现，使得随机振动理论得到广泛应用和发展。目前关于线性、平稳随机振动理论已较为成熟，非线性随机振动分析和非平稳随机振动理论还处于发展阶段，本章主要介绍平稳随机振动理论的一些基本知识，作为这部分的理论基础主要有3个方面：一是概率论和数理统计理论；二是谐波分析知识，即数学上的傅里叶级数与傅里叶变换；三是确定性振动的基本知识。

8.1.2 随机振动的数学描述

在进行随机振动研究时，首先要对随机激励或者随机响应进行赋值，就是用一个变量来表示，也就是要对随机振动的各个量进行数学描述。由于随机振动的激励和响应等量都是与时间相关的，之前学习过的概率与数理统计里的随机变量是静态的量，无法描述这种时间相关的动态过程，需要用随机过程及相关理论来描述随机振动。

随机过程是对在空间和时间上高度不规则，事先无法预估，变化也无法重复，统计规律随时间演化的物理现象的一种数学描述。工程中存在着很多这种物理现象，如在上一小节所举的例子，这些物理现象无法用确定性的理论来描述，但可以用随机过程来描述。随机振动的数学抽象即为随机过程。

随机过程的每一次测量所得结果可看作一次实现，或叫样本函数。所有可能的样本函数的集合构成一个随机过程。因此，随机过程是由时间上无限长、样本无限多个的样本函数构成的，可以写为

$$X(t)=\{x_j(t),t\in T,j=1,2,\cdots\}$$

随机过程的每次实现是一个确定的非随机函数，但各个实现各不相同，因此为了得到随机过程的统计特性也必须做大量的独立测量。例如，在同一条件的海域内，布置 n 个同一类型的波高仪，可同时测得 n 个记录，得到 n 个实现，$x_1(t),x_2(t),\cdots,x_n(t)$。在某一固定时刻 t_1 可得各样本瞬时波面高度 $x_1(t_1),x_2(t_1),\cdots,x_n(t_1)$，它们构成了通常的随机变量 $X(t_1)$，在另一时刻 t_2 又构成另一个随机变量 $X(t_2)$。因此随机过程也可以是样本空间上的随机变量 $x(t)$ 的集合，见图8.1和8.2。下文就将 $X(t)$ 表示为随机过程。随机过程是随机变量进一步发展得到的，是随机变量随时间的变化，是随机变量的推广。

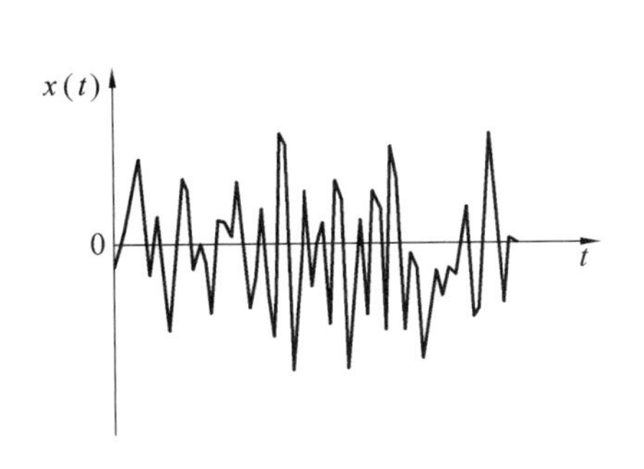

图8.1 随机振动的样本

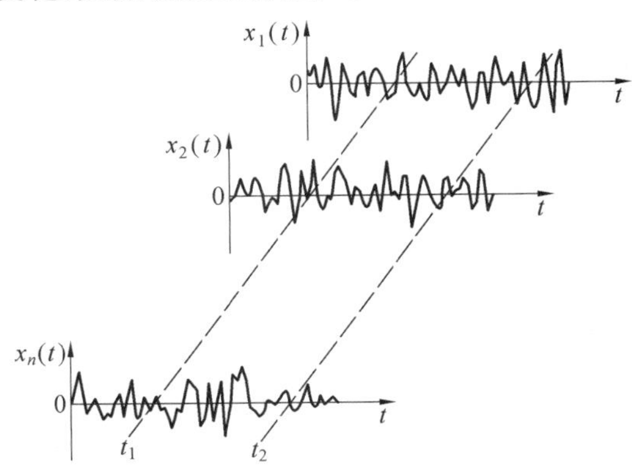

图8.2 随机振动的样本集合

可以看出随机过程是对随机现象的完全描述，严格的随机过程应包含随机现象的无穷

多个独立测量样本，而且每个样本应该在时间上是无限长。实际分析中，我们只能用样本长度有限、样本数目有限的样本集合来代替随机过程。所得结果仅是随机现象统计特征的一个估计，一个近似。

随机过程是一个不规则、不确定的过程，往往是一个很复杂的过程。因此要全面了解它的统计规律，需要从不同的角度去描述它。一般可以从以下 3 个方面进行数学描述：幅域描述、时域描述（包括时差域描述）和频域描述，下面几节将分别介绍。幅域描述就是幅值域的数学描述。注意这里的幅值不同于谐振动中的峰值或振幅，而是指任一瞬时振动量的瞬时值。

8.2　随机过程的幅域描述

8.2.1　随机过程一维概率统计特征

对随机过程的概率统计特征进行描述，可以采用概率论与数理统计中关于随机变量的描述手段，只不过为了表示随机过程是一个动态的，随时间变化的过程，需要加一个时间变量，如 $p(x,t_i)$ 表示随机过程在 t_i 时刻的随机变量 $X(t_i)$ 的概率密度函数，也可简写为 $p(x)$。随机过程在每一个时间截口，都是由空间样本构成的一个随机变量，这样关于随机变量的概率特征描述就可以直接引用。

一维概率分布函数定义为

$$P(x,t)=\mathrm{Prob}[X(t)<x,x\in R,t\in T]=\int_{-\infty}^{x}p(x,t)\mathrm{d}x \tag{8.1}$$

概率分布函数可以表达振动量幅值的分布情况，它全面地描述了随机过程的幅域特征。概率分布函数有以下性质：

(1) $P(-\infty)=0$；

(2) $P(+\infty)=1$；

(3) $0\leqslant P(x)\leqslant 1$。

概率分布函数与概率密度函数之间除了式(8.1)定义的积分关系，还有如下微分关系：

$$p(x)=\lim_{\Delta x\to\infty}\frac{P(x+\Delta x)-P(x)}{\Delta x}=\frac{\mathrm{d}P(x)}{\mathrm{d}x} \tag{8.2}$$

见图 8.3，即概率密度函数等于概率分布函数的一阶导数。或者可以说概率密度函数是在 x 这点上单位幅值所占有的概率。

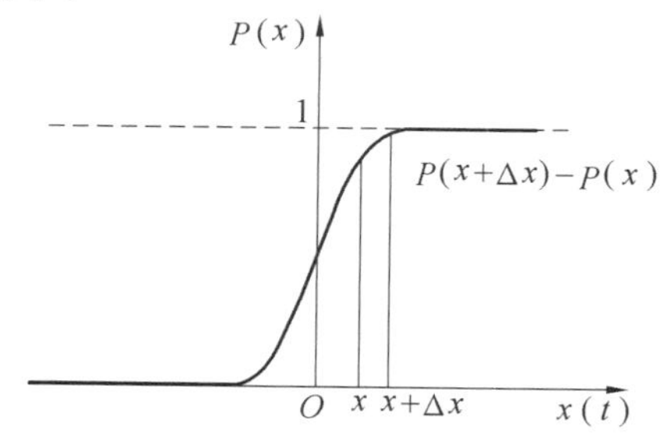

图 8.3　概率分布函数曲线

典型概率密度函数曲线，见图 8.4。幅值在 $x_1 \sim x_2$ 区间的概率为

$$\text{Prob}[x_1 < x < x_2] = \int_{x_1}^{x_2} p(x)\mathrm{d}x \tag{8.3}$$

从上述一些公式可以看到，概率密度函数和概率分布函数只要知道一个就可以求出另一个，因此这两个函数都反映了一个信息 —— 关于幅值概率分布的信息。

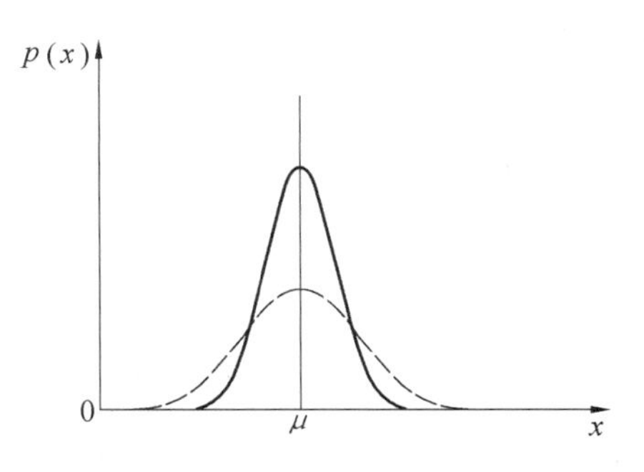

图 8.4　概率密度函数曲线

对应的数字统计特征为

$$\mu_x(t) = E[X(t)] = \int_{-\infty}^{+\infty} xp(x,t)\mathrm{d}x \tag{8.4}$$

$$\psi_x^2(t) = E[X^2(t)] = \int_{-\infty}^{+\infty} x^2 p(x,t)\mathrm{d}x \tag{8.5}$$

$$\sigma_x^2(t) = E[(X(t) - \mu_x(t))^2] = \int_{-\infty}^{+\infty} [x(t) - \mu_x(t)]^2 p(x,t)\mathrm{d}x = \psi_x^2(t) - \mu_x^2(t) \tag{8.6}$$

均值、均方值和方差分别表明随机过程在每一时间截口的分布中心、能量水平和偏离分布中心的程度。

由于随机过程单个样本在时间上无限长，所以可以设想用单个样本在时间上的统计特征来表述该随机过程的概率特征。下面给出时间平均意义上的各特征量。注意，以下给出的是任一样本函数的时间平均，用 $x(t)$ 来表示，这种时间平均一般只在 8.3.3 节定义的遍历过程情况下常用。

1. 时间平均值

随机过程的均值可分为集合平均值(ensemble average)与时间平均值(time average)。时间平均值是对单个样本而言的，随机变量 $x(t)$ 的时间平均值为

$$\mu_x = \overline{x(t)} = \lim_{T\to\infty} \frac{1}{T}\int_{-\frac{T}{2}}^{\frac{T}{2}} x(t)\mathrm{d}t \tag{8.7a}$$

或

$$\mu_x = \overline{x(t)} = \lim_{T\to\infty} \frac{1}{T}\int_{0}^{T} x(t)\mathrm{d}t \tag{8.7b}$$

式中，积分区间 $T \to \infty$ 是理想的情况，μ_x 为理论值或真值。

现实中 T 是有限的，这时的 μ_x 称为它的估计值。均值是统计特性的一个重要方面，它反映了随机变量总的情况，中心趋势。对电信号而言，它反映了信号的直流分量或静态分量。对自由体的振动记录，它还反映了刚体运动分量等等。

2. 时间平均意义上的均方值

变量 $x(t)$ 的均方值 ψ_x^2 是 $x^2(t)$ 的时间平均值，即

$$\psi_x^2 = \overline{x^2(t)} = \lim_{T\to\infty} \frac{1}{T}\int_{-\frac{T}{2}}^{\frac{T}{2}} x^2(t)\mathrm{d}t \tag{8.8}$$

均方值(mean square value)是一个非负的量，它也是统计特征的又一重要方面。在很多情况下，它反映了振动的能量或功率，例如若 $x(t)$ 代表振动的幅值，则其均方值反映振动的势能(变形能)，若 $x(t)$ 表示振动速度，则其均方值反映振动的动能，若 $x(t)$ 表示电流或电

压，则其均方值反映振动的电功率。

3. 时间平均意义上的方差

振动量 $x(t)$ 的方差（variance）定义为

$$\sigma_x^2=\overline{[x(t)-\mu_x]^2}=\lim_{T\to\infty}\frac{1}{T}\int_{-\frac{T}{2}}^{\frac{T}{2}}[x(t)-\mu_x]^2\mathrm{d}t \tag{8.9}$$

方差 σ_x^2 是 $x(t)$ 相对于均值 μ_x 的均方值，也就是把坐标移至均值这一点所求得的均方值。方差反映变量在均值附近的波动大小或偏离大小。它代表振动的动态分量（或交流分量）的功率，它是描述随机振动非常重要的物理量。

方差 σ_x^2 的平方根 σ_x 称为标准差。方差 σ_x^2 和均方值 ψ_x^2 的关系为

$$\sigma_x^2=\psi_x^2-\mu_x^2 \tag{8.10}$$

上式很容易从式(8.9)得到证明。

4. 时间平均意义上的概率分布函数

随机过程的一个样本函数 $x(t)$（图8.5），其研究区间为 $0\leqslant t\leqslant T$。若任意给定一个幅值 x，所有小于给定值 x 的 $x(t)$ 所占有时间间隔分别为 Δt_1，Δt_2，…，它们之和为 $\sum\Delta t_i$，则当 T 足够大时，$\sum\Delta t_i/T$ 是 $x(t)<x$ 所占的概率，称下式为随机变量 $x(t)$ 的概率分布函数（probability distribution function）。

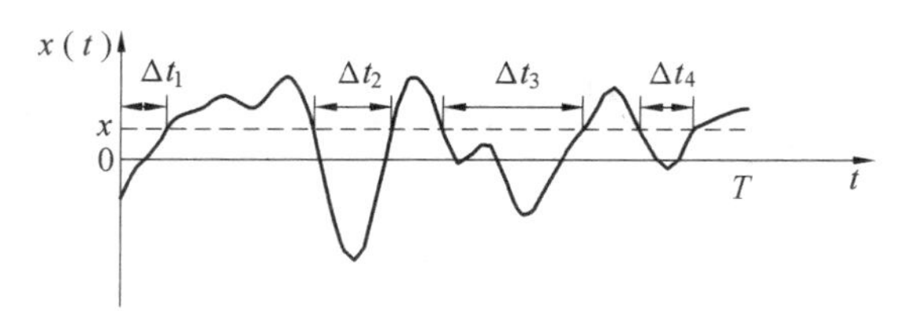

图 8.5 概率分布函数定义

$$P(x)=\mathrm{Prob}[x(t)<x]=\lim_{T\to\infty}\frac{\sum\Delta t_i}{T} \tag{8.11}$$

例 8.1 求正弦波 $x(t)=A\sin(\omega t)$ 的概率密度函数与概率分布函数。

解 图8.6所示正弦波，周期 $T=2\pi/\omega$，现计算一个周期内，幅值 $x(t)$ 从 x 变到 $x+\mathrm{d}x$ 区间内所消耗的两段时间 $\mathrm{d}t$。由微分

$$\mathrm{d}x=A\omega\cos(\omega t)\mathrm{d}t$$

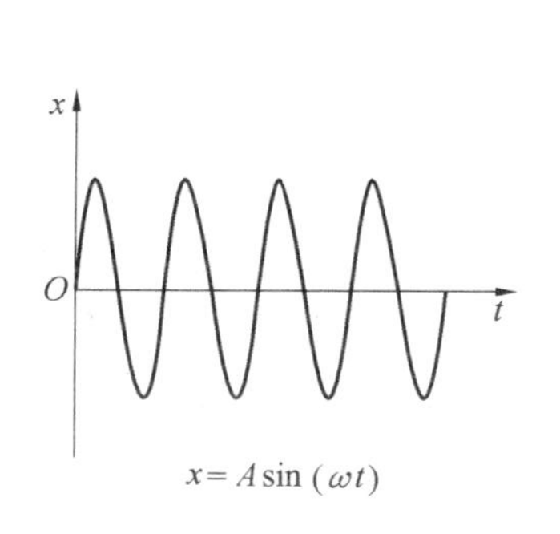

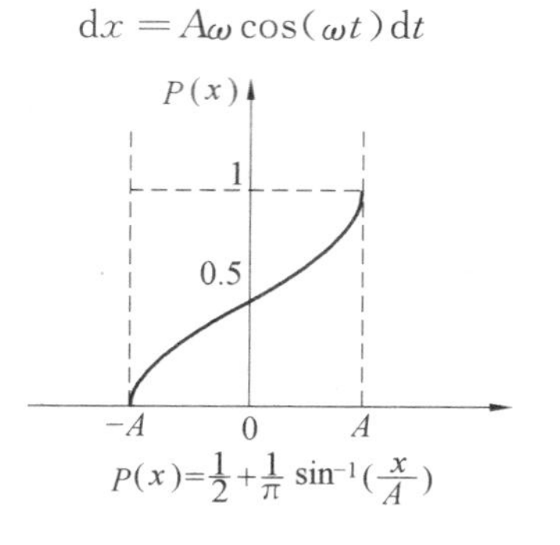

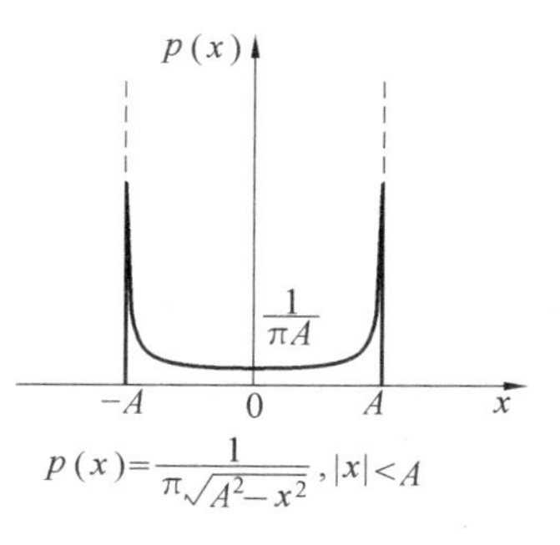

图 8.6 正弦波

得

$$\mathrm{d}t=\frac{\mathrm{d}x}{A\omega\cos(\omega t)}=\frac{\mathrm{d}x}{A\omega\sqrt{1-\sin^2(\omega t)}}=\frac{\mathrm{d}x}{A\omega\sqrt{1-(x/A)^2}} \tag{8.12}$$

按概率密度函数的定义有

$$p(x)=\frac{2\mathrm{d}t}{T\mathrm{d}x}=\frac{2}{\omega T\sqrt{A^2-x^2}}=\frac{1}{\pi\sqrt{A^2-x^2}} \tag{8.13}$$

将 $p(x)$ 积分得概率分布函数

$$P(x)=\int_{-\infty}^{x}\frac{1}{\pi\sqrt{A^2-x^2}}\mathrm{d}x=\frac{1}{2}+\frac{1}{\pi}\sin^{-1}\left(\frac{x}{A}\right) \tag{8.14}$$

一般的随机函数的概率密度函数和概率分布函数都不容易表达成一个简单的函数表达式，但可以从它们样本记录中，用数值积分得到。图 8.7 表示随机波及正弦波的概率密度与概率分布函数曲线。

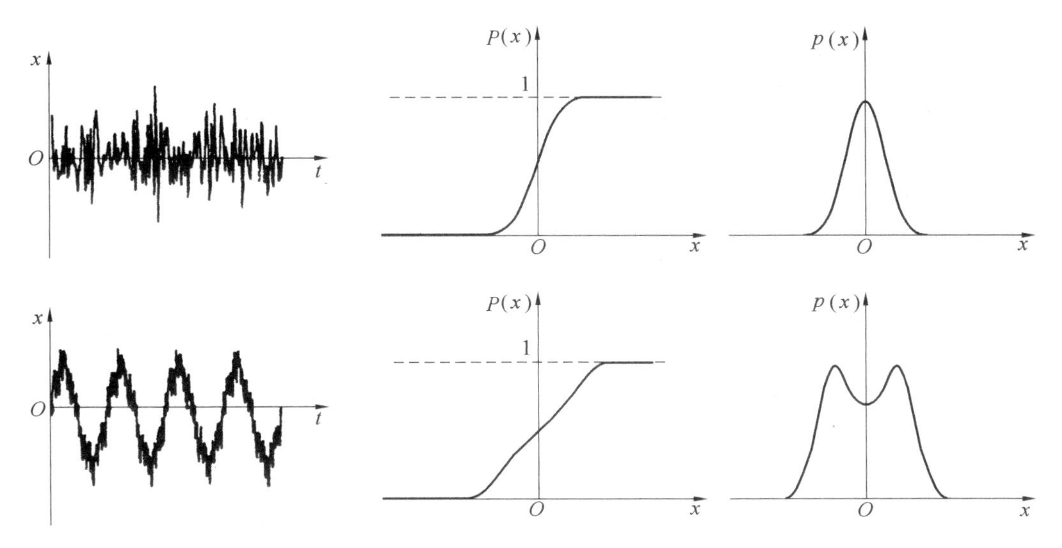

图 8.7　典型的概率密度函数与概率分布函数

由图 8.7 可以看出，不同类型的振动，其概率密度函数和概率分布函数的图形是不同的，这样可以利用上述图形来区分随机振动与周期振动。除此之外概率密度函数常用于估算随机振动引起的疲劳寿命与可靠性等问题。

8.2.2　随机过程联合概率统计特征

一维的概率分布只能描述各个独立时刻单个随机变量的概率特性，无法揭示随机过程不同时刻之间的相互关系，为此必须使用二维以上的概率分布描述。

例如射击，希望中靶的概率，即子弹射中区间($-a\leqslant x\leqslant a,-b\leqslant y\leqslant b$)的概率，这就是联合概率问题。因为本例只有两个随机变量，则称为二维联合概率问题，有时还存在三维或更多维的联合概率问题。

对于两个随机变量 $x(t)$ 与 $y(t)$，它们的联合概率分布函数定义为

$$P(x,y)=\mathrm{Prob}[x(t)\leqslant x,y(t)\leqslant y] \tag{8.15}$$

概率密度函数定义为

$$p(x,y)=\frac{\partial^2 P(x,y)}{\partial x\partial y} \tag{8.16}$$

或

$$P(x,y)=\int_{-\infty}^{x}\int_{-\infty}^{y}p(\xi,\eta)\mathrm{d}\xi\mathrm{d}\eta \quad (8.17)$$

二维概率密度函数见图 8.8。

联合概率密度函数有以下性质：

(1) $p(x,y)\geqslant 0$；

(2) $\int_{-\infty}^{\infty}\int_{-\infty}^{\infty}p(x,y)\mathrm{d}x\mathrm{d}y=1$；

(3) $\mathrm{Prob}[x_1<x<x_2,-\infty<y<\infty]=\int_{x_1}^{x_2}\left[\int_{-\infty}^{\infty}p(x,y)\mathrm{d}y\right]\mathrm{d}x=\int_{x_1}^{x_2}p(x)\mathrm{d}x$。

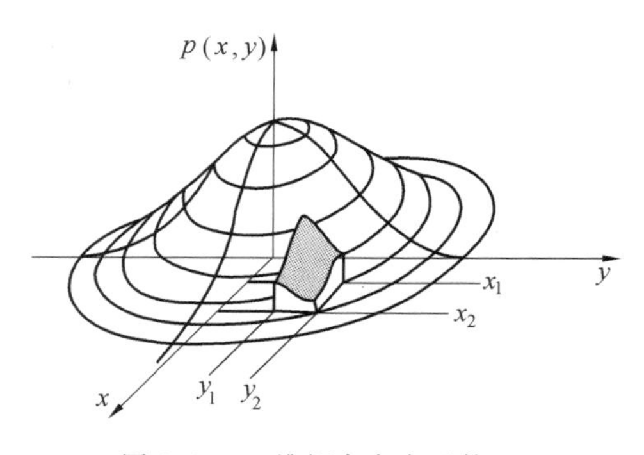

图 8.8　二维概率密度函数

式中，$p(x)$ 为单独概率密度函数。

$$p(x)=\int_{-\infty}^{\infty}p(x,y)\mathrm{d}y \tag{8.18}$$

同样有

$$p(y)=\int_{-\infty}^{\infty}p(x,y)\mathrm{d}x \tag{8.19}$$

如果 $x(t)$ 和 $y(t)$ 为独立随机变量，则有

$$p(x,y)=p(x)p(y) \tag{8.20}$$

变量 $x(t)$ 与 $y(t)$ 的均值定义为

$$E[x]=\bar{x}=\int_{-\infty}^{\infty}\int_{-\infty}^{\infty}xp(x,y)\mathrm{d}x\mathrm{d}y=\int_{-\infty}^{\infty}xp(x)\mathrm{d}x$$

$$E[y]=\bar{y}=\int_{-\infty}^{\infty}\int_{-\infty}^{\infty}yp(x,y)\mathrm{d}x\mathrm{d}y=\int_{-\infty}^{\infty}yp(y)\mathrm{d}y \tag{8.21}$$

其协方差为

$$C_{xy}=E[(x-\bar{x})(y-\bar{y})]=\int_{-\infty}^{\infty}\int_{-\infty}^{\infty}(x-\bar{x})(y-\bar{y})p(x,y)\mathrm{d}x\mathrm{d}y=\overline{xy}-\bar{x}\cdot\bar{y} \tag{8.22}$$

8.2.3　随机过程的典型概率分布

随机过程的概率密度函数与概率分布函数有各种不同的典型的函数，如均匀分布，正态分布，瑞利分布等等，其中最常用的为正态分布。正态分布又叫高斯(Gauss)分布，它是一种应用最广泛的分布。如果连续随机变量 $x(t)$ 的概率密度函数可表示成如下式所示，则称 $x(t)$ 服从正态分布。

$$p(x)=\frac{1}{\sigma_x\sqrt{2\pi}}\mathrm{e}^{-\frac{(x-\mu_x)^2}{2\sigma_x^2}} \tag{8.23a}$$

式中，μ_x 为均值；σ_x 为标准差。

对于联合概率分布也存在正态分布，二维联合概率分布的概率密度函数为

$$p(x,y)=\frac{1}{2\pi\sigma_x\sigma_y\sqrt{1-\rho_{xy}^2}}\exp\left\{-\frac{1}{2(1-\rho_{xy}^2)}\left[\left(\frac{x-\bar{x}}{\sigma_x}\right)^2-2\rho_{xy}\frac{x-\bar{x}}{\sigma_x}\cdot\frac{y-\bar{y}}{\sigma_y}+\left(\frac{y-\bar{y}}{\sigma_y}\right)^2\right]\right\} \tag{8.23b}$$

其中
$$\rho_{xy}=\frac{C_{xy}}{\sigma_x\sigma_y}$$
式中，ρ_{xy} 为相关系数；C_{xy} 为协方差。

式(8.23a) 所表示的曲线如图 8.9 所示，它以$x=\mu_x$ 为对称分布，σ_x 表示分布的离散程度，σ_x 越小，表示分布的离散程度越小，曲线越尖；σ_x 越大，表示分布的离散度大，曲线扁平。

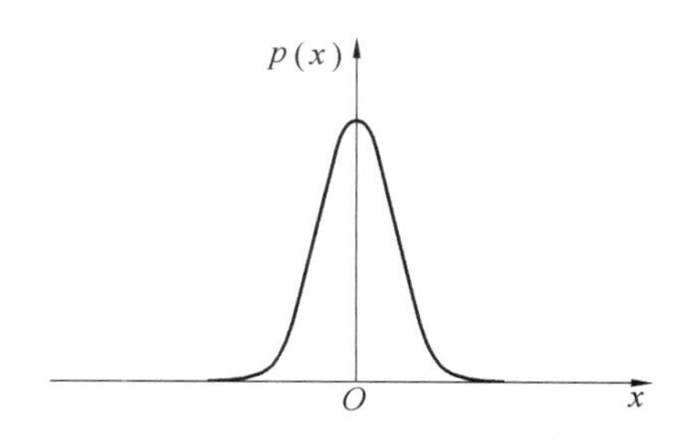

图 8.9　正态概率密度函数曲线

可以从式(8.23a) 的正态概率密度函数证明以下普遍公式

$$\int_{-\infty}^{\infty}p(x)\mathrm{d}x=1$$
$$\int_{-\infty}^{\infty}xp(x)\mathrm{d}x=\mu_x \tag{8.24}$$
$$\int_{-\infty}^{\infty}(x-\mu_x)^2p(x)\mathrm{d}x=\sigma_x^2$$

由式(8.23) 可知，对于正态分布，只要知道它的均值 μ_x 和方差 σ_x^2，就可以确定其概率密度函数。

正态概率密度函数系指数运算，通常制成表格，像三角函数表一样使用方便。为了使列表简化，引入标准正态分布函数，即使用无量纲坐标

$$z=(x-\mu_x)/\sigma_x \tag{8.25}$$

标准正态分布的概率密度函数为

$$p(z)=\frac{1}{\sqrt{2\pi}}\mathrm{e}^{-\frac{z^2}{2}} \tag{8.26}$$

它相当于 $\mu_x=0$，$\sigma_x=1$ 的正态分布情况，对应的概率分布函数

$$P(z)=\frac{1}{\sqrt{2\pi}}\int_{-\infty}^{z}\mathrm{e}^{-\frac{\xi^2}{2}}\mathrm{d}\xi \tag{8.27}$$

式(8.27) 所示曲线如图 8.10 所示，这是一个对称于纵坐标轴的曲线。对于式(8.26) 及式(8.27) 所示的 $p(z)$ 和 $P(z)$ 都有已经做好的数值表，其变量 z 一般取值为 0 ～ 3.0，因为 $P(3,0)=0.998\,7\approx1$。下面将区间为 $-n\leqslant z\leqslant n$ 的概率分布列在表 8.1 中。

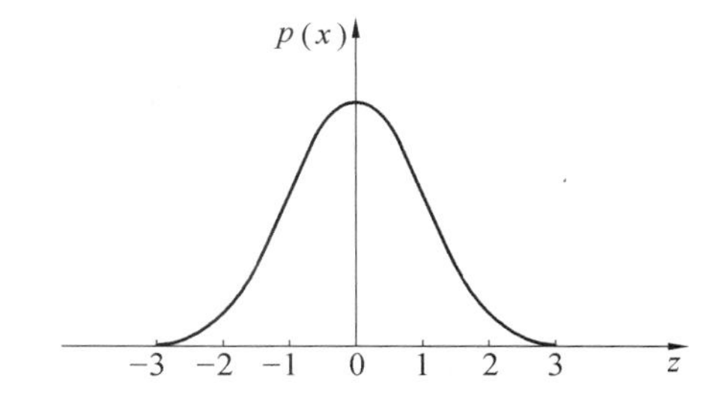

图 8.10　标准正态概率密度曲线

表 8.1　区间概率分布

n	$P(\lvert z\rvert<n)$	$P(\lvert z\rvert>n)$
1	68.3%	31.7%
2	95.4%	4.6%
3	99.7%	0.3%

从表中可看出，幅值 $z<-3$ 与 $z>3$ 区间外的概率很小，仅占 0.3%，因此对于零均值情况下，幅值大于 $3\sigma_x$ 的概率是很小的，在工程中可以忽略不计，称为 3σ 法则。

除了正态分布之外，常用的还有均匀分布、瑞利分布、伽玛分布和威伯尔分布等等。在随机振动中，感兴趣的是瑞利分布，它相当于只考虑随机振动振幅的正态的分布，其标准概

率密度函数和概率分布函数为

$$p(x)=\begin{cases}x\mathrm{e}^{-x^2/2} & x\geqslant 0\\ 0 & x<0\end{cases}\tag{8.28}$$

$$P(x)=\begin{cases}1-\mathrm{e}^{-x^2/2} & x\geqslant 0\\ 0 & x<0\end{cases}\tag{8.29}$$

式(8.29)所对应的函数曲线见图8.11。

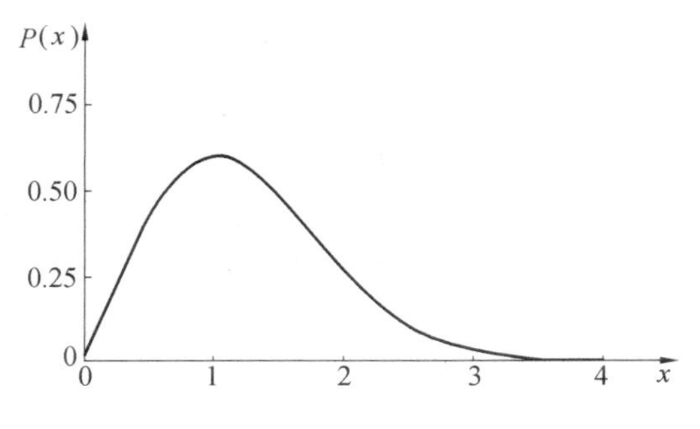

图8.11　瑞利分布概率曲线

自然界的很多现象其过程都是高斯分布的，如大气湍流、海浪、路面、阵风等，可以抽象为高斯过程。高斯分布的随机过程定义为高斯过程，数学定义为：若一个随机过程 $x(t)$，$t\in T$，对于在任意 n 个时刻 $t_1,t_2,\cdots t_n$ 上所派生出的 n 个随机变量 $x(t_1)$，$x(t_n)$ 是联合 Gauss 分布的，则此随机过程称为 Gauss 过程。主要特点：由前述二维联合高斯分布的概率密度函数表达可以看出，只要已知一阶矩（均值）和二阶矩（方差、协方差），则整个过程统计特性就完全知道了；Gauss 过程的线性变换仍然是 Gauss 过程，这样对线性时不变系统，输入（激励力）是 Gauss 过程，输出（响应）也是 Gauss 过程。

8.3　随机过程的时域描述

随机振动的时域描述主要是指时差域描述，描述随机过程在相隔一定时差后的相关性及相关程度，用协方差或相关函数来表征。

8.3.1　集合平均意义下相关的概念

描述不同随机变量之间相关程度的数学特征量是协方差，对随机过程不同时刻之间的相关性也可以用该量来描述，称之为该随机过程的自协方差，定义为

$$\begin{aligned}C_x(t_1,t_2)&=Cov[X(t_1),X(t_2)]=E[(X(t_1)-\mu_x(t_1))(X(t_2)-\mu_x(t_2))]\\&=E[X(t_1)X(t_2)]-\mu_x(t_1)\mu_x(t_2)\end{aligned}\tag{8.30}$$

上式右侧第一项是 $X(t_1)$，$X(t_2)$ 的相关矩，也称二阶联合原点矩，定义为随机过程 $X(t)$ 的自相关函数，通常记为

$$R_x(t_1,t_2)=E[X(t_1)X(t_2)]=\int_{-\infty}^{+\infty}\int_{-\infty}^{+\infty}x_1x_2p(x_1,t_1,x_2,t_2)\mathrm{d}x_1\mathrm{d}x_2\tag{8.31}$$

注意，若随机过程的均值 $\mu_x(t)=0$，那么有

$$C_x(t_1,t_2)=R_x(t_1,t_2)\tag{8.32}$$

可以看出 $R_x(t_1,t_2)$ 也表示随机过程不同时刻的随机变量之间的相关程度；由于多数随机过程符合均值为零的条件，所以将二者统称为相关函数，有时会用 R_x 代替 C_x。很显然有

$$R_x(t,t)=E[X(t)X(t)]=\psi_x^2(t)\tag{8.33}$$

$$C_x(t,t)=E[(X(t)-\mu_x(t))^2]=\sigma_x^2(t)\tag{8.34}$$

协方差的一个重要性质是：在随机过程上增加一个确定性函数并不改变协方差函数。

对不同的随机过程 $X(t)$，$Y(t)$ 之间的联合概率密度函数可以写为 $p(x_1,t_1,y_2,t_2)$，它们之间的二阶联合原点矩为

$$R_{xy}(t_1,t_2)=E[X(t_1)Y(t_2)]=\int_{-\infty}^{+\infty}\int_{-\infty}^{+\infty}xyp(x_1,t_1,y_2,t_2)\mathrm{d}x\mathrm{d}y \tag{8.35}$$

$X(t)$,$Y(t)$ 之间的二阶联合中心矩,也就是协方差,形如公式(8.30),将其中一个 $X(t)$ 换成 $Y(t)$ 即可。R_{xy},C_{xy} 分别称为互相关函数和互协方差函数,表示它们是来自于不同的随机过程。与相关系数对应的规范化互协方差函数为

$$\rho_{xy}(t_1,t_2)=\frac{C_{xy}(t_1,t_2)}{\sigma_x(t_1)\sigma_y(t_2)}$$

该量在 0 到 1 之间取值,等于 0 表示两个量完全不相关,等于 1 表示完全相关。

另外引入几个定义,均方值、方差、自相关、协方差,统称为随机过程的二阶矩。若 $E[X^2(t)]<\infty$,则均方值存在,由 Schwarz 不等式:

$$E[\,|\,X(t_1)X(t_2)\,|\,]\leqslant([X^2(t_1)]E[X^2(t_2)])^{\frac{1}{2}}$$

可以推知自相关函数必定存在,即可认为随机过程的二阶矩存在,则该随机过程也称二阶矩过程。

8.3.2　平稳随机过程

在实际中经常遇到这样一类随机过程,取值随时间变化是在一平均值周围连续地随机波动,其统计特征都基本上不随时间变化,称该过程为平稳随机过程(Stationary random process)。主要特征就是随机过程的概率特征量在时间参数做任意平移时保持不变。

严格平稳随机过程的定义为:若随机过程的 n 维联合概率密度函数对任意实数 τ 都有

$$p(x_1,t_1,x_2,t_2,\cdots x_n,t_n)=p(x_1,t_1+\tau,x_2,t_2+\tau,\cdots,x_n,t_n+\tau) \tag{8.36}$$

则称此过程是 n 阶平稳的,且低于 n 的各阶也都是平稳的,如

$$p(x_1,t_1)=p(x_1,t_1+\tau)$$

$$p(x_1,t_1;x_2,t_2)=p(x_1,t_1+\tau;x_2,t_2+\tau)$$

这个定义是严格平稳的条件,工程上很难满足,因此引入了广义平稳(弱平稳或者宽平稳)的概念:若一个随机过程满足以下两式:

$$\mu_x(t_i)=\mu_x=const \tag{8.37}$$

$$C_x(t_1,t_1+\tau)=C_x(t_2,t_2+\tau)=\cdots=C_x(\tau)=const \tag{8.38}$$

即均值不随时间变化,协方差也不与计时起点或时间原点有关,只与时差 τ 有关。这样的随机过程称为广义平稳随机过程。工程中的平稳的含义通常是指广义平稳,本书以下的平稳的含义也均指广义平稳。平稳随机过程的协方差为

$$\begin{aligned}Cov[X(t),X(t+\tau)]&=E[(X(t)-\mu_x(t))(X(t+\tau)-\mu_x(t+\tau))]\\&=E[X(t)X(t+\tau)]-\mu_x^2=R_x(\tau)-\mu_x^2\end{aligned}$$

注意:由上述平稳随机过程定义可知,满足这个定义的随机过程的样本函数无限长,而且在整个$(0,+\infty)$上统计特性对时间参数原点的选取有一定的均匀性,即与参数 t 的初始时刻选取无关,而实际的随机过程通常也很难满足这个条件,因此在实际工程问题处理中,只要一个随机过程在一个较长的区间上呈现上述均匀性,就可以近似看作平稳随机过程。例如,火车在启动和停止阶段,就不满足均匀性的假设,但在中间较长一段时间内是基本匀速行驶的,因此可看作广义平稳过程。

8.3.3　遍历随机过程

平稳随机过程的均值和方差不依赖于时间，均值可由任意时刻的多个样本的集合平均求得，协方差也仅取决于作相关的时差 τ，但仍需对随机过程进行大量观测，取得足够多的样本函数，尽管样本函数可能不需要很长，但工作量仍然是很大的。因此就猜想能否仅用一个足够长的样本来代替大量样本构成的总体，用该样本的时间平均特性代替样本空间的集合平均特性呢？为此在 8.2.1 节引入了样本函数时间平均概念。设平稳随机过程 $X(t)$ 任一样本函数为 $X_i(t)$，下文为书写简便用 $X(t)$ 代替任一无限长样本函数，其时间均值定义为式(8.7)。

时间平均意义上的自相关函数定义为

$$R_x(\tau)=\overline{x(t)x(t+\tau)}=\lim_{T\to\infty}\frac{1}{T}\int_{-\frac{T}{2}}^{\frac{T}{2}}x(t)x(t+\tau)\mathrm{d}t \tag{8.39}$$

对一个平稳随机过程，若有

$$E[x(t)]=\overline{x(t)}=\mu_x \tag{8.40}$$

则称该平稳随机过程关于均值遍历。若有

$$\overline{x(t)x(t+\tau)}=E[x(t)x(t+\tau)]=R_x(\tau) \tag{8.41}$$

则称过程关于相关函数具有遍历性。具有一定遍历性的随机过程称为遍历过程，或称各态历经随机过程。遍历的含义就是多个样本函数的总体统计特征等于任意一个样本在较长时间段内的时间统计特征。由于实际应用中进行大量观测通常都是比较困难的，而单一样本函数是容易获得的，所以遍历随机过程理论应用更加广泛，一般若不加说明都假设为平稳且遍历的过程。

8.3.4　自相关函数性质

自相关函数在研究随机振动中占有很重要的位置，它具有以下性质：

(1) $R_x(0)=\lim\limits_{T\to\infty}\dfrac{1}{T}\displaystyle\int_{-\frac{T}{2}}^{\frac{T}{2}}x^2(t)\mathrm{d}t=\psi_x^2\geqslant 0$；　　(8.42)

(2) $|R_x(\tau)|\leqslant R_x(0)$。这说明函数 $x(t)$ 与自身的相关性是最好的。证明如下：

因

$$\lim_{T\to\infty}\frac{1}{T}\int_{-\frac{T}{2}}^{\frac{T}{2}}[x(t)\pm x(t+\tau)]^2\mathrm{d}t\geqslant 0$$

故

$$\begin{aligned}&\lim_{T\to\infty}\frac{1}{T}\int_{-\frac{T}{2}}^{\frac{T}{2}}[x^2(t)\pm 2x(t)x(t+\tau)+x^2(t+\tau)]\mathrm{d}t=\\&\lim_{T\to\infty}\frac{2}{T}\int_{-\frac{T}{2}}^{\frac{T}{2}}x^2(t)\mathrm{d}t\pm\lim_{T\to\infty}\frac{2}{T}\int_{-\frac{T}{2}}^{\frac{T}{2}}[x(t)x(t+\tau)]\mathrm{d}t=\\&2R_x(0)\pm 2R_x(\tau)\geqslant 0\end{aligned}$$

得

$$R_x(0)\geqslant|R_x(\tau)| \tag{8.43}$$

(3) $R_x(\tau)=R_x(-\tau)$。表示自相关函数 $R_x(\tau)$ 具有对称性。证明如下：

设 $t+\tau=\xi$，则 $t=\xi-\tau$，$\mathrm{d}t=\mathrm{d}\xi$，有

$$R_x(\tau)=\lim_{T\to\infty}\frac{1}{T}\int_{-\frac{T}{2}}^{\frac{T}{2}}x(t)x(t+\tau)\mathrm{d}t=\lim_{T\to\infty}\frac{1}{T}\int_{-\frac{T}{2}+\tau}^{\frac{T}{2}+\tau}x(\xi)x(\xi-\tau)\mathrm{d}\xi=R_x(-\tau)$$

下面介绍几种典型函数的自相关函数的图线：

(1) 正弦波 $x=A\sin(\omega t)$

$$R_x(\tau)=\lim_{T\to\infty}\frac{1}{T}\int_{-\frac{T}{2}}^{\frac{T}{2}}A\sin(\omega t)A\sin[\omega(t+\tau)]\mathrm{d}t=\frac{\omega}{2\pi}\int_0^{\frac{2\pi}{\omega}}A^2\sin(\omega t)\sin[\omega(t+\tau)]\mathrm{d}t$$

$$R_x(\tau)=\frac{A^2}{2}\cos(\omega\tau) \tag{8.44}$$

上式表示正弦波的相关函数为余弦函数，不随时间衰减(见图 8.12)。

(2) 窄带随机噪声

窄带随机噪声是指频谱很窄的随机信号，其自相关函数曲线形状见图 8.13，它类似于衰减很慢的余弦函数。

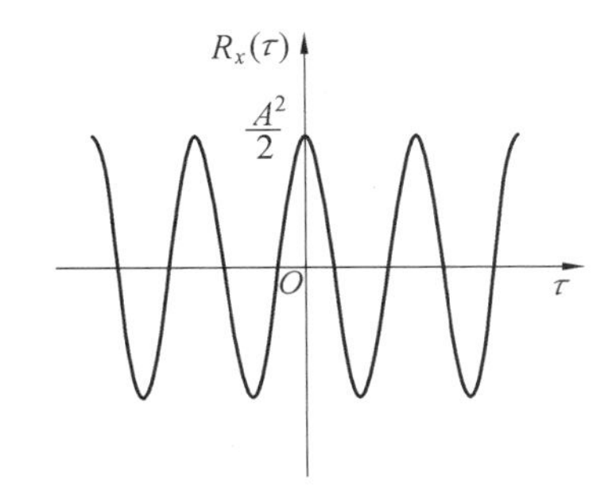

图 8.12　正弦波的 $R_x(\tau)$ 曲线

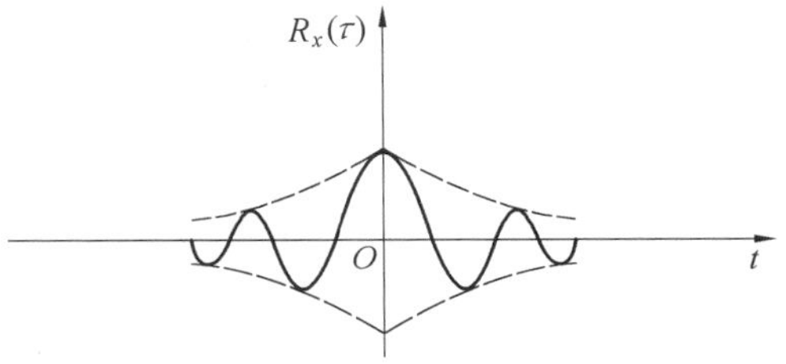

图 8.13　窄带随机噪声的 $R_x(\tau)$ 曲线

(3) 宽带随机噪声

宽带随机噪声是指频谱较宽的随机信号，其自相关函数衰减很快(见图 8.14)。

(4) 白噪声

白噪声是一种无限带宽的理想的随机信号，其详细定义见下一节。其自相关函数为 δ 函数(见图 8.15)。

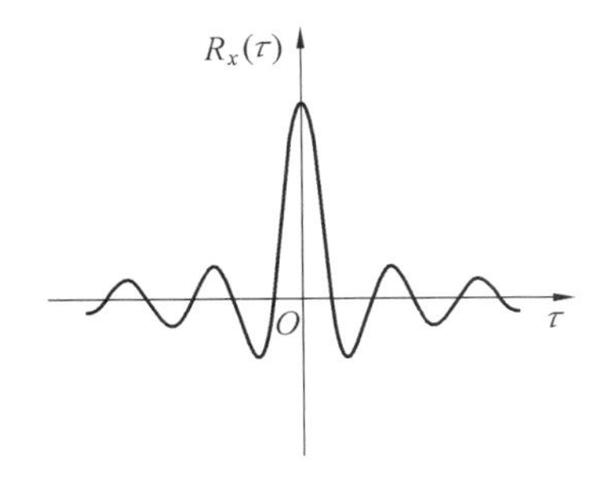

图 8.14　宽带随机噪声的 $R_x(\tau)$ 曲线

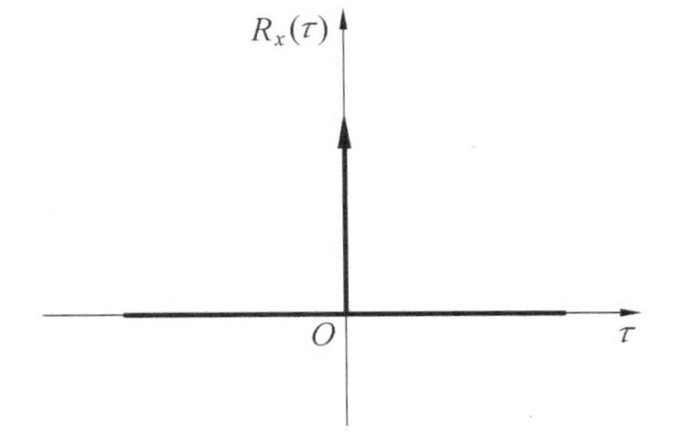

图 8.15　白噪声的 $R_x(\tau)$ 曲线

(5) 正弦波叠加随机噪声

正弦波叠加随机噪声的自相关函数图形相当于一个衰减的波形叠加一个不衰减的余弦波，因此当时间 τ 足够长时，为一不衰减的余弦波(见图 8.16)。

8.3.5 互相关函数性质

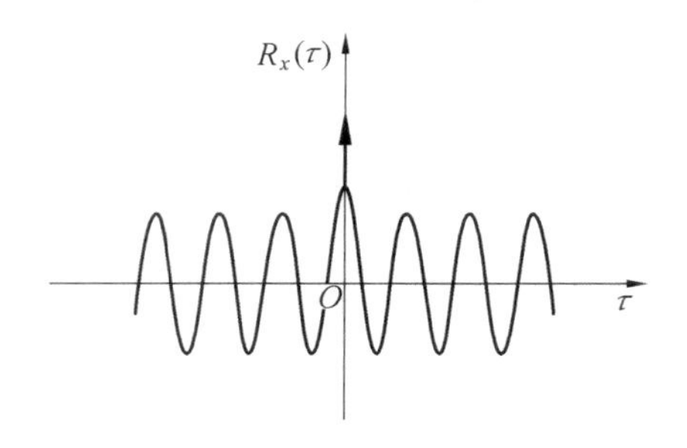

图 8.16 正弦波叠加随机噪声的 $R_x(\tau)$ 曲线

在随机振动分析中，有时要研究两个随机变量的相关情况，例如同时作用在一个结构上的两个随机荷载（输入）的相关情况，还有荷载与响应（输出）的相关情况等等。

对于两个各态历经的随机过程 $x(t)$ 与 $y(t)$，其互相关函数 $R_{xy}(\tau)$ 定义为 $x(t)y(t+\tau)$ 的乘积的时间平均值，即

$$R_{xy}(\tau)=\overline{x(t)y(t+\tau)}=\lim_{T\to\infty}\frac{1}{T}\int_{-\frac{T}{2}}^{\frac{T}{2}}x(t)y(t+\tau)\mathrm{d}t \tag{8.45}$$

互相关函数 $R_{xy}(\tau)$ 有以下性质：

(1) $R_{xy}(\tau)\neq R_{xy}(-\tau)$，即互相关函数一般是不对称的。

(2) $R_{xy}(\tau)=R_{yx}(-\tau)$，即互相关函数是镜像对称的。证明如下：

设 $t+\tau=t'$，有

$$R_{xy}(\tau)=\lim_{T\to\infty}\frac{1}{T}\int_{-\frac{T}{2}}^{\frac{T}{2}}x(t)y(t+\tau)\mathrm{d}t=$$

$$\lim_{T\to\infty}\frac{1}{T}\int_{-\frac{T}{2}+\tau}^{\frac{T}{2}+\tau}y(t')x(t'-\tau)\mathrm{d}t'=R_{yx}(-\tau)$$

8.3.6 相关函数的应用

自相关函数可以确定在任一时刻的随机数据对其以后（延时后）的数据的影响程度。通过自相关函数图形的分析，可以检测混在随机信号中的周期信号，因为随机信号的自相关函数是衰减的，而周期信号的自相关函数是不衰减的（见图 8.14）。

互相关函数的用处就更大了，一般可用来探测振源，探测振动的传递路径、传递时间和传递速度等等。例如振源信号 $x(t)$ 的距离为 l，可从信号分析仪得到 $x(t)$ 与 $y(t)$ 的互相关函数 $R_{xy}(\tau)$，在 $R_{xy}(\tau)$ 上找出其最大值 R_m 所对应的时间 τ_m，则振动的传播速度应为 $v=l/\tau_m$。

8.3.7 相关矩阵

对于多个有联系的随机过程 $x_i(t)(i=1,2,\cdots,n)$，例如同时作用在同一结构上的随机荷载，它们之间的相关函数可以用一个矩阵表示，有

$$\boldsymbol{R}(\tau)=\begin{bmatrix}R_{11}(\tau) & R_{12}(\tau) & \cdots & R_{1n}(\tau)\\ R_{21}(\tau) & R_{22}(\tau) & \cdots & R_{2n}(\tau)\\ \vdots & \vdots & & \vdots\\ R_{n1}(\tau) & R_{n2}(\tau) & \cdots & R_{nn}(\tau)\end{bmatrix} \tag{8.46}$$

其中

$$R_{ij}(\tau)=\overline{x_i(t)x_j(t+\tau)}$$

称式(8.46) 为相关矩阵，一般来说它不是对称矩阵。只有当所有的随机变量都是独立的时

候，它才是一个对角阵。

例 8.2 已知 $x_1(t)$ 与 $x_2(t)$ 为平稳随机过程，求 $y(t)=a_1x_1(t)+a_2x_2(t)$ 的自相关函数，式中 a_1 与 a_2 为常数。

解 $R_y=\overline{y(t)y(t+\tau)}=\overline{[a_1x_1(t)+a_2x_2(t)][a_1x_1(t+\tau)+a_2x_2(t+\tau)]}=$

$a_1^2\,\overline{x_1(t)x_1(t+\tau)}+a_1a_2\,\overline{x_1(t)x_2(t+\tau)}+$

$a_1a_2\,\overline{x_2(t)x_1(t+\tau)}+a_2^2\,\overline{x_2(t)+x_2(t+\tau)}=$

$a_1^2R_1(\tau)+a_1a_2[R_{12}(\tau)+R_{21}(\tau)]+a_2^2R_2(\tau)$

由上式可知，两个平稳随机过程之和的自相关函数不仅与其自身的自相关函数有关，还与两者的互相关函数有关。只有当两个平稳随机过程完全独立($R_{12}(\tau)=R_{21}(\tau)=0$)时，其和的自相关函数才仅仅和各自的自相关函数有关。

8.4 随机过程的频域描述

8.4.1 傅氏变换

对于一周期为 $T=2\pi/\omega_1$ 的周期函数 $x(t)$，可以将它展开为傅氏级数，若采用复数型的傅氏级数，有

$$x(t)=\sum_{k=-\infty}^{\infty}c_k\mathrm{e}^{\mathrm{j}k\omega_1t} \tag{8.47}$$

式中，j 为纯虚数，$\mathrm{j}=\sqrt{-1}$；ω_1 为基频，$\omega_1=2\pi/T$。

$$c_k=\frac{\omega_1}{2\pi}\int_{-\frac{T}{2}}^{\frac{T}{2}}x(t)\mathrm{e}^{-\mathrm{j}k\omega_1t}\mathrm{d}t \tag{8.48}$$

代入式(8.47)有

$$x(t)=\sum_{k=-\infty}^{\infty}\left[\frac{\omega_1}{2\pi}\int_{-\frac{T}{2}}^{\frac{T}{2}}x(t)\mathrm{e}^{-\mathrm{j}k\omega_1t}\mathrm{d}t\right]\mathrm{e}^{\mathrm{j}k\omega_1t} \tag{8.49}$$

若 $x(t)$ 为非周期函数，可以看成周期为 ∞ 的函数，即 $T\to\infty$，这时 $\omega_1=\mathrm{d}\omega\to0$，而 $k\omega_1$ 随着 k 的变化表示连续变量 ω，式(8.49)变为

$$x(t)=\sum_{k=-\infty}^{\infty}\frac{\mathrm{d}\omega}{2\pi}\left[\int_{-\infty}^{\infty}x(t)\mathrm{e}^{-\mathrm{j}\omega t}\mathrm{d}t\right]\mathrm{e}^{\mathrm{j}\omega t}$$

令

$$X(\omega)=\int_{-\infty}^{\infty}x(t)\mathrm{e}^{-\mathrm{j}\omega t}\mathrm{d}t \tag{8.50}$$

则

$$x(t)=\frac{1}{2\pi}\int_{-\infty}^{\infty}X(\omega)\mathrm{e}^{\mathrm{j}\omega t}\mathrm{d}\omega \tag{8.51}$$

在上两式中，称 $X(\omega)$ 为 $x(t)$ 的傅氏变换，$x(t)$ 为 $X(\omega)$ 的逆傅氏变换，或称 $x(t)$ 和 $X(\omega)$ 互为傅氏变换，简记为

$$X(\omega)=F[x(t)]$$
$$x(t)=F^{-1}[X(\omega)]$$

$$x(t) \Leftrightarrow X(\omega) \tag{8.52}$$

注意上述变换中，$x(t)$ 为时域实函数，$X(\omega)$ 为频域复函数。因此它们为时域与频域的变换，或称映射。

傅氏变换还可写为下面的对称形式，因为频率 $\omega=2\pi f$，代入式(8.50)和(8.51)得

$$X(f)=\int_{-\infty}^{\infty} x(t)\mathrm{e}^{-\mathrm{j}2\pi ft}\mathrm{d}t \tag{8.53}$$

$$x(t)=\int_{-\infty}^{\infty} X(f)\mathrm{e}^{\mathrm{j}2\pi ft}\mathrm{d}f \tag{8.54}$$

傅氏变换有以下性质：

(1) 线性性，即叠加原理

$$ax(t)+by(t) \Leftrightarrow aX(f)+bY(f) \tag{8.55}$$

(2) 对称性

$$x(t) \Leftrightarrow X(f) \tag{8.56}$$

$$x(-t) \Leftrightarrow X(-f) \tag{8.57}$$

(3) 平移性

时域

$$x(t \pm t_0) \Leftrightarrow X(f)\mathrm{e}^{\pm \mathrm{j}ft_0} \tag{8.58}$$

频域

$$X(f \pm f_0) \Leftrightarrow x(t)\mathrm{e}^{\mp \mathrm{j}f_0 t} \tag{8.59}$$

(4) 变标尺性

$$x(kt) \Leftrightarrow \frac{1}{|k|}X(f/k) \tag{8.60}$$

$$X(kf) \Leftrightarrow \frac{1}{|k|}x(t/k) \tag{8.61}$$

(5) 共轭性

$$X^*(f)=X(-f) \tag{8.62}$$

上式可这样证明，因为取共轭相当于改变虚部的符号，有

$$X^*(f)=\int_{-\infty}^{\infty} x(t)\mathrm{e}^{+\mathrm{j}2\pi ft}\mathrm{d}t=\int_{-\infty}^{\infty} x(t)\mathrm{e}^{-\mathrm{j}2\pi(-f)t}\mathrm{d}t=X(-f)$$

(6) 微分特性

$$\dot{x}(t) \Leftrightarrow \mathrm{j}2\pi fX(f)$$

$$\ddot{x}(t) \Leftrightarrow -(2\pi f)^2 X(f) \tag{8.63}$$

(7) 乘积与卷积特性

$$x_1(t)x_2(t) \Leftrightarrow X_1(f) * X_2(f)$$

$$X_1(f)X_2(f) \Leftrightarrow x_1(t) * x_2(t) \tag{8.64}$$

式中，“ * ”号代表卷积。证明如下：

$$x_1(t)x_2(t)=\int_{-\infty}^{\infty} X_1(f)\mathrm{e}^{\mathrm{j}2\pi ft}\mathrm{d}f\int_{-\infty}^{\infty} X_2(f')\mathrm{e}^{\mathrm{j}2\pi f't}\mathrm{d}f'=$$

$$\int_{-\infty}^{\infty} X_1(f)\mathrm{e}^{\mathrm{j}2\pi ft}\mathrm{d}f\int_{-\infty}^{\infty}\left[\int_{-\infty}^{\infty} x_2(t)\mathrm{e}^{-\mathrm{j}2\pi f't}\mathrm{d}t\right]\mathrm{e}^{\mathrm{j}2\pi f't}\mathrm{d}f'=$$

$$\int_{-\infty}^{\infty}\int_{-\infty}^{\infty} X_1(f)\mathrm{e}^{\mathrm{j}2\pi f't}\mathrm{d}f\mathrm{d}f'\int_{-\infty}^{\infty} x_2(t)\mathrm{e}^{-\mathrm{j}2\pi(f'-f)t}\mathrm{d}t =$$
$$\int_{-\infty}^{\infty}\left[\int_{-\infty}^{\infty} X_1(f)X_2(f'-f)\mathrm{d}f\right]\mathrm{e}^{\mathrm{j}2\pi f't}\mathrm{d}f'$$

上式即

$$x_1(t)x_2(t) \Leftrightarrow \int_{-\infty}^{\infty} X_1(f)X_2(f'-f)\mathrm{d}f$$

或

$$x_1(t)x_2(t) \Leftrightarrow X_1(f) * X_2(f)$$

上式表示在时域为乘积，变换到频域为卷积；同理可证明在频域为乘积，变换到时域为卷积，即

$$X_1(f)X_2(f) \Leftrightarrow \int_{-\infty}^{\infty} x_1(\tau)x_2(t-\tau)\mathrm{d}\tau$$

或

$$X_1(f)X_2(f) \Leftrightarrow x(t) * x_2(t)$$

8.4.2 自功率谱密度函数(power spectral density function)

1. 自功率谱密度函数的定义

定义 1 自功率谱密度函数是自相关函数的傅氏变换，即

$$S_x(f) = \int_{-\infty}^{\infty} R_x(\tau)\mathrm{e}^{-\mathrm{j}2\pi f\tau}\mathrm{d}\tau \tag{8.65}$$

或

$$S_x(\omega) = \int_{-\infty}^{\infty} R_x(\tau)\mathrm{e}^{-\mathrm{j}\omega\tau}\mathrm{d}\tau \tag{8.66}$$

反之，可以说自相关函数等于自功率谱密度的逆傅氏变换，即

$$R_x(\tau) = \int_{-\infty}^{\infty} S_x(f)\mathrm{e}^{\mathrm{j}2\pi f\tau}\mathrm{d}f \tag{8.67}$$

或

$$R_x(\tau) = \frac{1}{2\pi}\int_{-\infty}^{\infty} S_x(\omega)\mathrm{e}^{\mathrm{j}\omega\tau}\mathrm{d}\omega \tag{8.68}$$

若 $\tau=0$，则上式为

$$R_x(0) = \psi_x^2 = \int_{-\infty}^{\infty} S_x(f)\mathrm{d}f \tag{8.69}$$

上式说明，$x(t)$ 的自功率谱密度函数在整个领域内的积分等于它的均方值，由于均方值在物理意义上经常代表功率或能量，所以称 $S_x(f)$ 为自功率谱密度函数，简称自谱密度函数。

定义 2 由式(8.69)知，$S_x(f)\mathrm{d}f$ 表示元功率，因此 $S_x(f)$ 可看作 $x(t)$ 在中心频率为 f 的极小带宽内，单位带宽所具有的功率(能量)。有

$$S_x(f) = \lim_{\Delta f\to 0, T\to\infty} \frac{1}{\Delta f}\cdot\frac{1}{T}\int_{-\frac{T}{2}}^{\frac{T}{2}} x_f^2(t)\mathrm{d}t \tag{8.70}$$

式中，$x_f(t)$ 表示 $x(t)$ 通过中心频率为 f 的窄带滤波器后的输出变量，或说 $x(t)$ 在频带$\left(f-\frac{\Delta f}{2}, f+\frac{\Delta f}{2}\right)$上的分量。这一定义常用于模拟方法的功率谱分析仪。

定义 3

$$S_x(f)=\lim_{T\to\infty}\frac{1}{T}\mid X(f)\mid^2 \tag{8.71}$$

式中，$X(f)$ 为 $x(t)$ 的傅氏变换，即 $X(f)=\int_{-\infty}^{\infty}x(t)\mathrm{e}^{-\mathrm{j}2\pi ft}\mathrm{d}t$。

这一定义与上述定义 1 或定义 2 是等价的，证明如下

$$\begin{aligned}R_x(\tau)=&\lim_{T\to\infty}\frac{1}{T}\int_{-\frac{T}{2}}^{\frac{T}{2}}x(t)x(t+\tau)\mathrm{d}\tau=\\&\lim_{T\to\infty}\frac{1}{T}\int_{-\frac{T}{2}}^{\frac{T}{2}}x(t)\left[\int_{-\infty}^{\infty}X(f)\mathrm{e}^{\mathrm{j}2\pi f(t+\tau)}\mathrm{d}f\right]\mathrm{d}t=\\&\lim_{T\to\infty}\frac{1}{T}\int_{-\infty}^{\infty}X(f)\left[\int_{-\frac{T}{2}}^{\frac{T}{2}}x(t)\mathrm{e}^{\mathrm{j}2\pi ft}\mathrm{d}t\right]\mathrm{e}^{\mathrm{j}2\pi ft}\mathrm{d}f=\\&\int_{-\infty}^{\infty}\lim_{T\to\infty}\frac{1}{T}X(f)X(-f)\mathrm{e}^{\mathrm{j}2\pi f\tau}\mathrm{d}f=\\&\int_{-\infty}^{\infty}\lim_{T\to\infty}\frac{1}{T}X(f)X^*(f)\mathrm{e}^{\mathrm{j}2\pi ft}\mathrm{d}f\end{aligned}$$

得

$$R_x(\tau)=\int_{-\infty}^{\infty}\lim_{T\to\infty}\mid X(f)\mid^2\mathrm{e}^{\mathrm{j}2\pi f\tau}\mathrm{d}f$$

令 $\tau=0$，得

$$R_x(0)=\int_{-\infty}^{\infty}\lim_{T\to\infty}\frac{1}{T}\mid X(f)\mid^2\mathrm{d}f \tag{8.72}$$

又因式(8.69)有

$$R_x(0)=\int_{-\infty}^{\infty}S_x(f)\mathrm{d}f$$

因为对于任意的随机函数 $x(t)$，上述两式都成立，所以比较两式中的被积函数，应有

$$S_x(f)=\lim_{T\to\infty}\frac{1}{T}\mid X(f)\mid^2$$

2. 自功率谱密度函数的性质

(1) 自功率谱密度函数曲线下的面积等于均方值(总功率)，即

$$\int_{-\infty}^{\infty}S_x(f)\mathrm{d}f=\frac{1}{2\pi}\int_{-\infty}^{\infty}S_x(\omega)\mathrm{d}\omega=\psi_x^2$$

(2) 自功率谱密度函数为实、偶函数。

因为

$$S_x(\omega)=\int_{-\infty}^{\infty}R_x(\tau)\mathrm{e}^{-\mathrm{j}\omega\tau}\mathrm{d}\tau=\int_{-\infty}^{\infty}R_x(\tau)[\cos(\omega\tau)-\mathrm{j}\sin(\omega\tau)]\mathrm{d}\tau$$

因为 $R_x(\tau)$ 与 $\cos(\omega\tau)$ 为偶函数，而 $\sin(\omega\tau)$ 为奇函数，奇函数在区间$(-\infty,\infty)$积分为 0，所以上式变为

$$S_x(\omega)=\int_{-\infty}^{\infty}R_x(\tau)\cos(\omega\tau)\mathrm{d}\tau \tag{8.73}$$

因为乘积 $R_x(\tau)\cos(\omega\tau)\mathrm{d}\tau$ 为实、偶函数，所以 $S_x(\omega)$ 为实、偶函数。

3. 单边自功率谱

上述定义的自功率谱密度函数是在整个频域上(包括正的和负的)都有定义的,这是理论上的定义,但在物理实验上是没有负频率的,因此从实验需要出发,需要定义一个非负频率域的自功率谱密度函数,称单边自功率谱 $G_x(f)$,有

$$G_x(f) = 2S_x(f) \quad (f \geqslant 0) \tag{8.74}$$

或

$$G_x(\omega) = 2\int_{-\infty}^{\infty} R_x(\tau)\cos(\omega\tau)\mathrm{d}\tau = 4\int_0^{\infty} R_x(\tau)\cos(\omega\tau)\mathrm{d}\tau \tag{8.75}$$

或

$$G_x(f) = 2\lim_{T\to\infty}\frac{1}{T}\mid X(f)\mid^2 = 2S_x(f) \quad (f \geqslant 0) \tag{8.76}$$

由上述定义可知,单边自功率谱只在非负的频率域有定义,其值为双边自功率谱值的两倍。单边功率谱与双边功率谱图示如图 8.17 所示。

由图 8.17 可知,均方值等于单边自功率谱曲线下的面积,即

$$\psi_x^2 = \int_0^{\infty} G_x(f)\mathrm{d}f \tag{8.77}$$

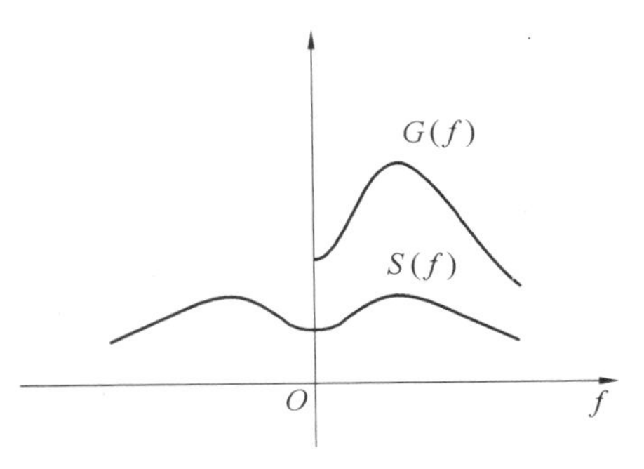

图 8.17　单边自功率谱曲线

4. 几种典型的自谱密度函数曲线

(1) 正弦波。$x(t) = A\sin(2\pi f_1 t)$,其自功率谱密度函数曲线为$\dfrac{A^2}{2}\delta(f - f_1)$,图 8.18(a) 表示在 f_1 处的 δ 函数。

(2) 周期波。$x(t) = \sum\limits_{i=1}^{n} A_i\sin(2\pi f_i t)$,其自功率谱密度函数曲线为图 8.18(b) 所示的离散谱。

(3) 窄带随机过程。所有的随机过程都是连续谱,即谱密度函数为连续函数,但窄带随机过程只在一较窄的频率范围内有值(图 8.18(c))。

(4) 宽带随机过程。宽带随机过程的谱密度函数在较宽的频率范围内有值(图 8.18(d))。

(5) 白噪声。白噪声是一种理想的宽带随机过程,它的自功率谱密度函数为常数,有

$$S_x(\omega) = S_0 = 常数$$

因为常数的逆傅氏变换为 δ 函数的常数倍,有

$$R_x(\tau) = \int_{-\infty}^{\infty} S_x(f)\mathrm{e}^{\mathrm{j}2\pi f\tau}\mathrm{d}f = S_0\delta(\tau) \tag{8.78}$$

例 8.3　设 $x(t)$ 为一矩形脉冲,其高度为 a,脉冲宽度为 $2T$,求 $x(t)$ 的傅氏变换。

解

$$X(\omega) = \int_{-\infty}^{\infty} x(t)\mathrm{e}^{-\mathrm{j}\omega t}\mathrm{d}t = \int_{-T}^{T} a\,\mathrm{e}^{-\mathrm{j}\omega t}\mathrm{d}t = \frac{a}{-\mathrm{j}\omega}\mathrm{e}^{-\mathrm{j}\omega t}\Big|_{-T}^{T} =$$

$$\frac{a}{\mathrm{j}\omega}(\mathrm{e}^{\mathrm{j}\omega T} - \mathrm{e}^{-\mathrm{j}\omega T}) = 2aT\,\frac{\sin(\omega T)}{\omega T}$$

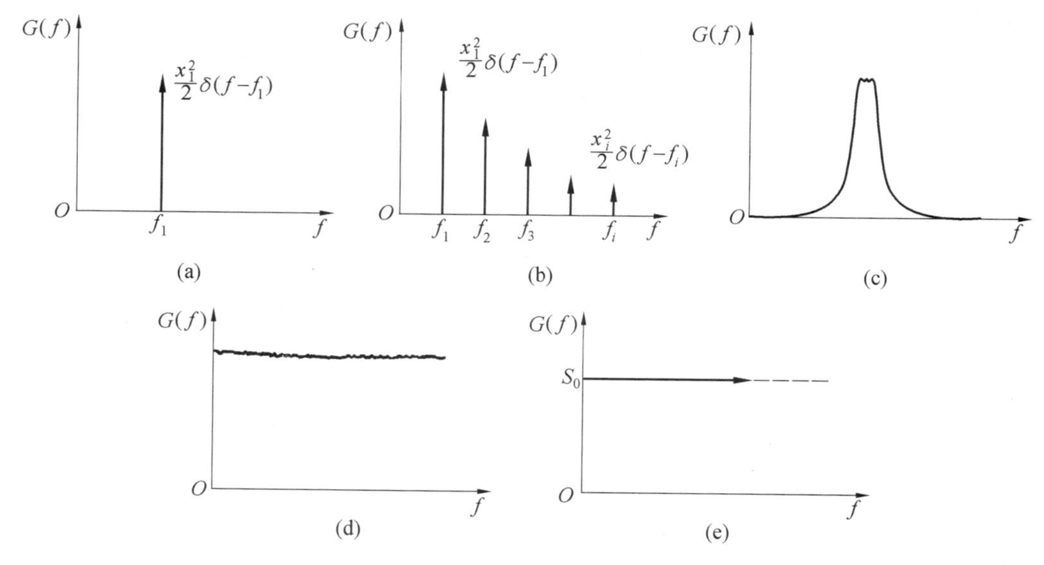

图 8.18 自谱密度函数曲线

若保持脉冲面积 $2aT=1$(常数),则当 T 变小,峰值 $a=1/(2T)$ 变大,当 $T\to 0$,则 $x(t)=\delta(t)$,其傅氏变换 $X(\omega)=\sin(\omega T)/(\omega T)=1$。所以可得结论为 δ 函数的傅氏变换为 1,同样有 1 的逆变换为 δ 函数。也可以说,δ 函数与 1 互为傅氏变换。

例 8.4 试证明 $x(t)$ 在时域内的能量积分与在频域内的能量积分相等,即有

$$\int_{-\infty}^{\infty} x^2(t)\mathrm{d}t=\int_{-\infty}^{\infty} X^2(f)\mathrm{d}f$$

证明 因为根据式(8.69)有

$$R_x(0)=\int_{-\infty}^{\infty} S_x(f)\mathrm{d}f$$

将等式左右都按定义代入表达式有

$$\lim_{T\to\infty}\frac{1}{T}\int_{-\infty}^{\infty} x^2(t)\mathrm{d}t=\int_{-\infty}^{\infty}\lim_{T\to\infty}\frac{1}{T}\mid X(f)\mid^2\mathrm{d}f=$$

$$\lim_{T\to\infty}\frac{1}{T}\int_{-\infty}^{\infty}\mid X(f)\mid^2\mathrm{d}f$$

比较等式两边,应有

$$\int_{-\infty}^{\infty} x^2(t)\mathrm{d}t=\int_{-\infty}^{\infty}\mid X(f)\mid^2\mathrm{d}f$$

上述等式又称为巴什瓦(Parseval)定理。

8.4.3 互功率谱密度函数(cross-power spectural density function)

1. 互功率谱密度函数的定义

设 $x(t)$ 与 $y(t)$ 为平稳随机过程,$R_{xy}(\tau)$ 为它们的互相关函数,则定义它们的互功率谱密度函数为

$$S_{xy}(\omega)=\int_{-\infty}^{\infty} R_{xy}(\tau)\mathrm{e}^{-\mathrm{j}\omega\tau}\mathrm{d}\tau$$

或

$$S_{xy}(f)=\int_{-\infty}^{\infty}R_{xy}(\tau)\mathrm{e}^{-\mathrm{j}2\pi f\tau}\mathrm{d}\tau \tag{8.79}$$

即互功率谱密度函数等于其互相关函数的傅氏变换。

与自谱密度函数定义 3 相对应的互谱密度函数定义有

$$S_{xy}(f)=\lim_{T\to\infty}\frac{1}{T}X^*(f)Y(f) \tag{8.80}$$

2. 互功率谱密度函数的性质

(1) 因为 $R_{xy}(\tau)$ 不是偶函数，所以 $S_{xy}(\omega)$ 一般是复数，而且不对称。

(2) $S_{xy}(\omega)=S_{yx}^*(\omega)$。

证明

$$S_{xy}(\omega)=\int_{-\infty}^{\infty}R_{xy}(\tau)\mathrm{e}^{-\mathrm{j}\omega\tau}\mathrm{d}\tau=\int_{-\infty}^{+\infty}R_{yx}(-\tau)\mathrm{e}^{-\mathrm{j}\omega\tau}\mathrm{d}\tau$$

设 $\tau'=-\tau$，得

$$S_{xy}(\omega)=\int_{-\infty}^{\infty}R_{yx}(\tau')\mathrm{e}^{-\mathrm{j}(-\omega)\tau'}\mathrm{d}\tau'=S_{yx}(-\omega)=S_{yx}^*(\omega)$$

8.4.4　相干函数(coherence function)

对于两个平稳随机过程 $x(t)$ 和 $y(t)$，在时域内曾用相关系数表示其相关的程度，而在频域内，将用相干函数表示如下

$$\gamma_{xy}^2(f)=\frac{|S_{xy}(f)|^2}{S_x(f)S_y(f)} \tag{8.81}$$

在一般情况有

$$0\leqslant\gamma_{xy}^2(f)\leqslant 1 \tag{8.82}$$

相干函数是在频域内表示两个随机变量的相关程度，它在振动测试中有很重要的应用。

8.4.5　谱密度函数的应用

(1) 自谱密度函数表示反映信号的频率结构或波形信息；

(2) 自谱密度函数提供振动的能量信息，是重要的振动环境数据；

(3) 线性系统输出信号的自谱密度函数能反映振源的信息；

(4) 利用输入输出的互谱密度函数可以得到系统的传递函数(或频响函数)；

(5) 利用相干函数可以判断振动试验的质量，反映噪声干扰的大小。一般振动试验要求输入、输出的相干函数 $\gamma_{xy}^2(f)\geqslant 0.9$；

(6) 利用谱密度函数可作为故障诊断的特征信号。

8.5　随机过程的运算

8.5.1　微分运算

$X(t)$ 平稳，其均方可微的充要条件是

$$\frac{\mathrm{d}^2R_x(\tau)}{\mathrm{d}\tau^2}<\infty \tag{8.83}$$

并在 $\tau=0$ 处连续，且有如下性质：

(1) $X(t)$ 均方可微，$g(t)$ 为确定性函数，则 $g(t)X(t)$ 可微，且有

$$\frac{\mathrm{d}}{\mathrm{d}t}[g(t)X(t)]=\frac{\mathrm{d}g}{\mathrm{d}t}X(t)+g\frac{\mathrm{d}X}{\mathrm{d}t} \tag{8.84}$$

(2) 求导与平均运算可交换次序

$$\frac{\mathrm{d}}{\mathrm{d}t}E[X(t)]=E[\dot{X}(t)] \tag{8.85}$$

$$\frac{\partial}{\partial t}R_{xy}(t,s)=\frac{\partial}{\partial t}E[X(t)Y(s)]=E[\dot{X}(t)Y(s)]=R_{\dot{x}y} \tag{8.86}$$

$$\frac{\partial^2}{\partial t\partial s}R_{xy}(t,s)=\frac{\partial^2}{\partial t\partial s}E[X(t)Y(s)]=E[\dot{X}(t)\dot{Y}(s)]=R_{\dot{x}\dot{y}} \tag{8.87}$$

特别地若 $X(t)$ 是二阶平稳过程，有

$$E[\dot{X}(t)]=\frac{\mathrm{d}}{\mathrm{d}t}E[X(t)]=0 \tag{8.88}$$

8.5.2 积分运算

$S=\int_a^b X(t)\mathrm{d}t$，均方 Riemann 积分，存在的条件是

$$\left|\int_a^b\int_a^b R_x(t_1,t_2)\mathrm{d}t_1\mathrm{d}t_2\right|<\infty$$

(1) S 存在，则必唯一；

(2) 若存在，则积分与平均运算可交换次序；

(3) 若 $h(t,\tau)$ 为确定性函数，则若 $Z(\tau)=\int_a^b X(t)h(t,\tau)\mathrm{d}t$ 存在，那么积分与平均可变换次序，即

$$E[Z(\tau)]=\int_a^b h(t,\tau)E[X(t)]\mathrm{d}t \tag{8.89}$$

(4) 满足分步积分公式

$$Y(t)=\int_a^t f(t,s)\dot{X}(s)\mathrm{d}s \tag{8.90}$$

$$Y(t)=f(t,s)X(s)-\int_a^t\frac{\partial f(t,s)}{\partial s}X(s)\mathrm{d}s \tag{8.91}$$

$f(t,s)$ 为连续确定性函数。

(5)

$$\int_a^t\dot{X}(s)\mathrm{d}s=X(t)-X(a) \tag{8.92}$$

8.5.3 随机振动位移、速度和加速度的相关函数和自谱密度函数关系

若 $X(t)$ 表示位移，是一个平稳随机过程，其相关函数和谱密度函数分别已知为 $R_x(\tau)$，$S_x(\omega)$，$\dot{X}(t)$，$\ddot{X}(t)$ 的自相关函数和谱密度函数分别推导如下

$$\frac{\mathrm{d}R_x(\tau)}{\mathrm{d}\tau}=E\left[X(t)\frac{\mathrm{d}X(t+\tau)}{\mathrm{d}\tau}\right]=R_{x\dot{x}}(\tau) \tag{8.93}$$

$$\frac{\mathrm{d}^2R_x(\tau)}{\mathrm{d}\tau}=\frac{\mathrm{d}}{\mathrm{d}\tau}E\left[X(t)\frac{\mathrm{d}X(t+\tau)}{\mathrm{d}\tau}\right]=\frac{\mathrm{d}}{\mathrm{d}\tau}E\left[\frac{\mathrm{d}X(t')}{\mathrm{d}\tau}X(t'-\tau)\right]=$$

$$E\left[\frac{\mathrm{d}X(t')}{\mathrm{d}\tau}\frac{\mathrm{d}X(t'-\tau)}{\mathrm{d}\tau}\right]=-E[\dot{X}(t')\dot{X}(t'-\tau)]=-R_{\dot{x}}(\tau) \tag{8.94}$$

$$R_{\ddot{x}}(\tau)=\frac{\mathrm{d}^4R_x(\tau)}{\mathrm{d}\tau^4} \tag{8.95}$$

由于 $R_x(\tau)\rightarrow S_x(\omega)$，根据傅里叶变换的微分性质有

$$\dot{R}_x(\tau)\leftrightarrow \mathrm{j}\omega S_x(\omega)$$

$$\ddot{R}_x(\tau)\leftrightarrow -\omega^2S_x(\omega)$$

$$\dddot{R}_x(\tau)\leftrightarrow -\mathrm{j}\omega^3S_x(\omega)$$

$$R_x^{(4)}(\tau)\leftrightarrow \omega^4S_x(\omega)$$

由前述 $\ddot{R}_x(\tau)=-R_{\dot{x}}(\tau)$，所以有

$$S_{\dot{x}}(\omega)=F[R_{\dot{x}}(\tau)]=-F[\ddot{R}_x(\tau)]=\omega^2S_x(\omega) \tag{8.96}$$

同理有

$$S_{\ddot{x}}(\omega)=F[R_{\ddot{x}}(\tau)]=F[R_x^{(4)}(\tau)]=\omega^4S_x(\omega) \tag{8.97}$$

所以已知位移的相关函数，即可以知道速度和加速度的相关函数，已知位移的功率谱密度函数，即可以知道速度和加速度的功率谱密度函数。

例 8.5　有一个随机过程 $x(t)=a_0\cos(\omega_0t+\varepsilon)$，式中 a_0,ω_0 是常数，ε 是在 $(-\pi,\pi)$ 内均匀分布的随机变量，即 $p(\varepsilon)=\dfrac{1}{2\pi}$，当 $-\pi\leqslant\varepsilon\leqslant\pi$ 时，试判别 $x(t)$ 是否平稳。

解

$$E[X(t)]=\int_{-\infty}^{+\infty}xp(x)\mathrm{d}x=\int_{-\infty}^{+\infty}a_0\cos(\omega_0t+\varepsilon)p(\varepsilon)\mathrm{d}\varepsilon=\frac{a_0}{2\pi}\int_{-\pi}^{+\pi}\cos(\omega_0t+\varepsilon)\mathrm{d}\varepsilon=0$$

$$\begin{aligned}Cov[X(t)]=E[(X(t_1)-\mu_x)(X(t_2)-\mu_x)]=E[X(t_1)X(t_2)]=\\ \int_{-\pi}^{+\pi}a_0^2\cos(\omega_0t_1+\varepsilon)\cos(\omega_0t_2+\varepsilon)\cdot\frac{1}{2\pi}\mathrm{d}\varepsilon=\\ \frac{a_0^2}{2\pi}\int_{-\pi}^{+\pi}\frac{1}{2}\{\cos[\omega_0(t_1+t_2)+2\varepsilon]+\cos\omega_0(t_1-t_2)\}\mathrm{d}\varepsilon=\\ \frac{a_0^2}{4\pi}\cos\omega_0(t_1-t_2)\cdot2\pi=\frac{a_0^2}{2}\cos\omega_0(t_1-t_2)=\frac{a_0^2}{2}\cos\omega_0\tau\end{aligned}$$

该过程为平稳随机过程。

例 8.6　检验上例的各态历经性。

解

$$\overline{x_i(t)}=\lim_{T\to\infty}\frac{1}{T}\int_0^Ta_0\cos(\omega_0t+\varepsilon_i)\mathrm{d}t$$

对于指定的一个样本 ε_i 为确定的值，所以有

$$\overline{x_i(t)}=\lim_{T\to\infty}\frac{1}{T}\int_0^Ta_0\cos(\omega_0t+\varepsilon_i)\mathrm{d}t=\frac{a_0}{\omega_0}\lim_{T\to\infty}\frac{1}{T}[\sin(\omega_0t+\varepsilon_i)-\sin\varepsilon_i]=0$$

$$\begin{aligned}\overline{x_i(t)x_i(t+\tau)}=\lim_{T\to\infty}\frac{1}{T}\int_0^Ta_0^2\cos(\omega_0t+\varepsilon_i)\cos(\omega_0t+\omega_0\tau+\varepsilon_i)\mathrm{d}t=\\ \frac{a_0^2}{2}\lim_{T\to\infty}\frac{1}{T}\int_0^{\mathrm{T}}[\cos(2\omega_0t+\omega_0\tau+2\varepsilon_i)+\cos(\omega_0\tau)]\mathrm{d}t\end{aligned}$$

$$=\frac{a_0^2}{2}\cos(\omega_0\tau)$$

该随机过程为各态历经的。用式(8.7a)的定义证明过程相同。

8.6 单自由度系统的随机响应

本节研究随机输入(荷载)与随机输出(响应)及系统之间的关系。在随机振动中反映系统特性一般用频响函数与脉冲响应函数表示。

8.6.1 输入输出的均值

一个单自由度系统的输入输出关系用微分方程表示为

$$m\ddot{x}+c\dot{x}+kx=f(t) \tag{8.98}$$

由于方程右端的输入 $f(t)$ 为随机变量，则输出 $x(t)$ 也是随机变量，随机变量是不确定变量，它们都不能用一个确定的函数表示，只能用它们的统计量来表示，如均值、均方值、相关函数、谱密度函数、概率分布等等。方程(8.98)为随机微分方程，求它的解就是由右端项 $f(t)$ 的统计量求变量 $x(t)$ 的统计量。最基本的统计量是均值，下面推导从 $f(t)$ 的均值求 $x(t)$ 的均值公式：由杜哈梅积分公式，有方程(8.98)的解为

$$x(t)=\int_{-\infty}^{\infty}f(t-\tau)h(\tau)\mathrm{d}\tau$$

等式两边同取平均值为

$$\overline{x(t)}=\int_{-\infty}^{\infty}\overline{f(t-\tau)}h(\tau)\mathrm{d}\tau=\mu_f\int_{-\infty}^{\infty}h(\tau)\mathrm{e}^{-\mathrm{j}0\tau}\mathrm{d}\tau=\mu_f H(0)$$

得

$$\mu_x=\mu_f H(0) \tag{8.99}$$

结论为输出的均值等于输入的均值乘以频响函数在 0 点的值(静柔度)。对于单自由度系统，静柔度为 $1/k$，所以有

$$\mu_k=\frac{\mu_f}{k} \tag{8.100}$$

8.6.2 输入输出的相关函数

输出的自相关函数可以通过杜哈梅积分与输入联系起来，有

$$R_x(\tau)=\overline{x(t)x(t+\tau)}=\overline{\int_{-\infty}^{\infty}f(t-\tau_1)h(\tau_1)\mathrm{d}\tau_1\int_{-\infty}^{\infty}f(t+\tau-\tau_2)h(\tau_2)\mathrm{d}\tau_2}=$$

$$\int_{-\infty}^{\infty}\int_{-\infty}^{\infty}\overline{f(t-\tau_1)f(t+\tau-\tau_2)}h(\tau_1)h(\tau_2)\mathrm{d}\tau_1\mathrm{d}\tau_2=$$

$$\int_{-\infty}^{\infty}\int_{-\infty}^{\infty}\overline{f(t-\tau_1)f(t-\tau_1+\tau+\tau_1-\tau_2)}h(\tau_1)h(\tau_2)\mathrm{d}\tau_1\mathrm{d}\tau_2=$$

$$\int_{-\infty}^{\infty}\int_{-\infty}^{\infty}R_f(\tau_1+\tau-\tau_2)h(\tau_1)h(\tau_2)\mathrm{d}\tau_1\mathrm{d}\tau_2$$

最后得

$$R_x(\tau)=\int_{-\infty}^{\infty}h(\tau_1)\mathrm{d}\tau_1\int_{-\infty}^{\infty}R_f(\tau+\tau_1-\tau_2)h(\tau_2)\mathrm{d}\tau_2 \tag{8.101}$$

结论为:输出的自相关函数等于输入的自相关函数与脉响函数的两次卷积。可记为

$$R_x(\tau)=[R_f(\tau)*h(\tau)]*h(-\tau)$$

又可将上述两次卷积分开写成两个公式,有

$$R_x(\tau)=\overline{x(t)x(t+\tau)}=\overline{\int_{-\infty}^{\infty}f(t-\tau_1)h(\tau_1)\mathrm{d}\tau_1 x(t+\tau)}=$$

$$\int_{-\infty}^{\infty}\overline{f(t-\tau_1)x(t+\tau)}h(\tau_1)\mathrm{d}\tau_1=$$

$$\int_{-\infty}^{\infty}\overline{f(t-\tau_1)x(t-\tau_1+\tau+\tau_1)}h(\tau_1)\mathrm{d}\tau_1$$

最后得

$$R_x(\tau)=\int_{-\infty}^{\infty}[R_{fx}(\tau+\tau_1)h(\tau_1)]\mathrm{d}\tau_1 \tag{8.102}$$

或简写为

$$R_x(\tau)=R_{fx}(-\tau)*h(\tau)$$

结论为:输出的自相关函数等于输入输出的互相关函数与脉冲响应函数的卷积。

输入输出的互相关函数为

$$R_{fx}(\tau)=\overline{f(t)x(t+\tau)}=\overline{f(t)\int_{-\infty}^{\infty}f(t+\tau-\tau_2)h(\tau_2)\mathrm{d}\tau_2}=$$

$$\int_{-\infty}^{\infty}\overline{f(t)f(t+\tau-\tau_2)}h(\tau_2)\mathrm{d}\tau_2$$

最后得

$$R_{fx}(\tau)=\int_{-\infty}^{\infty}R_f(\tau-\tau_2)h(\tau_2)\mathrm{d}\tau_2 \tag{8.103}$$

或简写为

$$R_{fx}=R_f(\tau)*h(\tau)$$

结论为:输入输出的互相关函数等于输入的自相关函数与脉响函数的卷积。由式(8.102)和(8.103)可推出式(8.101)。

8.6.3 输入输出的谱密度函数

谱密度函数可以通过相关函数的傅氏变换来表示,因此可以通过上节的公式来导出输入输出的谱密度函数

$$S_x(f)=\int_{-\infty}^{\infty}R_x(\tau)\mathrm{e}^{-\mathrm{j}2\pi f\tau}\mathrm{d}\tau=$$

$$\int_{-\infty}^{\infty}\int_{-\infty}^{\infty}h(\tau_1)\mathrm{d}\tau_1\int_{-\infty}^{\infty}h(\tau_2)R_f(\tau+\tau_1-\tau_2)\mathrm{d}\tau_2\mathrm{e}^{-\mathrm{j}2\pi f\tau}\mathrm{d}\tau=$$

$$\int_{-\infty}^{\infty}h(\tau_1)\mathrm{d}\tau_1\int_{-\infty}^{\infty}h(\tau_2)\mathrm{d}\tau_2\int_{-\infty}^{\infty}R_f(\tau+\tau_1-\tau_2)\mathrm{e}^{-\mathrm{j}2\pi f\tau}\mathrm{d}\tau$$

令 $\tau_3=\tau+\tau_1-\tau_2$,则 $\tau=\tau_3-\tau_1+\tau_2$,上式可写为

$$S_x(f)=\int_{-\infty}^{\infty}h(\tau_1)\mathrm{e}^{-\mathrm{j}2\pi f\tau_1}\mathrm{d}\tau_1\int_{-\infty}^{\infty}h(\tau_2)\mathrm{e}^{-\mathrm{j}2\pi f\tau_2}\mathrm{d}\tau_2\int_{-\infty}^{\infty}R_f\mathrm{e}^{-\mathrm{j}2\pi f\tau_3}\mathrm{d}\tau_3=$$

$$H(-f)H(f)S_f(f)=H^*(f)H(f)S_f(f)$$

最后得

$$S_x(f)=|H(f)|^2S_f(f) \tag{8.104a}$$

或

$$S_x(\omega)=|H(\omega)|^2S_f(\omega) \tag{8.104b}$$

结论为:输出的自谱密度函数等于输入的自谱密度函数与频响函数模的平方的乘积。

同样道理可将式(8.102)和(8.103)通过傅氏变换得到在频域内的谱密度函数公式,有

$$S_x(f)=H^*(f)S_{fx}(f)$$
$$S_x(\omega)=H^*(\omega)S_{fx}(\omega) \tag{8.105}$$

和

$$S_{fx}(f)=H(f)S_f(f)$$
$$S_{fx}(\omega)=H(\omega)S_f(\omega) \tag{8.106}$$

由式(8.105)和(8.106)很容易导出式(8.104)。

由式(8.104)很容易得到均方值公式,有

$$\psi_x^2=\int_{-\infty}^{\infty}S_x(f)\mathrm{d}f=\int_{-\infty}^{\infty}|H(f)|^2S_f(f)\mathrm{d}f \tag{8.107}$$

对小阻尼线性结构系统 $|H(\omega)|^2$ 在共振点有一尖峰,对能量的贡献只在尖峰左右的带宽内是主要的,为此可认为该系统是个窄带滤波器,响应谱变成一个窄带过程,主要集中在 $\omega=\omega_\mathrm{n}$ 附近;有时工程上可近似地以 $S_f(\omega_\mathrm{n})$ 代替 $S_f(\omega)$ 简化计算。

8.6.4　输入输出的概率分布

这里只讨论正态分布情况。由概率论的理论知,两个正态分布的平稳随机过程的和也是正态分布,即当 y_1 与 y_2 为正态分布的平稳随机过程时,有 $y=a_1y_1+a_2y_2$(a_1,a_2 为常数)也是正态分布的平稳随机过程。对于线性系统,有输出

$$x(t)=\int_{-\infty}^{t}h(t-\tau)f(\tau)\mathrm{d}\tau$$

可以把 $x(t)$ 看成无数个 $f(\tau)$ 的加权迭加,因此输入当 $f(\tau)$ 为正态分布时,输出 $x(t)$ 也是正态分布的。

对于正态分布的输出 $x(t)$,只要知道它的均值 μ_x 和方差 σ_x 就可写出其概率密度函数,而 μ_x 和 σ_x 可由式(8.99)和(8.107)根据输入的均值与自谱密度函数推出。

例 8.7　已知图 8.19 所示单自由度振动系统,假设它的输入 $f(t)$ 为白噪声随机过程,其自谱密度函数 $S_f(\omega)=S_0$(常数),试求输出位移 $x(t)$ 的自谱密度函数和均方值。

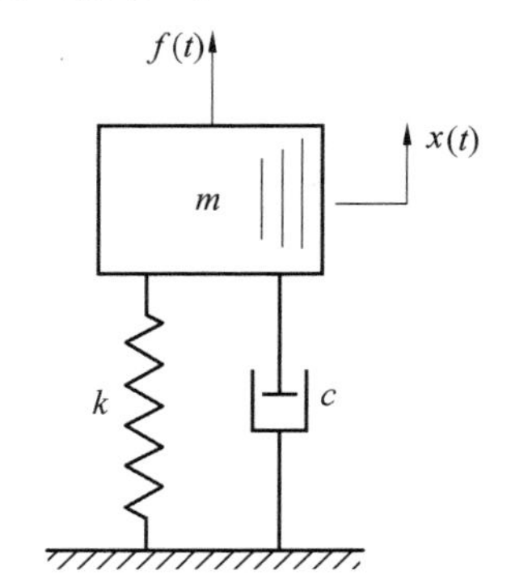

图 8.19　白噪声激励单自由度系统

解　系统的频响函数

$$H(\omega)=\frac{1}{k-\omega^2m+\mathrm{j}\omega c}$$

$$|H(\omega)|^2=\frac{1}{(k-\omega^2m)^2+\omega^2c^2}$$

由式(8.114)有

$$S_x(\omega)=|H(\omega)|^2S_f(\omega)=\frac{S_0}{(k-\omega^2m)^2+\omega^2c^2}$$

$$\psi_x^2=\frac{1}{2\pi}\int_{-\infty}^{\infty}S_x(\omega)\mathrm{d}\omega=\frac{1}{2\pi}\int_{-\infty}^{\infty}\frac{S_0}{(k-\omega^2m)^2+\omega^2c^2}\mathrm{d}\omega=\frac{S_0}{2kc}$$

例 8.8　求例 8.7 中输出 $x(t)$ 的自相关函数。

解　系统的脉冲响应函数为

$$h(t)=\frac{1}{m\omega_{\mathrm{d}}}\mathrm{e}^{-nt}\sin\omega_{\mathrm{d}}t$$

输入的自相关函数为

$$R_f(\tau)=\int_{-\infty}^{\infty}S_0\mathrm{e}^{\mathrm{j}2\pi f\tau}\mathrm{d}f=S_0\delta(\tau)$$

$$R_x(\tau)=\int_{-\infty}^{\infty}h(\tau_1)\mathrm{d}\tau_1\int_{-\infty}^{\infty}h(\tau_2)R_f(\tau+\tau_1-\tau_2)\mathrm{d}\tau_2=$$

$$\int_{-\infty}^{\infty}h(\tau_1)\mathrm{d}\tau_1\int_{-\infty}^{\infty}h(\tau_2)S_0\delta(\tau+\tau_1-\tau_2)\mathrm{d}\tau_2=$$

$$\int_{-\infty}^{\infty}h(\tau_1)\mathrm{d}\tau_1S_0h(\tau+\tau_1)=S_0\int_{-\infty}^{\infty}h(\tau_1)h(\tau+\tau_1)\mathrm{d}\tau_1$$

将 $h(\tau)$ 的表达式代入上式积分后得

$$R_x(\tau)=\frac{S_0}{m^2\omega_{\mathrm{d}}^2}\int_0^{+\infty}\mathrm{e}^{-n(\tau+2\tau_1)}\sin(\omega_{\mathrm{d}}\tau_1)\sin[\omega_{\mathrm{d}}(\tau+\tau_1)]\mathrm{d}\tau_1=$$

$$\frac{S_0}{m^2\omega_{\mathrm{d}}^2}\int_0^{+\infty}\frac{1}{2}\{\cos(\omega_{\mathrm{d}}\tau)-\cos[\omega_{\mathrm{d}}(2\tau_1+\tau)]\}\mathrm{e}^{-n(\tau+2\tau_1)}\mathrm{d}\tau_1=$$

$$\frac{S_0\cos(\omega_{\mathrm{d}}\tau)\mathrm{e}^{-n\tau}}{2m^2\omega_{\mathrm{d}}^2}\int_0^{+\infty}\mathrm{e}^{-2n\tau_1}\mathrm{d}\tau_1-\frac{S_0}{2m^2\omega_{\mathrm{d}}^2}\int_0^{+\infty}\mathrm{e}^{-n(\tau+2\tau_1)}\cos[\omega_{\mathrm{d}}(\tau+2\tau_1)]\mathrm{d}\tau_1=$$

$$\frac{S_0\mathrm{e}^{-n\tau}\cos(\omega_{\mathrm{d}}\tau)}{4m^2\omega_{\mathrm{d}}^2n}-\frac{S_0}{4m^2\omega_{\mathrm{d}}^2}I$$

其中

$$I=\int_{\tau}^{+\infty}\mathrm{e}^{-n(2\tau_1+\tau)}\cos\omega_{\mathrm{d}}(2\tau_1+\tau)\,\mathrm{d}(2\tau_1+\tau)=\int_0^{+\infty}\mathrm{e}^{-nx}\cos\omega_{\mathrm{d}}x\cdot\mathrm{d}x-\int_0^{\tau}\mathrm{e}^{-nx}\cos\omega_{\mathrm{d}}x\mathrm{d}x=I_1-I_2$$

利用本章附录 1 中的积分公式，令 $a=n=\zeta\omega_{\mathrm{n}}$，$b=\omega_{\mathrm{d}}=\omega_{\mathrm{n}}\sqrt{1-\zeta^2}$，则有

$$I_1=\frac{a}{a^2+b^2}=\frac{\zeta\omega_{\mathrm{n}}}{\omega_{\mathrm{d}}{}^2+\zeta^2\omega_{\mathrm{n}}^2}=\frac{\zeta\omega_{\mathrm{n}}}{\omega_{\mathrm{n}}^2-\omega_{\mathrm{n}}^2\zeta+\omega_{\mathrm{n}}^2\zeta}=\frac{\zeta}{\omega_{\mathrm{n}}}$$

$$I_2=\frac{a(1-\mathrm{e}^{-a\tau}\cos b\tau)+b\mathrm{e}^{-a\tau}\sin b\tau}{a^2+b^2}=\frac{\zeta}{\omega_{\mathrm{n}}}(1-\mathrm{e}^{-\zeta\omega_{\mathrm{n}}\tau}\cos\omega_{\mathrm{d}}\tau)+\frac{\omega_{\mathrm{n}}\sqrt{1-\zeta^2}}{\omega_{\mathrm{n}}{}^2}e^{-\zeta\omega_{\mathrm{n}}\tau}\sin\omega_{\mathrm{d}}\tau$$

$$I=I_1-I_2=\frac{\zeta}{\omega_{\mathrm{n}}}-\frac{\zeta}{\omega_{\mathrm{n}}}+\frac{\zeta}{\omega_{\mathrm{n}}}e^{-\zeta\omega_{\mathrm{n}}\tau}\cos\omega_{\mathrm{d}}\tau-\frac{\sqrt{1-\zeta^2}}{\omega_{\mathrm{n}}}e^{-\zeta\omega_{\mathrm{n}}\tau}\sin\omega_{\mathrm{d}}\tau=$$

$$\frac{\mathrm{e}^{-\zeta\omega_{\mathrm{n}}\tau}}{\omega_{\mathrm{n}}}(\zeta\cos\omega_{\mathrm{d}}\tau-\sqrt{1-\zeta^2}\sin\omega_{\mathrm{d}}\tau)$$

将 I 代入 $R_x(\tau)$ 有

$$R_x(\tau)=\frac{S_0\mathrm{e}^{-\zeta\omega_{\mathrm{n}}\tau}}{4m^2\zeta\omega_{\mathrm{n}}^3}\left[\cos\omega_{\mathrm{d}}\tau+\frac{\zeta}{\sqrt{1-\zeta^2}}\sin\omega_{\mathrm{d}}\tau\right]$$

由于偶函数的自相关性对于 $\tau<0$ 的情形，可将上式中的 τ 用 $|\tau|$ 来代替，同时注意到

$$4m^2\zeta\omega_{\mathrm{n}}^3=4m^2\frac{c}{2\sqrt{mk}}\left(\sqrt{\frac{k}{m}}\right)^3=4m^2\frac{c}{2}m^{-\frac{1}{2}}k^{-\frac{1}{2}}k^{\frac{3}{2}}m^{-\frac{3}{2}}=2ck$$

则自相关函数表达式可化简为

$$R_x(\tau)=\frac{S_0}{2ck}e^{-\zeta\omega_n|\tau|}\left[\cos\omega_d|\tau|+\frac{\zeta}{\sqrt{1-\zeta}}\sin\omega_d|\tau|\right]$$

对于小阻尼情形有 $\zeta\ll 1$，上式简化为

$$R_x(\tau)=\frac{S_0}{2ck}e^{-\zeta\omega_n|\tau|}\cos(\omega_n\tau)$$

输出的均方值　$$\psi_x^2=R_x(0)=\frac{S_0}{2kc}$$

例 8.9　仍取上述单自由度系统，但激励为有限带宽白噪声，即有

$$S_x(\omega)=\begin{cases}S_0 & \omega_1\leqslant|\omega|\leqslant\omega_2\\ 0 & 其他\ \omega\end{cases}$$

分析系统响应的功率谱和均方值。

解　不失一般性，令 $m=1$，则运动方程可写为

$$\ddot{x}+2\zeta\omega_n\dot{x}+\omega_n^2x=f(t)$$

$$H(\omega)=1/(\omega_n^2-\omega^2+i2\zeta\omega_n\omega)$$

$$|H(\omega)|^2=1/[(\omega_n-\omega^2)^2+4\zeta^2\omega_n^2\omega^2]$$

则有

$$S_x(\omega)=|H(\omega)|^2\cdot S_f(\omega)=\begin{cases}\dfrac{S_0}{(\omega_n^2-\omega^2)^2+4\zeta^2\omega_n^2\omega^2} & \omega_1\leqslant|\omega|\leqslant\omega_2\\ 0 & 其他\end{cases}$$

响应的均方值为

$$\psi_x^2=R_x(0)=\frac{1}{2\pi}\int_{-\infty}^{+\infty}S_x(\omega)\,d\omega=$$

$$\frac{S_0}{2\pi}\int_{-\infty}^{+\infty}\frac{d\omega}{(\omega_n^2-\omega^2)+4\zeta^2\omega_n^2\omega^2}=$$

$$\frac{S_0}{\pi}\int_{\omega_1}^{\omega_2}\frac{d\omega}{(\omega_n^2-\omega^2)^2+4\zeta^2\omega_n^2\omega^2}=$$

$$\frac{S_0}{4\zeta\omega_n^3}\left[I\left(\frac{\omega_2}{\omega_n},\zeta\right)-I\left(\frac{\omega_1}{\omega_n},\zeta\right)\right]$$

其中

$$I\left(\frac{\omega}{\omega_n},\zeta\right)=\frac{1}{\pi}\arctan\frac{2\zeta(\omega/\omega_n)}{1-(\omega/\omega_n)^2}+\frac{\zeta}{2\pi\sqrt{1-\zeta^2}}\ln\frac{1+(\omega/\omega_n)^2+2\sqrt{1-\zeta^2}(\omega/\omega_n)}{1+(\omega/\omega_n)^2-2\sqrt{1-\zeta^2}(\omega/\omega_n)}$$

称为带限系数，当 $\dfrac{\omega}{\omega_n}>1$ 时，上式第一项为

$$\frac{1}{\pi}\left(\pi+\arctan\frac{2\zeta(\omega/\omega_n)}{1-(\omega/\omega_n)^2}\right)$$

讨论：

(1) 当 $\omega_1=0,\omega_2=+\infty$时，对应理想白噪声情况：

$$I(\infty,\zeta)-I(0,\zeta)=1$$

(2) 带限情况下：

$$I(\omega_2/\omega_n,\zeta)-I(\omega_1/\omega_n,\zeta)<1$$

相比理想白噪声情况 均方响应值变小。

以 ω/ω_n 为横坐标，$I(\omega/\omega_n,\zeta)$ 为纵坐标，以阻尼比 ζ 为参变量，可以画出一系列曲线，如图 8.20 所示。可以发现，对小阻尼情况存在一个急剧变化的频带，若当激励的频带宽到可以将这个急剧变化的频带覆盖，即 $I(\omega_2/\omega_n,\zeta)-I(\omega_1/\omega_n,\zeta)$ 已经比较接近 1 了，那么此时将该带限白噪声用理想白噪声替代所引起的误差就很小了。也就是说，相同带宽的激励，用理想白噪声近似，对小阻尼系统引起的误差更小。

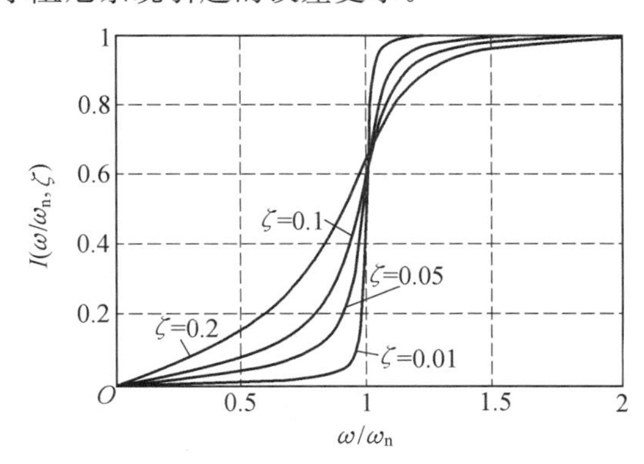

图 8.20　带限系数随频率变化规律

例 8.10　由谱密度函数估计频响函数，已知：

$$S_{fx}(\omega)=H(\omega)\cdot S_f(\omega)$$

$$S_{xf}(\omega)=S_{fx}(-\omega)=H(-\omega)S_f(-\omega)=H^*(\omega)S_f(\omega)$$

再由输出自谱 $S_x(\omega)=|H(\omega)|^2S_f(\omega)$ 的关系可知：

$$S_x(\omega)=H^*(\omega)H(\omega)S_f(\omega)=H(\omega)\cdot S_{fx}(\omega)$$

这样由输入自谱、输出自谱、输入输出互谱通过上述 3 个公式可以求频响函数，这是在随机振动试验中常用的，由上述公式可以得到如下 3 种系统频响函数试验估计方法：

$$|H_0(\omega)|^2=S_x(\omega)/S_f(\omega)$$

$$H_1(\omega)=S_{fx}(\omega)/S_f(\omega)$$

$$H_2(\omega)=S_x(\omega)/S_{xf}(\omega)$$

其中后两种对频率响应的估计，与第一种相比还多了相频信息。

8.6.5　激励和响应的谱相干函数

$$\gamma_{fx}(\omega)=\frac{|S_{fx}(\omega)|^2}{S_f(\omega)S_x(\omega)}=\frac{|S_f(\omega)H(\omega)|^2}{S_f(\omega)|H(\omega)|^2S_f(\omega)}=1$$

若 $\gamma_{fx}(\omega)\neq 1$，则可能是系统非线性，或者测量数据的噪声影响。

8.7　多自由度系统的随机响应

8.7.1　单输入情形

对于多自由度振动系统，如果只有一个输入，称为单输入情形。如果只研究一个自由度的响应，称为单输出情形。

很容易证明：对于单输入、单输出情形，上节关于单自由度线性系统的随机响应公式都可以适用于多自由度线性系统。但应注意公式中的脉响函数$h(t)$与频响函数$H(\omega)$应改为多自由度系统中输入输出之间的脉响函数$h_{ij}(t)$和频响函数$H_{ij}(\omega)$。下标i表示输出点，j表示输入点。现将单输入单输出响应公式列出如下：

(1) 均值

$$\mu_x = H_{ij}(0)\mu_f \tag{8.108}$$

(2) 相关函数

$$R_x(\tau) = \int_{-\infty}^{\infty} h_{ij}(\tau_1)\mathrm{d}\tau_1 \int_{-\infty}^{\infty} h_{ij}(\tau_2) R_f(\tau + \tau_1 - \tau_2)\mathrm{d}\tau_2 \tag{8.109}$$

(3) 谱密度函数

$$S_x(\omega) = |H_{ij}(\omega)|^2 S_f(\omega) \tag{8.110}$$

$$S_{fx}(\omega) = H_{ij}(\omega) S_f(\omega) \tag{8.111}$$

关于多自由度系统的脉响函数与频响函数的计算可参考第2章。

8.7.2　多输入情形

对于多输入的随机响应问题远比单输入问题复杂，下面就两个随机输入问题研究其响应的相关函数及谱密度函数，然后推广到任意多输入情形。

1. 输出的自相关函数

设两个输入为$f_1(t)$和$f_2(t)$，根据线性系统的叠加原理，有输出的自相关函数

$$\begin{aligned} R_{x_i}(\tau) = \overline{x_i(t)x_i(t+\tau)} = & \int_{-\infty}^{\infty} \overline{[h_{i1}(\tau_1)f_1(t-\tau_1) + h_{i2}(\tau_1)f_2(t-\tau_1)]\mathrm{d}\tau_1} \times \\ & \int_{-\infty}^{\infty} \overline{[h_{i1}(\tau_2)f_1(t+\tau-\tau_2) + h_{i2}(\tau_2)f_2(t+\tau-\tau_2)]\mathrm{d}\tau_2} = \\ & \overline{\int_{-\infty}^{\infty} h_{i1}(\tau_1)f_1(t-\tau_1)\mathrm{d}\tau_1 \int_{-\infty}^{\infty} h_{i1}(\tau_2)f_1(t-\tau_2+\tau)\mathrm{d}\tau_2} + \\ & \overline{\int_{-\infty}^{\infty} h_{i1}(\tau_1)f_1(t-\tau_1)\mathrm{d}\tau_1 \int_{-\infty}^{\infty} h_{i2}(\tau_2)f_2(t-\tau_2+\tau)\mathrm{d}\tau_2} + \\ & \overline{\int_{-\infty}^{\infty} h_{i2}(\tau_1)f_2(t-\tau_1)\mathrm{d}\tau_1 \int_{-\infty}^{\infty} h_{i1}(\tau_2)f_1(t-\tau_2+\tau)\mathrm{d}\tau_2} + \\ & \overline{\int_{-\infty}^{\infty} h_{i2}(\tau_1)f_2(t-\tau_1)\mathrm{d}\tau_1 \int_{-\infty}^{\infty} h_{i2}(\tau_2)f_2(t-\tau_2+\tau)\mathrm{d}\tau_2} \end{aligned}$$

设$t_1 = t - \tau_1$，则有$t = t_1 + \tau_1$，代入上式得

$$\begin{aligned} R_{x_i}(\tau) = & \int_{-\infty}^{\infty} h_{i1}(\tau_1)\left[\int_{-\infty}^{\infty} h_{i1}(\tau_2)\overline{f_1(t_1)f_1(t_1+\tau_1-\tau_2+\tau)}\mathrm{d}\tau_2\right]\mathrm{d}\tau_1 + \\ & \int_{-\infty}^{\infty} h_{i1}(\tau_1)\left[\int_{-\infty}^{\infty} h_{i2}(\tau_2)\overline{f_1(t_1)f_2(t_1+\tau_1-\tau_2+\tau)}\mathrm{d}\tau_2\right]\mathrm{d}\tau_1 + \\ & \int_{-\infty}^{\infty} h_{i2}(\tau_1)\left[\int_{-\infty}^{\infty} h_{i1}(\tau_2)\overline{f_2(t_1)f_1(t_1+\tau_1-\tau_2+\tau)}\mathrm{d}\tau_2\right]\mathrm{d}\tau_1 + \\ & \int_{-\infty}^{\infty} h_{i2}(\tau_1)\left[\int_{-\infty}^{\infty} h_{i2}(\tau_2)\overline{f_2(t_1)f_2(t_1+\tau_1-\tau_2+\tau)}\mathrm{d}\tau_2\right]\mathrm{d}\tau_1 \end{aligned}$$

将上式时间积分中的f_1与f_2的时间平均部分写成输入的相关函数，有

$$R_{x_i}(\tau)=\int_{-\infty}^{\infty}h_{i1}(\tau_1)\mathrm{d}\tau_1\int_{-\infty}^{\infty}h_{i1}(\tau_2)R_{f_1}(\tau+\tau_1-\tau_2)\mathrm{d}\tau_2+$$
$$\int_{-\infty}^{\infty}h_{i1}(\tau_1)\mathrm{d}\tau_1\int_{-\infty}^{\infty}h_{i2}(\tau_2)R_{f_1f_2}(\tau+\tau_1-\tau_2)\mathrm{d}\tau_2+$$
$$\int_{-\infty}^{\infty}h_{i2}(\tau_1)\mathrm{d}\tau_1\int_{-\infty}^{\infty}h_{i1}(\tau_2)R_{f_2f_1}(\tau+\tau_1-\tau_2)\mathrm{d}\tau_2+$$
$$\int_{-\infty}^{\infty}h_{i2}(\tau_1)\mathrm{d}\tau_1\int_{-\infty}^{\infty}h_{i2}(\tau_2)R_{f_2}(\tau+\tau_1-\tau_2)\mathrm{d}\tau_2 \qquad (8.112\text{a})$$

或简记为

$$R_{x_i}(\tau)=R_{f_1}(\tau)*h_{i1}(\tau)*h_{i1}(-\tau)+R_{f_1f_2}(\tau)*h_{i1}(-\tau)*h_{i2}(\tau)+$$
$$R_{f_2f_1}(\tau)*h_{i1}(\tau)*h_{i2}(-\tau)+R_{f_2}(\tau)*h_{i2}(\tau)*h_{i2}(-\tau) \qquad (8.112\text{b})$$

上式表明:两个输入 f_1 和 f_2 的输出的自相关函数等于两个输入与各自的脉响函数两次卷积之和,再加上两个输入的互相关函数与对应的脉响函数两次卷积之和。说明输出的自相关函数不仅与输入的自相关函数有关,还与输入的互相关函数有关。

如果 $f_1(x)$ 和 $f_2(x)$ 为相互独立的输入,即有 $R_{f_1f_2}(\tau)=R_{f_2f_1}(\tau)=0$,则式(8.112)中的第二、三项为零,此时输出的自相关函数只与输入的自相关函数有关。

2. 输出的自谱密度函数

若对式(8.112b)的两边作傅氏变换,得

$$S_{x_i}=H_{i1}^*(\omega)S_{f_1}(\omega)H_{i1}(\omega)+H_{i1}^*(\omega)S_{f_1f_2}(\omega)H_{i2}(\omega)+$$
$$H_{i2}^*(\omega)S_{f_2f_1}(\omega)H_{i1}(\omega)+H_{i2}^*(\omega)S_{f_2}(\omega)H_{i2}(\omega) \qquad (8.113)$$

写成矩阵形式为

$$\boldsymbol{S}_{x_i}=[H_{i1}^* \quad H_{i2}^*]\begin{bmatrix}S_{f_1} & S_{f_1f_2}\\ S_{f_2f_1} & S_{f_2}\end{bmatrix}\begin{bmatrix}H_{i1}\\ H_{i2}\end{bmatrix} \qquad (8.114)$$

上式表明:输出的自谱密度不仅与输入的自谱密度有关,还与输入之间的互谱密度有关。

3. 输入输出的互相关函数

两个输入中,第一个输入 $f_1(t)$ 与输出 $x_i(t)$ 之间互相关函数为

$$R_{f_1x_i}(\tau)=\overline{f_1(t)x_i(t+\tau)}=$$
$$\overline{f_1(t)\left[\int_{-\infty}^{\infty}h_{i1}(\tau_1)f_1(t+\tau-\tau_1)\mathrm{d}\tau_1+\int_{-\infty}^{\infty}h_{i2}(\tau_1)f_2(t+\tau-\tau_1)\mathrm{d}\tau_1\right]}=$$
$$\int_{-\infty}^{\infty}h_{i1}(\tau_1)\,\overline{f_1(t)f_1(t+\tau-\tau_1)}\mathrm{d}\tau_1=\int_{-\infty}^{\infty}h_{i2}(\tau_1)\,\overline{f_1(t)f_2(t+\tau-\tau_1)}\mathrm{d}\tau_1$$

最后得

$$R_{f_1x_i}(\tau)=\int_{-\infty}^{\infty}h_{i1}(\tau_1)R_{f_1}(\tau-\tau_1)\mathrm{d}\tau_1+\int_{-\infty}^{\infty}h_{i2}(\tau_1)R_{f_1f_2}(\tau-\tau_1)\mathrm{d}\tau_1 \qquad (8.115)$$

同理可得

$$R_{f_2x_i}(\tau)=\int_{-\infty}^{\infty}h_{i1}(\tau_1)R_{f_2f_1}(\tau-\tau_1)\mathrm{d}\tau_1+\int_{-\infty}^{\infty}h_{i2}(\tau_1)R_{f_2}(\tau-\tau_1)\mathrm{d}\tau_1 \qquad (8.116)$$

4. 输入输出的互谱密度函数

对式(8.115)及式(8.116)两边作傅氏变换得

$$S_{f_1x_i}(\omega)=H_{i1}(\omega)S_{f_1}(\omega)+H_{i2}(\omega)S_{f_1f_2}(\omega) \qquad (8.117)$$

$$S_{f_2x_i}(\omega)=H_{i2}(\omega)S_{f_2f_1}(\omega)+H_{i2}(\omega)S_{f_2}(\omega) \tag{8.118}$$

写成矩阵形式为

$$\begin{bmatrix} S_{f_1x_i} \\ S_{f_2x_i} \end{bmatrix}=\begin{bmatrix} S_{f_1} & S_{f_1f_2} \\ S_{f_2f_1} & S_{f_2} \end{bmatrix}\begin{bmatrix} H_{i1} \\ H_{i2} \end{bmatrix} \tag{8.119}$$

不难将上述两个输入单个输出的情形推广到任意的多输入多输出情形，考虑到时域公式比较复杂，现将频域公式写出如下：

图 8.21 所示 n 个输入、m 个输出的系统，定义下述矩阵

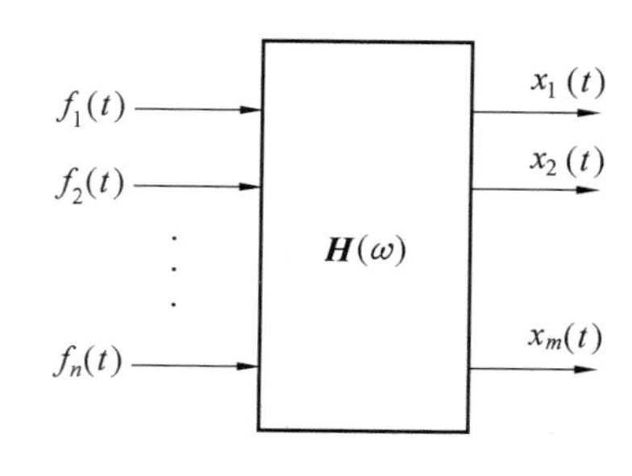

图 8.21　多输入多输出关系图

(1) 输入矩阵

$$\boldsymbol{S}_f(\omega)=\begin{bmatrix} S_{f_1} & S_{f_1f_2} & \cdots & S_{f_1f_n} \\ S_{f_2f_1} & S_{f_2} & \cdots & S_{f_2f_n} \\ \vdots & \vdots & & \vdots \\ S_{f_nf_1} & S_{f_nf_2} & \cdots & S_{f_n} \end{bmatrix}_{n\times n}$$

(2) 输出矩阵

$$\boldsymbol{S}_x(\omega)=\begin{bmatrix} S_{x_1} & S_{x_1x_2} & \cdots & S_{x_1x_m} \\ S_{x_2x_1} & S_{x_2} & \cdots & S_{x_2x_m} \\ \vdots & \vdots & & \vdots \\ S_{x_mx_1} & S_{x_mx_2} & \cdots & S_{x_m} \end{bmatrix}_{m\times m}$$

(3) 特性矩阵

$$\boldsymbol{H}(\omega)=\begin{bmatrix} H_{11} & H_{12} & \cdots & H_{1n} \\ H_{21} & H_{22} & \cdots & H_{2n} \\ \vdots & \vdots & & \vdots \\ H_{m1} & H_{m2} & \cdots & H_{mn} \end{bmatrix}_{m\times n}$$

(4) 输入输出互谱矩阵

$$\boldsymbol{S}_{fx}(\omega)=\begin{bmatrix} S_{f_1x_1} & S_{f_1x_2} & \cdots & S_{f_1x_m} \\ S_{f_2x_1} & S_{f_2x_2} & \cdots & S_{f_2x_m} \\ \vdots & \vdots & & \vdots \\ S_{f_nx_1} & S_{f_nx_2} & \cdots & S_{f_nx_m} \end{bmatrix}_{n\times m}$$

输出的谱密度为

$$\boldsymbol{S}_x(\omega)=\boldsymbol{H}^*(\omega)\boldsymbol{S}_f(\omega)\boldsymbol{H}^{\mathrm{T}}(\omega) \tag{8.120}$$

输入输出的互谱密度为

$$\boldsymbol{S}_{fx}(\omega)=\boldsymbol{S}_f(\omega)\boldsymbol{H}^{\mathrm{T}}(\omega) \tag{8.121}$$

公式(8.120)和(8.121)是线性系统多输入多输出的最重要的两个公式，经常用式(8.120)来解决已知输入和系统求输出的问题(正问题)，而用式(8.121)解决已知输入和输出求系统特性(系统识别)问题，即反问题。

例 8.11　图 8.22 所示两自由度振动系统，代表一汽车在路面上行驶的力学模型，若测得地面输入位移 u 的加速度的功率谱 $S_{\ddot{u}}(\omega)=S_0$，求质量 m_1 和 m_2 的输出功率谱。

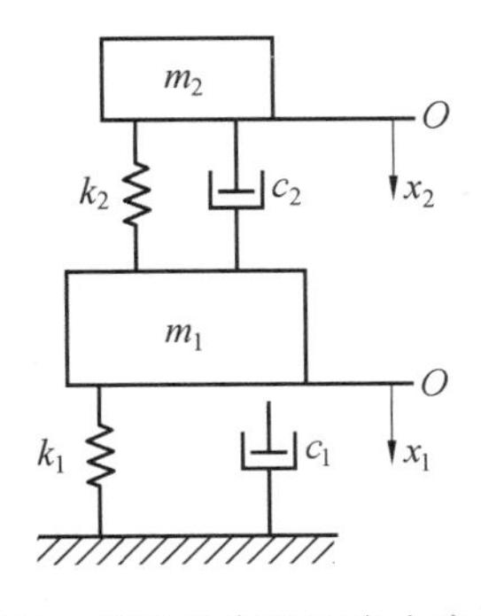

图 8.22　模拟汽车的两自由度模型

解　系统的振动微分方程为

$$m_1\ddot{x}_1=-k_1(x_1-u)-c_1(\dot{x}-\dot{u})+k_2(x_2-x_1)+c_2(\dot{x}_2-\dot{x}_1)$$

$$m_2\ddot{x}_2=-k_2(x_2-x_1)-c_2(\dot{x}_2-\dot{x}_1)$$

设相对位移

$$y_1=x_1-u,\quad y_2=x_2-x_1$$

得相对位移方程

$$\ddot{y}_1+2\zeta_1\omega_1\dot{y}_1+\omega_1^2y_1-2\zeta_2\omega_2\mu\dot{y}_2-\omega_2^2\mu y_2=-\ddot{u} \tag{a}$$

$$\ddot{y}_2+2\zeta_2\omega_2\dot{y}_2+\omega_2^2y_2+\ddot{y}_1=-\ddot{u} \tag{b}$$

其中

$$\omega_1=\sqrt{k_1/m_1},\quad \omega_2=\sqrt{k_2/m_2}$$

$$\zeta_1=\frac{c_1}{2\sqrt{m_1k_1}},\quad \zeta_2=\frac{c_2}{2\sqrt{m_2k_2}}$$

$$\mu=m_2/m_1$$

对相对位移方程作傅氏变换得

$$-\omega^2Y_1+\mathrm{j}2\zeta_1\omega_1\omega Y_1+\omega_1^2Y_1-2\zeta_2\omega_2\omega\mu Y_2-\mu\omega_2^2Y_2=-U_{\ddot{u}} \tag{c}$$

$$-\omega^2Y_2+\mathrm{j}2\zeta_2\omega_2\omega Y_2+\omega_2^2Y_2-\omega^2Y_1=-U_{\ddot{u}} \tag{d}$$

由上式解得频响函数

$$H_{y_1\ddot{u}}(\omega)=\frac{Y_1(\omega)}{U_{\ddot{u}}(\omega)}=\frac{1}{\Delta}[\omega^2-(1+\mu)\omega_2^2-\mathrm{j}\omega(1+\mu)2\zeta_2\omega_2] \tag{e}$$

$$H_{y_2\ddot{u}}(\omega)=\frac{Y_2(\omega)}{U_{\ddot{u}}(\omega)}=\frac{1}{\Delta}(-\omega_1^2-2\mathrm{j}\omega\zeta_1\omega_1) \tag{f}$$

其中

$$\Delta=\omega^4-\mathrm{j}\omega^3[2\zeta_1\omega_1-2(1+\mu)\zeta_2\omega_2]-\omega^2[\omega_1^2+(1+\mu)\omega_2^2+4\zeta_1\zeta_2\omega_1\omega_2]+\mathrm{j}\omega(2\zeta_1\omega_1\omega_2^2+2\zeta_2\omega_2\omega_1^2)+\omega_1^2\omega_2^2$$

由于绝对加速度

$$\ddot{x}_1=\ddot{y}_1+\ddot{u},\quad \ddot{x}_2=\ddot{y}_2+\ddot{x}_1$$

所以有

$$H_{\ddot{x}_1\ddot{u}}(\omega)=\frac{-\omega^2Y_1+U_{\ddot{u}}}{U_{\ddot{u}}}=-\omega^2H_{y_1\ddot{u}}(\omega)+1$$

$$H_{\ddot{x}_2\ddot{u}}(\omega)=\frac{-\omega^2Y_2+X_1}{U_{\ddot{u}}}=-\omega^2H_{y_2\ddot{u}}(\omega)+H_{\ddot{x}_1\ddot{u}}(\omega)$$

将式(e),(f) 代入上式得

$$H_{\ddot{x}_1\ddot{u}}(\omega)=\frac{1}{\Delta}[-\mathrm{j}\omega^3 2\zeta_1\omega_1-\omega^2(\omega_1^2-4\zeta_1\zeta_2\omega_1\omega_2)+\mathrm{j}\omega(2\zeta_1\omega_1\omega_1^2+2\zeta_2\omega_2\omega_1^2)+\omega_1^2\omega_2^2]$$

$$H_{\ddot{x}_2\ddot{u}}(\omega)=\frac{1}{\Delta}[-\omega^2 4\zeta_1\zeta_2\omega_1\omega_2+\mathrm{j}\omega(2\zeta_1\omega_1\omega_2^2+2\zeta_2\omega_2\omega_1^2)+\omega_1^2\omega_2^2]$$

最后可得输出的自谱密度函数为

$$S_{\ddot{x}_1}(\omega)=|H_{\ddot{x}_1\ddot{u}}(\omega)|^2S_0$$
$$S_{\ddot{x}_2}(\omega)=|H_{\ddot{x}_2\ddot{u}}(\omega)|^2S_0$$

例 8.12 图 8.23 所示两自由度系统。求输出位移 $x_2(t)$ 与输入 $f_1(t)$ 之间的频响函数 $H_{21}(\omega)$。当 $f_1(t)$ 的自谱密度函数 $S_{f_1}(\omega)=S_0$（常数）时，求质量 m_2 的平均动能。

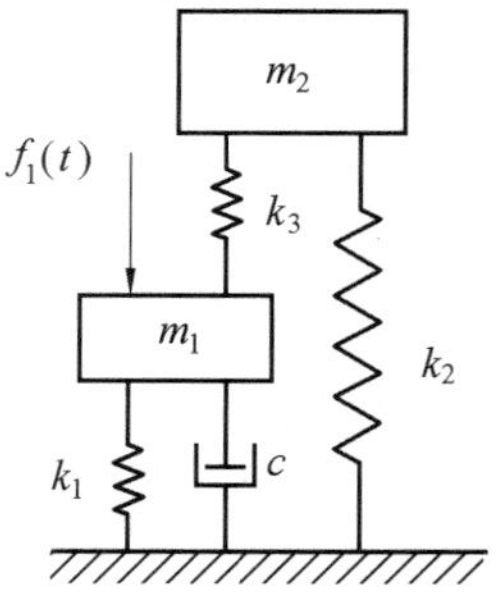

图 8.23 白噪声激励 m_1 求 m_2 的平均动能

解 m_1,m_2 的运动方程分别为

$$m_1\ddot{x}_1+k_1x_1+c\dot{x}_1+k_3(x_1-x_2)=f_1(t) \quad \text{(a)}$$
$$m_2\ddot{x}_2+k_2x_2+k_3(x_1-x_2)=0 \quad \text{(b)}$$

两式联立消去 x_1，得方程

$$m_1m_2\ddddot{x}_2+cm_2\dddot{x}_2+[m_1(k_2+k_3)+m_2(k_1+k_3)]\ddot{x}_2+$$
$$c(k_2+k_3)]\dot{x}_2+[(k_1+k_3)(k_2+k_3)-k_3^2]x_2=k_3f_1(t) \quad \text{(c)}$$

令 $f_1(t)=\mathrm{e}^{\mathrm{j}\omega t}$，则 $x_2=H_{21}(\omega)\mathrm{e}^{\mathrm{j}\omega t}$，代入式(c) 后得

$$H_{21}(\omega)=\frac{k_3}{m_1m_2\omega^4+\mathrm{j}m_2c\,\omega^3-[m_1(k_2+k_3)+m_2(k_1+k_3)]\omega^2k_3+\mathrm{j}(k_2+k_3)\omega c+k_1k_2+k_3(k_1+k_2)}$$

因

$$S_{\dot{x}_2}(\omega)=\omega^2S_{x_2}(\omega)$$
$$\psi_{\dot{x}_2}^2=\frac{1}{2\pi}\int_{-\infty}^{\infty}S_{\dot{x}_2}(\omega)\mathrm{d}\omega$$

故有 $\dot{x}_2$ 的均方值为

$$\psi_{\dot{x}_2}^2=\frac{1}{2\pi}\int_{-\infty}^{\infty}\omega^2S_{x_2}(\omega)\mathrm{d}\omega=\frac{1}{2\pi}\int_{-\infty}^{\infty}\omega^2\ |H_{21}(\omega)|^2S_{f_1}(\omega)\mathrm{d}\omega=$$
$$\frac{S_0}{2\pi}\int_{-\infty}^{\infty}|\omega H_{21}(\omega)|^2\mathrm{d}\omega=\frac{S_0}{2m_2c}$$

上式的积分较复杂，可参见本章末附录 2，m_2 的平均动能为

$$T_m=\frac{1}{2}m_2\psi_{\dot{x}}^2=\frac{S_0}{4c}$$

8.7.3 多自由度系统随机响应分析的模态方法

将在第 2 章得到的频率响应函数矩阵

$$\boldsymbol{H}(\omega)=\boldsymbol{\Phi}\boldsymbol{H}_m(\omega)\boldsymbol{\Phi}^{\mathrm{T}}$$

代入到响应自谱表达式有

$$\boldsymbol{S}_x(\omega)=\boldsymbol{H}^*(\omega)\boldsymbol{S}_f(\omega)\boldsymbol{H}^{\mathrm{T}}(\omega)=$$
$$(\boldsymbol{\Phi}\boldsymbol{H}_m(\omega)\boldsymbol{\Phi}^{\mathrm{T}})^*\boldsymbol{S}_f(\omega)(\boldsymbol{\Phi}\boldsymbol{H}_m(\omega)\boldsymbol{\Phi}^{\mathrm{T}})^{\mathrm{T}}=$$
$$(\boldsymbol{\Phi}\boldsymbol{H}_m^*(\omega)\boldsymbol{\Phi}^{\mathrm{T}})\boldsymbol{S}_f(\omega)(\boldsymbol{\Phi}\boldsymbol{H}_m(\omega)\boldsymbol{\Phi}^{\mathrm{T}}) \quad (8.122)$$

其中 $\boldsymbol{H}_{\mathrm{m}}(\omega)$ 是各阶模态频响为对角线元素的对角矩阵，$\boldsymbol{\Phi}$ 是模态矩阵。大规模自由度用式(8.122) 计算较大，一方面可只取较低阶模态，另一方面在小阻尼稀疏频率情况下，可忽略交叉乘积项。

例 8.13 对如图 8.24 所示系统，经受强震作用，强震阶段的水平分量常视为零均值平

稳高斯随机过程。其地面加速度功率谱，经常使用卡耐－塔基米(Kanai－Tajimi) 模型，其加速度功率谱密度函数为

$$S_{\ddot{x}_g}(\omega)=\frac{\left[1+4a^2\left(\frac{\omega}{b}\right)^2\right]S_0}{\left[1-\left(\frac{\omega}{b}\right)^2\right]^2+4a^2\left(\frac{\omega}{b}\right)^2}$$

其中 a，b 为与土层特性有关的量，S_0 为一常数。分析结构的随机响应自功率谱密度函数矩阵，并计算上层结构的均方响应。

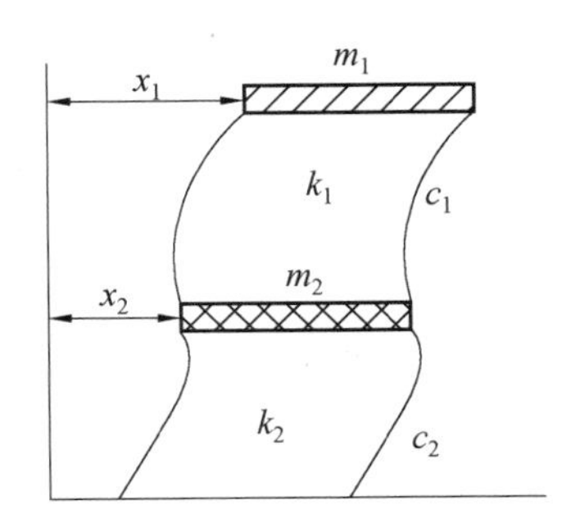

图 8.24　经受强震的两层楼模型

解　系统运动控制方程为

$$\begin{cases}m_1\ddot{x}_1+c_1\dot{x}_1-c_1\dot{x}_2+k_1x_1-k_1x_2=F_1\\ m_2\ddot{x}_2-c_1\dot{x}_1+(c_1+c_2)\dot{x}_2-k_1x_1+(k_1+k_2)x_2=F_2\end{cases}$$

$$\begin{bmatrix}m_1 & 0\\ 0 & m_2\end{bmatrix}\begin{Bmatrix}\ddot{x}_1\\ \ddot{x}_2\end{Bmatrix}+\begin{bmatrix}c_1 & -c_2\\ -c_1 & c_1+c_2\end{bmatrix}\begin{Bmatrix}\dot{x}_1\\ \dot{x}_2\end{Bmatrix}+\begin{bmatrix}k_1 & -k_2\\ -k_1 & k_1+k_2\end{bmatrix}\begin{Bmatrix}x_1\\ x_2\end{Bmatrix}=\begin{Bmatrix}F_1\\ F_2\end{Bmatrix}\tag{a}$$

其中

$$F_1=-m_1\ddot{x}_g,\quad F_2=-m_2\ddot{x}_g$$

为运算方便取

$$m_2=2m_1=m,\quad k_2=2k_1=k,\quad c_2=2c_1=c$$

代入式(a) 得

$$\boldsymbol{M}=\begin{bmatrix}1 & 0\\ 0 & 2\end{bmatrix}m,\quad \boldsymbol{C}=\begin{bmatrix}1 & -1\\ -1 & 3\end{bmatrix}c,\quad \boldsymbol{K}=\begin{bmatrix}1 & -1\\ -1 & 3\end{bmatrix}k,\quad \boldsymbol{F}=-\begin{Bmatrix}1\\ 2\end{Bmatrix}m\ddot{x}_g$$

求解广义特征值问题得

$$\omega_1^2=\frac{k}{2m},\quad \omega_2^2=\frac{2k}{m},\quad \boldsymbol{\varphi}_1=\begin{Bmatrix}\frac{2}{\sqrt{6m}}\\ \frac{1}{\sqrt{6m}}\end{Bmatrix},\quad \boldsymbol{\varphi}_2=\begin{Bmatrix}\frac{1}{\sqrt{3m}}\\ \frac{1}{\sqrt{3m}}\end{Bmatrix}\tag{b}$$

$$\boldsymbol{\Phi}=[\boldsymbol{\varphi}_1,\boldsymbol{\varphi}_2]\tag{c}$$

将方程(a) 利用振型矩阵(c) 模态分解得

$$\boldsymbol{M}_m\ddot{\boldsymbol{q}}+\boldsymbol{C}_m\dot{\boldsymbol{q}}+\boldsymbol{K}_m\boldsymbol{q}=\boldsymbol{\Phi}^{\mathrm{T}}\boldsymbol{F}(t)$$

其中

$$\boldsymbol{M}_m=\boldsymbol{\Phi}^{\mathrm{T}}\boldsymbol{M}\boldsymbol{\Phi}=\boldsymbol{I},\quad \boldsymbol{C}_m=\boldsymbol{\Phi}^{\mathrm{T}}\boldsymbol{C}\boldsymbol{\Phi}=\frac{c}{m}\begin{bmatrix}\frac{1}{2} & 0\\ 0 & 2\end{bmatrix},\quad \boldsymbol{K}_m=\boldsymbol{\Phi}^{\mathrm{T}}\boldsymbol{K}\boldsymbol{\Phi}=\frac{k}{m}\begin{bmatrix}\frac{1}{2} & 0\\ 0 & 2\end{bmatrix}$$

可以得到模态坐标下的频率响应函数矩阵

$$\boldsymbol{H}_m(\omega)=\begin{bmatrix}H_1(\omega) & 0\\ 0 & H_2(\omega)\end{bmatrix}$$

其中

$$H_r(\omega)=\frac{1}{k_r-\omega^2+jc_r\omega}\quad (r=1,2)$$

$$H_1(\omega)=\frac{1}{\frac{k}{2m}-\omega^2+j\omega\frac{c}{2m}},\quad H_2(\omega)=\frac{1}{\frac{2k}{m}-\omega^2+j\omega\frac{2c}{m}}$$

激励的自相关函数矩阵

$$\boldsymbol{R}_f(\tau)=\begin{bmatrix}R_{f_1f_1}(\tau) & R_{f_1f_2}(\tau)\\ R_{f_2f_1}(\tau) & R_{f_2f_2}(\tau)\end{bmatrix}=E[\boldsymbol{F}(t)\boldsymbol{F}^{\mathrm{T}}(t+\tau)]$$

$$=E[\begin{Bmatrix}-1\\-2\end{Bmatrix}\{-1,-2\}m^2\ddot{x}_g(t)\ddot{x}_g(t+\tau)]$$

$$=m^2\begin{pmatrix}1 & 2\\ 2 & 4\end{pmatrix}R_{\ddot{x}_g}(\tau)$$

所以有激励的自谱密度函数矩阵

$$\boldsymbol{S}_f(\omega)=m^2\begin{pmatrix}1 & 2\\ 2 & 4\end{pmatrix}S_{\ddot{x}_g}(\omega)$$

代入式(8.122)有

$$\boldsymbol{S}_x(\omega)=[\boldsymbol{\Phi H}_m^*(\omega)\boldsymbol{\Phi}^{\mathrm{T}}]\boldsymbol{S}_f(\omega)[\boldsymbol{\Phi H}_m(\omega)\boldsymbol{\Phi}^{\mathrm{T}}]=\frac{S_{\ddot{x}_g}(\omega)}{9}\begin{bmatrix}S_{11}(\omega) & S_{12}(\omega)\\ S_{21}(\omega) & S_{22}(\omega)\end{bmatrix}$$

$$S_{11}=16H_1^2-4H_1^*H_2-4H_2^*H_1+H_2^2$$
$$S_{12}=8H_1^2+4H_1^*H_2-2H_2^*H_1-H_2^2$$
$$S_{21}=7H_1^2-H_1^*H_2+4H_2^*H_1-H_2^2$$
$$S_{22}=3.5H_1^2+H_1^*H_2+2H_2^*H_1+H_2^2$$

计算 m_1 的位移响应均方差

$$\psi_{x_1}^2=R_{x_1x_1}(0)=\frac{1}{2\pi}\int_{-\infty}^{\infty}S_{x_1x_1}(\omega)\mathrm{d}\omega=\frac{1}{2\pi}\int_{-\infty}^{\infty}\frac{S_{\ddot{x}_g}(\omega)}{9}S_{11}\mathrm{d}\omega$$

该积分较为复杂,可用留数定理或者数值积分进行计算。

8.8　随机响应分析的虚拟激励方法

虚拟激励方法是林家浩教授提出的一种高效随机响应分析方法,在文献[40]中有详尽描述,以下只介绍线性平稳假设下的主要理论。

线性系统受到自谱密度为 $S_f(\omega)$ 的单点平稳激励 $f(t)$,并假设作用在任意的第 j 个自由度上,则在任意的第 i 个自由度上的响应 $x_i(t)$ 的自谱计算按前述公式有

$$S_{x_i}(\omega)=|H_{ij}(\omega)|^2S_{f_j}(\omega)\tag{8.123}$$

此外,我们还知道,当激励力为 $\mathrm{e}^{\mathrm{i}\omega t}$ 时稳态响应为

$$x_i(t)=H_{ij}(\omega)\mathrm{e}^{\mathrm{i}\omega t}\tag{8.124}$$

构造一个虚拟激励(pseudo－excitation)

$$\tilde{f}_j(t)=\sqrt{S_{f_j}(\omega)}\,\mathrm{e}^{\mathrm{i}\omega t}\tag{8.125}$$

$\sqrt{S_{f_j}(\omega)}$ 是关于 ω 的实函数,与 t 无关,故可看作一个常数,则由式(8.124)可得在这个虚拟激励作用下,响应为

$$\tilde{x}_i(t)=\sqrt{S_{f_j}(\omega)}H_{ij}(\omega)\mathrm{e}^{\mathrm{i}\omega t} \tag{8.126}$$

对(8.126)式求共轭

$$\tilde{x}_i^*(t)=\sqrt{S_{f_j}(\omega)}\ (H_{ij}(\omega)\mathrm{e}^{\mathrm{i}\omega t})^*=\sqrt{S_{f_j}(\omega)}H_{ij}^*(\omega)\mathrm{e}^{-\mathrm{i}\omega t} \tag{8.127}$$

(8.126)与(8.127)相乘得

$$\tilde{x}_i^*(t)\tilde{x}_i(t)=S_{f_j}(\omega)\left|H_{ij}(\omega)\right|^2 \tag{8.128}$$

由式(8.123)可知,上式虚拟响应与虚拟响应共轭的乘积即为在 $f_j(t)$ 作用下第 i 个自由度上响应的功率谱密度函数,即

$$\tilde{x}_i^*(t)\tilde{x}_i(t)=S_{x_i}(\omega) \tag{8.129}$$

这就给响应的自谱计算提供另外一条道路,计算系统在式(8.125)的虚拟激励作用下的响应,将响应的计算结果取其模值的平方,即为系统真实的待求响应的功率谱密度函数。

对照单输入问题的分析公式有

$$\tilde{x}_i^*(t)\tilde{f}_j(t)=\sqrt{S_{f_j}(\omega)}H_{ij}^*(\omega)\mathrm{e}^{-\mathrm{i}\omega t}\sqrt{S_{f_j}(\omega)}\mathrm{e}^{\mathrm{i}\omega t}=S_{f_j}(\omega)H_{ij}^*(\omega)=S_{x_if_j}(\omega) \tag{8.130}$$

$$\tilde{f}_j^*(t)\tilde{x}_i(t)=\sqrt{S_{f_j}(\omega)}\mathrm{e}^{-\mathrm{i}\omega t}\sqrt{S_{f_j}(\omega)}H_{ij}(\omega)\mathrm{e}^{\mathrm{i}\omega t}=S_{f_j}(\omega)H_{ij}(\omega)=S_{f_jx_i}(\omega) \tag{8.131}$$

$$\begin{aligned}\tilde{x}_1^*(t)\tilde{x}_2(t)=&\sqrt{S_{f_j}(\omega)}H_{1j}^*(\omega)\mathrm{e}^{-\mathrm{i}\omega t}\sqrt{S_{f_j}(\omega)}H_{2j}(\omega)\mathrm{e}^{\mathrm{i}\omega t}=\\&H_{1j}^*(\omega)S_{f_j}(\omega)H_{2j}(\omega)=S_{x_1x_2}(\omega)\end{aligned} \tag{8.132}$$

$$\begin{aligned}\tilde{x}_2^*(t)\tilde{x}_1(t)=&\sqrt{S_{f_j}(\omega)}H_{2j}^*(\omega)\mathrm{e}^{-\mathrm{i}\omega t}\sqrt{S_{f_j}(\omega)}H_{1j}(\omega)\mathrm{e}^{\mathrm{i}\omega t}=\\&H_{1j}(\omega)S_{f_j}(\omega)H_{2j}^*(\omega)=S_{x_2x_1}(\omega)\end{aligned} \tag{8.133}$$

用矩阵形式表示有

$$\tilde{\boldsymbol{x}}^*\cdot\tilde{\boldsymbol{x}}^{\mathrm{T}}=\boldsymbol{S}_x(\omega) \tag{8.134}$$

$$\tilde{\boldsymbol{x}}^*\cdot\tilde{\boldsymbol{f}}^{\mathrm{T}}=\boldsymbol{S}_{xf}(\omega) \tag{8.135}$$

$$\tilde{\boldsymbol{f}}^*\cdot\tilde{\boldsymbol{x}}^{\mathrm{T}}=\boldsymbol{S}_{fx}(\omega) \tag{8.136}$$

对两自由度问题有

$$\boldsymbol{f}=\begin{Bmatrix}f_1\\f_2\end{Bmatrix},\quad \boldsymbol{x}=\begin{Bmatrix}x_1\\x_2\end{Bmatrix} \tag{8.137}$$

$$\tilde{\boldsymbol{x}}=\begin{Bmatrix}\tilde{x}_1\\\tilde{x}_2\end{Bmatrix},\quad \tilde{\boldsymbol{x}}^*=\begin{Bmatrix}\tilde{x}_1^*\\\tilde{x}_2^*\end{Bmatrix},\quad \tilde{\boldsymbol{f}}=\begin{Bmatrix}\tilde{f}_1\\\tilde{f}_2\end{Bmatrix},\quad \tilde{\boldsymbol{f}}^*=\begin{Bmatrix}\tilde{f}_1^*\\\tilde{f}_2^*\end{Bmatrix} \tag{8.138}$$

$$\tilde{\boldsymbol{x}}^*\cdot\tilde{\boldsymbol{x}}^{\mathrm{T}}=\begin{Bmatrix}\tilde{x}_1^*\\\tilde{x}_2^*\end{Bmatrix}\{\tilde{x}_1\quad\tilde{x}_2\}=\begin{bmatrix}\tilde{x}_1^*x_1&\tilde{x}_1^*x_2\\\tilde{x}_2^*\tilde{x}_1&\tilde{x}_2^*\tilde{x}_2\end{bmatrix}=\begin{bmatrix}S_{x_1}(\omega)&S_{x_1x_2}(\omega)\\S_{x_2x_1}(\omega)&S_{x_2}(\omega)\end{bmatrix}=\boldsymbol{S}_x(\omega) \tag{8.139}$$

$$\tilde{\boldsymbol{x}}^*\cdot\tilde{\boldsymbol{f}}^{\mathrm{T}}=\begin{Bmatrix}\tilde{x}_1^*\\\tilde{x}_2^*\end{Bmatrix}\{\tilde{f}_1\quad\tilde{f}_2\}=\begin{bmatrix}\tilde{x}_1^*\tilde{f}_1&\tilde{x}_1^*\tilde{f}_2\\\tilde{x}_2^*\tilde{f}_1&\tilde{x}_2^*\tilde{f}_2\end{bmatrix}=\begin{bmatrix}S_{x_1f_1}(\omega)&S_{x_1f_2}(\omega)\\S_{x_2f_1}(\omega)&S_{x_2f_2}(\omega)\end{bmatrix}=\boldsymbol{S}_{xf}(\omega) \tag{8.140}$$

$$\tilde{\boldsymbol{f}}^* \cdot \tilde{\boldsymbol{x}}^{\mathrm{T}}=\begin{Bmatrix}\tilde{f}_1^* \\ \tilde{f}_2^*\end{Bmatrix}\{\tilde{x}_1 \quad \tilde{x}_2\}=\begin{bmatrix}\tilde{f}_1^* \tilde{x}_1 & \tilde{f}_1^* \tilde{x}_2 \\ \tilde{f}_2^* \tilde{x}_1 & \tilde{f}_2^* \tilde{x}_2\end{bmatrix}=\begin{bmatrix}S_{f_1x_1}(\omega) & S_{f_1x_2}(\omega) \\ S_{f_2x_1}(\omega) & S_{f_2x_2}(\omega)\end{bmatrix}=\boldsymbol{S}_{fx}(\omega) \tag{8.141}$$

对多自由度问题响应的自谱矩阵的计算，就简化为虚拟响应向量的共轭与其本身转置的点积，激励与响应的互谱矩阵计算就简化为虚拟激励力的共轭与虚拟响应转置的点积，响应与激励的互谱矩阵简化为虚拟向量的共轭与虚拟激励转置的点积。

例 8.14　对下述方程描述的单自由度系统：

$$\ddot{x}+\dot{x}+2x=f(t)$$

其中 $f(t)$ 为白噪声，且 $S_f(\omega)=S_0$，用虚拟激励方法计算系统随机响应自谱密度函数。

解　构造虚拟激励 $\sqrt{S_0}\,\mathrm{e}^{\mathrm{i}\omega t}$，则用虚拟的激励和响应表示的运动方程为

$$\ddot{\tilde{y}}+\dot{\tilde{y}}+2\tilde{y}=\sqrt{S_0}\,\mathrm{e}^{\mathrm{i}\omega t}$$

虚拟响应为

$$\tilde{y}=\frac{\sqrt{S_0}}{2-\omega^2+i\omega}\mathrm{e}^{\mathrm{i}\omega t}$$

$$S_x(\omega)=\tilde{y}^*\tilde{y}=\sqrt{S_0}\left|\frac{1}{2-\omega^2+i\omega}\right|^*\cdot\sqrt{S_0}\,\frac{1}{2-\omega^2+i\omega}=S_0\left|\frac{1}{2-\omega^2+i\omega}\right|^2$$

例 8.15　以结构受地震产生的水平方向均匀一致的平稳随机激励力为例，说明虚拟激励方法的效果。

解　假设结构的跨度很小，原结构所有地面节点均按照同一加速度 $\ddot{x}_g(t)$ 运动，不考虑其相位差。结构离散化的控制方程为

$$\boldsymbol{M}\ddot{\boldsymbol{x}}+\boldsymbol{C}\dot{\boldsymbol{x}}+\boldsymbol{K}\boldsymbol{x}=-\boldsymbol{M}\boldsymbol{E}\ddot{x}_g(t)$$

$\boldsymbol{E}$ 为惯性力指示向量，通常在地面建立水平 Oxy 坐标系，若地震加速度方向仅沿系统的 x 方向，则 $\boldsymbol{E}=\boldsymbol{E}_x$，$\boldsymbol{E}_x$ 的元素由 0，1 构成，其中的 0 元素表示质量单元，即集中的质量单元相对于 x 方向不产生惯性力。对于水平 y 方向的地震 $\boldsymbol{E}=\boldsymbol{E}_y$，同样 $\boldsymbol{E}_y$ 也是由 0，1 构成的向量，0，1 的含义同 $\boldsymbol{E}_x$ 中的 0，1 的含义。对于一般情况，地震水平地面加速度方向与 x 轴成 α 角，则有 $\boldsymbol{E}=\boldsymbol{E}_x\cos\alpha+\boldsymbol{E}_y\sin\alpha$。

对于实际的工程问题，有限元离散化以后问题的规模通常都很大，即便使用大型商用有限元分析软件，也只能相对精确地求出其较低阶的特征值与特征向量，另外也是由于实际结构的振动也只有有限个低频有主要的影响，因此，出于这个原因，对于实际问题的分析通常都采取模态截断的方法进行数值分析。即先求出结构的前 m 阶特征对 ω_r^2，$\boldsymbol{\varphi}_r$，$r=1$，2，…，m（$m\ll n$，n 为有限元离散后结构的总自由度数）。

$$\boldsymbol{K}_{n\times n}\boldsymbol{\Phi}_{n\times m}=\boldsymbol{M}_{n\times n}\boldsymbol{\Phi}_{n\times m}\boldsymbol{\Omega}^2_{m\times m}$$

其中 $\boldsymbol{\Omega}^2=\mathrm{diag}(\omega_1^2,\omega_2^2,\cdots,\omega_m^2)$ 为截断后的固有频率矩阵，$\boldsymbol{\Phi}=\{\boldsymbol{\varphi}_1,\boldsymbol{\varphi}_2,\cdots,\boldsymbol{\varphi}_m\}$ 为截断后的模态矩阵，所求的前 m 阶特征对满足上述特征方程。令

$$\boldsymbol{x}(t)=\boldsymbol{\Phi}\boldsymbol{q}(t)=\sum_{r=1}^{m}\boldsymbol{\varphi}_r q_r(t)$$

代入离散化的控制方程有

$$\boldsymbol{M\Phi}\ddot{\boldsymbol{q}}(t)+\boldsymbol{C\Phi}\dot{\boldsymbol{q}}(t)+\boldsymbol{K\Phi q}(t)=-\boldsymbol{ME}\ddot{x}_g(t)$$

前乘 $\boldsymbol{\Phi}^{\mathrm{T}}$

$$\boldsymbol{\Phi}^{\mathrm{T}}\boldsymbol{M\Phi}\ddot{\boldsymbol{q}}(t)+\boldsymbol{\Phi}^{\mathrm{T}}\boldsymbol{C\Phi}\dot{\boldsymbol{q}}(t)+\boldsymbol{\Phi}^{\mathrm{T}}\boldsymbol{K\Phi q}(t)=-\boldsymbol{\Phi}^{\mathrm{T}}\boldsymbol{ME}\ddot{x}_g(t)$$

$$\boldsymbol{\Phi}^{\mathrm{T}}\boldsymbol{M\Phi}=\mathrm{diag}(m_1,m_2,\cdots,m_m)$$

$$\boldsymbol{\Phi}^{\mathrm{T}}\boldsymbol{C\Phi}=\mathrm{diag}(c_1,c_2,\cdots,c_m)$$

$$\boldsymbol{\Phi}^{\mathrm{T}}\boldsymbol{K\Phi}=\mathrm{diag}(k_1,k_2,\cdots,k_m)$$

通常 $\boldsymbol{\Phi}$ 是质量归一化的，方程解耦为 m 个相互独立的单自由度方程：

$$\ddot{q}_r+2\zeta_r\omega_r\dot{q}_r+\omega_r^2q_r=-\gamma_r\ddot{x}_g(t)\quad r=1,2,\cdots,m$$

其中 $\gamma_r=\boldsymbol{\varphi}_r^{\mathrm{T}}\boldsymbol{ME}$，利用杜哈梅积分公式有

$$q_r(t)=\int_{-\infty}^{+\infty}h_r(\tau)\left(-\gamma_r\ddot{x}_g(t-\tau)\right)\mathrm{d}\tau=-\gamma_r\int_{-\infty}^{+\infty}h_r(\tau)\ddot{x}_g(t-\tau)\mathrm{d}\tau$$

则

$$\boldsymbol{x}(t)=\sum_{r=1}^{m}\boldsymbol{\varphi}_rq_r=-\sum_{r=1}^{m}\gamma_r\boldsymbol{\varphi}^r\int_{-\infty}^{+\infty}h_r(\tau)\ddot{x}_g(t-\tau)\mathrm{d}\tau$$

响应的自相关函数为

$$\begin{aligned}\boldsymbol{R}_x(\tau)=&E[\boldsymbol{x}(t)\cdot\boldsymbol{x}^{\mathrm{T}}(t+\tau)]=E\Big[\sum_{r=1}^{m}\gamma_r\boldsymbol{\varphi}_r\int_{-\infty}^{+\infty}h_r(\tau_1)\ddot{x}_g(t-\tau_1)\mathrm{d}\tau_1\cdot\\&\sum_{k=1}^{m}\gamma_k\boldsymbol{\varphi}_k^{\mathrm{T}}\int_{-\infty}^{+\infty}h_k(\tau_2)\ddot{x}_g(t+\tau-\tau_2)\mathrm{d}\tau_2\Big]=\\&\sum_{r=1}^{m}\sum_{k=1}^{m}\gamma_r\gamma_k\boldsymbol{\varphi}_r\boldsymbol{\varphi}_k^{\mathrm{T}}\int_{-\infty}^{+\infty}\int_{-\infty}^{+\infty}h_r(\tau_1)h_k(\tau_2)E[\ddot{x}_g(t-\tau_1)\ddot{x}_g(t+\tau-\tau_2)]\mathrm{d}\tau_1\mathrm{d}\tau_2=\\&\sum_{r=1}^{m}\sum_{k=1}^{m}\gamma_r\gamma_k\boldsymbol{\varphi}_r\boldsymbol{\varphi}_k^{\mathrm{T}}\int_{-\infty}^{+\infty}\int_{-\infty}^{+\infty}h_r(\tau_1)h_k(\tau_2)R_{\ddot{x}_g}(\tau+\tau_1-\tau_2)\mathrm{d}\tau_1\mathrm{d}\tau_2\end{aligned}$$

对应的功率谱密度函数为

$$\boldsymbol{S}_x(\omega)=F[\boldsymbol{R}_x(\tau)]=\sum_{r=1}^{m}\sum_{k=1}^{m}\gamma_r\gamma_k\boldsymbol{\varphi}_r\boldsymbol{\varphi}_k^{\mathrm{T}}H_r^*(\omega)S_{\ddot{x}_g(\omega)}H_k(\omega)\tag{8.142}$$

这样对于大型复杂结构由于 $m\ll n$，因此使用模态截断方法已经大大减少了数量。这种方法称为 CQC(Complete quadratic com bination，完全二次结合)，但是对于大型复杂结构来说上式的计算量还是很大的，在工程上都推荐使用忽略式中的交叉项的做法，也就是忽略不同阶振型之间的耦合，这样上式就变为

$$\boldsymbol{S}_x(\omega)=\sum_{r=1}^{m}\gamma_r^2\boldsymbol{\varphi}_r\boldsymbol{\varphi}_r^{\mathrm{T}}\left|H_r^2(\omega)\right|S_{\ddot{x}_g(\omega)}\tag{8.143}$$

这种方法称为 SRSS(square root of the sum of squares，就是平方和开平方的方法)。但这种工程化的处理思路仅对参振频率稀疏、且各阶阻尼比都很小的结构才可用，对这个问题有学者做了详细的分析，对于阻尼比为 0.05，固有频率差达到 3 倍以上，此时两种方法仅差 1%，也就是可以忽略不同振型之间的耦合。对于大部分结构来说，还只能用原式，即只能用 CQC 方法。

对此问题使用虚拟激励方法，利用已知的地面加速度自谱 $S_{\ddot{x}_g}(\omega)$，构造虚拟激励

$$\tilde{\ddot{x}}_g(t)=\sqrt{S_{\ddot{x}_g}(\omega)}\,\mathrm{e}^{\mathrm{i}\omega t}$$

利用前述分解步骤有

$$\ddot{\tilde{q}}_r+2\xi_r\omega_r\dot{\tilde{q}}_r+\omega_r^2\tilde{q}_r=-\gamma_r\sqrt{S_{\ddot{x}_g}(\omega)}\,\mathrm{e}^{\mathrm{i}\omega t}$$

得到的响应用 $\tilde{\boldsymbol{x}}(t)$ 表示为

$$\tilde{\boldsymbol{x}}(t)=\sum_{r=1}^{m}\boldsymbol{\varphi}_r\tilde{q}_r(t)=\sum_{r=1}^{m}-\gamma_r\sqrt{S_{\ddot{x}_g}(\omega)}\,H_r\mathrm{e}^{\mathrm{i}\omega t}\boldsymbol{\varphi}_r$$

利用虚拟激励法得到响应的自功率谱密度函数为

$$\boldsymbol{S}_x(\omega)=\tilde{\boldsymbol{x}}^*\cdot\tilde{\boldsymbol{x}}^{\mathrm{T}}$$

首先分析该方法与 CQC 方法计算精度上的等价性，由上式可知，用虚拟激励法计算的 $\boldsymbol{S}_x(\omega)$ 为

$$\boldsymbol{S}_x(\omega)=\tilde{\boldsymbol{x}}^*\cdot\tilde{\boldsymbol{x}}^{\mathrm{T}}=\left(-\sum_{r=1}^{m}\gamma_r\sqrt{S_{\ddot{x}_g}(\omega)}\,H_r^*\,\mathrm{e}^{-\mathrm{i}\omega t}\boldsymbol{\varphi}_r\right)\cdot\left(-\sum_{k=1}^{m}\gamma_k\sqrt{S_{\ddot{x}_g}(\omega)}\,H_k\mathrm{e}^{\mathrm{i}\omega t}\boldsymbol{\varphi}_k^{\mathrm{T}}\right)=$$

$$\sum_{r=1}^{m}\sum_{k=1}^{m}\gamma_r\gamma_kS_{\ddot{x}_g}(\omega)H_r^*H_k\boldsymbol{\varphi}_r\cdot\boldsymbol{\varphi}_k^{\mathrm{T}}\tag{8.144}$$

与 CQC 方法的结果完全一样。

然后分析各种方法的计算效率。记 $\boldsymbol{Z}_r=\gamma_rH_r\sqrt{S_{\ddot{x}_g}(\omega)}\,\boldsymbol{\varphi}_r$，则 3 种计算方法的响应自功率谱密度函数的计算公式变为：

CQC 方法：

$$\boldsymbol{S}_x=\sum_{r=1}^{m}\sum_{k=1}^{m}\boldsymbol{Z}_r^*\boldsymbol{Z}_k^{\mathrm{T}}\tag{8.145}$$

SRSS 方法

$$\boldsymbol{S}_x=\sum_{r=1}^{m}\boldsymbol{Z}_r^*\boldsymbol{Z}_r^{\mathrm{T}}\tag{8.146}$$

虚拟激励方法

$$\boldsymbol{S}_x=\left(\sum_{r=1}^{m}\boldsymbol{Z}_r\right)^*\left(\sum_{k=1}^{m}\boldsymbol{Z}_k\right)^{\mathrm{T}}\tag{8.147}$$

显然 CQC 方法需要进行 m^2 次向量相乘。SRSS 方法需要 m 次向量相乘。而虚拟激励方法仅仅需要一次向量相乘，精度与 CQC 方法完全一样，因此也可以称该法为快速 CQC 方法。对于大型复杂工程结构，该方法可以大大提高计算效率。

此外，该方法已经证明在非比例阻尼问题、多点激励问题、非平稳非线性问题的研究中都可以得到较好的应用，都可以很大程度地提高计算效率。详见林家浩的著作[40]。

8.9 连续系统的随机响应

本书第 4 章已研究过有关杆、梁、板等连续体的响应问题，这一章将研究连续系统在分布随机荷载作用下的随机响应问题。为简明起见，这里着重研究均匀梁的随机响应问题，读者不难推广到其他连续系统。均匀梁的运动方程为

$$\rho\frac{\partial^2y(x,t)}{\partial t^2}+EJ\frac{\partial^4y(x,t)}{\partial x^4}=f(x,t)\tag{8.148}$$

式中，$f(x,t)$ 为各态历经随机激励；ρ 为梁的线密度；EJ 为梁的弯曲刚度。

可以从上式解得梁的固有频率 ω_r 和正则化模态 $Y_r(x)(r=1,2,\cdots)$，有

$$\int_0^L \rho Y_r(x)Y_s(x)\mathrm{d}x=\delta_{rs}$$

$$\int_0^L EJY_r(x)Y_s^{(4)}(x)\mathrm{d}x=\omega_r^2\delta_{rs}\quad (r,s=1,2,\cdots)\tag{8.149}$$

式中，δ_{rs} 为克洛尼克 δ 函数，$r=s$ 时等于 1，$r\neq s$ 时等于 0。作变换

$$y(x,t)=\sum_{r=1}^{\infty}Y_r(x)q_r(t)\tag{8.150}$$

可得到模态坐标下的微分方程

$$\ddot{q}_r(t)+\omega_r^2q_r(t)=f_r(t)\quad (r=1,2,\cdots)\tag{8.151}$$

其中

$$f_r(t)=\int_0^L Y_r(x)f(x,t)\mathrm{d}x\tag{8.152}$$

式(8.151)相对于下标 r 是一系列相对独立的方程，因此可以利用上节关于多自由度系统的随机响应理论建立模态荷载的互相关函数

$$\begin{aligned}R_{f_rf_s}(\tau)=&\lim_{T\to\infty}\frac{1}{T}\int_{-\frac{T}{2}}^{\frac{T}{2}}f_r(t)f_s(t+\tau)\mathrm{d}t=\\&\lim_{T\to\infty}\frac{1}{T}\int_{-\frac{T}{2}}^{\frac{T}{2}}\left[\int_0^L Y_r(x)f(x,t)\mathrm{d}x\times\int_0^L Y_s(x')f(x',t+\tau)\mathrm{d}x'\right]\mathrm{d}t=\\&\int_0^L\int_0^L Y_r(x)Y_s(x')\times\left[\lim_{T\to\infty}\frac{1}{T}\int_{-\frac{T}{2}}^{\frac{T}{2}}f(x,t)f(x',t+\tau)\mathrm{d}t\right]\mathrm{d}x\mathrm{d}x'=\\&\int_2^L\int_2^L Y_r(x)Y_s(x')R_{f_xf_{x'}}(x,x',\tau)\mathrm{d}x\mathrm{d}x'\end{aligned}\tag{8.153}$$

其中

$$R_{f_xf_{x'}}(x,x',\tau)=\lim_{T\to\infty}\frac{1}{T}\int_{-\frac{T}{2}}^{\frac{T}{2}}f(x,t)f(x',t+\tau)\mathrm{d}t\tag{8.154}$$

称为荷载的空间分布互相关函数。将式(8.153)作傅氏变换可得模态荷载的互谱密度函数

$$\begin{aligned}S_{f_rf_s}(\omega)=&\int_{-\infty}^{\infty}\left[\int_0^L\int_0^L Y_r(x)Y_s(x')R_{f_xf_{x'}}(x,x',\tau)\mathrm{d}x\mathrm{d}x'\right]\mathrm{e}^{-\mathrm{j}\omega t}\mathrm{d}\tau=\\&\int_0^L\int_0^L Y_r(x)Y_s(x')\left[\int_{-\infty}^{\infty}R_{f_xf_{x'}}(x,x',\tau)\mathrm{e}^{-\mathrm{j}\omega t}\mathrm{d}\tau\right]\mathrm{d}x\mathrm{d}x'=\\&\int_0^L\int_0^L Y_r(x)Y_s(x')S_{f_xf_{x'}}(x,x',\omega)\mathrm{d}x\mathrm{d}x'\end{aligned}\tag{8.155}$$

其中

$$S_{f_xf_{x'}}(x,x',\omega)=\int_{-\infty}^{\infty}R_{f_xf_{x'}}(x,x',\tau)\mathrm{e}^{-\mathrm{j}\omega t}\mathrm{d}\tau$$

称为荷载的空间分布互谱密度函数。

响应的空间分布互相关函数为

$$\begin{aligned}R_{y_xy_{x'}}(x,x',\tau)=&\lim_{T\to\infty}\frac{1}{T}\int_{-\frac{T}{2}}^{\frac{T}{2}}y(x,t)y(x',t+\tau)\mathrm{d}t=\\&\lim_{T\to\infty}\frac{1}{T}\int_{-\frac{T}{2}}^{\frac{T}{2}}\left[\sum_{r=1}^{\infty}Y_r(x)q_r(t)\right]\left[\sum_{s=1}^{\infty}Y_s(x')q_s(t+\tau)\right]\mathrm{d}t=\end{aligned}$$

$$\sum_{r=1}^{\infty}\sum_{s=1}^{\infty}Y_r(x)Y_s(x')R_{q_rq_s}(\tau) \tag{8.156}$$

式中,$R_{q_rq_s}(\tau)$ 为模态响应的互相关函数。有

$$R_{q_rq_s}(\tau)=\lim_{T\to\infty}\frac{1}{T}\int_{-\frac{T}{2}}^{\frac{T}{2}}q_r(t)q_s(t+\tau)\mathrm{d}t \tag{8.157}$$

不难证明

$$R_{q_rq_s}(\tau)=\frac{1}{2\pi}\int_{-\infty}^{\infty}H_r^*(\omega)H_s(\omega)S_{f_rf_s}(\omega)\mathrm{e}^{\mathrm{j}\omega\tau}\mathrm{d}\omega \tag{8.158}$$

式中,$H_r(\omega)$,$H_s(\omega)$ 为模态频响函数。

将式(8.158)代入式(8.156)得

$$R_{y_xy_{x'}}(x,x',\tau)=\frac{1}{2\pi}\sum_{r=1}^{\infty}\sum_{s=1}^{\infty}Y_r(x)Y_s(x')\int_{-\infty}^{\infty}H_r^*(\omega)H_s(\omega)S_{f_rf_s}(\omega)\mathrm{e}^{\mathrm{j}\omega\tau}\mathrm{d}\omega \tag{8.159}$$

若 $x'=x$,得响应的自相关函数

$$R_y(x,\tau)=\frac{1}{2\pi}\sum_{r=1}^{\infty}\sum_{s=1}^{\infty}Y_r(x)Y_s(x)\int_{-\infty}^{\infty}H_r^*(\omega)H_s(\omega)S_{f_rf_s}(\omega)\mathrm{e}^{\mathrm{j}\omega\tau}\mathrm{d}\omega \tag{8.160}$$

若 $\tau=0$,得坐标点 x 的响应的均方值

$$R_y(x,0)=\frac{1}{2\pi}\sum_{r=1}^{\infty}\sum_{s=1}^{\infty}Y_r(x)Y_s(x)\int_{-\infty}^{\infty}H_r^*(\omega)H_s(\omega)S_{f_rf_s}(\omega)\mathrm{d}\omega \tag{8.161}$$

在已知输入求输出的随机响应问题中,一般已知输入谱 $S_{f_xf_{x'}}(x,x',\omega)$,因此可用式(8.155)求出模态谱 $S_{f_rf_s}(\omega)$,再利用式(8.159)~(8.161),求响应的统计值。

前述用时间平均进行公式推导,下面用集合平均方式给出同样的结果。

对(8.151)利用杜哈梅积分有

$$q_r(t)=\int_{-\infty}^{+\infty}h_r(\tau)f_r(t-\tau)\mathrm{d}\tau \tag{8.162}$$

则有物理坐标下的响应表达式为

$$y(x,t)=\sum_{r=1}^{\infty}Y_r(x)\int_{-\infty}^{+\infty}h_r(\tau)f_r(t-\tau)\mathrm{d}\tau \tag{8.163}$$

由该式可得响应的自相关函数为

$$\begin{aligned}R_y(x,\tau)&=E[y(x,t)y(x,t+\tau)]=\\&E[\sum_{r=1}^{\infty}Y_r(x)\int_{-\infty}^{+\infty}h_r(\tau_1)f_r(t-\tau_1)\mathrm{d}\tau_1\sum_{s=1}^{\infty}Y_s(x)\int_{-\infty}^{+\infty}h_s(\tau_2)f_s(t+\tau-\tau_2)\mathrm{d}\tau_2]=\\&\sum_{s=1}^{\infty}\sum_{r=1}^{\infty}Y_r(x)Y_s(x)\int_{-\infty}^{+\infty}\int_{-\infty}^{+\infty}h_r(\tau_1)h_s(\tau_2)E[f_r(t-\tau_1)f_s(t+\tau-\tau_2)]\mathrm{d}\tau_1\mathrm{d}\tau_2=\\&\sum_{s=1}^{\infty}\sum_{r=1}^{\infty}Y_r(x)Y_s(x)\int_{-\infty}^{+\infty}\int_{-\infty}^{+\infty}h_r(\tau_1)h_s(\tau_2)R_{f_sf_r}(t+\tau_1-\tau_2)\mathrm{d}\tau_1\mathrm{d}\tau_2=\\&\sum_{s=1}^{\infty}\sum_{r=1}^{\infty}Y_r(x)Y_s(x)R_{q_rq_s}(\tau)\end{aligned} \tag{8.164}$$

由其中的模态坐标下的响应的相关函数与激励的相关函数关系

$$R_{q_rq_s}(\tau)=\int_{-\infty}^{+\infty}\int_{-\infty}^{+\infty}h_r(\tau_1)h_s(\tau_2)R_{f_rf_s}(\tau+\tau_1-\tau_2)\mathrm{d}\tau_1\mathrm{d}\tau_2 \tag{8.165}$$

可推出

$$S_{q_rq_s}(\omega)=H_r^*(\omega)H_s(\omega)S_{f_rf_s}(\omega) \tag{8.166}$$

证：

$$S_{q_rq_s}(\omega)=\int_{-\infty}^{+\infty}R_{q_rq_s}(\tau)e^{-i\omega\tau}d\tau=$$

$$\int_{-\infty}^{+\infty}\int_{-\infty}^{+\infty}\int_{-\infty}^{+\infty}h_r(\tau_1)h_s(\tau_2)R_{f_rf_s}(\tau+\tau_1-\tau_2)e^{-i\omega(\tau+\tau_1-\tau_2)}e^{i\omega(\tau_1-\tau_2)}d\tau_1d\tau_2d\tau=$$

$$S_{f_rf_s}(\omega)\int_{-\infty}^{+\infty}\int_{-\infty}^{+\infty}h_r(\tau_1)h_s(\tau_2)e^{i\omega(\tau_1-\tau_2)}d\tau_1d\tau_2=S_{f_rf_s}(\omega)H_r^*(\omega)H_s(\omega)$$

所以有物理空间的响应的自谱为

$$S_y(x,\omega)=\sum_{r=1}^{\infty}\sum_{s=1}^{\infty}Y_r(x)Y_s(x)S_{q_rq_r}(\omega)=$$

$$\sum_{r=1}^{\infty}\sum_{s=1}^{\infty}Y_r(x)Y_s(x)H_r^*(\omega)H_s(\omega)S_{f_rf_s}(\omega) \tag{8.167}$$

下面要给出模态激励力与物理空间上的激励力之间的关系，由模态激励力相关函数的定义有

$$R_{f_rf_s}(\tau)=E[f_r(t)f_s(t+\tau)]=$$

$$E\left[\int_0^lY_r(x_1)f(x_1,t)dx_1\int_0^lY_s(x_2)f(x_2,t+\tau)dx_2\right]=$$

$$\int_0^l\int_0^lY_r(x_1)Y_s(x_2)E[f(x_1,t)f(x_2,t+\tau)]dx_1dx_2=$$

$$\int_0^l\int_0^lY_r(x_1)Y_s(x_2)R_f(x_1,x_2,\tau)dx_1dx_2 \tag{8.168}$$

其中 $R_f(x_1,x_2,\tau)$ 表示梁上不同位置上的载荷之间的相关函数，与式(8.159) 类似，接着可以通过上式得到不同模态激振力之间的功率谱密度函数为

$$S_{f_rf_s}(\omega)=F[R_{f_rf_s}(\tau)]=\int_0^l\int_0^lY_r(x_1)Y_s(x_2)S_f(x_1,x_2,\omega)dx_1dx_2 \tag{8.169}$$

上式建立了不同模态激振力之间的功率谱密度函数与物理空间上的激励力在不同位置上的互谱密度函数之间的联系。

在物理空间也同样定义有不同位置处响应的互相关函数和互功率谱密度函数，并可以建立与对应的模态空间上的相关函数和功率谱密度函数的关系如下：

$$R_{y(x_1,t)y(x_2,t)}=R_{y_1y_2}(\tau)=E[y(x_1,t)y(x_2,t+\tau)]=$$

$$E\left[\sum_{r=1}^{\infty}Y_r(x_1)\int_{-\infty}^{+\infty}h_r(\tau_1)f_r(t-\tau_1)d\tau_1\cdot\right.$$

$$\left.\sum_{s=1}^{\infty}Y_s(x_2)\int_{-\infty}^{+\infty}h_s(\tau_2)f_s(t+\tau-\tau_2)d\tau_2\right]=$$

$$\sum_{r=1}^{\infty}\sum_{s=1}^{\infty}Y_r(x_1)Y_s(x_2)\int_{-\infty}^{+\infty}\int_{-\infty}^{+\infty}h_r(\tau_1)h_s(\tau_2)E[f_r(t-\tau_1)f_s(t+\tau-\tau_2)]d\tau_1d\tau_2=$$

$$\sum_{r=1}^{\infty}\sum_{s=1}^{\infty}Y_r(x_1)Y_s(x_2)\int_{-\infty}^{+\infty}\int_{-\infty}^{+\infty}h_r(\tau_1)h_s(\tau_2)R_{f_rf_s}(\tau+\tau_1-\tau_2)d\tau_1d\tau_2=$$

$$\sum_{r=1}^{\infty}\sum_{s=1}^{\infty}Y_r(x_1)Y_s(x_2)R_{q_rq_s}(\tau) \tag{8.170}$$

不同位置上的互谱函数为

$$S_{y_1y_2}(x_1,x_2,\omega)=\sum_{r=1}^{\infty}\sum_{s=1}^{\infty}Y_r(x_1)Y_s(x_2)S_{q_rq_s}(\tau)=$$
$$\sum_{r=1}^{\infty}\sum_{s=1}^{\infty}Y_r(x_1)Y_s(x_2)H_r^*(\omega)H_s(\omega)S_{f_rf_s}(\tau)\tag{8.171}$$

例 8.16　在一均质等截面简支梁上作用有一个集中力 $F(t)$，并假设为理想白噪声且 $S_f(\omega)=S_0$，分析其中点处响应 $x_p=\dfrac{l}{2}$ 的均方值。梁长为 l，单位长度质量为 ρ，抗弯刚度为 EJ，黏性阻尼系数为 c。

解　将集中力按如下方式处理成分布力：

$$f(x,t)=-F(t)\delta(x-x_p)$$

模态激励力为

$$f_r(t)=\int_0^l Y_r(x)f(x,t)\mathrm{d}x=\int_0^l [Y_r(x)(-F(t)\delta(x-x_p))]\mathrm{d}x=-F(t)Y_r(x_p)$$

$$R_{f_rf_s}(\tau)=E[f_r(t)f_s(t+\tau)]=E[F(t)Y_r(x_p)F(t+\tau)Y_s(x_p)]=$$
$$Y_r(x_p)Y_s(x_p)E[F(t)F(t+\tau)]=$$
$$Y_r(x_p)Y_s(x_p)R_f(\tau)$$

$$S_{f_rf_s}(\omega)=Y_r(x_p)Y_s(x_p)S_0$$

x_p 点挠度的自谱为

$$S_y(x_p,\omega)=\sum_{r=1}^{\infty}\sum_{s=1}^{\infty}Y_r(x_p)Y_s(x_p)H_r^*(\omega)H_s(\omega)S_{f_rf_s}(\omega)\tag{a}$$

对于简支梁，第 r 阶固有频率、质量归一化的振型和频率响应函数分别为

$$\omega_r=\left(\frac{r\pi}{l}\right)^2\sqrt{\frac{EJ}{\rho}}\tag{b}$$

$$Y_r(x)=\sqrt{\frac{2}{\rho l}}\sin\frac{r\pi x}{l}\tag{c}$$

$$H_r(\omega)=\frac{1}{\omega_r{}^2-\omega^2+2i\omega_r\zeta_r\omega}=\frac{\rho}{EJ\left(\frac{r\pi}{l}\right)^4-\rho\omega^2+ic\omega}\quad(r=1,2,3\cdots)\tag{d}$$

所以响应的均方值为

$$\psi_y^2(x_p)=R_y(x_p,0)=\frac{1}{2\pi}\int_{-\infty}^{+\infty}S_y(x_p,\omega)\mathrm{d}\omega=\frac{S_0}{2\pi}\sum_{r=1}^{\infty}\sum_{s=1}^{\infty}Y_r^2(x_p)Y_s^2(x_p)\int_{-\infty}^{+\infty}H_r^*(\omega)H_s(\omega)\mathrm{d}\omega\tag{e}$$

一般若阻尼比较小，前 n 阶固有频率分得也较开，则可忽略上式双重求和中的交叉乘积项得

$$\psi_y^2(x_p)=\frac{S_0}{2\pi}\sum_{r=1}^{\infty}Y_r^4(x_p)\int_{-\infty}^{+\infty}|H_r(\omega)|^2\mathrm{d}w\tag{f}$$

利用本章附录中积分公式可得

$$\int_{-\infty}^{+\infty}|H_r(\omega)|^2\mathrm{d}\omega=\frac{\pi\rho^2}{cEJ}\left(\frac{l}{r\pi}\right)^4\tag{g}$$

通常只关心一些特殊位置处，例如对简支梁问题，我们关心中点处的挠度的均方值，即取

$$x_p = \frac{l}{2}$$

则有并将式(c)、(d)、(g) 代入式(f) 得

$$\psi_y^2\left(\frac{l}{2}\right) = \frac{2l^2}{\pi^4}\frac{S_0}{cEJ}\sum_{r=1,3,5\cdots}^{\infty}\frac{1}{r^4} \tag{h}$$

注意，中点是偶数阶模态的节点，所以只有奇数阶模态对响应均方值有贡献，同时也能注意到高阶模态的贡献迅速减小。

习　　题

8.1　$X(t) = Ae^{\omega t}$，A 为随机变量，求 $X(t)$ 的 $\mu_x(t)$，$R_x(t_1, t_2)$，若有 $\mu_A = 0$，$\sigma_A^2 = 1$，考虑 $X(t)$ 的平稳性。

8.2　$X(t) = a_0\sin(\omega_0 t + \varepsilon)$，$\varepsilon$ 是在$[-\pi, \pi]$ 内均匀分布的随机变量，试判别它的平稳性。进一步考虑其关于均值和自相关函数的遍历性。

8.3　考虑 $X(t) = a\sin(\omega t + \varphi)$ 的平稳性，φ 为标准正态高斯分布的随机变量。

8.4　$X(t) = t^2 U$，$Y(t) = t^3 U$，U 是随机变量，且有 $D[U] = \sigma^2$，$\mu_u = \mu$，求 $C_{xy}(t_1, t_2)$。

8.5　图 8.25 动力减振器设计问题，作用在主质量上为随机激励力，并假设为理想白噪声，$S_f(\omega) = S_0$。设计上面的减震器参数以减小主质量的随机响应的均方值。

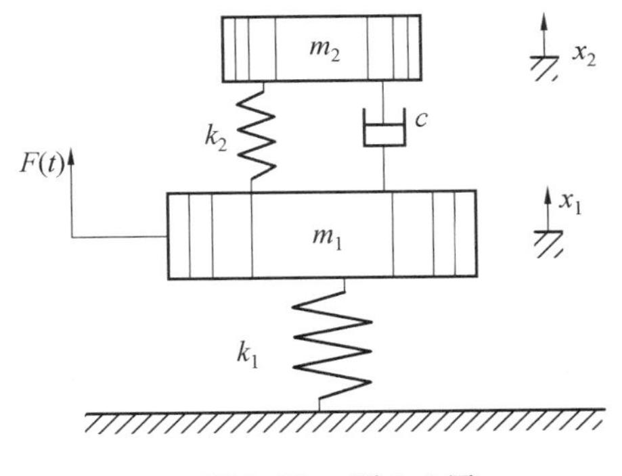

图 8.25　题 8.5 图

附录 1　例 8.8 单自由度系统响应自相关函数计算用积分

$$I_1 = \int_0^{+\infty} e^{-ax}\cos(bx)\,dx = \frac{a}{a^2 + b^2}$$

$$I_2 = \int_0^{\tau} e^{-ax}\cos(bx)\,dx = -\frac{1}{a}\left[\int_0^{\tau}\cos(bx)\ de^{-ax}\right] = \frac{-1}{a}\left[e^{-ax}\cos(bx)\Big|_0^{\tau} - \int_0^{\tau} e^{-ax}\,d\cos(bx)\right] =$$

$$-\frac{1}{a}(e^{-a\tau}\cos(b\tau) - 1) + \frac{b}{a^2}\left[e^{-ax}\sin(bx)\Big|_0^{\tau} - b\int_0^{\tau} e^{-ax}\cos(bx)\,dx\right] =$$

$$\frac{1}{a}(1 - e^{-a\tau}\cos(b\tau)) + \frac{b}{a^2}e^{-a\tau}\sin(b\tau) - \frac{b^2}{a^2}\int_0^{\tau} e^{-ax}\cos(bx)\,dx$$

可解出

$$I_2=\left[\frac{1}{a}(1-\mathrm{e}^{-a\tau}\cos(b\tau))+\frac{b}{a^2}\mathrm{e}^{-a\tau}\sin(b\tau)\right]\Big/\left(1+\frac{b^2}{a^2}\right)=\frac{a(1-\mathrm{e}^{-a\tau}\cos(b\tau))+b\mathrm{e}^{-a\tau}\sin(b\tau)}{a^2+b^2}$$

附录 2　计算频响函数类函数平方的积分

$$I_n=\int_{-\infty}^{\infty}|H_n(\omega)|^2\mathrm{d}\omega$$

$n=1$：　$H_1(\omega)=\dfrac{B_0}{A_0+\mathrm{i}\omega A_1},\ I_1=\dfrac{\pi B_0^2}{A_0A_1}$

$n=2$：　$H_2(\omega)=\dfrac{B_0+\mathrm{i}\omega B_1}{A_0+\mathrm{i}\omega A_1-\omega^2A_2},\ I_2=\dfrac{\pi(A_0B_1^2+A_2B_0^2)}{A_0A_1A_2}$

$n=3$：　$H_3(\omega)=\dfrac{B_0+\mathrm{i}\omega B_1-\omega^2B_2}{A_0+\mathrm{i}\omega A_1-\omega^2A_2-\mathrm{i}\omega^3A_3}$

$$I_3=\frac{\pi[A_0A_3(2B_0B_2+B_1^2)-A_0A_1B_2^2-A_2A_3B_0^2]}{A_0A_3(A_0A_3-A_1A_2)}$$

$n=4$：　$H_4(\omega)=\dfrac{B_0+\mathrm{i}\omega B_1-\omega^2B_2-\mathrm{i}\omega^3B_3}{A_0+\mathrm{i}\omega A_1-\omega^2A_2-\mathrm{i}\omega^3A_3+\omega^4A_4}$

$$I_4=\frac{\pi[A_0B_3^2(A_0A_3-A_1A_2)+A_0A_1A_4(2B_1B_3-B_2^2)-A_0A_3A_4(B_1^2-2B_0B_2)+A_4B_0^2(A_1A_4-A_2A_3)]}{A_0A_4(A_0A_3^2+A_1^2A_4-A_1A_2A_3)}$$

$n=5$：　$H_5(\omega)=\dfrac{B_0+\mathrm{i}\omega B_1-\omega^2B_2-\mathrm{i}\omega^3B_3+\omega^4B_4}{A_0+\mathrm{i}\omega A_1-\omega^2A_2-\mathrm{i}\omega^3A_3+\omega^4A_4+\mathrm{i}\omega^5A_5}$

$$I_5=\frac{\pi M}{N}$$

$$M=A_0B_4^2(A_0A_3^2+A_1^2A_4-A_0A_1A_5-A_1A_2A_3)+A_0A_5(2B_2B_4-B_3^2)(A_1A_2-A_0A_3)+A_0A_5(2B_0B_4-2B_1B_3+B_2^2)(A_0A_5-A_1A_4)+A_0A_5(2B_0B_2-B_1^2)(A_3A_4-A_2A_5)+A_5B_0^2(A_1A_4^2+A_2^2A_5-A_0A_4A_5-A_2A_3A_4)$$

$$N=A_0A_5(A_0^2A_5^2-2A_0A_1A_4A_5-A_0A_2A_3A_5+A_1A_2^2A_5+A_1^2A_4^2+A_0A_3^2A_4-A_1A_2A_3A_4)$$

第9章 模态分析与参数辨识

9.1 引 言

结构模态分析(modal analysis)是指用分析或试验的方法求结构的动力特性,它包括结构的固有频率、模态振型、模态阻尼比及其他模态参数(包括模态刚度、模态质量等)。结构的阻尼特性很难用计算方法得到,而求解系统固有频率和模态振型的数值方法已在第5章详细叙述,因此本章着重叙述试验模态分析与参数辨识,这是结构动力学的反问题——已知结构的输入输出求结构的自身特性。

数学模型是表征系统本征特性的数学描述,它能定量地描述系统的行为和预示未来事物的发展。数学模型可以是数学公式,也可以是数学表格、曲线或计算机程序等。由某些参数就能唯一地确定一个数学模型称为参数模型,例如在结构动力学中,线性离散系统的运动方程为

$$\boldsymbol{M}\ddot{\boldsymbol{X}} + \boldsymbol{C}\dot{\boldsymbol{X}} + \boldsymbol{K}\boldsymbol{X} = \boldsymbol{F} \tag{9.1}$$

式中,M,C和K为方程的参数,当我们知道这些参数后,就可建立一个数学模型。

建立参数模型的辨识称为参数辨识(parameter identification),此外还有非参数辨识,如传递函数和脉冲响应函数的辨识。参数辨识和非参数辨识统称为系统辨识。

方程(9.1)可用模态坐标解耦,建立模态坐标下的运动方程

$$\boldsymbol{m}_r\ddot{\boldsymbol{q}} + \boldsymbol{c}_r\dot{\boldsymbol{q}} + \boldsymbol{k}_r\boldsymbol{q} = \boldsymbol{F}_r \tag{9.2}$$

上式中参数$\boldsymbol{m}_r$,$\boldsymbol{c}_r$,$\boldsymbol{k}_r$以及模态阻尼比、固有频率和振型称为模态参数,对模态参数的辨识称为模态参数辨识。

由试验数据建立系统数学模型的方法称为系统辨识。一般地讲,所谓系统辨识,就是通过观测到的系统的输入、输出数据,对系统确定一个数学模型,使这个数学模型尽可能精确地反映系统的动态特性。

近代系统辨识方法都有一个估计准则,使数学模型按照这个准则尽可能反映系统的特性。估计准则有最小二乘估计、加权最小二乘估计、极大似然估计和贝叶斯估计(Bayes estimation)等。

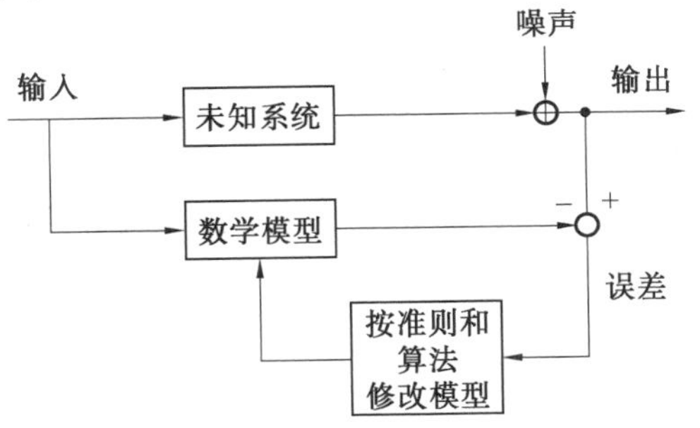

图9.1 系统辨识过程框图

图9.1用框图表示一个常用的系统辨识过程。该过程表示:对一个未知的实际系统,假定一个数学模型,对系统和模型给以同样的输入,比较系统和模型的输出误差,最后按一定的估计准则和算法来调整模型,使模型的误差最

小。因此,系统辨识过程也是模型的优化过程或建模的过程。这一过程现在都是由计算机来完成的。

9.2 复模态理论

在第2章求多自由度系统的响应问题中,认为系统的阻尼是比例阻尼,这是一种可解耦阻尼,其固有振型相对于阻尼矩阵也具有正交性,因此可用模态坐标使方程简化。这种理论称为实模态理论。如果阻尼矩阵不是比例阻尼或可解耦阻尼,则不能用无阻尼固有模态将方程解耦,这时必须用复模态解耦,称这方法为复模态理论(complex modal theory)。

对于一般黏性阻尼系统,在方程(9.1)的基础上再增加一恒等式得

$$\boldsymbol{M}\ddot{\boldsymbol{X}}+\boldsymbol{C}\dot{\boldsymbol{X}}+\boldsymbol{K}\boldsymbol{X}=\boldsymbol{F} \tag{9.3}$$

$$\boldsymbol{M}\dot{\boldsymbol{X}}-\boldsymbol{M}\dot{\boldsymbol{X}}=0 \tag{9.4}$$

将上式写成矩阵形式

$$\begin{bmatrix}\boldsymbol{C} & \boldsymbol{M}\\ \boldsymbol{M} & 0\end{bmatrix}\begin{bmatrix}\dot{\boldsymbol{X}}\\ \ddot{\boldsymbol{X}}\end{bmatrix}+\begin{bmatrix}\boldsymbol{K} & 0\\ 0 & -\boldsymbol{M}\end{bmatrix}\begin{bmatrix}\boldsymbol{X}\\ \dot{\boldsymbol{X}}\end{bmatrix}=\begin{bmatrix}\boldsymbol{F}\\ 0\end{bmatrix} \tag{9.5}$$

令式中

$$\boldsymbol{Y}=\begin{bmatrix}\boldsymbol{X}\\ \dot{\boldsymbol{X}}\end{bmatrix} \tag{9.6}$$

称 $\boldsymbol{Y}$ 为状态向量。式(9.5)可写为

$$\boldsymbol{A}\dot{\boldsymbol{Y}}+\boldsymbol{B}\boldsymbol{Y}=\boldsymbol{F} \tag{9.7}$$

上式称为状态方程,式中

$$\boldsymbol{A}=\begin{bmatrix}\boldsymbol{C} & \boldsymbol{M}\\ \boldsymbol{M} & 0\end{bmatrix}_{2n\times 2n},\quad \boldsymbol{B}=\begin{bmatrix}\boldsymbol{K} & 0\\ 0 & -\boldsymbol{M}\end{bmatrix}_{2n\times 2n} \tag{9.8}$$

若外力为零,则得自由振动方程

$$\boldsymbol{A}\dot{\boldsymbol{Y}}+\boldsymbol{B}\boldsymbol{Y}=0 \tag{9.9}$$

设上式的解为

$$\boldsymbol{Y}=\begin{bmatrix}\boldsymbol{\Psi}\\ \boldsymbol{\Psi}\lambda\end{bmatrix}\mathrm{e}^{\lambda t} \tag{9.10}$$

式中,矩阵 $\boldsymbol{\Psi}=[\boldsymbol{\psi}_1\quad \boldsymbol{\psi}_2\quad \cdots\quad \boldsymbol{\psi}_n]$,将它代入式(9.9)得

$$(\boldsymbol{A}\lambda+\boldsymbol{B})\begin{bmatrix}\boldsymbol{\Psi}\\ \boldsymbol{\Psi}\lambda\end{bmatrix}=0 \tag{9.11}$$

求解上式,可得 $2n$ 个复特征值和复特征向量,它们分别记为

$$\lambda_1,\lambda_2,\cdots,\lambda_n,\quad \lambda_1^*,\lambda_2^*,\cdots,\lambda_n^* \tag{9.12}$$

和

$$\begin{bmatrix}\boldsymbol{\psi}_1\\ \boldsymbol{\psi}_1\lambda_1\end{bmatrix},\begin{bmatrix}\boldsymbol{\psi}_2\\ \boldsymbol{\psi}_2\lambda_2\end{bmatrix},\cdots\begin{bmatrix}\boldsymbol{\psi}_n\\ \boldsymbol{\psi}_n\lambda_n\end{bmatrix},\quad \begin{bmatrix}\boldsymbol{\psi}_1^*\\ \boldsymbol{\psi}_1^*\lambda_1^*\end{bmatrix},\begin{bmatrix}\boldsymbol{\psi}_2^*\\ \boldsymbol{\psi}_2^*\lambda_2^*\end{bmatrix},\cdots,\begin{bmatrix}\boldsymbol{\psi}_n^*\\ \boldsymbol{\psi}_n^*\lambda_n^*\end{bmatrix} \tag{9.13}$$

令第 r 阶复模态形状为

$$\bar{\boldsymbol{\psi}}_r=\begin{bmatrix}\boldsymbol{\psi}_r\\ \boldsymbol{\psi}_r\lambda_r\end{bmatrix},\quad \bar{\boldsymbol{\psi}}_r^*=\begin{bmatrix}\boldsymbol{\psi}_r^*\\ \boldsymbol{\psi}_r^*\lambda_r^*\end{bmatrix}$$

则式(9.11) 可写为

$$(\boldsymbol{A}\lambda_r+\boldsymbol{B})\bar{\boldsymbol{\psi}}_r=0 \tag{9.14}$$

可以证明,复模态 $\bar{\boldsymbol{\psi}}_r$ 对矩阵 $\boldsymbol{A}$ 和 $\boldsymbol{B}$ 都具有正交性,即

$$\begin{aligned}\bar{\boldsymbol{\psi}}_r^{\mathrm{T}}\boldsymbol{A}\bar{\boldsymbol{\psi}}_s&=\delta_{rs}a_r\\ \bar{\boldsymbol{\psi}}_r^{\mathrm{T}}\boldsymbol{B}\bar{\boldsymbol{\psi}}_s&=\delta_{rs}b_r\end{aligned} \tag{9.15}$$

将式(9.14) 左乘 $\bar{\boldsymbol{\psi}}_r^{\mathrm{T}}$ 得

$$\bar{\boldsymbol{\psi}}_r^{\mathrm{T}}(\boldsymbol{A}\lambda_r+\boldsymbol{B})\bar{\boldsymbol{\psi}}_r=0$$

利用正交性得

$$a_r\lambda_r+b_r=0$$

解得

$$\lambda_r=-\frac{b_r}{a_r},\quad \lambda_r^*=-\frac{b_r^*}{a_r^*} \tag{9.16}$$

建立复模态矩阵

$$\begin{aligned}\bar{\boldsymbol{\psi}}&=[\bar{\boldsymbol{\psi}}_1\quad \bar{\boldsymbol{\psi}}_2\quad \cdots\quad \bar{\boldsymbol{\psi}}_n]\\ \bar{\boldsymbol{\psi}}^*&=[\bar{\boldsymbol{\psi}}_1^*\quad \bar{\boldsymbol{\psi}}_2^*\quad \cdots\quad \bar{\boldsymbol{\psi}}_n^*]\end{aligned}$$

作坐标变换

$$\boldsymbol{Y}=\begin{bmatrix}\boldsymbol{X}\\ \dot{\boldsymbol{X}}\end{bmatrix}=\begin{bmatrix}\boldsymbol{\Psi} & \boldsymbol{\Psi}^*\\ \boldsymbol{\Psi\Lambda} & \boldsymbol{\Psi}^*\boldsymbol{\Lambda}^*\end{bmatrix}\begin{bmatrix}\boldsymbol{Q}\\ \boldsymbol{Q}^*\end{bmatrix} \tag{9.17}$$

式中,$\boldsymbol{\Lambda}$ 为 λ_r 组成的复特征值对角阵,利用坐标变换式(9.17) 可将方程(9.9) 解耦,得

$$\begin{bmatrix}a_1 & & & & & \\ & \ddots & & & & \\ & & a_N & & & \\ & & & a_1^* & & \\ & & & & \ddots & \\ & & & & & a_N^*\end{bmatrix}\begin{bmatrix}\dot{\boldsymbol{Q}}\\ \boldsymbol{Q}^*\end{bmatrix}+\begin{bmatrix}b_1 & & & & & \\ & \ddots & & & & \\ & & b_N & & & \\ & & & b_1^* & & \\ & & & & \ddots & \\ & & & & & b_N^*\end{bmatrix}\begin{bmatrix}\boldsymbol{Q}\\ \boldsymbol{Q}^*\end{bmatrix}=0 \tag{9.18}$$

或写为

$$\left.\begin{aligned}a_r\dot{q}_r+b_rq_r&=0\\ a_r^*\dot{q}_r^*+b_r^*q_r^*&=0\end{aligned}\right.\quad (r=1,2,\cdots,n) \tag{9.19}$$

式中,q_r 为复模态坐标。

上两式的解为

$$\begin{aligned}q_r&=q_{r0}\mathrm{e}^{\lambda_rt}\\ q_r^*&=q_{r0}^*\mathrm{e}^{\lambda_r^*t}\end{aligned} \tag{9.20}$$

写成矩阵形式有

$$\begin{bmatrix} \boldsymbol{Q}(t) \\ \boldsymbol{Q}^*(t) \end{bmatrix} = \begin{bmatrix} e^{\lambda_1 t} & & & & & \\ & \ddots & & & & \\ & & e^{\lambda_n t} & & & \\ & & & e^{\lambda_1^* t} & & \\ & & & & \ddots & \\ & & & & & e^{\lambda_n^* t} \end{bmatrix} \begin{bmatrix} \boldsymbol{Q}_0 \\ \boldsymbol{Q}^* \end{bmatrix} \tag{9.21}$$

式中，$\boldsymbol{Q}_0$，$\boldsymbol{Q}_0^*$ 为模态位移的复振幅向量。

将上式代入式(9.17)得物理坐标下的位移和速度为

$$\boldsymbol{X} = \boldsymbol{\Psi} \begin{bmatrix} e^{\lambda_1 t} & & \\ & \ddots & \\ & & e^{\lambda_n t} \end{bmatrix} \boldsymbol{Q}_0 + \boldsymbol{\Psi}^* \begin{bmatrix} e^{\lambda_1 t} & & \\ & \ddots & \\ & & e^{\lambda_n^* t} \end{bmatrix} \boldsymbol{Q}_0^* \tag{9.22}$$

$$\dot{\boldsymbol{X}} = \boldsymbol{\Psi} \begin{bmatrix} \lambda_1 e^{\lambda_1 t} & & \\ & \ddots & \\ & & \lambda_n e^{\lambda_n t} \end{bmatrix} \boldsymbol{Q}_0 + \boldsymbol{\Psi}^* \begin{bmatrix} \lambda_1^* e^{\lambda_1^* t} & & \\ & \ddots & \\ & & \lambda_n^* e^{\lambda_n^* t} \end{bmatrix} \boldsymbol{Q}_0^* \tag{9.23}$$

对第 l 点的位移可写为

$$x_l(t) = \sum_{r=1}^{n} \psi_{er} e^{\lambda_1 t} q_{r0} + \sum_{r=1}^{n} \psi_{lr}^* e^{\lambda_r^* t} q_{r0}^* \tag{9.24}$$

式中，ψ，λ 和 q_0 均为复数，可表示为

$$\psi_{lr} = \eta_{lr} e^{j r_{lr}}, \quad q_{r0} = p_r e^{j\theta_r} \tag{9.25}$$
$$\lambda_r = -\alpha_r + j\beta_r$$

这样，式(9.24)可写为

$$x_l(t) = \sum_{r=a}^{n} \eta_{lr} p_r e^{-\alpha_r t} \left[e^{j(\beta_r t + r_{lr} + \theta_r)} + e^{-j(\beta_r t + r_{lr} + \theta_r)} \right] \tag{9.26a}$$

由欧拉公式将上式写为实数表达形式

$$x_l(t) = 2 \sum_{r=1}^{n} \eta_{lr} p_r e^{-\alpha_e t} \cos(\beta_r t + \theta_r + \gamma_{lr}) \tag{9.26b}$$

假设系统只做第 r 阶主振动，则系统各点的响应写成向量的形式为

$$\begin{bmatrix} x_1(t) \\ x_2(t) \\ \vdots \\ x_n(t) \end{bmatrix} = 2 p_r e^{-d_r t} \begin{cases} \eta_{1r} \cos(\beta_r t + \theta_r + \gamma_{1r}) \\ \eta_{2r} \cos(\beta_r t + \theta_r + \gamma_{2r}) \\ \vdots \\ \eta_{nr} \cos(\beta_r t + \theta_r + \gamma_{nr}) \end{cases} \tag{9.27}$$

从上式可看出，在复模态运动中各点的振动频率相同，但相位不一致。

复模态有以下特性：

(1) 共轭性

n 个自由度系统有 n 对复频率(特征值)λ_i，λ_i^* 和 n 对复模态(特征向量)$\begin{bmatrix} \boldsymbol{\psi}_i \\ \boldsymbol{\psi}_i \lambda_i \end{bmatrix}$，$\begin{bmatrix} \boldsymbol{\psi}_i^* \\ \boldsymbol{\psi}_i^* \lambda_i^* \end{bmatrix}$。

(2) 正交性

复模态在 $2n$ 维空间与矩阵 $\boldsymbol{A}$,$\boldsymbol{B}$ 形成正交,而不是在 n 维空间与矩阵 $\boldsymbol{M}$,$\boldsymbol{K}$,$\boldsymbol{C}$ 形成正交。

(3) 解耦性

利用复模态的正交性可以在 $2n$ 维空间解耦,但不能直接在 n 维空间解耦,即不能在运动方程形式下解耦,必须在状态方程形式下解耦。

(4) 运动特性

和实模态情形比较,实模态情况下的主振动,各点的相位差为 0° 或 180°,而复模态各点相位差不同,因此振型无固定节点。

为求任意黏性阻尼下的响应问题,可利用坐标变换式(9.17) 将状态方程(9.5) 解耦得

$$\begin{bmatrix} a_1 & & & & & \\ & \ddots & & & & \\ & & a_N & & & \\ & & & a_1^* & & \\ & & & & \ddots & \\ & & & & & a_N^* \end{bmatrix} \begin{bmatrix} \dot{\boldsymbol{Q}} \\ \dot{\boldsymbol{Q}}^* \end{bmatrix} + \begin{bmatrix} b_1 & & & & & \\ & \ddots & & & & \\ & & b_N & & & \\ & & & b_1^* & & \\ & & & & \ddots & \\ & & & & & b_N^* \end{bmatrix} \begin{bmatrix} \boldsymbol{Q} \\ \boldsymbol{Q}^* \end{bmatrix} = \begin{bmatrix} \boldsymbol{\Psi}^{\mathrm{T}} \boldsymbol{F} \\ \boldsymbol{\Psi}^{*\mathrm{T}} \boldsymbol{F} \end{bmatrix} \tag{9.28}$$

对第 r 个模态坐标可写为

$$\begin{aligned} a_r \dot{q}_r + b_r q_r &= \boldsymbol{\psi}_r^{\mathrm{T}} \boldsymbol{F} \\ a_r^* \dot{q}_r^* + b_r^* q_r^* &= \boldsymbol{\psi}_r^{*\mathrm{T}} \boldsymbol{F} \end{aligned} \tag{9.29}$$

上式的解可由杜哈梅积分给出,即

$$\begin{aligned} q_r &= \frac{1}{a_r} \int_{-\infty}^{\infty} \mathrm{e}^{\lambda_r (t-\tau)} \boldsymbol{\psi}_r^{\mathrm{T}} \boldsymbol{F}(\tau) \mathrm{d}\tau \\ q_r^* &= \frac{1}{a_r^*} \int_{-\infty}^{\infty} \mathrm{e}^{\lambda_r^* (t-\tau)} \boldsymbol{\psi}_r^{*\mathrm{T}} \boldsymbol{F}(\tau) \mathrm{d}\tau \end{aligned} \tag{9.30}$$

由式(9.17) 可得在物理坐标下的响应

$$\begin{aligned} \boldsymbol{X}(t) = \boldsymbol{\Psi Q} + \boldsymbol{\Psi}^* \boldsymbol{Q}^* = \sum_{r=1}^{n} \boldsymbol{\psi}_r q_r + \sum_{r=1}^{n} \boldsymbol{\psi}_r^* q_r^* = \\ \sum_{r=1}^{n} \left[\frac{\boldsymbol{\Psi}_r \boldsymbol{\Psi}_r^{\mathrm{T}}}{a_r} \int_{-\infty}^{\infty} \mathrm{e}^{\lambda_r (t-\tau)} \boldsymbol{F}(\tau) \mathrm{d}\tau + \frac{\boldsymbol{\Psi}_r^* \boldsymbol{\Psi}_r^{*\mathrm{T}}}{a_r^*} \int_{-\infty}^{\infty} \mathrm{e}^{\lambda_r^* (t-\tau)} \boldsymbol{F}(\tau) \mathrm{d}\tau \right] \end{aligned} \tag{9.31}$$

对上式作拉氏变换得

$$\boldsymbol{X}(s) = \sum_{r=1}^{n} \left(\frac{\boldsymbol{\Psi}_r \boldsymbol{\Psi}_r^{\mathrm{T}}}{a_r} \frac{1}{s-\lambda_r} + \frac{\boldsymbol{\Psi}_r^* \boldsymbol{\Psi}_r^{*\mathrm{T}}}{a_r^*} \frac{1}{s-\lambda_r^*} \right) \boldsymbol{F}(s) \tag{9.32}$$

因此,传递函数矩阵为

$$\boldsymbol{H}(s) = \sum_{r=1}^{n} \left[\frac{\boldsymbol{\psi}_r \boldsymbol{\Psi}_r^{\mathrm{T}}}{a_r (s-\lambda_r)} + \frac{\boldsymbol{\Psi}_r^* \boldsymbol{\Psi}_r^{*\mathrm{T}}}{a_r^* (s-\lambda_r^*)} \right] = \sum_{r=1}^{n} \left(\frac{\boldsymbol{A}_r}{s-\lambda_r} + \frac{\boldsymbol{A}_r^*}{s-\lambda_r^*} \right) \tag{9.33}$$

式中,矩阵 $\boldsymbol{A}_r$ 及 $\boldsymbol{A}_r^*$ 称为留数矩阵。

将上式通分得

$$\boldsymbol{H}(s) = \sum_{r=1}^{n} \frac{\boldsymbol{R}_r s + \boldsymbol{P}_r}{s^2 - (\lambda_r + \lambda_r^*) s + \lambda_r \lambda_r^*} \tag{9.34}$$

式中

$$\boldsymbol{R}_r = \boldsymbol{A}_r + \boldsymbol{A}_r^*$$

$$\boldsymbol{P}_r = -(\boldsymbol{A}_r\lambda_r^* + \boldsymbol{A}_r^*\lambda_r) \tag{9.35}$$

在实模态情况下，有 $\boldsymbol{\psi}_r = \boldsymbol{\psi}_r^* = \boldsymbol{\varphi}_r$，则由式(9.16)知

$$(\boldsymbol{\Phi}^{\mathrm{T}}\boldsymbol{C} + \boldsymbol{\Lambda}^{\mathrm{T}}\boldsymbol{\Phi}^{\mathrm{T}}\boldsymbol{M})\boldsymbol{\Phi} + \boldsymbol{\Phi}^{\mathrm{T}}\boldsymbol{M}\boldsymbol{\Phi}\boldsymbol{\Lambda} = \begin{bmatrix} a_1 & & \\ & \ddots & \\ & & a_n \end{bmatrix} \tag{9.36}$$

展开上式，第 r 阶模态参数为

$$a_r = \boldsymbol{\psi}_r^{\mathrm{T}}\boldsymbol{C}\boldsymbol{\psi}_r + \boldsymbol{\psi}_r^{\mathrm{T}}\boldsymbol{M}\boldsymbol{\psi}_r(\lambda_r + \lambda_r) = c_r + 2M_r\lambda_r = 2\mathrm{j}M_r\beta_r \tag{9.37}$$

同理

$$a_r^* = -2\mathrm{j}M_r\beta_r \tag{9.38}$$

将上两式代入表达式(9.35)，得在实模态下的 R_r 和 P_r 为

$$R_r = \frac{\boldsymbol{\psi}_r\boldsymbol{\psi}_r^{\mathrm{T}}}{2\mathrm{j}M_r\beta_r} - \frac{\boldsymbol{\psi}_r\boldsymbol{\psi}_r^{\mathrm{T}}}{2\mathrm{j}M_r\beta_r} = 0 \tag{9.39}$$

$$\boldsymbol{P}_r = -\left[\frac{\boldsymbol{\psi}_r\boldsymbol{\psi}_r^{\mathrm{T}}}{2\mathrm{j}M_r\beta_r}(-\alpha_r - \mathrm{j}\beta_r) - \frac{\boldsymbol{\psi}_r\boldsymbol{\psi}_r^{\mathrm{T}}}{2\mathrm{j}M_r\beta_r}(-\alpha_r + \mathrm{j}\beta_r)\right] = \frac{\boldsymbol{\psi}_r\boldsymbol{\psi}_r^{\mathrm{T}}}{M_r} \tag{9.40}$$

将式(9.39)及(9.40)代入式(9.34)得实模态下的传递函数矩阵为

$$\boldsymbol{H}(s) = \sum_{r=1}^{n}\frac{\boldsymbol{\psi}_r\boldsymbol{\psi}_r^{\mathrm{T}}/M_r}{s^2 - (\lambda_r + \lambda_r^*)s + \lambda_r\lambda_r^*} = \sum_{r=1}^{n}\frac{\boldsymbol{\psi}_r\boldsymbol{\psi}_r^{\mathrm{T}}}{M_r}\left(\frac{1}{s^2 - 2\zeta_r\omega_r s + \omega_r^2}\right) \tag{9.41}$$

令 $s = \mathrm{j}\omega$，得实模态频率响应函数矩阵表达式

$$\boldsymbol{H}(\omega) = \sum_{r=1}^{n}\frac{\boldsymbol{\psi}_r\boldsymbol{\psi}_r^{\mathrm{T}}}{M_r\omega_r^2}\left[\frac{1}{(1 - \bar{\omega}_r^2) + \mathrm{j}2\zeta_r\bar{\omega}_r}\right] \tag{9.42}$$

式中，$\bar{\omega}_r = \omega/\omega_r$，从上式可得两点之间的频响出数为

$$H_{ij}(\omega) = \sum_{r=1}^{n}\frac{\psi_{ri}\psi_{rj}}{m_r\omega_r^2}\left[\frac{1}{(1 - \bar{\omega}_r^2) + \mathrm{j}2\zeta_r\bar{\omega}_r}\right] \tag{9.43}$$

或

$$H_{ij}(\omega) = \sum_{r=1}^{n}\frac{\psi_{ri}\psi_{rj}}{k_r - \omega^2 m_r + \mathrm{j}\omega c_r} \tag{9.44}$$

9.3　导纳圆辨识方法

模态参数辨识方法可以分为频域方法和时域方法两大类。导纳圆辨识方法是利用频响函数的数据进行辨识的，所以是一种频域方法。

对于单自由度结构阻尼系统，其频响函数为

$$H(\omega) = \frac{1}{-\omega^2 m + (1 + \mathrm{j}g)k} \tag{9.45}$$

式中，$(1 + \mathrm{j}g)k$ 为复刚度；g 为结构阻尼因子。

将上式按实部与虚部分开写得

$$H(\omega) = H^R(\omega) + \mathrm{j}H^I(\omega) \tag{9.46}$$

式中

$$H^R(\omega) = \frac{1}{k[(1 - \bar{\omega}^2)^2 + g^2]} \tag{9.47}$$

$$H^I(\omega)=\frac{-g}{k[(1-\overline{\omega}^2)^2+g^2]} \tag{9.48}$$

由上两式消去变量$(1-\overline{\omega}^2)$之后，可得一圆方程

$$(H^R)^2+(H^I+\frac{1}{2}kg)^2=(\frac{1}{2}kg)^2 \tag{9.49}$$

其圆心坐标为$(0,-1/2kg)$，半径为$1/2kg$，此圆称为导纳圆或 Nyquist 圆。该圆是以$H^R(\omega)$为实部，$H^I(\omega)$为虚部在复平面上形成的图形，又称为矢端轨迹圆。

一般的动态信号分析仪在频响函数测试后，都能显示导纳圆曲线及测试数据。但由于各种测试误差的影响，测试数据都不可能精确地落在理论圆上，可以利用曲线拟合法将测试数据拟合出一个理想的圆曲线，然后确定各阶模态参数。其具体辨识方法如下：

令$x=H^R(\omega)$，$y=H^I(\omega)$，x_0，y_0为圆心坐标，R为圆半径。对于理论值有

$$(x_k-x_0)^2+(y_k-y_0)^2-R^2=0$$

由于测试点x_k，y_k存在误差，因此上式将存在偏差

$$e_k=(x_k-x_0)^2+(y_k-y_0)^2-R^2 \quad (k=1,2,\cdots,m)$$

令$a=-2x_0$，$b=-2y_0$，$c=x_0^2+y_0^2-R^2$代入上式得

$$e_k=x_k^2+y_k^2+ax_k+by_k+c$$

取偏差的平方和作为目标函数，有

$$E=\sum_{k=1}^{m}e_k^2=\sum_{k=1}^{m}(x_k^2+y_k^2+ax_k+by_k+c)^2$$

式中，m为频率采样点数。

为使总的误差最小，有$\frac{\partial E}{\partial a}=\frac{\partial E}{\partial b}=\frac{\partial E}{\partial c}=0$，可建立关于$a$，$b$和$c$的线代数方程

$$\begin{bmatrix}\sum x_k^2 & \sum x_ky_k & \sum x_k\\ \sum x_ky_k & \sum y_k^2 & \sum y_k\\ \sum x_k & \sum y_k & m\end{bmatrix}\begin{bmatrix}a\\ b\\ c\end{bmatrix}=\begin{bmatrix}-\sum(x_k^3+x_ky_k^2)\\ -\sum(x_k^2y_k+y_k^3)\\ -\sum(x_k^2+y_k^2)\end{bmatrix} \tag{9.50}$$

解上述方程可求得a，b，c的值，从而可得拟合圆的圆心坐标及半径为

$$x_0=-a/2,\quad y_0=-b/2$$

$$R=\sqrt{(a/2)^2+(b/2)^2-c} \tag{9.51}$$

当系统为严格的单自由度系统时，应有$x_0=0$，这时导纳圆最下面与虚轴相交一点所对应的频率即固有频率ω_n。由矢径转角$\varphi=-\pi/4$和$-3\pi/4$所对应的点形成半功率点带宽$\Delta\omega=\omega_2-\omega_1$，得阻尼比$g=\Delta\omega/\omega_n$。再由圆的半径$R=1/2kg$，得刚度系数$k=1/2Rg$，再由$m=k/\omega^2$确定质量$m$。

但是对于多自由度系统，由于各阶模态相互耦合的影响，使各个模态所对应的导纳圆不是一个完整的圆曲线，各圆心的位置也都偏离了虚轴(图9.2)。但对各阶模态不很密集和耦合不太严重的情况来说，在各阶模态频率附近的曲线仍接近圆曲线，还可以利用导纳圆拟合方法，其原理如下，对于n个自由度的结构阻尼振动系统，两点间的实模态频响函数可表示为

$$H_{lp}(\omega)=\sum_{r=1}^{n}\frac{1}{k_{er}}\left[\frac{1-\overline{\omega}_1^2}{(1-\overline{\omega}^2)^2+g_r^2}+\mathrm{j}\frac{-g_r}{(1-\overline{\omega}^2)^2+g_r^2}\right] \tag{9.52}$$

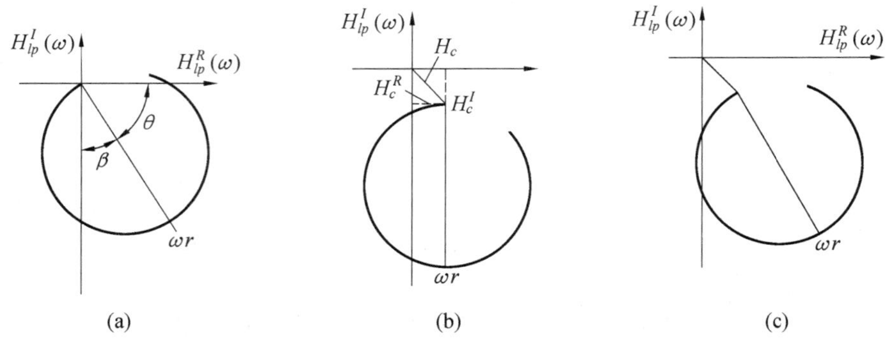

图 9.2 多自由度系统导纳圆

式中，k_{er} 为第 r 阶等效刚度，$k_{er}=\dfrac{k_e}{\varphi_{lr}\varphi_{pr}}$；$g_r$ 为第 r 阶模态阻尼因子；$\overline{\omega}_r$ 为频率比，$\overline{\omega}_r=\omega/\omega_r$。

对于模态频率不很密集的系统，在某阶模态频率附近的频响函数值是该阶模态起主导作用，其他模态影响较小。这样可以用主导模态方法将频响函数近似写为

$$H_{lp}(\omega)=\frac{1}{k_{er}}\left[\frac{1-\overline{\omega}_r^2}{(1-\overline{\omega}_r^2)^2+g_r^2}-\mathrm{j}\,\frac{g_r}{(1-\overline{\omega}_r^2)^2+g_r^2}\right]+(H_c^R+\mathrm{j}H_c^I) \tag{9.53}$$

或按实部，虚部分开写

$$H_{lp}^R(a\mathrm{j})=\frac{1}{k_{er}}\left[\frac{1-\overline{\omega}_r^2}{(1-\overline{\omega}_r^2)^2+g_r^2}\right]+H_c^R \tag{9.54}$$

$$H_{lp}^R(\overline{\omega})=\frac{1}{k_{er}}\left[\frac{-g_r}{(1-\overline{\omega}_r^2)^2+g_r^2}\right]+H_c^I \tag{9.55}$$

式中，H_c^R，H_c^I 为剩余模态影响的实部与虚部，也称为剩余柔度。

由于剩余柔度的存在，所以使各阶模态导纳圆圆心的位置产生了变化。

我们可以在各阶模态频率附近利用公式(9.50)和(9.51)作曲线拟合形成各阶导纳圆，然后再由各阶导纳圆确定各阶模态参数。下面介绍确定各阶模态参数的方法，其公式推导请参考有关参考书。

1. 模态频率

对实模态系统，模态频率即固有频率。它可以从导纳圆上弧长变化率 $\Delta s/\Delta\omega$ 最大的点来确定，可采用插值的方法。

2. 模态振型

要得到模态振型必须有若干个测点的频响函数曲线(即频响函数矩阵中的一行或一列)$H_{lp}(\omega)(l=1,2,\cdots,L)$，实模态振型可由各个测点的相应模态的导纳圆直径组成归一化向量求得。因为导纳圆的直径近似等于频响函数在共振点的虚部。对于复模态振型，还需识别相位角，从导纳圆识别相位角的工作较复杂，它要考虑模态耦合的影响，还要考虑相邻模态阻尼的影响等等。

3. 模态阻尼

模态阻尼可在模态圆上取固有频率两侧的两点 a 和 b(图 9.3)。对应的频率为 ω_1 和 ω_2 相位角为 θ_1 和 θ_2，圆心角为 α_1 和 α_2。

由图可见 $\qquad\theta_1=90°-\alpha_1/2,\quad \theta_2=90°-\alpha_2/2$

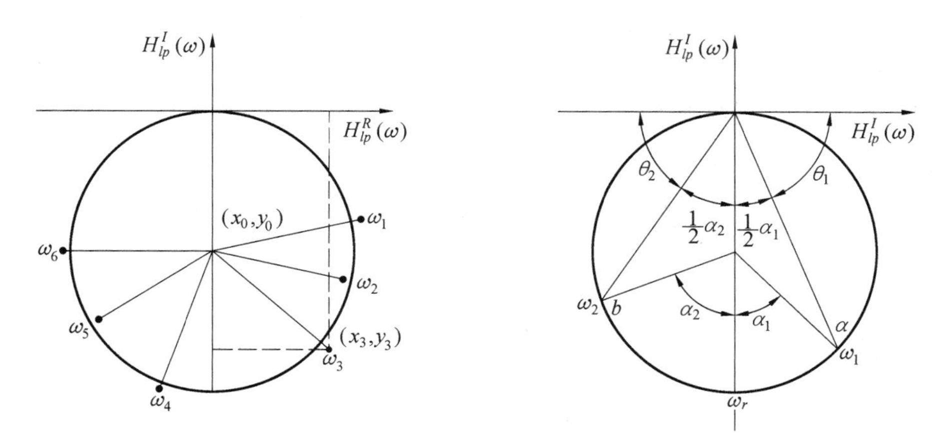

图 9.3　识别模态阻尼的导纳圆

$$\tan(\alpha_1/2)=H^R(\omega_1)/H^I(\omega_1)=(1-\overline{\omega}_1^2)/g_r$$

$$\tan(\alpha_2/2)=H^R(\omega_2)/H^I(\omega_2)=(\overline{\omega}_2^2-1)/g_r$$

上两式联立解得

$$g_r=\frac{\overline{\omega}_2^2-\overline{\omega}_1^2}{\tan(\alpha_1/2)+\tan(\alpha_2/2)}\approx\frac{\omega_2-\omega_1}{\omega_r}\ \frac{2}{\tan(\alpha_1/2)+\tan(\alpha_2/2)} \tag{9.56}$$

从同一个导纳圆图测得的各阶模态阻尼比一般是不一样的。但从不同的频响函数的同一阶导纳圆图测得的模态阻尼理论上应是一样的，由于测试误差等各种原因，结果是不一样的，可以采用平均的方法得到系统的模态阻尼。

4. 模态刚度

若取$\overline{\omega}=1$时，有 $H_{lp}^I(\overline{\omega}_r=1)=-\dfrac{1}{k_{er}g_r}$。因此，等效模态刚度为

$$k_{er}=-\frac{1}{H_{lp}^I(\overline{\omega}_r=1)g_r}=\frac{1}{2R_{lp}^r g_r} \tag{9.57}$$

式中，R_{lp}^r 为导纳圆半径。

若取原点频响函数，有 $l=p$，将振型对原点归一化，此时有 $\varphi_{pr}=\varphi_{lr}=1$，则在求出导纳圆半径及模态阻尼后，可由式(9.57) 求出等效刚度，再由等效刚度定义有

$$\frac{1}{k_{er}}=\frac{\varphi_{lr}\varphi_{pr}}{k_r}=\frac{1}{k_r} \tag{9.58}$$

因此有原点归一化的等效刚度就等于模态刚度，即 $k_r=k_{er}$。

5. 模态质量

模态质量可由模态频率与模态刚度求出，即

$$m_r=\frac{k_r}{\omega_r^2} \tag{9.59}$$

9.4　非线性优化方法

导纳圆拟合法是一种图解方法，非线性优化方法是一种分析方法。l，p 两点的传递函数用留数表示为

$$H_{lp}(\omega)=\sum_{r=1}^{n}\left(\frac{A_{lpr}}{s-s_r}+\frac{A_{lpr}^*}{s-s_r^*}\right)-\frac{C_1}{\omega^2}+C_2 \tag{9.60}$$

式中，C_1，C_2 为复常数，表示刚体模态和剩余模态的影响；A_{lpr}，A_{lpr}^* 为留数；s_r，s_r^* 为极点。

令 $s_r=-\alpha_r+\mathrm{j}\beta_r$，$s_r^*=-\alpha_r-\mathrm{j}\beta_r$，其中 $\alpha_r=-s_r\omega_r$，$\beta_r=\sqrt{1-s_r^2}\omega_r$，$C_1=C_{1R}+\mathrm{j}C_{1I}$，$C_2=C_{2R}+\mathrm{j}C_{2I}$，$A_{lpr}=u_r+\mathrm{j}v_r$，$A_{lpr}^*=u_r-\mathrm{j}v_r$。

令 $s=\mathrm{j}\omega$，得频响函数

$$H_{lp}(\omega)=\sum_{r=1}^{n}\left[\frac{u_r+\mathrm{j}v_r}{\alpha_r+\mathrm{j}(\omega-\beta_r)}+\frac{u_r-\mathrm{j}v_r}{\alpha_r+\mathrm{j}(\omega+\beta_r)}\right]+C_{1R}-\frac{C_{2R}}{\omega^2}+\mathrm{j}C_{1I}-\mathrm{j}\frac{C_{2I}}{\omega^2} \tag{9.61}$$

经改写为

$$H_{lp}(\omega)=\sum_{r=1}^{n}(C_ru_r+D_rv_r)+C_{1R}-\frac{C_{2R}}{\omega^2}+\mathrm{j}\left[\sum_{r=1}^{n}(E_ru_r+F_rv_r)+C_{1I}-\frac{C_{2I}}{\omega^2}\right] \tag{9.62}$$

式中，ω_j 为采样频率；系数 C_r，D_r，$E_r(\omega_j)$ 分别为

$$C_r(\omega_j)=\frac{\alpha_r}{\alpha_r^2+(\omega_j-\beta_r)^2}+\frac{\alpha_r}{\alpha_r^2+(\omega_j+\beta_r)^2}$$

$$D_r(\omega_j)=\frac{\omega_j-\beta_r}{\alpha_r^2+(\omega_j-\beta_r)^2}-\frac{\omega_j+\beta_r}{\alpha_r^2+(\omega_j+\beta_r)^2}$$

$$E_r(\omega_j)=-\frac{\omega_j-\beta_r}{\alpha_r^2+(\omega_j-\beta_r)^2}-\frac{\omega_j+\beta_r}{\alpha_r^2+(\omega_j+\beta_r)^2}$$

$$F_r(\omega_j)=\frac{\alpha_r}{\alpha_r^2+(\omega_j-\beta_r)^2}-\frac{\alpha_r}{\alpha_r^2+(\omega_j+\beta_r)^2}$$

令待辨识向量 $\boldsymbol{x}$ 为

$$\boldsymbol{x}=[u_1\quad v_1\quad \alpha_1\quad \beta_1\quad u_2\quad v_2\quad \cdots\quad u_n\quad v_n\quad \alpha_n\quad \beta_n\quad C_{1R}\quad C_{2R}\quad C_{1I}\quad C_{2I}]^{\mathrm{T}} \tag{9.63}$$

总共有 $4n+4$ 具待识别参数。再令 $H_j=H_{lp}(\omega_j)$ 表示频响函数的理论值，$\widetilde{H}_j=\widetilde{H}_{lp}(\omega_j)$ 表示频响函数的实测值，有误差函数

$$\varepsilon_j=H_j-\widetilde{H}_j \tag{9.64}$$

设频率采样点为 $\omega_1,\omega_2,\cdots,\omega_m$ 共 m 个实测值，可构造误差矢量为

$$\boldsymbol{\varepsilon}(x)=\boldsymbol{H}(x)-\widetilde{\boldsymbol{H}} \tag{9.65}$$

总方差为

$$J(x)=\boldsymbol{\varepsilon}^{\mathrm{H}}\boldsymbol{\varepsilon}=[\boldsymbol{H}(x)-\widetilde{\boldsymbol{H}}]^{\mathrm{H}}[\boldsymbol{H}(x)-\widetilde{\boldsymbol{H}}] \tag{9.66}$$

式中，上标 H 表示共轭转置。

取 $\boldsymbol{x}_0$ 表示初始迭代向量，将 $\varepsilon_j(x)$ 展成台劳级数，保留线性项，略去高阶项得

$$\varepsilon_j(x)=\varepsilon_j(\boldsymbol{x}_0)+\Delta\varepsilon(\boldsymbol{x}_0)^{\mathrm{T}}\Delta x \tag{9.67}$$

对 m 个采样频率 $\omega_j(j=1,2,\cdots,m)$，可把上式写成矩阵形式

$$\boldsymbol{\varepsilon}(x)=\boldsymbol{\varepsilon}(\boldsymbol{x}_0)+\boldsymbol{P}_0\Delta\boldsymbol{x} \tag{9.68}$$

总方差

$$J(x)=\|\boldsymbol{\varepsilon}(x)\|_2^2=\Delta\boldsymbol{x}^{\mathrm{T}}\boldsymbol{P}_0^{\mathrm{T}}\boldsymbol{P}_0\Delta\boldsymbol{x}+2\boldsymbol{\varepsilon}(\boldsymbol{x}_0)^{\mathrm{T}}\boldsymbol{P}_0\Delta\boldsymbol{x}+\|\boldsymbol{\varepsilon}(\boldsymbol{x}_0)\|_2^2 \tag{9.69}$$

为使误差最小，应将目标函数 $J(x)$ 对 $\Delta\boldsymbol{x}$ 求导，并令其为零，得线性代数方程组

$$2\boldsymbol{P}_0^{\mathrm{T}}\boldsymbol{P}_0\Delta\boldsymbol{x}+2\boldsymbol{P}_0^{\mathrm{T}}\boldsymbol{\varepsilon}(\boldsymbol{x}_0)=0 \tag{9.70}$$

从上述方程可解得

$$\Delta \boldsymbol{x} = -(\boldsymbol{P}_0^{\mathrm{T}} \boldsymbol{P}_0)^{-1} \boldsymbol{P}_0^{\mathrm{T}} \boldsymbol{\varepsilon}(\boldsymbol{x}_0) \tag{9.71}$$

待识别参数

$$\boldsymbol{x} = \boldsymbol{x}_0 + \Delta \boldsymbol{x} \tag{9.72}$$

最后得模态参数

(1) 模态频率

$$\omega_r = \sqrt{\alpha_r^2 + \beta_r^2} \tag{9.73}$$

(2) 模态阻尼

$$\zeta_r = \frac{\alpha_r}{\omega_r} \tag{9.74}$$

(3) 模态振型

对复模态

$$\frac{\psi_{lr}\psi_{pr}}{m_r} = u_{lpr} + \mathrm{j} v_{lpr} \tag{9.75}$$

对实模态

$$\frac{\psi_{lr}\psi_{pv}}{m_r} = 2 v_{lpr} \beta_r \tag{9.76}$$

9.5　Ibrahim 时域法(ITD 法)

前两种方法是利用输入输出的频域数据辨识模态参数,称为频域方法。Ibrahim 时域法是利用输入输出的时间历程数据进行模态参数辨识,称为时域方法。

对于一多自由度系统,某点 j 的位移响应由公式(9.24)知

$$x_j(t) = \sum_{r=1}^{2n} \varphi_{jr} \mathrm{e}^{\lambda_r t}$$

延时 τ 后的采样值为

$$x_j(t+\tau) = \sum_{r=1}^{2n} (\varphi_{jr} \mathrm{e}^{\lambda_r \tau}) \mathrm{e}^{\lambda_r t} \tag{9.77}$$

假设测点数与系统自由度数 n 相等,而对同一测点的时间采样点数为 $2n$,则可组成一自由响应采样数据矩阵

$$\boldsymbol{X} = \begin{bmatrix} x_1(t_1) & x_1(t_2) & \cdots & x_1(t_{2n}) \\ x_2(t_1) & x_2(t_2) & \cdots & x_2(t_{2n}) \\ \vdots & \vdots & & \vdots \\ x_n(t_1) & x_n(t_2) & \cdots & x_n(t_{2n}) \end{bmatrix} \tag{9.78}$$

由模态理论知,系统各点的响应向量

$$\boldsymbol{x}(t_i) = \sum_{r=1}^{2n} \boldsymbol{\varphi}_r \mathrm{e}^{\lambda_r t_i} \quad (i = 1, 2, \cdots, 2n) \tag{9.79}$$

式中,$\boldsymbol{\varphi}_r$ 为第 r 阶复特征向量;λ_r 为复特征值。

这样可以建立数据矩阵与模态矩阵和特征值矩阵之间的关系为

$$\begin{bmatrix} x_1(t_1) & x_1(t_2) & \cdots & x_1(t_{2n}) \\ x_2(t_1) & x_2(t_2) & \cdots & x_2(t_{2n}) \\ \vdots & \vdots & & \vdots \\ x_n(t_1) & x_n(t_2) & \cdots & x_n(t_{2n}) \end{bmatrix} = [\boldsymbol{\varphi}_1 \quad \boldsymbol{\varphi}_2 \quad \cdots \quad \boldsymbol{\varphi}_{2n}] \begin{bmatrix} e^{\lambda_1 t_1} & e^{\lambda_1 t_2} & \cdots & e^{\lambda_1 t_{2n}} \\ e^{\lambda_2 t_1} & e^{\lambda_2 t_2} & \cdots & e^{\lambda_2 t_{2n}} \\ \vdots & \vdots & & \vdots \\ e^{\lambda_{2n} t_1} & e^{\lambda_{2n} t_2} & \cdots & e^{\lambda_{2n} t_{2n}} \end{bmatrix} \tag{9.80}$$

简记为

$$\boldsymbol{X}_{n\times 2n} = \boldsymbol{\Phi}_{n\times 2n}\boldsymbol{E}_{2n\times 2n} \tag{9.81}$$

式中，$\boldsymbol{\Phi}$ 为复模态矩阵；$\boldsymbol{E}$ 为复特征值指数矩阵。

再考虑延时 Δt 的采样数据

$$y_j(t_i) = x_j(t_i + \Delta t)$$

延时后的响应采样数据向量为

$$\boldsymbol{y}(t_i) = \sum_{r=1}^{2n} \boldsymbol{\varphi}_r e^{\lambda_r (t_i + \Delta t)} = \sum_{r=1}^{2n} \boldsymbol{Q} e^{\lambda_r t_i} \tag{9.82}$$

式中，$\boldsymbol{Q}_r = \boldsymbol{\varphi}_r e^{\lambda_r \Delta t}$。

同样可建立延时后的采样数据矩阵 $\boldsymbol{Y} = [\boldsymbol{y}(t_1) \quad \boldsymbol{y}(t_2) \quad \cdots \quad \boldsymbol{y}(t_{2n})]$，有与公式(9.81)相似的关系式

$$\boldsymbol{Y} = \boldsymbol{Q}\boldsymbol{E} \tag{9.83}$$

式中，$\boldsymbol{Q} = [\boldsymbol{Q}_1 \quad \boldsymbol{Q}_2 \quad \cdots \quad \boldsymbol{Q}_{2n}]$。

最后考虑延时 $2\Delta t$ 的采样数据

$$z_j(t_i) = x_j(t_i + 2\Delta t) = y_j(t_i + \Delta t)$$

其采样数据向量为

$$\boldsymbol{z}(t_i) = \sum_{r=1}^{2n} \boldsymbol{\varphi}_r e^{\lambda_r (t_i + 2\Delta t)} = \sum_{r=1}^{2n} \boldsymbol{Q}_r e^{\lambda_r (t_i + \Delta t)} = \sum_{r=1}^{2n} \boldsymbol{R}_r e^{\lambda_r t_i} \tag{9.84}$$

式中，$\boldsymbol{R}_r = \boldsymbol{Q}_r e^{\lambda_r \Delta t} = \boldsymbol{\varphi}_r e^{\lambda_r 2\Delta t}$

同理可得类似于式(9.83)的关系式

$$\boldsymbol{Z} = \boldsymbol{R}\boldsymbol{E} \tag{9.85}$$

式中

$$\boldsymbol{Z} = [\boldsymbol{z}(t_1) \quad \boldsymbol{z}(t_2) \quad \cdots \quad \boldsymbol{z}(t_{2n})]$$

$$\boldsymbol{R} = [\boldsymbol{R}_1 \quad \boldsymbol{R}_2 \quad \cdots \quad \boldsymbol{R}_{2n}]$$

将矩阵关系式(9.81)与式(9.83)组合得

$$\begin{bmatrix} \boldsymbol{X} \\ \boldsymbol{Y} \end{bmatrix} = \begin{bmatrix} \boldsymbol{\Phi} \\ \boldsymbol{Q} \end{bmatrix} \boldsymbol{E} \tag{9.86}$$

简记为

$$\boldsymbol{D} = \boldsymbol{\Psi}\boldsymbol{E} \tag{9.87}$$

再将式(9.83)与式(9.85)组合得

$$\begin{bmatrix} \boldsymbol{Y} \\ \boldsymbol{Z} \end{bmatrix} = \begin{bmatrix} \boldsymbol{Q} \\ \boldsymbol{R} \end{bmatrix} \boldsymbol{E} \tag{9.88}$$

简记为

$$\hat{\boldsymbol{D}} = \hat{\boldsymbol{\Psi}}\boldsymbol{E} \tag{9.89}$$

式中，$\boldsymbol{D}=\begin{bmatrix}\boldsymbol{X}\\ \boldsymbol{Y}\end{bmatrix}$，$\boldsymbol{\Psi}=\begin{bmatrix}\boldsymbol{\Phi}\\ \boldsymbol{Q}\end{bmatrix}$，$\hat{\boldsymbol{D}}=\begin{bmatrix}\boldsymbol{Y}\\ \boldsymbol{Z}\end{bmatrix}$，$\hat{\boldsymbol{\Psi}}=\begin{bmatrix}\boldsymbol{Q}\\ \boldsymbol{R}\end{bmatrix}$都是 $2n\times 2n$ 的方阵。

由于特征向量是线性无关的，所以可以证明 $\boldsymbol{\Psi}$，$\hat{\boldsymbol{\Psi}}$，$\boldsymbol{D}$ 和 $\hat{\boldsymbol{D}}$ 都是满秩的，可以求逆。从式(9.87) 和(9.89) 中消去矩阵 $\boldsymbol{E}$，可得

$$\boldsymbol{\Psi}^{-1}\boldsymbol{D}=\hat{\boldsymbol{\Psi}}^{-1}\hat{\boldsymbol{D}}$$

整理得

$$\hat{\boldsymbol{D}}\boldsymbol{D}^{-1}\boldsymbol{\Psi}=\hat{\boldsymbol{\Psi}} \tag{9.90}$$

写成向量形式

$$\hat{\boldsymbol{D}}\boldsymbol{D}^{-1}\boldsymbol{\psi}_r=\hat{\boldsymbol{\psi}}_r \quad (r=1,2,\cdots,2n) \tag{9.91}$$

式中

$$\hat{\boldsymbol{\psi}}_r=\begin{bmatrix}\boldsymbol{\psi}_r\\ \boldsymbol{Q}_r\end{bmatrix},\quad \hat{\boldsymbol{\psi}}=\begin{bmatrix}\boldsymbol{Q}_r\\ \boldsymbol{R}_r\end{bmatrix}=\begin{bmatrix}\boldsymbol{\psi}_r\\ \boldsymbol{Q}_r\end{bmatrix}\mathrm{e}^{\lambda_r\Delta t}$$

所以

$$\hat{\boldsymbol{\psi}}_r=\boldsymbol{\psi}_r\mathrm{e}^{\lambda_r\Delta t}=\rho_r\boldsymbol{\psi}_r \tag{9.92}$$

式中，$\rho_r=\mathrm{e}^{\lambda_r\Delta t}$，将式(9.92) 代入式(9.91) 得

$$\hat{\boldsymbol{D}}\boldsymbol{D}^{-1}\boldsymbol{\psi}_r=\rho_r\boldsymbol{\psi}_r \tag{9.93}$$

令矩阵

$$\boldsymbol{A}=\hat{\boldsymbol{D}}\boldsymbol{D}^{-1}=\begin{bmatrix}\boldsymbol{Y}\\ \boldsymbol{Z}\end{bmatrix}\begin{bmatrix}\boldsymbol{X}\\ \boldsymbol{Z}\end{bmatrix}^{-1} \tag{9.94}$$

则特征方程(9.93) 可写为

$$\boldsymbol{A\Psi}=\rho\boldsymbol{\Psi} \tag{9.95}$$

解上述方程可求得特征值 ρ_r 和特征向量 $\boldsymbol{\psi}_r$。系统的复频率 $\lambda_r=a_r+\mathrm{j}b_r$ 与上述特征值 $\rho_r=\alpha_r+\mathrm{j}\beta_r$ 有关，因为 $\rho_r=\mathrm{e}^{\lambda_r\Delta t}$，有

$$\alpha_r+\mathrm{j}\beta_r=\mathrm{e}^{(a_r+\mathrm{j}b_r)\Delta t}$$

$$\alpha_r=\mathrm{e}^{a_r\Delta t}\cos(b_r\Delta t)$$

$$\beta_r=\mathrm{e}^{a_r}\sin(b_r\Delta t)$$

因此有

$$a_r=\frac{1}{2\Delta t}\ln(\alpha_r^2+\beta_r^2)$$

$$b_r=\frac{1}{\Delta t}\left[\arctan\left(\frac{\beta_r}{\alpha_r}\right)+k\pi\right] \tag{9.96}$$

系统的模态频率

$$\omega_r=\sqrt{a_r^2+b_r^2} \tag{9.97}$$

模态阻尼比

$$\zeta_r=\frac{\alpha_r}{\omega_r} \tag{9.98}$$

在上述 Ibrabam 时域法中，要求测点数与被识别的复模态数相等，要做到这一点可先将实测数据进行频谱分析，根据要求的频率范围和模态数多少进行选择测点数目，但有时可能由于测试条件限制，使测点数不足，这时可采用虚拟测点法。所谓虚拟测点并不是真实测

点，而是在原测点的数据上进行新的采样，新的采样延时 $\Delta\tau \neq \Delta t$，这样 $x_j(t_i+\Delta\tau)$ 就成了一个新的测点，这样不断增加新的虚拟测点，直到数据矩阵成 $2n\times 2n$ 为止。

Ibraham 时域法中减少和消除噪声的影响一般是通过增加测点或采样点数来实现的，即扩大数据矩阵的阶数，给噪声以“出口”。但数据矩阵扩大后，被识别的模态数将增多，其中包括一些虚假模态，因此有必要研究减少噪声影响和剔除虚假模态问题。

1. 最小二乘法

如果我们增加测点数或虚拟测点数，使测点数 q 大于模态数 $2n$，则数据矩阵 $\boldsymbol{D}$ 和 $\hat{\boldsymbol{D}}$ 都变为长方阵，长方阵是不能求逆的，应采用最小二乘法中求伪逆的方法求解，此时的特征矩阵

$$\boldsymbol{A}=\hat{\boldsymbol{D}}\hat{\boldsymbol{D}}^{\mathrm{T}}(\boldsymbol{D}\boldsymbol{D}^{\mathrm{T}})^{-1} \tag{9.99}$$

由此矩阵求得的模态参数可以降低测试噪声的影响。

2. 模态置信因子(*MCF*)

为了判别真假模态，Ibrahim 提出了一个所谓“模态置信因子”的方法。在结构上任一测点作第 r 阶纯模态时，其位移为 $\boldsymbol{\psi}_r$，在延时 Δt 后，该点在 $t+\Delta t$ 时刻的位移为 $\bar{\boldsymbol{\psi}}_r$。从理论上讲，应有

$$\bar{\boldsymbol{\psi}}_r=\boldsymbol{\psi}_r \mathrm{e}^{\lambda_r\Delta t}$$

但由于噪声的影响，上述关系式不一定满足，实际上 $\bar{\boldsymbol{\psi}}_r$ 可写为

$$\bar{\boldsymbol{\psi}}_r=\alpha_r\boldsymbol{\psi}_r \mathrm{e}^{\Delta t}$$

有

$$\alpha_r=\frac{\bar{\boldsymbol{\psi}}_r}{\boldsymbol{\psi}_r \mathrm{e}^{\lambda_r\Delta t}}$$

当没有噪声影响时，$\alpha_r=1$。因此可定义 $|\alpha_r|$ 为模态置信因子(MCF)$_r$，即

$$(\mathrm{MCF})_r=|\alpha_r|=\left|\frac{\bar{\boldsymbol{\psi}}_r}{\boldsymbol{\psi}_r \mathrm{e}^{\lambda_r\Delta t}}\right| \tag{9.100}$$

当 $(\mathrm{MCF})_r\approx 1$ 时，被识别模态为真实模态，否则为虚假模态。

9.6　随机减量法

随机减量法是一种从平稳随机响应数据中提取自由衰减信号的方法，该方法与 Ibrahim 方法配合，可辨识系统的模态参数。

图 9.4 为一单自由度系统的随机响应信号 $x(t)$，取初始采样幅值为 x_s(常数)，它在随机信号 $x(t)$ 上截取 K 个点，有 $x_s=x(t_k)(k=1,2,\cdots,K)$，以 $x(t_k)$ 作为初始采样值，可得到 K 个长度相等，要重叠的样本。各段样本起始点的斜率 $\dot{x}(t_k)$ 将正负交替出现，将 K 个样本进行时间平均，有

$$\delta(\tau)=\frac{1}{K}\sum_{k=1}^{K}x(t_k+\tau) \tag{9.101}$$

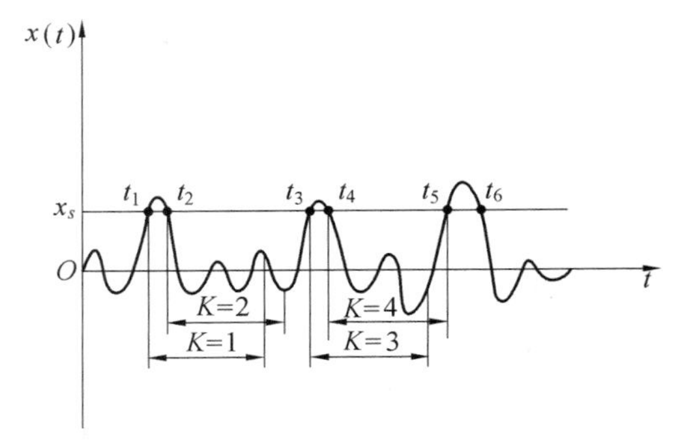

图 9.4　随机减量法原理图

式中，τ 为各样本的局部时间坐标，$\delta(\tau)$ 称为随机减量特征信号，可以证明 $\delta(\tau)$ 为系统的初始位移响应，可作物理解释如下：

由振动理论知，对于一个线性系统，其任意激励作用下的响应由三个部分组成，即

(1) 初始条件引起的自由响应；

(2) 激励引起的自由响应(受迫振动暂态响应中的一部分)；

(3) 激励引起的受迫振动(稳态响应)。

当激励为随机激励时，后两部分响应亦为随机的，当进行多次样本平均后，后两部分响应趋于零。对于第一部分响应来说，初始激励有两种：一为初始位移 $x(t_k)$ 激励；另一为初始速度 $\dot{x}(t_k)$ 激励。由于在各段样本的初始条件中，其初始速度 $\dot{x}(t_k)$ 正负交替，因此在多次平均后，亦趋向于零。因此在响应中剩下的就只是由初始位移激励而引起的自由响应。

对于 n 个自由度系统，若取 n 个测点，我们对其中第 j 个测点信号给以初始采样幅值 x_s 之后，按上述方法进行多次样本平均，所得到的随机减量特征信号 $\delta_j(\tau)$ 就是在第 j 点给一初始位移 x_s 后在第 j 点的自由衰减响应，对其余测点(例如第 i 点)则不要另加初始采样值，而是利用在第 j 测点所截取的 t_k 所对应的响应信号进行多次样本平均，所得的随机减量特征信号 $\delta_i(\tau)$ 就是第 j 点给一初始位移 x_s 后在第 i 点的自由衰减响应。

Ibrahim 利用随机减量法得到结构的自由衰减时域信号，然后再用时域方法进行识别。该方法用于某空间飞行器的模态参数识别中，取得了很好的效果。

9.7　最小二乘复指数法(Prony 法)

最小二乘复指数法可分为单参考点复指数法和多参考点复指数法两种，本书主要介绍单参考点复指数法，它利用脉冲响应信号进行辨识模态参数，该方法可用于阻尼较大和模态密集的系统。

9.7.1　模态频率与阻尼的辨识

由复模态理论知，两点间传递函数可写为

$$H_{lp}(s)=\sum_{r=1}^{n}\left[\frac{A_{lpr}}{s-s_r}+\frac{A_{lpr}^*}{s-s_r^*}\right]=\sum_{r=1}^{2n}\frac{A_{lpr}}{s-s_r} \tag{9.102}$$

式中，A_{lpr}，A_{lpr}^* 为相互共轭的留数；s_r，s_r^* 为极点(复频率)。

对上式进行拉氏逆变换得脉冲响应函数

$$h_{lp}(t)=\sum_{r=1}^{N}(A_{lpr}\mathrm{e}^{s_r t}+A_{lpr}^*\mathrm{e}^{s_r^* t})=\sum_{r=1}^{2n}A_{lpr}\mathrm{e}^{s_r t} \tag{9.103}$$

将时间 t 按等间隔 Δ 采样，得脉响函数的离散模型

$$h_m=\sum_{r=1}^{2n}A_r\mathrm{e}^{s_r m\Delta}\quad(m=0,1,\cdots,M) \tag{9.104}$$

式中省略了下标 lp，下面记

$$z_r=\mathrm{e}^{s_r\Delta} \tag{9.105}$$

则式(9.104)变为

$$h_m=\sum_{r=1}^{2n}A_r z_r^m \tag{9.106}$$

式中，z_r 为 z 变换因子，因为 h_m 为实数，所以上式可写为

$$h_m = 2Re\left(\sum_{r=1}^{n} A_r z_r^m\right) \tag{9.107}$$

式(9.107) 中的 A_r 及 z_r 为待识别参数，假设 z_r 为下列多项式的根，有

$$\sum_{r=0}^{2n} \alpha_r z^r = \prod_{r=1}^{n} (z - z_r)(z - z_r^*) = 0 \tag{9.108}$$

将式(9.107) 写为下面形式

$$h_{m+k} = 2Re\left(\sum_{r=1}^{n} A_r z_r^{m+k}\right) \tag{9.109}$$

用 α_k 乘上式得

$$\alpha_k h_{m+k} = 2\alpha_k Re\left(\sum_{r=1}^{n} A_r z_r^{m+k}\right) \tag{9.110}$$

在上式中令 $k = 0,1,2,\cdots,2n$，列式后求和，并考虑式(9.108) 得

$$\sum_{k=0}^{2n} \alpha_k h_{m+k} = \sum_{k=0}^{2n} 2\alpha_k Re\left(\sum_{r=1}^{n} A_r z_r^{m+k}\right) = Re \sum_{r=1}^{n} A_r z_r^m \left(2\sum_{k=0}^{2n} \alpha_k z_r^k\right) = 0$$

即

$$\sum_{k=0}^{2n} \alpha_k h_{m+k} = 0 \tag{9.111}$$

在上式中令 $m = 0,1,2,\cdots,M$，并选取 $\alpha_{2n} = 1$，可建立关于参数 α_k 的方程

$$\begin{bmatrix} h_0 & h_1 & \cdots & h_{2n-1} \\ h_1 & h_2 & \cdots & h_{2n} \\ \vdots & \vdots & & \vdots \\ h_m & h_{m+1} & \cdots & h_{m+2n-1} \end{bmatrix} \begin{bmatrix} \alpha_0 \\ \alpha_1 \\ \vdots \\ \alpha_{2n-1} \end{bmatrix} = -\begin{bmatrix} h_{2n} \\ h_{2n+1} \\ \vdots \\ h_{2n+m} \end{bmatrix} \tag{9.112}$$

或简写为

$$\boldsymbol{T\alpha} = -\boldsymbol{Y} \tag{9.113}$$

式中，数据矩阵 $\boldsymbol{T}$ 称为陶布里兹(Toeplitz) 矩阵，解方程(9.113) 可得到系数 α_k，由 α_k 可建立方程(9.108)，然后可求出特征根 z_r。再由 $z_r = e^{s_r \Delta}$，可解得复频率 $s_r = \alpha_r + j\beta_r$，从中可解得模态频率和阻尼比

$$\omega_r = \sqrt{\alpha_r^2 + \beta_r^2}$$

$$\zeta_r = -\frac{\alpha_r}{\omega_r} \tag{9.114}$$

上述算法对噪声较敏感，可用最小二乘方法改进如下：方程(9.112) 的平方误差为

$$e_m^2 = \left[\sum_{k=0}^{2n-1} \alpha_k h_{m+k} + h_{m+2n}\right]^2 \tag{9.115}$$

总方差为

$$E = \sum_{m=1}^{M} e_m^2 \tag{9.116}$$

为使总方差最小，应有 $\dfrac{\partial E}{\partial \alpha_r} = 0$，得

$$\sum_{m=1}^{M} h_{m+r} \left[\sum_{k=0}^{2n-1} \alpha_k h_{m+k} + h_{m+2n}\right] = 0$$

或改写为

$$\sum_{m=1}^{M}\alpha_k\left[\sum_{m=1}^{M}h_{m+r}h_{m+k}\right]+\sum_{m=1}^{M}h_{m=r}h_{m+2n}=0 \tag{9.117}$$

令

$$R_{rk}=\sum_{m=1}^{M}h_{m+r}h_{m+k} \tag{9.118}$$

则式(9.117) 变为

$$\sum_{k=0}^{2n-1}R_{rk}\alpha_k=-R_{r2n} \tag{9.119}$$

或用矩阵表示为

$$\begin{bmatrix} R_{00} & R_{01} & \cdots & R_{0,2n-1} \\ R_{10} & R_{11} & \cdots & R_{1,2n-1} \\ \vdots & \vdots & & \vdots \\ R_{2n-1,0} & R_{2n-1,1} & \cdots & R_{2n-1,2n-1} \end{bmatrix}\begin{bmatrix}\alpha_0\\ \alpha_1\\ \vdots\\ \alpha_{2n-1}\end{bmatrix}=-\begin{bmatrix}R_{0,2n}\\ R_{1,2n}\\ \vdots\\ R_{2n-1,2n}\end{bmatrix} \tag{9.120}$$

当 M 足够大时,R_{rk} 为自相关函数序列。解方程(9.120) 同样可得到系数 α_k。

9.7.2　模态振型的识别

当 z_r 识别后,可以将它代入式(9.106) 中进一步识别留数 A_r,令 $m=0,1,2,\cdots,2n-1$,可建立矩阵方程

$$\begin{bmatrix} 1 & 1 & \cdots & 1 \\ Z_1 & Z_2 & \cdots & Z_{2n} \\ Z_1^2 & Z_2^2 & \cdots & Z_{2n}^2 \\ \vdots & \vdots & & \vdots \\ Z_1^{2n-1} & Z_2^{2n-1} & \cdots & Z_{2n}^{2n-1} \end{bmatrix}\begin{bmatrix}A_1\\ A_2\\ A_3\\ \vdots\\ A_{2N}\end{bmatrix}=\begin{bmatrix}h_0\\ h_1\\ h_2\\ \vdots\\ h_{2n-1}\end{bmatrix} \tag{9.121}$$

或简写为

$$\mathbf{VA}=\boldsymbol{H} \tag{9.122}$$

式中,矩阵 $\mathbf{V}$ 称为惠特蒙德(Vandermonde) 矩阵。解方程(9.122),可得留数(复振幅)A_r,由不同测点的 A_r 序列可得复模态 $\boldsymbol{\psi}_r$。

如果在式(9.106) 中令 $m=0,1,2,\cdots,M$,且 $M>2n-1$,则矩阵 $\mathbf{V}$ 为长方阵,也可采用最小二乘法求解方程(9.121),这时有

$$\mathbf{A}=(\mathbf{V}^{\mathrm{T}}\mathbf{V})^{-1}\mathbf{V}^{\mathrm{T}}\boldsymbol{H} \tag{9.123}$$

9.8　动态荷载识别

建立结构的数学模型,除了结构的动力学参数(质量、阻尼和刚度) 之外,还必须知道结构承受的外荷载。有时结构的外荷载并不是清楚地知道的,有时甚至很难用直接测量的方法得到,如直升机旋翼上的空气动力,水轮机转轮上的水动力,机床加工的切削力,建筑结构的风载等等。要想精确地得到某些动荷载大小及其随时间变化的关系,可采用荷载识别的方法,结构动荷载识别方法包括频域方法和时域方法两大类。

9.8.1 荷载识别的频域方法

1. 频响函数矩阵求逆法

该方法认为结构的动特性传递函数矩阵，$\boldsymbol{H}(\omega)$ 是已知的，且输入(待识别量)与输出(实测响应)之间有如下关系：

(1) 输入与输出之间呈线性关系；

(2) 系统的响应完全是由待识别的荷载产生的。

对于确定性响应，输入和输出之间有如下关系

$$\boldsymbol{X}(\omega)=\boldsymbol{H}(\omega)\boldsymbol{F}(\omega) \tag{9.124}$$

式中，$\boldsymbol{X}(\omega)_{p\times1}$ 为响应谱向量；$\boldsymbol{F}(\omega)_{p\times1}$ 为荷载谱向量；$\boldsymbol{H}(\omega)_{l\times p}$ 为频响函数矩阵。

若 $\boldsymbol{H}(\omega)$ 为方阵($l=p$)，则荷载谱向量为

$$\boldsymbol{F}(\omega)=\boldsymbol{H}(\omega)^{-1}\boldsymbol{X}(\omega) \tag{9.125}$$

若 $\boldsymbol{H}(\omega)$ 为长方阵，且 $l>p$，则可用求广义逆的方法得

$$\boldsymbol{F}(\omega)=[\boldsymbol{H}(\omega)^{\mathrm{H}}\boldsymbol{H}(\omega)]^{-1}\boldsymbol{H}(\omega)^{\mathrm{H}}\boldsymbol{X}(\omega) \tag{9.126}$$

式中，上标 H 表示共轭转置。

对于随机响应，激励力与响应之间有如下关系

$$\boldsymbol{S}_x(\omega)=\boldsymbol{H}(\omega)\boldsymbol{S}_F(\omega)\boldsymbol{H}(\omega)^{\mathrm{H}} \tag{9.127}$$

式中，$\boldsymbol{S}_x(\omega)_{l\times l}$ 为响应的谱密度矩阵；$\boldsymbol{S}_F(\omega)_{p\times p}$ 为荷载的谱密度矩阵。

当 $\boldsymbol{H}(\omega)$ 为方阵时($p=l$)可解得

$$\boldsymbol{S}_F(\omega)=\boldsymbol{H}(\omega)^{-1}\boldsymbol{S}_x(\omega)\boldsymbol{H}(\omega)^{-\mathrm{H}} \tag{9.128}$$

如果 $\boldsymbol{H}(\omega)$ 为长方阵，且 $l>p$，则

$$\boldsymbol{S}_F(\omega)=[\boldsymbol{H}(\omega)^{\mathrm{H}}\boldsymbol{H}(\omega)]^{-1}\boldsymbol{H}(\omega)^{\mathrm{H}}\boldsymbol{S}_x(\omega)\boldsymbol{H}(\omega)[\boldsymbol{H}(\omega)^{\mathrm{H}}\boldsymbol{H}(\omega)]^{-1} \tag{9.129}$$

有时输入各激振力为相互独立的，荷载的谱矩阵为对角阵，这时未知数减少为 p 个，上述计算可以简化。

2. 模态坐标转换法

因为结构的模态参数是结构力学工作者希望预先知道的，而且在模态坐标下可以使方程变得简单，所以在荷载识别时，可以先识别对应于模态坐标的广义力(模态力)，然后再转换为物理坐标所对应的力。

系统在物理坐标下的运动方程为

$$\boldsymbol{M}\ddot{\boldsymbol{x}}+\boldsymbol{C}\dot{\boldsymbol{x}}+\boldsymbol{K}\boldsymbol{x}=\boldsymbol{f}(t)$$

利用模态坐标变换

$$\boldsymbol{x}(t)=\boldsymbol{\Phi}\boldsymbol{q}(t) \tag{9.130}$$

可以将运动方程转换到模态坐标上，得

$$\boldsymbol{m}_r\ddot{\boldsymbol{q}}+\boldsymbol{c}_r\dot{\boldsymbol{q}}+\boldsymbol{k}_r\boldsymbol{q}=\boldsymbol{f}_q(t) \tag{9.131}$$

式中模态力

$$\boldsymbol{f}_q=\boldsymbol{\Phi}^{\mathrm{T}}\boldsymbol{f}(t) \tag{9.132}$$

将式(9.130)和(9.131)作傅氏变换得

$$(-\omega^2\boldsymbol{m}_r+\mathrm{j}\omega\boldsymbol{c}_r+\boldsymbol{k}_r)\boldsymbol{Q}(\omega)=\boldsymbol{F}_q(\omega) \tag{9.133}$$

$$\boldsymbol{X}(\omega)=\boldsymbol{\Phi Q}(\omega) \tag{9.134}$$

不论模态矩阵 $\boldsymbol{\Phi}$ 为完备矩阵或非完备矩阵，我们都可以解出

$$\boldsymbol{Q}(\omega)=(\boldsymbol{\Phi}^{\mathrm{T}}\boldsymbol{\Phi})^{-1}\boldsymbol{\Phi}^{\mathrm{T}}\boldsymbol{X}(\omega) \tag{9.135}$$

将 $\boldsymbol{Q}(\omega)$ 代入式(9.133)，即可得到模态力向量 $\boldsymbol{F}_q(\omega)$。而对应物理坐标的荷载谱为

$$\boldsymbol{F}(\omega)=(\boldsymbol{\Phi\Phi}^{\mathrm{T}})^{-1}\boldsymbol{\Phi F}_q(\omega) \tag{9.136}$$

最后将 $\boldsymbol{F}(\omega)$ 作逆傅氏变换就可得到时域的动荷载向量 $\boldsymbol{f}(t)$。

对于复模态问题，可以将运动方程转换为状态空间方程后，再用与上述方法相似的方法进行复模态坐标转换。

9.8.2　荷载识别的时域方法

荷载识别的时域方法提出较晚，现有的方法可分为两类：一类是建立在求解 Volterra 第一类积分方程问题基础上的针对连续系统为主的时域辨识法；第二类建立在将微小时间间隔内动态荷载看作阶跃函数的求解振动微分方程的方法，它主要针对离散系统，便于在工程中应用，因此本书着重介绍第二类方法。

对于线性比例阻尼系统，在实模态坐标下的解耦方程(9.131)，可写为如下形式

$$m_r\ddot{q}+c_r\dot{q}+k_rq_r=f_{qr}(t)\quad(r=1,2,\cdots,n) \tag{9.137}$$

方程(9.137)是 n 个相互独立的单自由度振动微分方程，对力 $f_{qr}(t)$ 进行等间隔 Δt 插值，在微小时间 Δt 内，可认为 $f_{qr}(t)$ 是一阶跃函数，设在区间 $t_{j-1}\sim t_j$ 内荷载 $f_{qr}(t)=f_{rj}$（下标 q 省略）。这时系统的响应为

$$q_r(t)=D\mathrm{e}^{-\zeta_r\omega_r t}\sin(\omega_{ar}t-\beta)+f_{rj}/k_r \tag{9.138}$$

初始条件为 $t=t_{j-1}$ 时

$$q_r=q_{r(j-1)},\quad \dot{q}_r=\dot{q}_{r(j-1)},\quad \Delta t=t_j-t_{j-1}$$

式(9.138)中的常数 D 可由上述初始条件确定。这样在 Δt 时间间隔内，由式(9.138)得

$$\frac{f_{rj}}{k_r}=q_{r(j-1)}+\frac{\dot{q}_{rj}\cos\alpha}{\omega_r h\sin(\Delta\theta)}+\frac{\dot{q}_{r(j-1)}}{\omega_r}\left[\sin\alpha-\frac{\cos\alpha}{\tan(\Delta\theta)}\right]\quad(j=1,2,\cdots,s) \tag{9.139}$$

式中

$$\omega_r=\sqrt{k_r/m_r},\quad \sin\alpha=\zeta_r,\quad \cos\alpha=\sqrt{1-\zeta_r^2}$$

$$h=\mathrm{e}^{-\zeta_r\omega_r\Delta t},\quad \Delta\theta=\omega_r\sqrt{1-\zeta_r^2}\,\Delta t$$

若响应的位移、速度和加速度均已知，则可直接由微分方程得到

$$\frac{f_{rj}}{k_r}=\frac{\ddot{q}_{rj}}{\omega_r^2}+2\zeta_r\frac{\dot{q}_{rj}}{\omega_r}+q_{rj} \tag{9.140}$$

若仅知道响应的位移 $q_r(t)$，则可认为 f_{qr} 在区间 $2\Delta t=t_{j+1}-t_{j-1}$ 为阶跃函数，则式(9.138)的解为

$$\frac{f_{rj}}{k_r}=\frac{hq_{r(j-1)}-2q_{rj}\cos(\Delta\theta)+q_{r(j+1)}/h}{h-2\cos(\Delta\theta)+1/h} \tag{9.141}$$

按上述公式，令 $j=0,1,2,\cdots,s$，可求得 f_{qr} 的时间序列

$$\boldsymbol{f}_{qr}=[f_{r1}\quad f_{r2}\quad\cdots\quad f_{rs}]^{\mathrm{T}}$$

再对每阶模态，令 $r=1,2,\cdots,n$，进行上述计算，可得模态力向量

$$\boldsymbol{f}_q=[f_{q1}\quad f_{q2}\quad\cdots\quad f_{qn}]^{\mathrm{T}}$$

如果模态矩阵为方阵，则可直接求逆得物理坐标下的荷载向量

$$\boldsymbol{f}(t)=\boldsymbol{\Phi}^{-\mathrm{T}}\boldsymbol{f}_q \tag{9.142}$$

若模态矩阵 $\boldsymbol{\Phi}$ 为长方阵，则可用广义逆公式

$$\boldsymbol{f}(t)=(\boldsymbol{\Phi}\boldsymbol{\Phi}^{\mathrm{T}})^{-1}\boldsymbol{\Phi}\boldsymbol{f}_q \tag{9.143}$$

对于非比例阻尼情况，仍然可以利用复模态理论，在状态空间解耦，然后仿照上述方法进行荷载识别。

9.9　结构数学模型修改

结构动力学一直沿着理论分析与试验分析两条路发展，理论分析方法以有限元法建立数学模型为主，而试验分析方法以试验模态分析和参数辨识为主，两种方法各具特色，各有千秋，但对解决工程实际问题，又各有不足。本节有关结构数学模型的修改是将上述两种方法相结合，利用试验数据修改有限元模型的方法。常用的方法有矩阵摄动法，误差矩阵范数极小化方法等。

1. J. C. Chen 矩阵摄动法

用 $\boldsymbol{M}_0,\boldsymbol{K}_0,\boldsymbol{\Lambda}_0,\boldsymbol{\Phi}_0$，分别代表分析模型的质量矩阵、刚度矩阵、特征值矩阵和模态矩阵。而真实结构的参数可写为

$$\boldsymbol{M}=\boldsymbol{M}_0+\Delta\boldsymbol{M} \tag{9.144}$$

$$\boldsymbol{K}=\boldsymbol{K}_0+\Delta\boldsymbol{K} \tag{9.145}$$

$$\boldsymbol{\Phi}=\boldsymbol{\Phi}_0+\Delta\boldsymbol{\Phi} \tag{9.146}$$

$$\boldsymbol{\Lambda}=\boldsymbol{\Lambda}_0+\Delta\boldsymbol{\Lambda} \tag{9.147}$$

Chen 还假设模态误差矩阵 $\Delta\boldsymbol{\Phi}$ 可以按 $\boldsymbol{\Phi}_0$ 分解，有

$$\Delta\boldsymbol{\Phi}=\boldsymbol{\Phi}_0\boldsymbol{A} \tag{9.148}$$

式中，$\boldsymbol{A}$ 为系数矩阵，由式(9.146) 得

$$\boldsymbol{\Phi}=\boldsymbol{\Phi}_0(\boldsymbol{I}+\boldsymbol{A}) \tag{9.149}$$

由模态正交性有

$$\boldsymbol{\Phi}^{\mathrm{T}}\boldsymbol{M}\boldsymbol{\Phi}=\boldsymbol{I} \tag{9.150}$$

$$\boldsymbol{\Phi}^{\mathrm{T}}\boldsymbol{K}\boldsymbol{\Phi}=\boldsymbol{\Lambda} \tag{9.151}$$

将式(9.144) ～ (9.147) 代入上两式并忽略 $\Delta\boldsymbol{M},\Delta\boldsymbol{K},\Delta\boldsymbol{\Phi}$ 和 $\Delta\boldsymbol{\Lambda}$ 的高次微量后得

$$\boldsymbol{\Phi}_0^{\mathrm{T}}\Delta\boldsymbol{M}\boldsymbol{\Phi}_0=-\boldsymbol{A}-\boldsymbol{A}^{\mathrm{T}} \tag{9.152}$$

$$\boldsymbol{\Phi}_0^{\mathrm{T}}\Delta\boldsymbol{K}\boldsymbol{\Phi}_0=\Delta\boldsymbol{\Lambda}_0-\boldsymbol{\Lambda}_0\boldsymbol{A}-\boldsymbol{A}^{\mathrm{T}}\boldsymbol{\Lambda}_0 \tag{9.153}$$

对上面两式前乘 $\boldsymbol{\Phi}_0^{-\mathrm{T}}$，后乘 $\boldsymbol{\Phi}_0^{-1}$ 并考虑正交性 $\boldsymbol{\Phi}_0^{\mathrm{T}}\boldsymbol{M}_0\boldsymbol{\Phi}_0=\boldsymbol{I}$ 可得

$$\Delta\boldsymbol{M}=-\boldsymbol{\Phi}_0^{-\mathrm{T}}\boldsymbol{A}\boldsymbol{\Phi}_0^{-1}-\boldsymbol{\Phi}_0^{-\mathrm{T}}\boldsymbol{A}^{\mathrm{T}}\boldsymbol{\Phi}_0^{-1} \tag{9.154}$$

$$\Delta\boldsymbol{K}=-\boldsymbol{\Phi}_0^{-\mathrm{T}}\Delta\boldsymbol{\Lambda}\boldsymbol{\Phi}_0^{-1}-\boldsymbol{\Phi}_0^{-\mathrm{T}}\boldsymbol{\Lambda}_0\boldsymbol{A}-\boldsymbol{\Phi}_0^{-\mathrm{T}}\boldsymbol{A}^{\mathrm{T}}\boldsymbol{\Lambda}_0\boldsymbol{\Phi}_0^{-1} \tag{9.155}$$

由式(9.149) 可得

$$\boldsymbol{A}=\boldsymbol{\Phi}_0^{-1}\boldsymbol{\Phi}-\boldsymbol{I}$$

$$\boldsymbol{A}^{\mathrm{T}}=\boldsymbol{\Phi}^{\mathrm{T}}\boldsymbol{\Phi}^{-\mathrm{T}}-\boldsymbol{I}$$

将上两式代入式(9.154) 和(9.155)，经过推导可得结构参数修改的计算公式

$$\Delta \boldsymbol{M} = \boldsymbol{M}_0 \boldsymbol{\Phi}_0 (2\boldsymbol{I} - \boldsymbol{\Phi}_0^{\mathrm{T}} \boldsymbol{M}_0 \boldsymbol{\Phi} - \boldsymbol{\Phi}^{\mathrm{T}} \boldsymbol{M}_0 \boldsymbol{\Phi}_0) \boldsymbol{\Phi}_0^{\mathrm{T}} \boldsymbol{M}_0 \tag{9.156}$$

$$\Delta \boldsymbol{K} = \boldsymbol{M}_0 \boldsymbol{\Phi}_0 (\boldsymbol{\Lambda}_0 + \boldsymbol{\Lambda} - \boldsymbol{\Phi}_0^{\mathrm{T}} \boldsymbol{K}_0 \boldsymbol{\Phi} - \boldsymbol{\Phi}^{\mathrm{T}} \boldsymbol{K}_0 \boldsymbol{\Phi}_0) \boldsymbol{\Phi}_0^{\mathrm{T}} \boldsymbol{M}_0 \tag{9.157}$$

在上面两式中 $\boldsymbol{M}_0$，$\boldsymbol{K}_0$，$\boldsymbol{\Phi}_0$ 和 $\boldsymbol{\Lambda}_0$ 均为计算值，$\boldsymbol{\Phi}$ 及 $\boldsymbol{\Lambda}$ 为试验值，这些值都是已知的，可以直接计算出参数的修改值。

Chen 方法需要的试验模态集 $\boldsymbol{\Phi}$ 是与计算模态集 $\boldsymbol{\Phi}_0$ 相同的完备模态集，这对于工程中的复杂结构是做不到的，这是该方法的不足之处。改进的途径可以有两种方法：一是将计算模型缩聚到测试自由度上后再用试验模态修正；二是在计算模型的基础上用计算模态补充不足的试验模态后，按式(9.156) 和(9.157) 进行计算。

2. Berman 方法

由式(9.144) 可得

$$\boldsymbol{\Phi}^{\mathrm{T}} \Delta \boldsymbol{M} \boldsymbol{\Phi} = \boldsymbol{I} - \boldsymbol{E}_0 \tag{9.158}$$

$$\boldsymbol{E}_0 = \boldsymbol{\Phi}^{\mathrm{T}} \boldsymbol{M}_0 \boldsymbol{\Phi} \tag{9.159}$$

式中，$\boldsymbol{E}_0$ 为正交性检验矩阵，它只有当 $M = M_0$ 时是对角阵，一般不是对角阵。

Berman 方法是以非完备的模态集 $\boldsymbol{\Phi}$ 作为修正基准，故满足式(9.158) 的解不是唯一的，为此定义一拉格朗日函数

$$\chi = \in + \sum_{i=1}^{n} \sum_{j=1}^{n} \lambda_{ij} (\boldsymbol{\Phi}^{\mathrm{T}} \Delta \boldsymbol{M} \boldsymbol{\Phi} - \boldsymbol{I} + \boldsymbol{E}_0)_{ij} \tag{9.160}$$

式中，n 为测得的模态数；λ_{ij} 为拉氏乘子；$\in$ 为范数，有

$$\in = \| \boldsymbol{M}_0^{-1/2} \Delta \boldsymbol{M} \boldsymbol{M}_0^{-1/2} \| \tag{9.161}$$

方程(9.160) 表示一个有约束的极值问题，既要使范数 $\in$ 极小，又要满足约束方程(9.158)，将式(9.160) 对 $\Delta \boldsymbol{M}$ 中的每个元素及 λ_{ij} 求导，可得最优解

$$\Delta \boldsymbol{M} = -\frac{1}{2} \boldsymbol{M}_0 \boldsymbol{\Phi} \boldsymbol{\Lambda} \boldsymbol{\Phi}^{\mathrm{T}} \boldsymbol{M}_0 \tag{9.162}$$

将上式代入式(9.158) 解得

$$\boldsymbol{\Lambda} = -2 \mathbf{e}_0^{-1} (\boldsymbol{I} - \boldsymbol{E}_0) \boldsymbol{E}_0^{-1} \tag{9.163}$$

将上两式合并得

$$\Delta \boldsymbol{M} = \boldsymbol{M}_0 \boldsymbol{\Phi} \mathbf{e}_0^{-1} (\boldsymbol{I} - \boldsymbol{E}_0) \mathbf{e}_0^{-1} \boldsymbol{\Phi}^{\mathrm{T}} \boldsymbol{M}_0 \tag{9.164}$$

在求得 $\Delta \boldsymbol{M}$ 之后，就可得到修改后的质量矩阵

$$\boldsymbol{M} = \boldsymbol{M}_0 + \Delta \boldsymbol{M}$$

用类似的方法可以得到刚度矩阵的修正公式

$$\boldsymbol{K} = \boldsymbol{K}_0 + \Delta \boldsymbol{K}$$

式中

$$\Delta \boldsymbol{K} = \boldsymbol{Y} + \boldsymbol{Y}^{\mathrm{T}} \tag{9.165}$$

$$\boldsymbol{Y} = \frac{1}{2} \boldsymbol{M}_0 \boldsymbol{\Phi} (\boldsymbol{\Phi}^{\mathrm{T}} \boldsymbol{K}_0 \boldsymbol{\Phi} + \boldsymbol{\Lambda}) \boldsymbol{\Phi}^{\mathrm{T}} \boldsymbol{M}_0 - \boldsymbol{K}_0 \boldsymbol{\Phi} \boldsymbol{\Phi}^{\mathrm{T}} \boldsymbol{M}_0 \tag{9.166}$$

本方法的优点是试验模态矩阵可以是不完备的模态矩阵，缺点是 $\Delta \boldsymbol{M}$ 和 $\Delta \boldsymbol{K}$ 不像 $\boldsymbol{M}_0$ 和 $\boldsymbol{K}_0$ 那样是带状稀疏矩阵，而是满阵，这会给分析带来不少麻烦。为此，彭晓洪等提出改进的方法，可将 $\Delta \boldsymbol{M}$ 矩阵中在 $\boldsymbol{M}_0$ 矩阵带宽以外的元素忽略不计，然后用迭代法修正质量矩阵。刚度矩阵的修正与质量矩阵相同。

除了上述两种方法之外，用试验模态修改数学模型还有很多方法，如 Stetson 方法、White 方法和周欣、张德文方法等，读者可参考有关文献。

9.10　结构动态特征灵敏度分析

对原有结构设计进行局部修改是工程设计常有的事，怎样使修改后的设计方案最优，分析各结构参数或设计变量的改变对结构动态特性变化的敏感程度是十分必要的。对振动系统而言，动态特征灵敏度可理解为结构特征参数（特征值 λ 和特征向量 $\boldsymbol{\Phi}$）对结构参数的改变率。特征灵敏度可分为特征值灵敏度 $\frac{\partial\lambda}{\partial p}$ 和特征向量灵敏度 $\frac{\partial\boldsymbol{\Phi}}{\partial p}$。

根据复模态理论，对于一个具有 N 个自由度的黏性阻尼系统，其自由振动的状态方程为

$$\boldsymbol{A}\dot{\boldsymbol{x}}+\boldsymbol{B}\boldsymbol{x}=0 \tag{9.167}$$

式中

$$\boldsymbol{A}=\begin{bmatrix}\boldsymbol{C} & \boldsymbol{M}\\ \boldsymbol{M} & 0\end{bmatrix},\quad \boldsymbol{B}=\begin{bmatrix}\boldsymbol{K} & 0\\ 0 & -\boldsymbol{M}\end{bmatrix}$$

式(9.167)有 N 个复共轭特征对，即 λ_r，λ_r^* 和 $\boldsymbol{\psi}_r$ 和 $\boldsymbol{\psi}_r^*$。设 $\boldsymbol{\psi}_r$ 与 $\boldsymbol{\psi}_r^*$ 都是正则化复模态，则有正交性公式为

$$\boldsymbol{\psi}_r^{\mathrm{T}}\boldsymbol{A}\boldsymbol{\psi}_r=1 \tag{9.168}$$

$$\boldsymbol{\psi}_r^{\mathrm{T}}\boldsymbol{B}\boldsymbol{\psi}_r=-\lambda_r \tag{9.169}$$

从上两式可得

$$\lambda_r\boldsymbol{\psi}_r^{\mathrm{T}}\boldsymbol{A}\boldsymbol{\psi}_r+\boldsymbol{\psi}_r^{\mathrm{T}}\boldsymbol{B}\boldsymbol{\psi}_r=0 \tag{9.170}$$

由上式又可得

$$\lambda_r\boldsymbol{A}\boldsymbol{\psi}_r+\boldsymbol{B}\boldsymbol{\psi}_r=0 \tag{9.171}$$

$$\lambda_r\boldsymbol{\psi}_r^{\mathrm{T}}\boldsymbol{A}+\boldsymbol{\psi}_r^{\mathrm{T}}\boldsymbol{B}=0 \tag{9.172}$$

以上三式是建立特征灵敏度的基础。

1. 特征值灵敏度

将式(9.171)对任一可变的结构参数 p_m 求导，得

$$\frac{\partial\lambda_r}{\partial p_m}(\boldsymbol{A}\boldsymbol{\psi}_r)+\lambda_r\frac{\partial\boldsymbol{A}}{\partial p_m}\boldsymbol{\psi}_r+\lambda_r\boldsymbol{A}\frac{\partial\boldsymbol{\psi}_r}{\partial p_m}+\frac{\partial\boldsymbol{B}}{\partial p_m}\psi_r+\boldsymbol{B}\frac{\partial\boldsymbol{\psi}_r}{\partial p_m}=0$$

将上式左乘 $\boldsymbol{\psi}_r^{\mathrm{T}}$，可得

$$\frac{\partial\lambda_r}{\partial p_m}(\boldsymbol{\psi}_r^{\mathrm{T}}\boldsymbol{A}\boldsymbol{\psi}_r)+\lambda_r\boldsymbol{\psi}_r^{\mathrm{T}}\frac{\partial\boldsymbol{A}}{\partial p_m}\boldsymbol{\psi}_r+\boldsymbol{\psi}_r^{\mathrm{T}}\frac{\partial\boldsymbol{B}}{\partial p_m}\boldsymbol{\psi}_r+(\lambda_r\boldsymbol{\psi}_r^{\mathrm{T}}\boldsymbol{A}+\boldsymbol{\psi}_r^{\mathrm{T}}\boldsymbol{B})\frac{\partial\boldsymbol{\psi}_r}{\partial p_m}=0 \tag{9.173}$$

考虑式(9.168)及(9.172)，上式可简化为

$$\frac{\partial\lambda_r}{\partial p_m}=-\lambda_r\boldsymbol{\psi}_r^{\mathrm{T}}\frac{\partial\boldsymbol{A}}{\partial p_m}\boldsymbol{\psi}_r-\boldsymbol{\psi}_r^{\mathrm{T}}\frac{\partial\boldsymbol{B}}{\partial p_m}\boldsymbol{\psi}_r \tag{9.174}$$

上式展开后可得

$$\frac{\partial\lambda_r}{\partial p_m}=-\left(\lambda_r^2\boldsymbol{\psi}_r^{\prime\mathrm{T}}\frac{\partial\boldsymbol{M}}{\partial p_m}\boldsymbol{\psi}'_r+\lambda_r\boldsymbol{\psi}_r^{\mathrm{T}}\frac{\partial\boldsymbol{C}}{\partial p_m}\boldsymbol{\psi}'_r+\boldsymbol{\psi}_r^{\prime\mathrm{T}}\frac{\partial\boldsymbol{K}}{\partial p_m}\boldsymbol{\psi}'_r\right) \tag{9.175}$$

式中，$\boldsymbol{\psi}'_r$ 为 $\boldsymbol{\psi}_r$ 的上半部，表示位移复模态的 N 维向量；$\boldsymbol{M}$，$\boldsymbol{C}$ 和 $\boldsymbol{K}$ 分别为质量矩阵、阻尼矩

阵和刚度矩阵。

式(9.175)为特征值灵敏度表达式，当 p_m 分别为元素 m_{ij}，c_{ij} 和 k_{ij} 时，可得特征值灵敏度公式。

(1) 特征值对 m_{ij} 的灵敏度

$$\frac{\partial\lambda_r}{\partial m_{ij}}=\begin{cases}-2\lambda_r^2\psi_{ir}\psi_{jr} & (i\neq j)\\ -\lambda_r^2\psi_{ir}^2 & (i=j)\end{cases}\tag{9.176}$$

(2) 特征值对 c_{ij} 的灵敏度

$$\frac{\partial\lambda_r}{\partial c_{ij}}=\begin{cases}-2\lambda_r^2\psi_{ir}\psi_{jr} & (i\neq j)\\ -\lambda_r^2\psi_{ir}^2 & (i=j)\end{cases}\tag{9.177}$$

(3) 特征值对 k_{ij} 的灵敏度

$$\frac{\partial\lambda_r}{\partial k_{ij}}=\begin{cases}2\psi_{ir}\psi_{jr} & (i\neq j)\\ \psi_{ir}^2 & (i=j)\end{cases}\tag{9.178}$$

以上为复模态理论中特征值灵敏度公式，式中 λ_r 与 ψ_{ir} 均为复数，我们不难将其转换为实模理论的公式。

2. 特征向量灵敏度

将式(9.171)对 p_m 求导，并左乘以 $\boldsymbol{\psi}_s^{\mathrm{T}}$ 得

$$\frac{\partial\lambda_r}{\partial p_m}\boldsymbol{\psi}_s^{\mathrm{T}}\boldsymbol{A}\boldsymbol{\psi}_r+\lambda_r\boldsymbol{\psi}_s^{\mathrm{T}}\frac{\partial\boldsymbol{A}}{\partial p_m}\boldsymbol{\psi}_r+\lambda_r\boldsymbol{\psi}_s^{\mathrm{T}}\boldsymbol{A}\frac{\partial\boldsymbol{\psi}_r}{\partial p_m}+\boldsymbol{\psi}_r^{\mathrm{T}}\frac{\partial\boldsymbol{B}}{\partial p_m}\boldsymbol{\psi}_r+\boldsymbol{\psi}_s^{\mathrm{T}}\boldsymbol{B}\frac{\partial\boldsymbol{\psi}_r}{\partial p_m}=0\tag{9.179}$$

(1) 当 $s\neq r$ 时

由式(9.171)知 $\lambda_s\boldsymbol{A}+\boldsymbol{B}=0$，则有

$$\boldsymbol{\psi}_s^{\mathrm{T}}\boldsymbol{B}=-\lambda_s\boldsymbol{\psi}_s^{\mathrm{T}}\boldsymbol{A}\tag{9.180}$$

代入式(9.179)得

$$(\lambda_r-\lambda_s)\boldsymbol{\psi}_s^{\mathrm{T}}\boldsymbol{A}\frac{\partial\boldsymbol{\psi}_r}{\partial p_m}+\lambda_r\boldsymbol{\psi}_s^{\mathrm{T}}\frac{\partial\boldsymbol{A}}{\partial p_m}\boldsymbol{\psi}_r+\boldsymbol{\psi}_s^{\mathrm{T}}\frac{\partial\boldsymbol{B}}{\partial p_m}\boldsymbol{\psi}_r=0\tag{9.181}$$

令 $\dfrac{\partial\boldsymbol{\psi}_r}{\partial p_m}=\sum\alpha_s\boldsymbol{\psi}_s$，可得

$$\alpha_s=\boldsymbol{\psi}_s^{\mathrm{T}}\boldsymbol{A}\frac{\partial\boldsymbol{\psi}_r}{\partial p_m}\tag{9.182}$$

则由式(9.181)可表示为

$$\begin{aligned}\alpha_s=&\frac{1}{(\lambda_s-\lambda_r)}\left(\lambda_r\boldsymbol{\psi}_s^{\mathrm{T}}\frac{\partial\boldsymbol{A}}{\partial p_m}\boldsymbol{\psi}_r+\boldsymbol{\psi}_s^{\mathrm{T}}\frac{\partial\boldsymbol{B}}{\partial p_m}\boldsymbol{\psi}_r\right)=\\&\frac{\boldsymbol{\psi}_s'^{\mathrm{T}}}{\lambda_s-\lambda_r}\left(\lambda_r^2\frac{\partial\boldsymbol{M}}{\partial p_m}+\lambda_r\frac{\partial\boldsymbol{C}}{\partial p_m}+\frac{\partial\boldsymbol{K}}{\partial p_m}\right)\boldsymbol{\psi}'_r\quad(s\neq r)\end{aligned}\tag{9.183}$$

(2) 当 $s=r$ 时

将公式(9.168)对 p_m 求导得

$$\frac{\partial\boldsymbol{\psi}_r^{\mathrm{T}}}{\partial p_m}\boldsymbol{A}\boldsymbol{\psi}_r+\boldsymbol{\psi}_r^{\mathrm{T}}\frac{\partial\boldsymbol{A}}{\partial p_m}\boldsymbol{\psi}_r+\boldsymbol{\psi}_r^{\mathrm{T}}\boldsymbol{A}\frac{\partial\boldsymbol{\psi}_r}{\partial p_m}=0\tag{9.184}$$

由于矩阵 $\boldsymbol{A}$ 为对称矩阵，故

$$\frac{\partial\boldsymbol{\psi}_r^{\mathrm{T}}}{\partial p_m}\boldsymbol{A}\boldsymbol{\psi}_r=\boldsymbol{\psi}_r^{\mathrm{T}}\boldsymbol{A}\frac{\partial\boldsymbol{\psi}_r}{\partial p_m}$$

因此式(9.184)可写为

$$2\boldsymbol{\psi}_r^{\mathrm{T}}\boldsymbol{A}\frac{\partial \boldsymbol{\psi}_r}{\partial p_m}=-\boldsymbol{\psi}_r^{\mathrm{T}}\frac{\partial \boldsymbol{A}}{\partial p_m}\boldsymbol{\psi}_r \tag{9.185}$$

得

$$\alpha_r=-\frac{1}{2}\boldsymbol{\psi}_s^{\mathrm{T}}\frac{\partial \boldsymbol{A}}{\partial p_m}\boldsymbol{\psi}_r \tag{9.186}$$

或展开得

$$\alpha_r=-\lambda_r\boldsymbol{\psi}_s^{\prime\mathrm{T}}\frac{\partial \boldsymbol{M}}{\partial p_m}\boldsymbol{\psi}'_r-\frac{1}{2}\boldsymbol{\psi}_r^{\prime\mathrm{T}}\frac{\partial \boldsymbol{C}}{\partial p_m}\boldsymbol{\psi}'_r \tag{9.187}$$

将特征向量对质量、阻尼及刚度元素的灵敏度推导如下：

(1) 特征向量对质量 m_{ij} 的系数敏度

① 当 $s\neq r$ 时

$$\alpha_s=\begin{cases}\dfrac{\lambda_r^2}{\lambda_s-\lambda_r}(\psi_{is}\psi_{jr}+\psi_{js}\psi_{ir}) & (i\neq j)\\[2ex] \dfrac{\lambda_r^2}{\lambda_s-\lambda_r}\psi_{is}\psi_{jr} & (i=j)\end{cases} \tag{9.188}$$

② 当 $s=r$ 时

$$\alpha_r=\begin{cases}-2\lambda_r^2\psi_{ir}\psi_{jr} & (i\neq j)\\ -\lambda_r\psi_{ir}^2 & (i=j)\end{cases} \tag{9.189}$$

(2) 特征向量对阻尼 c_{ij} 的灵敏度

① 当 $s\neq r$ 时

$$\gamma_s=\begin{cases}\dfrac{\lambda_r}{\lambda_s-\lambda_r}(\psi_{is}\psi_{jr}+\psi_{js}\psi_{ir}) & (i\neq j)\\[2ex] \dfrac{\lambda_r}{\lambda_s-\lambda_r}\psi_{is}\psi_{jr} & (i=j)\end{cases} \tag{9.190}$$

② 当 $s=r$ 时

$$\gamma_s=\begin{cases}-\psi_{ir}\psi_{jr} & (i\neq j)\\ -\dfrac{1}{2}\psi_{ir}^2 & (i=j)\end{cases} \tag{9.191}$$

式中 γ_s 满足

$$\frac{\partial \boldsymbol{\psi}_r}{\partial c_{ij}}=\sum_{s=1}^{n}\gamma_s\boldsymbol{\psi}_s \tag{9.192}$$

(3) 特征向量对刚度 k_{ij} 的灵敏度

① 当 $s\neq r$ 时

$$\beta_s=\begin{cases}\dfrac{1}{\lambda_s-\lambda_r}(\psi_{is}\psi_{jr}+\psi_{ir}\psi_{js}) & (i\neq j)\\[2ex] \dfrac{1}{\lambda_s-\lambda_r}\psi_{is}\psi_{jr} & (i=j)\end{cases} \tag{9.193}$$

② 当 $s=r$ 时

$$\beta_s=\begin{cases}0 & (i\neq j)\\ 0 & (i=j)\end{cases} \tag{9.194}$$

式中 β_s 满足

$$\frac{\partial \boldsymbol{\psi}_r}{\partial k_{ij}} = \sum_{s=1}^{n} \beta_s \boldsymbol{\psi}_s \tag{9.195}$$

3. 实模态理论中的特征灵敏度

在实模态理论中，特征灵敏度公式简捷、应用方便，现以无阻尼实模态理论为例，其特征灵敏度公式推导如下：

无阻尼振动系统的特征方程为

$$(-\omega_r^2 \boldsymbol{M} + \boldsymbol{K})\boldsymbol{\varphi}_r = 0 \tag{9.196}$$

将上式对参数 p_m 求导得

$$\left(-2\omega_r \frac{\partial \omega_r}{\partial p_m}\boldsymbol{M} - \omega_r^2 \frac{\partial \boldsymbol{M}}{\partial p_m} + \frac{\partial \boldsymbol{K}}{\partial p_m}\right)\boldsymbol{\varphi}_r + (-\omega_r^2 \boldsymbol{M} + \boldsymbol{K})\frac{\partial \boldsymbol{\varphi}_r}{\partial p_m} = 0$$

将上式两边同乘 $\boldsymbol{\varphi}_r^{\mathrm{T}}$ 并考虑式(9.196)，则有

$$-2\omega_r \frac{\partial \omega_r}{\partial p_m} - \omega_r^2 \boldsymbol{\varphi}_r^{\mathrm{T}} \frac{\partial \boldsymbol{M}}{\partial p_m}\boldsymbol{\varphi}_r + \boldsymbol{\varphi}_r^{\mathrm{T}} \frac{\partial \boldsymbol{K}}{\partial p_m}\boldsymbol{\varphi}_r = 0$$

故

$$\frac{\partial \omega_r}{\partial p_m} = -\frac{1}{2\omega_r}\left(\omega_r^2 \boldsymbol{\varphi}_r^{\mathrm{T}} \frac{\partial \boldsymbol{M}}{\partial p_m}\boldsymbol{\varphi}_r - \boldsymbol{\varphi}_r^{\mathrm{T}} \frac{\partial \boldsymbol{K}}{\partial p_m}\boldsymbol{\varphi}_r\right) \tag{9.197}$$

将上式中的 p_m 代之以 m_{ij} 和 k_{ij}，可得特征值灵敏度为

$$\frac{\partial \omega_r}{\partial m_{ij}} = \begin{cases} -\omega_r \varphi_{ir}\varphi_{jr} & (i \neq j) \\ -\dfrac{1}{2}\omega_r \varphi_{ir}^2 & (i = j) \end{cases} \tag{9.198}$$

$$\frac{\partial \omega_r}{\partial k_{ij}} = \begin{cases} \dfrac{\varphi_{ir}\varphi_{jr}}{\omega_r} & (i \neq j) \\ \dfrac{\varphi_{ir}^2}{2\omega_r} & (i = j) \end{cases} \tag{9.199}$$

将式(9.196) 对 p_m 求导后左乘以 $\boldsymbol{\varphi}_s^{\mathrm{T}}$，再考虑正交性条件得

$$-\omega_r^2 \boldsymbol{\varphi}_r^{\mathrm{T}} \frac{\partial \boldsymbol{M}}{\partial p_m}\boldsymbol{\varphi}_r + \boldsymbol{\varphi}_s^{\mathrm{T}} \frac{\partial \boldsymbol{K}}{\partial p_m}\boldsymbol{\varphi}_r - \boldsymbol{\varphi}_s^{\mathrm{T}}(\omega_r^2 \boldsymbol{M} - \boldsymbol{K})\frac{\partial \boldsymbol{\varphi}_r}{\partial p_m} = 0 \tag{9.200}$$

考虑 $\boldsymbol{\varphi}_s^{\mathrm{T}}\boldsymbol{K} = \omega_s^2 \boldsymbol{\varphi}_s^{\mathrm{T}}\boldsymbol{M}$ 及 $\dfrac{\partial \boldsymbol{\varphi}_r}{\partial p_m} = \sum_{s=1}^{N} \alpha_s \boldsymbol{\varphi}_s$，上式可简化为

$$-\omega_r^2 \boldsymbol{\varphi}_s^{\mathrm{T}} \frac{\partial \boldsymbol{M}}{\partial p_m}\boldsymbol{\varphi}_r + \boldsymbol{\varphi}_s^{\mathrm{T}} \frac{\partial \boldsymbol{K}}{\partial p_m}\boldsymbol{\varphi}_r + (\omega_s^2 - \omega_r^2)\alpha_s = 0 \tag{9.201}$$

故

$$\alpha_s = \frac{1}{\omega_s^2 - \omega_r^2}\left(\omega_r^2 \boldsymbol{\varphi}_s^{\mathrm{T}} \frac{\partial \boldsymbol{M}}{\partial p_m}\boldsymbol{\varphi}_r - \boldsymbol{\varphi}_s^{\mathrm{T}} \frac{\partial \boldsymbol{K}}{\partial p_m}\boldsymbol{\varphi}_r\right) \tag{9.202}$$

对于 $s = r$ 情形，可对公式 $\boldsymbol{\varphi}_r^{\mathrm{T}}\boldsymbol{M}\boldsymbol{\varphi}_r = 1$ 求导得

$$\frac{\partial \boldsymbol{\varphi}_r^{\mathrm{T}}}{\partial p_m}\boldsymbol{M}\boldsymbol{\varphi}_r + \boldsymbol{\varphi}_r^{\mathrm{T}} \frac{\partial \boldsymbol{M}}{\partial p_m}\boldsymbol{\varphi}_r + \boldsymbol{\varphi}_r^{\mathrm{T}}\boldsymbol{M} \frac{\partial \boldsymbol{\varphi}_r}{\partial p_m} = 0 \tag{9.203}$$

由 M 为对称矩阵有

$$\left[\frac{\partial \boldsymbol{\varphi}_r^{\mathrm{T}}}{\partial p_m}\boldsymbol{M}\boldsymbol{\varphi}_r\right]^{\mathrm{T}} = \boldsymbol{\varphi}_r^{\mathrm{T}}\boldsymbol{M} \frac{\partial \boldsymbol{\varphi}_r}{\partial p_m} \tag{9.204}$$

考虑上式，式(9.203) 可写成

$$\boldsymbol{\varphi}_r^{\mathrm{T}} \frac{\partial \boldsymbol{M}}{\partial p_m} \boldsymbol{\varphi}_r + 2\boldsymbol{\varphi}_r^{\mathrm{T}} \boldsymbol{M} \frac{\partial \boldsymbol{\varphi}_r}{\partial p_m} = 0$$

或

$$\boldsymbol{\varphi}_r^{\mathrm{T}} \frac{\partial \boldsymbol{M}}{\partial p_m} \boldsymbol{\varphi}_r + 2\boldsymbol{\varphi}_r^{\mathrm{T}} \boldsymbol{M} \sum_{s=1}^{N} \alpha_s \boldsymbol{\varphi}_s = 0$$

利用正交性条件得

$$\alpha_r = -\frac{1}{2} \boldsymbol{\varphi}_r^{\mathrm{T}} \frac{\partial \boldsymbol{M}}{\partial p_m} \boldsymbol{\varphi}_r \tag{9.205}$$

分别以 m_{ij} 及 k_{ij} 代入式(9.202)及(9.205)，即可得 α_s（对应 m_{ij}）及 β_s（对应 k_{ij}）。

当 $s \neq r$ 时

$$\alpha_s = \begin{cases} \dfrac{\omega_r^2}{\omega_s^2 - \omega_r^2}(\varphi_{is}\varphi_{jr} + \varphi_{js}\varphi_{ir}) & (i \neq j) \\ \dfrac{\omega_r^2}{\omega_s^2 - \omega_r^2}\varphi_{is}\varphi_{jr} & (i = j) \end{cases} \tag{9.206}$$

$$\beta_s = \begin{cases} \dfrac{\omega_r^2}{\omega_s^2 - \omega_r^2}(\varphi_{is}\varphi_{jr} + \varphi_{js}\varphi_{ir}) & (i \neq j) \\ \dfrac{\omega_r^2}{\omega_s^2 - \omega_r^2}\varphi_{is}\varphi_{ir} & (i = j) \end{cases} \tag{9.207}$$

当 $s = r$ 时

$$\alpha_s = \begin{cases} -\varphi_{ir}\varphi_{jr} & (i \neq j) \\ -\dfrac{1}{2}\varphi_{ir}^2 & (i = j) \end{cases} \tag{9.208}$$

$$\beta_s = 0 \tag{9.209}$$

第 10 章　振动测试技术

10.1　引　　言

10.1.1　振动测试的用途

1. 振动测试在机电工程中有广泛的用途

（1）各种工程机械、建筑结构、车辆船舶、飞机导弹、仪器设备等系统经常或由于运转中自身质量不平衡而引起惯性作用，或由于受到外部环境的激励影响而产生受迫或自激振动。振幅过大将使动应力剧增，从而使结构零部件机械失效，如疲劳断裂、过度磨损等；或引起紧固件松动、控制器件失灵；或降低机床加工精度。由于振动而造成机毁人亡重大事故也并不罕见。

测量机器额定工况运行时指定点（如轴承座）、指定方向的某种振动量级（一般用“振动烈度”，即一定频率范围内速度均方根值）的大小，已成为评判旋转式或往复式机器品质优劣的重要指标。

在实验室内对正在研制或投产的产品进行各种环境模拟试验，即用激振设备施加按标准规定的激励并观察其响应是否超标，有无共振，能否持久运转等，已成为工厂实验室的常规任务。

（2）当代工程结构零部件品种繁多，形状复杂，结合关系多变，材料各种各样，还可能大量采用复合材料。复杂结构在理论建模时难免要作出与真实情况有差距的假设或简化；结构的重要力学参数之一即阻尼参数由于形成机理复杂，迄今没有完美的理论计算方法。

用振动测试技术对结构做实验建模可以求得系统的动态特性参数。理论模型和实验模型互相修正并彼此补充，可以得到更接近实际的理想模型。

（3）造价昂贵的大型系统（如汽轮发电机组、海上平台、航天飞机等）长期在高转速、大负荷、高温高压或低温高真空等严酷环境下持续工作，它们的停机或破坏将造成巨大的损失。

利用振动测试手段（有时还要联合其他手段如噪声测试、声发射测试等）对重大设备进行在线的、实时的状态监控或故障诊断，以便提前发现故障隐患，及时进行保养和维修，是保证它们安全工作的必要措施。

（4）各种利用振动能量工作的机械，如振动给料机、振动打夯机、振动压路机和振动时效设备等，因其高效率低能耗而备受重视，为研究其工作机理必须进行大量振动测试。

（5）随着各种动力机械（包括手持式机具）和机动运输工具日益增多，振动也正在成为社会公害。振动能对人体多种器官产生生理或心理影响；它不但使工人由于疲劳或厌烦而降低劳动效率，时间一长还会引起振动疾病。研究振动对人体的作用，研制有减振、隔振作用的工具把手、坐椅等也必须依赖振动测试。

(6)机械振动系统又是产生结构噪声的声源,减少振动的同时也降低了结构噪声(反之也可以利用噪声分析手段来找到振源)。振声联合测试是振声学中一个重要任务。

噪声分析和振动分析现在可用同一台信号分析仪来完成。有些声级计只要更换传感器即可测量振动。

2. 振动测试的内容

(1)振动量和作用量的测量

振动量通常指特定点特定方向的线运动量即位移、速度和加速度。三者可用微积分方法互相转换,要求不高时只测峰值(或峰－峰值)、均值或均方根植(有效值),可用小型振动计完成。

振动量有时还包括角运动量(角位移、角速度和角加速度)和加加速度(Jerk,加速度的时间导数)。测角运动量传感器品种较少,目前还未普遍采用。

作用量通常指力、力矩和压力,可用测力传感器(测力计)和测压力传感器(压力计)测量。目前已有可测6个分量(3个力和3个力矩)的多分量力传感器问世。

(2) 系统动态特性参数的测试

能唯一地确定动态系统输入(激励)和输出(响应)关系的参数称为动态特性参数,它有多种形式,其中最基本的是物理参数,最常用的是模态参数。在理论上各种参数完全等价,但实测或转换时却因测试方法不同和误差来源不同等原因而产生差异。

(3) 环境模拟试验

为了保证机电产品在运输及使用过程中能承受外来振动(自然环境)或自身运转产生的振动(感生环境)时不致损坏,工作到预期寿命,性能符合指标或者为了试制时寻找强度、刚度薄弱环节而作的试验,如疲劳试验、共振试验、耐振试验及运输包装试验等,均属环境模拟试验。

国内一些尖端工业部门已采用"应力筛选试验(SST)"、联合环境可靠性试验(CERT)等先进方法,在激振同时还可以改变温度、高度(真空度)等其他环境参数。

(4) 荷载识别试验

荷载识别也叫环境预估,它是由系统已知的动态特性和已测的振动响应,来估计系统的输入参数,包括激振力时间历程或谱特性、振源位置等等。

荷载识别的关键在于它对测试数据精度要求很高,这是由于系统滤波效应使一些荷载分量所产生的响应极小,因而信噪比低劣。这是目前尚在研究发展的技术。

10.1.2　振动测试的仪器设备

振动测试仪器设备种类繁多,大致可分为专用的和通用的(如示波器、动态应变仪等)、单功能和多功能、整体式(自成体系)和组合式、主动的(有人工振源)和被动的(只测响应)等。如按其功能又可分为:

(1) 传感器

它将待测的振动力学量按一定规律转换成后继仪器可以测量的物理量。

(2) 前置放大器

其各项功用为:

① 电压放大或电流放大;

② 将电荷转换成电压；

③ 将传感器高阻抗输出转变成低阻抗输出(也叫阻抗变换器)。

(3) 多路信号采集、传输、解调(如果信号传输前经过调制)、滤波和微积分等设备。

(4) 信号读数、波形显示、绘图、数据打印等设备。

(5) 信号记录仪，包括磁带记录仪、瞬态波形记录仪、电平记录仪和 XY 记录仪等。

(6) 激振设备

最简单的是测力锤；最通用的是电动式激振器或振动台，它可产生任意波形激励力或运动。

(7) 信号分析仪(简称分析仪)

功能最先进最齐全的是数字信号分析仪(快速傅里叶分析仪)。它可对振动信号和任何能转换成电压的动态信号进行分析。最新分析仪还可直接与某些加速度计或传声器连接，省掉了耦合器或前置放大器。分析仪还具有解调、数字滤波、数学运算(包括微积分)、存储记录等多种功能，一台数字信号分析仪取代了过去的五六种单功能仪器。

10.2　传感器与前置放大器

10.2.1　传感器的分类

1. 按所测运动量分

(1) 位移计

输出与位移成正比；

(2) 速度计

输出与速度成正比；

(3) 加速度计

输出与加速度成正比。

几种运动量各有用途，虽然三者可用微积分电路转换，从提高测试精度来说，低频用位移计，高频用加速度计较好。

2. 按所选择的参考系分

(1) 相对式传感器

它选择外界实质物体作参考系来观察运动；既可测绝对运动(参考系在地上)，又可测相对运动(参考系在运动物体上)，参阅图 10.1(a) 和(b)。

其优点为无系统误差；缺点为在某些环境(如地震区、行驶的车辆或振动的桥梁) 中无法找到静止的物体作参考系，目前只用于测相对运动，使用较少。

(2) 惯性式(Seismic) 传感器

它是个单自由度系统，其基座固定在被测物上。它以本身的质量作参考系，以基座与质量的相对运动来反映被测物的绝对运动，参阅图 10.1(c)。

其优点为不需要外界参考物，可做成密封型的，使用较多；缺点为只能测绝对运动，且只在一定的频率范围内相对运动才近似与绝对运动成正比；由于装在被测物上(也称附着式)，对被测物有附加质量影响。

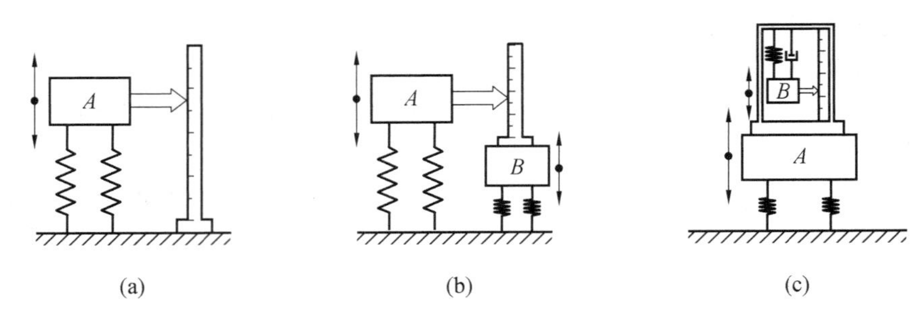

图 10.1　相对式和惯性式传感器测振原理

3. 按物理转换方式分

(1) 机械式

用齿轮齿条或杠杆等机构放大位移量,因误差较大现已被淘汰。

(2) 机电式

它将振动量转换成电量(电压、电荷等)或电参数量(电阻、电感等)的变化。前者为自发电式,后者要辅助电源将电参数量转变成电量。机电式是最常用的,进一步分类见下述。

(3) 光学式

采用光学原理,如较古老的用读数显微镜或三角楔测振幅,较先进的用激光测振(包括扭振)和用全息法测振型。

(4) 其他

如用温度变化来测量振动的红外测振仪。

4. 按是否接触分

(1) 接触式

靠传感器敏感元件经弹簧和顶杆与被测物相接触来测振,它对被测物有附加刚度、质量、阻尼等影响,当弹簧力不够大时顶杆可能脱离被测物(不能跟随),如相对式磁电速度计。

(2) 非接触式

它与被测物间有一定间隙,利用振动时间隙变化引起的电参数量(如电容、电感)变化来测量。其缺点为灵敏度会随安装时原始间隙的变化而变化,要仔细调整和测定原始间隙。

还可分为附着式和非附着式(即非接触式)。

5. 机电传感器按机电转换机制分

(1) 压电加速度计;

(2) 集成电路加速度计;

(3) 压阻加速度计;

(4) 变电容加速度计;

(5) 磁电速度计;

(6) 差动变压器位移计;

(7) 变电阻传感器;

(8) 变电容位移计;

(9) 变电感传感器；

(10) 变磁阻传感器；

(11) 霍尔效应传感器；

(12) 电涡流位移计；

(13) 电阻应变计；

(14) 磁致伸缩传感器等。

10.2.2　惯性式传感器和压电计

1. 惯性式传感器测振原理

惯性式传感器可做成位移计(相对位移与被测物绝对位移成正比)、速度计(相对速度与绝对速度成正比)与加速度计(相对位移与绝对加速度成正比)。

设被测物绝对运动为：$x_a = x_0\cos(\omega t)$，传感器质量对基座(即被测物)的相对运动为：$y_r = y_0\cos(\omega_r t + \varphi)$，线性系统 $\omega_r = \omega$，由相对运动动力学微分方程得

$$m\ddot{y}_r + c\dot{y}_r + k_r = F_e^g \tag{10.1}$$

式中，F_e^g 为平动时牵连惯性力，$F_e^g = -m\ddot{x}_e = m\omega^2 x_0\cos(\omega t)$；$m,c,k_r$ 分别为传感器内单自由度系统的质量、阻尼系数和刚度。

解上式可得：

(1) 输出和输入幅值随频率变化关系

位移计：希望相对位移幅值 y_0 与绝对值位移幅值 x_0 之比为常数，实际关系为

$$\frac{y_0}{x_0} = (\frac{\omega}{\omega_n})^2 / \sqrt{[1-(\frac{\omega}{\omega_n})^2]^2 + [\frac{2\zeta\omega}{\omega_n}]^2} \tag{10.2}$$

式中，ω_n 为传感器(安装)固有频率，$\omega_n = \sqrt{k/m}$；ζ 为传感器阻尼比。

分析上式可得：

如 ζ 一定，$\omega/\omega_n \gg 1$ 时，$y_0/x_0 = 1$，为得到较低的下限频度 ω，则 ω_n 应越小越好，即传感器 m 要大，k 要小。

如 ζ 允许变化，则 $\zeta = 0.7$ 左右时可得到最宽的工作频率范围(曲线平直段最大)。

速度计：希望相对速度幅值 $\dot{y}_0$ 与绝对速度 $\dot{x}_0$ 幅值之比为常数。将式(10.2)分子分母各乘以 ω 即得 $\dot{y}_0/\dot{x}_0$，故其结论与位移计一样。

位移计和速度计要求质量大，故体积也大，不能小型化和轻量化，应用较少。

加速度计：希望相对位移幅值 y_0 与绝对加速度 $\ddot{x}_0$ 之比为常数，将式(10.2)分母乘以 ω^2，得

$$\frac{y_0}{\ddot{x}_0} = (\frac{1}{\omega_n})^2 \sqrt{[1-(\frac{\omega}{\omega_n})^2]^2 + \left(\frac{2\zeta\omega}{\omega_n}\right)^2} \tag{10.3}$$

如 ζ 允许变化，则 $\zeta = 0.7$ 左右时可得到最宽的工作频率范围。

加速度计可以小型化和轻量化，目前最常用。其主要缺点为共振频率较高，可能放大高频噪声，为此可在其后加一低通滤波器。

(2) 输出和输入相位随频率变化关系

当测量有多种频率成分的复合振动时，如希望输出波形与输入波形相同，则传感器相移

φ 必须与频率 ω 呈线性关系，即

$$\varphi = -\omega\tau \tag{10.4}$$

式中，τ 为时延。

证明：设输入为 $x(t)$，输出为 $y(t)$，输出允许时延，允许变量纲，但波形不变，则

$$y(t) = k \cdot x(t - \tau) \tag{10.5}$$

式中，k 为传感器灵敏度，应为常数。

将上式两边作傅里叶变换且用时移公式得

$$Y(\omega) = k \cdot X(\omega) \mathrm{e}^{-\mathrm{j}\omega\tau} \tag{10.6}$$

或

$$H(\omega) = \frac{Y(\omega)}{X(\omega)} = k \cdot \mathrm{e}^{-\mathrm{j}\omega\tau} = | H | \cdot \mathrm{e}^{\mathrm{j}\varphi} \tag{10.7}$$

式中，$H(w)$ 为传感器频响函数；$| H |$ 为传感器幅频特性；φ 为传感器相频特性。

如 $k \neq$ 常数，传感器有幅值失真。如 $\varphi \neq -\omega\tau$，传感器有相位失真。注意相位失真不改变波形的有效值。

2. 压电加速度计(简称压电计)

压电计用压电敏感元件将被测量转换成相对位移，再转换成电荷量输出。压电计体积小、动态范围很大、频率范围很宽。没有机械运动部件，故不存在润滑或磨损问题，寿命很长，是当代使用最广泛传感器，主要缺点是输出为高阻抗小电荷量，必须采用低噪声电缆和高输入阻抗放大器。现在已有集成电路压电计，避免了这一缺点。

(1) 压电计的结构

常用结构为中心压缩式(预压的敏感元件受拉压时产生电荷)和剪切式(敏感元件受剪切时产生电荷)，但其原理都是加速度 $\propto$ 力(压力或剪力) $\propto$ 电荷。前者结构简单易于装配，可小型化，但因质量块的质心与敏感元件质心不重合，传感器的横向运动也会产生拉压，输出电荷造成误差(横向灵敏度大)，见图 10.2(a) 和(b)。

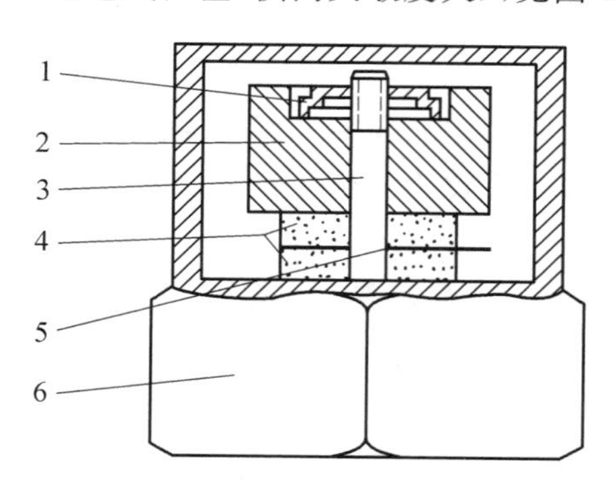

1— 预压螺帽； 2— 惯性质量； 3— 中心螺柱；
4— 压电元件（受压）； 5— 导电片； 6— 底座

(a)

1— 顶紧环； 2— 惯性质量； 3—中心三角柱；
4— 压电元件（受剪）； 5— 底座

(b)

图 10.2　压电计的结构简图

(2) 压电计的主要性能指标

灵敏度：输出电荷与输入加速度的幅值比，单位为 pC/(m · s^{-2})(或 pC/g)，pC 为 10^{-12} 库仑。人工铁电陶瓷片的灵敏度比石英晶体片高，但后者稳定性好。

动态范围：输入和输出保持线性关系时输入量的变化范围(用 20 lg(x_{max}/x_{min}) 表示)，称为分贝(dB)数，压电计动态范围可达 160 dB。

频率范围：频响曲线(灵敏度与频率) 在一定容差内保持水平的范围。上限频率在容差为 ± 5% 时为 0.3f_n(f_n 为安装固有频率)，一般为几到几十千赫；下限频率实际上取决于放大器的时间常数，通常为十分之几到零点几赫。

横向灵敏度：压电计受到与安装轴线垂直方向的加速度时产生电荷而形成的灵敏度与原灵敏度之比，应越小越好。剪切式的约 4%。

温度范围：与居里温度(压电效应失效温度) 有关，一般为 − 70 ～ + 250 ℃，特殊设计的高温压电计可达 500 ℃。

其他指标：质量、尺寸、基座应变灵敏度、温度瞬变灵敏度、声灵敏度、磁灵敏度等，应越小越好。但小尺寸压电计灵敏度可能较低。

(3) 压电计的安装

压电计底部通常有 M3 或 M5 螺孔，安装方法有：

① 在试件上攻螺孔后用钢螺栓连接，这种安装频响特性很好；

② 用绝缘螺栓和云母垫圈连接，可避免因多点接地形成回路而产生电噪声；

③ 在压电计上加磁铁座或拧上探针后手持测振，适用于要经常改变测点(如测振型) 的测量；

④ 用石蜡或蜂蜡或胶(如 502 胶) 或双面胶带粘附。

试件上与压电计底面接触处要加工平整以避免由于接触刚度太小而产生接触共振，可在配合面间涂硅油以增加接触刚度。

最新设计的压电计有三用式的，底面有安装螺孔，顶面内藏有磁铁可吸在铁磁类试件上，也可粘接，使用十分方便。

3. 几种新颖的压电计

由于模态测试等需要，瑞士奇石乐(Kistler) 公司生产了几种新颖的压电计。

(1) 压电梁加速度计

传统压电计为保证单自由度假设惯性质量不能太轻，常用相对密度大的钨钢加工；压电梁式用压电材料制作的悬臂梁代替惯性质量，使压电计在保持高灵敏度的同时其体积和质量大大减小，如某型压电梁加速度计质量仅 5 g，而灵敏度达 1 000 mV/g。

(2) 平动 / 转动加速度计(TAP)

利用双悬臂压电梁还可同时测量(平动) 加速度和角加速度，使多年未解决的测量转动导纳(角加速度除以力矩) 的难题得以解决，见图 10.3。

4. 压电测力计、压电应变计和阻抗头

(1) 压电测力计

在振动测试中测力计的主要用途为：

① 测激振力：测力计装在激振器顶杆与试件之间或测力锤上，测力点有运动；

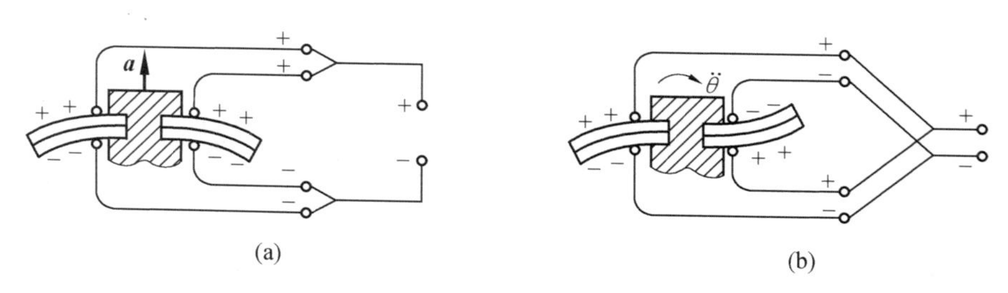

图 10.3　平动／转动加速度计

② 测钳制力：测力计装在试件某处与固定基座之间，测力点不允许有运动。

后者要求测力计刚度很大，必须采用压电式，其构造为两钢块中间夹有石英晶体片，以某型 5 000 N 测力计为例，刚度达 5×10^{8} N/m。

(2) 压电应变计

利用石英晶体的应变灵敏度（电荷／应变）极高，远远大于金属丝应变片和半导体应变片的优点，可制成压电应变计，既可直接测极微小的应变，又可间接测动荷载（如机床立柱动荷载）。

(3) 阻抗头

它将压电测力计和压电加速度计按同一轴线组合在一个壳体内，用于测原点阻抗（力／加速度）或原点导纳（加速度／力）。阻抗头由于要兼顾两者，性能指标不是很高，尽量少用。

10.2.3　其他非压电式传感器

1. 压阻加速度计

它或用半导体应变片装在金属悬梁根部作敏感元件，或在硅梁根部用扩散法生成一应变敏感元件。最大优点为可测量直流（零频）加速度，可进行互易或分路校准，必要时可用硅油对梁施加阻尼；缺点是不能在高温或低温环境使用，抗过载能力差，受冲击时容易损坏。

2. 变电容加速度计（简称电容计）

电容计是新推出的利用硅元件的加速度计，其原理是加速度使内部质量产生惯性力，从而引起可测量的电容变化。它的优点为灵敏度很大、信噪比很高、能测零频加速度、对温度变化不敏感、横向灵敏度极小。

3. 涡流计（也叫邻近式传感器，Proximity Transducer）

它利用传感器与试件间隙变化引起电涡流变化来测位移。常用于测转轴的振动或轴心轨迹。

4. 磁电速度计

由前述可知，其体积和质量都较大，但由于为自发电低阻抗电压输出，抗干扰能力强，既可做成惯性式又可做成绝对式，目前还有一定应用价值。

10.2.4　电荷放大器和集成电路压电计

1. 电荷放大器

早期曾采用电压放大器作为压电计的前置放大器，但电压放大器时间常数小，故低频特性差，输出电压受与电缆长度有关的电缆电容变化影响，已基本被淘汰。

电荷放大器的输出电压与输入电荷成正比，主要部件是运算放大器，参见图 10.4(a)。由电容反馈的运算放大器的基本公式为

$$u_0 = -Au_i,\quad u_c = u_0 - u_i,\quad i + i_i + i_c = 0$$

可得

$$u_0 = -\frac{AQ}{C_t + (1+A)C_f} \tag{10.8}$$

式中，u_i 为输入端电压；u_0 为输出端电压；A 为放大器开环增益；C_f 为反馈电容；C_t 为总电容，$C_t = C_a + C_c + C_p$，C_a 为压电计电容，C_c 为电缆电容，C_p 为放大器输入端电容；Q 为电荷。

由于 A 很大(例如 1×15^5 数量级)，得近似公式为

$$u_0 = -\frac{Q}{C_f} \tag{10.9}$$

即输出电压与输入电荷成正比，不受电缆长度变化等影响。

现代电荷放大器还有高低通滤波、积分、过载警告、输出电压调节(改变反馈电容 C_f 大小)等多种辅助功能。

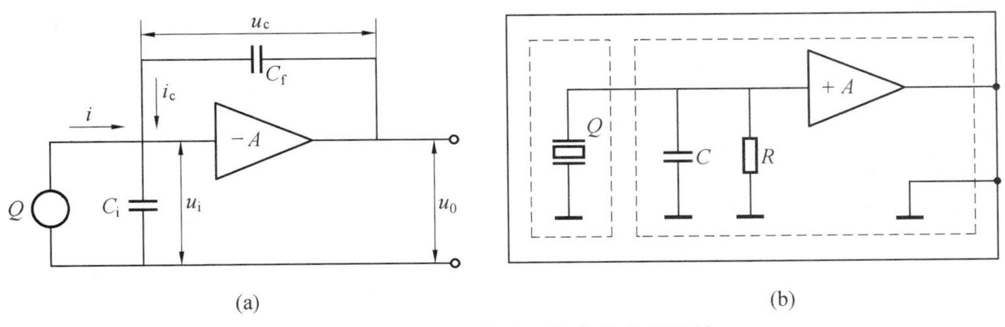

图 10.4　电荷放大器和集成电路压电计

2. 集成电路压电计

其英文名称未统一，各厂家分别称之为 ICP、Piezotron、Isotron、LIVM 等。

它把集成电路放大器装入压电计内，使压电计输出变为与输入成比例的电压，再经耦合器(放大电压并向集成电路提供电能)输到后继设备。

其优点为输出是低阻抗高信噪比电量，抗干扰能力强，可用普通电缆(一般压电计有电缆噪声问题，必须用特殊的低噪声电缆)，接地回路噪声较小，耦合器价格低廉。缺点为受集成电路影响，传感器不能用于高温和高冲击场合，动态范围较小，输出电压不可调或可调范围小，有待于今后改进。构造简图见图 10.4(b)。

10.3 单自由度系统动态特性参数的测试技术

工程中的振动系统是其输入输出关系用微分或差分方程描述的动态系统，即现在输出还与过去输入有关的记忆系统。系统的动态特性参数决定了输入和输出的转换关系。最基本的特性参数为物理（坐标）参数，即惯性参数（如质量）、弹性参数（如刚度）和阻尼参数。由物理参数可导出多种不同的特性参数，其中最有用的是模态（坐标）参数。单（自由）度系统是最简单又是最基本的系统，本节只介绍其固有频率和阻尼的测试方法。由于模态分析方法可将多（自由）度系统在模态坐标中解耦为多个单度系统叠加，故本节方法对模态参数测试也有帮助。文中近似公式适用于小阻尼系统。

10.3.1 固有频率的测试

1. 自由衰减法

给静止松弛的系统以初位移和（或）初速度，或突然撤走振动系统的激励力，或对随机力激励系统的响应用“随机减量技术”，得出自由衰减的响应。由时域曲线求得周期 T_d 后，按下式求固有频率 f_n 或 ω_n，见图 10.5。

$$\omega_d = 2\pi f_d = \frac{2\pi}{T_d} = \omega_n\sqrt{1-\zeta^2} \approx \omega_n \tag{10.10}$$

$$f_d = \frac{1}{T_d} \approx f_n \tag{10.11}$$

式中，ω_n，f_n 分别为固有圆频率或固有频率；ω_d，f_d 分别为有阻尼固有圆频率或频率；ζ 为阻尼比。

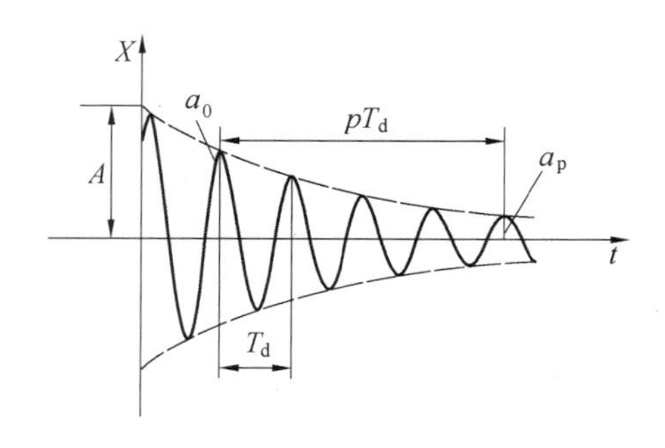

图 10.5 自由衰减振动时间历程

2. 受迫振动法（频域法）

用激振力使系统产生共振，由共振频率 ω_R 求固有频率。按所选运动量不同，可分为 3 种共振：

(1) 位移共振

$$\omega_R^D = \omega_n\sqrt{1-2\zeta^2} \approx \omega_n \tag{10.12}$$

(2) 速度共振

$$\omega_R^V = \omega_n \tag{10.13}$$

(3) 加速度共振

$$\omega_R^A = \frac{\omega_n}{1-2\zeta^2} \approx \omega_n \tag{10.14}$$

利用测相位仪器，还可用相位共振求固有频率。相位共振频率 ω_R^Φ 定义为位移落后于力 90° 的频率

$$\omega_R^\Phi = \omega_n \tag{10.15}$$

还可用频响函数曲线求固有频率，详见下述。

10.3.2　阻尼参数的测试

工程结构中的阻尼机理十分复杂，影响因素（如材料、介质、基座形式、子结构连接方式、应力大小、振型 ……）太多，现有阻尼假设都不完善，理论上无法计算或预估。因而阻尼参数测试是既重要又困难重重的任务，有时在似乎相同的条件下重复测试，也会得到相差很大的结果。

本节重点讨论黏性阻尼假设（阻尼力 F_d 大小与速度 v 成正比，方向与速度相反）的参数测法，但对迟滞阻尼假设（阻尼力 F_g 大小与位移 x 成正比，方向与速度相反）也作些介绍，在小阻尼和共振区两者可用简单公式换算。

与黏性阻尼假设有关的参数很多，见表 10.1。

表 10.1　与黏性阻尼假设有关的参数

	名　　称	符号	单位	公式		名称	符号	单位	公　　式
1	（黏性）阻尼系数	c	Ns/m	$\lvert F_d/v \rvert$	5	阻尼比	ζ	—	$n/\omega_n = c/c_n$
2	临界阻尼常数	c_c	Ns/m	$2\sqrt{mk}$	6	对数减缩	δ	—	$\dfrac{1}{p}\ln\dfrac{a_0}{a_p} = n \cdot T_d$
3	衰减系数	n	1/s	$\dfrac{c}{2m}$	7	品质因数	Q	—	$\dfrac{1}{2\zeta}$
4	二阶时间常数	T_c	s	$1/n$	8	材料阻尼常数	β	s	c/k

说明：① 二阶（系统）时间常数定义为，自由衰减振动时，包络线的瞬时值（或近似用振幅值）衰减为原值 $1/e(\approx 0.37)$ 所需时间，又由 $n = \dfrac{1}{T_c}$ 可得 n 的一种最简单测法。

②（共振）品质因数定义为，小阻尼时由动力引起的共振幅值与静力产生的静变形之比。研究隔振问题时新提出一个“反共振品质因数 Q_a”，其定义为静变形与反共振振幅之比。

③ 材料阻尼常数只适用于“阻尼弹簧”（阻尼系数与刚度成比例），钢弹簧 β 约为 0.000 032 s。

与迟滞阻尼（也叫结构阻尼）假设有关的参数见表 10.2。

表 10.2　与迟滞阻尼有关的参数

	名　　称	符号	单位	公式		名称	符号	单位	公　　式
1	迟滞阻尼系数	g	N/m	$\lvert F_g/x \rvert$	3	品质因数	Q	—	
2	损耗因数	η	—	g/k	4	复刚度	$\tilde{k}$	N/m	$k(1+j\eta)$

注：① 用迟滞阻尼假设时，阻尼力可用复数写成 $F_g = -jgx = -jk\eta x(j = \sqrt{-1})$，微分方程可写成 $m\ddot{x} + jgx + kx = \tilde{f}$ 或 $m\ddot{x} + \tilde{k}x = \tilde{f}$，$\tilde{f}$ 为复力。

② 损耗因数也叫无量纲迟滞阻尼系数。

③ 小阻尼共振区 $\eta = 2\zeta$。

1. 时域法

衰减振动时位移及其包络线方程为

位移

$$x = Ae^{-nt}\sin(\omega_d t + \alpha) \tag{10.16}$$

包络线

$$x_a = Ae^{-nt} \tag{10.17}$$

由上式可得(参阅图 10.5)

对数减缩

$$\delta=\frac{1}{p}\ln\frac{a_0}{a_p} \tag{10.18}$$

又

$$\zeta=\frac{\delta}{\sqrt{4\pi^2+\delta^2}}\approx\frac{\delta}{2\pi} \tag{10.19}$$

式中,p 为同方向振幅由 a_0 衰减为 a_p 所经历的次数。

还可得出几个有用公式:

(1) 如取 $a_0/a_p=e$,则 $\delta=1/p$(本式可帮助理解 δ 的物理意义为随次数的衰减特性,而 n 为随时间的衰减特性)。

(2) 如取 $a_0/a_p=2$,则 $\delta=\ln 2/p$,代入式(10.19)得

$$\zeta\approx 0.11/p \tag{10.20}$$

(3) 如取 $p=1$,$\Delta a=a_0-a_1$,则

$$\delta=\ln\frac{a_0}{a_1}=\ln\left(1+\frac{\Delta a}{a_1}\right)\approx\frac{\Delta a}{a_1} \tag{10.21}$$

(4) 如用有希尔伯特变换功能的信号分析仪,则可求出 $x(t)$ 的包络线 $x_a(t)$,再用对数坐标使成为斜直线,计算 n 既方便又精确。

迟滞阻尼假设一般认为不能用于自由衰减振动,因一则计算式中会出现无法解释的发散项,二则脉冲响应函数 $h(t)$(频响函数 $H(\omega)$ 的傅里叶逆变换)为非单边($t>0,h(t)\neq 0$),即系统为非因果、输出会在输入之前,故不用衰减振动测迟滞阻尼。

2. 频域法

在无测力计时如能假设力幅在共振区无急剧变化,可用响应的幅频曲线的半功率带宽来求(参见下述),但此法误差较大,以下介绍用频响函数 $H(\omega)$ 或 $H(f)$ 测量阻尼参数方法。

黏性系统

$$H(\omega)=\frac{X(\omega)}{F(\omega)}=\frac{1}{k-\omega^2 m+j\omega c}=\frac{1}{k[(1-\overline{\omega}^2)+j2\zeta\overline{\omega}]} \tag{10.22}$$

迟滞系统

$$H(\omega)=\frac{X(\omega)}{F(\omega)}=\frac{1}{k-\omega_2 m+jk\eta}=\frac{1}{k[(1-\overline{\omega}^2)+j\eta]} \tag{10.23}$$

式中,$\overline{\omega}$ 为频率比,$\overline{\omega}=\omega/\omega_n$(或 $\overline{f}=f/f_n=\overline{\omega}$);$X(\omega)$,$F(\omega)$ 分别为位移 $x(t)$、力 $f(t)$ 的傅里叶变换。

频响函数为复数,可用欧拉公式表示为幅频、相频、实频、虚频等关系,即

$$H(\omega)=|H(\omega)|e^{j\varphi(\omega)}=\mathrm{Re}[H(\omega)]+j\mathrm{Im}[H(\omega)] \tag{10.24}$$

式中,$|H(\omega)|$ 为幅频;$\varphi(\omega)$ 为相频;$\mathrm{Re}[H(\omega)]$ 为实(部)频;$\mathrm{Im}[H(\omega)]$ 为虚(部)频。

表 10.3 为单度系统频响函数的各种公式与图形。

表 10.3　单度系统频响函数的各种公式与图形

	黏性阻尼	迟滞阻尼
幅频图 $\lvert H(\omega)\rvert$	$\lvert H\rvert = 1/\sqrt{(k-\omega^2 m)^2+(\omega c)^2}$ 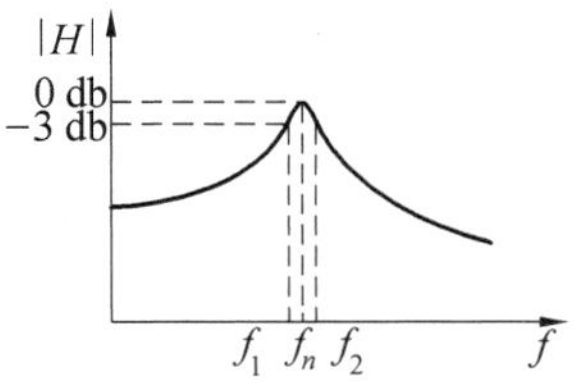 (a)	$\lvert H\rvert = 1/\sqrt{(k-\omega^2 m)^2+(k\eta)^2}$ 与左图基本相似
相频图 $\varphi(\omega)$	$\varphi = \arctan\left(\frac{\omega c}{k-\omega^2 m}\right) = \arctan\left(\frac{2\zeta\bar{\omega}^2}{1-\bar{\omega}^2}\right)$ 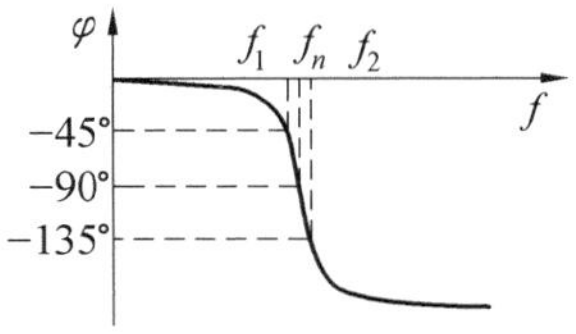 (b)	$\varphi = \arctan\left(\frac{k\eta}{k-\omega^2 m}\right) = \arctan\left(\frac{\eta}{1-\bar{\omega}^2}\right)$ 除 $\omega=0$ 时，$\varphi\neq 0$ 外与左图基本相似
实频图 $\mathrm{Re}[H(\omega)]$	$\mathrm{Re}H = \frac{k-\omega^2 m}{(k-\omega^2 m)+(\omega c)^2}$ 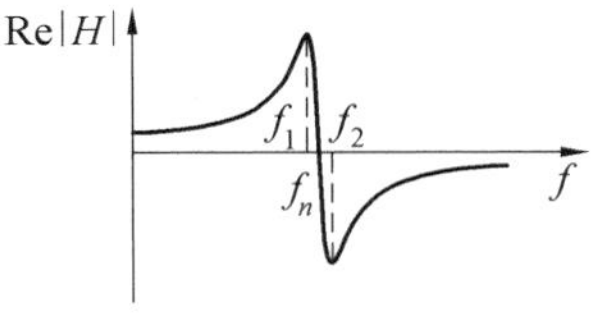 (c)	$\mathrm{Re}H = \frac{k-\omega^2 m}{(k-\omega^2 m)+(k\eta)^2}$ 与左图基本相似
虚频图 $\mathrm{Im}[H(\omega)]$	$\mathrm{Im}H = -\frac{\omega c}{(k-\omega^2 m)^2+(\omega c)^2}$ 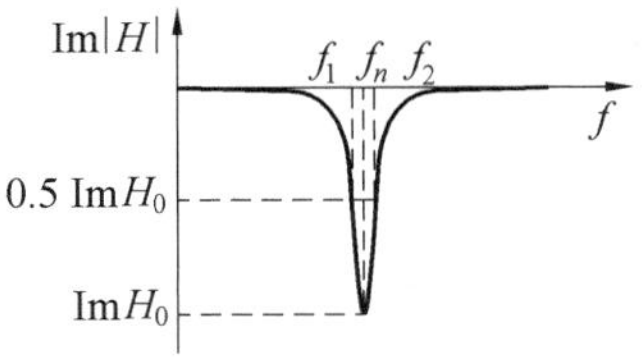 (d)	$\mathrm{Im}H = -\frac{k\eta}{(k-\omega^2 m)^2+(k\eta)^2}$ 除 $\omega=0$ 时，$\mathrm{Im}H\neq 0$ 外与左图基本相似

（1）幅频法

在幅频图上找出 $\lvert H\rvert$ 的最大值 H_0 和对应的频率 $f_R(\approx f_n)$，再求令幅值为其 $1/\sqrt{2}\approx 0.707$ 的前后两频率 f_1 和 f_2，令 $B=f_2-f_1$，得

$$\zeta=\frac{B}{2f_n} \tag{10.25}$$

$$\eta=2\zeta=\frac{B}{f_n} \tag{10.26}$$

式中，B 为半功率带宽或负 3 dB 带宽（$20\lg(1/\sqrt{2})=-3$ dB）。

(2) 相频法

方法一：在相频图上找 $\varphi_0=-90°$ 时对应的 f_n，再找 $\varphi_1=-45°$ 和 $\varphi_2=-135°$ 时 f_1 和 f_2，$B=f_2-f_1$，则

$$\zeta=\frac{B}{2f_n} \tag{10.27}$$

方法二(只适用于黏性阻尼)：

由 $\varphi=-\arctan\dfrac{2\zeta\bar{f}}{1-\bar{f}^2}$，求导后得 $\bar{f}=1$ 时，$\dfrac{d\varphi}{d\bar{f}}=-\dfrac{1}{\zeta}$，用 $\Delta\varphi$、$\Delta\bar{f}$ 近似替代 $d\varphi$、$d\bar{f}$，得

$$\zeta=\left|\frac{\Delta\bar{f}}{\Delta\varphi}\right|_{\bar{f}=1} \tag{10.28}$$

方法三(只适用于迟滞阻尼)：

由 $\varphi=-\arctan\dfrac{-\eta}{1-\bar{f}^2}$，得

$$\eta=(\bar{f}^2-1)\tan\varphi \tag{10.29}$$

如果 η 随 f 改变而略有变化，则上式可求出不同频率的 η 值后得出平均值。

(3) 实频法

在实频图上找 $\mathrm{Re}[H]=0$ 对应频率 f_n 和正、负峰值对应的频率 f_1、f_2 和 B，得

$$\zeta=\frac{B}{2f_n} \tag{10.30}$$

(4) 虚频法

在虚频图上找峰值 H_i 对应频率 f_n 和半峰值 $0.5H_i$ 对应频率 f_1、f_2，得

$$\zeta=\frac{B}{2f_n} \tag{10.31}$$

虚频图中谱峰比幅频图的更陡峭，用虚频图求固有频率或阻尼更精确。

(5) 矢端图法(也叫奈奎斯特图，如图 10.6 所示)

用矢端图($\mathrm{Im}(f)=f[\mathrm{Re}(f)]$)计算单度系统的特性参数有很大优点，如它放大了最感兴趣的共振区(由半功率带宽划定的区域)，共振区在幅频图上只占很小一部分，在矢端图上约占一半，矢端图曲线为圆或接近于圆，可用最小二乘圆弧拟合去掉测量误差。

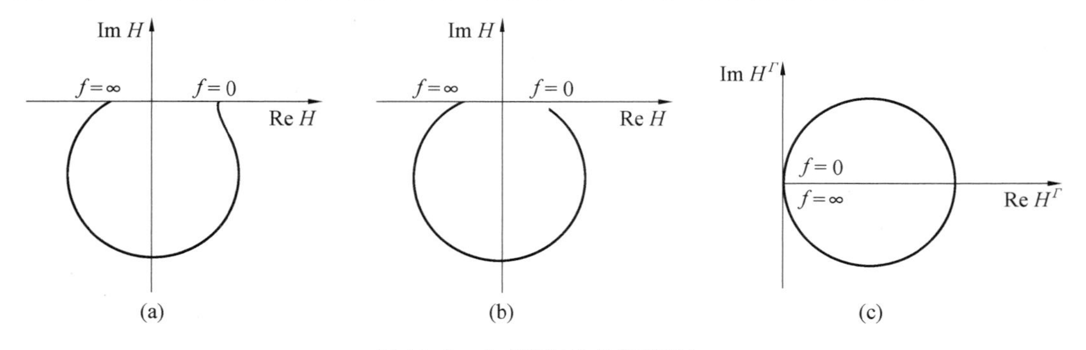

图 10.6 矢端图(奈奎斯特图)

① 迟滞阻尼系数。(位移)矢端图为圆，圆与虚轴交点频率为 f_n，再在其前后任取 f_a 和 f_b 两频率点($\Delta f=f_b-f_a$)和对应夹角 α_a 和 α_b 得

$$\eta = \frac{\Delta f}{f_n} \frac{2}{\tan(\alpha_a/2) + \tan(\alpha_b/2)} \tag{10.32}$$

如取 $\alpha_a/2 = \alpha_b/2 = 45°$，则得 $\eta = B/f_n$，与前相同。

② 黏性阻尼系数。(位移) 矢端为桃形，但小阻尼共振频率附近很接近于圆，可用类似于上式的公式计算。

如要求更精确些，可改用速度矢端图，由速度频响函数 $H^V(\omega) = V(\omega)/F(\omega) = 1/[c + j(\omega m - K/\omega)]$ 可证矢端图为圆心在实轴上的圆。计算公式请大家自推。

多度系统在模态不密集且阻尼较小时，可用本节方法识别，误差不大。

10.4　激振方法与激振设备

在对结构原型或其模型(统称试件) 作环境试验、系统识别、故障诊断或主动振动控制时，经常要用特定的信号经放大后送入激振设备，产生可测、可控的激励加到试件上，使其产生预期的或可测的响应。以下着重介绍用于系统识别的激振方法。

10.4.1　激励量的分类

1. 按激励量为力或运动分

(1) 力激励

力可测和(或) 可控，一般用激振器(带顶杆) 实现。

(2) 运动激励

运动量(如加速度) 可测和(或) 可控，一般用振动台实现，振动台上装试件的台面内装有加速度计。

这种分类并非绝对，例如激振器在必要时可将顶杆上测力计换成加速度计作运动激励；振动台激励如用相对运动动力学观点看，也可当成对试件作牵连惯性力激励，试件受该力激励后，产生相对于台面支承的相对运动。

2. 按加力点数量分

(1) 单点激励

设备简单、费用低，但输入能量不均匀，作纯模态法参数识别时，激不出较纯的主模态。

(2) 多点激励

它或者可以激出较纯的主模态(纯模态法，N 度系统用 N 个单相力可激出纯模态)，或者可使结构上能量在空间分布较均匀，使各阶模态响应的信噪比较接近(如多点随机激励法)。

3. 按激励信号的力学特性分

用于系统识别的信号种类很多，其基本要求是应能激出所有感兴趣的模态，即在指定频率范围内，傅里叶谱或功率谱曲线平直且有足够能量，参看表 10.4。

表 10.4　激励信号的分类

确定性信号	A 稳态周期	A1　单频:即正弦波,傅里叶谱中只有一条谱线 A2　多频:除基频外有各高阶倍频,谱线可到 1 000 以上
	B 瞬态非周期	B1　脉冲:如正矢波、半正弦波、方波等,持续时间很短,远小于试件固有周期 B2　阶跃:突然施加或卸除静荷载 B3　快扫:在极短时间激励频率以线性(或对数)方式从低扫到高,幅值不变(或按某种规律变化) B4　猝发正弦:持续时间短暂的正弦波
随机信号	C 纯随机	理论上为白噪声,功率谱平直延伸到无穷大,实际上为限带白噪声,功率谱在感兴趣频率范围内平直,概率近似于高斯分布(为避免放大器过载饱和,一般以 3σ 削波,把大于 3 倍标准差的波峰削掉)
	D 伪随机	有周期性故谱线是离散的,但在一个周期内可近似看成高斯随机波
	E 周期随机	先产生持续若干周期的伪随机信号,待试件进入稳态响应后作记录,再陆续产生与前不同的信号重复进行到所需平均次数后作集合平均
	F 猝发随机	有瞬态性,在采样长度内突然产生到中途又突然停止的随机信号。停止时间选择应考虑试件响应能在采样结束时衰减到零,即试件阻尼越小,停止时间越早。它也叫瞬态随机。

说明:① 表内所有信号包括最复杂的周期随机信号,目前都可由数字信号分析仪的内装信号源产生。由分析仪产生的周期信号,还能自动与采样时间匹配,不会产生泄漏,详见下述。

② 正弦波是最古老但仍有应用价值的激励信号。定频正弦测试精度很高,还可研究幅值引起非线性问题,数据用电压表和相位计即可分析。变频采用步进式(步进频率间隔要小于半功率带宽的 1/3,以保证幅值误差小于 5%)或慢速正弦扫描(速度低到响应为准稳态)。现代分析仪能自动变速扫描,响应曲线斜率越小扫描速度越快,在保证准稳态条件下,大大减少测试时间。

③ 多频信号可同时激发多阶模态,减少测试时间;还可由分析仪自动调整各频率分量间相位差,得到比正弦波更小的波峰因数(峰值 / 有效值,正弦波为$\sqrt{2}$),即在功放不削波的前提下得到更多的激励能量。

④ 瞬态信号的频谱密度是连续谱,不会遗漏共振峰尖或产生偏度误差。

⑤ 脉冲信号可用带测力计的测力锤产生,设备简单,缺点为波峰因数太大,输到试件上能量太少。

⑥ 快扫即快速正弦扫描(Chirp),在极短时间内由低频扫到高频,其公式为

$$f(t) = F\sin(at^2 + bt) \quad 0 \leqslant t \leqslant T \tag{10.33}$$

频谱曲线在开始频率 $f_1 = b/2\pi$ 和结束频率 $f_2 = (f_1 + aT)/2\pi$ 之间基本平直。波形和频谱见图 10.7(a)。

分析仪还可产生周期快扫,能量比单次快扫(也叫猝发快扫)大得多,且产生稳态响应,其频谱(不是频谱密度)为离散谱线但包络线形状与单次快扫相似。

⑦ 纯随机信号在各个采样时间内互不相似,故其最大优点是可通过集合平均消除各种非线性因素(如削波、间隙……)的影响,得到非线性系统的最佳线性模型(如频响函数模型),其缺点为分析时要达到期望值必须经过很多次平均,测试时间很长。

⑧ 伪随机信号兼有纯随机信号和周期信号的优点,周期随机信号兼有纯随机和伪随机信号的优点,猝发随机信号兼有随机信号和瞬态信号的优点。

为了进一步了解周期、瞬态和随机 3 种信号的本质区别,研究它们和响应的因果关系,见图 10.8。

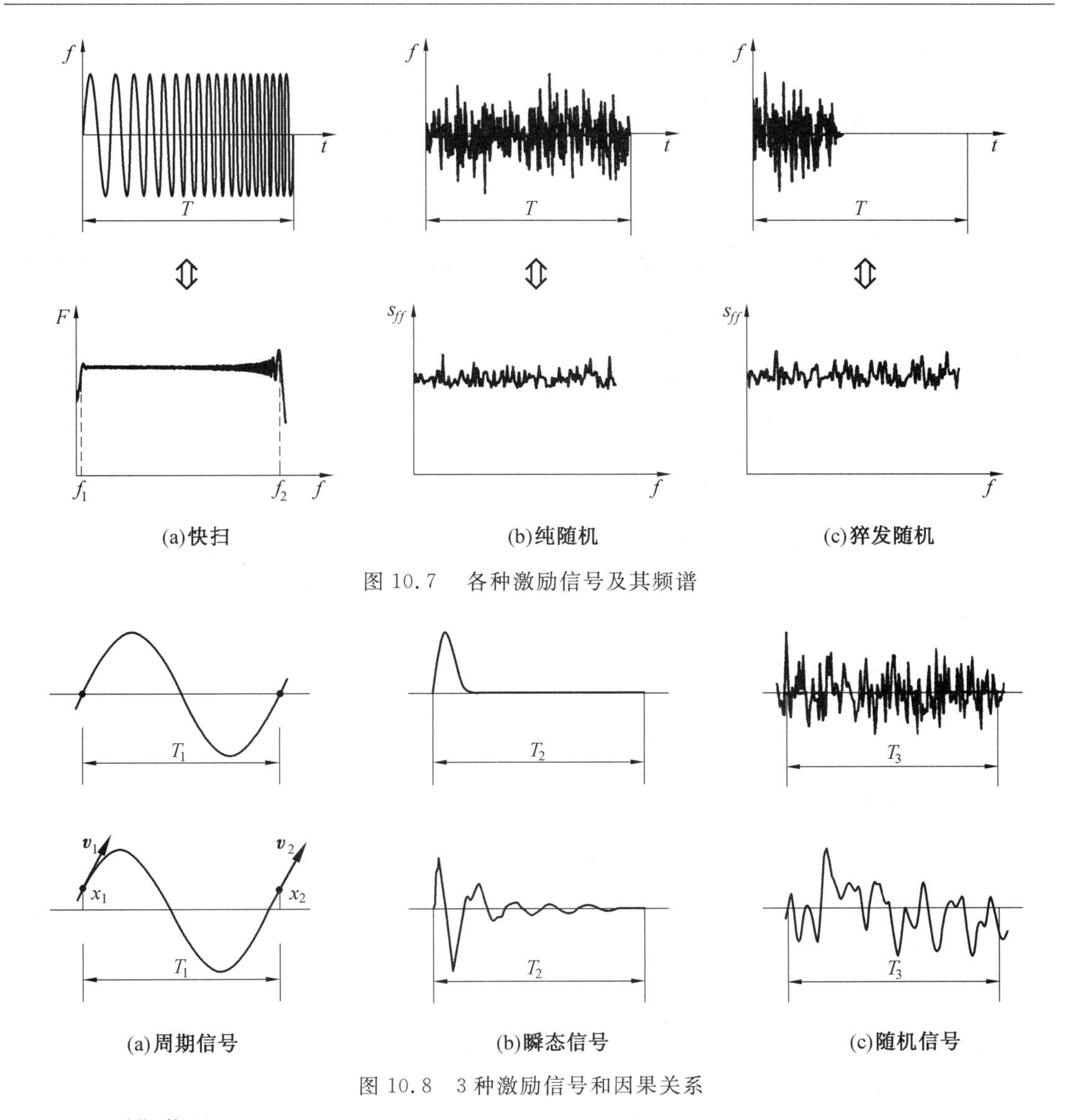

图 10.7　各种激励信号及其频谱

图 10.8　3 种激励信号和因果关系

(1) 周期信号

由线性系统的频率保存性，力和响应周期相同；如选择采样时间 T_1 等于力或响应周期的整数倍，则开始状态（位移 x_1 和速度 v_1）与结束状态（x_2 和 v_2）的能量相同，T_1 s 内响应可当成完全是由于 T_1 s 内力引起的。

(2) 瞬态信号

瞬态激励法开始时系统为静止松弛（$x_0=v_0=0$），如采样时间 T_2 足够大，则结束时也为静止松弛（$x_1=v_1=0$），响应完全是由力引起。如因某种原因 T_2 不够大，则应在响应时程曲线上加指数窗（乘 e^{-at}）迫使 x_1 和 v_1 接近于零，详见后述。

(3) 随机信号

由图 10.8 可见不管采样时间 T_3 怎样选择，开始和结束时系统状态不会相同，称为“前激励后响应误差”或“首尾效应”，即输出不完全是由输入产生的。

减少首尾效应的措施有：

① 改用猝发随机(Burst Random)信号,并令系统初始时静止松弛,结束时位移、速度也接近于零。

② 在力和响应的时程曲线上加两头削尖的窗(如海宁窗)。

4. 用于环境模拟试验的激励

它与用于系统识别的略有区别。

(1) 为模拟某种现场环境(如直升机或履带式车辆环境),可对试件同时施加正弦信号和随机信号。

(2) 当要求试件能经受某种形状的(随机输入的)自功率谱时,可对其作傅里叶逆变换等处理,得到所需要的激励信号时间历程。必须注意自功率谱已去掉了相位信息,故作逆变换时要添加一随机相位谱。

10.4.2 激振设备的分类

激振设备种类很多,有些可以自制。

1. 激振器

激振器可分为机械式(偏心块式、曲柄连杆式等)、电动式、电磁式(也叫磁吸式,用交流电磁铁对铁磁类试件加磁力激励,为非接触式,可用于旋转试件上)和压电式等。

2. 振动台

振动台可分为机械式、电动式、电液式等。

电动式激振器和振动台可产生任意波形的激振。它们的工作原理相同,都是利用通电流的导线(动圈)在磁场内会产生激振力。动圈上电动力幅计算公式为

$$F = BlI = \beta I \tag{10.34}$$

式中,F 为激振力幅值,N;B 为磁感应强度,T;l 为位于磁场内动圈导线有效长度,m;I 为电流幅值,A;β 为力常数,$\beta = Bl$,N/A。

3. 测力锤

它由手锤(包括锤体、手柄和可装卸的附加重量)、压电测力计和可更换的硬度不同的顶帽组成,参阅图 10.9。

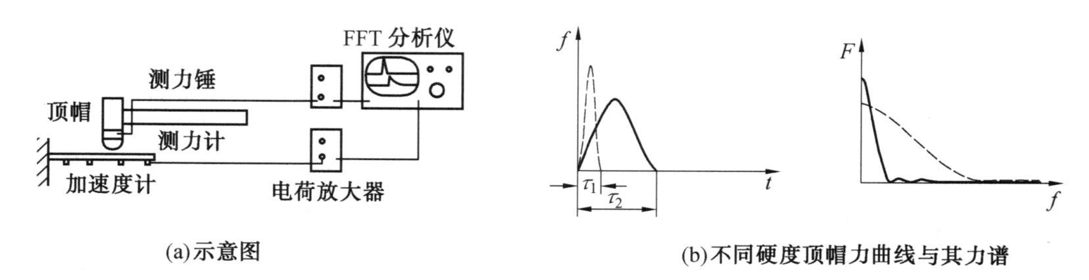

图 10.9　锤击法示意图和各种力谱

4. 其他

(1) 轻薄试件

如汽轮机叶片、薄壳或薄板结构,可将压电晶体直接粘贴在应变较大处(如根部),再通

交流电激励(测振也可用压电晶体片)。

(2) 阶跃力信号

可用激波管产生,也可用加载机构(卷扬机、油缸)先经钢丝绳或连杆对试件加静载,再使钢丝绳突然折断或油缸快速泄油产生。

(3) 还可用鼓风机或空气炮对试件施加气压激励。

10.4.3　激振器

1. 电动激励振器的工作方式

现代电动激振器在作扫频激励时,可采用定电流和定电压两种工作方式。

定电流(恒流源)时动圈上电动力不变,定电压(恒压源)时电动力随机电系统阻抗变化而变化。当试件共振时,由于折算电阻抗增大,使电流减小,既减小激振力保护了试件,又扩大了可用力的动态范围,常用于求系统动态特性试验,参阅图 10.10。注意一个重要现象:在定电压激振产生共振时,力是极小而响应不是极大,两者比值(频响函数或叫位移导纳)才是极大,故严格的共振定义应为频响函数达极大值。

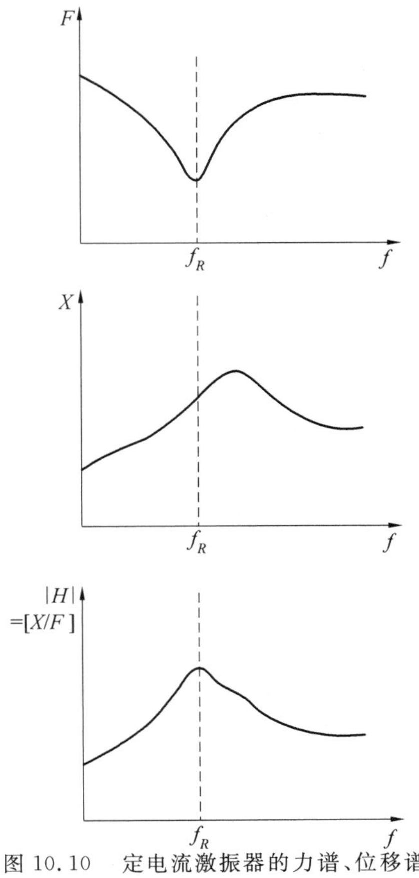

图 10.10　定电流激振器的力谱、位移谱和频响函数

2. 激振器与试件的连接

激振器与试件之间用顶杆连接,顶杆应设计成细长状,使之受拉压时是刚性的,受弯曲时是柔性的;这样既保护了激振器的动圈免遭碰摩,又保证激振器不对试件施加无法测量的力矩。

3. 激振器的安装方法

(1) 激振器刚性地固定在基础支架上,外壳保持不动,适用于永久性实验装置,对试件的激振力等于动圈上的电动力。它要求支架十分刚硬,其缺点为激振力的反作用力会传到厂房或其他设备上。

(2) 激振器用软弹簧(或泡沫垫、橡皮绳等)弹性地支承在基础上,常用于经常改变激振位置的场合。由激振器质量和支承弹簧刚度所决定的刚体模态固有频率 f_n,应远小于激振器下限频率或试件最低阶模态频率 f_L($f_n \leqslant (1/3 \sim 1/5) f_L$),以保证工作时激振器基本不动,能量全加在试件上。

(3) 激振器弹性地支承在试件上,适用于尺寸很大而周围又无供安装用静止基础的试件(如桥梁),它要求安装固有频率越低越好。

(4) 激振器刚性地安装在试件内某一部件上,并对试件内另一部件激振,如将电磁式激振器装在机床床身导轨上,对机床主轴激振。由于激振力及其反作用力同时作用在试件上,属于内力激振,故试件的质心保持不动。

10.4.4 电动式振动台(电动台)

电动台的结构简图见图 10.11(a)，它是机电联合系统，电部分有电源、电感和电阻，机械部分有台面质量、动圈和骨架(运动部分)。两者间连接有弹簧和阻尼以及支承台面的支承弹簧和阻尼等。机电耦合关系由下式给出

$$\begin{bmatrix} f \\ v \end{bmatrix} = \begin{bmatrix} Bl & 0 \\ 0 & (Bl)^{-1} \end{bmatrix} \begin{bmatrix} i \\ u \end{bmatrix} \tag{10.35}$$

式中，f，v 分别为动圈上的力、速度；i，u 分别为动圈上的电流、电压；Bl 为力常数。

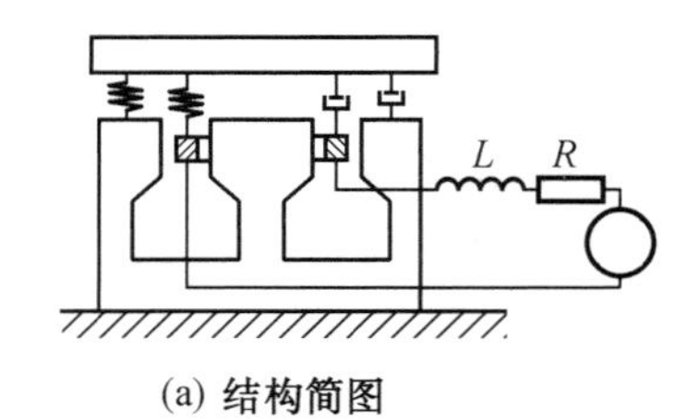

(a) 结构简图

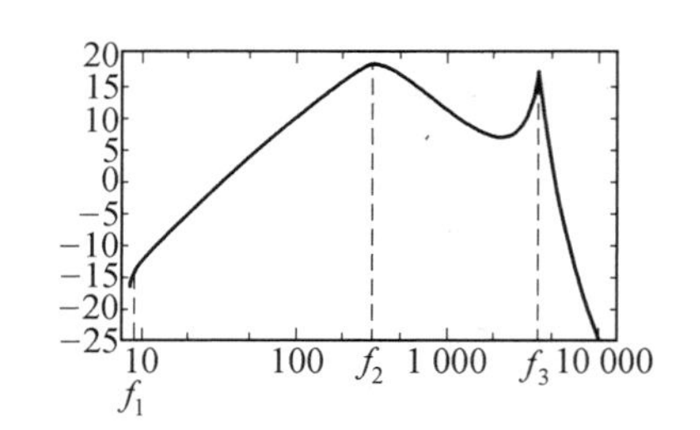

(b) 定电压幅频曲线

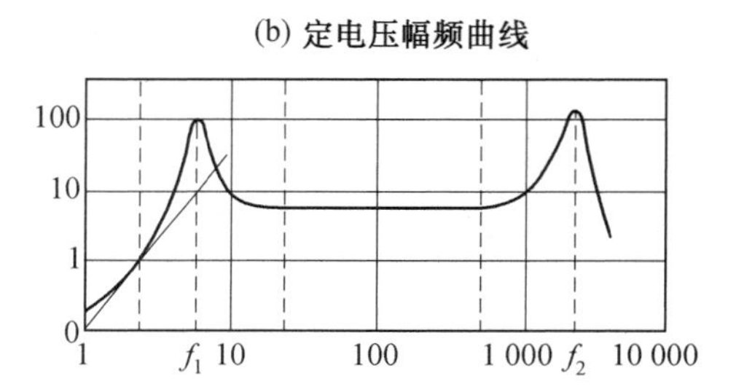

(c) 定电流幅频曲线

图 10.11 电动台结构简图与频响曲线

1. 电动台的工作特性

电动台也有定电压和定电流两种工作方式。

(1) 定电压

空载机电频响函数 $H_{au}=a/u$(a 为台面空载加速度，u 为电源电压)，计算从略，对数幅频曲线 $|H_{au}|$ 见图 10.11(b)。

(2) 定电流

频响函数 $H_{ai}=a/i$(i 为电源电流)，$|H_{ai}|$ 见图 10.11(c)。

注意，由于定电压或定电流时，频响函数分母为常数，故台面加速度幅频曲线 $a(f)$ 与机电幅频曲线形状完全相同，只要更换纵轴量纲(由 $\mathrm{ms^{-2}/V}$ 或 $\mathrm{ms^{-2}/A}$ 换成 $\mathrm{ms^{-2}}$)，即可在曲线上计算定加速度(或定速度、定位移)的可用频率范围(某些厂家不给出这些指标，必须自测)。

当电动台安装试件后，幅频图将发生变化，安装多自由度试件后，将出现多个共振峰和反共振台。在做环境试验时，为保证得到预定的通常由折线组成的加速度功率谱，必须进行均衡，削掉波峰，填平波谷。

2. 振动台的使用

(1) 振动台可对试件作垂直或略为倾斜的激励，也可旋转 90° 后加装水平滑台作水平激励。

(2) 试件安装时必须保持其质心在振动台的轴线上，以保护动圈。

(3) 振动台装试件后，允许的最大加速度 $a_{\max}$ 小于说明书中给的空载加速度，计算公式为

$$a_{\max}=\frac{F}{M+M_s} \tag{10.36}$$

式中，F 为最大激振力；M 为振动台运动部分的总质量；M_s 为试件质量。

(4) 台面上一般有安装螺孔，但大部分试件无法直接利用，必须经由夹具连接，夹具的设计很复杂，绝不能等闲视之。基本设计原则是质量要轻而刚度要大，在电动台工作频率范围内绝不允许夹具发生共振，如有可能应采用阻尼大的材料制作。利用夹具还可以用小台面激励体积大但质量轻的试件。

10.5　数字信号分析仪的原理与使用

数字信号分析仪是基于 1965 年快速傅里叶变换(FFT) 方法的出现和计算机技术发展而产生的，经过多年的提高与改进，它已独占鳌头，几乎淘汰了所有模拟式分析仪。它还做到了一机多用，除分析功能外，还有内装信号源，供 ICP 传感器或传声器使用的放大器(耦合器)，磁盘驱动器，热打印机等，通道数也由单通道发展到几十通道。它已成为振动测试中不可缺少的一环，不仅用于实验室，还可用于现场；不仅可以处理振动、冲击、电、声等动态信号，还可用于参数识别(如极点、零点和留数识别，模态参数识别)，声强分析，流水线上产品质量检测，心电图、脑电图和肌电图分析。

10.5.1　分析仪的基本原理

傅里叶变换是信号分析中的一个里程碑，它把信号分析由时域转到频域。

1. 连续傅里叶变换(CFT)

当时域信号为绝对可积的连续信号 $y(t)$ 时，正逆傅里叶变换公式为

正变换

$$Y(f)=\int_{-\infty}^{\infty} y(t)\mathrm{e}^{-\mathrm{j}2\pi ft}\,\mathrm{d}t \tag{10.37}$$

逆变换

$$y(t)=\int_{-\infty}^{\infty} Y(f)\mathrm{e}^{\mathrm{j}2\pi ft}\,\mathrm{d}f \tag{10.38}$$

2. 离散傅里叶变换(DFT)

用计算机分析时必须对时域信号和频域信号都作有限化和离散化处理。

有限化：在时域以 T s(称为采样长度) 截出时限信号 $y_T(t)$，$y_T(t)=y(t)\cdot w_R(t)$ 是高为 1 宽为 T 的矩形窗。在频域由于信号已变成周期函数(原因见下述)，可取 $0\sim F$ 一个周期来有限化。

离散化：在时域每 Δt s(称为采样间隔) 对信号采一次样，把连续幅值变成一个个线状幅值，但由于它无面积，时间积分为零，傅里叶变换也为零，故数学处理时改用梳状 δ 函数 $\mathrm{Comb}(t)=\sum_{k=-\infty}^{\infty}\delta(t-k\Delta t)$ 与 $y(t)$ 相乘来离散，即 $y_D(t)=y(t)\cdot\mathrm{Comb}(t)$，有限化和离散化后 $T=N\cdot\Delta t$(N 为采样点数)。

频域取一周期 F 来有限化后也用 N 点离散，得 $F=N\cdot\Delta f$(Δf 称为频率分辨率，Frequency Resolution)。

时域 $\mathrm{Comb}_{\Delta t}(t)$ 函数的傅里叶变换为频域 $\mathrm{Comb}_F(f)$ 函数，但间隔由 Δt 变为 $1/\Delta t$(由卷积定理可知 $1/\Delta t=$ 频域周期 F)。

同理，频域离散用 $\mathrm{Comb}_{\Delta f}(f)$，其傅里叶逆变换为时域 $\mathrm{Comb}_T(t)$，但间隔由 Δf 变为 $1/\Delta f$（由卷积定理可知 $1/\Delta f=$ 时域周期 T）。频域离散使时域信号变成周期。

注意：① 任一非周期函数与 Comb 函数卷积后都变成周期函数。② 时域离散（与 Comb(t) 函数乘积）则频域变为周期（与 Comb(f) 函数卷积），频域离散（与 Comb(f) 函数乘积）则时域变为周期（与 Comb(t) 函数卷积）。DFT 为时域和频域双离散，结果使时域和频域信号都变成周期，这是 DFT 后产生混叠和不能外推等缺点的原因。

实单边时域信号的傅里叶变换相对于原点和 $F/2$ 处都对称，故信号分析频率上限 F_{H} 可选 $F/2$（$0\sim F/2$ 和 $F/2\sim F$ 对称）。但由于后述原因，经常选 $F_{\mathrm{H}}<F/2$（如选 $F_{\mathrm{H}}=F/2.56$，由于 N 选 α 的整数次方，例如 $N=2^{11}=2\,048$，则 $F_{\mathrm{H}}=N\cdot\Delta f/2.56=800\Delta f$，容易计算）。

3. DFT 的计算公式及证明

将式(10.37) 代入式(10.38) 得

$$y(t)=\int_{-\infty}^{\infty}\left[\int_{-\infty}^{\infty}y(t)\mathrm{e}^{-\mathrm{j}2\pi ft}\mathrm{d}t\right]\mathrm{e}^{\mathrm{j}2\pi ft}\mathrm{d}f \tag{10.39}$$

对上式进行离散化和有限化，即令

$$\mathrm{d}t\rightarrow\Delta t,\mathrm{d}f\rightarrow\Delta f,t\rightarrow k\cdot\Delta t(k=0\sim N-1),f\rightarrow r\cdot\Delta f(r=0\sim N-1),$$

$$\int\rightarrow\sum,y(k\cdot\Delta t)=\frac{1}{N}\sum_{r=0}^{N-1}\left[\sum_{k=0}^{N-1}y(k\cdot\Delta t)\mathrm{e}^{-\mathrm{j}2\pi kr/N}\right]\mathrm{e}^{\mathrm{j}2\pi kr/N} \tag{10.40}$$

再分解得正、逆变换公式，注意上式中 $\frac{1}{N}$ 由 $\mathrm{d}t\cdot\mathrm{d}f\rightarrow\Delta t\cdot\Delta f=1/N$（由 $T=1/\Delta f=N\cdot\Delta t$ 得出）得来，分解时大部分分析仪将其放在逆变换式中

$$Y_r=\sum_{k=0}^{N-1}y_kW^{kr}\quad(r=0\sim N-1) \tag{10.41}$$

$$y_k=\frac{1}{N}\sum_{r=0}^{N-1}Y_rW^{-kr}\quad(k=0\sim N-1) \tag{10.42}$$

其中

$$Y_r=Y(r\cdot\Delta f),y_k=y(k\cdot\Delta t),W=\mathrm{e}^{-\mathrm{j}2\pi/N}$$

小结：$T=N\cdot\Delta t,F=N\cdot\Delta F,F=1/\Delta T,T=1/\Delta f,F_{\mathrm{H}}\leqslant F/2$（通常取 $F_{\mathrm{H}}=F/2.56$），$F_{\mathrm{H}}=N_0\cdot\Delta f$（$N_0=N/2.56$ 称为频域线数）。设某分析仪，$N=2\,048$，希望分析上限 $F_{\mathrm{H}}=1\,000$ Hz，则可求出：$N_0=800,\Delta f=1.25$ Hz，$T=800$ ms，$\Delta t=0.39$ ms，时域应保证有 800 ms 数据。

4. DFT 带来的问题及解决措施

(1) 有限化和泄漏（Leakage）

信号有限化相当于时域信号乘一矩形窗，它使频域中能量泄漏到整个频率轴上，见图 10.12 中余弦波截断后的泄漏现象。矩形窗的傅里叶变化为 sinc(Cardinal Sine) 函数，除主瓣外旁瓣（尤其第一负旁瓣）很高又很多。主要解决措施为改用旁瓣小的海宁窗（Hanning 或 Hann），对于周期信号如采样长度等于信号周期的整数倍，离散后各采样点落在 sinc 函数零点处，故也无泄漏。

(2) 离散化和混叠（Aliasing）

根据采样定理，如信号为频限信号，最高频率为 F_{H}，则只要满足下式即不会混叠

$$F_{\mathrm{H}} \leqslant F/2 = 1/2\Delta t \tag{10.43}$$

如 Δt 太大或信号为频无限($F_{\mathrm{H}}=\infty$),则 $F/2$ 处各周期信号重叠,高频分量叠入低频段。典型例子如用闪光灯照亮旋转圆盘,如闪光间隔太大,圆盘的快转将被看成慢转甚至不转,参阅图 10.13。

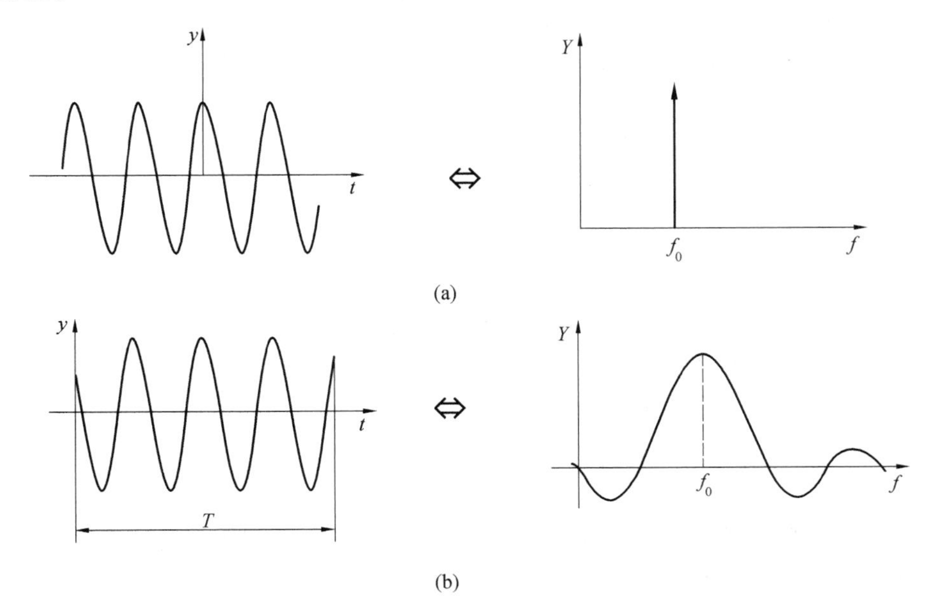

图 10.12　余弦函数的有限化和泄漏

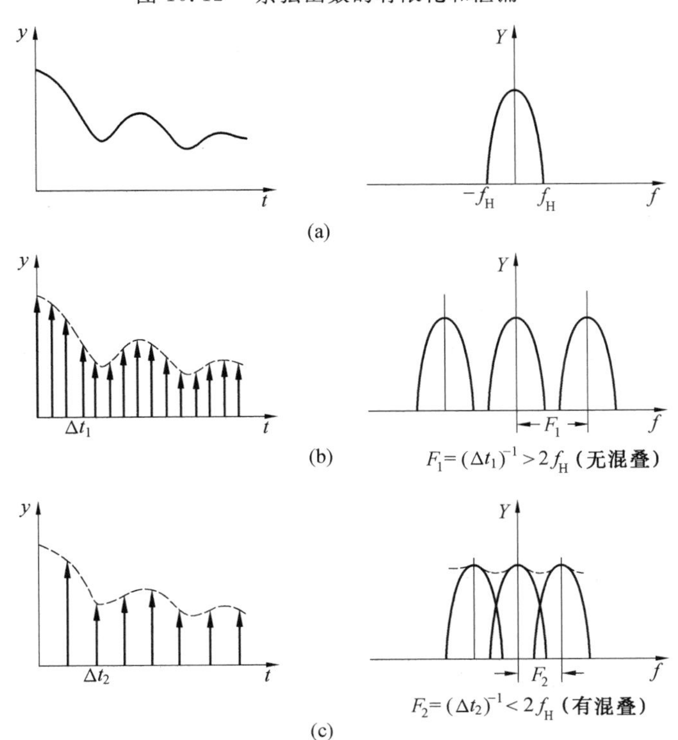

图 10.13　离散化和混叠示例

解决混叠的主要措施为采用(低通)抗混滤波器,将大于 $F/2$ 的频率成分滤去,考虑到抗混滤波器的阻带下降斜率可能不够陡峭,现常令分析仪最高分析频率为 $F/2.56$。

(3) 量化和量化误差

对时域图形的幅值(纵轴)进行离散称为量化,离散间隔称为量化单位,量化后原先光滑的波形变成阶梯形,称为量化误差。

近代分析仪中模数转换器(ADC)位数越来越大,量化单位越来越小,量化误差已可忽略不计。

5. FFT 算法

以 $N=4$ 为例,式(10.41)可用矩阵形式表示为

$$\begin{bmatrix} Y_1 \\ Y_1 \\ Y_2 \\ Y_3 \end{bmatrix} = \begin{bmatrix} W^0 & W^0 & W^0 & W^0 \\ W^0 & W^1 & W^2 & W^3 \\ W^0 & W^2 & W^4 & W^6 \\ W^0 & W^3 & W^6 & W^9 \end{bmatrix} \begin{bmatrix} y_0 \\ y_1 \\ y_2 \\ y_3 \end{bmatrix} \tag{10.44}$$

求点 N 变换要作 N^2 次乘法,不仅费时且舍入误差很大。若采样点 $N=2^{10}=1\,024$,则乘法的次数 $N^2=2^{20}\approx 10^6$,这个计算量是很大的,为了减少DFT的计算量,才引出了快速傅氏变换(FFT)。

1965 年美国的库利(Cooley)和图基(Tukey)提出了快速傅氏变换(FFT)算法,使原来的 DFT 计算加快了很多很多。大大促进了随机振动与信号分析的研究和应用。将式(10.41)重写为

$$X_k = \sum_{n=0}^{N-1} x_n W^{nk} \quad (k=0,\cdots,N-1) \tag{10.45}$$

FFT 算法主要利用了 $W^{nk}=\mathrm{e}^{-\mathrm{j}2\pi nk/N}$ 的一些特性,如周期性和同类项合并等技巧,使运算大大简化。W^{nk} 的主要特性如下:

(1) 周期性

因为 $W^N=1$,所以有

$$W^{nk} = W^{nk\pm N} = W^{nk\pm mN} \tag{10.46}$$

例如,若 $N=4$,则有 $W^0=W^4=W^8=1, W^1=W^5=W^9=-\mathrm{j}$。因为具有周期性,在 W^{nk} 求和时,可以利用同类项合并减少运算。

(2) 半周期的反对称性

因为 $W^{N/2}=-1$,所以有

$$W^{nk} = -W^{nk\pm N/2} = -W^{nk\pm mN/2} \tag{10.47}$$

例如,若 $N=4$,则有 $W^1=-W^3=W^5=-W^7=W^9$。

(3) 两对分性

由式(10.45)得

$$X_k = \sum_{n=0}^{N-1} x_n W_N^{nk} \quad (k=0,1,\cdots,N-1)$$

式中,W_N 表示采样点为 N,将式中数列 x_n 按奇偶序列重新排队,有

$$X_k = \sum_{r=0}^{N/2-1} x_{2r} W_N^{2rk} + \sum_{r=0}^{N/2-1} x_{2r+1} W^{(2r+1)k} = \sum_{r=0}^{N/2-1} x_{2r} (W_N^2)^{rk} + W_N^k \Big[\sum_{r=0}^{N/2-1} x_{2r+1} (W_N^2)^{rk} \Big]$$

式中，$W_N^2=(e^{-j2\pi/N})^2=e^{-j2\pi/(N/2)}=W_{\frac{N}{2}}$，这说明 W_N^2 将数据减半（对分）后的 W，这样上式可写为

$$X_k=\sum_{r=0}^{N/2-1}x_{2r}W_{N/2}^{rk}+W_N^k\sum_{r=0}^{N/2-1}x_{2r+1}W_{N/2}^{rk}=G_k+W_N^kH_k\quad(k=0,1,2,\cdots,N/2-1)\tag{10.48}$$

其中

$$G_k=\sum_{r=0}^{N/2-1}x_{2r}W_{N/2}^{rk}$$
$$H_k=\sum_{r=0}^{N/2-1}x_{2r+1}W_{N/2}^{rk}\tag{10.49}$$

式(10.48)说明离散傅氏变换总是可以按奇、偶序列对分为两个傅氏变换之和，这样原 DFT 的乘法次数可大大减少。但上式中变换的数据只有前 $N/2$ 个，而后 $N/2$ 个数据仍按照式(10.48)得

$$X_{(N/2+k)}=G_{(N/2+k)}+W_N^{(N/2+k)}H_{(N/2+k)}\tag{10.50}$$

考虑到 $W_{N/2}^{rk}$ 的周期性，有

$$G_{(N/2+k)}=G_k,\quad H_{(N/2+k)}=H_k$$
$$W_N^{(N/2+k)}=-W_N^k$$

则式(10.50)可写为

$$X_{(N/2+k)}=G_k-W_N^kH_k\quad(k=0,1,2,\cdots,N/2-1)\tag{10.51}$$

若要使采样点数能不断地对分，要求采样点数为 $N=2^n$，则式(10.48)和(10.51)不断地继续下去，直到对分到 $N=2$ 为止。若 $N=2$，有 $W_2^0=1$，由式(10.49)，得 $G_0=x_0$，$H_0=x_1$，由式(10.48)和式(10.51)得

$$X_0=x_0+x_1$$
$$X_1=x_0-x_1$$

这一计算可画出计算流图(称蝶形图)，如图 10.14 所示。

若 $N=4$，我们可将 x_i 按奇偶重新排列成两组，然后按公式(10.49)计算出 G_0，G_1，H_0，H_1，最后算得 X_i，其计算蝶形图如图 10.15 所示。

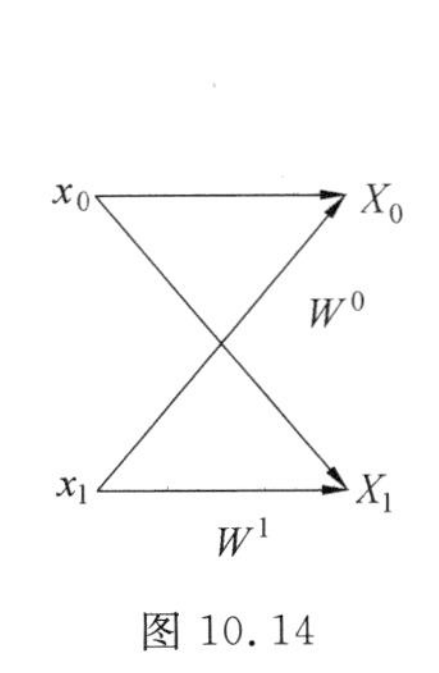

图 10.14

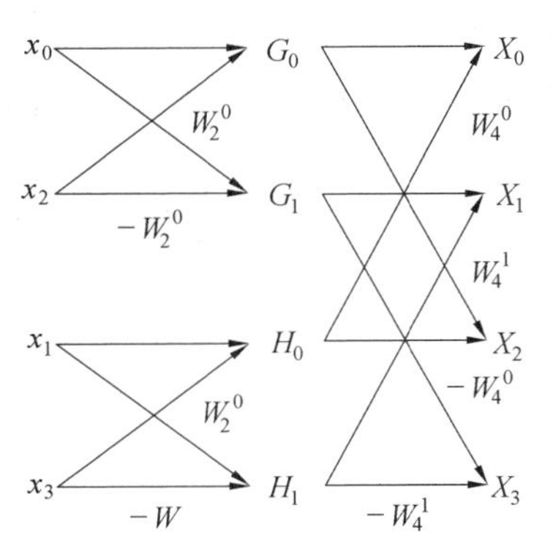

图 10.15　$N=4$ 蝶形图

若 $N=8$，可以对分为 4 组，其计算蝶形图如图 10.16 所示。

按上述蝶形算法，乘法次数可降至 $N\log_2N$ 次。

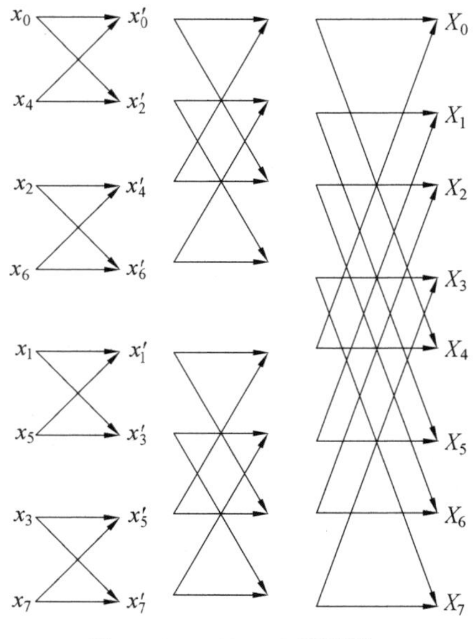

图 10.16　$N=8$ 蝶形图

10.5.2　分析仪的基本功能

早期分析仪的基本功能分为时间域(包括时差域)、频率域和幅值域 3 大域，最后分析仪又开辟了新的领域，如由拉氏变换产生的复频率域、希尔伯特变换(时域变到时域或频域变到频域)、倒频谱(Cepstrum)等。图 10.17 是用双通道分析仪分析线性系统输入、输出信号的过程示意图。

1. 幅值域

幅值域进行幅值(瞬时值)的概率密度和概率分布等分析时，注意即使线性系统，除高斯分布外，输入和输出概率也可能不相同。近来在故障诊断中，对随机信号数字特征中与三阶矩、四阶矩有关的偏态(Skewness)和峰态(Kurtosis)值很感兴趣，有些分析仪已增添了这两种分析功能。

2. 频率域

频率域中分析功能很多，最重要的是能量谱、功率谱频响函数 $H(f)$ 和相干函数 $\gamma^2(f)$。

由于实单边(非偶)时域信号的傅里叶变换为复数，故在频域图形显示时可提供多种格式，如：

(1) 幅频图；

(2) 相频图(由于分析需要，现代分析仪相位角不限于 360°，可展开到 $\pm 360° \times 128$ 之多)；

(3) 实频图(也叫同相 Coincidence 分量图)；

(4) 虚频图(也叫正交 Quadrature 分量图)；

(5) 奈奎斯特图(纵轴为虚部，横轴为实部)；

(6) 尼可尔斯(Nichols)图，即对数幅相图；

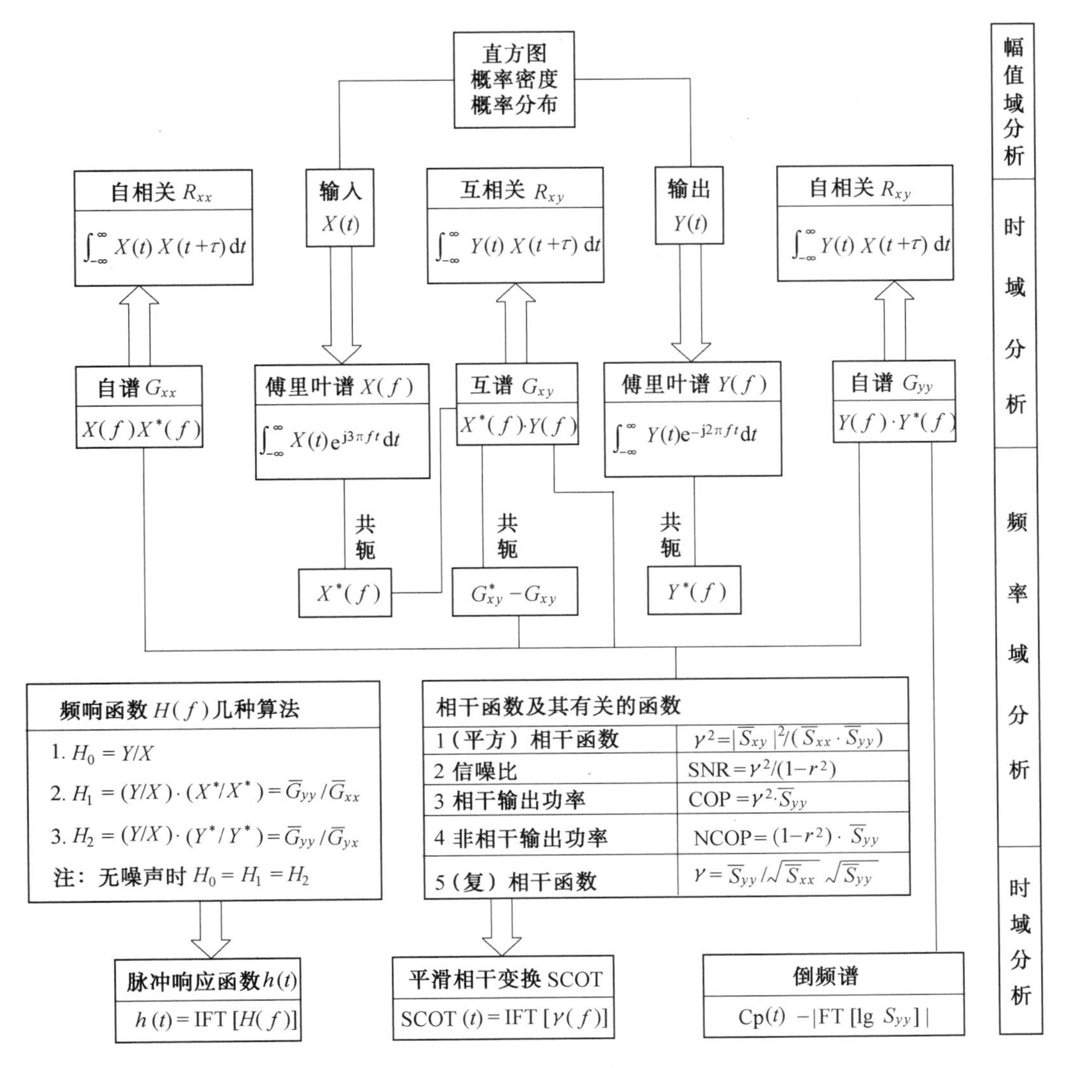

图 10.17

$X(t)$ 和 $Y(t)$—— 连续的能量信号；*（上标）—共轭；—（上标）—集合平均；G— 能量谱；S— 功率谱；FT，IFT—傅里叶正变换，逆变换；倒频谱有几种不同公式，本图仅取其中一种

(7) 三维谱图（包括不断更新的瀑布图（Waterfalls）和固定的地貌（Maps）图）；

(8) 阶次比（Order）图等。

工程中常见的时域信号按范数可分为：

(1) 绝对可积 $\int_{-\infty}^{\infty} |x_a(t)|\mathrm{d}t<\infty$；

(2) 平方可积 $\int_{-\infty}^{\infty} x_b^2(t)\mathrm{d}t<\infty$；

(3) 均方可积 $\lim\limits_{T\to\infty}\frac{1}{T}\int_{-T/2}^{T/2} x_c^2(t)\mathrm{d}t<\infty$。

三种信号的频谱分别为：

(1) $x_a(t)$ 的傅里叶变换存在，故有傅里叶谱密度 $X(f)$（简称傅里叶谱），单位为

U/Hz(U 为原时域信号单位,下同)。

(2)$x_b(t)$ 的能量有限(能量信号),有能量谱密度(简称能量谱)$G_{xx}(f)$,又平方可积信号一般也绝对可积,故由相关定理和维纳－辛钦公式可得

$$G_{xx}(f)=X(f)X^*(f)\quad (\text{单位为 } U^2/Hz)$$

(3)$x_c(t)$ 的平均功率有限(功率信号),有功率密度(简称功率谱)$S_{xx}(f)$,例如平稳随机信号,由于傅里叶谱不存在,其计算式为

$$S_{xx}(f)=\lim_{T\to\infty}\frac{1}{T}X_T(f)\cdot X_T^*(f)\quad (\text{单位为 } U^2/Hz)$$

注意:在信号分析中常把平方量称为功率,平方量乘以秒称为能量。这与真正的功率和能量不同。在计算等效噪声带宽 ENB 时还有个"根号功率谱",单位为 $U/\sqrt{Hz}$。

3. 时间域(时差域)

(1) 相关公式和相关分析

以自相关为例,计算公式为

能量信号

$$R_{xx}(\tau)=\int_{-\infty}^{\infty}x(t)x(t+\tau)\mathrm{d}t \tag{10.52}$$

功率信号

$$V_{xx}(\tau)=\lim_{T\to\infty}\int_{-T/2}^{T/2}x(t)x(t+\tau)\mathrm{d}t \tag{10.53}$$

离散后两者只差一常数 T,以能量信号且 $N=3$,$x=(x_0,x_1,x_2)$ 为例,自相关为

$$\begin{bmatrix}R_{-2}\\R_{-1}\\R_0\\R_1\\R_2\end{bmatrix}=\begin{bmatrix}x_2&0&0\\x_1&x_2&0\\x_0&x_1&x_2\\0&x_0&x_1\\0&0&x_0\end{bmatrix}\begin{bmatrix}x_0\\x_1\\x_2\end{bmatrix}$$

式中,x_i 为 $x(i\Delta t)$ 的简写。

分析仪中所谓相关函数为相关系数,即最大值归一化为 1 且无量纲。

自相关表示同一信号但时轴起点不同,即有时差 τ 的两段曲线变化趋势相似程度(正相关、负相关或不相关)。自相关可以判断信号的随机程度(或在多大时差范围内可以预测,白噪声为零,常量为无穷大),还可以检测混杂在随机信号中的周期信号(时差大后随机部分趋于零)。

互相关表示两个起点不同信号变化趋势的相似程度,和自相关不同处是最大值通常不在零点,互相关可用于寻找振源(或声源)及其传递途径,也可以用于检测两信号中被噪声淹没的相同周期分量等。

这里要强调几个概念:

① 相关反映了两随机变量的统计依赖关系,而不是确定性函数关系。

② 经常用互相关大小来判断两信号因果关系,但并非绝对,实际上可能有因果、同因(由同一原因产生的两结果)和虚假(即相关大但毫无因果关系)3 种情况。

③ 注意信号分析中所谓因果函数,即单边函数($t<0$ 时为 0),所谓因果系统指非超前系统(输出不会在输入之前出现),用物理元件组成的系统一定是因果系统。

(2) 单位脉冲响应函数 $h(t)$

$h(t)$ 很有用但又无法直接测试(不可能对系统施加幅值为 ∞ 持续时间为零的广义函数 $\delta(t)$ 输入来观察其响应)。分析仪对频响函数 $H(\omega)$ 进行傅里叶逆变换来求得 $h(t)$。

4. 频率域中的频响函数和相干函数(Coherence Function)

由时域中卷积公式(杜哈梅积分)$x(t)=f(t)*h(t)$(式中 $x(t)$ 为位移,$f(t)$ 为力,$*$ 为卷积符号)和卷积定理(时域卷积对应于频域乘积)得

$$X(f)=F(f)\cdot H(f) \tag{10.54}$$

式中,$X(f)$,$F(f)$ 分别为 $x(t)$,$f(t)$ 的傅里叶变换;$H(f)$ 为频响函数,它有两个等价的定义,$H(f)=\mathscr{F}[h(t)]$($\mathscr{F}$ 为傅里叶变换符号)和 $H(f)=X(f)/F(f)$。

(1) 频响函数计算公式

分析仪不直接用 $H(f)=X(f)/F(f)$ 公式计算,因为一则平稳随机信号非绝对可积,没有傅里叶变换,二则此式不能用平均来降低测试噪声,分析仪的计算公式为

能量信号

$$H(f)=\frac{X(f)}{F(f)}\cdot\frac{F^*(f)}{F^*(f)}=\frac{G_{fx}}{G_{ff}} \tag{10.55}$$

式中,G_{ff},G_{fx} 分别为力的自能量谱,力和位移的互能量谱;上标“$*$”为共轭符号。

功率信号

$$H(f)=\frac{\lim\limits_{T\to\infty}\dfrac{1}{T}X_T(f)\cdot F_T^*(f)}{\lim\limits_{T\to\infty}\dfrac{1}{T}F_T(f)\cdot F_T^*(f)}=\frac{S_{fx}}{S_{ff}} \tag{10.56}$$

式中,S_{ff},S_{fx} 分别为力的自功率谱,力和位移的互功率谱;$X_T(f)$,$F_T(f)$ 分别为无限长信号 $x(t)$,$f(t)$ 截出 T s 后的傅里叶变换。

注意离散化(和有限化后),上述两式只在分子、分母上各差 $\frac{1}{T}$,将其消去后两式一样。

(2) 相干函数计算公式

相干函数 $\gamma^2(f)$ 的公式为

$$\gamma^2(f)=\frac{|\,\overline{S}_{fx}\,|}{\overline{S}_{ff}\cdot\overline{S}_{xx}} \tag{10.57}$$

式中,上标“—”为集合(Ensemble)平均符号,由互谱不等式可知 $0\leqslant\gamma^2\leqslant 1$。

相干函数可用于检查 $H(f)$ 的质量,即输出是否完全由输入经线性系统后得来。

通常要求 $\gamma^2\geqslant 0.9$,相干太小可能是由于:

① 系统存在非线性;

② 平均次数不够(锤击法中锤击次数不够);

③ 系统有未经测量(未通过测力计)的输入存在;

④ 反共振频率处相干一般较小是由于响应太小,因而信噪比低劣等。

还有其他与相干函数有关的函数,参阅图 10.17,如相干输出功率 COP 可用来了解输出功率中哪些是由输入引起的。

还可用两个响应的相干函数来检查是否存在局部共振。

多输入多输出(MIMO)系统中相干函数分为常相干、偏相干和重相干。目前分析仪只能做常相干,与式(10.57)类似,由于多输入,故某一输入与输出间的常相干不可能接近于1。

5. 频响矩阵与模态参数识别

(1) 频响矩阵与其元素

在 MIMO 系统中输出与输入频域关系为

$$\begin{bmatrix} x_1 \\ \vdots \\ x_n \end{bmatrix} = \begin{bmatrix} H_{11} & \cdots & H_{1n} \\ \vdots & H_{ij} & \vdots \\ H_{n1} & \cdots & H_{nn} \end{bmatrix} \begin{bmatrix} F_1 \\ \vdots \\ F_n \end{bmatrix} \tag{10.58}$$

式中，H 为频响矩阵，$n\times n$；H_{ij} 为频响矩阵元素，$H_{ij}=x_i/F_j\Big|_{F_k=0(k\neq j)}$。

注意 H_{ij} 是在单点加力情况下测出的，例如展开第 1 行得 $x_1=H_{11}\cdot F_1+H_{12}\cdot F_2+\cdots+H_{1n}F_n$，如求 H_{11}，则 $H_{11}=x_1/F_1\Big|_{F_2=F_3=\cdots=F_n=0}$

由互易原理可知 $H_{ij}=H_{ji}$ 为对称阵，再由振动理论可知矩阵中只有 n 个元素独立，即可由 n 个元素构造出全部 n^2 个元素。

用激振器测试时加力点不变测 n 点响应，相当于测矩阵中一列，用锤击法时敲 n 个点测 1 点 响应，为侧一行。

(2) 频响矩阵与模态参数

模态参数包括各阶固有频率 ω_i、各阶振型 φ_i 或振型矩阵 Φ、各阶模态质量 M_i、模态刚度 K_i 和模态阻尼 C_i(或阻尼比 ζ_i)5 大参数，由 $\omega_i^2=K_i/M_i$ 可知只有 4 个独立。

它与频响矩阵元素的关系为

$$H_{lp}=X_l/F_p=\sum_{i=1}^{n}\frac{\varphi_{li}\varphi_{pi}}{K_i-\omega^2M_i+\mathrm{j}\omega C_i} \tag{10.59}$$

式中，H_{lp} 为矩阵中第 l 行第 p 列元素；X_l 为第 l 点位移谱；F_p 为第 p 点力谱；φ_{li}，φ_{pi} 分别为第 i 阶模态第 l 点、第 p 点振型值；K_i，M_i，C_i 分别为第 i 阶模态刚度、模态质量和模态阻尼系数。

求出 n 个独立元素后可用曲线拟合方法识别出模态参数。现在市场上有各种模态参数识别程序出售，最新分析仪也有识别全部或部分模态参数的功能。

10.5.3　分析仪的辅助功能

分析仪有多种辅助功能以协助完成基本功能，如平均(提高信噪比)、加窗(减少泄漏)、重叠(Overlap，增加统计自由度)、细化(Zoom，缩小频率分辨率 Δf)、信号源(取代传统的信号发生器)等，简介如下。

1. 平均功能

平均可分为时域平均和频域平均。时域平均要有触发脉冲(如转轴上的键相量脉冲)，使每次采样时信号能同步，保证平均后信号保留而噪声被抑制，还可分为：

(1) 线性平均

即等权平均，公式为

$$Y_N=\sum_{k=1}^{N}X_k/N \quad N\leqslant N_{\max} \tag{10.60}$$

式中，Y_N 为 N 次平均后数据；X_k 为第 k 个测试分析数据；$N_{\max}$ 为最大平均数，与分析仪有关，例如某型分析仪 $N_{\max}=32\ 767$。

(2) 指数平均

为加权平均，对现在数据加大权，对以往数据加小权(逐步遗忘)，常用于处理非平稳随机数据，公式为

$$Y_n = \frac{N-1}{N}Y_{n-1} + \frac{1}{N}X_n \tag{10.61}$$

式中，Y_n，Y_{n-1} 分别为第 n 次，第 $n-1$ 次平均后数据；N 为加权数(常数)，N 小则时间常数小，遗忘得快。某型分析仪 $N \leqslant 16\ 384$。

n 无限制，可永远平均下去直到关闭平均功能键。

(3) 峰值平均

峰值平均实质上为峰值保持，只用于频域，它不断比较各谱线上数据，取大弃小。峰值平均对研究机器启动、停车情况很有用。

图 10.18 为一非平稳随机信号功率谱的几种平均结果。

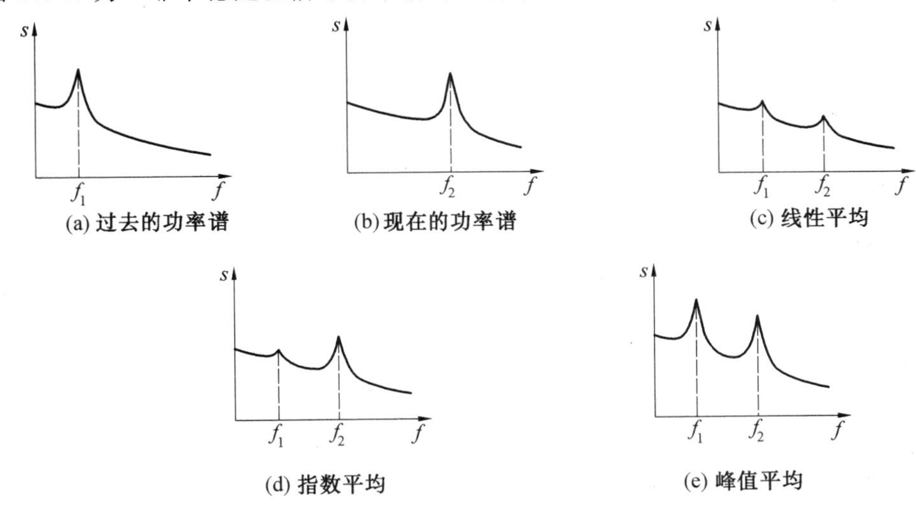

图 10.18　非平稳随机信号功率谱的各种平均结果

2. 时域加窗功能

窗函数也叫权函数，即对时域原始数据加不同的权，除了前述合适的窗函数可以减少因数据突然截断引起的泄漏外，还有一些其他用途。

由卷积定理，时域加(乘)窗 $w(t)$ 对应于频域与 $W(f)$ 卷积，$\overline{W}(f)$ 为 $w(t)$ 的傅里叶变换，称为频域窗。

矩形窗的 $\overline{W}(f)$ 为 sinc 函数，即有一很高的主瓣，左右有无穷的旁瓣，参阅图 10.19。其他窗函数的 $\overline{W}(f)$ 也与之基本相似(表 10.5)。

表 10.5

窗	等效噪声带宽(百分比 / 相对值)	三分贝带宽 /%	最大旁瓣高度 /dB	主瓣峰值读数精度 /dB
矩形	0.125/1.0	0.125	－13	－3.9
海宁	0.188/1.5	0.185	－32	－1.4
平顶	0.478/3.8	0.450	－82	－0.05

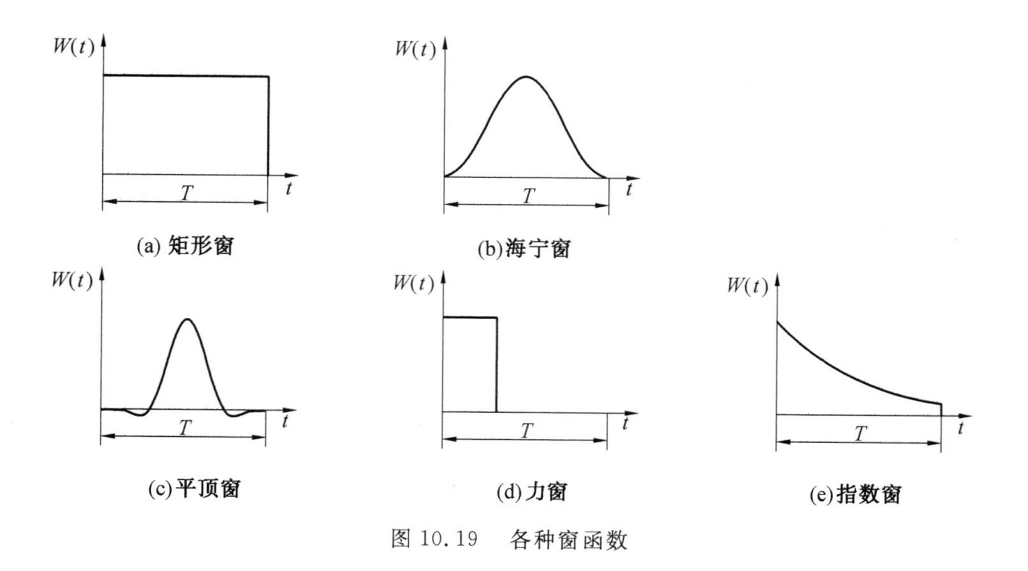

图 10.19　各种窗函数

评价窗函数的指标有：

(1) 三分贝带宽：$W(f)$ 以对数坐标表示时，由主瓣峰顶下降 -3 dB(0.707) 处主瓣宽度称为三分贝带宽，可用 $B_{-3\text{ dB}}$ 表示。

(2) 等效噪声带宽(ENB)：如一理想矩形滤波器与所研究窗 $W(f)$，在输入相同功率白噪声后输出功率相同，则滤波器带宽称为该窗的 ENB。注意，大多数窗的 $B_{-3\text{ dB}}$ 与 ENB 很接近。

(3) 主瓣宽度：在需要精确读出主瓣的峰值频率时，主瓣应越窄越好，反之在需要精确读出主瓣峰值高度时，应越宽越好(详见下述)。

(4) 最大旁瓣：即紧挨主瓣的两侧第一负旁瓣，它产生最大泄漏并造成两种误差，或被误认为小波峰，或因其负值而"吃掉"另一小简谐波的主瓣，使此小简谐波无法识别；应越小越好。

(5) 旁瓣衰减率：对数坐标中各旁瓣外切线的斜率，以 10 倍频程内分贝(dB/decade)数计算。

现代分析仪配有多种时域窗，最常用的为：

① 矩形窗：也叫"不加窗"或"均匀窗"。

② 海宁窗：也叫汉(Hann)窗，其公式为

$$w(t)=0.5+0.5\cos\frac{2\pi t}{T} \tag{10.62}$$

海宁窗旁瓣高度比矩形窗小很多，可大大减少泄漏，但主瓣宽度比矩形窗宽很多。注意，没有所有指标都良好的窗，加窗时应用其优点避开其缺点。

③ 平顶窗：频域离散后相当于隔着宽为 Δf 的栅栏的一系列缝隙去观察谱峰(称为栅栏效应)，在最不利情况下谱峰落在两缝隙的正中间，幅值读数误差很大；为提高幅值读数精度，采用一种其频域窗 $W(f)$ 主瓣最平缓的窗，称为平顶(Flat Top)窗。

④ 指数窗与力窗：用于对锤击法中响应信号和力信号加权，参阅下节中锤击法一段。

⑤ 用户自定义窗：用户可按自己测试数据的分析任务要求，用数学函数构造一个窗，十

分方便。

10.5.4　FFT 分析仪的缺点

FFT 分析仪开创了一个数字信号分析的新时代，但它也有一些本质上的缺点：

(1) 频域谱线按 Δf 间距离散后，相当于把时域信号看成以采样长度 $T(T=1/\Delta f)$ 为周期的周期函数（不管原信号是否有周期），泄漏、循环卷积、循环相关等失量也是由此产生的。

(2) 由于它把 T s 内数据当成周期信号的一个周期成分，它就没有任何外推能力。

(3) 由傅里叶变换的尺度（伸缩）性质可知，一信号时域越宽则频域越窄，反之亦然。故它在时域和频域不能同时细微化，即不能同时有良好的局部化能力。分析仪有细化功能，但如频域细化一百倍，时域数据就要增加一百倍；数据不够则只是采到很多零点（填零），这是插值不是局部化。

基于这些缺点，目前发展了一些新的分析方法，如最大熵（MEM）法、小波（Wavelet）分析法等，尤其是小波分析，它解决了上述第三个难题，被誉为数学显微镜，有很大发展前途。

10.6　几个专题

10.6.1　记录仪器的选择

目前最常用的是多通道（2 ～ 28）模拟式磁带记录仪，它用调频（FM）和直接（DR）两种方法记录。

磁带机有频率范围宽（FM：0 ～ 50 kHz，DR：300 ～ 300 kHz），记录时间长（与带速和频率范围有关，最长可达 30 h），可长期保存多路同步信号，并可随时重放等优点。其主要缺点为信噪比很差（一般不大于 50 dB）。针对此缺点一些厂家已推出用脉码调制（PCM）技术，将模拟信号经 ADC 后，记在数字音频磁带（DAT）新型磁带机上，体积小信噪比高（已可达 70 dB），通道间相位误差小，部分通道可改记录数字信号。缺点为频率上限只有 20 kHz，但一般振动、噪声分析中已足够。

现代分析仪已有磁盘驱动器可记录一部分数据。还可以用 ADC 把模拟信号转换成数字信号，储存在计算机存储器内。

10.6.2　冲击和波的测量

大部分冲击力和响应可用测振仪器测量，但脉冲波峰值大，持续时间短；测量仪器的动态范围、频率范围、峰值因数（Crest Factor）、时间常数等指标必须满足要求，还要注意冲击会引起某些压电计的零飘，要选择零飘小的压电计。

结构受冲击后会产生应力波的传播、测量波传播中的反射、折射等现象，对故障诊断有重要价值。测量波的运动可用测力计、加速度计和应变片等。

测阶跃信号时，信号可测前沿上升时间 τ 和仪器最高频率 f_H 的关系为：$f_H=0.35/\tau$。

应变片还可测量加速度，由于应变片体积和质量可忽略不计，价格便宜可大量使用，略加保护后可长期固定在结构上。动态应变仪最高频率可达 100 kHz，故用应变片测振动或波动是值得推荐的方法。

10.6.3 锤击法

它的设备最简单、测试最迅速、现场应用最方便。试件小到印刷电路板，大到水轮机叶片都可激励，已逐渐成为一种常规测试手段。

其原理和方法很简单，用一把装有测力计的手锤敲击结构各点，一个固定在某点的加速度计测响应（即测频响矩阵一行），数据送入分析仪得到频响函数。

锤击法中几个注意问题：

(1)测力计前装有可换顶帽，其材料有钢、铝、塑料和橡胶。顶帽越硬脉冲力越窄、频率范围越宽，但单位频率激励能量也越小，在保证上限频率足够的前提下，尽量选用较软的顶帽。

(2)由于脉冲力能量有限，故原则上只适用于小阻尼中小型结构。现在发展了随机锤击法（多次锤击且力的大小和间隔都随机，采样长度保证能采到多个力）和分区锤击法（结构分区，在每一区分别锤击和测响应，缩小测力点与响应点距离以改善信噪比）等方法，可测试大型或大阻尼结构。

(3)响应为衰减振动，在采样长度末端数据信噪比十分低劣，可加指数窗，既对末端数据加小权缩小其影响，又避免了突然截断引起泄漏。

(4)激励为脉冲力，可加可变宽度的矩形窗，使脉冲力通过，无力信号时的噪声完全被抑制。

(5)如用随机锤击法，力和响应都加海宁窗。

(6)一般锤击法要避免连击，即两次或多次锤击，在用大锤或敲击弹性大的区域时常发生连击，但最新分析仪能自动舍弃连击信号，不予采样。

(7)锤击法要在同一点多次锤击后进行平均，平均次数多，则相干函数增大，且数据可信。但多次锤击时，要保证每一次都敲在同一点上，每次方向都保持垂直，否则会前功尽弃。

10.7 模态分析与试验及其在典型航天器结构中的应用

本书的第 9 章介绍了模态参数识别的主要理论方法，本章的前几节介绍了模态试验中的若干技术问题。本节在简单综述一下国内外模态分与试验理论研究进展之后，对典型航天器结构，火箭或者导弹的组合舱段结构的模态分析与试验问题进行介绍。

10.7.1 模态分析与试验研究进展简介

近 30 多年来，模态分析理论吸收了振动理论、信号分析、数理统计、自动控制理论的一些研究思想，逐渐形成了一套独特的理论，现在它已经成为解决复杂结构振动问题的主要工具 。模态分析一般分为解析模态分析和试验模态分析。

解析模态分析一般先知道结构的几何形状、边界条件和材料特性，即知道结构的质量矩阵、刚度矩阵和阻尼矩阵，由这些足够的信息来确定系统的模态参数，即系统的各阶固有频率、阻尼系数和模态振型。理论证明这些模态参数可以完整地描述系统的动力学特性。其中主要的理论问题是大型矩阵的特征值分析，目前工程上，在航空航天领域主要使用

Nastran这样的大型商用软件进行结构动态特性分析，只能对较低阶的固有特性能给出较为精确的计算结果。

试验模态分析是从结构的某些测点上测量的系统的动态输入和输出数据出发，使用一些信号处理的手段和模态参数识别方法来识别模态参数。最终目的就是识别出系统的模态参数，为结构的动态特性分析、振动故障的诊断和预报以及结构动态特性的优化设计提供依据。试验模态分析的有效性主要取决于振动测试技术以及有效的模态参数识别算法。有效的试验模态分析结果通常用于考核解析分析结果的准确与否。但该项技术是一个综合技术，试验者的理论水平以及经验都对试验结果有一定的影响。目前试验模态分析技术相对比较成熟，工程应用也相当广泛，不断有新的理论与应用问题提出，因此每年一届的国际模态分析大会(缩写 IMAC)均盛况空前。不断有新的振动测试设备、仪器出现，振动信号处理技术也不断借鉴移植现代控制理论、信号处理领域的思想，探索使用新的数学工具，发展新的技术，例如基于小波变换、HHT 变换、新的子空间技术以及模糊、神经网思想等新技术。工程上从和平号空间站、国际空间站、青马大桥、高速列车这样的大型结构到压电陶瓷惯性制动器这样十分微小的结构的动态特性分析都能有效应用，可以预见将来的应用会更加广泛。理论研究方面开始探索研究用于有时变或非线性特性的结构系统模态参数识别的新理论和新方法。

10.7.2　典型航天器结构的试验模态分析

火箭导弹等飞行器结构的舱体大都是通过特定的连接方式组合而成，本节对这类典型结构进行试验模态分析。试验系统主要构成为：

(1)试验吊挂系统；

(2)激振系统(激振器和力锤)；

(3)模态分析系统。

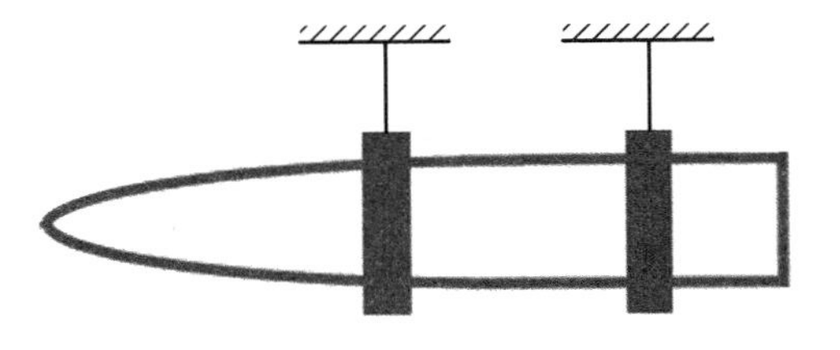

图 10.20　组合舱段结构示意图

对于航天器结构，由于其实际的飞行状态是自由的，因此地面振动试验通常用一个柔性吊挂系统，如图 10.20 所示，用两组橡皮绳吊起，呈自由一自由状态，吊挂点选用舱段对接位或隔框位，具体吊挂点位置根据预备试验加以调整。试验吊挂系统频率通常要低于试验产品最低频率的1/5，可以最大限度地消除吊挂的影响。

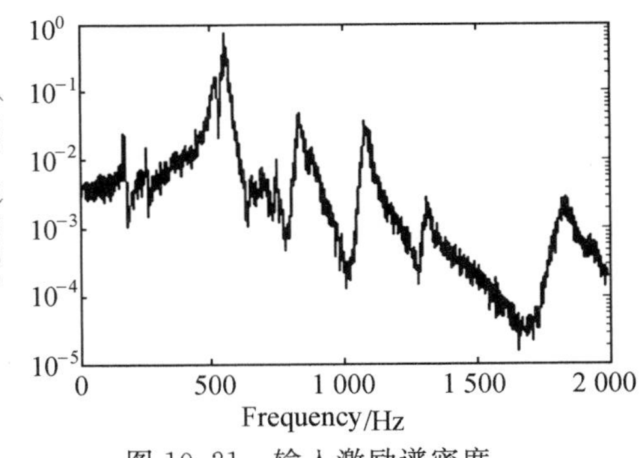

图 10.21　输入激励谱密度

模态试验采用力锤或激振器进行激励，原则上激励点选取对应模态较大的响应点上，实际位置根据预试验确定。对大型航天器结构，力锤激励存在激励能量不够，或者激励位置处发生局部非弹性变形等问题，该实验采用猝发随机激励，激励的输入功率谱见图 10.21。

本次试验在均匀分布的母线和节线上布置了 97 个测点，用加速度传感器测量，每一个测点上可测三个方向的加速度响应。测量结果经过模态分析系统给出了结构在末端激励，在全部测点上频率响应函数，以及结构的前5阶的模态参数识别结果。模态分析系统目前工程上主要采用成熟的商用软件系统，这类软件系统的功能通常都具有数据采集、试验数据处理、模态分析等主要功能，国内像北京东方振动和噪声技术研究所DASP平台软件系统，江苏东华的实验模态分析系统；国外的有比利时LMS公司的Test. Lab模态分析测试系统，该软件目前在我国航空航天、汽车领域占有相当的市场份额，本试验就是使用该软件进行的。

分别用编者自行研制的基于Labview的虚拟仪器模态分析系统和LMS Test. Lab识别该结构的模态参数，得到结果见表10.6。

表10.6　两种系统分析结果的比较

LMS Test. Lab分析结果		自行研制分析仪分析结果	
固有频率/Hz	阻尼比/%	固有频率/Hz	阻尼比/%
113	0.49	112	0.27
201	1.67	198	0.89
320	2.66	315	1.78
392	1.826	381	1.26
440	0.51	420	0.73

可以看到两种系统在固有频率识别上有很相近的识别结果，但在阻尼比识别上分散度较大。应该说阻尼比的精确识别，目前还是需要进一步深入研究的问题。

第 11 章　振动控制

11.1 引　　言

前面章节我们研究的是结构振动的分析与测试，目的在于分析其是否满足设计和工作要求，结构振动一旦超出了要求，对正在设计中的结构，需要修改设计，而对正在服役的结构就必须施加某种控制，也就是在工程结构的特定部位设置某种控制装置或机构以减小结构的振动响应或者改变结构的动力特性，这种对结构施加控制使其振动特性指标满足指定要求的技术就称为结构的振动控制。工程中多数情况下是将振动看做有害的现象，振动控制的目标就是减振，但在某些情况下可以利用振动为我们服务，这种情况下的振动控制的目标是振动利用。本章只以减振为目的研究振动控制。需要说明的是，振动控制研究涉及众多学科及工程领域，涌现了大量的理论与应用研究成果并形成了很多著作和教材，作为教材本章主要参考并引用了文献[31～34]的成果。

11.1.1　振动控制的分类

振动控制的类型大致可以分为：被动振动控制(Passive Vibration Control，PVC)、主动振动控制(Active Vibration Control，AVC)、半主动控制和混合控制。

被动控制是指没有任何外部能量供给控制系统，控制力是控制装置随结构一起振动变形而被动产生的。如果将产生激振力的物体称为振源，待减振的物体称为减振体，那么通常采取的被动减振措施可以归结为三大类。

1. 隔振

在结构参数已经不能改变，或是已经定型的产品，或是产品、仪器和设备在运输过程中需要隔振时，可采用在振源和减振体之间插进隔振器的隔振措施。例如，导弹、火箭运输过程中就需要采取有效的隔振措施，仪器包装也都需要填充泡沫塑料。

2. 消振

在减振体上附加减振装置，依靠它和减振体的相互作用吸收振动系统的动能来减振，例如粘贴在发动机、火箭仪器舱壁上的高阻尼率的黏弹性材料，安装在高挠性建筑物顶部的活动质量(动力吸振)等。

3. 控制激振力

通过控制振源，减小激振力，来减小减振体上的振动。例如，旋转机械可通过动平衡措施减小不平衡质量产生的振动；通过减小高层建筑的迎风面积减小风载等。

上述三种措施本质上都是为了减小振动，通常为清楚起见将隔振单独分出，其他两种不严格区分统称为减振。

与振动的被动控制对应，主动振动控制采取外部输入能量的控制方式，其控制力是控制器按照某种控制算法为满足某种需要而产生的；半主动控制(Semi-Active Vibration Control, SAVC)是一种有少量外加能源的控制，其控制力是控制装置本身的运动而被动产生的，但在控制过程中系统根据结构反应依照某种算法调节半主动控制装置的参数，例如，调节阻尼或者刚度，因此半主动的控制装置通常是被动的刚度或者阻尼装置与机械式主动调节器复合的控制系统。混合控制是主动控制和被动控制有机结合形成的一种控制方式，也有称为主被动一体化振动控制(Integrated Passive-Active Vibration Control, IPAVC)。通常，后两种方式，从都需要有部分外界能量输入的角度来看，都属于主动控制类，只不过不是单纯意义上的主动控制。

11.1.2　振动控制的理论与应用研究简况

振动的被动控制理论研究与工程应用都已经相对成熟，其理论研究已经有很长的历史，是振动理论研究的核心内容之一。理论研究成果目前已经在机械、航空航天、土木建筑、船舶水利等实际工程中得到了非常广泛的应用，如经典的减振、隔振措施(阻尼器、减振器、动力吸振器等)，很多都已经形成了不同形式的、标准型号的商业产品，被动减振装置分析和设计方法也已经有设计规范和指南。被动控制的优点是固定设计、易实现、成本低、不需要外部能源、装置相对简单，系统稳定性好，安全可靠。缺点是优化设计的限制大，控制效果有限。

主动控制是根据装在结构上传感器在线测量结构的反应或环境干扰，经过控制器处理，采用现代控制理论的先进控制算法运算和决策出最优控制力，再通过作动器在较大的外部能量输入的情况下将力或力矩输入到结构系统来抑制结构的振动。主动控制的优点是控制能够适应环境的变化，设计灵活性大，可控性好，目前主动调谐质量阻尼器和主动质量阻尼器等组成的主动控制系统已经在高层建筑、电视塔和大型桥塔结构的风振和地震反应控制应用中取得了一定的成功。其缺点是通常对能源的要求较高，而且由于模型参数的误差，作动器/传感器的动力学性能、测量噪声等使得系统变得不稳定，造成系统的可靠性较差，从而限制了它的推广应用。例如控制一个大型的工程结构需要高达数千千瓦的能源和多个作动器，这在工程实际中实现起来很困难。尤其是在航空航天这样对附加质量和携带的能源要求较高的领域，振动主动控制的工程应用还有许多关键问题尚须解决。

结构半主动控制的原理与结构主动控制的基本相同，只是实施控制的作动器仅需要少量的能源就可以主动地或者说巧妙地利用结构振动往复的相对变形和速度以实现主动最优控制力。其中有代表性的有主动变刚度(Active Variable Stiffness System)和主动变阻尼系统(Active Variable Stiffness System)，1990 年日本 Kajima 研究所的三层建筑钢结构办公楼首次采用了主动变刚度控制系统，经受了实际的中小地震作用并显示出很好的振动控制效果。此外日本还在很多建筑物上应用了主动变阻尼系统，美国以及我国都已经有了相关的工程应用实例。

混合控制有机结合了主动控制和被动控制的特点，将主动和被动隔振元件与系统结构高度结合，在被动控制中加入一定的主动因素，构成主被动混合隔振控制。这样既提高了系统的适应性和控制系统的稳定性，又可降低输入功率。目前的研究主要有以空气弹簧、机械弹簧作为被动单元，电磁作动器、压电作动器作为主动单元的方法，并且在航天航空领域中已开始研究并应用。

目前，被动振动控制的应用进一步向更广泛的工程领域拓展，同时主动控制由于有优良的控制效果、更宽广的适用范围以及多学科交叉融合的特征，也代表着振动控制研究的一个主要方向。将二者特征有机结合的半主动和混合控制更是未来研究的主要目标。

11.2 隔　　振

隔振就是在两个结构之间增加柔性环节，从而使一个结构传至另一个结构的力或者运动得以降低。在振动的隔离问题中，一种是减小运转着的机械与基础隔离防止振动向外传递，称为隔力，另一种是减小基础的振动向设备、仪器上的传递，使得基础的振幅经过隔离后传递到设备、仪器上的振幅减小，称为隔幅。前一种也有称为积极隔振或者主动隔振，后一种称为消极隔振或者被动隔振，需要注意的是这里的主、被动的含义和本章的振动的主、被动控制的含义要加以区分。

从要进行振动隔离的系统是否刚性可以区分为刚性系统的隔离和非刚性系统的隔离；前者，假设被隔振物体是没有弹性的，同时基础也是刚性的、质量无限大的。在刚性系统的振动隔离问题里，还通常假设隔离元件是理想的，即由没有任何质量的弹性元件和阻尼元件组成。通常还进一步假设被隔振物体是理想质量块，此时称为单自由度隔振，如有必要，再进一步将被隔离物体假设为一个有六自由度的刚体，此时称为多自由度隔振。

隔离元件有单层的，某些情况下为了增加隔振效果，也有多层的，而且通常是双层的，本节主要参考并引用文献[31]的成果。

11.2.1 刚性连接黏性阻尼系统

在隔振器的设计中，黏性阻尼器与被隔离的物体和基础的连接有两种方式，一种是刚性连接，一种是弹性连接。

黏性阻尼元件刚性连接的隔振问题的基本原理在本书的 1.5.6 节已有简单叙述，本节加以补充叙述。力学模型见图 1.17 和图 1.19，这个力学模型假设：

(1)被支承物体是一质量有限的刚性块，且完全对称、均匀规则，基础也是完全刚性的，但质量为无限大。

(2)弹性支承没有质量，只有刚度和阻尼。这种阻尼可以是弹性支承本身就有的，也可以是专门装设的黏性阻尼器以补充某些弹性元件阻尼的不足。作用力通过物体重心，仅考虑垂直方向的一个自由度的运动情况。

在这些假设下，积极隔振的力传递率公式见式(1.86)，消极隔振的位移传递率公式见式(1.84a)，它们形式上是一样的，统称为振动传递率，用 T_A 表示

$$T_A=\sqrt{\frac{1+4\zeta^2\beta^2}{(1-\beta^2)^2+4\zeta^2\beta^2}} \tag{11.1}$$

$$\zeta=\frac{c}{2\sqrt{km}},\quad \beta=\frac{\omega}{\omega_0},\quad \omega_0=\sqrt{\frac{k}{m}}$$

式中，m，k，c 分别表示系统的质量，刚度和阻尼系数。

同时工程上，还用隔振效率表示隔振效果，即

$$(1-T_A)\times 100\% \tag{11.2}$$

为清晰起见，将振动传递率和隔振效率随频率比变化的曲线画在一张图上，见图 11.1，由该图可以看出：

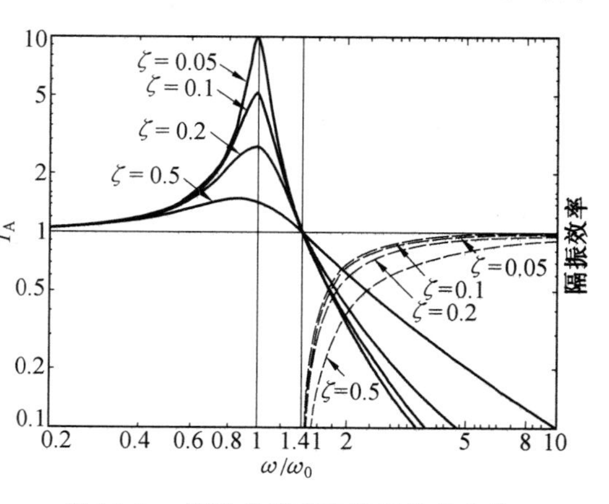

图 11.1　振动传递率和隔振效率曲线

无论阻尼比多大，只有当频率比大于$\sqrt{2}$时，T_A才小于1，才能达到隔振的效果。当频率比大于$\sqrt{2}$时，随着频率比的增大，T_A越来越小，就是隔振效果越来越好，但也不宜过大，因为这样支撑装置要设计得很软，静挠度增大，这一点必须注意。此外，从图上也可以看出，当频率比大于 5 以后，隔振效率变化很小，就是说再降低支撑刚度，对提高隔振效率已经意义不大。一般实际采用的频率比常在 2.5 ～ 4.5 之间，相应的隔振效率为80％ ～90％。

当频率比大于$\sqrt{2}$时，阻尼比越小，T_A越大，从隔振的目的来说，阻尼增加反而降低了隔振效果，但是当待隔振对象需要经过共振区时，阻尼的作用非常明显，可以大大降低共振幅值。此外，随着频率比的增加，也就是在隔离高频振动时，黏性阻尼比是十分不利的。因此，综合考虑，最佳的阻尼比可以选为 0.05 ～ 0.2。

在黏性阻尼情况下，振动传递率的最大值发生在频率比小于 1 处，其值与阻尼比取值有关，将式(11.1) 对频率比求导可以得到振动传递率的取最大值的位置以及最大值的取值分别为：

$$\beta=\sqrt{\frac{-1+\sqrt{1+8\zeta^2}}{4\zeta^2}} \tag{11.3}$$

$$(T_A)_{\max}=\frac{4\zeta^2}{\sqrt{16\zeta^4-8\zeta^2-2+2\sqrt{1+8\zeta^2}}} \tag{11.4}$$

由公式(11.4) 可知，振动传递率的最大值仅仅与阻尼比有关，设计隔振器时可以按照最大允许的 T_A 值得出所需要的阻尼比。

11.2.2　弹性连接黏性阻尼系统

1.5.5 节的弹簧、阻尼器并联布置的简单隔振系统，主要是有效频率范围窄，高频时隔振效果差。因此，工程上还采用一种弹簧、阻尼器串联布置的弹性连接黏性器隔振系统，见图11.2。

1. 消极隔振

力学模型见图 11.2(a)，基础的激振位移为 $u=B\sin(\omega t)$。此时，针对质量块、阻尼器和串联弹簧有如下运动控制方程

$$m\ddot{x}+k(x-u)+c(\dot{x}-\dot{x}_1)=0 \tag{11.5}$$

$$-k_1(x_1-u)+c(\dot{x}-\dot{x}_1)=0 \tag{11.6}$$

上面两个式子求和得到关于 x_1 的方程，然后对这个方程两面求导可以得到 $\dot{x}_1$，将其代入公式(11.5) 可以得到

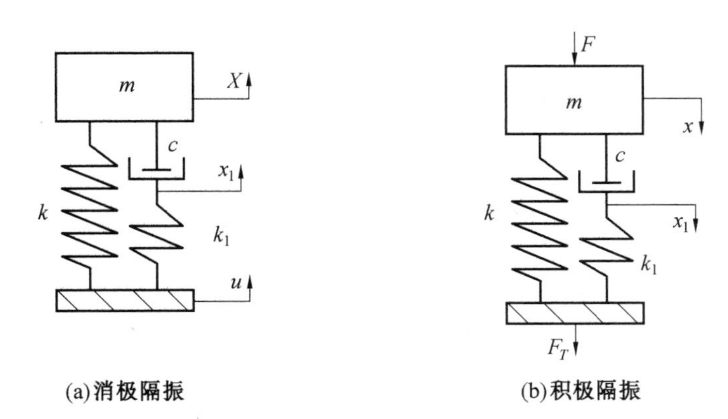

(a)消极隔振　　　　(b)积极隔振

图 11.2　弹性连接黏性器隔振系统

$$\frac{mc}{k_1}\dddot{x}+m\ddot{x}+c\left(\frac{k_1+k}{k_1}\right)\dot{x}+kx=c\left(\frac{k_1+k}{k_1}\right)\dot{u}+ku \tag{11.7}$$

方程两边作傅里叶变换可以得到关于质量块绝对位移和基础的绝对位移之间的频率响应函数

$$H(\omega)=\frac{N+2\zeta\beta(1+N)\mathrm{j}}{N(1-\beta^2)+2\zeta\beta(1+N-\beta^2)\mathrm{j}} \tag{11.8}$$

其中

$$\mathrm{j}=\sqrt{-1},\quad N=\frac{k_1}{k} \tag{11.9}$$

由此得到绝对传递系数

$$T_{\mathrm{A}}=|H(w)|=\left|\frac{A}{B}\right|=\sqrt{\frac{1+4\left(\frac{N+1}{N}\right)^2\zeta^2\beta^2}{(1-\beta^2)^2+\frac{4}{N^2}\zeta^2\beta^2(N+1-\beta^2)^2}} \tag{11.10}$$

2. 积极隔振

力学模型见图 11.2(b)，在质量块上作用有简谐激振力 $F=F_0\sin(\omega t)$。此时运动控制方程为

$$m\ddot{x}+c(\dot{x}-\dot{x}_1)+kx=F_0\sin(\omega t)=F(t) \tag{11.11}$$

$$c(\dot{x}-\dot{x}_1)-Nkx_1=0 \tag{11.12}$$

同消极隔振一样的步骤，可以得到

$$\frac{mc}{Nk}\dddot{x}+m\ddot{x}+c\left(\frac{N+1}{N}\right)\dot{x}+kx=\frac{c}{Nk}\dot{F}(t)+F(t) \tag{11.13}$$

方程两边作傅里叶变换得到关于质量块绝对位移和激振力之间的频率响应函数

$$H(\omega)=\frac{N+2\zeta\beta\mathrm{j}}{k[N(1-\beta^2)+2\zeta\beta(1+N-\beta^2)\mathrm{j}]} \tag{11.14}$$

这种情况下传到基座上的力为

$$F'=c(\dot{x}-\dot{x}_1)+kx \tag{11.15}$$

与 1.5.6 节类似，假设系统的稳态响应为一正弦函数，得到其导数后，代入式(11.11)，式(11.12) 得到 $\dot{x}_1$ 代入上式，利用阻尼力和弹性恢复力的相位差，可以得到合力 F_T，这样就可以得到绝对传递系数，它的表达式是和式(11.10) 完全一样的

$$T_A = \left|\frac{F_T}{F_0}\right| = \sqrt{\frac{1+4\left(\frac{N+1}{N}\right)^2\zeta^2\beta^2}{(1-\beta^2)^2+\frac{4}{N^2}\zeta^2\beta^2(N+1-\beta^2)^2}} \tag{11.16}$$

3. 绝对传递系数影响因素分析

由绝对传递系数表达式很容易看出，它主要和刚度比、阻尼比和频率比几个参数有关系。其中，容易看到当刚度比无穷大也就是当 $N=\infty$ 时，整个系统和前述简单模型一样；当刚度比为零时，阻尼器不起作用，系统变为无阻尼系统。为了分析刚度比、阻尼比和频率比几个参数与振动传递率的关系，画出类似图 11.1 的曲线进行分析，见图 11.3。

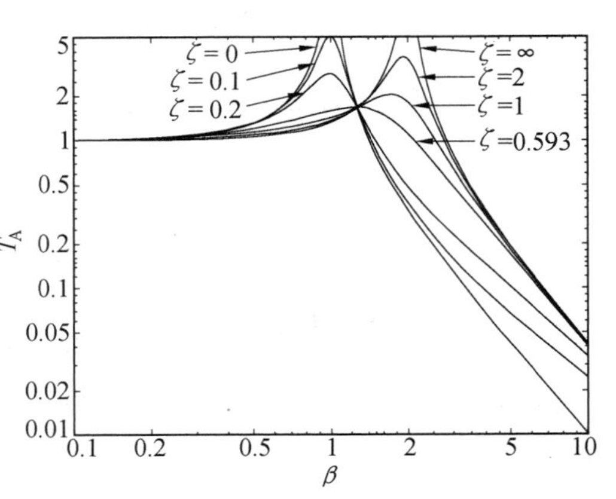

图 11.3　$N=3$ 时不同阻尼比下绝对传递系数随频率比变化的曲线

隔振指标 T_A 随频率的变化主要与两个参变量，即刚度比 N 及阻尼比 ζ 有关，因此其曲线图形比较复杂，这里仅仅以 $N=3$ 的情况为例，画出图形如图 11.3 所示，由该图可以看出：

(1) 当小阻尼时($\zeta<0.2$)，曲线的形态如一简单隔振系统，此时共振发生在 $\beta=1$ 处；当阻尼增大时曲线的形态在相当宽的频率范围内趋于平坦，然后急剧下降；当大阻尼时($\zeta>1$) 曲线的形态又像简单隔振系统了，只是此时的共振是发生在 $\beta=\sqrt{N+1}=2$ 处。

(2) 当 $\zeta=0$ 时，由于通过阻尼器 c 不能传递任何动力，因此只有主弹簧 k 起作用，此时的固有频率为

$$\omega_n = \sqrt{\frac{k}{m}} \tag{11.17}$$

相应地

$$(T_A)_0 = \frac{1}{|1-\beta^2|} \tag{11.18}$$

当 $\zeta=\infty$ 时，相当于弹簧 k_1 刚性地连接在质量 m 上，这又是一种无阻尼情况，此时两个弹簧并联，所以固有频率为

$$\omega_\infty = \sqrt{(N+1)\frac{k}{m}} = \sqrt{N+1}\cdot\omega_n \tag{11.19}$$

此时的绝对传递系数为

$$(T_A)_\infty = \frac{1}{1-\beta^2/(1+N)} \tag{11.20}$$

显然，当阻尼比处于中间值时，即 $0<\zeta<\infty$ 时，T_A 曲线位置必定在上述两包络线之间。

(3) T_A 的曲线族上有一定点 P，各种阻尼比下的曲线都通过这一点，因此此点的位置与阻尼比无关。当然此点也为 $\zeta=0$ 和 $\zeta=\infty$ 时两条响应曲线的交点，所以令式(11.18) 和(11.19) 相等，即可求出特殊的频率比

$$\beta_A^* = \sqrt{\frac{2(N+1)}{N+2}} \tag{11.21}$$

响应的传递系数只需将式(11.21)代入式(11.10),并令阻尼为零即可求得该点的传递系数

$$T_A^* = 1 + \frac{2}{N} \tag{11.22}$$

(4) 随着阻尼比的不断增大,共振峰值一直降低,直到点 P 为止。此后,阻尼比再增加,共振峰值又上升,直到 $\zeta=\infty$ 时,又回到另一个无穷大的峰值。因此,在 ζ 从 $0\sim\infty$ 的连续变化过程中,必定存在着一个能给出最低共振峰值的阻尼比,这就是最佳阻尼比。这个最低的共振峰值,无疑就是点 P 的高度。因此,式(11.22)中的 T_A^* 又称为最佳传递系数,相应的 β_A^* 则称为最佳频率比。将公式(2.125)相对频率比进行求导,并使之等于零,就得到 N 和 ζ 与产生最佳传递系数的 β 间的关系,然后将式(11.21)的 β 值代入,就可求出最佳阻尼比和刚度比间的关系式

$$\zeta_{op}^A = \frac{N}{4(N+1)} \cdot \sqrt{2(N+2)} \tag{11.23}$$

图 11.3 中的最佳阻尼比就是将上式中的刚度比用 3 代替得到的为 0.593。

11.2.3　两种隔振系统的比较

将式(11.10)和简单隔振系统的绝对传递系数进行比较,可以发现,当频率比比较大时,公式(11.10)变为

$$T_A = \frac{N+1}{\beta^2} \tag{11.24}$$

即 T_A 的大小和阻尼系数无关,而在简单隔振系统中,当频率比非常大时,则

$$T_A = \frac{c}{m\omega} = \frac{2\zeta}{\beta} \tag{11.25}$$

即简单隔振系统的绝对传递系数在高频时与阻尼成正比。比较上面两式可知弹性连接黏性阻尼系统消除了黏性阻尼对高频隔振效果的不良影响。从式(11.24)可看出,为提高高频隔振效果,N 值越小越好,但从式(11.22)可看出,N 值越小,P 点的高度将越高,这说明即使是在最佳阻尼比的情况下,共振峰值仍不可避免地增大。因此,需要适当选择 N 值使得即使在共振情况下,传递系数也被控制在容许的限度内。图 11.4 给出了两种隔振系统在阻尼比为 0.2 时候的绝对传递系数比较。由图可以看出,随着 N 的减小在高频段的传递系数要小很多倍,比如频率比在 100 时,刚性连接系统的绝对传递系数比弹性连接 $N=1$ 时的大接近 20 倍。

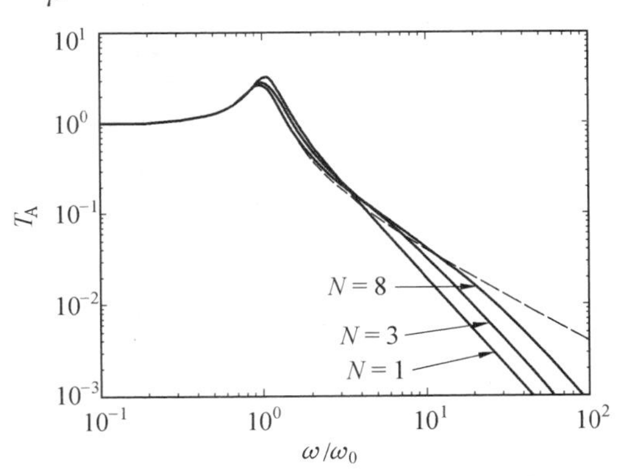

图 11.4　弹性连接(实线)与刚性连接(虚线)阻尼器的绝对传递系数比较(阻尼比 0.2)

11.2.4 橡胶隔振器的设计

理论上说凡是具有弹性的材料均可以用来制作隔振装置，但在实际应用时受到一些实际的因素限制，比如材料稳定性，材料价格是否合理以及是否保证能充足供应等等，工业上有的对隔振装置没有明确细致的要求，仅仅利用材料本身的弹性性质，一般也没有确定的形状、尺寸，只是根据具体需要进行简单的裁剪，所用的材料也是非常常见的弹性材料，例如毛毡、软木、橡皮、海绵、玻璃纤维及泡沫塑料等等。但是，多数的工业应用，都有明确的振动隔离要求，隔振装置都需要经专门设计、制造，具有特定的形状，使用时可作为机械零件来装配。这类隔振器常见的有金属弹簧隔振器、防振橡胶隔振器、金属和橡胶组合隔振器、空气弹簧隔振器等。近年来在航空航天领域还研制了金属橡胶隔振器。各类隔振器的设计都有专门的书籍和手册介绍，本节只简单介绍工业应用中广泛应用的防振橡胶隔振器。在设计隔振器时我们主要关心选用材料的各种物理和化学性能，最主要的是相关的力学性能参数，本节简单介绍防振橡胶隔振器主要使用的几种材料的性能和力学性能参数。

1. 橡胶材料的选择

将橡胶作为防振材料，已经有很长的历史，在制作成隔振装置的时候通常对其有如下要求：

(1) 良好的消音、隔振及缓冲能力；

(2) 制造方便，易于制成所需形状；

(3) 和金属的黏结好，单位面积的承载能力大；

(4) 能耐一定温度，性能稳定以及具有一定的使用寿命。

能基本满足以上要求的橡胶材料主要有天然胶、丁腈胶、氯丁胶以及丁基胶，其中后三种属于合成胶类，它们的主要特点以及主要应用场合如下：

天然胶 —— 有较好的综合的物理机械性能，如强度、延伸性、耐磨性、耐寒性等性能均较好，且能与金属牢固黏合。缺点是耐油性及耐热性较差，此外，供应来源也受到限制。因此如果没有耐油及耐热这样的特殊要求，一般的仪器仪表都可以采用天然胶。

丁腈胶 —— 主要优点是耐油性好，此外耐热性也好，阻尼也较大，并能与金属牢固黏合。因此常用作一般动力装置的隔振材料

氯丁胶 —— 主要优点是耐候性好，常用于对防老化、防臭氧要求较高的场合。缺点是生热性太大。在要求耐候性兼顾耐油性的场合可使用这种材料。

丁基胶 —— 突出优点是阻尼较大，隔振性能好。也有较好的耐寒、防臭氧和耐酸性能，缺点是与金属的黏合困难，因此常常做成单独材料隔振器，用于高阻尼要求的场合。

2. 主要力学性能参数

(1) 弹性模量

设计隔振器时通常主要关心橡胶材料的剪切弹性模量 G 和压缩弹性模量 E。剪切弹性模量与其表面邵氏硬度 H 有关，一般大致有

$$G = 0.0224H^{3/2} \tag{11.26}$$

目前广泛采用的作为隔振器弹性材料的都是中等硬度的橡胶，其表面邵氏硬度的数值在30 ～70 的范围。

压缩弹性模量与剪切弹性模量通常有一定的关联，实际工程设计时，有依据在同约束方

式情况下的压缩弹性模量和剪切弹性模量之间的近似关系来确定压缩弹性模量，当橡胶在横向可以自由膨胀时使用公式 $E \approx 3G$。当橡胶表面与其贴合物体有较大摩擦系数或者与金属粘接在一起时 E 值要取大一些。具体的要取决于橡胶隔振器的约束状态，工作时它的外表面主要由约束面和自由面构成，约束面通常和金属黏结或者有较大的摩擦系数，受压时这个面就是主要的承压面积，自由面就是那些非承载面，可以产生自由变形的那些表面。橡胶隔振器在工作时的应力 σ 和应变 ε 关系，不仅与材料的基本物理性能有关，还与制作后的外形有关，就是和有多少约束面积有关。弹性模量不简单是应力应变的比值，还要用一个系数修正，这个系数的取值与制作后的外形有关，就是与其外形特征、约束面积和自由面积的比值有关，通常表述为

$$E = \frac{1}{m}\frac{\sigma}{\varepsilon} \tag{11.27}$$

式中，m 称为形状系数，它通常是外形特征、约束面积和自由面积的函数，这个函数关系非常复杂，不少研究者对此进行了大量的理论和实验研究，得到了一些可供设计用的参考资料，例如上海橡胶所给出的关系式为

$$m = 1 + 1.5n - 2n^2 + 2.5n^3, \quad n > 0.2 \tag{11.28}$$

式中，n 为约束面积和自由面积的比值。

显然，橡胶材料的弹性模量是与其变形有关的，这是因为橡胶材料的弹性滞后效应，就是在加载了一定时间以后才会产生最终的变形，同样卸载以后也需要一定的时间才能恢复。因此在加载过程稳定一段时间以后确定的弹性模量称为静弹性模量。承受动态荷载情况下，橡胶处于反复瞬时加载情况，此时测得的弹性模量称为动弹性模量。显然动态情况下的比稳定后的弹性模量要大，其比值称为动态系数或者动静比，不同材料的动静比的大约范围天然胶为 1.2 ～ 1.6，丁腈胶为 1.5 ～ 2.5，氯丁胶为 1.4 ～ 2.8。

(2) 许用强度及最大允许变形

防振橡胶承载要发生变形，此时要考虑强度和最大变形问题，因为太大的荷载或者变形会使得材料发生不允许的蠕变量，并大大损失其耐久性，甚至完全失效。

标准试片的拉断强度为 100 ～ 200 kg/cm^2 的防振橡胶在各种不同工作状态下的许用应力可参考表 11.1。

表 11.1　防振橡胶的许用应力　MPa

受力类型	许用应力		
	静态	动态	冲击
拉伸	10 ～ 20	5 ～ 10	10 ～ 15
压缩	30 ～ 50	10 ～ 15	25 ～ 50
剪切	10 ～ 20	3 ～ 5	10 ～ 20
扭转	20	3 ～ 10	20

橡胶的变形一般用变形量对其本身的厚度的比值来限制，在静态荷载作用下一般剪切变形小于 25%，压缩变形小于 15%，在动态荷载作用下，还要小一些，通常是剪切变形小于 8%，压缩变形小于 5%。

(3) 阻尼比

阻尼比是防振橡胶主要的参数之一，其产生机制主要是橡胶内部的分子摩擦而吸收能量。对于吸收高频振动或者冲击荷载能量这样的问题，由于能量吸收较大，会使得橡胶发热而降低其支撑刚度和损失耐久性，因此应该选用生热较小的材料，同时结构设计上要保证良好的散热条件。

同一种橡胶材料其阻尼特性在各个方向上都是相同的，但制成一定形状的隔振器或者与金属黏结成复合结构，在各个方向上的阻尼比就有所不同，但一般这种差别不大，还在一个数量级之内。阻尼比参数还会受到硬度的影响，通常随着硬度的增加而增加。各种防振橡胶的阻尼比大致范围天然胶为 0.01 ~ 0.08，丁腈胶为 0.075 ~ 0.15，氯丁胶为 0.03 ~ 0.3，丁基胶为 0.05 ~ 0.5。

橡胶隔振器的设计包括材料的选择和结构形式的确定，为此主要依据隔振器承受的最大荷载设计隔振器的强度，然后还要确定隔振器的刚度，即要得到它的荷载变形曲线。同时要根据需要选择确定阻尼比。如前所述，橡胶材料的刚度有静刚度、动刚度之分，还有冲击刚度，可以分别用不同加载速度试验来确定。

11.3 动力吸振

动力吸振是一种常用的减振手段，本书的 2.3.2 节给出了不考虑主质量无阻尼情况下的分析，主振动系统实际上都有一定量的阻尼，而且，主振动系统的阻尼对动力调谐吸振器的减振效果有重要影响，参考了文献[32]，本节将对此给出详细的分析。

11.3.1 输入为周期激振力的情况

为了进行定量的研究，我们利用图 11.5 所示的力学模型，研究主振动系统阻尼对动力吸振的影响。

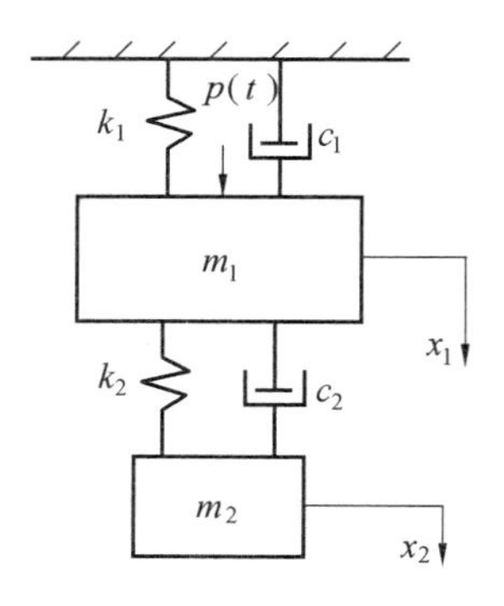

图 11.5 主质量有阻尼的动力吸振器

系统的运动方程

$$\begin{cases} m_1\ddot{x}_1 + (c_1 + c_2)\dot{x}_1 + (k_1 + k_2)x_1 - c_2\dot{x}_2 - k_2x_2 = p(t) \\ m_2\ddot{x}_2 + c_2\dot{x}_2 + k_2x_2 - c_2\dot{x}_1 - k_2x_1 = 0 \end{cases} \tag{11.29}$$

式中，激振力 $p(t) = p_0\sin(\omega t)$。将运动方程(11.29) 进行拉氏变换

$$-m_1\omega^2X_1(\omega) + \mathrm{j}\omega(c_1 + c_2)X_1(\omega) + (k_1 + k_2)X_1(\omega) - \mathrm{j}\omega c_2X_2(\omega) - k_2X_2(\omega) = P(\omega)$$

$$-m_2\omega^2X_2(\omega) + \mathrm{j}\omega c_2X_2(\omega) + k_2X_2(\omega) - \mathrm{j}\omega c_2X_1(\omega) - k_2X_1(\omega) = 0$$

将上面两式联立可以导出主质量位移 x_1 对激振力 $p(t)$ 的传递函数 $H(\omega) = \dfrac{X_1(\omega)}{P(\omega)}$，从而可以导出主质量系统位移 x_1 对激振力 $p(t)$ 的动力放大系数，其解析式为

$$H(\lambda) = |H(\omega)| = \left[\frac{C^2(\lambda) + D^2(\lambda)}{A^2(\lambda) + B^2(\lambda)}\right]^{1/2} \tag{11.30}$$

我们引入下列参数

$$\omega_2^2=\frac{k_2}{m_2},\quad \delta=\frac{\omega_2}{\omega_1},\quad \lambda=\frac{\omega}{\omega_1},\quad \mu=\frac{m_2}{m_1}$$

$$\zeta_2=\frac{c_2}{2(m_2k_2)^{1/2}},\quad \zeta_1=\frac{c_1}{2(m_1k_1)^{1/2}}$$

式中

$$C(\lambda)=\delta^2-\lambda^2$$
$$D(\lambda)=2\zeta_2\delta\lambda$$
$$A(\lambda)=\delta(1-\lambda^2)-\mu\delta^2\lambda^2-\lambda^2(1-\lambda^2)-4\zeta_2\zeta_1\delta\lambda^2$$
$$B(\lambda)=2\zeta_2\delta\lambda(1-\lambda^2-\mu\lambda^2)+2\zeta_1\lambda(\delta^2-\lambda^2) \tag{11.31}$$

如果我们给定动力吸振器的质量比 μ 和固有频率比 δ，同时，给定主振动系统的阻尼比 ζ_1，按照式(11.30) 作数值计算，即可绘出不同阻尼比 ζ_2 所对应的动力放大系数曲线。需要特别指出的是这族曲线没有公共点。可是，当阻尼比 ζ_1 和 ζ_2 都充分小时，动力放大系数还是有两个峰值点。

为了确定动力吸振器的最优结构参数，先给定主振动系统阻尼比 ζ_1 的数值。然后，将式(11.30) 对频率比 λ 求偏导数，并令其等于零，得到参数方程，它的两个实根便是动力放大系数曲线两个峰值点对应的频率比 λ_1 和 λ_2。将 λ_1 和 λ_2 分别代入式(11.30)，就能得到动力放大系数的两个最大值。最后，将此最大值分别对固有频率比 δ 和阻尼比 ζ_2 求导数，并令其等于零，得到两个参数方程，联立求解这两个方程，即可求得最优固有频率比 δ_{opt} 和最优阻尼比 ζ_{2opt}。显然，上述运算过程过分复杂，无法导出最优固有频率比和最优阻尼比的解析式。因此，行之有效的方法是直接对式(11.30) 定义的动力放大系数用非线性数学规划方法寻找最小最大值，记作

$$\min_{\zeta_2,\delta\cdots\lambda}\max A(\lambda,\zeta_2,\delta)$$

即在 δ 和 ζ_2 任意取值情况下先寻求使得动力放大系数取最大值的频率比 λ_1 和 λ_2，然后再在所有的动力放大系数最大值中寻求取值最小的 δ 和 ζ_2。

应用非线性数学规划法求得的动力放大系数的最小最大值列在表 11.2 中。表中的数据表明，增加主振动系统的阻尼，会使吸振器的最优固有频率比稍微减小。特别是吸振器的质量比很小时，增加主振动系统的阻尼比，会使最大动力放大系数显著减小。显然，这与主振动系统阻尼也能抑制共振有关。

表 11.2　有黏性阻尼的主振动系统的动力吸振器的最优参数表

μ	ζ_1	δ_{opt}	ζ_{2opt}	$\min\max A(\lambda)$
0.01	0	0.990 1	0.061	14.18
0.01	0.01	0.988 6	0.062	11.37
0.01	0.02	0.986 9	0.064	9.46
0.01	0.05	0.980 7	0.068	6.251
0.01	0.1	0.966 3	0.073	3.967
0.1	0	0.909 1	0.185	4.589

续表 11.2

μ	ζ_1	δ_{opt}	ζ_{2opt}	min max$A(\lambda)$
0.1	0.01	0.905 1	0.187	4.270
0.1	0.02	0.900 9	0.188	3.991
0.1	0.5	0.887 5	0.193	3.337
0.1	0.1	0.861 9	0.199	2.622
1.0	0	0.499	0.448	1.746
1.0	0.01	0.494	0.448	1.714
1.0	0.02	0.484	0.449	1.683
1.0	0.05	0.473	0.454	1.600
1.0	0.1	0.466	0.455	1.482

下面我们通过图形来分析验证各个参数对于减振效果的影响程度。首先,当吸振器的质量比很小时,例如,当 $\mu=0.01$ 时,增加主振动系统的阻尼比,会使最大动力放大系数显著减小,如图 11.6 和图 11.7 所示。图 11.6 为当 $\mu=0.01$,$\zeta_1=0$,最优固有频率比和最优阻尼比分别为$\delta_{opt}=0.990\ 1$,$\zeta_{2opt}=0.061$ 时的 $H(\lambda)-\lambda$ 关系曲线。

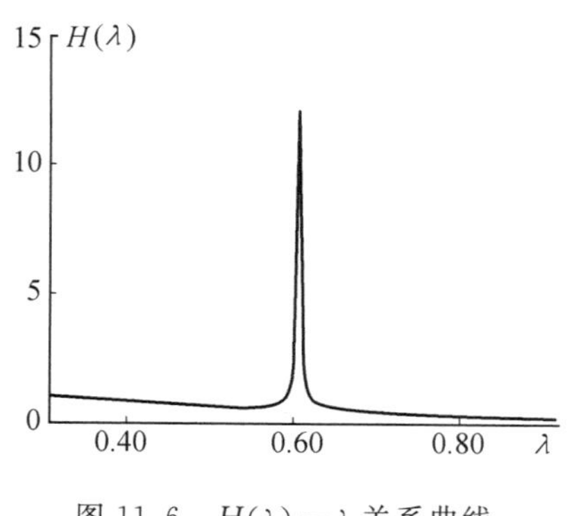

图 11.6　$H(\lambda)-\lambda$ 关系曲线

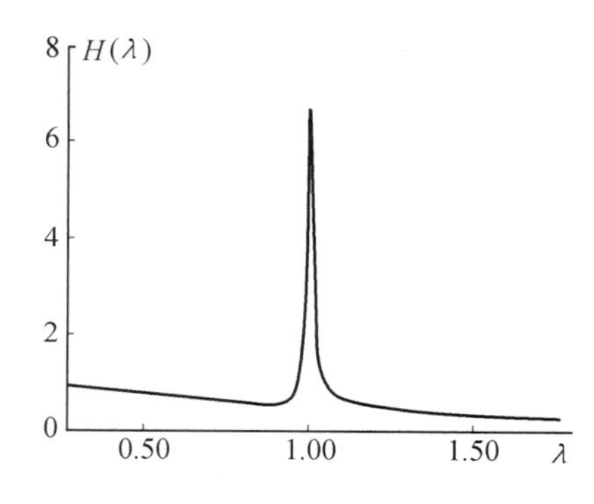

图 11.7　$H(\lambda)-\lambda$ 关系曲线

图 11.7 为当 $\mu=0.01$,$\zeta_1=0.1$,最优固有频率比和最优阻尼比分别为 $\delta_{opt}=0.966\ 3$,$\zeta_{2opt}=0.073$ 时的 $H(\lambda)-\lambda$ 关系曲线。由这两图对比可知,当主振动系统的阻尼比由 0 增加到 0.1 的时候,最大动力放大系数显著减小了,这也证明了主振动系统阻尼也能够抑制共振。

我们再取表中的两组数据加以验证。通过对不同阻尼比 ζ_2 值的选取来体现其最优值的选取方法,见图 11.8。

这两图具有一定的代表性,分别为质量比 $\mu=0.1$ 和 $\mu=1.0$ 两种情况下的减振效果图,由图显然可见,当阻尼比 ζ_2 取最优阻尼比时减振效果最好。当然,当阻尼比选取在最优阻尼比附近时,对减振效果影响不是很大,但对于那些相差很大的阻尼比来说就会出现很大的差异。

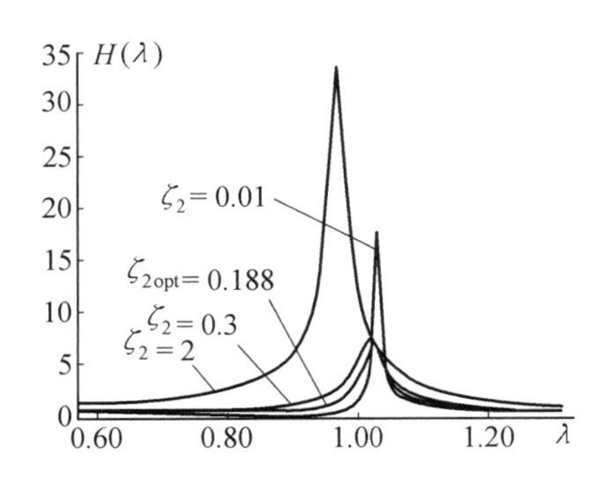

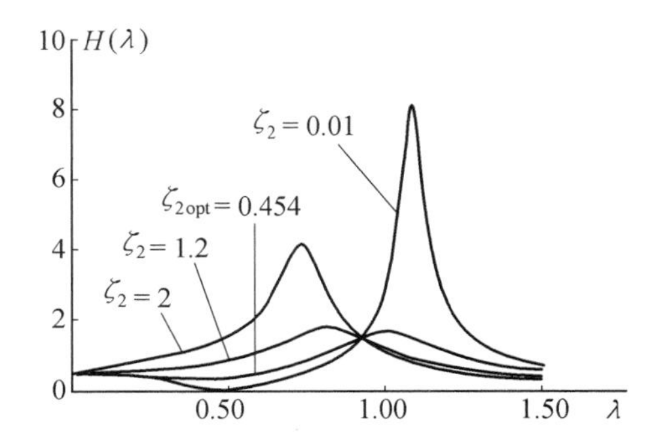

图 11.8　$H(\lambda)-\lambda$ 关系曲线

11.3.2　输入为白噪声情况

我们利用图 11.5 所示的力学模型研究随机振动的动力吸振问题。其中主质量受的激振力是白噪声型随机过程，运动方程为

$$\begin{aligned}m_1\ddot{x}_1+c_1\dot{x}_1+k_1x_1+c_2(\dot{x}_1-\dot{x}_2)+k_2(x_1-x_2)&=W(t)\\ m_2\ddot{x}_2+c_2\dot{x}_2+k_2x_2-c_2\dot{x}_1-k_2x_1&=0\end{aligned}\tag{11.32}$$

同样，对上列方程组进行拉氏变换，导出主振动系统位移 x_1 对激振力的传递函数和频率特性，即可将主振动系统位移 x_1 对激振力的幅频特性表示为

$$G(\mathrm{j}\omega)=\frac{M+\mathrm{j}N}{P-\mathrm{j}Q}\tag{11.33}$$

其中

$$M=\delta^2\omega_1^2-\omega^2,\qquad N=2\zeta_2\delta\omega_1\omega_2$$

$$P=m_1\{\omega^4-[1+\mu(1+\delta^2)+4\zeta_1\zeta_2]\}\omega_1^2\omega^2+\delta^2\omega_1^4$$

$$Q=2\omega_1[\zeta_1+(1+\mu)\zeta_2\delta]\omega^3+(\zeta_1+\mu\delta\zeta_2)2\delta^2\omega_1^3\omega$$

令白噪声的 $W(t)$ 的频谱密度为常数 S_0，那么由 $S_{x_1}(\omega)=|G(\mathrm{j}\omega)|^2S_F(\omega)$，以及 $S_F(\omega)=S_0$，可知，$S_{x_1}(\omega)=|G(\mathrm{j}\omega)|^2S_0$，所以主振动系统位移 x_1 的方差

$$\sigma_{x_1}^2=\frac{S_0}{2\pi}\int_{-\infty}^{\infty}|G(\mathrm{j}\omega)|^2\mathrm{d}\omega$$

将式(11.33)代入上式，完成积分运算，并经过整理，最终得到位移 x_1 方差的解析式

$$\sigma_{x_1}^2=C\left(\frac{B_1\zeta_2^3+B_2\zeta_2^2+B_3\zeta_2+B_4}{A_1\zeta_2^3+A_2\zeta_2^2+A_3\zeta_2+A_4}\right)\tag{11.34}$$

式中，参数

$$C=\frac{S_0}{4m_1^2\omega_1^3}$$

$$A_1=4\zeta_1\delta^2(1+\mu)$$

$$A_2=(\mu+4\zeta_1^2)\delta+4\zeta_1^2\delta^3(1+\mu)$$

$$A_3=\zeta_1[1+(1+\mu)^2\delta^4]+2\zeta_1\delta^2(2\zeta_1^2-1)$$

$$A_4=\mu\zeta_1^2\delta^3$$

$$B_1=4(1+\mu)\delta^2$$

$$B_2=4\zeta_1\delta[1+(1+\mu)\delta^2]$$

$$B_3=1+(4\zeta_1^2-2-\mu)\delta^2+(1+\mu)^2\delta^4$$

$$B_4 = \zeta_1 \mu \delta^3$$

将式(11.34)代入下列按极值条件建立的方程

$$\frac{\mathrm{d}\sigma_{x1}^2}{\mathrm{d}\zeta_2} = 0 \tag{11.35}$$

即可导出计算吸振器最优阻尼比 $\zeta_{2\mathrm{opt}}$ 的方程

$$\zeta_2^4 + c_1\zeta_2^3 + c_2\zeta_2^2 + c_3\zeta_2 + c_4 = 0 \tag{11.36}$$

式中,系数

$$c_1 = \frac{\zeta_1}{\mu\delta}[1 + (1+\mu)^2\delta^4 + 2\zeta_1^2\delta^2 - 2\delta^2 + (2+\mu)\delta^2]$$

$$c_2 = \zeta_1^2\delta^2 + \{\mu(2+\mu)\delta^2 + 4\zeta_1(1-\zeta_1) - \mu[1+(1+\mu)^2\delta^4]\}$$

$$c_3 = \frac{\mu\zeta_1\delta}{2(1+\mu)}, \quad c_4 = \frac{\mu\zeta_1^2\delta^2}{4(1+\mu)}$$

针对上面的讨论结果,我们可以先给定 ζ_1,μ,δ 的一组值,通过方程(11.33)来给出最优阻尼比 $\zeta_{2\mathrm{opt}}$ 的值。例如:

我们令 $\zeta_1=0.02,\mu=0.2,\delta=1.5$,那么运用式(11.33)可以得到最优阻尼比 $\zeta_{2\mathrm{opt}}=0.0122$ 和 0.526 3 两个有效值。我们通过式(11.31)可以绘出 $\sigma_{x1}^2 - \zeta_2$ 关系曲线。

由图 11.9 可见,我们运用式(11.33)得到的最优阻尼比 $\zeta_{2\mathrm{opt}}=0.5263$ 是我们所期望的值。

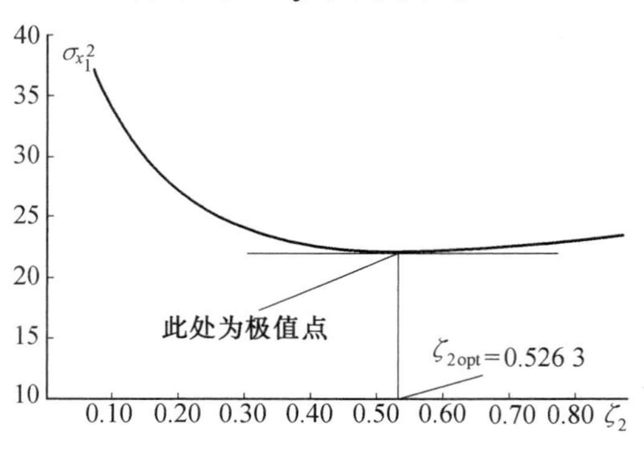

图 11.9　关系曲线

下面我们固定质量比 μ 和固有频率比 δ 的值,改变主振动系统的阻尼比 ζ_1,观察一下主振动系统的最小位移方差 $(\sigma_{x1}^2)_{\min}$ 和最优阻尼比 $\zeta_{2\mathrm{opt}}$ 是怎样变化的。这里,我们可以取一组较实际的数据,如 $\mu=0.1,\delta=2.0$,而 ζ_1 在 $[0.001,0.07]$ 之间取值。经过运算可以列表如下:

表 11.3　主振动系统的最小位移方差和最优阻尼比变化

主振动系统阻尼比 ζ_1	最小位移方差 $(\sigma_{x1}^2)_{\min}$	最优阻尼比 $\zeta_{2\mathrm{opt}}$
0.001	126.60	1.041 1
0.003	100.90	0.943 4
0.005	83.87	0.855 3
0.007	71.76	0.776 5
0.009	62.71	0.706 4
0.01	58.99	0.674 3
0.02	37.02	0.441 5
0.03	26.98	0.311 0
0.04	21.22	0.231 4
0.05	17.49	0.178 0
0.06	14.87	0.138 4
0.07	12.94	0.104 8

可见，随着主振动系统阻尼比 ζ_1 的增加，最优阻尼比 ζ_{2opt} 会较均匀地减小，我们可以通过这样的曲线来大致地进行最优阻尼比 ζ_{2opt} 的选取，但最好还是通过计算吸振器最优阻尼比 ζ_{2opt} 的方程(11.33)来进行运算，虽然它是个 4 次方程，但计算出来的结果是精确的，而且是针对不同情况下的质量比和固有频率比。

通过上表我们不难发现最小位移方差 $(\sigma_{x1}^2)_{min}$ 和阻尼比 ζ_1 之间的一些规律，可见，当阻尼比 ζ_1 增加时，最小位移方差 $(\sigma_{x1}^2)_{min}$ 会相应地减小，这就说明，主振动系统阻尼比越大，吸振系统的阻尼比对系统吸振的影响就相应地削弱，当主振动系统阻尼比大到一定程度时，吸振系统的最优阻尼比 ζ_{2opt} 就可能不存在了，例如，就拿上面的曲线来说，当 ζ_1 大于 0.08 时，最优阻尼比 ζ_{2opt} 就不存在了。

而对应于主振动系统无阻尼的情况，$\zeta_1=0$，参数

$$A_1=A_3=A_4=B_2=B_4=0$$

这时，由式(11.31)确定的主振动系统位移方差的解析式比较简单。将它代入按照极值条件建立的方程

$$\frac{\partial\sigma_{x1}^2}{\partial\zeta_2}=0,\quad \frac{\partial\sigma_{x1}^2}{\partial\delta}=0 \tag{11.37}$$

即可获得计算最优固有频率比和最优阻尼比的两个参数方程。联立求解这两个方程，最终求得动力吸振器的最优固有频率比的解析式

$$\delta_{opt}=\frac{\left(1+\frac{\mu}{2}\right)^{1/2}}{1+\mu} \tag{11.38}$$

和最优阻尼比的解析式

$$\zeta_{2opt}=\left[\frac{\mu\left(1+\frac{3\mu}{4}\right)}{4(1+\mu)\left(1+\frac{\mu}{2}\right)}\right]^{1/2} \tag{11.39}$$

将以上二式代入式(11.31)，即可导出用最优参数动力吸振器时主振动系统位移方差的解析式

$$(\sigma_{x1}^2)_{min}=\frac{2\pi S_0\omega_1}{k_1^2}\left[\frac{1+\frac{3\mu}{4}}{\mu(1+\mu)}\right]^{1/2} \tag{11.40}$$

上式表明，增加动力吸振器的质量，提高质量比 μ，能减小主振动系统的最小位移方差，从而达到提高减振效果的目的。

11.4　黏弹性阻尼减振

对于高速飞行的火箭、导弹，以及高速行驶的地面车辆和水中舰船都不可避免地要受到它们的大功率动力装置或者大气紊流、不平路面和海浪等的随机干扰，这些干扰将使得结构产生宽带随机振动，结构的固有频率很难避开这种宽带激励频率，因此对这种振动通常都采用黏弹性阻尼材料减振装置来抑制共振峰值。它是通过将具有较大结构阻尼的黏弹性材料粘贴在结构上形成的大阻尼复合结构来达到减振的目的。这种复合结构的结构阻尼除受阻

尼材料的影响之外,还与阻尼材料与结构的黏合方式有关,常见的有自由阻尼层结构、约束阻尼层结构和多层结构等。本节根据文献[33]的介绍,讨论了黏弹性阻尼减振的基本特点,黏弹性层的基本类型和一般应用以及简单的分析方法。

11.4.1 黏弹性阻尼减振系统基本特点

此时的系统如图 11.10 所示。

单自由度系统运动方程变为

$$m\ddot{x} + k(1+\mathrm{j}\eta)x = F_0\sin(\omega t) \tag{11.41}$$

式中,η 为结构损耗因子。设 $x = x_0\sin(\omega t - \phi)$,则

$$x_0 = \frac{F_0/k}{\sqrt{\left[1-\left(\frac{\omega}{\omega_{\mathrm{n}}}\right)^2\right]^2 + \eta^2}} \tag{11.42}$$

共振时

$$x_0 = \frac{F_0}{k\eta}$$

可见共振幅度 x_0 与 $k\eta$ 成反比或者说与 $E\eta$ 成正比,因为 $k \propto E$(E 为弹性模量)。共振放大倍数为

$$Q = \frac{x_0}{F_0/k} = \frac{1}{\eta} \tag{11.43}$$

系统的振幅曲线如图 11.11 所示。

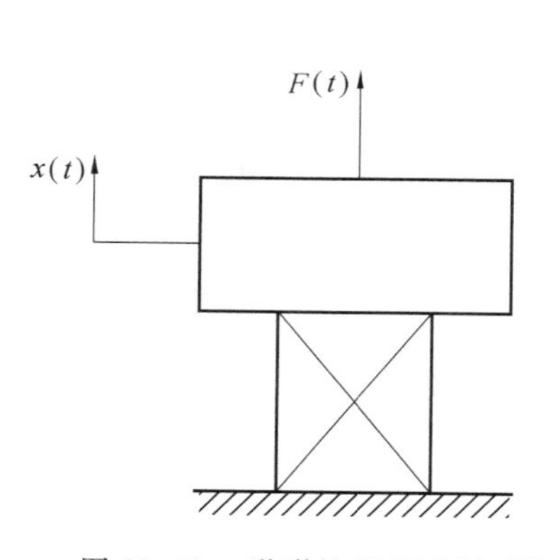

图 11.10 黏弹性阻尼减振系统

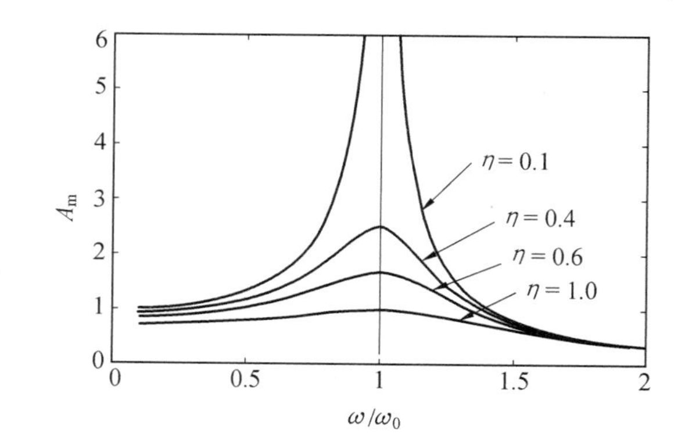

图 11.11 黏弹性系统的幅频曲线

由图可见,当 η 增大时,共振幅值减小。与黏性阻尼不同,无论 η 值如何,共振幅值总是在 $(\omega/\omega_{\mathrm{n}})=1$ 处;在 $(\omega/\omega_{\mathrm{n}}) \ll$ 处,不同的 η 值,$|H(\omega)|$ 有明显的差异。共振时传到基础的力为

$$F_t = \sqrt{(kx_0)^2 + (k\eta x_0)^2}$$

力传递比为

$$F_F = \frac{F_t}{F_0} = \frac{kx_0}{F_0}\sqrt{1+\eta^2} = \frac{\sqrt{1+\eta^2}}{\eta} \approx \frac{1}{\eta} \tag{11.44}$$

在一个单自由度隔振系统中,质量的运动方程为

$$m\ddot{x}+k[1+\mathrm{j}\eta(x-y)]=0$$

式中，$y=y_0\cos(\omega t)$ 为基础的共振。共振时可求得传递比为

$$T_x=\frac{x_0}{y_0}=\frac{\sqrt{1+\eta^2}}{\eta}\approx\frac{1}{\eta}$$

从上述种种情况来看，共振时，加大阻尼（c/c_0 或 η）都会使共振峰下降。

从能量角度来看，共振时，阻尼力每周所消耗的功为

$$\Delta w=\pi(k\eta x_0)x_0$$

使每周最大弹性能为

$$w=\frac{1}{2}kx_0^2$$

所以

$$\frac{\Delta w}{w}=2\pi\eta$$

实际结构处理中，阻尼只是加在结构的某几个共振的部件上，当结构发生共振时，其消耗能量为各部件耗散能量之和，即

$$\Delta w=\sum\Delta w_i$$

结构的损耗因子为

$$\eta=\frac{1}{2\pi}\frac{\Delta w}{w}=\frac{1}{2\pi}\frac{\sum\Delta w_i}{w}$$

如果只在某一部件加大阻尼（η_i）而其他部件阻尼很小，则上式可写为

$$\eta=\frac{\Delta w_1}{2\pi w}=\frac{2\pi w_1\eta_1}{2\pi w}=\frac{w_1}{w}\eta_1$$

结构损耗因子 η 总是小于部件的损耗因子 η_1，阻尼应加在弹性能最大的部件上才能提高结构损耗因子。而在黏弹性材料中，因应变滞后于应力，滞后角为 ϕ，于是在简谐激励下有

$$\varepsilon=\varepsilon_0\sin(\omega t) \tag{11.45}$$

$$\sigma=\sigma_0\sin(\omega t+\phi)=\sigma_0\sin(\omega t)\cos\phi+\sigma_0\sin\left(\omega t+\frac{\pi}{2}\right)\sin\phi \tag{11.46}$$

若用复数表示则式(11.46) 变为

$$\sigma=\sigma_0\sin(\omega t)\cos\phi+\mathrm{j}\sigma_0\sin(\omega t)\sin\phi \tag{11.47}$$

于是复模量 e^* 为

$$e^*=\frac{\sigma}{\varepsilon}=\frac{\sigma_0}{\varepsilon_0}\cos\phi+\mathrm{j}\frac{\sigma_0}{\varepsilon_0}\sin\phi=E'+\mathrm{j}E'' \tag{11.48}$$

黏弹性材料的 E' 与 ε 同相，称为储存弹性模量，E'' 与 ε 正交，称为损耗弹性模量，设

$$\beta=\frac{E''}{E'}=\tan\phi \tag{11.49}$$

β 定义为黏弹性材料的损耗因子，则

$$e^*=E'+\mathrm{j}E''=E'(1+\mathrm{j}\beta) \tag{11.50}$$

复刚度

$$k^*=k'+\mathrm{j}k''=k'(1+\mathrm{j}\beta) \tag{11.51}$$

同理,在剪切时切应力为

$$\tau=\tau_0 e^{j\omega t}$$

剪切应变为

$$\gamma=\gamma_0 e^{j(\omega t-\phi)}$$

令同相的剪切弹性模量

$$G'=\frac{\tau_0}{\gamma_0}\cos\phi \tag{11.52}$$

正交的剪切弹性模量

$$G''=\frac{\tau_0}{\gamma_0}\sin\phi \tag{11.53}$$

G' 称为储存剪切弹性模量,G'' 称为损耗的延伸剪切弹性模量。设

$$\beta=\frac{G''}{G'}=\tan\phi \tag{11.54}$$

β 定义为黏弹性材料的剪切损耗因子。

11.4.2 黏弹性层的基本类型和一般应用

按照黏弹性阻尼层的涂覆及其与结构件的组合方式主要有非约束黏弹性阻尼层,即自由阻尼层,以及约束黏弹性阻尼层两类。自由阻尼层是将黏弹性阻尼材料直接粘贴或喷涂在需要减振或降噪的结构上,它可以单面粘贴,也可以双面粘贴。当结构振动时,通过黏弹性材料的延伸,也就是通过材料的拉压吸收振动能量。约束阻尼层是将黏弹性材料黏合在结构物与金属的约束板之间而形成的,可以对称黏合,还可以设计成多层结构。当结构发生弯曲变形时,夹在中间的阻尼层受剪,在承剪时阻尼材料有较大的应力应变滞迟回线来耗散振动能量,其结构损耗因子可高达 0.5 左右。

自由阻尼层有广泛的应用,主要的应用有:

用于排气管、进气管及大流量空气或流体管道的包扎上,吸收由于流体脉动或机组振动而导致管壁振动的能量,从而减少它的声辐射。

在航天技术中也有广泛的应用,如美国陆地卫星的继电器板,原为铝板加筋结构,后改为阻尼结构,去掉原来的加强筋并在整个板面粘上具有低密度泡沫塑料垫高层的自由阻尼材料。这样改进大大降低共振放大倍数。

阻尼涂料或阻尼漆,用于汽车车身,飞机内舱装饰板,改善了环境噪声和振动环境。总之在船壳、飞机外壳、机械外壳等必须控制结构响应之处都已成功地应用了自由阻尼层处理。

约束阻尼是将黏弹性材料夹在需要控制的结构与约束层之间组成的结构。在这种结构中,黏弹性材料通过周期性的剪切变形来消耗振动能量以达到减振的目的。其优点是能够在不显著改变结构的质量和刚度的条件下实现削减共振峰值。由于它的高可靠性和鲁棒性,在过去的 20 年里已经成功地使得它在安全性和可靠性要求很高的航天航空工业中得到了广泛的应用。如国内某型导弹仪器舱上就使用了约束阻尼层结构,质量增加很小,但减振效果非常明显。如在 F－111 战斗机上的 TF－30－9100 涡轮喷气发动机的进气导向叶片包上约束阻尼层以后使用寿命提高了十倍以上。此外,在建筑、车辆、船舶、机械工程中也都有较广泛的应用,例如国外有的地铁车轮,用五层约束阻尼结构,采用 SoundCoat 公司的

DYAD 阻尼胶作芯层，减振降噪效果十分可观。纽约国际贸易大厦也应用了这种约束阻尼结构。

11.4.3　黏弹性阻尼减振结构的设计

从设计的角度，主要要考虑以下几方面的因素，阻尼层材料的选择、阻尼层的类型以及阻尼层的厚度、位置和布置形式的确定等等。

常用的阻尼材料有防振橡胶、塑料、压敏胶，这些材料比较适合制作约束阻尼层，环氧树脂、沥青减振膏等，也可以作为阻尼材料，而且有价格优势，通常用于制作自由阻尼层。在材料选择时还要用到黏弹性材料的温度频率等效曲线，由工作温度和工作频率确定所选材料的损耗因子。

一般如果主体结构的刚度较低，位移较大，对减振要求不是很高，通常选择自由阻尼层即可，反之需要设计成约束阻尼层，这是一个大致的准则，具体也还要考虑其他一些因素。

阻尼层的厚度、位置和布置形式的确定是阻尼层结构优化设计的最主要内容，目前对像均质简支梁这样简单的主体结构，阻尼层的最优布置已经有解析的结果，对其他复杂一些的主体结构都需要用有限元法进行数值分析。

阻尼层的介质通常是高分子聚合物，损耗因子较大，有的可高达 2 以上，但与结构黏合在一起时就没有这么大了，这个损耗因子与阻尼层、结构、约束层的弹性模量和厚度都有关。随着相关技术的发展，目前已经发展了很多种计算这种复合结构的损耗因子的方法和专门计算程序，详细的内容请读者参见相关书籍。

11.5　振动主动控制

结构简单、系统可靠是被动减振装置的最主要优点，然而，它的减振效果有限，无法满足需要高效减振的设备和仪器，例如高精度的惯性导航仪器及其校准设备，在不平路面上需要快速瞄准的战车，直升机和机动火箭、导弹的发射时内部需要防振的仪器等，都需要高性能的减振装置把结构的振动响应控制在一定的范围之内。为了克服被动减振的缺点，从 20 世纪 50 年代开始进行了振动主动控制的原理研究，并逐渐提出了各种结构振动主动控制技术，目前，在航空航天、机械、土木工程等工业领域已经有应用，尤其是近年来呈现蓬勃发展的势头。

结构主动振动控制系统由待减振的结构、传感器、控制器和作动器构成，传感器是测量单元，控制器是生成控制力信号的单元，作动器是执行机构。传感器实时测量结构反应或者环境的干扰，把测量的信号送入控制器，控制器按照控制目标的要求，在精确的施加了控制力的结构振动模型基础上，采用一定控制算法，运算出所需要的控制力，然后输入执行机构，作动器在外部输入能量的基础上实现最优的控制力作用在待减振的物体上。在结构响应测量基础上实现的振动主动控制称为反馈控制，在环境干扰测量基础上实现的振动主动控制称为前馈控制。基本原理如图 11.12 所示。

其中，作动器通常是用液压伺服或者电机伺服系统，一般需要较大甚至很大的能量来驱动，这在很多的工程应用中会受到很大的限制，比如，飞行器上的重要仪器减振如采用主动控制系统，要携带额外能源系统，这在飞行器有限的有效荷载要求范围内是很难实现的。因

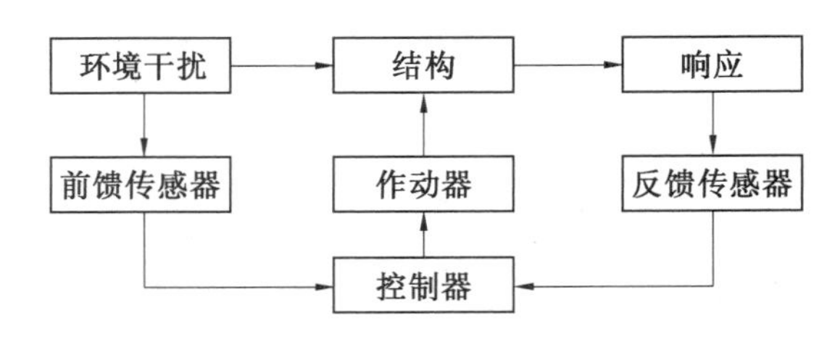

图 11.12　结构主动控制原理框图

此，近年来发展了智能驱动装置、智能阻尼装置以及半主动控制系统，一定程度上地解决了这个问题。其中采用智能驱动或者阻尼装置的系统称为智能控制系统，例如，采用压电材料、电 / 磁致伸缩材料、形状记忆材料制作的驱动器，电 / 磁流变液体制作的阻尼器。与通常的主动控制系统相比，它具有所需能量小、装置简单、响应时间短等优点，当然与电机和液压驱动系统相比出力和最大伸缩等方面还是有一定限制。而半主动控制系统其控制原理与主动控制基本相同，只是通常其作动器是被动的刚度或者阻尼与机械式主动调节复合的装置，主动调节装置只需要少量的外部能量来调节控制装置的状态，被动地利用结构振动的往复相对变形或者相对速度对结构施加控制力。本章只以简单结构系统为例介绍主动控制和半主动控制的基本原理。

11.5.1　单自由度主动隔振

单自由度主动隔振系统简图见图 11.13[32]，其中 A 是传感器，通常是加速度传感器或者位移传感器，用来测量结构运动的位移或者加速度，B 是控制器，它包括积分环节和放大环节，将传感器测得的电信号进行必要的变换和放大，以产生功率较大的控制信号，用它驱动执行机构 E 产生控制力 $f(t)$ 以抵消基座脉动引起的干扰，这个系统也是简单的伺服振动控制系统。图中的 $1/s$ 是积分环节，k_1，k_2，k_0 为放大环节，积分和放大环节的个数和排列方式可以按所需要方式设计。显然传感器、控制器和作动机构确定以后，控制力对待隔振对象的位移的传递函数就是已知的。不失一般性，令该传递函数为

$$H(s)=\frac{F(s)}{X(s)}=-K\frac{C(s)}{D(s)}$$

其中，$F(s)$，$X(s)$ 分别是 $f(t)$，$x(t)$ 的拉普拉斯变换；$C(s)$，$D(s)$ 为正系数多项式，并且 $C(0)=D(0)=1$；K 为伺服隔振系统的放大系数。

利用动力学定律可得到如图 11.13 所示的待减振物体的运动方程

$$m\ddot{x}+c\dot{x}+kx=c\dot{u}+ku+f(t) \tag{11.55}$$

将上式两边作拉普拉斯变换，得到

$$(ms^2+cs+k)X(s)=(cs+k)U(s)+F(s) \tag{11.56}$$

由方程(11.55)和方程(11.56)可以得到质量块的位移对基座位移的传递函数

$$\Phi(s)=\frac{X(s)}{U(s)}=\frac{cs+k}{(ms^2+cs+k)D(s)+KC(s)} \tag{11.57}$$

利用上式可以求得伺服隔振系统在超低频区域振动绝对传递系数的表达式

$$\lim_{\omega\to 0}T_A=\lim_{T\to 0}\Phi(s)=\frac{k}{k+K} \tag{11.58}$$

由该式可以得到一个重要的结论，若伺服隔振系统的放大系数 K 远大于支撑刚度系数

k，则超低频区域的振动传递系数就非常小。

在低频区的隔振能力取决于控制器的设计，不同设计可以得到不同的隔振性能。图 11.13 所示的传感器为加速度传感器，k_2 是对加速度信号的直接放大的环节，k_1 是对加速度信号积分一次以后再放大的环节，k_0 是加速度信号积分两次以后的放大环节，所以作动器产生的力是隔振对象的加速度、速度和位移的线性组合，即

$$f(t) = -(k_0 x + k_1 \dot{x} + k_2 \ddot{x}) \tag{11.59}$$

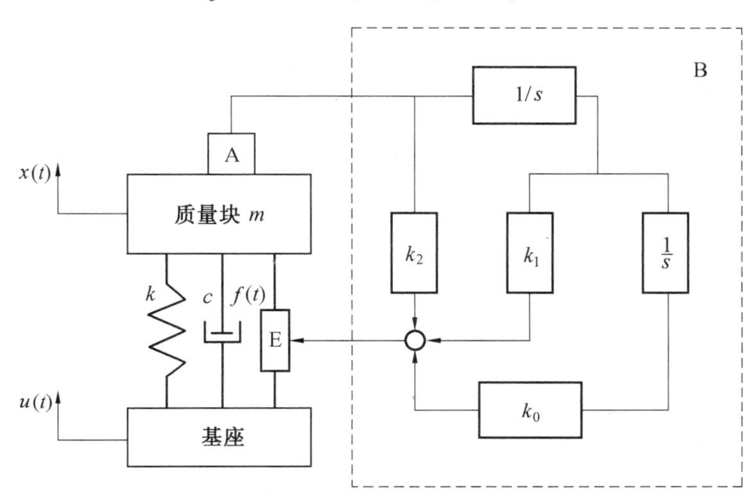

图 11.13　单自由度主动控制系统示意图

代入运动方程得

$$(m + k_2)\ddot{x} + (c + k_1)\dot{x} + (k + k_0)x = c\dot{u} + ku \tag{11.60}$$

并同时两边作拉普拉斯变换，得到质量块的位移对基座位移的传递函数

$$\Phi(s) = \frac{X(s)}{U(s)} = \frac{cs + k}{(m + k_2)s^2 + (c + k_1)s + k_0 + k} \tag{11.61}$$

由上分析可以得到主动隔振系统的主要特点：

能提供与隔振对象绝对速度成正比的阻尼力，而通常的被动隔振器只能提供与相对速度成正比的阻尼力，这种阻尼力是造成不利于高频隔振的因素。

在隔振弹簧静变形保持不变的前提下，使得隔振对象在振动时的实际质量增大，且如果 $k_0 < 0$，隔振弹簧在实际振动时的弹性系数变小。

$$s = \mathrm{j}\omega$$

为了比较，在公式(11.61) 中将 $s = \mathrm{j}\omega$ 代入，得到绝对传递系数为

$$T_{\mathrm{A}} = \sqrt{\frac{1 + 4\zeta^2 \bar{\omega}^2}{[1 + a_0 - (1 + a_2)\bar{\omega}^2]^2 + (1 + a_1)4\zeta^2 \bar{\omega}^2}} \tag{11.62}$$

其中

$$a_0 = k_0/k,\quad a_2 = k_2/m,\quad a_1 = k_1/c,\quad \bar{\omega} = \omega/\omega_0,\quad \omega_0 = \sqrt{k/m}$$

与被动隔振系统的传递系数公式相比，多了 3 个调节参数，这 3 个参数单独对传递率的影响，很容易从式(11.62) 得到。图 11.14 和图 11.15 中给出了 a_0 和 a_1 的影响，每个图都只考虑了一个参数的影响，其他两个参数都取为零。由这两个图很容易看出，a_0 主要影响低频区，取值越大低频的隔振效果越好，同时共振峰值向高频方向推移。同时可以看到，$|1 +$

a_0 | 取值相等，在低频的隔振效果相当，但取负值效果更好。同时必须注意到 $a_0=-1$ 严重损害了隔振效果，是必须避免的。而在区间 $0\leqslant|1+a_0|\leqslant 1$ 范围内的取值也一定程度地损害了低频隔振效果，其中 $1+a_0$ 取正值时，共振峰值也同时增大，所以这种情况也是不可取的，而取负值虽然它同样损害了低频隔振效果，但是降低了共振峰值。

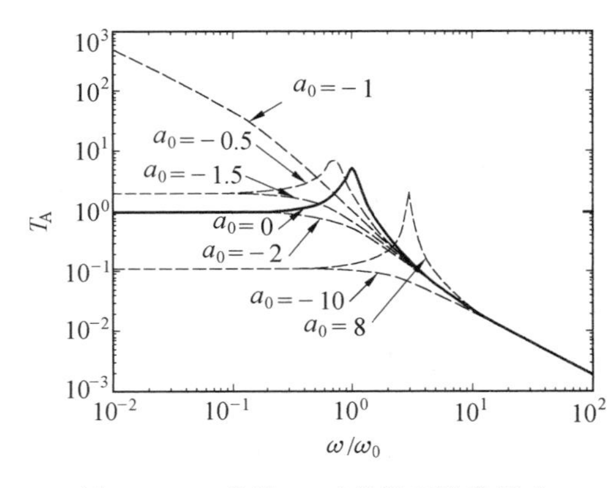

图 11.14　参数 a_0 对传递系数的影响

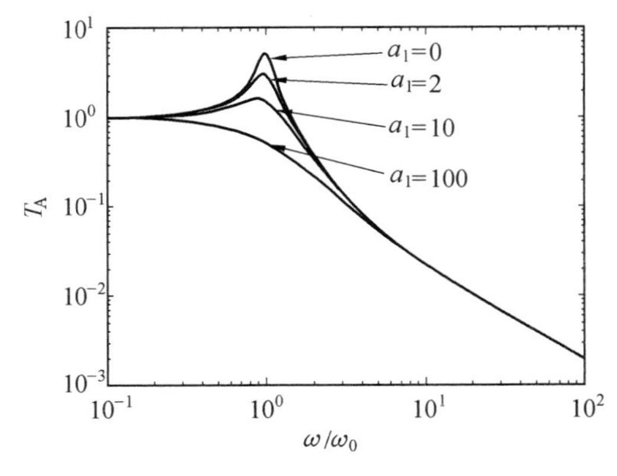

图 11.15　参数 a_1 对传递系数的影响

a_1 相当于增大了系统的阻尼，取值越大共振峰值越小。参数 a_2 的影响图读者可自行画出，a_2 取值越大高频的隔振效果越好，但同时对低频隔振效果有一定影响，但对超低频影响不大，同时还将共振峰值向低频方向推移。另外，需要注意，这些图的曲线都是在阻尼比等于 0.1 的情况下给出的，读者不难自行验证在其他阻尼比情况下，规律都是类似的。总之，我们可以通过这 3 个参数的调节使得传递率在指定的频率区域变小。

此外，通过设计还可以进一步增强超低频的隔振能力，在图中传感器测量结构的位移反应，送入控制器里串联的积分和放大环节，使控制器的输出是其输入信号的积分，即有

$$f(t)=-K\int_0^t x(t)\mathrm{d}t \tag{11.63}$$

此时，隔振对象的运动方程为

$$m\ddot{x}+c\dot{x}+kx+K\int_0^t x(t)\mathrm{d}t=c\dot{u}+ku \tag{11.64}$$

在零初始位移和速度条件下，对上式进行拉普拉斯变换，再将 $s=\mathrm{j}\omega$ 代入，可得隔振对象的位移对基座的频率响应函数

$$H(\omega)=\frac{(-c\omega+k\mathrm{j})\omega}{K-c\omega^2+\omega(k-m\omega^2)\mathrm{j}} \tag{11.65}$$

传递系数在超低频区有

$$\lim_{\omega\to 0}T_A=\lim_{\omega\to 0}|H(\omega)|=0 \tag{11.66}$$

这个公式表明控制器中串联的积分装置，对结构位移进行积分并将其作为输出信号，系统的超低频隔振能力特别强。

11.5.2　半主动控制

如前所述，主动控制的效果可以好很多，但是它要求设计一套控制系统以支持系统的能源装置，其应用受到很大限制，为此在 20 世纪 70 年代就提出了只需要少量能源的半主动控

制方案。该方案主要特点是主动调节阻尼，被动产生控制力。其基本原理是在原来的被动粘滞液压缸的基础上，加一个带有电液伺服阀的旁通管路，控制器按照主动控制力的要求调节伺服阀的开口大小来控制流过伺服阀的液体流量，这样就可以调节液压缸两腔内的压力差，来提供连续可变的阻尼力。主动变阻尼控制装置的基本原理如图 11.16 所示，它主要由液压缸、活塞、电液伺服阀组成。

不难看出这种变阻尼控制装置提供的阻尼力与伺服阀的开口大小有关，当伺服阀始终保持完全开通状态时，装置提供的阻尼力最小，而始终保持完全关闭状态时，提供的阻尼力最大。当装置工作时伺服阀处于这两种状态，都相当于通常的被动阻尼器。主动控制的工

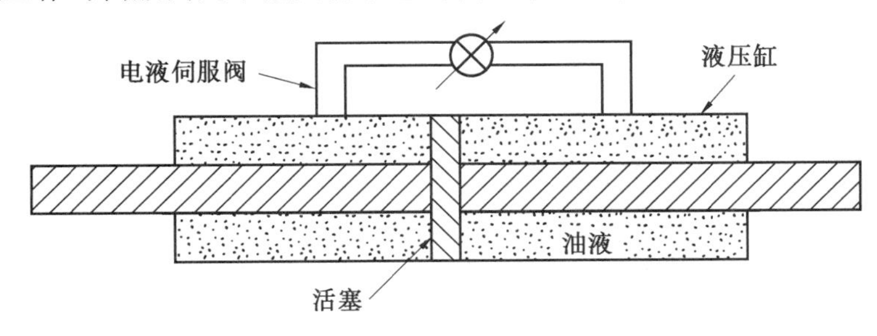

图 11.16　主动变阻尼装置原理图

作范围就是在这两个状态之间，所能提供的可变阻尼力也就在这两个极端状态之间。同时可以看出为了提供变阻尼的控制力，控制器只需要去控制伺服阀的开口大小，因此所需能源相对较小，一般几十瓦就可以提供 1 ～ 2 MN(100 ～ 200 t) 的阻尼力。

1974 年，D. Karnopp 提出了一个用于车辆悬挂系统隔振的半主动振动控制系统。阻尼器与悬挂弹簧并联，阻尼器的节流孔有特别设计的开关，它由计算机控制，开闭的原则是使得它提供的阻尼力尽量接近所要求的最优控制力值。

这里补充说明，和上一节的主动控制一样，最优控制力都是按照一定的振动指标要求在一定的约束条件下给出的，也就是要求控制力的作用能够使得在一定的环境干扰下达到规定的振动指标要求。振动指标，是评价振动大小的一个标准，不同行业，不同产品有不同的要求，有用结构关键部位最大允许的振动速度、或者位移、或者加速度的有效值，考虑随机因素时，用它们的方差，也有用它们的线性组合。例如，本例，由于车辆受到的干扰主要是随机的，通常用车架随机振动速度的方差和悬挂弹簧变形的方差的线性组合作为评价隔振性能的指标，寻求控制力使得这个指标最小。

如果按照主动控制的思路，在车辆上安装测振传感器，将测得的车架振动速度和悬挂系统的弹簧变形信号放大产生驱动执行机构的控制力，这需要额外的执行机构以及外部能源，仅仅依靠无源的阻尼器和弹簧又很难实现规定的控制力，因此采用一个折中的办法，使得阻尼器的阻尼力可控，而控制力还是由相对速度和相对变形产生的阻尼和弹性力，只不过节流孔可以控制阻尼器的阻尼系数，使之能产生规定阻尼力，这就是主动变阻尼的半主动控制方案。它只需要很小的能量来产生控制和调节节流孔的力。

这里需要注意，所提供的阻尼力只对系统做负功，即控制只能是使系统能量减小，不能使系统能量增加，是一种单方向的控制。为此，应该控制节流孔使阻尼力按照如下规律变化

$$f_d = \begin{cases} b\dot{x} & \dot{x}(\dot{x}-\dot{u}) > 0 \\ 0 & \dot{x}(\dot{x}-\dot{u}) < 0 \text{ 或者 } \dot{x}=0 \\ -m\ddot{x}-k(x-u) & \dot{x}-\dot{u}=0 \end{cases} \tag{11.67}$$

式中，$\dot{x}$ 和 $\dot{x}-\dot{u}$ 同号时提供阻尼力抑制振动的加剧，异号或者振动速度为零时不用提供。$\dot{x}-\dot{u}=0$，对应于悬挂装置被锁住的情况，就是悬挂弹簧没有相对变形随车架一起刚性运动，此时要保证所提供的阻尼力与惯性力和弹性恢复力平衡，就是上式的最后一个条件。

数值仿真结果表明半主动隔振效果非常接近主动隔振的效果，同时又比被动隔振效果好得多。同时，半主动控制由于只需要少量的能源供给，所以不需要专门的能源装置，使用车辆发动机或者蓄电池即可。

尽管结构主动变阻尼控制系统总是尽可能地提供与主动最优控制力接近的阻尼力，但结构主动变阻尼控制与结构主动控制之间有很大的差别。结构主动变阻尼控制仅能实现与结构运动方向相反也即阻止结构运动的控制力，而不能像主动控制那样还可以实现与结构运动速度同向的力。但也正是这个原因，结构主动变阻尼控制系统相对稳定。主动变阻尼控制装置目前在建筑工程以及载重汽车上已经得到了应用，效果良好。

此外，半主动控制另外一种典型的装置是结构主动变刚度系统，1990 年，Kobori 等人提出了这个概念，并研制了相应的控制装置，并在日本的 Kajima 研究所的三层建筑钢结构上成功应用。关于结构的主动、半主动控制基本原理及系统设计方法详见欧进萍的著作[34]。需要说明的是工程技术人员一直尝试将主动控制思想引入飞行器结构的振动控制，并已经取得了很大的进展，尽管目前还没有像在建筑结构上那样较为广泛应用。

参考文献

[1] 季文美，方同，陈松淇．机械振动[M]．北京：科学出版社，1985.

[2] 郑兆昌．机械振动[M]．北京：机械工业出版社，1986.

[3] 吴福光，蔡承武，徐兆．振动理论[M]．北京：高等教育出版社，1987.

[4] CLOUGH R W, PENZIEN J. Dynamics of Structures[M]. New York：MeGraw－HillBook Company，1975.

[5] CRAIG R R. Structural Dynamicx[M]. New York：John Wiley & Sons，1981.

[6] BATHE K J，WILSON E L. Numerical Methods in Finite Eleinent Analysis[M]. Nwe Jersey：Prentice-Hall，Inc. Englewood Cliffs，1976.

[7] PRZERNIENIECKI J S. Theory of Matrix structural Analysis[M]. New York：McGraw-Hill Book Company，1968.

[8] FRANCIS S T，IVAN E M，ROLLAND T H. Mechanical Vibrations[M]. Boston：Allynand Bacon，inc，1978.

[9] NEWLAND D E. Mechanical Vibration Analysis and Computation[M]. Longman：Scien-tific and Thechnical，1989.

[10] 傅志方，邹经湘，韩祖舜．振动模态分析与参数辨识[M]．北京：机械工业出版社，1990.

[11] 黄文虎．振动与冲击手册[M]．北京：国防工业出版社，1988.

[12] 斯维特里兹基．机械系统的随机振动[M]．谈开孚，邹经湘，译．北京：高等教育出版社，1986.

[13] 王文亮．结构振动与动态子结构方法[M]．北京：复旦大学出版社，1985.

[14] 卢侃．混沌动力学[M]．上海：上海翻译出版公司，1990.

[15] 黄文虎，陈滨，王照林．一般力学：动力学、振动气控制的最新进展[M]．北京：科学出版社，1994.

[16] 王光远．建筑结构的振动[M]．北京：科学出版社，1978.

[17] 钟万勰．计算结构力学与最优控制[M]．大连：大连理工大学出版社，1993.

[18] 张汝清．并行计算结构力学[M]．重庆：重庆大学出版社，1991.

[19] 陈塑寰．结构振动分析的矩阵摄动理论[M]．重庆：重庆出版社，1991.

[20] 庄表中．非线性随机振动理论及其应用[M]．杭州：浙江大学出版社，1986.

[21] 蔡承文．振动理论[M]．北京：人民教育出版社，1963.

[22] 吴淇泰．振动分析[M]．杭州：浙江大学出版社，1989.

[23] TIMOSHENKO S，YOUNG D H. WEAVER Jr W. Vibraion Problems in Engineering[M]. Cambridge：John Wiley&Sons，1974.

[24] BISHOP R E D，JOHNSON D C. The Mechanics of Vibration[M]. Cambridge：Cambridge University Press，1960.

[25] 于开平，邹经湘．结构动力响应数值算法耗散和超调特性设计[J]．力学学报，2005，37(4)：467-476.

[26] 孙月明．机械振动学：测试与分析[M]．杭州：浙江大学出版社，1991.

[27] 李方泽．工程振动测试与分析[M]．北京：高等教育出版社，1992.

[28] 张令弥．振动测试与动态分析[M]．北京：航空工业出版社，1992.

[29] 孙玉声．振动传感器[M]．西安：西安交通大学出版社，1991.

[30] 卢文祥．机械工程测试·信息·信号分析[M]．北京：华中理工大学出版社，1990.

[31] 严济宽.机械振动隔离技术[M].上海:上海科学技术文献出版社,1985.
[32] 丁文镜.减振理论[M].北京:清华大学出版社,1988.
[33] 张阿舟,姚起航.振动控制工程[M].北京:航空工业出版社,1989.
[34] 欧进萍.结构振动控制:主动、半主动和智能控制[M].北京:科学出版社,2003.
[35] 方同,薛璞.振动理论及应用[M].西安:西北工业大学出版社,1998.
[36] 刘延柱,陈文良,陈立群.振动力学[M].北京:高等教育出版社,1998.
[37] 谢官模.振动力学[M].北京:国防工业出版社,2011.
[38] Anil K Chopra.结构动力学:理论及其在地震工程中的应用[M].谢礼立,吕大刚,等译.北京:高等教育出版社,2007.
[39] 于开平.A new family of generalized－αtime integration algorithms without overshoot for structural dynamics[J]. EARTHQUAKE ENGINEERING AND STRUCTURAL DYNAMICS, 2008, 37: 1389-1409.
[40] 林家浩,张亚辉.随机振动的虚拟激励法[M].北京:科学出版社,2004.